# Springer-Lehrbuch

# Springer

*Berlin*
*Heidelberg*
*New York*
*Barcelona*
*Budapest*
*Hongkong*
*London*
*Mailand*
*Paris*
*Santa Clara*
*Singapur*
*Tokio*

Joseph H. Spurk

# Aufgaben zur Strömungslehre

Unter Mitarbeit von H. Marschall

Zweite, neubearbeitete Auflage
mit 380 Abbildungen

Springer

Prof. Dr.-Ing. Joseph H. Spurk
Technische Hochschule Darmstadt
Fachbereich 16 - Maschinenbau
Petersenstraße 30
64287 Darmstadt

ISBN 3-540-60333-6 2. Aufl. Springer-Verlag Berlin Heidelberg New York
ISBN 3-540-57777-7 1. Aufl. Springer-Verlag Berlin Heidelberg New York

Die Deutsche Bibliothek - CIP-Einheitsaufnahme
Spurk, Joseph H.: Aufgaben zur Strömungslehre / Joseph H. Spurk.
Unter Mitarbeit von H. Marschall. - 2. Aufl. -
Berlin ; Heidelberg ; New York ; Barcelona ; Budapest ; Hongkong ; London ; Mailand ;
Paris ; Santa Clara ; Singapur ; Tokio: Springer, 1996
    (Springer-Lehrbuch)
    ISBN 3-540-60333-6

© Springer-Verlag Berlin Heidelberg 1994 and 1996
Printed in Germany

Die Wiedergabe von Gebrauchsnamen, Handelsnamen, Warenbezeichnungen usw. in diesem
Buch berechtigt auch ohne besondere Kennzeichnung nicht zu der Annahme, daß solche Namen
im Sinne der Warenzeichen- und Markenschutz-Gesetzgebung als frei zu betrachten wären und
daher von jedermann benutzt werden dürften.

Sollte in diesem Werk direkt oder indirekt auf Gesetze, Vorschriften oder Richtlinien (z.B. DIN,
VDI, VDE) Bezug genommen oder aus ihnen zitiert worden sein, so kann der Verlag keine Gewähr
für die Richtigkeit, Vollständigkeit oder Aktualität übernehmen. Es empfiehlt sich, gegebenen-
falls für die eigenen Arbeiten die vollständigen Vorschriften oder Richtlinien in der jeweils
gültigen Fassung hinzuzuziehen.

Satz: Reproduktionsfertige Vorlage des Autors
SPIN: 10497372        60/3020 - 5 4 3 2 1 0 - Gedruckt auf säurefreiem Papier

# Vorwort

## Vorwort zur zweiten Auflage

Ich bin recht froh, daß diese Aufgabensammlung eine gute Aufnahme gefunden hat und daß sie die Mitarbeit der Studierenden während der Übungen nicht nachteilig beeinflußt hat. Eher ist das Gegenteil eingetreten.

Die erste Auflage enthält leider eine Reihe von Fehlern. Zwar können die meisten als solche auch von unerfahrenen Lesern erkannt werden, sie sind aber gerade in einer Aufgabensammlung besonders ärgerlich. Einige Fehler haben sich auch beim Zusammenfügen der Einzelaufgaben zum gesamten Buchdokument ergeben, weil dabei unbemerkt unkorrigierte Versionen von Aufgaben übernommen wurden.

In der praktischen Arbeit mit der Sammlung hat sich rasch gezeigt, daß die einfache Durchnumerierung der Aufgaben nach den Kapiteln meines Lehrbuches (Strömungslehre, 3. Auflage, Springer–Verlag) nicht sehr hilfreich war, so daß die Aufgaben nunmehr mit Überschriften versehen wurden, die die Aufgabenstellung beschreiben. Es wurden auch neue Aufgaben in diese zweite Auflage aufgenommen.

Der wesentliche Unterschied zur ersten Auflage besteht aber in der Aufnahme von über 30 Prüfungsaufgaben, so wie sie in den letzten Jahren in der Diplomhauptprüfung in Darmstadt gestellt wurden. Diese Prüfungsaufgaben sind nicht ausgearbeitet und bieten daher die Gelegenheit die Lösung selbständig zu finden, was aber in der Regel Kenntnisse des gesamten Stoffes des Lehrbuches voraussetzt. Außerdem enthält diese Auflage nun auch Aufgaben zur kartesischen Tensorschreibweise.

Diese Änderungen wurden von meinem Mitarbeiter Herr Dipl.–Ing. Peter Pelz in die reproduktionsfertige Vorlage eingearbeitet. Er und Herr Dipl.–Ing. Ralf Münzing haben in mühevoller Kleinarbeit die Aufgaben nocheinmal durchgerechnet und die oben angesprochenen Fehler entdeckt und verbessert. Für ihre Hilfe danke ich ihnen.

Darmstadt, im Juni 1995                      J. H. Spurk

# Vorwort zur ersten Auflage

Seit ich an der Technischen Hochschule Darmstadt Vorlesungen über Strömungslehre halte, ist von studentischer Seite der Wunsch nach einer Sammlung ausgearbeiteter Übungsaufgaben an mich herangetragen worden. Daß es so lange mit der Verwirklichung gedauert hat, liegt auch an Bedenken, daß die aktive Mitarbeit der Studierenden in der Übung leidet, wenn ausgearbeitete Übungen vorliegen. Freilich gibt es auch Gründe, die eine solche Sammlung rechtfertigen: Sie hilft während des Studiums denjenigen, die fürchten von der Fülle des Stoffes in Vorlesung und Übung überrollt zu werden, den Anschluß zu halten und nach dem Studium denen, die den Einstieg in theoretische Lösungen praktischer Probleme suchen und die Fähigkeit der mathematischen Modellierung bewahren wollen. Sie kann gute Dienste bei der Prüfungsvorbereitung leisten und ist fast unerläßlich für das Selbststudium der Strömungslehre.

In Darmstadt wird zu jeder Übung ein Aufgabenblatt mit fünf Aufgaben ausgegeben. Der Mitarbeiter, der für die Übungsbetreuung im Semester verantwortlich ist, fügt jedem Aufgabenblatt eine neue Aufgabe hinzu, damit er den Unterschied kennenlernt, zwischen originellem Denken, das durch Abstraktion und Vereinfachung zum mathematisch handhabbaren Modell führt und dem einfachen Nachrechnen, selbst schwieriger Übungsaufgaben. Diese Einsicht wird vom Leser auf der anderen Seite nur dann gewonnen werden können, wenn er den ernsthaften Versuch zur selbständigen Lösung der Aufgaben unternimmt und die ausgearbeitete Lösung nur zur Kontrolle verwendet.

Bei der Suche nach neuen Übungsaufgaben haben die Mitarbeiter natürlich auch vorhandene Sammlungen durchgesehen, und so enthält das Buch auch Aufgaben aus anderen Sammlungen, wenngleich die Herkunft im nachhinein kaum noch feststellbar ist. Viele Übungsaufgaben entstammen aber auch den laufenden Forschungsarbeiten oder wurden durch Industriekontakte angeregt und enthalten noch den wesentlichen Kern der ursprünglichen Fragestellungen. Über die Jahre ist so eine stattliche Anzahl von Übungsaufgaben entstanden. Grundlage des vorliegenden Buches ist eine Auswahl aus diesem Vorrat, die mein früherer Mitarbeiter Dr. Sauerwein für die Übung des Jahres 1987/88 gemacht hat. Die Aufgaben werden immer dem Fortschritt der Vorlesung angepaßt und setzen nur den Stoff bis zur aktuellen Vorlesung voraus. Diese Auswahl mußte gründlich überarbeitet werden und wurde durch die Aufnahme weiterer Übungsaufgaben deutlich erweitert. Jetzt sind die Aufgaben den Kapiteln meines Lehrbuches (Strömungslehre, 3. Auflage, Springer–Verlag) zugeordnet. Entsprechend wird zur Bearbeitung der Aufgaben in der Regel nur der Stoff der vorhergehenden Kapitel benötigt. Wo immer zweckmäßig, wird auf Formeln der Strömungslehre mit dem Hinweis (S. L. (xxx)) aufmerksam gemacht. Die Aufgabensammlung läßt sich aber dessen ungeachtet auch im Zusammenhang mit anderen Lehrbüchern der Strömungslehre verwenden.

Die Durchrechnung der Aufgaben erfordert ein erhebliches analytisches Geschick und auch Routine in der Manipulation mathematischer Ausdrücke, die vielen Studenten mangels ausreichender Übung heute fehlt. Moderne Computerprogramme mit symbolischer Rechenkapazität können diesen Mangel ausgleichen. Bei der Überarbeitung der

Übungsaufgaben haben wir umfassenden Gebrauch von dem Programmsystem Mathematica (Wolfram Research Inc.) gemacht, die entsprechenden Befehle aber nicht aufgenommen. Zum einen können diese, praktisch ohne Anleitung, dem Handbuch (Wolfram, Stephen: Mathematica 2nd ed. Addison–Wesley Publishing Company Inc.) entnommen werden, zum anderen lassen sich auch andere symbolisch und graphisch arbeitende Programmsysteme verwenden. Trotzdem sind bei der Lösung der Aufgaben alle Zwischenschritte angegeben, so daß die Aufgaben mit den üblichen Hilfsmitteln wie Formelsammlung, Integraltafeln u.s.w. auch von den Lesern ohne Schwierigkeiten bearbeitet werden können, die keinen Zugriff zu solchen Programmsystemen haben. Alle Aufgaben wurden immer aus den grundlegenden allgemeinen Bilanzsätzen heraus entwickelt, nach dem Grundsatz vom Allgemeinen zum Besonderen, selbst wenn eine gewisse Schwerfälligkeit in der Darstellung in Kauf genommen werden mußte.

Den größten Teil der Arbeit an dieser Aufgabensammlung haben die jetzigen und früheren Mitarbeiter geleistet und ihnen widme ich dieses Buch, für dessen Inhalt und auch Mängel ich aber die Verantwortung behalte.

Darmstadt, im Dezember 1993                                        J. H. Spurk

# Inhaltsverzeichnis

# 1 Kontinuumsbegriff und Kinematik

## 1.2 Kinematik der Flüssigkeiten

### Aufgabe 1.2-1 Berechnung der materiellen Koordinaten bei gegebenen Bahnlinien

Die materielle Beschreibung der Bewegung einer Flüssigkeit ist durch die Bahnlinien

$$x_1 = \xi_1 \,,$$

$$x_2 = k\,\xi_1^2\,t^2 + \xi_2 \,,$$

$$x_3 = \xi_3$$

gegeben. $k$ bezeichnet eine dimensionsbehaftete Konstante, so daß auf beiden Seiten der Gleichungen die Dimensionen gleich sind.

Zeigen Sie, daß für diese Bewegung die Funktionaldeterminante $J = \det(\partial x_i/\partial \xi_j)$ nicht verschwindet und geben Sie die Abbildung $\vec{\xi} = \vec{\xi}(\vec{x}, t)$ an.

### Lösung

Wir bilden die notwendigen Ableitungen und setzen sie in die Funktionaldeterminante ein

$$J = \det \begin{pmatrix} \dfrac{\partial x_1}{\partial \xi_1} & \dfrac{\partial x_2}{\partial \xi_1} & \dfrac{\partial x_3}{\partial \xi_1} \\[2mm] \dfrac{\partial x_1}{\partial \xi_2} & \dfrac{\partial x_2}{\partial \xi_2} & \dfrac{\partial x_3}{\partial \xi_2} \\[2mm] \dfrac{\partial x_1}{\partial \xi_3} & \dfrac{\partial x_2}{\partial \xi_3} & \dfrac{\partial x_3}{\partial \xi_3} \end{pmatrix} = \det \begin{pmatrix} 1 & 2k\,\xi_1\,t^2 & 0 \\ 0 & 1 & 0 \\ 0 & 0 & 1 \end{pmatrix} = 1 \,.$$

Da die Funktionaldeterminante nicht verschwindet, sind die Transformationen $\vec{x} = \vec{x}(\vec{\xi}, t)$ und $\vec{\xi} = \vec{\xi}(\vec{x}, t)$ eindeutig umkehrbar. Wir erhalten

$$\xi_1 = x_1 \,,$$

$$\xi_2 \;=\; x_2 - k\,x_1^2\,t^2 \,,$$

$$\xi_3 \;=\; x_3 \,.$$

Zur Zeit $t = 0$ gilt $\xi_i = x_i$.

## Aufgabe 1.2-2   Geschwindigkeit und Beschleunigung in Materieller– und Feldbeschreibung bei gegebener Bahnlinie

Die Kontinuumsbewegung

$$x_1 \;=\; \xi_1 \,, \tag{1}$$

$$x_2 \;=\; \frac{1}{2}\,(\xi_2 + \xi_3)\,\mathrm{e}^{at} + \frac{1}{2}\,(\xi_2 - \xi_3)\,\mathrm{e}^{-at} \,, \tag{2}$$

$$x_3 \;=\; \frac{1}{2}\,(\xi_2 + \xi_3)\,\mathrm{e}^{at} - \frac{1}{2}\,(\xi_2 - \xi_3)\,\mathrm{e}^{-at} \tag{3}$$

ist gegeben.

a) Man zeige, daß die Funktionaldeterminante nicht verschwindet.
b) Man bestimme die Geschwindigkeits– und Beschleunigungskomponenten
   1.) in materieller Beschreibungsweise $u_i(\xi_j, t)$, $b_i(\xi_j, t)$,
   2.) in Feldbeschreibungsweise $u_i(x_j, t)$, $b_i(x_j, t)$.

**Lösung**

a) Die Funktionaldeterminante lautet

$$\det \begin{pmatrix} \dfrac{\partial x_1}{\partial \xi_1} & \dfrac{\partial x_2}{\partial \xi_1} & \dfrac{\partial x_3}{\partial \xi_1} \\[2mm] \dfrac{\partial x_1}{\partial \xi_2} & \dfrac{\partial x_2}{\partial \xi_2} & \dfrac{\partial x_3}{\partial \xi_2} \\[2mm] \dfrac{\partial x_1}{\partial \xi_3} & \dfrac{\partial x_2}{\partial \xi_3} & \dfrac{\partial x_3}{\partial \xi_3} \end{pmatrix} = \det \begin{pmatrix} 1 & 0 & 0 \\[1mm] 0 & \cosh at & \sinh at \\[1mm] 0 & \sinh at & \cosh at \end{pmatrix} = 1 \,,$$

und ist somit ungleich null.

b) In materieller Beschreibungsweise gilt für die Geschwindigkeitskomponenten

$$u_i(\xi_j\,, t) = \left( \frac{\partial x_i}{\partial t} \right)_{\xi_j} \,,$$

und daher

$$u_1 \;=\; 0 \,, \tag{4}$$

$$u_2 = \frac{a}{2}(\xi_2 + \xi_3)\,e^{at} - \frac{a}{2}(\xi_2 - \xi_3)\,e^{-at}\,, \tag{5}$$

$$u_3 = \frac{a}{2}(\xi_2 + \xi_3)\,e^{at} + \frac{a}{2}(\xi_2 - \xi_3)\,e^{-at}\,, \tag{6}$$

während für die Beschleunigungskomponenten aus

$$b_i(\xi_j\,,t) = \left(\frac{\partial u_i}{\partial t}\right)_{\xi_j} = \left(\frac{\partial^2 x_i}{\partial t^2}\right)_{\xi_j}$$

$$b_1 = 0\,, \tag{7}$$

$$b_2 = \frac{a^2}{2}(\xi_2 + \xi_3)\,e^{at} + \frac{a^2}{2}(\xi_2 - \xi_3)\,e^{-at}\,, \tag{8}$$

$$b_3 = \frac{a^2}{2}(\xi_2 + \xi_3)\,e^{at} - \frac{a^2}{2}(\xi_2 - \xi_3)\,e^{-at} \tag{9}$$

erhalten wird.

c) Die Feldbeschreibungsweise gewinnen wir, indem wir die materiellen Koordinaten $\xi_j = \xi_j(x_k,t)$ aus den Gleichungen (1) bis (3) ermitteln und in $u_i = u_i(\xi_j\,,t)$ einsetzen:

$$u_i = u_i(\xi_j(x_k,\,t),\,t) = u_i(x_k,t)\,.$$

$$\text{aus (1)} \;\Rightarrow\; \xi_1 = x_1\,, \tag{10}$$

$$\text{aus (2) + (3)} \;\Rightarrow\; (\xi_2 + \xi_3)\,e^{at} = x_2 + x_3\,, \tag{11}$$

$$\text{aus (2) − (3)} \;\Rightarrow\; (\xi_2 - \xi_3)\,e^{-at} = x_2 - x_3\,. \tag{12}$$

Die weitere Auflösung nach $\xi_2$ bzw. $\xi_3$ kann unterbleiben, da in $u_i(\xi_j,t)$ nach den Gleichungen (4), (5) und (6) $\xi_2$ bzw. $\xi_3$ nur in den gleichen Kombinationen vorkommen wie in (11) und (12).
Wir erhalten so unmittelbar das Geschwindigkeitsfeld

$$u_1 = 0\,, \tag{13}$$

$$u_2 = \frac{a}{2}(x_2 + x_3) - \frac{a}{2}(x_2 - x_3) = a\,x_3\,, \tag{14}$$

$$u_3 = \frac{a}{2}(x_2 + x_3) + \frac{a}{2}(x_2 - x_3) = a\,x_2\,. \tag{15}$$

Das Beschleunigungsfeld $b_i(x_k\,,t)$ wird auf analogem Weg aus (7) – (9) und (10) – (12) gewonnen

$$b_1 = 0\,,$$

$$b_2 = \frac{a^2}{2}(x_2 + x_3) + \frac{a^2}{2}(x_2 - x_3) = a^2\,x_2\,,$$

$$b_3 = \frac{a^2}{2}(x_2 + x_3) - \frac{a^2}{2}(x_2 - x_3) = a^2\,x_3$$

oder auch durch Bildung der materiellen Ableitung $b_i(x_k, t) = Du_i/Dt$ unter Verwendung des Geschwindigkeitsfeldes (13) – (15).

Aus

$$b_i = \frac{Du_i}{Dt} = \frac{\partial u_i}{\partial t} + u_j \frac{\partial u_i}{\partial x_j}$$

folgt:

$$b_1 = \frac{\partial u_1}{\partial t} + u_1 \frac{\partial u_1}{\partial x_1} + u_2 \frac{\partial u_1}{\partial x_2} + u_3 \frac{\partial u_1}{\partial x_3} = 0 \,,$$

$$b_2 = \frac{\partial u_2}{\partial t} + u_1 \frac{\partial u_2}{\partial x_1} + u_2 \frac{\partial u_2}{\partial x_2} + u_3 \frac{\partial u_2}{\partial x_3} = a^2 x_2 \,,$$

$$b_3 = \frac{\partial u_3}{\partial t} + u_1 \frac{\partial u_3}{\partial x_1} + u_2 \frac{\partial u_3}{\partial x_2} + u_3 \frac{\partial u_3}{\partial x_3} = a^2 x_3 \,.$$

## Aufgabe 1.2-3   Lagrangesche Beschreibung der Potentialwirbelströmung

Gegeben ist die Bewegung eines Kontinuums in Lagrangescher Beschreibungsweise

$$x_1 = (\xi_1^2 + \xi_2^2)^{1/2} \cos\left[\frac{\Omega t}{\xi_1^2 + \xi_2^2} + \arctan\left(\frac{\xi_2}{\xi_1}\right)\right] ,$$

$$x_2 = (\xi_1^2 + \xi_2^2)^{1/2} \sin\left[\frac{\Omega t}{\xi_1^2 + \xi_2^2} + \arctan\left(\frac{\xi_2}{\xi_1}\right)\right] ,$$

$$x_3 = \xi_3 \,.$$

a) Geben Sie die Gleichung der Bahnlinie in impliziter Form an und zeigen Sie, daß für den Ortsvektor $\vec{x}$ zur Zeit $t = 0$ $x_1 = \pm\xi_1$ und $x_2 = \pm\xi_2$ gilt!

b) Wie groß sind die Komponenten von Geschwindigkeit $u_i(\xi_j, t)$ und Beschleunigung $b_i(\xi_j, t)$?

c) Bestimmen Sie das Geschwindigkeitsfeld $u_i(x_k, t)$ und das Beschleunigungsfeld $b_i(x_k, t)$!

d) Wie lautet die Gleichung der Stromlinie durch den Punkt $(x_{10}, x_{20})$?

### Lösung

a) Die Bahnlinie verläuft in der Ebene $x_3 = \xi_3$. Die implizite Form erhält man, indem die beiden Gleichungen für $x_1$ und $x_2$ quadriert und anschließend addiert werden:

$$x_1^2 + x_2^2 = \xi_1^2 + \xi_2^2 \,. \tag{1}$$

Die Teilchen $\vec{\xi} = $ const beschreiben also Kreisbahnen um die $x_3$–Achse in der $x_1$, $x_2$–Ebene. Die Division der Gleichungen für $x_2$ und $x_1$ liefert für $t = 0$ zunächst

$$\frac{x_2}{x_1} = \frac{\xi_2}{\xi_1} \,. \tag{2}$$

Schreiben wir dann (1) in der Form

$$x_1^2 \left(1 + \frac{x_2^2}{x_1^2}\right) = \xi_1^2 \left(1 + \frac{\xi_2^2}{\xi_1^2}\right)$$

bzw.

$$x_2^2 \left(1 + \frac{x_1^2}{x_2^2}\right) = \xi_2^2 \left(1 + \frac{\xi_1^2}{\xi_2^2}\right) \,,$$

so erhalten wir mit (2) $x_1 = \pm\xi_1$ bzw. $x_2 = \pm\xi_2$.

b) Geschwindigkeit und Beschleunigung in Lagrangescher Beschreibungsweise
Durch partielles Ableiten ergibt sich

$$u_1 = \left(\frac{\partial x_1}{\partial t}\right)_{\xi_j} = -\frac{\Omega}{(\xi_1^2 + \xi_2^2)^{1/2}} \sin\left[\frac{\Omega t}{\xi_1^2 + \xi_2^2} + \arctan\left(\frac{\xi_2}{\xi_1}\right)\right] \,,$$

$$u_2 = \left(\frac{\partial x_2}{\partial t}\right)_{\xi_j} = \frac{\Omega}{(\xi_1^2 + \xi_2^2)^{1/2}} \cos\left[\frac{\Omega t}{\xi_1^2 + \xi_2^2} + \arctan\left(\frac{\xi_2}{\xi_1}\right)\right] \,,$$

$$u_3 = \left(\frac{\partial x_3}{\partial t}\right)_{\xi_j} = 0$$

sowie

$$b_1 = \left(\frac{\partial u_1}{\partial t}\right)_{\xi_j} = -\frac{\Omega^2}{(\xi_1^2 + \xi_2^2)^{3/2}} \cos\left[\frac{\Omega t}{\xi_1^2 + \xi_2^2} + \arctan\left(\frac{\xi_2}{\xi_1}\right)\right] \,,$$

$$b_2 = \left(\frac{\partial u_2}{\partial t}\right)_{\xi_j} = -\frac{\Omega^2}{(\xi_1^2 + \xi_2^2)^{3/2}} \sin\left[\frac{\Omega t}{\xi_1^2 + \xi_2^2} + \arctan\left(\frac{\xi_2}{\xi_1}\right)\right] \,,$$

$$b_3 = \left(\frac{\partial u_3}{\partial t}\right)_{\xi_j} = 0 \,.$$

c) Geschwindigkeit und Beschleunigung in Feldkoordinaten
Um die Komponenten der Geschwindigkeit in der Form $u_i(x_k, t)$ zu erhalten, sind die materiellen Koordinaten in $u_i(\xi_j, t)$ durch $\xi_j = \xi_j(x_k, t)$ zu ersetzen. Der Einfachheit halber werden die Gleichung (1) sowie die Beziehungen

$$\sin\left[\frac{\Omega t}{\xi_1^2 + \xi_2^2} + \arctan\left(\frac{\xi_2}{\xi_1}\right)\right] = \frac{x_2}{(\xi_1^2 + \xi_2^2)^{1/2}} \,,$$

$$\cos\left[\frac{\Omega t}{\xi_1^2 + \xi_2^2} + \arctan\left(\frac{\xi_2}{\xi_1}\right)\right] = \frac{x_1}{(\xi_1^2 + \xi_2^2)^{1/2}} \,,$$

die unmittelbar aus der Bewegung folgen, verwendet. Durch Einsetzen erhält man

$$u_1 = -\frac{\Omega x_2}{x_1^2 + x_2^2} \,,$$

$$u_2 = \frac{\Omega x_1}{x_1^2 + x_2^2},$$

$$u_3 = 0.$$

Die gleiche Vorgehensweise führt auf das Beschleunigungsfeld

$$b_1 = -\frac{\Omega^2 x_1}{(x_1^2 + x_2^2)^2},$$

$$b_2 = -\frac{\Omega^2 x_2}{(x_1^2 + x_2^2)^2},$$

$$b_3 = 0.$$

Man überzeuge sich, daß durch Bildung der materiellen Ableitung $b_i = Du_i/Dt$ dasselbe Beschleunigungsfeld entsteht!

d) Gleichung der Stromlinie

Das Geschwindigkeitsfeld ist stationär, d. h. die Kurven für die Strom– und Bahnlinien sind dieselben. Die Stromlinie durch den Punkt $x_{10}, x_{20}$ lautet

$$x_1^2 + x_2^2 = x_{10}^2 + x_{20}^2.$$

## Aufgabe 1.2-4    Lagrangesche Beschreibung der rotationssymmetrischen Staupunktströmung

Eine Bewegung ist in der materiellen Beschreibungsweise (Lagrangesche Beschreibungsweise)

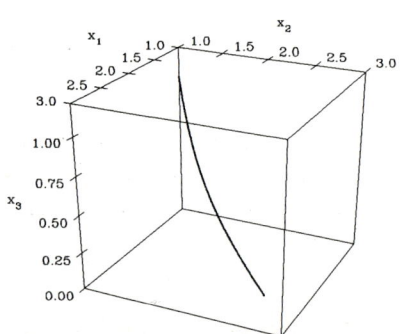

$$x_1 = \xi_1\,e^{at},$$

$$x_2 = \xi_2\,e^{at},$$

$$x_3 = \xi_3\,e^{-2at}$$

mit $a = $ const und $\vec{\xi} = \vec{x}(t=0)$ gegeben.

a) Berechnen Sie die Geschwindigkeit $u_i(\xi_j, t)$ und die Beschleunigung $b_i(\xi_j, t)$ in materiellen Koordinaten.

b) Bestimmen Sie das Geschwindigkeitsfeld $u_i(x_k, t)$ und das Beschleunigungsfeld $b_i(x_k, t)$, indem Sie in dem Ergebnis aus a) die materiellen Koordinaten durch den Zusammenhang $\xi_j = \xi_j(x_k, t)$ eliminieren.

c) Bestimmen Sie das Beschleunigungsfeld durch Bildung der materiellen Ableitungen von $u_i(x_k, t)$.

d) Handelt es sich um eine Potentialströmung? Wenn ja, wie lautet die Potentialfunktion?

**Lösung**

a) Geschwindigkeit und Beschleunigung in materieller Beschreibungsweise:
Aus

$$u_i(\xi_j\,,t) = \left(\frac{\partial x_i}{\partial t}\right)_{\xi_j}\,, \qquad b_i(\xi_j\,,t) = \left(\frac{\partial^2 x_i}{\partial t^2}\right)_{\xi_j}$$

folgt

$$u_1 = a\,\xi_1\,e^{at}\,, \qquad u_2 = a\,\xi_2\,e^{at}\,, \qquad u_3 = -2a\,\xi_3\,e^{-2at}$$

und

$$b_1 = a^2\,\xi_1\,e^{at}\,, \qquad b_2 = a^2\,\xi_2\,e^{at}\,, \qquad b_3 = 4a^2\,\xi_3\,e^{-2at}\,.$$

b) Geschwindigkeit und Beschleunigung in Feldbeschreibungsweise:
Mit

$$\xi_1 = x_1\,e^{-at}\,, \qquad \xi_2 = x_2\,e^{-at}\,, \qquad \xi_3 = x_3\,e^{+2at}\,,$$

erhält man aus a)

$$u_1 = a\,x_1\,, \qquad u_2 = a\,x_2\,, \qquad u_3 = -2a\,x_3$$

und

$$b_1 = a^2\,x_1\,, \qquad b_2 = a^2\,x_2\,, \qquad b_3 = 4a^2\,x_3\,.$$

c) Beschleunigungsfeld durch Bildung der materiellen Ableitung aus dem Geschwindigkeitsfeld $u_i(x_j,t)$:
Mit

$$b_i = \frac{\mathrm{D}u_i}{\mathrm{D}t} = \frac{\partial u_i}{\partial t} + u_j\,\frac{\partial u_i}{\partial x_j}$$

und $u_1 = a\,x_1,\quad u_2 = a\,x_2,\quad u_3 = -2a\,x_3$ gewinnt man das Beschleunigungsfeld zu

$$b_1 = a^2\,x_1\,, \qquad b_2 = a^2\,x_2\,, \qquad b_3 = 4\,a^2\,x_3\,.$$

d) Potentialströmung und Potentialfunktion
Notwendige und hinreichende Bedingung für die Existenz einer Potentialströmung ist das Verschwinden der Rotation von $\vec{u}$ im ganzen Feld:

$$\mathrm{rot}\,\vec{u} = \nabla \times \vec{u} = 0 \qquad \Leftrightarrow \qquad \epsilon_{ijk}\,\frac{\partial u_j}{\partial x_i} = 0\,.$$

Die drei Komponentengleichungen dieser Bedingung lauten

$$\frac{\partial u_3}{\partial x_2} - \frac{\partial u_2}{\partial x_3} = 0\,, \qquad \frac{\partial u_1}{\partial x_3} - \frac{\partial u_3}{\partial x_1} = 0\,, \qquad \frac{\partial u_2}{\partial x_1} - \frac{\partial u_1}{\partial x_2} = 0\,.$$

Die Strömung ist eine Potentialströmung, für das vorliegende Geschwindigkeitsfeld verschwinden sogar alle sechs Terme für sich. Aus

$$u_i = \frac{\partial \Phi}{\partial x_i}$$

erhält man für die Potentialfunktion $\Phi$ die partiellen Differentialgleichungen

$$\frac{\partial \Phi}{\partial x_1} = u_1 = a\,x_1\,, \qquad \frac{\partial \Phi}{\partial x_2} = u_2 = a\,x_2\,, \qquad \frac{\partial \Phi}{\partial x_3} = u_3 = -2a\,x_3\,.$$

Aus der ersten Differentialgleichung folgt durch direkte Integration

$$\Phi = \frac{a}{2}\,x_1^2 + h(x_2, x_3)\,,$$

mit der zweiten dann

$$\frac{\partial h}{\partial x_2} = a\,x_2 \qquad \Rightarrow \qquad h(x_2, x_3) = \frac{a}{2}\,x_2^2 + g(x_3)\,.$$

Die Funktion $g(x_3)$ erhält man schließlich aus der letzten Beziehung

$$\frac{\partial \Phi}{\partial x_3} = \frac{\partial g}{\partial x_3} = -2a\,x_3 \qquad \Rightarrow \qquad g(x_3) = -a\,x_3^2 + \text{const}\,.$$

Die gesuchte Potentialfunktion lautet also

$$\Phi = \frac{a}{2}\,(x_1^2 + x_2^2 - 2\,x_3^2) + \text{const}\,,$$

wobei die absolute Konstante auch weggelassen werden kann.

## Aufgabe 1.2-5   Bahn–, Strom– und Streichlinien eines instationären Geschwindigkeitsfeldes

Gegeben ist das instationäre Geschwindigkeitsfeld:

$$u_1 = \frac{1}{t_0 + t}\,x_1\,,$$

$$u_2 = v_0\,,$$

$$u_3 = 0 \qquad (t_0 = \text{const}, \; v_0 = \text{const}).$$

a) Man gebe die Gleichung der Stromlinie an, die zur Zeit $t$ durch den Punkt $(x_{10}, x_{20}, x_{30})$ läuft.

b) Wie lautet die Gleichung der Bahnlinie des Flüssigkeitsteilchens mit den materiellen Koordinaten $\vec{x}(t = 0) = \vec{\xi}$?

c) Man ermittle die Geschwindigkeit des Flüssigkeitsteilchens längs seiner Bahn.

d) Was geschieht mit den Teilchen, die die materiellen Koordinaten $\xi_1 = 0$, $\xi_3 = 0$ haben?

e) Wie heißt die Gleichung der Streichlinien?

## Lösung

a) Stromlinie durch den Punkt $(x_{10}, x_{20}, x_{30})$ zur festen, aber beliebigen Zeit $t$:
Die Differentialgleichungen zur Berechnung der Stromlinien lauten

$$\frac{\mathrm{d}x_i}{\mathrm{d}s} = \frac{u_i}{\sqrt{u_k u_k}} \; .$$

Zweckmäßigerweise wird statt der Bogenlänge $s$ ein neuer Kurvenparameter $\eta$ durch

$$\mathrm{d}s = \sqrt{u_k u_k}\,\mathrm{d}\eta \quad , \quad \eta(s = 0) = 0$$

eingeführt, so daß die Differentialgleichungen die Form

$$\frac{\mathrm{d}x_i}{\mathrm{d}\eta} = u_i\,(x_j, t) \quad , \quad t = \text{const}$$

annehmen oder ausgeschrieben

$$\frac{\mathrm{d}x_1}{\mathrm{d}\eta} = \frac{x_1}{t_0 + t} \; , \quad \frac{\mathrm{d}x_2}{\mathrm{d}\eta} = v_0 \; , \quad \frac{\mathrm{d}x_3}{\mathrm{d}\eta} = 0 \; .$$

Durch Integration folgt hieraus

$$\ln x_1 \;=\; \frac{\eta}{t_0 + t} + \ln C_1 \quad \Rightarrow \quad x_1 = C_1\,e^{\eta/(t_0 + t)} \; ,$$

$$x_2 \;=\; v_0\,\eta \,+\, C_2 \; ,$$

$$x_3 \;=\; C_3 \; .$$

Die Stromlinie verläuft in der Ebene $x_3 = C_3$, es handelt sich also um ein ebenes Problem.
Die Stromlinie soll durch den Punkt $(x_{10}, x_{20}, x_{30})$ gehen. Diese Bedingung legt die drei Integrationskonstanten fest. Wird $\eta$ vom Punkt $(x_{10}, x_{20}, x_{30})$ aus gezählt, so gilt

$$\eta = 0 \; : \quad x_1 = x_{10} \; , \quad x_2 = x_{20} \; , \quad x_3 = x_{30} \; ,$$

woraus

$$C_1 = x_{10} \; , \quad C_2 = x_{20} \; , \quad C_3 = x_{30}$$

folgt. Damit erhält man die Lösung in Parameterform zu

$$x_1 \;=\; x_{10}\,e^{\eta/(t_0 + t)} \; , \tag{1}$$

$$x_2 \;=\; v_0\,\eta \,+\, x_{20} \; , \tag{2}$$

$$x_3 \;=\; x_{30} \; . \tag{3}$$

In (1) bis (3) ist $\eta$ der Kurvenparameter, $x_{10}$, $x_{20}$ und $x_{30}$ sind Scharparameter. Die explizite Form der Stromlinie in der Ebene $x_3 = x_{30}$ gewinnt man durch Elimination des Kurvenparameters. Aus (2) folgt zunächst

$$\eta = \frac{x_2 - x_{20}}{v_0}$$

und dann

$$x_1 = x_{10} \exp\left(\frac{x_2 - x_{20}}{v_0\,(t_0 + t)}\right) \quad \text{bzw.} \quad \frac{x_1}{x_{10}} = \exp\left(\frac{x_2/x_{20} - 1}{v_0\,t_0(1 + t/t_0)/x_{20}}\right).$$

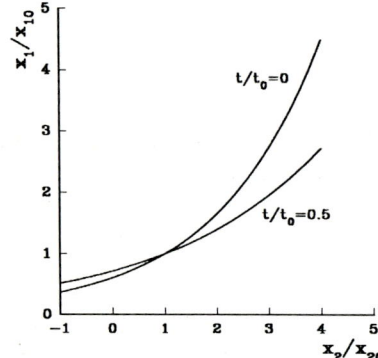

Für den Wert $v_0\,t_0/x_{20} = 2$ zeigt nebenstehendes Bild den Verlauf der Stromlinie durch den Punkt $(x_{10}, x_{20}, x_{30})$ zur festen Zeit $t = 0$ und zur späteren Zeit $t = 0{,}5\,t_0$. Die Strömung ist instationär, die Stromlinien verändern sich mit der Zeit.

b) Bahnlinie des Flüssigkeitsteilchens
   Die Differentialgleichungen für die Bahnlinien lauten

$$\frac{\mathrm{d}x_i}{\mathrm{d}t} = u_i\,(x_j, t)$$

oder ausgeschrieben

$$\frac{\mathrm{d}x_1}{\mathrm{d}t} = \frac{x_1}{t_0 + t}\,, \quad \frac{\mathrm{d}x_2}{\mathrm{d}t} = v_0\,, \quad \frac{\mathrm{d}x_3}{\mathrm{d}t} = 0\,.$$

Die Integration liefert

$$x_1 = C_1\,(t_0 + t)\,, \quad x_2 = v_0\,t + C_2\,, \quad x_3 = C_3\,.$$

Die Integrationskonstanten sind durch die Anfangsbedingung festgelegt. Zur Zeit $t = 0$ habe das Flüssigkeitsteilchen die materiellen Koordinaten

$$t = 0: \quad x_1 = \xi_1\,, \quad x_2 = \xi_2\,, \quad x_3 = \xi_3\,,$$

so daß

$$C_1 = \xi_1/t_0\,, \quad C_2 = \xi_2\,, \quad C_3 = \xi_3$$

ist. Die Lösung in Parameterform ergibt sich damit zu

$$x_1 \;=\; \xi_1\left(1 + \frac{t}{t_0}\right)\,, \tag{4}$$

$$x_2 \;=\; v_0\,t + \xi_2\,, \tag{5}$$

$$x_3 \;=\; \xi_3\,. \tag{6}$$

Hierbei ist $t$ der Kurvenparameter der Bahnlinie; $\xi_1$, $\xi_2$ und $\xi_3$ sind Scharparameter. Wie vorher gelangen wir von der Parameterdarstellung zur expliziten Form durch Elimination des Kurvenparameters $t$ in der Ebene $x_3 = \xi_3$. Aus (5) erhält man

$$t = \frac{x_2 - \xi_2}{v_0}$$

und mit (4)

$$x_1 = \xi_1 \left(1 + \frac{x_2 - \xi_2}{v_0 \, t_0}\right) \, .$$

Diese explizite Form der Bahnlinien ist eine Geradengleichung für jedes Teilchen. Das Teilchen mit den materiellen Koordinaten $\xi_1 = x_{10}$, $\xi_2 = x_{20}$, $\xi_3 = x_{30}$ hat die Bahnlinie

$$\frac{x_1}{x_{10}} = 1 + \frac{x_2/x_{20} - 1}{v_0 \, t_0/x_{20}} \, , \qquad (7)$$

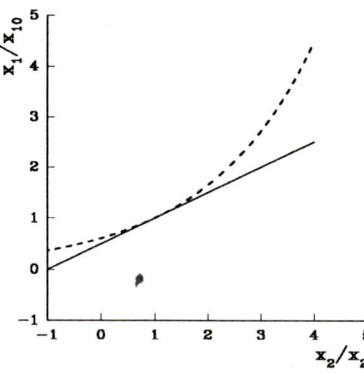

die die Stromlinie zur Zeit $t = 0$ im Punkt ($x_{10}$, $x_{20}$, $x_{30}$) tangieren muß. Im Bild ist die Bahnlinie dieses Teilchens als durchgezogene Linie gezeichnet. Die Stromlinie zur Zeit $t = 0$ ist als unterbrochene Linie angedeutet.

c) Die Geschwindigkeit eines Teilchens ist durch die zeitliche Änderung der Bahnkoordinaten bei festem $\vec{\xi}$ gegeben

$$u_i(\xi_j, t) = \left(\frac{\partial x_i}{\partial t}\right)_{\xi_j} \, ,$$

so daß aus der Bahnlinie in Parameterform sich die Geschwindigkeitskomponenten zu

$$u_1(\xi_j, t) = \frac{\xi_1}{t_0} \, , \quad u_2(\xi_j, t) = v_0 \, , \quad u_3(\xi_j, t) = 0$$

ergeben. Alle Komponenten sind konstant, woraus man auch schließt, daß die Teilchenbahn eine Gerade sein muß.

d) Für ein Teilchen mit den materiellen Koordinaten $\xi_1 = 0$ und $\xi_3 = 0$ erhält man

$$u_1(\xi_j, t) = 0 \, , \quad u_2(\xi_j, t) = v_0 \, , \quad u_3(\xi_j, t) = 0$$

und die Bahnlinien

$$x_1 = \xi_1 \left(1 + \frac{t}{t_0}\right) = 0 \, , \quad x_3 = 0 \, .$$

Das Teilchen befindet sich also auf der $x_2$-Achse, bleibt dort und bewegt sich mit konstanter Geschwindigkeit.

e) Streichlinien

Die Streichlinie verbindet zu einer festen Zeit $t$ alle Teilchen, die zur Zeit $t'$ durch einen festen Ort $\vec{y}$ gelaufen sind oder noch laufen werden. Die Bahnlinien der Teilchen sind $\vec{x} = \vec{x}(\vec{\xi}, t)$. Löst man diese Gleichung nach $\vec{\xi} = \vec{\xi}(\vec{x}, t)$ auf und setzt für $\vec{x}$ die Koordinaten des festen Ortes $\vec{y}$, sowie $t = t'$ ein, so erhält man alle Teilchen $\vec{\xi}$, die zur Zeit $t'$ am Ort $\vec{y}$ waren, in der Form $\vec{\xi} = \vec{\xi}(\vec{y}, t')$. Deren Bahnkoordinaten sind offensichtlich $\vec{x} = \vec{x}(\vec{\xi}(\vec{y}, t'), t)$, man erhält dann bei festem $t$ und veränderlichem $t'$ die Verbindungskurve zwischen den aktuellen Koordinaten der Teilchen, die durch den Ort $\vec{y}$ gelaufen sind, also die Streichlinie.

Beim hier vorliegenden ebenen Problem verbleiben alle Teilchen in der Ebene $x_3 = \xi_3$.

Setzt man in der Parameterform (4), (5) der Bahnlinien $x_1 = y_1$ und $x_2 = y_2$, so gewinnt man zunächst die materiellen Koordinaten der Teilchen, die an diesem Ort zur Zeit $t = t'$ waren, durch Auflösen nach $\xi_1$ und $\xi_2$

$$\xi_1 = \frac{y_1}{1 + \frac{t'}{t_0}},$$

$$\xi_2 = y_2 - v_0 t'.$$

Diese materiellen Koordinaten werden in die Bahnliniengleichungen eingesetzt

$$x_1 = y_1 \frac{1 + t/t_0}{1 + t'/t_0}, \tag{8}$$

$$x_2 = y_2 + v_0 t_0 \left( \frac{t}{t_0} - \frac{t'}{t_0} \right) \tag{9}$$

und ergeben die Streichlinien in Parameterform. Die aktuelle Zeit $t$ ist fest, $t'$ ist Kurvenparameter. Die explizite Darstellung ergibt sich aus der Elimination von $t'$. Aus (9) folgt

$$t' = t - \frac{x_2 - y_2}{v_0}$$

und dies in (8) eingesetzt, ergibt damit die Streichlinien in expliziter Form:

$$x_1 = \frac{y_1}{1 - \dfrac{x_2 - y_2}{v_0 t_0 (1 + t/t_0)}} . \tag{10}$$

Die Streichlinie durch den Punkt $y_1 = x_{10}$, $y_2 = x_{20}$ lautet dann

$$\frac{x_1}{x_{10}} = \frac{1}{1 - \dfrac{x_2/x_{20} - 1}{v_0 t_0/x_{20}(1 + t/t_0)}} . \tag{11}$$

Im Bild ist die Streichlinie für $v_0\, t_0/x_{20} = 2$ zur festen Zeit $t/t_0 = 2$ dargestellt. Die unterbrochene Linie zeigt die Bahn des Teilchens, das zur Zeit $t'/t_0 = 0$ im Punkt $x_1 = x_{10}$, $x_2 = x_{20}$ war und sich zur Zeit $t/t_0 = 2$ im Punkt $x_1 = 3\,x_{10}$, $x_2 = 5\,x_{20}$ befindet. Wird die gezeigte Streichlinie mit den gegebenen Größen durch die Parameterform (8), (9) beschrieben, so liefert der Parameterwert $t'/t_0 = 0$ gerade den Punkt $x_1 = 3\,x_{10}$, $x_2 = 5\,x_{20}$.

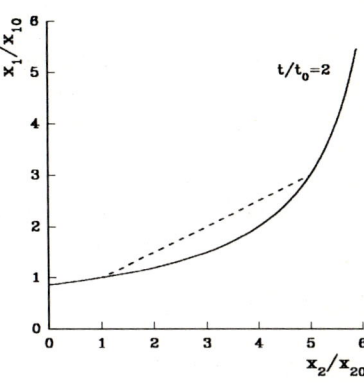

## Aufgabe 1.2-6   Kinematik eines rotations– und divergenzfreien Feldes   *Aufg 3 Kompaktkurs*

Gegeben ist das Geschwindigkeitsfeld $u_i(x_j)$

$$u_1 = a\,(x_1 + x_2)\,,$$

$$u_2 = a\,(x_1 - x_2)\,,$$

$$u_3 = W\,,$$

mit den Konstanten $a$ und $W$.

Bestimmen Sie

a) die Divergenz $\nabla \cdot \vec{u}$ des Feldes,
b) die Rotation $\nabla \times \vec{u}$,
c) die Parameterdarstellung der Bahnlinien $x_i = x_i(\xi_j, t)$ mit $\xi_j = x_j(t = 0)$,
d) die parameterfreie Darstellung der Projektion der Bahnlinien in die $x_1, x_2$–Ebene durch Elimination des Kurvenparameters $t$,
e) die Projektion der Stromlinien in die $x_1, x_2$–Ebene durch Integration der Differentialgleichungen für die Stromlinien.

### Lösung

a) Aus der Definition der Divergenz

$$\operatorname{div} \vec{u} = \nabla \cdot \vec{u} = \frac{\partial u_i}{\partial x_i} = \frac{\partial u_1}{\partial x_1} + \frac{\partial u_2}{\partial x_2} + \frac{\partial u_3}{\partial x_3}$$

folgt im vorliegenden Fall

$$\frac{\partial u_i}{\partial x_i} = a - a + 0 = 0\,,$$

das vorliegende Feld ist also divergenzfrei !

b) Alle Komponenten der Rotation verschwinden ebenfalls:

$$\omega_1 = \frac{1}{2} \left( \frac{\partial u_3}{\partial x_2} \epsilon_{231} + \frac{\partial u_2}{\partial x_3} \epsilon_{321} \right) = 0 \, ,$$

$$\omega_2 = \frac{1}{2} \left( \frac{\partial u_1}{\partial x_3} \epsilon_{312} + \frac{\partial u_3}{\partial x_1} \epsilon_{132} \right) = 0 \, ,$$

$$\omega_3 = \frac{1}{2} \left( \frac{\partial u_2}{\partial x_1} \epsilon_{123} + \frac{\partial u_1}{\partial x_2} \epsilon_{213} \right) = 0 \, .$$

Das Geschwindigkeitsfeld besitzt somit ein Potential, das sich auf bereits bekannte Weise (Aufgabe 1.2.4) zu

$$\Phi = \frac{a}{2} \left( x_1^2 + 2\, x_1 x_2 - x_2^2 \right) + W\, x_3$$

ergibt.

c) Parameterdarstellung der Bahnlinien:
   Die Differentialgleichungen für die Bahnlinien lauten

$$\frac{\mathrm{d}x_i}{\mathrm{d}t} = u_i \, ,$$

bzw.

$$\frac{\mathrm{d}x_1}{\mathrm{d}t} = u_1 = a\,(x_1 + x_2) \, , \tag{1}$$

$$\frac{\mathrm{d}x_2}{\mathrm{d}t} = u_2 = a\,(x_1 - x_2) \, , \tag{2}$$

$$\frac{\mathrm{d}x_3}{\mathrm{d}t} = u_3 = W \, . \tag{3}$$

Die letzte Gleichung läßt sich unmittelbar integrieren ($x_3(t = 0) = \xi_3$) und ergibt

$$x_3(t) = W\,t + \xi_3 \, , \tag{4}$$

während (1) und (2) gekoppelt sind. Die zwei gekoppelten Gleichungen 1. Ordnung lassen sich durch Differentiation auf eine Gleichung 2. Ordnung reduzieren. Dazu leiten wir (2) nochmals ab

$$\frac{\mathrm{d}^2 x_2}{\mathrm{d}t^2} = a\, \frac{\mathrm{d}x_1}{\mathrm{d}t} - a\, \frac{\mathrm{d}x_2}{\mathrm{d}t}$$

und ersetzen die Ableitungen auf der rechten Seite durch (1) und (2). Man ermittelt dann

$$\frac{\mathrm{d}^2 x_2}{\mathrm{d}t^2} = 2\, a^2\, x_2 \, .$$

Dies ist eine lineare Dgl. 2. Ordnung mit konstanten Koeffizienten, die sich mit dem Ansatz

$$x_2 = C\,e^{\lambda t}$$

lösen läßt. Die Eigenwerte ergeben sich zu

$$\lambda = \pm\sqrt{2}\,a\,,$$

so daß die allgemeine Lösung

$$x_2(t) = C_1\,e^{\sqrt{2}a\,t} + C_2\,e^{-\sqrt{2}a\,t} \tag{5}$$

lautet. Aus (2) erhält man damit

$$x_1(t) = \frac{1}{a}\left(\sqrt{2}aC_1\,e^{\sqrt{2}a\,t} - \sqrt{2}aC_2\,e^{-\sqrt{2}a\,t}\right) + C_1\,e^{\sqrt{2}a\,t} + C_2\,e^{-\sqrt{2}a\,t}\,,$$

$$\Rightarrow \quad x_1(t) = (\sqrt{2}+1)C_1\,e^{\sqrt{2}a\,t} - (\sqrt{2}-1)C_2\,e^{-\sqrt{2}a\,t}\,. \tag{6}$$

Die zwei Integrationskonstanten $C_1$ und $C_2$ folgen aus den Anfangsbedingungen

$$x_1(t=0) = \xi_1 = (\sqrt{2}+1)\,C_1 - (\sqrt{2}-1)\,C_2\,,$$

$$x_2(t=0) = \xi_2 = C_1 + C_2$$

zu

$$C_1 = \frac{1}{4}\,(2-\sqrt{2})\,\xi_2 + \frac{\sqrt{2}}{4}\,\xi_1\,, \tag{7}$$

$$C_2 = \frac{1}{4}\,(2+\sqrt{2})\,\xi_2 - \frac{\sqrt{2}}{4}\,\xi_1\,. \tag{8}$$

(4), (5), (6) zusammen mit (7) und (8) beschreiben die Bahnlinien.

d) Parameterfreie Darstellung der Bahnlinien in der $x_1, x_2$–Ebene:
Zur parameterfreien Darstellung dieser ebenen Kurve gelangen wir, indem wir aus den Gleichungen (5) und (6) den Bahnparameter $t$ eliminieren. Dazu multiplizieren wir (5) mit $(\sqrt{2}-1)$ und addieren sie mit (6):

$$(\sqrt{2}-1)\,x_2 + x_1 = ((\sqrt{2}+1)+(\sqrt{2}-1))\,C_1\,e^{\sqrt{2}a\,t} = 2\sqrt{2}C_1\,e^{\sqrt{2}a\,t}$$

$$\Rightarrow \quad e^{\sqrt{2}a\,t} = \frac{1}{2\sqrt{2}C_1}\,((\sqrt{2}-1)\,x_2 + x_1)$$

$$\Rightarrow \quad e^{\sqrt{2}a\,t} = \frac{1}{4C_1}\,((2-\sqrt{2})\,x_2 + \sqrt{2}\,x_1)$$

und setzen dies in (5) ein

$$x_2 = \frac{1}{4}\,((2-\sqrt{2})\,x_2 + \sqrt{2}\,x_1) + 4\,C_1 C_2\,((2-\sqrt{2})\,x_2 + \sqrt{2}\,x_1)^{-1}$$

und erhalten so

$$\frac{1}{2}x_2^2 + x_1 x_2 - \frac{1}{2}x_1^2 = 4\,C_1 C_2 \;. \tag{9}$$

Dies, zusammen mit (7) und (8), ist die implizite Gleichung der Bahnlinien. Die explizite Gleichung lautet

$$x_2 = -x_1 \pm \sqrt{2\,x_1^2 + 8\,C_1 C_2} = x_1\left(-1 \pm \sqrt{2 + \frac{8\,C_1 C_2}{x_1^2}}\right)\;.$$

Für $C_1 C_2 = 0$ sind die Bahnlinien Geraden

$$x_2 = x_1\left(-1 \pm \sqrt{2}\right)\;,$$

d. h. $\tan\alpha = x_2/x_1 = -1 \pm \sqrt{2}$ und daher

$$\alpha_1 \;=\; -67,5° \quad \text{und}$$

$$\alpha_2 \;=\; 22,5°\;.$$

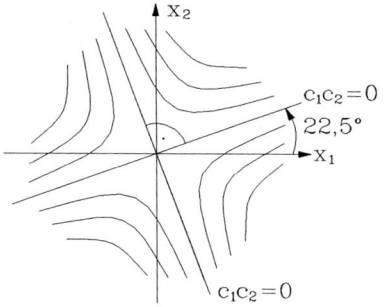

Die Gesamtheit aller Bahnlinien ergibt das Bild der in der $x_1, x_2$–Ebene um den Winkel $\alpha_2 = 22,5°$ gedrehten ebenen Staupunktströmung.

e) Stromlinien in der $x_1, x_2$–Ebene:
   Die Dgln. der Stromlinien lauten

$$\frac{\mathrm{d}x_i}{\mathrm{d}s} = \frac{u_i}{|\vec{u}|}\;,$$

also die Komponenten in die $x_1$ und $x_2$ Richtung

$$\frac{\mathrm{d}x_1}{\mathrm{d}s} = \frac{u_1}{|\vec{u}|}\;, \qquad \frac{\mathrm{d}x_2}{\mathrm{d}s} = \frac{u_2}{|\vec{u}|}\;.$$

Durch Division dieser beiden Gleichungen kann der Kurvenparameter $s$ der Stromlinie unmittelbar eliminiert werden:

$$\frac{\mathrm{d}x_2}{\mathrm{d}x_1} = \frac{u_2}{u_1}\;.$$

Also hier

$$\frac{\mathrm{d}x_2}{\mathrm{d}x_1} = \frac{a\,(x_1 - x_2)}{a\,(x_1 + x_2)}\;, \quad \text{bzw.}$$

$$(x_2 - x_1)\,\mathrm{d}x_1 + (x_1 + x_2)\,\mathrm{d}x_2 = 0\;.$$

Die letzte Gleichung ist eine exakte Differentialgleichung der Form

$$\mathrm{d}\Psi = \frac{\partial\Psi}{\partial x_1}\,\mathrm{d}x_1 + \frac{\partial\Psi}{\partial x_2}\,\mathrm{d}x_2 = 0\;,$$

deren Lösung $\Psi = $ const ist. Zur Überprüfung dieser Behauptung bilden wir

$$\frac{\partial}{\partial x_2}\left(\frac{\partial \Psi}{\partial x_1}\right) = \frac{\partial}{\partial x_2}(x_2 - x_1) = 1$$

und

$$\frac{\partial}{\partial x_1}\left(\frac{\partial \Psi}{\partial x_2}\right) = \frac{\partial}{\partial x_1}(x_1 + x_2) = 1$$

und erkennen, daß die gemischten Ableitungen $\partial^2\Psi/\partial x_1\partial x_2$ und $\partial^2\Psi/\partial x_2\partial x_1$ gleich sind, was ja die notwendige und hinreichende Bedingung ist, daß die Dgl. tatsächlich die Form des totalen Differentials von $\Psi$ annimmt. Damit ist sowohl $\partial\Psi/\partial x_1$ wie auch $\partial\Psi/\partial x_2$ bekannt. Zur Berechnung von $\Psi$ integrieren wir zunächst

$$\frac{\partial \Psi}{\partial x_1} = x_2 - x_1 \, ,$$

was auf

$$\Psi = x_1 x_2 - \frac{1}{2}x_1^2 + h(x_2)$$

führt. Damit ergibt sich

$$\frac{\partial \Psi}{\partial x_2} = x_1 + x_2 = x_1 + h'(x_2) \, ,$$

also

$$h'(x_2) = x_2$$

und daher

$$h(x_2) = \frac{x_2^2}{2} + C \, ,$$

so daß wir schließlich auf die Lösung

$$\Psi = \frac{1}{2}x_2^2 + x_1 x_2 - \frac{1}{2}x_1^2 + C$$

geführt werden.

Linien $\Psi = $ const sind die Projektionen der Stromlinien in die Ebenen $x_3 = $ const. Durch Vergleich mit (9) aus Aufgabenteil d) erkennen wir, daß für die vorliegende stationäre Strömung Bahn– und Stromlinien zusammenfallen, wie es ja sein muß.

## Aufgabe 1.2-7   Kinematik der ebenen, instationären Staupunktströmung

Gegeben ist das ebene instationäre Geschwindigkeitsfeld

$$u_1 = (a + b\sin\omega t)\,x_1 \, ,$$

$$u_2 = -(a + b\sin\omega t)\,x_2 \, ,$$

mit den Konstanten $a > b > 0$ .

a) Wie lautet die Gleichung der Stromlinien durch den Punkt $(x_{10}, x_{20})$ ?
b) Wie lautet die Gleichung der Bahnlinie für ein Flüssigkeitsteilchen, das zur Zeit $t = 0$ am Ort $\vec{x}(t = 0) = \vec{\xi}$ war?
c) Geben Sie die Gleichung der Streichlinien durch den Ursprung $(\vec{y} = 0)$ an.
d) Welche Geschwindigkeitsänderung stellt ein Beobachter fest, der sich auf der Bahn $x_{1_B} = x_{2_B} = c_0\, t$ bewegt?

**Lösung**

a) Stromlinien (ebene Strömung !):
Die Differentialgleichungen für die Stromlinien lauten allgemein

$$\frac{\mathrm{d}x_1}{\mathrm{d}s} = \frac{u_1}{|\vec{u}|}\,,\quad \frac{\mathrm{d}x_2}{\mathrm{d}s} = \frac{u_2}{|\vec{u}|}$$

und speziell hier

$$\frac{\mathrm{d}x_1}{\mathrm{d}x_2} = \frac{u_1}{u_2} = \frac{(a + b\sin\omega t)\,x_1}{-(a + b\sin\omega t)\,x_2} = -\frac{x_1}{x_2}\,.$$

Die Richtung des Geschwindigkeitsfeldes hängt nicht von der Zeit ab, d. h. das Feld ist richtungsstationär. In solchen Fällen hängen die Stromlinien nicht von der Zeit ab. Die Lösung der Differentialgleichung gelingt durch Trennung der Veränderlichen:

$$\int \frac{\mathrm{d}x_1}{x_1} = -\int \frac{\mathrm{d}x_2}{x_2}$$

und nach Hinzufügen der Integrationskonstanten

$$\ln x_1 = -\ln x_2 + \ln C$$

und daher

$$x_2 = \frac{C}{x_1}\,.$$

Die Lösungskurven sind Hyperbeln und stellen, z. B. in der oberen Halbebene $x_2 \geq 0$, die ebene Staupunktströmung dar. Für die Gleichung der Stromlinie durch einen festen Punkt $(x_{10}, x_{20})$ lautet die Integrationskonstante $C = x_{10}\,x_{20}$, also

$$x_2 = \frac{x_{10}\,x_{20}}{x_1}\,.$$

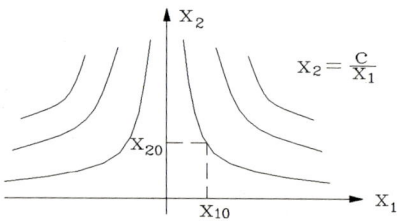

b) Bahnlinien:
Da die Strömung richtungsstationär ist, fallen Stromlinien und Bahnlinien aufeinander, d. h. sie haben dieselbe Form und die Gleichung der Bahnlinien ist

$$x_2 = \frac{C}{x_1}\,.$$

Wir berechnen die Bahnlinien aber noch einmal durch Integration der Differentialgleichungen

$$\frac{\mathrm{d}x_i}{\mathrm{d}t} = u_i \, ,$$

also hier

$$\frac{\mathrm{d}x_1}{\mathrm{d}t} \;=\; u_1 = (a + b\,\sin\omega t)\,x_1 \, ,$$

$$\frac{\mathrm{d}x_2}{\mathrm{d}t} \;=\; u_2 = -(a + b\,\sin\omega t)\,x_2 \, .$$

Durch Trennung der Veränderlichen folgt

$$\int \frac{\mathrm{d}x_1}{x_1} \;=\; \int (a + b\,\sin\omega t)\,\mathrm{d}t \, ,$$

$$\int \frac{\mathrm{d}x_2}{x_2} \;=\; -\int (a + b\,\sin\omega t)\,\mathrm{d}t$$

und daher durch Integration

$$\ln x_1 \;=\; \ln C_1 + \left( a\,t - \frac{b}{\omega}\cos\omega t \right) \quad \Rightarrow \quad x_1 = C_1\,\mathrm{e}^{\left( a\,t - \frac{b}{\omega}\cos\omega t \right)} \, ,$$

$$\ln x_2 \;=\; \ln C_2 - \left( a\,t - \frac{b}{\omega}\cos\omega t \right) \quad \Rightarrow \quad x_2 = C_2\,\mathrm{e}^{-\left( a\,t - \frac{b}{\omega}\cos\omega t \right)} \, .$$

Die Integrationskonstanten ergeben sich aus der Anfangsbedingung $\vec{x}(t=0) = \vec{\xi}$ zu

$$C_1 = \xi_1\,\mathrm{e}^{\frac{b}{\omega}} \quad \text{und} \quad C_2 = \xi_2\,\mathrm{e}^{-\frac{b}{\omega}} \, ,$$

so daß die Parameterdarstellung der Bahnlinien

$$x_1 \;=\; \xi_1\,\mathrm{e}^{\left( a\,t + \frac{b}{\omega}(1-\cos\omega t) \right)} \, , \tag{1}$$

$$x_2 \;=\; \xi_2\,\mathrm{e}^{-\left( a\,t + \frac{b}{\omega}(1-\cos\omega t) \right)} \tag{2}$$

lautet. Eliminiert man den Bahnparameter $t$ aus der ersten Gleichung

$$\mathrm{e}^{\left( a\,t + \frac{b}{\omega}(1-\cos\omega t) \right)} = \frac{x_1}{\xi_1}$$

und setzt dies in die zweite Gleichung ein, so erhält man wieder das bekannte Ergebnis

$$x_2 = \frac{\xi_1\,\xi_2}{x_1} \, .$$

c) Streichlinien:
Für die richtungsstationäre Strömung sind Stromlinien, Bahnlinien und Streichlinien
deckungsgleich, d. h. die Streichlinien sind ebenfalls die gleichseitigen Hyperbeln

$$x_1\,x_2 = \text{const} = y_1\,y_2 \, .$$

Für $y_1 = y_2 = 0$ erhält man

$$x_1 x_2 = 0 \; ,$$

d. h. die Koordinatenachsen ($x_1 = 0$ sowie $x_2 = 0$) sind die gesuchten Streichlinien. Aus den Gleichungen der Bahnlinien (1) und (2) folgt, daß die $x_1$–Achse die Streichlinie der Teilchen ist, die zum Zeitpunkt $t' \to -\infty$ im Ursprung waren, während die $x_2$–Achse die Streichlinie der Teilchen ist, die für $t' \to \infty$ im Ursprung ankommen.

d)  Änderung des Geschwindigkeitsfeldes für einen Beobachter auf der Bahn
$x_{1B} = x_{2B} = c_0 t$ :
Die zeitliche Änderung einer Feldgröße ist für den Beobachter durch

$$\frac{\mathrm{d}}{\mathrm{d}t} = \frac{\partial}{\partial t} + c_j \frac{\partial}{\partial x_j}$$

gegeben, wobei $c_j$ die Absolutgeschwindigkeit des Beobachters ist. Angewandt auf $u_i$ erhält man die vom Beobachter auf seiner Bahn festgestellte Strömungsgeschwindigkeitsänderung

$$\frac{\mathrm{d}u_i}{\mathrm{d}t} = \frac{\partial u_i}{\partial t} + c_j \frac{\partial u_i}{\partial x_j} \; .$$

Hier ist $c_1 = c_2 = c_0$ und es ergibt sich mit dem gegebenen Geschwindigkeitsfeld

$$\begin{aligned}
\frac{\mathrm{d}u_1}{\mathrm{d}t} &= \frac{\partial u_1}{\partial t} + c_0 \frac{\partial u_1}{\partial x_1} + c_0 \frac{\partial u_1}{\partial x_2} \\[2mm]
&= (b\,\omega\,\cos\omega t)\,x_1 + c_0\,(a + b\,\sin\omega t) \; , \\[2mm]
\frac{\mathrm{d}u_2}{\mathrm{d}t} &= \frac{\partial u_2}{\partial t} + c_0 \frac{\partial u_2}{\partial x_1} + c_0 \frac{\partial u_2}{\partial x_2} \\[2mm]
&= (-b\,\omega\,\cos\omega t)\,x_2 + c_0\,[-(a + b\,\sin\omega t)] \; .
\end{aligned}$$

Längs der Bahn des Beobachters ist $x_1 = x_{1_B} = c_0 t$, $x_2 = x_{2_B} = c_0 t$, d. h. die gesuchten Geschwindigkeitsänderungen sind als Funktionen von $t$ durch

$$\frac{\mathrm{d}u_1}{\mathrm{d}t} = c_0\,(b\,\omega\,t\,\cos\omega t + a + b\,\sin\omega t) \; ,$$

$$\frac{\mathrm{d}u_2}{\mathrm{d}t} = -c_0\,(b\,\omega\,t\,\cos\omega t + a + b\,\sin\omega t)$$

gegeben.

## Aufgabe 1.2-8  Streichlinie eines Wasserstrahles

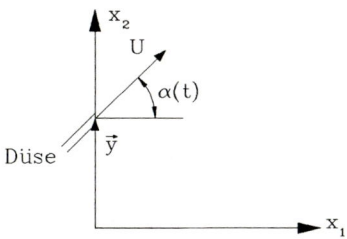

Die Düse eines Wasserschlauchs befindet sich an der Stelle $\vec{y} = h\,\vec{e}_2$ und führt eine Pendelbewegung ($\alpha = \alpha(t)$) aus. Das Wasser verläßt die Düse mit der konstanten Austrittsgeschwindigkeit $U$. Die auf den Wasserstrahl wirkenden Luftkräfte sind vernachlässigbar.

Man bestimme

a) die Geschwindigkeit $u_i(t)$ eines Teilchens, das zur Zeit $t'$ am Düsenaustritt war,
b) seine Bahnlinie, wenn es zum Zeitpunkt $t = 0$ am Orte $\vec{\xi}$ war,
c) die Gleichung der Streichlinien.
d) Gibt es hier Stromlinien?

### Lösung

a) Geschwindigkeit eines Teilchens $u_i(t)$:
Bei Vernachlässigung von Luftkräften auf den Wasserstrahl beschreiben die materiellen Teilchen des Strahles eine Wurfparabel, d. h. die Geschwindigkeitskomponenten des Teilchens haben folgende Form

$$u_1 \;=\; C_1\,,$$

$$u_2 \;=\; C_2 - g\,t\,.$$

Die Konstanten $C_1$ und $C_2$ folgen aus der Bedingung, daß das betrachtete Teilchen zur Zeit $t'$ an der Düsenmündung war und dort die Geschwindigkeitskomponenten

$$u_1(t') \;=\; U\,\cos\alpha(t')\,,$$

$$u_2(t') \;=\; U\,\sin\alpha(t')$$

hatte, zu

$$C_1 \;=\; U\,\cos\alpha(t')\,,$$

$$C_2 \;=\; U\,\sin\alpha(t') + g\,t'\,.$$

Die gesuchte Geschwindigkeit ist also

$$u_1 \;=\; U\,\cos\alpha(t')\,,$$

$$u_2 \;=\; U\,\sin\alpha(t') - g\,(t - t')\,.$$

b) Bahnlinie des Teilchens mit $\vec{x}(t = 0) = \vec{\xi}$:
Aus den Differentialgleichungen für die Bahnlinien

$$\frac{\mathrm{d}x_1}{\mathrm{d}t} \;=\; U\,\cos\alpha(t') \quad (= \text{const})\,,$$

$$\frac{\mathrm{d}x_2}{\mathrm{d}t} \;=\; U\,\sin\alpha(t') - g\,(t - t')$$

folgt durch direkte Integration

$$x_1(t) = U \cos \alpha(t') t + C_3 \,,$$

$$x_2(t) = U \sin \alpha(t') t - \frac{1}{2} g (t^2 - 2t' t) + C_4 \,.$$

War das betrachtete Teilchen für $t = 0$ an der Stelle $\vec{\xi}$, so bestimmen sich die Integrationskonstanten zu

$$x_1(0) = \xi_1 = C_3 \,,$$

$$x_2(0) = \xi_2 = C_4 \,,$$

d. h. die Gleichung seiner Bahn ist:

$$x_1(t) = U \cos \alpha(t') t + \xi_1 \,, \tag{1}$$

$$x_2(t) = U \sin \alpha(t') t - \frac{1}{2} g ((t - t')^2 - t'^2) + \xi_2 \,. \tag{2}$$

c) Gleichung der Streichlinien:

Bekannt ist $x_i = x_i(\xi_j, t)$. Wir lösen diesen Zusammenhang nach $\xi_j = \xi_j(x_i, t)$ auf und identifizieren die Teilchen, die zur Zeit $t'$ am Ort $\vec{y} = h \vec{e}_2$ waren, durch die Gleichung $\xi_j = \xi_j(y_i, t')$. Die entstehende Gleichung

$$x_i(t') = x_i(\xi_j(y_k, t'), t) = x_i(y_k, t', t)$$

gibt schließlich bei festgehaltenem $y_k$ und $t$ die Gleichung der Streichlinie (= Verbindungslinie aller Teilchen, die zu irgendeiner Zeit $t'$ den Ort $\vec{y}$ passiert haben).

Also der Reihe nach:

Auflösung von $x_i = x_i(\xi_j, t)$ nach $\xi_j = \xi_j(x_i, t)$ ergibt

$$\text{aus (1):} \quad \xi_1 = x_1 - U \cos \alpha(t') t \,,$$

$$\text{aus (2):} \quad \xi_2 = x_2 - U \sin \alpha(t') t + \frac{1}{2} g ((t - t')^2 - t'^2) \,.$$

Teilchenidentifikation $(t = t', x_1 = y_1 = 0, x_2 = y_2 = h)$:

$$\xi_1 = -U \cos \alpha(t') t' \,,$$

$$\xi_2 = h - U \sin \alpha(t') t' - \frac{1}{2} g t'^2 \,.$$

Einsetzen der materiellen Koordinaten in die Bahnliniengleichungen (1) und (2) führt auf

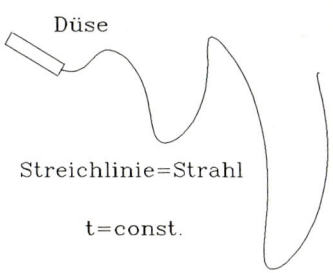

Düse

$$x_1 = U \cos \alpha(t')\,(t - t')\,,$$

$$x_2 = h + U \sin \alpha(t')\,(t - t') - \frac{1}{2}\,g\,(t - t')^2\,.$$

Streichlinie=Strahl

t=const.

Dies ist die Parameterdarstellung (Kurvenparameter $t'$) der gesuchten Streichlinie zum Zeitpunkt
$t$.

d) Stromlinien ?
Die Momentaufnahme des Wasserstrahls zum Zeitpunkt $t$ ist genau die berechnete Streichlinie. Die Geschwindigkeitsvektoren sind nicht tangential zur Streichlinie,
sondern zur Bahnlinie der Teilchen:

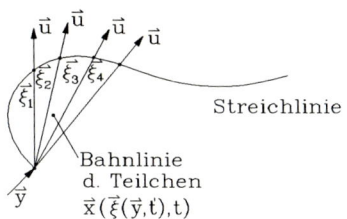

Streichlinie

Bahnlinie
d. Teilchen
$\vec{x}(\vec{\xi}(\vec{y},t),t)$

Um nun die Tangentialkurven an die Geschwindigkeitsvektoren verschiedener Teilchen zum selben
Zeitpunkt $t$ (=Stromlinien) einzeichnen zu können,
müßten benachbarte Teilchen existieren. Da der
Strahl aber im Idealfall aus einer materiellen Linie
besteht, entarten die Stromlinien zu Punkten.

## Aufgabe 1.2-9    Strom– und Streichlinien in Polarkoordinaten

In Polarkoordinaten $(r, \varphi)$ ist das ebene, instationäre Geschwindigkeitsfeld

$$\vec{u} = \frac{1}{r}\left(A_0\,\vec{e}_r + B_0\,(1 + at)\,\vec{e}_\varphi\right)$$

mit den dimensionsbehafteten Konstanten $(A_0,\ B_0,\ a)$ gegeben.

Berechnen Sie in Polarkoordinaten

a) die Gleichung der Stromlinie durch den Punkt $P(r = r_0, \varphi = 0)$ und
b) die der Bahnlinie des Teilchens, das zum Zeitpunkt $t = 0$ im Punkt P war.

### Lösung

a) die Gleichung der Stromlinie:
In Zylinderkoordinaten lautet das Linienelement (S. L. (B.2,b))

$$\mathrm{d}\vec{x} = \mathrm{d}r\,\vec{e}_r + r\,\mathrm{d}\varphi\,\vec{e}_\varphi + \mathrm{d}z\,\vec{e}_z \tag{1}$$

und das Geschwindigkeitsfeld (S. L. (B.2,c))

$$\vec{u} = u_r\,\vec{e}_r + u_\varphi\,\vec{e}_\varphi + u_z\,\vec{e}_z\,. \tag{2}$$

Damit erhält man aus

$$\frac{\mathrm{d}\vec{x}}{\mathrm{d}s} = \frac{\vec{u}}{|\vec{u}|}$$

die drei Komponentengleichungen der Stromlinie

$$\frac{\mathrm{d}r}{\mathrm{d}s} = \frac{u_r}{|\vec{u}|} \,, \quad r\frac{\mathrm{d}\varphi}{\mathrm{d}s} = \frac{u_\varphi}{|\vec{u}|} \,, \quad \frac{\mathrm{d}z}{\mathrm{d}s} = \frac{u_z}{|\vec{u}|} \,.$$

Für die betrachtete ebene Strömung in der $r, \varphi$–Ebene genügen die ersten beiden Gleichungen, die wir zur Eliminierung des Bahnparameters $s$ durcheinander dividieren

$$\frac{1}{r}\frac{\mathrm{d}r}{\mathrm{d}\varphi} = \frac{u_r}{u_\varphi} \,.$$

Für das gegebene Geschwindigkeitsfeld ergibt sich mit der Abkürzung $B(t) = B_0(1+at)$ die Differentialgleichung

$$\frac{\mathrm{d}r}{r} = \frac{A_0}{B(t)}\,\mathrm{d}\varphi \,.$$

Da die Stromlinien Momentaufnahmen sind, ist hier t bzw. B(t) als Konstante zu behandeln, und die Integration liefert:

$$\int_{r_0}^{r}\frac{\mathrm{d}r}{r} = \frac{A_0}{B(t)}\int_{0}^{\varphi}\mathrm{d}\varphi \qquad (\text{Stromlinie durch } (r_0, 0)\,!)$$

$$\Rightarrow \quad \ln\frac{r}{r_0} = \frac{A_0}{B(t)}\varphi \,, \tag{3}$$

bzw.

$$r(\varphi) = r_0\,e^{\frac{A_0}{B(t)}\varphi} \,. \tag{4}$$

Die Funktion $B(t)$ geht also in die Gleichung der Stromlinien nur parametrisch ein, d. h. die Stromlinien sehen zu jedem Zeitpunkt so aus, als sei $B$ konstant und gleich dem Momentanwert zum betrachteten Zeitpunkt.

Die durch (3) bzw. (4) beschriebenen Kurven sind logarithmische Spiralen, d. h. alle vom Ursprung ausgehenden Strahlen werden von der Kurve unter dem gleichen Winkel $\gamma$ geschnitten.

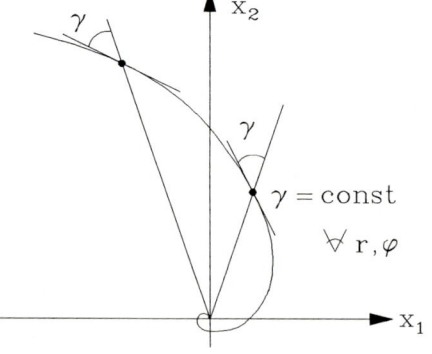

b) die Bahnlinie:

Mit (1) und (2) lauten die Differentialgleichungen für die Bahnlinien

$$\frac{dr}{dt} = u_r , \quad r\frac{d\varphi}{dt} = u_\varphi , \quad \frac{dz}{dt} = u_z .$$

Für das vorliegende ebene Problem werden nur die ersten beiden Differentialgleichungen gebraucht, die mit dem gegebenen Geschwindigkeitsfeld die Form

$$\frac{dr}{dt} = \frac{A_0}{r} , \tag{5}$$

$$r\frac{d\varphi}{dt} = \frac{B_0(1 + at)}{r} \tag{6}$$

annehmen. Gleichung (6) ist über $r$ mit (5) gekoppelt. Gleichung (5) jedoch ist entkoppelt und wird daher zunächst integriert

$$\int r\,dr = \int A_0\,dt + C .$$

Mit der Anfangsbedingung $r(t = 0) = r_0$ folgt die spezielle Lösung zu

$$r^2 = r_0^2 + 2A_0\,t . \tag{7}$$

Mit (7) läßt sich nun auch (6) integrieren

$$\frac{d\varphi}{dt} = B_0\frac{1 + a\,t}{r_0^2 + 2A_0\,t} ,$$

$$\Rightarrow \quad \int_0^\varphi d\varphi = B_0\int_0^t \frac{1 + a\,t}{r_0^2 + 2A_0\,t}\,dt$$

$$\Rightarrow \quad \varphi = B_0\left[\frac{1}{2A_0}\ln(r_0^2 + 2A_0\,t) + a\left(\frac{t}{2A_0} - \frac{r_0^2}{4A_0^2}\ln(r_0^2 + 2A_0\,t)\right)\right]_0^t$$

$$= \left[\left(\frac{B_0}{A_0} - \frac{B_0\,a\,r_0^2}{2\,A_0^2}\right)\frac{1}{2}\ln(r_0^2 + 2A_0\,t) + \frac{B_0\,a\,t}{2\,A_0}\right]_0^t$$

$$\Rightarrow \quad \varphi(t) = \left(\frac{B_0}{A_0} - \frac{B_0\,a\,r_0^2}{2A_0^2}\right)\ln\left(1 + \frac{2A_0}{r_0^2}t\right)^{\frac{1}{2}} + \frac{B_0\,a\,t}{2A_0} .$$

Wegen (7) läßt sich der Bahnparameter $t$ wieder eliminieren, und man erhält die explizite Darstellung

$$\varphi(r) = \left(\frac{B_0}{A_0} - \frac{B_0\,a\,r_0^2}{2A_0^2}\right)\ln\left(\frac{r}{r_0}\right) + \frac{B_0\,a}{4A_0^2}(r^2 - r_0^2) . \tag{8}$$

Anm.: Für $a = 0$ ($\hat{=} B(t) = B_0$) entsteht der stationäre Fall, und Gleichung (8) stimmt mit der Gleichung der Stromlinien (4) überein.

## Aufgabe 1.2-10    Strom– und Bahnlinien bei stehenden Schwe-<br>rewellen

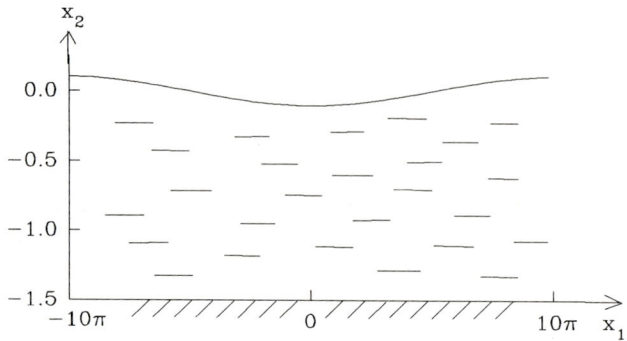

Das Geschwindigkeitsfeld $u_i(x_j)$ mit den Komponenten

$$u_1 = -U \sin \Omega t \sin kx_1 \cosh k \left(x_2 + h\right),$$

$$u_2 = +U \sin \Omega t \cos kx_1 \sinh k \left(x_2 + h\right),$$

$$u_3 = 0$$

beschreibt eine ebene, stehende Schwerewelle in einer über einem horizontalen Boden stehenden Flüssigkeitsschicht der Tiefe h. Die Geschwindigkeit $U$, die Kreisfrequenz $\Omega$ und die Wellenzahl $k$ sowie die Höhe $h$ sind konstant.

a) Zeigen Sie, daß eine Potentialströmung vorliegt. Wie lautet das Geschwindigkeitspotential $\Phi(x_1, x_2, t)$?

b) Bei genügend kleiner Wellenamplitude ist die Form der freien Oberfläche $\zeta$ durch

$$\zeta = -\frac{1}{g} \left. \frac{\partial \Phi(x_1, x_2, t)}{\partial t} \right|_{x_2=0}$$

gegeben. $g$ bezeichnet die Erdbeschleunigung. Skizzieren Sie die Oberflächenform zur festen Zeit $t = 0$. Berechnen Sie die Strom– und Bahnlinien und skizzieren Sie deren Verlauf.

Geg.: $U$, Kreisfrequenz $\Omega$, Wellenzahl $k$, Tiefe $h$

**Lösung**

a) Aus den Komponenten des Geschwindigkeitsfeldes folgt unmittelbar

$$\frac{\partial u_1}{\partial x_2} = \frac{\partial u_2}{\partial x_1}, \quad \frac{\partial u_2}{\partial x_3} = \frac{\partial u_3}{\partial x_2}, \quad \frac{\partial u_3}{\partial x_1} = \frac{\partial u_1}{\partial x_3},$$

d. h. rot $\vec{u} = 0$, es liegt also eine Potentialströmung vor.

Das Geschwindigkeitspotential $\Phi$ erhalten wir durch Integration der Gleichungen $\partial \Phi/\partial x_i = u_i$ zu

$$\Phi(x_1, x_2, t) = \frac{U}{k} \sin \Omega t \cos kx_1 \cosh k \left(x_2 + h\right),$$

wobei die Integrationskonstante ohne Einschränkung der Allgemeingültigkeit weggelassen werden kann.

b) Die Oberflächenform lautet zur festen Zeit $t = 0$

$$\zeta = -\frac{U\,\Omega}{g\,k}\,\cosh kh \,\cos kx_1 \,.$$

Das instationäre Geschwindigkeitsfeld läßt sich in der Form

$$\vec{u}(\vec{x},t) = f(t)\,\vec{u}(\vec{x})$$

schreiben, die Richtung des Geschwindigkeitsvektors ist zeitunabhängig, d. h. die Stromlinien sind immer dieselben Kurven wie die Bahnlinien. Wir berechnen diese Kurven mit den Differentialgleichungen für die Stromlinien in der Form

$$\frac{\mathrm{d}x_1}{u_1} = \frac{\mathrm{d}x_2}{u_2} \,.$$

Die Trennung der Veränderlichen

$$-\frac{\mathrm{d}x_1}{\tan kx_1} = \frac{\mathrm{d}x_2}{\tanh k\,(x_2 + h)}$$

und anschließende Integration führt uns auf die Darstellung der Stromlinien

$$-\frac{1}{k}\,\ln\left(\sin kx_1\right) \;=\; \frac{1}{k}\,\ln\left(\sinh k\,(x_2 + h)\right) + \frac{1}{k}\,\ln C$$

$$\Rightarrow \qquad \frac{1}{C} \;=\; \sinh k\,(x_2 + h)\,\sin kx_1 \,.$$

Die Integrationskonstante $C$ bestimmen wir durch die Forderung, daß die Stromlinie durch den Punkt $x_1 = x_{10}$, $x_2 = x_{20}$ verlaufen soll, zu

$$C = \frac{1}{\sinh k\,(x_{20} + h)\,\sin kx_{10}} \,.$$

Damit erhalten wir die explizite Form der Stromlinien zu

$$x_2 = \frac{1}{k}\,\operatorname{arsinh}\left[\sinh k\,(x_{20} + h)\,\frac{\sin kx_{10}}{\sin kx_1}\right] - h \,.$$

## Aufgabe 1.2-11　Änderung materieller Linienelemente bei einer Couette–Strömung

Gegeben ist das Geschwindigkeitsfeld der Couette–Strömung

$$u_1 = \frac{U}{h} x_2 , \quad u_2 = u_3 = 0 .$$

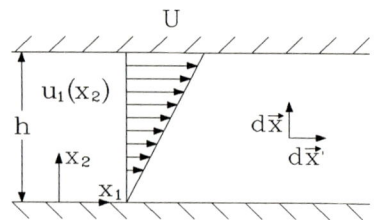

a) Wie groß ist die Dehnungsgeschwindigkeit der materiellen Linienelemente $d\vec{x}$ und $d\vec{x}'$ ?

b) Welche Winkelgeschwindigkeiten $D\varphi/Dt$ bzw. $D\varphi'/Dt$ haben diese materiellen Linienelemente?

c) Wie groß ist die Geschwindigkeit, mit der sich der rechte Winkel zwischen $d\vec{x}$ und $d\vec{x}'$ ändert?

d) Bestimmen Sie den
   1.) Geschwindigkeitsgradienten $\partial u_i/\partial x_j$,
   2.) den Dehnungsgeschwindigkeitstensor $e_{ij}$ und
   3.) den Drehgeschwindigkeitstensor $\Omega_{ij}$.

e) Berechnen Sie mit den Tensoren aus d) die Dehnungsgeschwindigkeit der materiellen Linienelemente $d\vec{x}$ und $d\vec{x}'$, sowie die Änderungsgeschwindigkeit des rechten Winkels zwischen ihnen.

### Lösung

a) Dehnungsgeschwindigkeit der materiellen Linienelemente $d\vec{x}$ und $d\vec{x}'$:

Die Linienelemente liegen in Richtung der Koordinatenachsen, also

$$d\vec{x} = ds\,\vec{e}_2 ,$$
$$d\vec{x}' = ds'\,\vec{e}_1 .$$

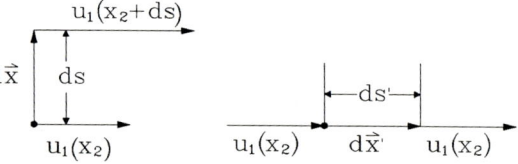

Das Geschwindigkeitsfeld hängt nur von $x_2$ ab, und nur die $x_1$–Komponente von $\vec{u}$ ist von null verschieden.

Die Dehnungsgeschwindigkeit $1/dsD(ds)/Dt$ entspricht der Komponente der Differenzgeschwindigkeit $d\vec{u}$ an beiden Endpunkten des Linienelements in Richtung des Elementes $ds$ dividiert durch die Elementlänge $ds$. Da $u_2 = u_3 = 0$ ist, hat die Differenzgeschwindigkeit $d\vec{u}$ ebenfalls nur eine $x_1$–Komponente. Für das materielle Linienelement $d\vec{x}$ ist diese

$$du_1 = u_1(x_2 + ds) - u_1(x_2) = \frac{du_1}{dx_2}\,ds = \frac{U}{h}\,ds . \tag{1}$$

Die Komponente in Richtung des Elementes $d\vec{x}$ und damit die Dehnungsgeschwindigkeit von $d\vec{x}$ ist aber null.

Für das Element $d\vec{x}'$ gilt wegen $u_1 = u_1(x_2)$

$$du_1' = u_1(x_2) - u_1(x_2) = 0 \ , \tag{2}$$

d. h. auch hier ist die Dehnungsgeschwindigkeit null.

b) Winkelgeschwindigkeit der Elemente:

Die Winkelgeschwindigkeit eines Linienelementes $D\varphi/Dt$ berechnet sich aus der Komponente der Differenzgeschwindigkeit beider Endpunkte senkrecht zum Element dividiert durch die Länge des Elements.

Für $d\vec{x}$ also mit (1)

$$\frac{D\varphi}{Dt} = -\frac{du_1}{ds} = -\frac{U}{h} = -\dot{\gamma} \ ,$$

wobei das Vorzeichen negativ ist, da die Drehung im mathematisch negativen Sinn erfolgt.

Für $d\vec{x}'$ folgt aus (2)

$$\frac{D\varphi'}{Dt} = 0 \ ,$$

d. h. dieses Element wird weder gedehnt noch gedreht.

c) Änderungsgeschwindigkeit des rechten Winkels zwischen den Linienelementen $d\vec{x}$ und $d\vec{x}'$:

Die Änderungsgeschwindigkeit des rechten Winkels ist die Differenz der beiden Winkelgeschwindigkeiten, also

$$\frac{D\alpha_{12}}{Dt} = \frac{D\varphi}{Dt} - \frac{D\varphi'}{Dt} = -\frac{U}{h} - 0 = -\frac{U}{h} = -\dot{\gamma} \ .$$

(Die Indizes sind 1 und 2, weil die Elemente in die $x_1$ und $x_2$–Richtung ausgerichtet sind.)

d) Geschwindigkeitsgradient, Dehnungsgeschwindigkeits- und Drehgeschwindigkeitstensor:

1.) Geschwindigkeitsgradient $\partial u_i / \partial x_j$:

Bis auf $\partial u_1 / \partial x_2 = \frac{U}{h} = \dot{\gamma}$ sind alle Terme null.

2.) Dehnungsgeschwindigkeitstensor $e_{ij}$:

Der Dehnungsgeschwindigkeitstensor $e_{ij}$ ist der symmetrische Anteil des Geschwindigkeitsgradienten $\partial u_i / \partial x_j$, also

$$e_{ij} = \frac{1}{2}\left(\frac{\partial u_i}{\partial x_j} + \frac{\partial u_j}{\partial x_i}\right) \ .$$

Wir erhalten wegen $e_{12} = e_{21}$:

$$e_{12} = \frac{1}{2}\left(\frac{\partial u_1}{\partial x_2} + \frac{\partial u_2}{\partial x_1}\right) = \frac{1}{2}\dot{\gamma} \ .$$

Die anderen Komponenten sind wieder null.

3.) Drehgeschwindigkeitstensor $\Omega_{ij}$:
Der Drehgeschwindigkeitstensor ist der antisymmetrische Anteil von $\partial u_i / \partial x_j$, also

$$\Omega_{ij} = \frac{1}{2}\left(\frac{\partial u_i}{\partial x_j} - \frac{\partial u_j}{\partial x_i}\right),$$

und daher

$$\Omega_{12} = \frac{1}{2}\left(\frac{\partial u_1}{\partial x_2} - \frac{\partial u_2}{\partial x_1}\right) = \frac{1}{2}\frac{\partial u_1}{\partial x_2} = \frac{1}{2}\dot{\gamma} = -\Omega_{21}.$$

Die anderen Komponenten verschwinden wieder.

e) Dehnungsgeschwindigkeit:
Die Dehnungsgeschwindigkeit eines nach $\vec{l} = \mathrm{d}\vec{x}/\mathrm{d}s$ ausgerichteten materiellen Elementes ist

$$\frac{1}{\mathrm{d}s}\frac{\mathrm{D}(\mathrm{d}s)}{\mathrm{D}t} = e_{ij}\,l_i\,l_j.$$

Die Richtungsvektoren der beiden Elemente sind

$$\mathrm{d}\vec{x}:\qquad \vec{l} = (0,1,0), \quad \mathrm{d}\vec{x}':\qquad \vec{l}' = (1,0,0).$$

Durch Einsetzen der Komponenten von $e_{ij}$, $l_i$ und $l_j$ ergibt sich für das Element $\mathrm{d}\vec{x}$

$$\frac{1}{\mathrm{d}s}\frac{\mathrm{D}(\mathrm{d}s)}{\mathrm{D}t} = e_{ij}\,l_i\,l_j = 0$$

und für $\mathrm{d}\vec{x}'$

$$\frac{1}{\mathrm{d}s'}\frac{\mathrm{D}(\mathrm{d}s')}{\mathrm{D}t} = e_{ij}\,l_i'\,l_j' = 0.$$

In Übereinstimmung mit dem Ergebnis aus a) erhalten wir also beide Dehnungsgeschwindigkeiten zu null.
Bei der Änderungsgeschwindigkeit des rechten Winkels gilt der Zusammenhang

$$\frac{\mathrm{D}\alpha_{12}}{\mathrm{D}t} = -2\,e_{12},$$

also hier mit $e_{12} = \frac{1}{2}\dot{\gamma}$

$$\frac{\mathrm{D}\alpha_{12}}{\mathrm{D}t} = -\dot{\gamma},$$

was wir auch unter c) erhalten haben.
Zusatzbemerkung:
Für die ebene Strömung berechnet sich die einzige nicht verschwindende Komponente der Winkelgeschwindigkeit $\vec{\omega}$ aus $\omega_n = \frac{1}{2}\epsilon_{ijn}\Omega_{ji}$ zu

$$\omega_3 = \frac{1}{2}\left(\epsilon_{123}\Omega_{21} + \epsilon_{213}\Omega_{12}\right) = \frac{1}{2}\left(-\frac{1}{2}\dot{\gamma} - \frac{1}{2}\dot{\gamma}\right) = -\frac{1}{2}\dot{\gamma}.$$

## Aufgabe 1.2-12    Änderung materieller Linienelemente bei einer dreidimensionalen Strömung

Für das stationäre Geschwindigkeitsfeld in dimensionsloser Form

$$\vec{u} = 3\,x_1^2\,x_2\,\vec{e}_1 + 2\,x_2^2\,x_3\,\vec{e}_2 + x_1\,x_2\,x_3^2\,\vec{e}_3$$

berechne man am Punkt $P = (1,1,1)$

a) die Komponenten $\partial u_i/\partial x_j$ des Geschwindigkeitsgradienten,
b) die Komponenten der Winkelgeschwindigkeit, mit der sich ein Flüssigkeitsteilchen, das sich in $P$ befindet, dreht,
c) die Komponenten $e_{ij}$ des Deformationsgeschwindigkeitstensors,
d) die Dehnungsgeschwindigkeiten in die $x_1$, $x_2$ und $x_3$-Richtung,
e) die Änderung des rechten Winkels zwischen $\mathrm{d}x_1$ und $\mathrm{d}x_2$ eines materiellen Volumenelementes $\mathrm{d}V = \mathrm{d}x_1\,\mathrm{d}x_2\,\mathrm{d}x_3$,
f) die Dehnungsgeschwindigkeit eines Flüssigkeitselementes in Bahnrichtung,
g) die Hauptdehnungsgeschwindigkeiten und die Hauptdehnungsrichtungen.

### Lösung

a) Geschwindigkeitsgradient:
Die Komponenten des Geschwindigkeitsgradienten berechnen sich zu

$$\frac{\partial u_1}{\partial x_1} = 6x_1x_2 = 6 \qquad \frac{\partial u_2}{\partial x_1} = 0 \qquad \frac{\partial u_3}{\partial x_1} = x_2x_3^2 = 1$$

$$\frac{\partial u_1}{\partial x_2} = 3x_1^2 = 3 \qquad \frac{\partial u_2}{\partial x_2} = 4x_2x_3 = 4 \qquad \frac{\partial u_3}{\partial x_2} = x_1x_3^2 = 1$$

$$\frac{\partial u_1}{\partial x_3} = 0 \qquad \frac{\partial u_2}{\partial x_3} = 2x_2^2 = 2 \qquad \frac{\partial u_3}{\partial x_3} = 2x_1x_2x_3 = 2\,.$$

b) Winkelgeschwindigkeit eines Teilchens:
Aus

$$\vec{\omega} = \frac{1}{2}\,\mathrm{rot}\,\vec{u} \iff \omega_i = \frac{1}{2}\,\epsilon_{ijk}\,\frac{\partial u_k}{\partial x_j}$$

folgt

$$\omega_1 = -\frac{1}{2}\,,$$

$$\omega_2 = -\frac{1}{2}\,,$$

$$\omega_3 = -\frac{3}{2}\,.$$

c) Deformationsgeschwindigkeitstensor:

$$e_{ij} = \frac{1}{2}\left(\frac{\partial u_i}{\partial x_j} + \frac{\partial u_j}{\partial x_i}\right) \Rightarrow \begin{cases} e_{11} = 6 & e_{12} = \frac{3}{2} & e_{13} = \frac{1}{2} \\[2mm] e_{21} = \frac{3}{2} & e_{22} = 4 & e_{23} = \frac{3}{2} \\[2mm] e_{31} = \frac{1}{2} & e_{32} = \frac{3}{2} & e_{33} = 2 \, . \end{cases}$$

d) Dehnungsgeschwindigkeiten in die Koordinatenrichtungen:
Für ein materielles Linienelement $\mathrm{d}\vec{x}$ mit dem Richtungsvektor $\vec{l} = \mathrm{d}\vec{x}/\mathrm{d}s$ gilt

$$\frac{1}{\mathrm{d}s}\frac{\mathrm{D}(\mathrm{d}s)}{\mathrm{D}t} = e_{ij}\, l_i\, l_j \, .$$

Setzt man nacheinander jeweils $\vec{l} = (1,0,0)$, $(0,1,0)$, $(0,0,1)$, so erhält man die Dehnungsgeschwindigkeiten in die Koordinatenachsen zu

$$\frac{1}{\mathrm{d}x_1}\frac{\mathrm{D}(\mathrm{d}x_1)}{\mathrm{D}t} = e_{11} = 6 \, , \qquad \frac{1}{\mathrm{d}x_2}\frac{\mathrm{D}(\mathrm{d}x_2)}{\mathrm{D}t} = e_{22} = 4 \, , \qquad \frac{1}{\mathrm{d}x_3}\frac{\mathrm{D}(\mathrm{d}x_3)}{\mathrm{D}t} = e_{33} = 2 \, .$$

e) Die Änderung des rechten Winkels zwischen $\mathrm{d}x_1$ und $\mathrm{d}x_2$ ist

$$\frac{\mathrm{D}(\alpha_{12})}{\mathrm{D}t} = -2\, e_{12} = -3$$

und es sind

$$\frac{\mathrm{D}(\alpha_{13})}{\mathrm{D}t} = -2\, e_{13} = -1 \quad \text{sowie} \quad \frac{\mathrm{D}(\alpha_{23})}{\mathrm{D}t} = -2\, e_{23} = -3$$

die Änderungen der rechten Winkel zwischen $\mathrm{d}x_1$ und $\mathrm{d}x_3$ bzw. zwischen $\mathrm{d}x_2$ und $\mathrm{d}x_3$.

f) Dehnungsgeschwindigkeit in Bahnrichtung :
Die Dehnung eines Linienelementes in Bahnrichtung erhält man, indem man in der Gleichung

$$\frac{1}{\mathrm{d}s}\frac{\mathrm{D}(\mathrm{d}s)}{\mathrm{D}t} = e_{ij}\, l_i l_j$$

für den allgemeinen Richtungsvektor $\vec{l}$ den in Bahnlinienrichtung $\vec{t}$ einsetzt; letzterer ist mit

$$\vec{t} = \frac{\vec{u}}{|\vec{u}|}$$

gegeben, und da $\vec{u}(P = (1,1,1)) = (3,2,1)$, d. h. $|\vec{u}| = \sqrt{14}$, ist, ergibt sich mit dem normierten Richtungsvektor

$$t_1 = \frac{1}{\sqrt{14}}3 \, ,$$

$$t_2 = \frac{1}{\sqrt{14}}2 \, ,$$

$$t_3 = \frac{1}{\sqrt{14}}1 \, .$$

Damit erhält man für die Dehnungsgeschwindigkeit

$$
\begin{aligned}
\frac{1}{ds}\frac{D(ds)}{Dt} =\ & e_{11}\,t_1\,t_1 + e_{12}\,t_1\,t_2 + e_{13}\,t_1\,t_3 \\
+\ & e_{21}\,t_2\,t_1 + e_{22}\,t_2\,t_2 + e_{23}\,t_2\,t_3 \\
+\ & e_{31}\,t_3\,t_1 + e_{32}\,t_3\,t_2 + e_{33}\,t_3\,t_3\ ,
\end{aligned}
$$

was sich noch wegen $e_{ij} = e_{ji}$ zu

$$
\frac{1}{ds}\frac{D(ds)}{Dt} = e_{11}\,t_1^2 + e_{22}\,t_2^2 + e_{33}\,t_3^2 + 2\left(e_{12}\,t_1\,t_2 + e_{13}\,t_1\,t_3 + e_{23}\,t_2\,t_3\right)
$$

vereinfacht. Im Punkt $P = (1,1,1)$ ergibt sich der Zahlenwert

$$
\frac{1}{ds}\frac{D(ds)}{Dt} = 6\frac{9}{14} + 4\frac{4}{14} + 2\frac{1}{14} + \frac{2}{14}\left(\frac{3}{2}6 + \frac{1}{2}3 + \frac{3}{2}2\right) = \frac{99}{14}\ .
$$

g) **Hauptdehnungsgeschwindigkeiten und Hauptdehnungsrichtungen:**
Die Berechnung führt auf das Eigenwertproblem

$$
\left(e_{ij} - e\delta_{ij}\right) l_j = 0
$$

mit $e$ als Hauptdehnung (= Eigenwert) und $\vec{l}$ als Einheitsvektor in die Hauptdehnungsrichtung (= Eigenvektor). Nichttriviale Lösungen existieren nur, wenn die Determinante der Koeffizientenmatrix $(e_{ij} - e\delta_{ij})$ verschwindet, d. h., wenn

$$
\det\begin{pmatrix}
e_{11} - e & e_{12} & e_{13} \\
e_{21} & e_{22} - e & e_{23} \\
e_{31} & e_{32} & e_{33} - e
\end{pmatrix} = 0
$$

erfüllt ist. Diese Bedingung führt auf das charakteristische Polynom

$$
-e^3 + I_{1e}e^2 - I_{2e}e + I_{3e} = 0\ ,
$$

aus dem die drei Eigenwerte berechnet werden können. Die Invarianten des Dehnungsgeschwindigkeitstensor sind der Reihe nach

$$
I_{1e} = e_{ii} = 6 + 4 + 2 = 12\ ,
$$

$$
I_{2e} = \frac{1}{2}\left(e_{ii}e_{jj} - e_{ij}e_{ij}\right)
$$

mit

$$
\begin{aligned}
e_{ij}e_{ij} =\ & e_{11}e_{11} + e_{12}e_{12} + e_{13}e_{13}+ \\
+\ & e_{21}e_{21} + e_{22}e_{22} + e_{23}e_{23}+ \\
+\ & e_{31}e_{31} + e_{32}e_{32} + e_{33}e_{33}
\end{aligned}
$$

$$= e_{11}^2 + e_{22}^2 + e_{33}^2 + 2\left(e_{12}^2 + e_{13}^2 + e_{23}^2\right)$$

$$= 6^2 + 4^2 + 2^2 + 2\left(\left(\frac{3}{2}\right)^2 + \left(\frac{1}{2}\right)^2 + \left(\frac{3}{2}\right)^2\right) = 65,5$$

$$\Rightarrow \quad I_{2e} = \frac{1}{2}(12^2 - 65,5) = 39,25 \ ,$$

$$I_{3e} = \det(e_{ij})$$

$$\Rightarrow \quad I_{3e} = 6\left(8 - \frac{9}{4}\right) + \frac{3}{2}\left(\frac{3}{4} - 3\right) + \frac{1}{2}\left(\frac{9}{4} - 2\right) = 31,25 \ .$$

Die drei Wurzeln des Polynoms dritten Grades berechnen sich, etwa nach dem Newton–Verfahren oder der Cardanischen Formel, zu

$$e^{(1)} = 1,180 \ , \ e^{(2)} = 3,741 \ , \ e^{(3)} = 7,079 \ .$$

Sie stellen die Hauptdehnungsgeschwindigkeiten dar. Die Komponenten des Dehnungs-geschwindigkeitstensors im Hauptachsensystem haben damit die Form

$$e'_{ij} = \begin{cases} e^{(i)} & \text{für} \quad i = j \\ 0 & \text{für} \quad i \neq j \end{cases} .$$

Die Eigenvektoren folgen nun mit den bekannten Eigenwerten aus dem linearen Gleich-ungssystem $(e_{ij} - e\delta_{ij})\, l_j = 0$. Laut Voraussetzung verschwindet aber die Determinante des Gleichungssystems, d. h., von den drei Gleichungen sind nur zwei linear unabhängig. Eine eindeutige Lösung erhält man erst mit der Normierungsbedingung

$$l_1^2 + l_2^2 + l_3^2 = 1 \ .$$

Es ist rechentechnisch jedoch oft einfacher, zunächst einen Vektor $\vec{l}'$ zu berechnen, der nicht auf Eins normiert ist, und die Normierung erst anschließend vorzunehmen. Wir streichen die dritte Gleichung oben und setzen $l'_3 = 1$. Aus dem entstehenden Gleich-ungssystem für den ersten Eigenwert

$$i = 1 \ : \ (6 - 1,18)\, l'_1 + \frac{3}{2} l'_2 + \frac{1}{2} = 0$$

$$i = 2 \ : \ \frac{3}{2}\, l'_1 + (4 - 1,18)\, l'_2 + \frac{3}{2} = 0$$

erhält man mit der Cramer'schen Regel die Lösungen:

$$l'_1 = 0,07406 \ ,$$

$$l'_2 = -0,5713 \ .$$

Die Komponenten des nicht normierten Vektors sind also

$$l'_1 = 0,07406 \ ,$$

$$l'_2 = -0,5713 \ ,$$

$$l'_3 = 1 \ .$$

Durch Normierung auf 1 erhält man dann

$$l_1^{(1)} = 0,06417 ,$$

$$l_2^{(1)} = -0,4950 ,$$

$$l_3^{(1)} = 0,8665 .$$

Analog berechnet man die Komponenten des zweiten Eigenvektors mit $e = e^{(2)} = 3,741$ zu

$$l_1^{(2)} = -0,558 ,$$

$$l_2^{(2)} = 0,702 ,$$

$$l_3^{(2)} = 0,442 .$$

Den dritten Eigenvektor kann man auf demselben Weg berechnen. Eine einfachere Möglichkeit der Berechnung bietet sich jedoch durch Ausnutzung der Tatsache, daß die Eigenvektoren ein Rechtssystem bilden, nämlich

$$\vec{l}^{(3)} = \vec{l}^{(1)} \times \vec{l}^{(2)} = - \begin{pmatrix} 0,825 \\ 0,515 \\ 0,233 \end{pmatrix} .$$

Berechnet man $\vec{l}^{(3)}$ ebenfalls aus dem Gleichungssystem, so wird durch obige Bedingung das Vorzeichen von $\vec{l}^{(3)}$ festgelegt. $\vec{l}^{(1)}$ gibt die zu $e^{(1)}$ gehörende Richtung an, $\vec{l}^{(2)}$ die zu $e^{(2)}$, und $\vec{l}^{(3)}$ die zu $e^{(3)}$.

## Aufgabe 1.2-13 Bestimmung des Drehgeschwindigkeitsvektors und Änderung materieller Linienelemente bei einer ebenen Strömung

Gegeben ist das Geschwindigkeitsfeld:

$$u_1 = -\frac{\omega}{h} x_2 x_3 ,$$

$$u_2 = +\frac{\omega}{h} x_1 x_3 ,$$

$$u_3 = 0 .$$

Bestimmen Sie die Komponenten

a) des Tensors des Geschwindigkeitsgradienten,
b) des Dehnungsgeschwindigkeitstensors $e_{ij}$ und des Drehgeschwindigkeitstensors $\Omega_{ij}$ und
c) des Drehgeschwindigkeitsvektor $\vec{\omega}$.

Berechnen Sie

d) die Hauptdehnungsgeschwindigkeiten und die Hauptdehnungsrichtungen im Punkt $P = (2, 2, 2)$ sowie

e) die Bahnlinie des Teilchens, das sich zum Zeitpunkt $t = 0$ am Punkt $P = (2, 2, 2)$ befunden hat.

## Lösung

a) Geschwindigkeitsgradiententensor:

$$\frac{\partial u_1}{\partial x_1} = 0 \qquad \frac{\partial u_2}{\partial x_1} = x_3 \frac{\omega}{h} \qquad \frac{\partial u_3}{\partial x_1} = 0$$

$$\frac{\partial u_1}{\partial x_2} = -x_3 \frac{\omega}{h} \qquad \frac{\partial u_2}{\partial x_2} = 0 \qquad \frac{\partial u_3}{\partial x_2} = 0$$

$$\frac{\partial u_1}{\partial x_3} = -x_2 \frac{\omega}{h} \qquad \frac{\partial u_2}{\partial x_3} = x_1 \frac{\omega}{h} \qquad \frac{\partial u_3}{\partial x_3} = 0 \; .$$

b) Die Komponenten der Tensoren $e_{ij}$ und $\Omega_{ij}$:

$$e_{11} = 0 \qquad\qquad e_{12} = 0 \qquad\qquad e_{13} = -\frac{x_2}{2} \frac{\omega}{h}$$

$$e_{21} = 0 \qquad\qquad e_{22} = 0 \qquad\qquad e_{23} = \frac{x_1}{2} \frac{\omega}{h}$$

$$e_{31} = -\frac{x_2}{2} \frac{\omega}{h} \qquad e_{32} = \frac{x_1}{2} \frac{\omega}{h} \qquad e_{33} = 0 \; ,$$

$$\Omega_{11} = 0 \qquad\qquad \Omega_{12} = -x_3 \frac{\omega}{h} \qquad \Omega_{13} = -\frac{x_2}{2} \frac{\omega}{h}$$

$$\Omega_{21} = x_3 \frac{\omega}{h} \qquad \Omega_{22} = 0 \qquad\qquad \Omega_{23} = \frac{x_1}{2} \frac{\omega}{h}$$

$$\Omega_{31} = \frac{x_2}{2} \frac{\omega}{h} \qquad \Omega_{32} = -\frac{x_1}{2} \frac{\omega}{h} \qquad \Omega_{33} = 0 \; .$$

c) Die Komponenten des Drehgeschwindigkeitsvektors $\vec{\omega}$:

$$\omega_i = \frac{1}{2} \epsilon_{ijk} \Omega_{kj} \; .$$

Komponentenweise

$$\omega_1 = \frac{1}{2} \left( \epsilon_{123} \Omega_{32} + \epsilon_{132} \Omega_{23} \right) = \Omega_{32} = -\frac{x_1}{2} \frac{\omega}{h} \, ,$$

$$\omega_2 = \frac{1}{2} \left( \epsilon_{231} \Omega_{13} + \epsilon_{213} \Omega_{31} \right) = \Omega_{13} = -\frac{x_2}{2} \frac{\omega}{h} \, ,$$

$$\omega_3 = \frac{1}{2} \left( \epsilon_{312} \Omega_{21} + \epsilon_{321} \Omega_{12} \right) = \Omega_{21} = x_3 \frac{\omega}{h} \; .$$

Anm.: Identifiziert man die Komponenten $\Omega_{ij}$ des Drehgeschwindigkeitstensors mit den Winkelgeschwindigkeitskomponenten, so lassen sich diese auch wie folgt schreiben:

$$\Omega_{11} = 0 \qquad \Omega_{12} = -\omega_3 \qquad \Omega_{13} = \omega_2$$

$$\Omega_{21} = \omega_3 \qquad \Omega_{22} = 0 \qquad \Omega_{23} = -\omega_1$$

$$\Omega_{31} = -\omega_2 \qquad \Omega_{32} = \omega_1 \qquad \Omega_{33} = 0 .$$

Die drei unabhängigen Komponenten des antisymmetrischen Tensors $\Omega_{ij}$ entsprechen also den Komponenten von $\vec{\omega}$.

d) Hauptdehnungen und Hauptdehnungsrichtungen:
Zu lösen ist das Eigenwertproblem

$$(e_{ij} - e\,\delta_{ij})\,l_j = 0 .$$

Im Punkt $P = (2,2,2)$ ist der Dehnungsgeschwindigkeitstensor

$$e_{11} = 0 \qquad e_{12} = 0 \qquad e_{13} = -\frac{\omega}{h}$$

$$e_{21} = 0 \qquad e_{22} = 0 \qquad e_{23} = \frac{\omega}{h}$$

$$e_{31} = -\frac{\omega}{h} \qquad e_{32} = \frac{\omega}{h} \qquad e_{33} = 0 .$$

Seine Eigenwerte berechnen sich (mit $\tilde{e} = e\frac{h}{\omega}$) aus der Forderung

$$\det(e_{ij} - \tilde{e}\delta_{ij}) = \det \begin{pmatrix} -\tilde{e} & 0 & -1 \\ 0 & -\tilde{e} & 1 \\ -1 & 1 & -\tilde{e} \end{pmatrix} \overset{!}{=} 0 .$$

also aus dem charakteristischen Polynom

$$-\tilde{e}\,(\tilde{e}^2 - 1) - 1\,(-\tilde{e}) = 0$$

$$\Rightarrow \tilde{e}\,(\tilde{e}^2 - 2) = 0 .$$

$$\Rightarrow \quad \tilde{e} = 0 , -\sqrt{2} , +\sqrt{2}$$

Die drei Eigenwerte sind also mit $e = \tilde{e}\,\frac{\omega}{h}$ durch

$$e^{(1)} = -\sqrt{2}\,\frac{\omega}{h} , \quad e^{(2)} = 0 , \quad e^{(3)} = +\sqrt{2}\,\frac{\omega}{h}$$

gegeben. Die Eigenvektoren (= Hauptdehnungsrichtungen) ergeben sich mit den nun bekannten Eigenwerten aus dem homogenen Gleichungssystem, von dem nur zwei Gleichungen linear unabhängig sind. Wie in Aufgabe 1.2-12 streichen wir eine Gleichung und setzen zunächst $l_1' = 1$. Dann entsteht das inhomogene, lineare Gleichungssystem

$$i = 2 \ : \ -\tilde{e}\,l_2' + l_3' = 0$$

$$i = 3 \ : \ l_2' - \tilde{e}\,l_3' - 1 = 0 ,$$

dessen Lösung (z.B. durch Anwendung der Cramer'schen Regel berechnet) lautet

$$l_2' = -\frac{1}{\tilde{e}^2 - 1}, \quad l_3' = -\frac{\tilde{e}}{\tilde{e}^2 - 1} .$$

Die zu den entsprechenden Eigenwerten gehörigen Eigenvektoren werden nun nacheinander berechnet:

$$\tilde{e}^{(1)} = -\sqrt{2} \qquad \tilde{e}^{(2)} = 0 \qquad \tilde{e}^{(3)} = \sqrt{2}$$
$$l_2' = -1, \, l_3' = \sqrt{2} \qquad l_2' = 1, \, l_3' = 0 \qquad l_2' = -1, \, l_3' = -\sqrt{2}$$
$$|\vec{l}'| = 2 \qquad\qquad |\vec{l}'| = \sqrt{2} \qquad\qquad |\vec{l}'| = 2 .$$

In normierter, den entsprechenden Eigenvektoren zugeordneter Form schreiben wir dafür

$$\vec{l}^{(1)} = \frac{1}{2}\begin{pmatrix} 1 \\ -1 \\ \sqrt{2} \end{pmatrix}, \qquad \vec{l}^{(2)} = \frac{1}{\sqrt{2}}\begin{pmatrix} 1 \\ 1 \\ 0 \end{pmatrix}, \qquad \vec{l}^{(3)} = \pm\frac{1}{2}\begin{pmatrix} 1 \\ -1 \\ -\sqrt{2} \end{pmatrix} .$$

Das Vorzeichen von $\vec{l}^{(3)}$ legen wir fest, indem wir fordern, daß $\vec{l}^{(1)}$, $\vec{l}^{(2)}$, $\vec{l}^{(3)}$ ein Rechtssystem bilden, d. h. $\vec{l}^{(3)} = \vec{l}^{(1)} \times \vec{l}^{(2)}$

$$\vec{l}^{(1)} \times \vec{l}^{(2)} = \det\begin{pmatrix} \vec{e}^{(1)} & \vec{e}^{(2)} & \vec{e}^{(3)} \\ \frac{1}{2} & -\frac{1}{2} & \frac{\sqrt{2}}{2} \\ \frac{\sqrt{2}}{2} & \frac{\sqrt{2}}{2} & 0 \end{pmatrix} = \vec{e}^{(1)}\left(-\frac{1}{2}\right) + \vec{e}^{(2)}\left(\frac{1}{2}\right) + \vec{e}^{(3)}\left(\frac{\sqrt{2}}{2}\right) .$$

Es ist also das negative Vorzeichen zu wählen und es gilt

$$l_1^{(3)} = -\frac{1}{2}, \quad l_2^{(3)} = \frac{1}{2}, \quad l_3^{(3)} = \frac{\sqrt{2}}{2} .$$

Der Dehnungsgeschwindigkeitstensor hat im Hauptachsensystem die Darstellung

$$(e_{ij}) = \begin{pmatrix} e^{(1)} & 0 & 0 \\ 0 & e^{(2)} & 0 \\ 0 & 0 & e^{(3)} \end{pmatrix} .$$

Die Drehmatrix, welche vom alten Koordinatensystem auf das Hauptachsensystem transformiert, ist

$$a_{ij} = \vec{e}_i \cdot \vec{e}_j{}' = \vec{e}_i \cdot \vec{l}^{(j)} ,$$

und daher ist $a_{ij}$ die $i$–te Komponente des $j$–ten Eigenvektors, also

$$(a_{ij}) = \begin{pmatrix} \frac{1}{2} & \frac{\sqrt{2}}{2} & -\frac{1}{2} \\ -\frac{1}{2} & \frac{\sqrt{2}}{2} & \frac{1}{2} \\ \frac{\sqrt{2}}{2} & 0 & \frac{\sqrt{2}}{2} \end{pmatrix} .$$

Die Eigenvektoren bilden mithin die Spalten der Drehmatrix.
Anm.: Die Drehmatrix, die auf das Hauptachsensystem transformiert, nennt man auch Modalmatrix.

e) Bahnlinie durch den Punkt $P = (2, 2, 2)$:
Die Differentialgleichungen sind

$$\frac{\mathrm{d}x_1}{\mathrm{d}t} = -\frac{\omega}{h} x_2 x_3 \,,$$

$$\frac{\mathrm{d}x_2}{\mathrm{d}t} = \frac{\omega}{h} x_1 x_3 \,,$$

$$\frac{\mathrm{d}x_3}{\mathrm{d}t} = 0 \quad \text{oder} \quad x_3 = \text{const} = \xi_3 \,.$$

Die ersten beiden Gleichungen lauten mit dem Ergebnis der Dritten also

$$\frac{\mathrm{d}x_1}{\mathrm{d}t} = -\frac{\omega}{h} \xi_3 x_2 \,,$$

$$\frac{\mathrm{d}x_2}{\mathrm{d}t} = \frac{\omega}{h} \xi_3 x_1 \,.$$

Die Zeit $t$ taucht nicht explizit auf, d. h. Bahn– und Stromlinien fallen zusammen, und wir können beide Gleichungen durcheinander dividieren

$$\frac{\mathrm{d}x_2}{\mathrm{d}x_1} = -\frac{x_1}{x_2} \,.$$

Trennen der Veränderlichen und Integration liefern

$$\frac{x_1^2}{2} = -\frac{x_2^2}{2} + \frac{C}{2} \quad \Rightarrow \quad x_1^2 + x_2^2 = C \,.$$

Die Bahnlinien sind also Kreise in der Ebene $x_3 = \xi_3$.
Aus der Bedingung $\vec{x}(t = 0) = \vec{\xi} = (2, 2, 2)$ ergibt sich $C = 8$ und wir erhalten

$$x_1^2 + x_2^2 = 8 \,, \quad x_3 = \xi_3 = 2 \,.$$

## Aufgabe 1.2-14    Deformations– und Drehgeschwindigkeitstensor bei einer instationären, ebenen Strömung

Für das Geschwindigkeitsfeld

$$u_1 = 0 \,,$$

$$u_2 = A(x_1 x_2 - x_3^2) e^{-B(t-t_0)} \,,$$

$$u_3 = A(x_2^2 - x_1 x_3) e^{-B(t-t_0)}$$

bestimme man die Komponenten

a) des Geschwindigkeitsgradienten $\partial u_i / \partial x_j$,

b) des Deformationsgeschwindigkeitstensors $e_{ij}$ und des Drehgeschwindigkeitstensors $\Omega_{ij}$

sowie

c) rot $\vec{u}$ im Punkt $P = (1, 0, 3)$ zur Zeit $t = t_0$.

**Lösung**

a) Geschwindigkeitsgradiententensor:

$$\frac{\partial u_1}{\partial x_1} = 0 \qquad \frac{\partial u_2}{\partial x_1} = x_2\, A\, \mathrm{e}^{-B(t-t_0)} \qquad \frac{\partial u_3}{\partial x_1} = -x_3\, A\, \mathrm{e}^{-B(t-t_0)}$$

$$\frac{\partial u_1}{\partial x_2} = 0 \qquad \frac{\partial u_2}{\partial x_2} = x_1\, A\, \mathrm{e}^{-B(t-t_0)} \qquad \frac{\partial u_3}{\partial x_2} = 2x_2\, A\, \mathrm{e}^{-B(t-t_0)}$$

$$\frac{\partial u_1}{\partial x_3} = 0 \qquad \frac{\partial u_2}{\partial x_3} = -2x_3\, A\, \mathrm{e}^{-B(t-t_0)} \qquad \frac{\partial u_3}{\partial x_3} = -x_1\, A\, \mathrm{e}^{-B(t-t_0)}\ .$$

b) Deformationsgeschwindigkeitstensor $e_{ij}$, Drehgeschwindigkeitstensor $\Omega_{ij}$:

$$e_{11} = 0 \qquad\qquad e_{12} = \tfrac{x_2}{2}\, A\, \mathrm{e}^{-B(t-t_0)} \qquad\qquad e_{13} = -\tfrac{x_3}{2}\, A\, \mathrm{e}^{-B(t-t_0)}$$

$$e_{21} = \tfrac{x_2}{2}\, A\, \mathrm{e}^{-B(t-t_0)} \qquad e_{22} = x_1\, A\, \mathrm{e}^{-B(t-t_0)} \qquad e_{23} = (x_2 - x_3)\, A\, \mathrm{e}^{-B(t-t_0)}$$

$$e_{31} = -\tfrac{x_3}{2}\, A\, \mathrm{e}^{-B(t-t_0)} \qquad e_{32} = (x_2 - x_3)\, A\, \mathrm{e}^{-B(t-t_0)} \qquad e_{33} = -x_1\, A\, \mathrm{e}^{-B(t-t_0)}\ ,$$

$$\Omega_{11} = 0 \qquad\qquad \Omega_{12} = -\tfrac{x_2}{2}\, A\, \mathrm{e}^{-B(t-t_0)} \qquad\qquad \Omega_{13} = \tfrac{x_3}{2}\, A\, \mathrm{e}^{-B(t-t_0)}$$

$$\Omega_{21} = \tfrac{x_2}{2}\, A\, \mathrm{e}^{-B(t-t_0)} \qquad \Omega_{22} = 0 \qquad\qquad \Omega_{23} = -(x_2 + x_3)\, A\, \mathrm{e}^{-B(t-t_0)}$$

$$\Omega_{31} = -\tfrac{x_3}{2}\, A\, \mathrm{e}^{-B(t-t_0)} \qquad \Omega_{32} = (x_2 + x_3)\, A\, \mathrm{e}^{-B(t-t_0)} \qquad \Omega_{33} = 0\ .$$

c) Aus

$$\mathrm{rot}\,\vec{u}\ =\ \begin{pmatrix} 2x_2 + 2x_3 \\ 0 + x_3 \\ x_2 - 0 \end{pmatrix} A\, \mathrm{e}^{-B(t-t_0)}\ ,$$

folgt rot $\vec{u}$ im Punkt $P = (1, 0, 3)$ zur Zeit $t = t_0$:

$$\mathrm{rot}\,\vec{u}\ =\ \begin{pmatrix} 6 \\ 3 \\ 0 \end{pmatrix} A\ .$$

# Aufgabe 1.2-15 Zeitliche Änderung der kinetischen Energie eines Flüssigkeitskörpers

Gegeben ist in Zylinderkoordinaten das Geschwindigkeitsfeld einer ebenen Strömung konstanter Dichte $\varrho$

$$u_r = \frac{A}{r}\,, \quad u_\varphi = u_z = 0 \quad (A=\text{const})\,.$$

Es wird nun der Teil der Flüssigkeit betrachtet, der sich zum Zeitpunkt $t = 0$ zwischen den beiden konzentrischen Zylinderflächen $r = a$ und $r = b$ ($b > a$) mit $0 \leq z \leq L$ befindet.

Berechnen Sie

a) die Bahnlinie der Teilchen, die sich für $t = 0$ auf der inneren bzw. äußeren Zylinderfläche befanden. Welches Aussehen hat das betrachtete materielle Volumen zum Zeitpunkt $t$?

b) die kinetische Energie

$$K(t) = \iiint\limits_{(V(t))} \frac{\varrho}{2}\, u^2 \, \mathrm{d}V$$

und den Impuls

$$\vec{I}(t) = \iiint\limits_{(V(t))} \varrho\, \vec{u} \, \mathrm{d}V$$

der betrachteten Flüssigkeit zu einem beliebigen Zeitpunkt $t$, sowie deren zeitliche Änderung $\mathrm{D}K/\mathrm{D}t$ bzw. $\mathrm{D}\vec{I}/\mathrm{D}t$.

c) $\mathrm{D}K/\mathrm{D}t$ unter Anwendung des Reynolds'schen Transporttheorems.

d) Geben Sie die Bewegung in materiellen Koordinaten an und berechnen Sie $\mathrm{D}K/\mathrm{D}t$ durch Rücktransformation auf das von der Flüssigkeit zur Zeit $t = 0$ eingenommene Gebiet $V_0$.

## Lösung

a) Bahnlinien

Die Differentialgleichungen zur Berechnung der Bahnlinien in Zylinderkoordinaten lauten allgemein (Aufgabe 1.2-9)

$$\frac{\mathrm{d}r}{\mathrm{d}t} = u_r\,, \quad r\frac{\mathrm{d}\varphi}{\mathrm{d}t} = u_\varphi\,, \quad \frac{\mathrm{d}z}{\mathrm{d}t} = u_z\,,$$

hier also

$$\frac{\mathrm{d}r}{\mathrm{d}t} = \frac{A}{r}\,, \quad r\frac{\mathrm{d}\varphi}{\mathrm{d}t} = 0\,, \quad \frac{\mathrm{d}z}{\mathrm{d}t} = 0\,.$$

Diese drei Gleichungen sind entkoppelt und können nacheinander gelöst werden:

$$\int r\, \mathrm{d}r = \int A\mathrm{d}t \quad \Leftrightarrow \quad \frac{r^2}{2} = At + C_1\,,$$

$$\int \mathrm{d}\varphi = 0 \quad \Leftrightarrow \quad \varphi = C_2\,,$$

$$\int dz = 0 \quad \Leftrightarrow \quad z = C_3 \,.$$

Für ein Teilchen, das für $t = 0$ auf dem inneren Zylinder war ($r = a$), sind die Integrationskonstanten

$$C_1 = \frac{a^2}{2}\,, \quad C_2 = \varphi(t=0)\,, \quad C_3 = z(t=0)\,,$$

und seine Bahnlinie ist

$$r^2(t) = a^2 + 2\,A\,t \quad,\quad \varphi = \varphi(t=0)\,, \quad z = z(t=0)\,.$$

Entsprechend erhält man für ein Teilchen, das für $t = 0$ auf dem äußeren Zylinder ($r = b$) war,

$$r^2(t) = b^2 + 2\,A\,t\,, \quad \varphi, z = \text{const}\,.$$

Die Grenzen des materiellen Volumens verschieben sich also, diese Bahngleichungen bezeichnen wir mit

$$R_I^2(t) = a^2 + 2\,A\,t \qquad \text{für den inneren Rand,}$$

$$R_A^2(t) = b^2 + 2\,A\,t \qquad \text{für den äußeren Rand.}$$

Nebenstehende Skizze zeigt das von der Flüssigkeit eingenommene materielle Volumen zur Zeit $t = 0$, bezeichnet mit $V_0$, und das materielle Volumen zu beliebiger Zeit, bezeichnet mit $V(t)$.

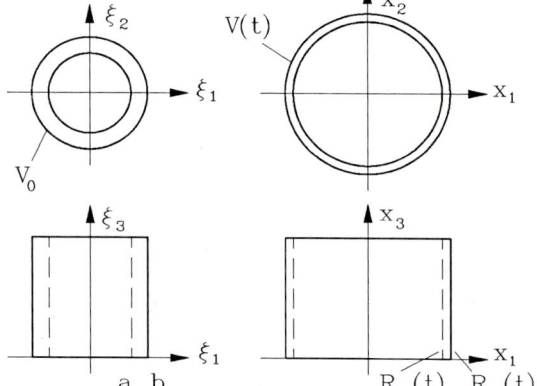

b) Berechnung der kinetischen Energie $K(t)$, des Impulses $\vec{I}(t)$ und deren zeitliche Änderungen $DK/Dt$ und $D\vec{I}/Dt$:

$$K(t) = \iiint\limits_{(V(t))} \frac{\varrho}{2}\, u^2 \, dV = \iiint\limits_{(V(t))} \frac{\varrho}{2}\,(u_r^2 + u_\varphi^2 + u_z^2)\, dV = \iiint\limits_{(V(t))} \frac{\varrho}{2}\, u_r^2 \, dV$$

$$\Rightarrow \quad K(t) = \int\limits_0^{2\pi} \int\limits_0^L \int\limits_{R_I(t)}^{R_A(t)} \frac{\varrho}{2}\, A^2 \, \frac{1}{r^2}\, r\, dr\, dz\, d\varphi$$

$$\Rightarrow \quad K(t) = \pi \varrho\, A^2\, L \, \ln\left(\frac{b^2 + 2At}{a^2 + 2At}\right)^{\frac{1}{2}}\,.$$

$$\frac{DK}{Dt} = \frac{d}{dt}\left[\frac{\pi}{2}\varrho\, A^2\, L \ln\left(\frac{b^2+2At}{a^2+2At}\right)\right]$$

$$\Rightarrow \quad \frac{DK}{Dt} = -\pi\varrho\, A^3\, L \left(\frac{1}{R_I^2(t)} - \frac{1}{R_A^2(t)}\right).$$

Für den Impuls erhalten wir

$$\vec{I}(t) = \iiint\limits_{(V(t))} \varrho\,\vec{u}\,dV = \int\limits_0^{2\pi}\int\limits_0^L\int\limits_{R_I(t)}^{R_A(t)} \varrho\,\frac{A}{r}\,\vec{e}_r\, r\, dr\, dz\, d\varphi$$

$$= \varrho\, A\, L\, (R_A(t) - R_I(t)) \int\limits_0^{2\pi} \vec{e}_r\, d\varphi$$

$$\Rightarrow \quad \vec{I}(t) = 0$$

(was aus Symmetriegründen einsichtig ist) und somit auch $D\vec{I}/Dt = 0$.

c) Berechnung von $DK/Dt$ unter Verwendung des Reynolds'schen Transporttheorems
Die Form (S. L. (1.96)) des Reynolds'schen Transporttheorems führt auf die Gleichung

$$\frac{DK}{Dt} = \frac{\partial}{\partial t}\iiint\limits_{(V)} \frac{\varrho}{2}u^2\,dV + \iint\limits_{(S)} \frac{\varrho}{2}u^2\,\vec{u}\cdot\vec{n}\,dS .$$

Da die Strömung stationär ist, verschwindet das Volumenintegral auf der rechten Seite.

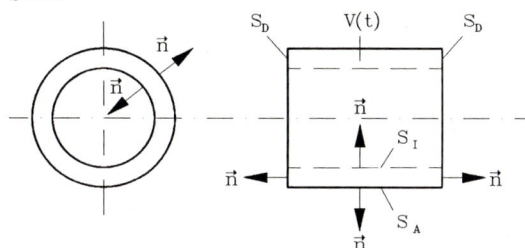

Für das abgebildete Kontrollvolumen ergibt sich damit

$$\frac{DK}{Dt} = \iint\limits_{(S)} \frac{\varrho}{2}u^2\,\vec{u}\cdot\vec{n}\,dS$$

$$\Rightarrow \quad \frac{DK}{Dt} = \iint\limits_{S_I} \frac{\varrho}{2}u_r^2\,\vec{u}\cdot\vec{n}\,dS + \iint\limits_{S_A} \frac{\varrho}{2}u_r^2\,\vec{u}\cdot\vec{n}\,dS + \iint\limits_{S_D} \frac{\varrho}{2}u_r^2\,\vec{u}\cdot\vec{n}\,dS$$

$$= -\iint\limits_{S_I} \frac{\varrho}{2}u_r^3\,dS + \iint\limits_{S_A} \frac{\varrho}{2}u_r^3\,dS$$

$$= -\iint\limits_{S_I} \frac{\varrho}{2}\frac{A^3}{r^3}\,dS + \iint\limits_{S_A} \frac{\varrho}{2}\frac{A^3}{r^3}\,dS$$

$$= -\frac{\varrho}{2}\frac{A^3}{R_I^3}\,2\pi\,R_I L + \frac{\varrho}{2}\frac{A^3}{R_A^3}\,2\pi\,R_A L$$

$$\Rightarrow \quad \frac{DK}{Dt} = -\pi\,\varrho\,A^3 L\,\left(\frac{1}{R_I^2} - \frac{1}{R_A^2}\right)\,.$$

Mit $R_I = R_I(t)$ und $R_A = R_A(t)$ gemäß Aufgabenteil a) entspricht dieses Ergebnis wieder dem aus Teil b) !

d) Bezeichnen wir mit $(\rho,\ \phi,\ \zeta)$ die materiellen $(r,\ \varphi,\ z)$–Koordinaten, so lautet die Bewegung in materieller Beschreibungsweise

$$r(t) = \sqrt{\rho^2 + 2\,A\,t}\,, \quad \varphi = \phi\,, \quad z = \zeta\,.$$

Mit der Funktionaldeterminante dieser Bewegung

$$\frac{\partial(r,\varphi,z)}{\partial(\rho,\phi,\zeta)} = \frac{\rho}{\sqrt{\rho^2 + 2\,A\,t}}$$

kann die Integration über das Volumen $V(t)$ auf das Integral über $V_0$ zurücktransformiert werden

$$\frac{DK}{Dt} = \frac{D}{Dt}\int\limits_0^{2\pi}\int\limits_0^L\int\limits_{\sqrt{a^2+2\,A\,t}}^{\sqrt{b^2+2\,A\,t}} \frac{\varrho}{2}\frac{A^2}{r^2}\,r\,dr\,dz\,d\varphi$$

$$= \frac{D}{Dt}\int\limits_0^{2\pi}\int\limits_0^L\int\limits_a^b \frac{\varrho}{2}\frac{A^2}{\rho^2 + 2\,A\,t}\sqrt{\rho^2 + 2\,A\,t}\,\frac{\rho}{\sqrt{\rho^2 + 2\,A\,t}}\,d\rho\,d\zeta\,d\phi\,,$$

hier kann nun der Operator D/Dt ins Integral gezogen werden, weil $V_0$ zeitlich unabhängig ist. Es entsteht

$$\frac{DK}{Dt} = \pi\,L\,A^2\,\varrho\int\limits_a^b \frac{D}{Dt}\frac{\rho}{\rho^2 + 2\,A\,t}\,d\rho$$

$$= -\pi\,L\,A^2\,\varrho\int\limits_a^b \left[\frac{\rho\,2\,A}{(\rho^2 + 2\,A\,t)^2}\right]d\rho$$

$$= \pi\,L\,A^3\,\varrho\left[\frac{1}{\rho^2 + 2\,A\,t}\right]_a^b$$

$$\frac{DK}{Dt} = -\pi\,\varrho\,A^3 L\,\left(\frac{1}{R_I^2(t)} - \frac{1}{R_A^2(t)}\right)$$

damit haben wir wieder das Ergebnis aus Aufgabenteil b) erhalten.

# 2 Grundgleichungen der Kontinuumsmechanik

## 2.1 Erhaltungssatz der Masse

**Aufgabe 2.1-1**   **Eindimensionale, instationäre Strömung mit gegebenem Dichtefeld**

Die Geschwindigkeitsverteilung einer eindimensionalen, instationären Strömung

$$u = \frac{2}{\gamma + 1} \left( \frac{x}{t} - a_0 \right)$$

und das Dichtefeld

$$\frac{\varrho}{\varrho_0} = \left( \frac{\gamma - 1}{\gamma + 1} \frac{x}{t} \frac{1}{a_0} + \frac{2}{\gamma + 1} \right)^{\frac{2}{\gamma - 1}}$$

sind gegeben.

a) Man berechne die substantielle Änderung der Dichte.
b) Überprüfen Sie die Gültigkeit der Kontinuitätsgleichung

$$\frac{\mathrm{D}\varrho}{\mathrm{D}t} + \varrho \frac{\partial u}{\partial x} = 0$$

  für dieses Strömungsfeld!
c) Welche Änderung der Dichte empfindet ein Schwimmer, der mit $c = u + a$ oder $c = u - a$ durch das Strömungsfeld schwimmt? Verwenden Sie die Beziehung

$$\frac{a}{a_0} = \left( \frac{\varrho}{\varrho_0} \right)^{\frac{\gamma - 1}{2}} .$$

**Lösung**

a) Die substantielle Änderung der Dichte erhält man zu

$$\frac{\mathrm{D}\varrho}{\mathrm{D}t} = \frac{\partial \varrho}{\partial t} + u\frac{\partial \varrho}{\partial x}$$

$$= \frac{2\varrho_0}{\gamma - 1}\left(\frac{\gamma - 1}{\gamma + 1}\frac{x}{t\,a_0} + \frac{2}{\gamma + 1}\right)^{\frac{2}{\gamma-1}-1}\left(-\frac{\gamma - 1}{\gamma + 1}\frac{x}{a_0}\frac{1}{t^2}\right)$$

$$+\frac{2}{\gamma + 1}\left(\frac{x}{t} - a_0\right)\frac{2\varrho_0}{\gamma - 1}\left(\frac{\gamma - 1}{\gamma + 1}\frac{x}{ta_0} + \frac{2}{\gamma + 1}\right)^{\frac{2}{\gamma-1}-1}\left(\frac{\gamma - 1}{\gamma + 1}\frac{1}{t\,a_0}\right)$$

$$= -\frac{2\varrho_0}{t\,(\gamma + 1)}\left(\frac{\gamma - 1}{\gamma + 1}\frac{x}{t\,a_0} + \frac{2}{\gamma + 1}\right)^{\frac{2}{\gamma-1}}.$$

b) Überprüfung der Kontinuitätsgleichung:
Der zweite Term der Kontinuitätsgleichung muß noch berechnet werden. Man erhält durch Differenzieren

$$\varrho\,\frac{\partial u}{\partial x} = \varrho_0\left(\frac{\gamma - 1}{\gamma + 1}\frac{x}{t}\frac{1}{a_0} + \frac{2}{\gamma + 1}\right)^{\frac{2}{\gamma-1}}\frac{2}{\gamma + 1}\frac{1}{t}.$$

Eingesetzt in die Kontinuitätsgleichung ergibt sich

$$\frac{\mathrm{D}\varrho}{\mathrm{D}t} + \varrho\,\frac{\partial u}{\partial x} = -\frac{2\varrho_0}{t\,(\gamma + 1)}\left(\frac{\gamma - 1}{\gamma + 1}\frac{x}{t\,a_0} + \frac{2}{\gamma + 1}\right)^{\frac{2}{\gamma-1}}$$

$$+\frac{2\varrho_0}{t\,(\gamma + 1)}\left(\frac{\gamma - 1}{\gamma + 1}\frac{x}{t\,a_0} + \frac{2}{\gamma + 1}\right)^{\frac{2}{\gamma-1}},$$

$$\Rightarrow \quad \frac{\mathrm{D}\varrho}{\mathrm{D}t} + \varrho\,\frac{\partial u}{\partial x} = 0.$$

c) Änderung der Dichte im bewegten System:
Für die Dichteänderung, die der Schwimmer empfindet, gilt

$$\frac{\mathrm{d}\varrho}{\mathrm{d}t} = \frac{\partial \varrho}{\partial t} + c\frac{\partial \varrho}{\partial x}.$$

Mit $c = u \pm a$ erhält man die Beziehung

$$\frac{\mathrm{d}\varrho}{\mathrm{d}t} = \frac{\partial \varrho}{\partial t} + u\frac{\partial \varrho}{\partial x} \pm a\frac{\partial \varrho}{\partial x} = \frac{\mathrm{D}\varrho}{\mathrm{D}t} \pm a\frac{\partial \varrho}{\partial x}.$$

Setzt man für die substantielle Änderung der Dichte das Ergebnis aus a) ein, läßt sich folgender Ausdruck finden

$$\frac{d\varrho}{dt} = -\frac{2\varrho_0}{t(\gamma+1)} \left( \frac{\gamma-1}{\gamma+1} \frac{x}{t\, a_0} + \frac{2}{\gamma+1} \right)^{\frac{2}{\gamma-1}} \pm a_0 \left( \frac{\gamma-1}{\gamma+1} \frac{x}{t} \frac{1}{a_0} + \frac{2}{\gamma+1} \right)$$

$$\frac{2\varrho_0}{\gamma-1} \left( \frac{\gamma-1}{\gamma+1} \frac{x}{t} \frac{1}{a_0} + \frac{2}{\gamma+1} \right)^{\frac{2}{\gamma-1}-1} \left( \frac{\gamma-1}{\gamma+1} \frac{1}{t\, a_0} \right)$$

$$= -\frac{2\varrho_0}{t(\gamma+1)} \left( \frac{\gamma-1}{\gamma+1} \frac{x}{t\, a_0} + \frac{2}{\gamma+1} \right)^{\frac{2}{\gamma-1}} \pm \frac{2\varrho_0}{t(\gamma+1)} \left( \frac{\gamma-1}{\gamma+1} \frac{x}{t} \frac{1}{a_0} + \frac{2}{\gamma+1} \right)^{\frac{2}{\gamma-1}} .$$

Der Schwimmer erfährt also je nach Geschwindigkeit folgende Dichteänderung

$$\text{für } c = u + a: \qquad \frac{d\varrho}{dt} = 0 \,,$$

$$\text{für } c = u - a: \qquad \frac{d\varrho}{dt} = -\frac{4\varrho_0}{t(\gamma+1)} \left( \frac{\gamma-1}{\gamma+1} \frac{x}{t\, a_0} + \frac{2}{\gamma+1} \right)^{\frac{2}{\gamma-1}} .$$

## Aufgabe 2.1-2    Ebene, stationäre Strömung mit gegebenem Dichtefeld

Das Dichtefeld einer ebenen stationären Strömung ist gegeben mit

$$\varrho(x_i) = k\, x_1 x_2 \,, \qquad k = \text{const} .$$

a) Für welches Geschwindigkeitsfeld ist die Strömung inkompressibel?
b) Wie lauten die Gleichungen der Bahnlinien?

### Lösung

a) Ist die Strömung inkompressibel, so ändert sich die Dichte eines materiellen Teilchens im Laufe seiner Bewegung nicht. Aus Gleichung (S. L. (2.4))

$$\frac{D\varrho}{Dt} = \frac{\partial\varrho}{\partial t} + u_i \frac{\partial\varrho}{\partial x_i} = 0$$

erhalten wir zunächst das Verhältnis der Geschwindigkeitskomponenten zu

$$u_2 = -\frac{x_2}{x_1} u_1 \,, \tag{1}$$

da die Dichte $\varrho$ keine Funktion der Zeit $t$ ist. Die Kontinuitätsgleichung für inkompressible Strömungen (S. L. (2.5))

$$\frac{\partial u_1}{\partial x_1} + \frac{\partial u_2}{\partial x_2} = 0$$

führt uns auf die partielle Differentialgleichung erster Ordnung

$$\frac{\partial u_1}{\partial x_1} - \frac{x_2}{x_1} \frac{\partial u_1}{\partial x_2} = \frac{u_1}{x_1} \tag{2}$$

für die Geschwindigkeitskomponente $u_1$. Wir führen den Parameter $s$ ein und schreiben die gesuchte Lösung in der Form $u_1(s) = u_1(x_1(s), x_2(s))$. Die Ableitung dieser Form

$$\frac{du_1}{ds} = \frac{\partial u_1}{\partial x_1} \frac{dx_1}{ds} + \frac{\partial u_1}{\partial x_2} \frac{dx_2}{ds}$$

und der Vergleich mit (2) liefert ein System von gewöhnlichen Differentialgleichungen

$$\frac{dx_1}{ds} = 1 \, , \tag{3}$$

$$\frac{dx_2}{ds} = -\frac{x_2}{x_1} \, ,$$

$$\frac{du_1}{ds} = \frac{u_1}{x_1} \, . \tag{4}$$

Mit den Gleichungen (3) und (4) erhalten wir die Gleichung

$$\frac{du_1}{dx_1} = \frac{u_1}{x_1}$$

mit der Lösung ($C$ bezeichnet die Integrationskonstante)

$$u_1 = C \, x_1 \, .$$

Mit (1) ist nun auch $u_2$ bekannt:

$$u_2 = -C \, x_2 \, .$$

b) Aus den Differentialgleichungen für die Bahnlinien

$$\frac{dx_1}{dt} = C \, x_1 \, , \qquad \frac{dx_2}{dt} = -C \, x_2$$

erhalten wir

$$\frac{dx_2}{dx_1} = -\frac{x_2}{x_1} \, .$$

Trennung der Veränderlichen und anschließende Integration ergibt die Gleichung der Bahnlinien mit der Integrationskonstanten $\tilde{C}$

$$x_1 \, x_2 = \tilde{C} = \text{const} \, .$$

Dies ist die Gleichung für eine Schar von Hyperbeln. 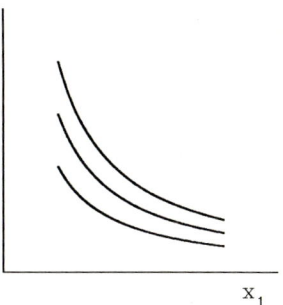 Es liegt eine Staupunktströmung vor. Entlang einer Bahnlinie ändert sich die Dichte eines Teilchens nicht

$$\varrho = k\, x_1\, x_2 = k\, \tilde{C}\ ,$$

doch ist die Dichte auf jeder Bahnlinie unterschiedlich, da $\tilde{C}$ für jede Bahnlinie verschieden ist.

## Aufgabe 2.1-3    Ausflußgeschwindigkeit aus einem Behälter

In den skizzierten Behälter fließen durch kreisförmige Leitungen zwei Massenströme zu und einer ab. Die Strömung in den Leitungen ist stationär, die Dichte $\varrho$ ist konstant. In den kurzen Rohren ist die Geschwindigkeit an den Stellen $[A]$ und $[C]$ über den Querschnitt konstant. In der langen Zuleitung hat sich an der Stelle $[B]$ ein parabolisches Geschwindigkeitsprofil ausgebildet.

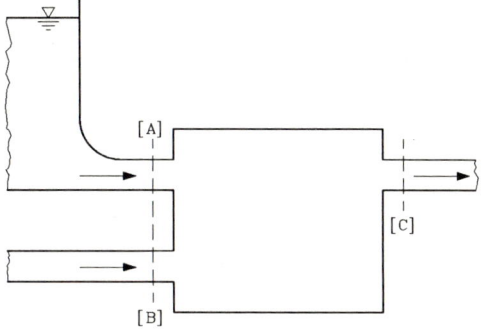

Bekannt sind die Radien der Rohrleitungen $R_A$, $R_B$, $R_C$ und die Geschwindigkeiten

$u_A$, $u_B = U_{B\,max}(1 - (r/R_B)^2)$.

Wie groß ist die Geschwindigkeit $u_C$?

### Lösung

Die Geschwindigkeit $u_C$ läßt sich aus der Kontinuitätsgleichung ermitteln, die in integraler Form lautet (S. L. (2.7))

$$\frac{\partial}{\partial t} \iiint\limits_{(V)} \varrho \,\mathrm{d}V = - \iint\limits_{(S)} \varrho\, \vec{u} \cdot \vec{n}\ \mathrm{d}S\ .$$

Die Integrale darin sind über die Grenzen eines festen Kontrollvolumens auszuwerten. Für die vorliegende stationäre Strömung sind die Ableitungen $\partial / \partial t = 0$. Ferner ist hier die Dichte konstant, kann also vor das rechte Integral gezogen werden. Man erhält

$$\iint\limits_{(S)} \vec{u} \cdot \vec{n}\ \mathrm{d}S = 0\ .$$

Wir spalten die Oberfläche $S$ des Kontrollvolumens in die skizzierten Teilflächen auf und
schreiben

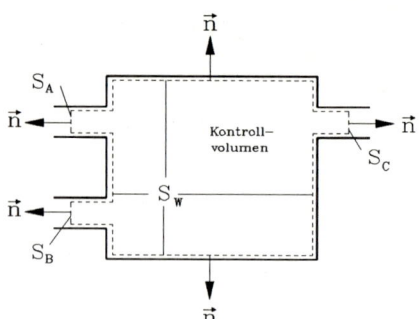

$$\iint\limits_{S_A} \vec{u} \cdot \vec{n} \, \mathrm{d}S + \iint\limits_{S_B} \vec{u} \cdot \vec{n} \, \mathrm{d}S +$$

$$+ \iint\limits_{S_C} \vec{u} \cdot \vec{n} \, \mathrm{d}S + \iint\limits_{S_W} \vec{u} \cdot \vec{n} \, \mathrm{d}S = 0 \quad .$$

$$\Rightarrow \quad -u_A \iint\limits_{S_A} \mathrm{d}S - \iint\limits_{S_B} u_B(r) \, \mathrm{d}S + u_C \iint\limits_{S_C} \mathrm{d}S = 0 \ .$$

An der Wand $S_W$ verschwindet das Oberflächenintegral, weil dort das Skalarprodukt
$\vec{u} \cdot \vec{n} = 0$ ist. Das zweite Integral werten wir getrennt aus

$$\iint\limits_{S_B} u_B(r) \, \mathrm{d}S \quad = \quad \int\limits_{0}^{2\pi} \int\limits_{0}^{R_B} U_{B_{max}} \left[ 1 - \left( \frac{r}{R_B} \right)^2 \right] r \, \mathrm{d}r \, \mathrm{d}\varphi$$

$$= \quad 2\pi \, U_{B_{max}} R_B^2 \int\limits_{0}^{1} \left[ 1 - \left( \frac{r}{R_B} \right)^2 \right] \frac{r}{R_B} \, \mathrm{d}\left( \frac{r}{R_B} \right)$$

$$= \quad 2\pi \, U_{B_{max}} R_B^2 \left[ \frac{1}{2} \left( \frac{r}{R_B} \right)^2 - \frac{1}{4} \left( \frac{r}{R_B} \right)^4 \right]_{0}^{1}$$

$$= \quad \frac{U_{B_{max}}}{2} \, \pi \, R_B^2 \ .$$

Damit lautet die Kontinuitätsgleichung

$$-u_A \, \pi \, R_A^2 - \frac{U_{B_{max}}}{2} \, \pi \, R_B^2 + u_C \, \pi \, R_C^2 = 0 \ .$$

Durch Umstellen folgt schließlich

$$u_C = u_A \left( \frac{R_A}{R_C} \right)^2 + \frac{U_{B_{max}}}{2} \left( \frac{R_B}{R_C} \right)^2 \ .$$

## Aufgabe 2.1-4    Zu–, bzw. abgeführter Massenstrom in einem Kanal

Ein kreiszylindrischer Kanal mit Radius $R$ wird stationär durchströmt. An der Eintrittsfläche $A_1$ herrscht eine konstante Geschwindigkeit $u = U_0$.

Die Dichte $\varrho$ sei über die Querschnitte $A_1$, $A_2$, $A_3$ jeweils konstant. Im Kanal wird die Strömung durch ein langes konzentrisches Rohr mit vernachlässigbarer Wandstärke aufgeteilt in einen Kern (Austrittsfläche $A_2$) und einen äußeren ringförmigen Strahl (Austrittsfläche $A_3$).

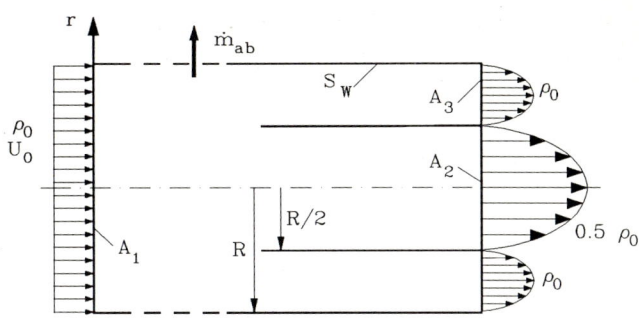

Am Austrittsquerschnitt $A_2$ liegt das Geschwindigkeitsprofil

$$\frac{u}{U_{2_{max}}} = 1 - \left(\frac{2r}{R}\right)^2$$

vor. Der ringförmige Austrittsstrahl $A_3$ besitzt die Geschwindigkeitsverteilung

$$u(r) = \frac{U_0}{2}\left[1 - \left(\frac{2r}{R}\right)^2 + \frac{3}{\ln 2}\ln\left(\frac{2r}{R}\right)\right]\ .$$

Welcher Massenstrom $\dot{m}_{ab}$ wird innerhalb des Kanals zu– oder abgeführt?

Geg.: $U_0$, $R$, $\varrho|_{A_1} = \varrho|_{A_3} = \varrho_0$, $\varrho|_{A_2} = \varrho_0/2$, $U_{2_{max}} = 2,5\,U_0$

**Lösung**

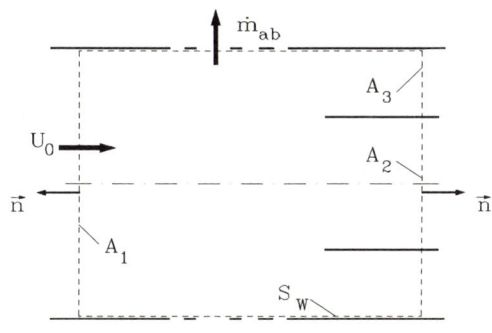

Wir wenden die Kontinuitätsgleichung (S. L. (2.8)) für stationäre Strömung auf nebenstehendes Kontrollvolumen an und erhalten

$$\iint\limits_{A_1} \varrho\,\vec{u}\cdot\vec{n}\,\mathrm{d}S + \iint\limits_{S_W} \varrho\,\vec{u}\cdot\vec{n}\,\mathrm{d}S + \iint\limits_{A_2} \varrho\,\vec{u}\cdot\vec{n}\,\mathrm{d}S + \iint\limits_{A_3} \varrho\,\vec{u}\cdot\vec{n}\,\mathrm{d}S + \dot{m}_{ab} = 0\ . \qquad (1)$$

Die Auswertung des Integrals über $S_W$ ergibt null, wegen $\vec{u}\cdot\vec{n} = 0$. Für die anderen Integrale erhält man bzgl. der Eintrittsfläche $A_1$

$$\iint\limits_{A_1} \varrho\,\vec{u}\cdot\vec{n}\,\mathrm{d}S = -\iint\limits_{A_1} \varrho_0\,U_0\,\mathrm{d}S = -\varrho_0\,U_0\,\pi\,R^2\ ,$$

bzgl. der kreisförmigen Austrittsfläche $A_2$

$$\iint\limits_{A_2} \varrho\, \vec{u} \cdot \vec{n}\, \mathrm{d}S \;=\; \iint\limits_{A_2} \frac{1}{2}\, \varrho_0\, U_{2max} \left[1 - \left(\frac{2r}{R}\right)^2\right] \mathrm{d}S$$

$$=\; \frac{1}{2}\, \varrho_0\, 2,5\, U_0 2\pi \int\limits_0^{R/2} \left[1 - \left(\frac{2r}{R}\right)^2\right] r\, \mathrm{d}r$$

$$=\; \frac{5}{32}\, \varrho_0\, U_0\, \pi\, R^2\, ,$$

und bzgl. der ringförmigen Austrittsfläche $A_3$

$$\iint\limits_{A_3} \varrho\, \vec{u} \cdot \vec{n}\, \mathrm{d}S \;=\; \frac{\varrho_0}{2}\, U_0 \int\limits_0^{2\pi} \int\limits_{R/2}^R \left[1 - \left(\frac{2r}{R}\right)^2 + \frac{3}{\ln 2} \ln\left(\frac{2r}{R}\right)\right] r\, \mathrm{d}r\, \mathrm{d}\varphi\, ,$$

die Substitution $\bar{r} = 2r/R$ ergibt

$$\iint\limits_{A_3} \varrho\, \vec{u} \cdot \vec{n}\, \mathrm{d}S \;=\; \pi\, \varrho_0\, U_0\, \frac{R^2}{4} \int\limits_1^2 \left[1 - \bar{r}^2 + \frac{3}{\ln 2} \ln \bar{r}\right] \bar{r}\, \mathrm{d}\bar{r}$$

$$=\; \varrho_0\, U_0\, \pi \frac{3\, R^2}{4} \frac{1}{4} \left(5 - \frac{3}{\ln 2}\right)\, .$$

$$=\; 0,126\, \varrho_0\, U_0\, \pi R^2\, .$$

Eingesetzt in Gleichung (1) führt dies auf

$$\dot{m}_{ab} = 0,718\, \varrho_0\, U_0 \pi R^2\, .$$

## Aufgabe 2.1-5    Quetschströmung

Die obere Wand eines mit Flüssigkeit konstanter Dichte gefüllten ebenen Spaltes (Länge $L$, Spalthöhe $h(t)$) bewegt sich mit der Geschwindigkeit $V_0$ nach unten. Der Geschwindigkeitsverlauf an den Austrittsflächen ist

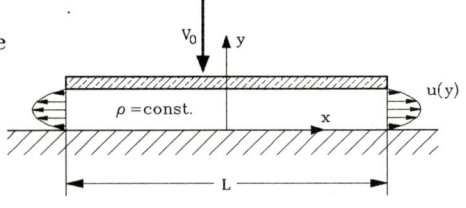

$$u(y) = 4U_0 \left\{\frac{y}{h(t)} - \left(\frac{y}{h(t)}\right)^2\right\}\, .$$

a) Wie lautet die Funktion der Spalthöhe, wenn $h(t = 0) = h_0$ ist ?
b) Berechnen Sie die maximale Geschwindigkeit $U_0$ an den Austrittsflächen.

Geg.: $V_0$, $h_0$, $L$, $\varrho$

**Lösung**

a) Spalthöhe $h(t)$: Die Funktion der Spalthöhe erhält man durch Integration zu

$$\frac{\mathrm{d}h}{\mathrm{d}t} = -V_0 \quad \Rightarrow \quad h(t) = -V_0\, t + h_0 \ .$$

b) Maximale Geschwindigkeit $U_0$ an den Austrittsflächen:

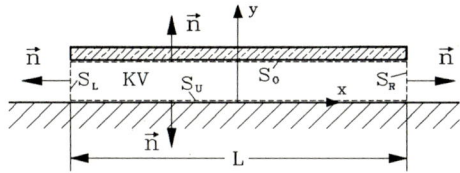

Diese folgt aus der Kontinuitätsgleichung, die in integraler Form (S. L. ((2.7))

$$\frac{\partial}{\partial t} \iiint\limits_{(V)} \varrho \,\mathrm{d}V = - \iint\limits_{(S)} \varrho\, \vec{u} \cdot \vec{n} \,\mathrm{d}S$$

lautet, wobei die Integrale über das skizzierte feste Kontrollvolumen, das zum betrachteten Zeitpunkt mit dem materiellen Volumen zusammenfällt, auszuwerten sind.
Da der Integrationsbereich fest ist, kann mit der Beziehung $\varrho = \text{const}$ für das erste Integral geschrieben werden

$$\frac{\partial}{\partial t} \iiint\limits_{(V)} \varrho \,\mathrm{d}V = \iiint\limits_{(V)} \frac{\partial \varrho}{\partial t} \,\mathrm{d}V = 0 \ .$$

Die konstante Dichte $\varrho$ kann vor das zweite Integral gezogen werden und dieses in vier Teilintegrale aufgespalten werden

$$\iint\limits_{S_o} \vec{u} \cdot \vec{n} \,\mathrm{d}S + \iint\limits_{S_u} \vec{u} \cdot \vec{n} \,\mathrm{d}S + \iint\limits_{S_L} \vec{u} \cdot \vec{n} \,\mathrm{d}S + \iint\limits_{S_R} \vec{u} \cdot \vec{n} \,\mathrm{d}S = 0 \ .$$

Auf der Fläche $S_0$ (obere Wand) gilt aus kinematischen Gründen (Die Normalkomponente der Flüssigkeitsgeschwindigkeit muß gleich der Wandgeschwindigkeit sein)

$$\vec{u} \cdot \vec{n} = \vec{u}_{Wand} \cdot \vec{n} = -V_0 \ ,$$

so daß das erste Integral

$$\iint\limits_{S_o} \vec{u} \cdot \vec{n} \,\mathrm{d}S = -V_0 \iint\limits_{S_o} \mathrm{d}S = -V_0\, B\, L$$

lautet. Die Erstreckung der Platte in Tiefenrichtung wird mit $B$ bezeichnet. Auf der Fläche $S_u$ (untere Wand) ist, ebenfalls aus kinematischen Gründen, $\vec{u} \cdot \vec{n} = 0$. Auf den Flächen $S_L$ und $S_R$ ist $\vec{u} \cdot \vec{n} = u(y)$, so daß die Kontinuitätsgleichung lautet:

$$-V_0\, B\, L \;+\; \iint\limits_{S_L} u(y)\,\mathrm{d}S + \iint\limits_{S_R} u(y)\,\mathrm{d}S = 0$$

$$\Rightarrow \quad V_0\, L \;=\; 2 \int\limits_0^{h(t)} 4 U_0 \left[ \frac{y}{h} - \left(\frac{y}{h}\right)^2 \right] \mathrm{d}y$$

$$= \; 8 U_0 \left[ \frac{1}{2}\frac{y^2}{h} - \frac{1}{3}\frac{y^3}{h^2} \right]_0^{h(t)}$$

$$= \; \frac{4}{3}\, U_0\, h(t)\,.$$

Durch Umstellen erhält man die gesuchte Geschwindigkeit

$$U_0 = \frac{3}{4}\frac{L}{h(t)}\, V_0 = \frac{3}{4}\frac{L\, V_0}{h_0 - V_0\, t}\,.$$

D. h. die Geschwindigkeit $U_0$ wird unendlich groß, wenn die Filmhöhe $h(t)$ null wird. In Wirklichkeit kann man die obere Platte nicht mit konstanter Geschwindigkeit $V_0$ auf die untere Platte drücken!

## Aufgabe 2.1-6    Bewegter Kolben

Ein Kolben bewegt sich in einem mit Öl gefüllten Zylinder mit der Geschwindigkeit $V_K$ nach unten. Die Geschwindigkeitsverteilung $w(r)$, mit der das Öl die Kolbenbohrung an der Oberkante verläßt, ist relativ zum Kolben gemessen:

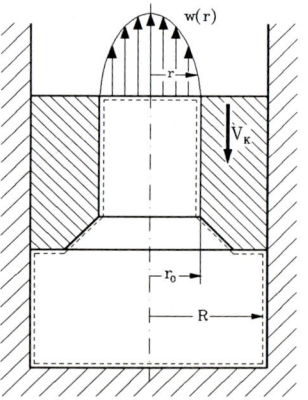

$$w(r) = W_0 \left\{ 1 - \left(\frac{r}{r_0}\right)^2 \right\}\,.$$

Bestimmen Sie die Maximalgeschwindigkeit $W_0$ mit Hilfe

a) eines kolbenfesten,
b) eines ortsfesten Koordinatensystems.

Geg.: $r_0$, $R$, $V_K$, $\varrho = \mathrm{const}$

**Lösung**

a) Das kolbenfeste Koordinatensystem:

Im kolbenfesten Koordinatensystem bewegt sich die untere Zylinderwand mit $V_K$ nach oben. Mit $\varrho = $ const lautet die Kontinuitätsgleichung für ein in diesem relativen Koordinatensystem festes Kontrollvolumen

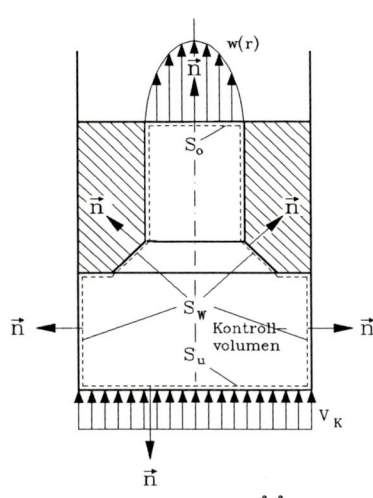

$$\varrho \iint\limits_{(S)} \vec{w} \cdot \vec{n} \, \mathrm{d}S = 0 \; .$$

Der Rand des Kontrollvolumens wird zweckmäßigerweise in drei Bereiche eingeteilt.

$$\Rightarrow \quad \iint\limits_{S_W} \vec{w} \cdot \vec{n} \, \mathrm{d}S + \iint\limits_{S_u} \vec{w} \cdot \vec{n} \, \mathrm{d}S + \iint\limits_{S_o} \vec{w} \cdot \vec{n} \, \mathrm{d}S = 0 \; .$$

Auf der unteren Wand $S_u$, deren Geschwindigkeit $\vec{w}_W = -V_K \vec{n}$ ist, gilt aus kinematischen Gründen

$$\vec{w} \cdot \vec{n} = \vec{w}_W \cdot \vec{n} = -V_K \; ,$$

während $\vec{w} \cdot \vec{n}$ auf allen in diesem Koordinatensystem festen Wänden verschwindet. Es entsteht die Gleichung

$$-V_K \iint\limits_{S_u} \mathrm{d}S + \iint\limits_{S_o} w(r) \, \mathrm{d}S = 0$$

beziehungsweise

$$V_K \, \pi \, R^2 = 2 \, \pi \int\limits_0^{r_0} W_0 \left( 1 - \left[ \frac{r}{r_0} \right]^2 \right) r \, \mathrm{d}r \; .$$

Mit der Substitution

$$\xi = \left( \frac{r}{r_0} \right)^2 \quad \Rightarrow \quad \mathrm{d}\xi = 2 \frac{r}{r_0^2} \, \mathrm{d}r \quad \Rightarrow \quad \mathrm{d}r = \frac{r_0^2 \, \mathrm{d}\xi}{2r}$$

folgt

$$\int\limits_0^{r_0} w(r) \, r \, \mathrm{d}r = \int\limits_0^1 W_0 \, (1 - \xi) \, r \, \frac{r_0^2 \, \mathrm{d}\xi}{2r} = \frac{W_0}{2} \, r_0^2 \int\limits_0^1 (1 - \xi) \, \mathrm{d}\xi = \frac{W_0}{4} \, r_0^2$$

und damit

$$V_K \, \pi \, R^2 \;=\; \pi \, r_0^2 \, \frac{W_0}{2}$$

$$\Rightarrow \quad W_0 \;=\; 2 V_K \left(\frac{R}{r_0}\right)^2 \;.$$

b) Das ortsfeste Koordinatensystem:
   In diesem Koordinatensystem lautet die Kontinuitätsgleichung

$$\iint\limits_{S_W} \vec{c} \cdot \vec{n} \, \mathrm{d}S + \iint\limits_{S_K} \vec{c} \cdot \vec{n} \, \mathrm{d}S + \iint\limits_{S_o} \vec{c} \cdot \vec{n} \, \mathrm{d}S = 0 \;.$$

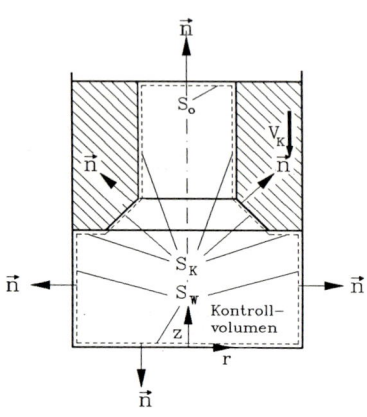

Auf festen Wänden $S_W$ verschwindet wieder $\vec{c} \cdot \vec{n}$. Auf der Kolbenoberfläche $S_K$ gilt wieder aus kinematischen Gründen

$$\vec{c} \cdot \vec{n} = \vec{c}_W \cdot \vec{n} \;,$$

bzw. mit $\vec{c}_W = -V_K \, \vec{e}_z$

$$\vec{c} \cdot \vec{n} = -V_K \, \vec{e}_z \cdot \vec{n} \;.$$

Damit lautet das Integral über $S_K$

$$\iint\limits_{S_K} \vec{c} \cdot \vec{n} \, \mathrm{d}S = \iint\limits_{S_K} -V_K \, \vec{e}_z \cdot \vec{n} \, \mathrm{d}S \;.$$

$\vec{e}_z \cdot \vec{n} \, \mathrm{d}S$ ist der Bildwurf des Flächenelementes $\mathrm{d}S$ in die $z$–Richtung, also $\vec{e}_z \cdot \vec{n} \, \mathrm{d}S = \pm \mathrm{d}A_z$. Das Vorzeichen wird hier dadurch geregelt, ob $\vec{n}$ und $\vec{e}_z$ einen spitzen $(+)$ oder stumpfen Winkel $(-)$ einschließen. Auf $S_K$ ist $\mathrm{sign}\,(\vec{e}_z \cdot \vec{n}) \geq 0$ (spitzer Winkel), d. h., es ist das positive Vorzeichen zu wählen. Man wertet aus:

$$\iint\limits_{S_K} \vec{c} \cdot \vec{n} \, \mathrm{d}S = -V_K \iint\limits_{S_K} r \, \mathrm{d}r \, \mathrm{d}\varphi = -V_K \, \pi \, (R^2 - r_0^2) \;.$$

Im ortsfesten Koordinatensystem ist die Absolutgeschwindigkeit am Ölaustritt $c = w - V_K$, also

$$c(r) = W_0 \left[1 - \left(\frac{r}{r_0}\right)^2\right] - V_K \;,$$

so daß das Integral über $S_o$ lautet

$$\iint\limits_{S_o} \vec{c} \cdot \vec{n} \, \mathrm{d}S = 2\pi \int\limits_0^{r_0} \left\{ W_0 \left[1 - \left(\frac{r}{r_0}\right)^2\right] - V_K \right\} r \, \mathrm{d}r = \pi \, r_0^2 \left(\frac{W_0}{2} - V_K\right) \;.$$

Die Kontinuitätsgleichung liefert nun wieder das Ergebnis

$$-V_K \, \pi \, (R^2 - r_0^2) + \pi \, r_0^2 \left(\frac{W_0}{2} - V_K\right) = 0 \;,$$

oder

$$V_K \, \pi \, R^2 \;=\; \pi \, r_0^2 \, \frac{W_0}{2}$$

$$\Rightarrow \quad W_0 \;=\; 2 \, V_K \left(\frac{R}{r_0}\right)^2 \,,$$

was mit dem Ergebnis aus a) übereinstimmt.

## Aufgabe 2.1-7   Strömung in einem von zwei Platten gebildeten Winkel

Zwischen zwei Platten der Länge $L$ befindet sich Flüssigkeit mit konstanter Dichte $\varrho$. Beide Platten werden symmetrisch zur $x$–Achse mit konstanter Winkelgeschwindigkeit $\Omega$ aufeinander zugedreht, so daß die Flüssigkeit herausgedrückt wird. Bezüglich der $z$–Achse sind die Platten unendlich weit ausgedehnt, das Problem kann als eben betrachtet werden.

Von dem Geschwindigkeitsfeld in Polarkoordinaten

$$\vec{u}(r,\varphi) = u_r(r,\varphi)\,\vec{e}_r + u_\varphi(r,\varphi)\,\vec{e}_\varphi$$

ist die Komponente

$$u_r(r,\varphi) = f(r) \cos\!\left(\frac{\pi}{2\alpha}\varphi\right)$$

mit noch unbekannter Funktion $f(r)$ gegeben.

a) Man bestimme die Wandgeschwindigkeit $\vec{u}(r) = u_W(r)\,\vec{e}_\varphi$ für beide Platten.
b) Mit der Integralform der Kontinuitätsgleichung ist die Funktion $f(r)$ für $0 \le r \le L$ zu ermitteln.
c) Aus der differentiellen Form berechne man $u_\varphi(r,\varphi)$ unter Berücksichtigung der Randbedingung für $\varphi = \pm\alpha$.

Geg.: $L$, $\alpha$, $\Omega$

**Lösung**

a) Wandgeschwindigkeit
   Die Platten drehen sich mit der Winkelgeschwindigkeit $\Omega$ auf die $x$–Achse zu. Daher erhält man die Wandgeschwindigkeit in Polarkoordinaten

$$\text{für die obere Platte} \quad \vec{u}(r) \;=\; -\Omega\,r\,\vec{e}_\varphi \,,$$

$$\text{für die untere Platte} \quad \vec{u}(r) \;=\; \Omega\,r\,\vec{e}_\varphi \,.$$

b) Bestimmung der Funktion $f(r)$

Die Integralform der Kontinuitätsgleichung lautet

$$\iiint\limits_{(V)} \frac{\partial \varrho}{\partial t}\,\mathrm{d}V = -\iint\limits_{(S)} \varrho\,\vec{u}\cdot\vec{n}\,\mathrm{d}S\;. \tag{1}$$

Die Integrale sind über das skizzierte Kontrollvolumen, das zum betrachteten Zeitpunkt mit dem materiellen Volumen zusammenfällt, auszuwerten. Die Platten drücken über die Flächen $S_1$ und $S_3$ Flüssigkeit in das Kontrollvolumen hinein. Für die linke Seite von (1) schreibt man wegen

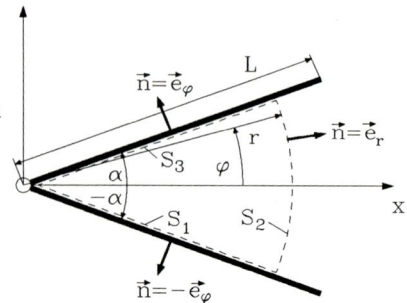

$$\varrho = \text{const} \quad \Rightarrow \quad \iiint\limits_{(V)} \frac{\partial \varrho}{\partial t}\,\mathrm{d}V = 0\;.$$

Das Oberflächenintegral ist für die Berandungen des Kontrollvolumens getrennt zu ermitteln

$$\iint\limits_{(S_1)} \varrho\,\vec{u}\cdot\vec{n}\,\mathrm{d}S + \iint\limits_{(S_2)} \varrho\,\vec{u}\cdot\vec{n}\,\mathrm{d}S + \iint\limits_{(S_3)} \varrho\,\vec{u}\cdot\vec{n}\,\mathrm{d}S = 0\;.$$

Auf den Flächen $S_1$ und $S_3$, die auf den Platten liegen, muß die Normalkomponente $\vec{u}\cdot\vec{n}$ der Strömungsgeschwindigkeit gleich der Normalkomponente der Plattengeschwindigkeit sein, da die Platten nicht durchströmt werden können (kinematische Randbedingung). Somit ergibt sich

$$\int\limits_0^b \int\limits_0^r -\Omega\,r\,\mathrm{d}r\,\mathrm{d}z + \int\limits_0^b \int\limits_{-\alpha}^{\alpha} f(r)\cos\left(\frac{\pi}{2\alpha}\varphi\right) r\,\mathrm{d}\varphi\,\mathrm{d}z + \int\limits_0^b \int\limits_0^r -\Omega\,r\,\mathrm{d}r\,\mathrm{d}z = 0\;.$$

Die Integration $\int_0^b$ steht für die Tiefeneinheit und kann aus der Gleichung gekürzt werden, da die Platten in dieser Richtung unendlich weit ausgedehnt sind. Man erhält

$$-\Omega\,r^2 + r f(r)\frac{2\alpha}{\pi}\left[\sin\left(\frac{\pi}{2\alpha}\varphi\right)\right]_{-\alpha}^{\alpha} = 0$$

und daher das Ergebnis

$$f(r) = \frac{\pi}{4\alpha}\,\Omega\,r\;.$$

Die radiale Komponente der Strömungsgeschwindigkeit lautet dann

$$u_r(r,\varphi) = \frac{\pi}{4\alpha}\,\Omega\,r\cos\left(\frac{\pi}{2\alpha}\varphi\right)\;.$$

c) Berechnung von $u_\varphi(r,\varphi)$

Die Kontinuitätsgleichung in differentieller Form lautet für ein ebenes Problem in Polarkoordinaten (S. L. Anhang B.2)

$$\frac{\partial(r u_r)}{\partial r} + \frac{\partial u_\varphi}{\partial \varphi} = 0\;.$$

Setzt man das Ergebnis aus a) ein, ergibt sich die Beziehung

$$\frac{\partial u_\varphi}{\partial \varphi} = -\frac{\pi}{2\alpha} \Omega r \cos\left(\frac{\pi}{2\alpha}\varphi\right)$$

und aufgelöst

$$u_\varphi(r,\varphi) = -\Omega r \sin\left(\frac{\pi}{2\alpha}\varphi\right) + C(r) .$$

Die Integrationskonstante folgt aus der Bedingung der symmetrischen Strömung bezüglich der $x$–Achse. $u_\varphi$ ist eine ungerade Funktion

$$u_\varphi(r,\varphi) = -u_\varphi(r,-\varphi) ,$$

und damit gilt

$$C(r) \equiv 0 \quad \Rightarrow \quad u_\varphi(r,\varphi) = -\Omega r \sin\left(\frac{\pi}{2\alpha}\varphi\right) .$$

# Aufgabe 2.1-8    Oszillierendes Gleitlager

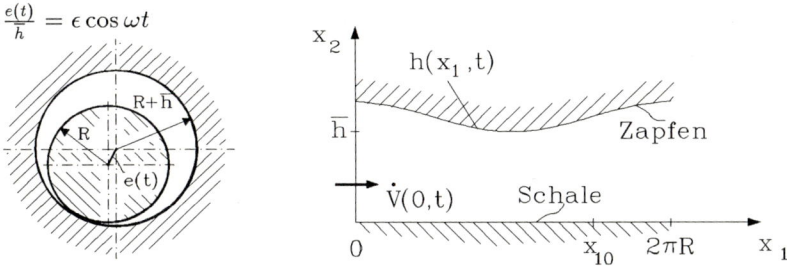

Die Skizze zeigt ein oszillierendes Gleitlager ($e = e(t)$), dessen Zapfen (Radius $R$) mit konstanter Winkelgeschwindigkeit rotiert. Die Lagerbreite in axialer Richtung sei unbeschränkt. Ist $\overline{h}/R \ll 1$, kann der Spaltverlauf $h(x_1,t)$ in $x_1$–Richtung abgewickelt werden und folgende Annahme getroffen werden

$$\frac{h(x_1,t)}{\overline{h}} = 1 + \epsilon \cos\omega t \cos\frac{x_1}{R} .$$

Die Dichte der Flüssigkeit $\varrho$ sei konstant. Der zeitliche Verlauf des Volumenstroms pro Breiteneinheit $\dot{V}(0,t)$ an der Stelle $x_1 = 0$ ist bekannt.

Berechnen Sie den Volumenstrom/Breiteneinheit $\dot{V}(x_{10},t)$ als Funktion der Zeit an der Stelle $x_{10}$.

Geg.: $\dot{V}(0,t)$, $\epsilon$, $\omega$, $R$, $\overline{h}$

## Lösung

Zur Berechnung von $\dot{V}(x_{10}, t)$ wird die Kontinuitätsgleichung in integraler Form

$$\iiint\limits_{(V)} \frac{\partial \varrho}{\partial t}\, \mathrm{d}V = -\iint\limits_{(S)} \varrho\, \vec{u} \cdot \vec{n}\, \mathrm{d}S \tag{1}$$

auf das skizzierte feste Kontrollvolumen angewendet.

Die linke Seite von (1) verschwindet, da $\varrho = \mathrm{const}$ ist und über ein festes Kontrollvolumen zu integrieren ist. Man erhält dann

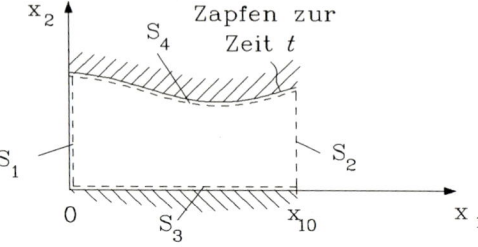

$$\iint\limits_{(S)} \vec{u} \cdot \vec{n}\, \mathrm{d}S = 0\,. \tag{2}$$

Die Volumenströme über die Berandungen $S_1$ und $S_2$ sind

$$\iint\limits_{S_1} \vec{u} \cdot \vec{n}\, \mathrm{d}S = -b\,\dot{V}(0, t)$$

und

$$\iint\limits_{S_2} \vec{u} \cdot \vec{n}\, \mathrm{d}S = b\,\dot{V}(x_{10}, t)\,.$$

Das Integral über $S_3$ verschwindet, da die Schale feststeht und der Durchfluß durch diese Wand natürlich null ist.

Die Integration über $S_4$ liefert dagegen einen Beitrag, da sich der Zapfen bewegt. Die Geschwindigkeit, mit der $S_4$ durchströmt wird, läßt sich aus der Tatsache bestimmen, daß die Normalkomponente der Geschwindigkeit der Flüssigkeitsteilchen an der Wand mit der Normalkomponente der Wandgeschwindigkeit des Zapfens übereinstimmt.

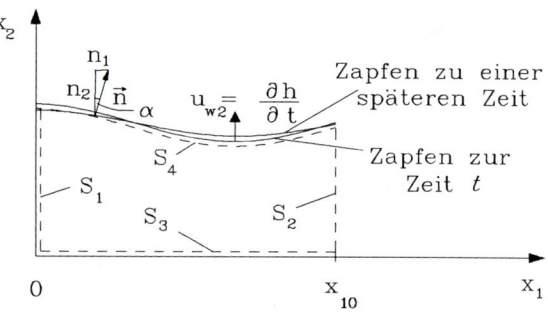

Wegen $\overline{h}/R \ll 1$ gilt

$$\tan \alpha = \frac{\partial h}{\partial x_1} = -\epsilon\, \frac{\overline{h}}{R} \cos \omega t \sin \frac{x_1}{R} \ll 1\,.$$

Aus dem gleichen Grund ist aber auch

$$n_1 = \vec{n} \cdot \vec{e}_1 = \sin \alpha \ll 1$$

und kann deshalb gegen $n_2$ vernachlässigt werden. Daher ist die Normalkomponente der Wandgeschwindigkeit

$$\vec{u}_w \cdot \vec{n} = u_{w1}\,\vec{e}_1 \cdot \vec{n} + u_{w2}\,\vec{e}_2 \cdot \vec{n} \approx u_{w2}\,\vec{e}_2 \cdot \vec{n}$$

und mit $u_{w2} = \partial h/\partial t$ folgt

$$\iint\limits_{S_4} \vec{u} \cdot \vec{n}\,\mathrm{d}S = \iint\limits_{S_4} \vec{u}_w \cdot \vec{n}\,\mathrm{d}S \approx \iint\limits_{S_4} \frac{\partial h}{\partial t}\,\vec{e}_2 \cdot \vec{n}\,\mathrm{d}S \ .$$

Der Ausdruck $\vec{e}_2 \cdot \vec{n}\,\mathrm{d}S$ ist der Bildwurf von $\mathrm{d}S$ in $\vec{e}_2$–Richtung, also gleich $\mathrm{d}x_1\,\mathrm{d}x_3$, also

$$\iint\limits_{(S_4)} \vec{u} \cdot \vec{n}\,\mathrm{d}S \approx b\int\limits_0^{x_{10}} \frac{\partial h}{\partial t}\,\mathrm{d}x_1 = -b\,\overline{h}\,\omega\,\epsilon\sin\omega t \int\limits_0^{x_{10}} \cos\frac{x_1}{R}\,\mathrm{d}x_1$$

und

$$\iint\limits_{(S_4)} \vec{u} \cdot \vec{n}\,\mathrm{d}S \approx -b\,R\,\overline{h}\,\omega\,\epsilon\sin\omega t \sin\frac{x_{10}}{R} \ .$$

Man berechnet schließlich durch Einsetzen in (2)

$$\dot{V}(x_{10},t) = R\,\overline{h}\,\omega\,\epsilon\sin\omega t \sin\frac{x_{10}}{R} + \dot{V}(0,t) \ .$$

## Aufgabe 2.1-9   Verdrängungswirkung einer Grenzschicht

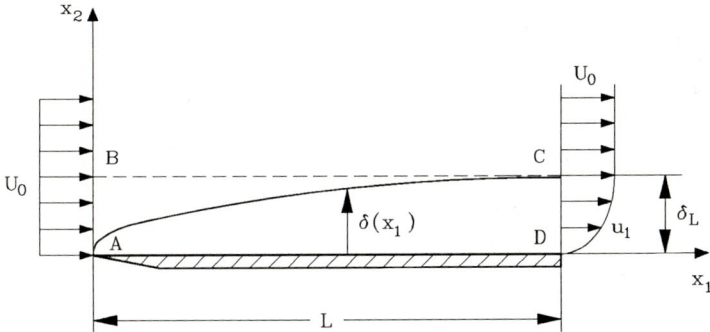

Eine ebene Platte (Breite $b$, Länge $L$) wird in Längsrichtung mit der konstanten Geschwindigkeit $U_0$ angeströmt. Die Strömung ist inkompressibel und stationär. Infolge der Reibung an der Platte bildet sich eine Grenzschicht mit der Dicke $\delta(x_1)$ aus. Außerhalb dieser Schicht ist die Geschwindigkeit $u_1 = U_0 = \text{const}$. Es wird angenommen, daß sich die Geschwindigkeit innerhalb der Grenzschicht wie eine Sinusfunktion verhält und an der Wand null wird.

a) Welcher Massenstrom tritt durch die Fläche $BC$ des skizzierten Kontrollvolumens?
b) Berechnen Sie das Geschwindigkeitsfeld $u_i(x_j)$.
c) Berechnen Sie den Massenstrom durch die Fläche $BC$ mit Hilfe von $u_2(x_1, x_2 = \delta)$.

Geg.: $\delta = \delta(x_1)$, $\delta_L = \delta(x_1 = L)$, $u_1/U_0 = \begin{cases} \sin\left(\frac{1}{2}\pi x_2/\delta\right) & \text{für} \quad 0 \leq x_2/\delta(x_1) \leq 1 \\ 1 & \text{für} \quad x_2/\delta(x_1) > 1 \end{cases}$

**Lösung**

a) Der Massenstrom durch die Fläche BC:

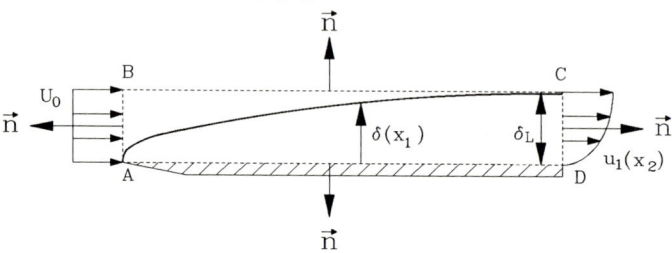

Die Integralform der Kontinuitätsgleichung liefert für das skizzierte Kontrollvolumen:

$$\iint\limits_{AB} \varrho\, \vec{u} \cdot \vec{n}\, \mathrm{d}S + \iint\limits_{BC} \varrho\, \vec{u} \cdot \vec{n}\, \mathrm{d}S + \iint\limits_{CD} \varrho\, \vec{u} \cdot \vec{n}\, \mathrm{d}S + \iint\limits_{AD} \varrho\, \vec{u} \cdot \vec{n}\, \mathrm{d}S = 0 \,. \tag{1}$$

Bezeichnet man den Massenstrom durch die Fläche BC mit $\dot{m}_{BC}$

$$\iint\limits_{BC} \varrho\, \vec{u} \cdot \vec{n}\, \mathrm{d}S = \dot{m}_{BC}$$

und berechnet die Oberflächenintegrale

$$\iint\limits_{AB} \varrho\, \vec{u} \cdot \vec{n}\, \mathrm{d}S = -\varrho\, b\, \delta_L\, U_0 \,,$$

$$\iint\limits_{CD} \varrho\, \vec{u} \cdot \vec{n}\, \mathrm{d}S = \varrho\, b \int\limits_0^{\delta_L} U_0 \sin\left(\frac{\pi}{2}\frac{x_2}{\delta_L}\right)\, \mathrm{d}x_2$$

$$= \varrho\, b\, U_0\, \frac{2\delta_L}{\pi} \left[-\cos\left(\frac{\pi}{2}\frac{x_2}{\delta_L}\right)\right]_0^{\delta_L}$$

$$= \frac{2}{\pi}\, \varrho\, b\, \delta_L\, U_0$$

$$\iint\limits_{AD} \varrho\, \vec{u} \cdot \vec{n}\, \mathrm{d}S = 0 \,,$$

so entsteht aus (1)

$$-\varrho\, b\, \delta_L\, U_0 + \dot{m}_{BC} + \frac{2}{\pi}\, \varrho\, b\, \delta_L\, U_0 = 0$$

$$\Rightarrow \quad \dot{m}_{BC} = \varrho \, b \, \delta_L \, U_0 \left(1 - \frac{2}{\pi}\right) .$$

b) Geschwindigkeitsfeld:
Zur Berechnung von $u_2(\vec{x})$ bei gegebenem $u_1$ benutzen wir die Kontinuitätsgleichung in differentieller Form (S. L. (2.3a)):

$$\frac{\mathrm{D}\varrho}{\mathrm{D}t} + \varrho \, \frac{\partial u_i}{\partial x_i} = 0 .$$

Da die Strömung inkompressibel ist, folgt für den hier vorliegenden ebenen Fall ($\partial/\partial x_3 = 0$):

$$\frac{\partial u_1}{\partial x_1} + \frac{\partial u_2}{\partial x_2} = 0 \quad \Rightarrow \quad u_2 = \int\limits_0^{x_2} -\frac{\partial u_1}{\partial x_1} \, \mathrm{d}x_2 + f(x_1) . \qquad (2)$$

Die auftretende Integrationskonstante kann eine Funktion von $x_1$ sein, die sich aber aus der Randbedingung

$$u_2(\vec{x} = 0) = 0$$

zu Null ergibt. Es ist weiterhin

$$\frac{\partial u_1}{\partial x_1} = \begin{cases} -\dfrac{\pi}{2} \, U_0 \, \dfrac{x_2}{\delta^2} \, \delta' \, \cos\left(\dfrac{\pi}{2} \dfrac{x_2}{\delta}\right) & \text{für} \quad x_2 \leq \delta(x_1) , \\[2mm] 0 & \text{für} \quad x_2 \geq \delta(x_1) , \end{cases}$$

so daß aus (2) für $x_2 \leq \delta(x_1)$ folgt:

$$u_2(x_1, x_2) = \int\limits_0^{x_2} \frac{\pi}{2} \, U_0 \, \frac{x_2}{\delta^2} \, \delta' \, \cos\left(\frac{\pi}{2} \frac{x_2}{\delta}\right) \, \mathrm{d}x_2$$

$$\Rightarrow \quad u_2(x_1, x_2) = U_0 \, \delta' \left\{ -\frac{2}{\pi} \left[ 1 - \cos\left(\frac{\pi}{2} \frac{x_2}{\delta}\right) \right] + \frac{x_2}{\delta} \sin\left(\frac{\pi}{2} \frac{x_2}{\delta}\right) \right\}$$

und für den Rand der Grenzschicht $x_2 = \delta(x_1)$:

$$u_2(x_1, x_2) = U_0 \, \delta'(x_1) \left(1 - \frac{2}{\pi}\right) . \qquad (3)$$

c) Der Massenstrom durch die Fläche BC mit Hilfe von $u_2(x_1, x_2 = \delta)$:

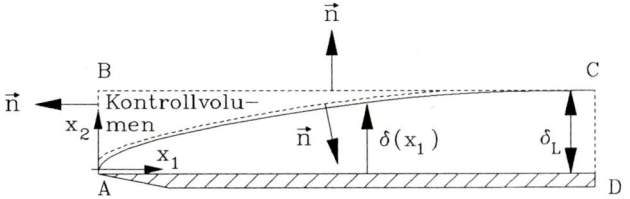

Wir wenden die Kontinuitätsgleichung (stationär, d. h. $\partial/\partial t = 0$) auf das skizzierte Kontrollvolumen an:

$$\iint\limits_{(S)} \varrho\, \vec{u} \cdot \vec{n}\, \mathrm{d}S = 0$$

$$\Rightarrow \quad \iint\limits_{AB} \varrho\, \vec{u} \cdot \vec{n}\, \mathrm{d}S + \iint\limits_{BC} \varrho\, \vec{u} \cdot \vec{n}\, \mathrm{d}S + \iint\limits_{AC} \varrho\, \vec{u} \cdot \vec{n}\, \mathrm{d}S = 0\ .$$

Die beiden ersten Integrale sind aus Teil a) bekannt:

$$\Rightarrow \quad \dot{m}_{BC} = \varrho\, U_0\, b\, \delta_L - \iint\limits_{AC} \varrho\, \vec{u} \cdot \vec{n}\, \mathrm{d}S\ . \tag{4}$$

Auf der Fläche $AC$ ist $\vec{u} = U_0\, \vec{e}_1 + u_2(x_1, \delta(x_1))\, \vec{e}_2$, also:

$$\begin{aligned}
\vec{u} \cdot \vec{n}\, \mathrm{d}S &= U_0\, \vec{e}_1 \cdot \vec{n}\, \mathrm{d}S + u_2(x_1, \delta(x_1))\, \vec{e}_2 \cdot \vec{n}\, \mathrm{d}S \\[2mm]
&= U_0\, \mathrm{d}x_2\, \mathrm{d}x_3 - u_2(x_1, \delta(x_1))\, \mathrm{d}x_1\, \mathrm{d}x_3\ .
\end{aligned}$$

Damit berechnet sich das Integral in (4) unter Verwendung von (3) zu

$$\begin{aligned}
\iint\limits_{AC} \varrho\, \vec{u} \cdot \vec{n}\, \mathrm{d}S &= \varrho\, U_0\, b \int\limits_0^{\delta_L} \mathrm{d}x_2 - \varrho\, U_0 \left(1 - \frac{2}{\pi}\right) b \int\limits_0^L \delta'(x_1)\, \mathrm{d}x_1 \\[2mm]
&= \varrho\, U_0\, b\, \delta_L - \varrho\, b\, U_0 \left(1 - \frac{2}{\pi}\right) \delta_L\ ,
\end{aligned}$$

so daß (4) wieder

$$\dot{m}_{BC} = \varrho\, b\, \delta_L\, U_0 \left(1 - \frac{2}{\pi}\right)$$

liefert.

## Aufgabe 2.1-10   Diffusor mit linearer Geschwindigkeitsänderung über der Lauflänge

Zwei Kanäle mit den Querschnittsflächen $A_1$ und $A_2$ sind über einen schlanken, ebenen Diffusor der Länge $L$ miteinander verbunden. Die Form des Diffusors ist so beschaffen, daß sich die Geschwindigkeitskomponente $u$ im Diffusor linear mit der Lauflänge $x$ von $U_1$ auf $U_2$ verändert und als konstant über die Querschnittsfläche $A(x)$ angenommen werden kann. Die Dichte $\varrho$ der strömenden Flüssigkeit ist konstant.

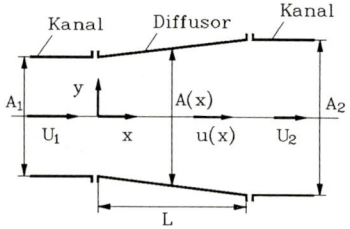

a) Wie lautet die Verteilung der Geschwindigkeitskomponente $u(x)$ im Kanal? Wie ändert sich die Querschnittsfläche $A(x)$?

b) Wie groß sind lokale und konvektive Beschleunigung im Diffusor, wenn die Zuströmgeschwindigkeit $U_1$ zeitlich konstant ist?

c) Beantworten Sie Aufgabenteil b), wenn $U_1$ zeitlich veränderlich mit $\partial U_1/\partial t = a_1 =$ const gegeben ist.

Geg.: $A_1$, $A_2$, $U_1$, $L$, $\varrho =$ const, $a_1$

**Lösung**

a) Die Geschwindigkeitsverteilung ist linear $u(x) = m\,x + c$. Die Konstanten $c$ und $m$ erhält man mit den Bedingungen

$$u(x = 0) = U_1 \qquad \text{und} \qquad u(x = L) = U_2$$

zu

$$c = U_1 \qquad \text{und} \qquad m = \frac{U_2 - U_1}{L}\,.$$

Mit der Integralform der Kontinuitätsgleichung bestimmt sich $U_2$ zu $U_2 = U_1 A_1/A_2$ und wir erhalten die Verteilung

$$u(x) = U_1 \left[\left(\frac{A_1}{A_2} - 1\right)\frac{x}{L} + 1\right]\,. \tag{1}$$

Wir betrachten ein Kontrollvolumen zwischen $x = 0$ und einer beliebigen, aber festen Stelle $0 < x < L$. Die Auswertung der Kontinuitätsgleichung

$$\iint\limits_{A(x)} \varrho\,\vec{u}\cdot\vec{n}\,\mathrm{d}A = -\iint\limits_{A_1} \varrho\,\vec{u}\cdot\vec{n}\,\mathrm{d}A$$

liefert $u(x)\,A(x) = U_1 A_1$, womit die Änderung der Querschnittsfläche im Diffusor bekannt ist:

$$A(x) = \frac{A_1}{(A_1/A_2 - 1)\,x/L + 1}\,.$$

b) Ist $U_1$ keine Funktion von $t$, so folgt aus (1) $\partial u/\partial t = 0$, d. h. die lokale Beschleunigung ist null. Für die konvektive Beschleunigung findet man

$$u\,\frac{\partial u}{\partial x} = \frac{U_1^2}{L}\left[\left(\frac{A_1}{A_2} - 1\right)\frac{x}{L} + 1\right]\left(\frac{A_1}{A_2} - 1\right)\,. \tag{2}$$

c) Mit $U_1 = U_1(t)$ und $\partial U_1/\partial t = a_1$ folgt aus (1) $u = u(x,t)$. Die lokale Beschleunigung

$$\frac{\partial u}{\partial t} = a_1\left[\left(\frac{A_1}{A_2} - 1\right)\frac{x}{L} + 1\right]$$

ist nun ungleich null.

Die Geschwindigkeit hängt nur über die Geometrie des Diffusors von $x$ ab, da diese sich nicht ändert, erhalten wir für die konvektive Beschleunigung wieder die Form der Gleichung (2).

# Aufgabe 2.1-11    Temperaturgrenzschicht an kalter Wand

Ein Gas mit der Temperatur $T_\sigma$ und der Dichte $\varrho_\sigma$ wird plötzlich mit einer kalten Wand der Temperatur $T_W$ in Kontakt gebracht. Von der Wand wächst eine Grenzschicht mit der Dicke
$\delta(t) = \sqrt{\nu\,t}$ ($\nu = \mathrm{const}$) ins Gas. Der Druck ist im ganzen Feld
konstant, innerhalb der Grenzschicht falle die Gastemperatur
linear von $T_\sigma$ auf $T_W$. Die Dichteverteilung des Gases ist durch

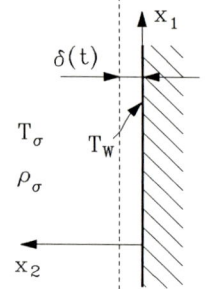

$$\varrho = \begin{cases} \varrho_W - \dfrac{\varrho_W - \varrho_\sigma}{\delta(t)}\,x_2 & \text{für} \quad 0 \le x_2 \le \delta(t) \\[2mm] \varrho_\sigma & \text{für} \quad x_2 > \delta(t) \end{cases}$$

gegeben. Bezüglich der $x_1$- und $x_3$-Richtung ist die Ausdehnung der Wand als unendlich anzusehen. Wie groß ist die Gasgeschwindigkeit außerhalb der Grenzschicht? Die Geschwindigkeitskomponente in $x_1$-
Richtung ist im ganzen Feld null.

Geg.: $\varrho_\sigma$, $\varrho_W$

## Lösung

Für das skizzierte Kontrollvolumen verwenden wir die
Kontinuitätsgleichung in der Form (S. L. (2.7))

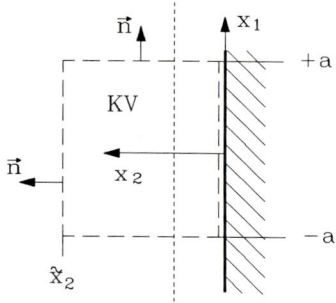

$$\iiint\limits_{(V(t))} \frac{\partial \varrho}{\partial t}\,\mathrm{d}V = -\iint\limits_{(S)} \varrho\,u_i n_i\,\mathrm{d}S\,. \tag{1}$$

Die linke Fläche des Kontrollvolumens befindet sich
außerhalb der Grenzschicht im beliebigen aber festen
Abstand $\tilde{x}_2$ zur Wand. Die Flächen im Abstand $a$ von
der $x_2$-Achse können wir ins Unendliche verschieben.
Pro Tiefeneinheit in $x_3$-Richtung lautet die Gleichung
(1) dann

$$\lim_{a \to \infty} \int\limits_{-a}^{a} \int\limits_{0}^{\tilde{x}_2} \frac{\partial \varrho}{\partial t}\,\mathrm{d}x_2 \mathrm{d}x_1 = -\lim_{a \to \infty} \int\limits_{-a}^{a} \varrho\,u_i(\tilde{x}_2) n_i \mathrm{d}x_1\,. \tag{2}$$

Auf der rechten Seite dieser Gleichung ist bereits berücksichtigt, daß die feste Wand
nicht durchströmt wird und es keine Geschwindigkeitskomponente in die $x_1$-Richtung
gibt. Außerhalb der Grenzschicht sind alle Strömungsgrößen homogen. Wir bilden die
Ableitung der Dichte

$$\frac{\partial \varrho}{\partial t} = \begin{cases} (\varrho_W - \varrho_\sigma)\dfrac{x_2 \nu}{2(\nu\,t)^{3/2}} & \text{für} \quad 0 \le x_2 \le \delta(t) \\[2mm] 0 & \text{für} \quad x_2 > \delta \end{cases}$$

und erhalten aus (2)

$$\int_0^{\sqrt{\nu t}} (\varrho_W - \varrho_\sigma) \frac{\nu}{2(\nu t)^{3/2}} \, x_2 \, \mathrm{d}x_2 = -\varrho_\sigma u_2(\tilde{x}_2) \; .$$

Diese Gleichung gilt für beliebiges $\tilde{x}_2$ außerhalb der Grenzschicht, die Geschwindigkeit dort lautet damit

$$u_2 = -\left(\frac{\varrho_W}{\varrho_\sigma} - 1\right) \frac{\nu}{4\sqrt{\nu t}} \; .$$

## Aufgabe 2.1-12 Strömung im Schmierspalt

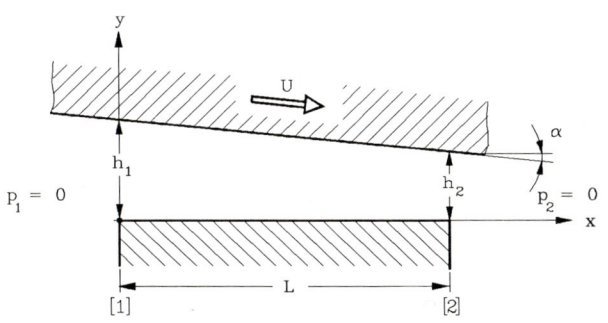

Der in der Abbildung dargestellte „Gleitstempel" ist in
$z$-Richtung unendlich ausgedehnt und hat die Spalthöhe
$h(x) = h_1 - \alpha x$, mit
$\alpha = (h_1 - h_2)/L \ll 1$.

Der Gleitschuh bewegt sich
mit konstanter Geschwindigkeit $U$ um den Winkel $\alpha$ gegenüber der $x$-Richtung ge-
neigt und schleppt, da Wandflüssigkeitsteilchen an der bewegten und ruhenden Wand
haften, Flüssigkeit der Dichte $\varrho = $ const in den Spalt. Man erwartet (zu Unrecht), daß
sich im Spalt eine lineare Geschwindigkeitsverteilung $u(x, y)$ einstellen wird.

Das Haften der Flüssigkeitsteilchen an der Wand wird durch die Haftbedingungen
$u(x, 0) = 0$ und $u(x, h(x)) = U \cos \alpha \approx U$ berücksichtigt.

Hinweis: Die Komponente der Geschwindigkeit in $y$-Richtung an der oberen Wand ist
von der Größenordnung $\alpha U$ und kann daher vernachlässigt werden. Weiterhin ist der
Druck im Spalt nur eine Funktion von $x$.

a) Zeigen Sie, daß der Volumenstrom in $x$-Richtung pro Tiefeneinheit,

$$\dot{V} = \int_0^{h(x)} u(x, y) \, \mathrm{d}y \; , \text{ von } x \text{ unabhängig ist.}$$

b) Die Geschwindigkeitsverteilung $u(x, y) = U y/h$ erfüllt die angegebenen Haftbedingungen. Warum stellt sich diese Geschwindigkeitsverteilung nicht ein?

c) Die Geschwindigkeitsverteilung aus dem Aufgabenteil b) wird um einen vom Druckgradienten $\mathrm{d}p(x)/\mathrm{d}x = -K(x)$ abhängigen und in $y/h$ quadratischen Term korri-

giert:

$$u(x, y) = U \frac{y}{h(x)} + \frac{K(x)\,h^2}{2\,\eta} \left(1 - \frac{y}{h(x)}\right) \frac{y}{h(x)} \; .$$

Bestimmen Sie den negativen Druckgradienten $K(x)$ mit $K(0) = K_1$ so, daß die Kontinuitätsgleichung erfüllt wird.

d) Bestimmen Sie die Druckverteilung im Lagerspalt durch Integration von $K(x)$. Die Integrationskonstante und $K_1$ sind mittels der Druckrandbedingungen $p(0) = p_1 = p(L) = p_2 = 0$ zu bestimmen.

e) Wie groß ist der Volumenstrom durch den Spalt?

Geg.: $\eta$, $h_1$, $h_2$, $L$, $U$, $p_1 = p_2 = 0$

**Lösung**

a) $\dot{V} =$const :

Die Kontinuitätsgleichung für das skizzierte Kontrollvolumen lautet

$$\int\limits_{0}^{h_1} u(0, y)\,\mathrm{d}y = \int\limits_{0}^{h(x)} u(x, y)\,\mathrm{d}y \; . \quad (1)$$

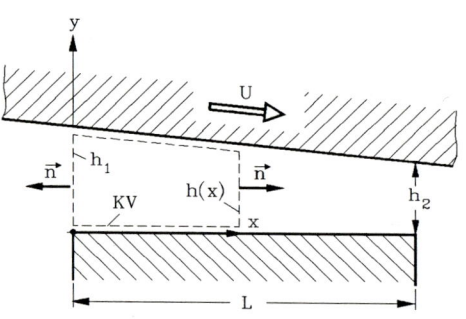

Die rechte Seite von (1) ist gleich dem Volumenstrom $\dot{V}$. Da die linke Seite der Kontinuitätsgleichung konstant ist, ist $\dot{V}$ von $x$ unabhängig.

b) Schleppströmung $u(x, y) = U\,y/h(x)$:
Wir berechnen den Volumenstrom an der Stelle $x$:

$$\dot{V} = \int\limits_{0}^{h(x)} u(x, y)\,\mathrm{d}y = \int\limits_{0}^{h(x)} U \frac{y}{h(x)}\,\mathrm{d}y = \frac{1}{2} U\,h(x) = \frac{1}{2} U\,(h_1 - \alpha\,x) \; . \quad (2)$$

Der Volumenstrom ist demnach bei reiner Schleppströmung nur für $\alpha = 0$ von $x$ unabhängig. Für $\alpha \neq 0$ erfüllt die Geschwindigkeitsverteilung $u = U\,y/h$ die Kontinuitätsgleichung nicht.

c) Bestimmen von $K(x)$:

Da die reine Schleppströmung die Kontinuitätsgleichung nicht erfüllt, muß sich im Spalt eine Druckverteilung $p(x)$ einstellen, die das Geschwindigkeitsprofil am Spalteintritt „dünner" und am Spaltaustritt „bauchiger" macht, so daß $\dot{V}$ im Spalt konstant ist. Der Druckgradient wird durch die Kontinuitätsbedingung festgelegt. Wir werten (1) für die gegebene Geschwindigkeitsvertei-

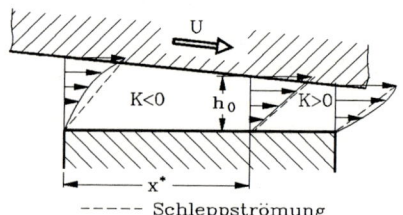

- - - - - Schleppströmung

lung mit $K(0) = K_1$ aus. Dies führt zu

$$\frac{1}{2} U h_1 + K_1 \frac{h_1^3}{12\eta} = \frac{1}{2} U h(x) + K(x) \frac{h(x)^3}{12\eta} = \dot{V} \qquad (3)$$

oder

$$K(x) = -\frac{dp}{dx} = 6U\eta \left[ \left( 1 + \frac{K_1 h_1^2}{6U\eta} \right) \frac{h_1}{h(x)^3} - \frac{1}{h(x)^2} \right] . \qquad (4)$$

An der Stelle $x = x^*$, mit $K(x^*) = 0$, hat der Druckverlauf ein Extremum und das Geschwindigkeitsprofil ist das einer reinen Schleppströmung. Wir erhalten damit aus (4) eine Bestimmungsgleichung für $x^*$:

$$h(x^*) = \left( 1 + \frac{K_1 h_1^2}{6U\eta} \right) h_1 = h_0 ,$$

mit der ausgezeichneten Spalthöhe $h_0$. Führen wir diese neue Konstante in (4) ein, so erhalten wir

$$\frac{dp}{dx} = -K(x) = 6U\eta \left[ \frac{1}{h(x)^2} - \frac{h_0}{h(x)^3} \right] . \qquad (5)$$

d) Bestimmen der Druckverteilung $p(x)$:
Die Integration des Druckgradienten (5) über $x$ führt zu

$$p(x) = 6U\eta \left[ \int\limits_0^x \frac{1}{h(\overline{x})^2} \, d\overline{x} - h_0 \int\limits_0^x \frac{1}{h(\overline{x})^3} \, d\overline{x} \right] ,$$

mit

$$\int\limits_0^x \frac{1}{h(\overline{x})^2} \, d\overline{x} = \frac{1}{\alpha} \left( \frac{1}{h(x)} - \frac{1}{h_1} \right) \quad \text{und} \quad \int\limits_0^x \frac{1}{h(\overline{x})^3} \, d\overline{x} = \frac{1}{2\alpha} \left( \frac{1}{h(x)^2} - \frac{1}{h_1^2} \right) .$$

Daraus folgt

$$p(x) = 6 \frac{U\eta}{\alpha} \left\{ \frac{1}{h(x)} - \frac{1}{h_1} - \frac{h_0}{2} \left[ \frac{1}{h(x)^2} - \frac{1}{h_1^2} \right] \right\} \qquad (6)$$

oder nach Umformen (zweimaliger quadratischer Ergänzung)

$$p(x) = 3 \frac{U\eta}{\alpha h_0} \left\{ \left[ \frac{h_0}{h_1} - 1 \right]^2 - \left[ \frac{h_0}{h(x)} - 1 \right]^2 \right\} .$$

Am rechten Spaltrand ist der Druck null. Aus dieser Bedingung an (6) bestimmen wir die unbekannte Höhe $h_0$ zu

$$h_0 = 2 \frac{h_1 h_2}{h_1 + h_2} . \qquad (7)$$

e) Volumenstrom durch den Spalt:
Da an der Stelle $x = x^*$ das Geschwindigkeitsprofil das einer reinen Schleppströmung ist gilt:

$$\dot{V} = \frac{1}{2} U h_0 = U \frac{h_1 h_2}{h_1 + h_2} .$$

## 2.2    Impulssatz

### Aufgabe 2.2-1    Hauptachsensystem eines Spannungstensors

Gegeben ist der Spannungstensor in dimensionsloser Form

$$\tau_{ij} = \begin{pmatrix} 5 & \sqrt{3} & 0 \\ \sqrt{3} & 3 & 0 \\ 0 & 0 & 1 \end{pmatrix} .$$

Zu berechnen sind

a) die Invarianten $I_{1\tau}$, $I_{2\tau}$ und $I_{3\tau}$ des Tensors,
b) dessen Hauptspannungen $\sigma^{(1)}$, $\sigma^{(2)}$ und $\sigma^{(3)}$
c) und seine Hauptspannungsrichtungen.
d) Wie heißt die Drehmatrix, die $\tau_{ij}$ auf Diagonalform transformiert (Hauptachsentransformation!)? Man führe die Transformation durch.

**Lösung**

a) Invarianten:

$$
\begin{aligned}
I_{1\tau} &= \tau_{ii} = \tau_{11} + \tau_{22} + \tau_{33} &&= 9 \, , \\
I_{2\tau} &= \tfrac{1}{2}\left(\tau_{ii}\tau_{jj} - \tau_{ij}\tau_{ij}\right) &&= 20 \, , \\
I_{3\tau} &= \det(\tau_{ij}) &&= 12 \, .
\end{aligned}
$$

b) Hauptspannungen:
Die Lösungen der charakteristischen Gleichung

$$-\sigma^3 + I_{1\tau}\,\sigma^2 - I_{2\tau}\,\sigma + I_{3\tau} = 0 \, ,$$

hier also

$$-\sigma^3 + 9\,\sigma^2 - 20\,\sigma + 12 = 0 \, ,$$

sind die gesuchten Hauptspannungen

$$\sigma^{(1)} = 1 \, , \quad \sigma^{(2)} = 2 \, , \quad \sigma^{(3)} = 6 \, .$$

c) Hauptspannungsrichtungen:
Das homogene Gleichungssystem

$$\left(\tau_{ij} - \sigma^{(k)}\,\delta_{ij}\right) n_j^{(k)} = 0$$

hat die Lösungen

$$
\begin{aligned}
&\text{für } k = 1 \; : && n_1^{(1)} = 0 &&, && n_2^{(1)} = 0 &&, && n_3^{(1)} = \pm 1 \, , \\
&\text{für } k = 2 \; : && n_1^{(2)} = \pm\tfrac{1}{2} &&, && n_2^{(2)} = \mp\sqrt{\tfrac{3}{4}} &&, && n_3^{(2)} = 0 \, , \\
&\text{für } k = 3 \; : && n_1^{(3)} = \pm\sqrt{\tfrac{3}{4}} &&, && n_2^{(3)} = \pm\tfrac{1}{2} &&, && n_3^{(3)} = 0 \, .
\end{aligned}
$$

Die Lösungsvektoren $\vec{n}^{(k)}$ wurden bereits auf die Länge 1 normiert, sind also Einheitsvektoren. Ihre Richtung liegt nur bis auf das Vorzeichen fest. Bei zwei von ihnen kann man das Vorzeichen beliebig wählen. Die Richtung des Dritten wird dann so festgelegt, daß die $\vec{n}^{(k)}$ ein rechtshändiges Koordinatensystem bilden. Es muß also die Bedingung

$$\vec{n}^{(1)} \times \vec{n}^{(2)} \overset{!}{=} \vec{n}^{(3)}$$

erfüllt werden. Mit der Wahl

$$\vec{n}^{(1)} = \vec{e}_3 , \quad \vec{n}^{(2)} = \frac{1}{2}\,\vec{e}_1 - \sqrt{\frac{3}{4}}\,\vec{e}_2$$

erhält man

$$\vec{n}^{(3)} = \sqrt{\frac{3}{4}}\,\vec{e}_1 + \frac{1}{2}\,\vec{e}_2 \, .$$

d) Hauptachsentransformation:

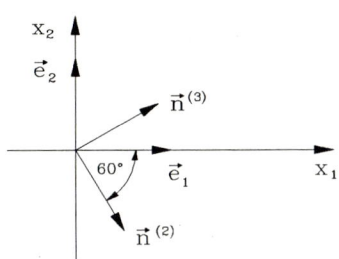

$\vec{n}^{(1)}$ stimmt mit $\vec{e}_3$ überein, $\vec{n}^{(2)}$ und $\vec{n}^{(3)}$ liegen in der $x_1x_2$–Ebene.

Das Hauptachsensystem ist gegenüber dem ursprünglichen Koordinatensystem gedreht. Die Drehmatrix berechnet man aus $a_{ij} = \cos(\angle\,x_i, x'_j)$ in Matrizenform zu

$$a_{ij} = \begin{pmatrix} 0 & \frac{1}{2} & \frac{1}{2}\sqrt{3} \\ 0 & -\frac{1}{2}\sqrt{3} & \frac{1}{2} \\ 1 & 0 & 0 \end{pmatrix} \, .$$

Die Spalten der Drehmatrix für die Hauptachsentransformation sind gerade die Eigenvektoren $\vec{n}^{(k)}$ (Modalmatrix). Die Hauptachsentransformation liefert durch die Berechnungsvorschrift

$$\tau'_{kl} = a_{ik}\,a_{jl}\,\tau_{ij}$$

die Werte

$$\tau'_{11} = 1 , \quad \tau'_{22} = 2 , \quad \tau'_{33} = 6 \quad \text{und} \quad \tau'_{ij} = 0 \quad \text{für } i \neq j \, ,$$

so daß der Tensor die Matrizenform

$$\tau'_{ij} = \begin{pmatrix} 1 & 0 & 0 \\ 0 & 2 & 0 \\ 0 & 0 & 6 \end{pmatrix} \overset{!}{=} \begin{pmatrix} \sigma^{(1)} & 0 & 0 \\ 0 & \sigma^{(2)} & 0 \\ 0 & 0 & \sigma^{(3)} \end{pmatrix}$$

annimmt. Der Spannungstensor im Hauptachsensystem ist eine Diagonalmatrix mit den Hauptspannungen in der Hauptdiagonalen.

# Aufgabe 2.2-2    Kraft auf eine Rohrverzweigung

Die skizzierte Rohrverzweigung ist
an den Stellen [1], [2] und [3] durch
Wellrohre (Gesamtfedersteifigkeit $c_{ges}$)
mit dem übrigen Rohrleitungssy-
stem verbunden und kann sich nur in
$x$–Richtung bewegen. In den Lagern
soll keine Reibung auftreten.

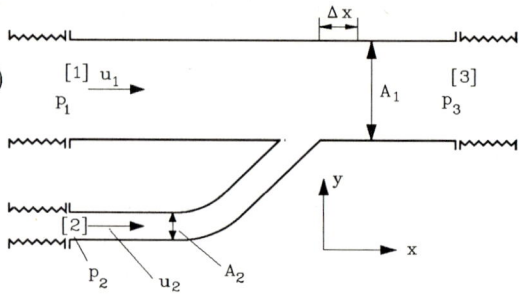

a) Wie groß ist die Geschwindigkeit $u_3$, wenn bei [1], [2] und [3] die Strömung ausgeglichen ist?
b) Um welche Strecke $\Delta x$ verschiebt sich das Rohr gegenüber der Ruhelage ($u_1 = u_2 = u_3 = 0$), wenn die Wellrohre in der Ruhelage nicht vorgespannt sind?
c) Wie groß ist die Kraft auf das Rohr in $y$–Richtung?

Geg.: $p_1$, $p_2$, $p_3$, $u_1$, $u_2$, $A_1$, $A_2$, $\varrho$ = const, $c_{ges}$

## Lösung

a) Die Geschwindigkeit $u_3$
   Zur Berechnung von $u_3$ wird die
   Integralform der Kontinuitätsgleichung auf das skizzierte Kontrollvolumen angewandt. ($S_W$ bezeichnet
   die Rohrwände.)
   Die vorliegende Strömung ist stationär und inkompressibel, d. h.

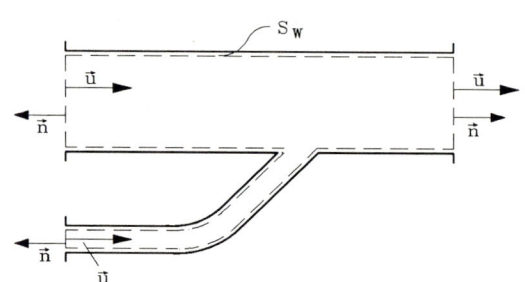

$$\iint\limits_{(S)} \vec{u} \cdot \vec{n}\, \mathrm{d}S = 0 \ .$$

An den Rohrwänden $S_W$ gilt $\vec{u} \cdot \vec{n} = 0$, über den Querschnittsflächen sind die Geschwindigkeiten konstant, daher ist

$$u_1 A_1 + u_2 A_2 = u_3 A_1 \ ,$$

beziehungsweise

$$u_3 = u_1 + \frac{A_2}{A_1} u_2 \ .$$

b) Berechnung der Verschiebung $\Delta x$
   Zunächst wird die Kraft der Strömung auf die Rohrverzweigung mit Hilfe des Impulssatzes berechnet, Volumenkräfte werden hier nicht berücksichtigt (S. L. (2.43))

$$\iint\limits_{(S)} \varrho\, \vec{u}\,(\vec{u} \cdot \vec{n})\, \mathrm{d}S = \iint\limits_{(S)} \vec{t}\, \mathrm{d}S \ .$$

Für das abgebildete Kontrollvolumen erhält man

$$\iint\limits_{A_1} \varrho\,\vec{u}\,(\vec{u}\cdot\vec{n})\,\mathrm{d}S + \iint\limits_{A_2} \varrho\,\vec{u}\,(\vec{u}\cdot\vec{n})\,\mathrm{d}S + \iint\limits_{A_3} \varrho\,\vec{u}\,(\vec{u}\cdot\vec{n})\,\mathrm{d}S + \iint\limits_{S_W} \varrho\,\vec{u}\,(\vec{u}\cdot\vec{n})\,\mathrm{d}S =$$

$$= \iint\limits_{A_1} \vec{t}\,\mathrm{d}S + \iint\limits_{A_2} \vec{t}\,\mathrm{d}S + \iint\limits_{A_3} \vec{t}\,\mathrm{d}S + \iint\limits_{S_W} \vec{t}\,\mathrm{d}S\,. \tag{1}$$

Die Berechnung der Oberflächenintegrale ergibt der Reihe nach

$$\iint\limits_{A_1} \varrho\,\vec{u}\,(\vec{u}\cdot\vec{n})\,\mathrm{d}S = -\varrho\,u_1^2\,A_1\,\vec{e}_x\,, \qquad \iint\limits_{A_1} \vec{t}\,\mathrm{d}S = -\iint\limits_{A_1} p\,\vec{n}\,\mathrm{d}S = p_1\,A_1\,\vec{e}_x\,,$$

$$\iint\limits_{A_2} \varrho\,\vec{u}\,(\vec{u}\cdot\vec{n})\,\mathrm{d}S = -\varrho\,u_2^2\,A_2\,\vec{e}_x\,, \qquad \iint\limits_{A_2} \vec{t}\,\mathrm{d}S = -\iint\limits_{A_2} p\,\vec{n}\,\mathrm{d}S = p_2\,A_2\,\vec{e}_x\,,$$

$$\iint\limits_{A_3} \varrho\,\vec{u}\,(\vec{u}\cdot\vec{n})\,\mathrm{d}S = \varrho\,u_3^2\,A_1\,\vec{e}_x\,, \qquad \iint\limits_{A_3} \vec{t}\,\mathrm{d}S = -\iint\limits_{A_3} p\,\vec{n}\,\mathrm{d}S = -p_3\,A_1\,\vec{e}_x\,,$$

$$\iint\limits_{S_W} \varrho\,\vec{u}\,(\vec{u}\cdot\vec{n})\,\mathrm{d}S = 0\,,$$

wobei an den Stellen [1], [2] und [3] die Strömung ausgeglichen ist und daher $\vec{t} = -p\,\vec{n}$ ist.

Die Integration des Spannungsvektors $\vec{t}$ über die Rohrwand $S_W$ liefert die Kraft, die die Wand auf die Flüssigkeit ausübt. Ihre Gegenkraft stellt also die gesuchte Kraft $\vec{F}_{Fl.\rightarrow R.}$ der Flüssigkeit auf die Rohrverzweigung dar

$$\iint\limits_{S_W} \vec{t}\,\mathrm{d}S = \vec{F}_{R.\rightarrow Fl.} = -\vec{F}_{Fl.\rightarrow R.}\,.$$

Damit erhält man aus (1)

$$-\varrho u_1^2 A_1\,\vec{e}_x - \varrho u_2^2 A_2\,\vec{e}_x + \varrho u_3^2 A_1\,\vec{e}_x$$

$$= p_1\,A_1\,\vec{e}_x + p_2\,A_2\,\vec{e}_x - p_3\,A_1\,\vec{e}_x - \vec{F}_{Fl.\rightarrow R.}\,. \tag{2}$$

Die Kraft auf das Rohr hat nur eine Komponente in $x$-Richtung:

$$F_x = (p_1 - p_3)A_1 + p_2 A_2 + \varrho(u_1^2 - u_3^2)A_1 + \varrho u_2^2 A_2\,.$$

Das Kräftegleichgewicht am Rohr liefert

$$F_x = c_{ges}\,\Delta x\,,$$

und somit ergibt sich die Verschiebung zu

$$\Delta x = \frac{1}{c_{ges}}\left[(p_1 - p_3)A_1 + p_2 A_2 + \varrho(u_1^2 - u_3^2)A_1 + \varrho u_2^2 A_2\right]\,.$$

c) Aus (2) ergibt sich durch skalare Multiplikation mit $\vec{e}_y$

$$F_y = 0\,.$$

# Aufgabe 2.2-3    Berechnung des Widerstandes eines umströmten Körpers

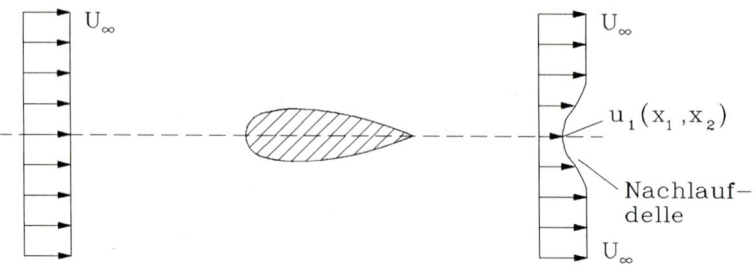

Ein unendlich langer, zylindrischer Körper wird mit konstanter Geschwindigkeit $U_\infty$ von Flüssigkeit konstanter Dichte $\varrho$ angeströmt. Die Strömungsrichtung fällt mit der Richtung einer Symmetrieachse des Zylinderquerschnittes zusammmen. Dann wird von der Flüssigkeit nur eine Kraft in Strömungsrichtung auf den Zylinder ausgeübt: die Widerstandskraft $F_W$. In einiger Entfernung hinter dem Körper sind die Stromlinien in guter Näherung wieder parallel, aber in Umgebung der Symmetrieachse ist die Geschwindigkeit $u_1$ kleiner als die Geschwindigkeit $U_\infty$. Es existiert dort eine sogenannte Nachlaufdelle.

Bestimmen Sie die Widerstandskraft $F_W$ pro Tiefeneinheit auf den Körper, wenn $u_1/U_\infty$ gegeben ist.

## Lösung

Wir wählen ein Kontrollvolumen, dessen Oberfläche den umströmten Körper umschließt und dann längs eines Schlitzes soweit vom Körper weggeht, bis die von ihm verursachten Störungen soweit abgeklungen sind, daß dort die Schubspannungen und die Druckdifferenzen zum Umgebungsdruck $p_0$ verschwunden sind:

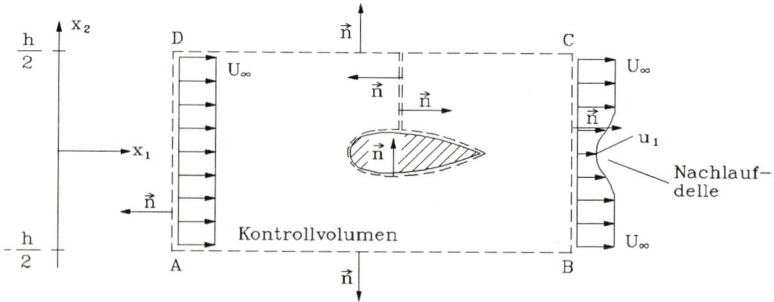

Zur Bestimmung der Widerstandskraft $F_W$ benutzen wir den Impulssatz (stationär und ohne Volumenkräfte)

$$\iint\limits_{(S)} \varrho\,\vec{u}(\vec{u}\cdot\vec{n})\,\mathrm{d}S \;=\; \iint\limits_{(S)} \vec{t}\,\mathrm{d}S\;. \tag{1}$$

Das rechte Integral spalten wir auf in ein Oberflächenintegral längs $A$, $B$, $C$, $D$, eines über beide Schnittufer des Schlitzes und eines über die Oberfläche des Körpers $S_K$. Die Integrale über beide Schnittufer des Schlitzes sind in ihrer Summe null, da die Normalenvektoren entgegengesetzt gerichtet sind. Auf $A$, $B$, $C$, $D$ ist voraussetzungsgemäß (abgeklungene Störungen) $\vec{t} = -p_0 \vec{n}$ und wir können schreiben

$$\iint\limits_{(S)} \vec{t}\,\mathrm{d}S = \iint\limits_{ABCD} -p_0\,\vec{n}\,\mathrm{d}S + \iint\limits_{S_K} \vec{t}\,\mathrm{d}S \;.$$

Das Integral über $A$, $B$, $C$, $D$ verschwindet, da auf eine geschlossene Oberfläche keine Gesamtkraft wirkt, wenn $\vec{t}$ nur aus einem konstanten Druck resultiert. Das zweite Integral ist die Kraft vom Körper auf die Flüssigkeit im Kontrollvolumen, d. h. das Negative der Kraft von der Flüssigkeit auf den Körper. Es entsteht demnach aus (1)

$$-\vec{F}_{\rightarrow K\ddot{o}rper} = \iint\limits_{(S)} \varrho\,\vec{u}\,(\vec{u} \cdot \vec{n})\,\mathrm{d}S \;,$$

wovon wir nur die $x_1$–Komponente benötigen

$$-F_W = -\vec{F}_{\rightarrow K\ddot{o}rper} \cdot \vec{e}_1 = \iint\limits_{(S)} \varrho\,u_1(\vec{u} \cdot \vec{n})\,\mathrm{d}S \;.$$

Das Oberflächenintegral über den Impulsfluß in die $x_1$–Richtung spalten wir auf in Teilintegrale, so daß wir für die Kraft erhalten

$$
\begin{aligned}
-F_W \;=\;& \iint\limits_{\overline{AB}} \varrho\,u_1(\vec{u} \cdot \vec{n})\,\mathrm{d}S + \iint\limits_{\overline{BC}} \varrho\,u_1(\vec{u} \cdot \vec{n})\,\mathrm{d}S +\\[2mm]
+\;& \iint\limits_{\overline{CD}} \varrho\,u_1(\vec{u} \cdot \vec{n})\,\mathrm{d}S + \iint\limits_{\overline{DA}} \varrho\,u_1(\vec{u} \cdot \vec{n})\,\mathrm{d}S \\[2mm]
+\;& \iint\limits_{S_K} \varrho\,u_1(\vec{u} \cdot \vec{n})\,\mathrm{d}S + \iint\limits_{Schlitz} \varrho\,u_1(\vec{u} \cdot \vec{n})\,\mathrm{d}S \;.
\end{aligned}
$$

Auf $\overline{AB}, \overline{CD}, \overline{DA}$ ist $u_1 = U_\infty$, auf $\overline{BC}$ ist $(\vec{u} \cdot \vec{n}) = u_1(x_1, x_2)$, auf $\overline{DA}$ ist $(\vec{u} \cdot \vec{n}) = -U_\infty$ und auf $S_K$ verschwindet $(\vec{u} \cdot \vec{n})$, also gilt

$$
\begin{aligned}
-F_W \;=\;& U_\infty \iint\limits_{\overline{AB}} \varrho\,(\vec{u} \cdot \vec{n})\,\mathrm{d}S + \iint\limits_{\overline{BC}} \varrho\,u_1^2\,\mathrm{d}S \\[2mm]
+\;& U_\infty \iint\limits_{\overline{CD}} \varrho\,(\vec{u} \cdot \vec{n})\,\mathrm{d}S - \iint\limits_{\overline{DA}} \varrho\,U_\infty^2\,\mathrm{d}S \\[2mm]
\Rightarrow F_W \;=\;& \iint\limits_{\overline{DA}} \varrho\,U_\infty^2\,\mathrm{d}S - \iint\limits_{\overline{BC}} \varrho\,u_1^2\,\mathrm{d}S +
\end{aligned}
$$

$$- U_\infty \left( \iint\limits_{\overline{AB}} \varrho\,(\vec{u}\cdot\vec{n})\,\mathrm{d}S + \iint\limits_{\overline{CD}} \varrho\,(\vec{u}\cdot\vec{n})\,\mathrm{d}S \right) . \qquad (2)$$

Die beiden Integrale in der Klammer berechnen wir aus der Kontinuitätsgleichung (stationäre Strömung $\Rightarrow \iint\limits_{(S)} \varrho\,\vec{u}\cdot\vec{n}\,\mathrm{d}S = 0$)

$$\iint\limits_{\overline{AB}} \varrho\,(\vec{u}\cdot\vec{n})\,\mathrm{d}S + \iint\limits_{\overline{BC}} \varrho\,\underbrace{(\vec{u}\cdot\vec{n})}_{u_1}\,\mathrm{d}S + \iint\limits_{\overline{CD}} \varrho\,(\vec{u}\cdot\vec{n})\,\mathrm{d}S + \iint\limits_{\overline{DA}} \varrho(\vec{u}\cdot\vec{n})\,\mathrm{d}S = 0$$

$$\Rightarrow \iint\limits_{\overline{AB}} \varrho\,(\vec{u}\cdot\vec{n})\,\mathrm{d}S + \iint\limits_{\overline{CD}} \varrho\,(\vec{u}\cdot\vec{n})\,\mathrm{d}S = \iint\limits_{\overline{DA}} \varrho\,U_\infty\,\mathrm{d}S - \iint\limits_{\overline{BC}} \varrho\,u_1\,\mathrm{d}S .$$

Die Integranden sind von $x_3$ unabhängig. Die Kraft pro Tiefeneinheit ist daher

$$F_W = \varrho\,U_\infty^2 h - \int\limits_{B}^{C} \varrho\,u_1^2\,\mathrm{d}x_2 - \varrho\,U_\infty^2 h + \varrho\,U_\infty \int\limits_{B}^{C} u_1\,\mathrm{d}x_2$$

$$\Rightarrow F_W = \varrho\,U_\infty^2 \int\limits_{-\frac{h}{2}}^{\frac{h}{2}} \frac{u_1}{U_\infty}\left(1 - \frac{u_1}{U_\infty}\right)\,\mathrm{d}x_2 .$$

Da der Integrand außerhalb der Nachlaufdelle verschwindet, hängt der Wert des Integrals nicht von $h$ ab, solange $h$ größer ist als die Breite der Nachlaufdelle. Wir können daher $h \to \infty$ gehen lassen und erhalten für den Strömungswiderstand pro Tiefeneinheit

$$F_W = \varrho\,U_\infty^2 \int\limits_{-\infty}^{+\infty} \frac{u_1}{U_\infty}\left(1 - \frac{u_1}{U_\infty}\right)\,\mathrm{d}x_2 .$$

Da $F_W/\varrho U_\infty^2$ eine Konstante ist, hängt offensichtlich der Wert des Integrals nicht von $x_1$ ab, obwohl natürlich $u_1 = u_1(x_1, x_2)$ ist. Das Integral ist somit ein Maß für den durch den Körper verursachten Impulsverlust der reibungsbehafteten Strömung. (In der Grenzschichttheorie wird dieses Integral, das die Dimension einer Länge hat, Impulsverlustdicke genannt.)

$U_\infty - u_1 = u_d$ wird als Geschwindigkeitsdefizit $u_d$ bezeichnet, so daß sich auch schreiben läßt

$$\frac{F_W}{\varrho\,U_\infty^2} = \int\limits_{-\infty}^{+\infty} \left(1 - \frac{u_d}{U_\infty}\right) \frac{u_d}{U_\infty}\,\mathrm{d}x_2 .$$

Weit hinter dem Körper ist $u_d/U_\infty \ll 1$ und es entsteht die einfachere Formel

$$\frac{F_W}{\varrho\,U_\infty^2} = \int\limits_{-\infty}^{+\infty} \frac{u_d}{U_\infty}\,\mathrm{d}x_2 .$$

# Aufgabe 2.2-4    Kraft auf eine schlanke Düse

Eine Flüssigkeit (Dichte $\varrho$, Scherzähigkeit $\eta$) strömt laminar durch die skizzierte schlanke Düse:

$$R(x) = R_1 + (R_2 - R_1)\,\frac{x}{l}\;.$$

An den Stellen [1] und [2] habe der Spannungsvektor die Form $\vec{t} = -p\,\vec{n}$. Die Drücke $p_1$ und $p_2$ an beiden Seiten der Düse wurden gemessen.

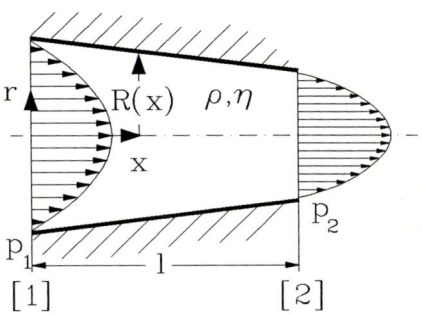

a) Berechnen Sie die Geschwindigkeitsverteilung in der Düse bei gegebenem Volumenstrom $\dot{V}$ unter der Annahme, daß das Geschwindigkeitsprofil parabelförmig ist und die mittlere Geschwindigkeit $\overline{U}$ gerade die Hälfte der Maximalgeschwindigkeit beträgt.

b) Welche Kraft wirkt auf die Düse?

Geg.: $p_1$, $p_2$, $\dot{V}$, $R(x)$, $l$, $\varrho$, $\eta$

**Lösung**

a) Geschwindigkeitsverteilung in der Düse:
   Die Geschwindigkeitsverteilung einer laminaren Strömung durch eine schlanke Düse ist

$$u(r,x) = U_{max}\left[1 - \left(\frac{r}{R(x)}\right)^2\right]\;.$$

Die Kontinuitätsgleichung lautet hier

$$\dot{V} = \overline{U}(x)\,A(x) \quad \Rightarrow \quad \overline{U}(x) = \frac{\dot{V}}{\pi\,R^2(x)}\;.$$

Mit der Annahme $\overline{U}(x) = U_{max}/2$ erhält man die gesuchte Geschwindigkeitsverteilung

$$
\begin{aligned}
u(r,x) &= 2\,\frac{\dot{V}}{\pi\,R^2(x)}\left[1 - \left(\frac{r}{R(x)}\right)^2\right] \\[2mm]
&= 2\,\frac{\dot{V}}{\pi\,(R_1 + (R_2 - R_1)\,x/l)^2}\left[1 - \left(\frac{r}{R_1 + (R_2 - R_1)\,x/l}\right)^2\right]\;.
\end{aligned}
$$

b) Kraft auf die Düse:

Der Impulssatz im vorliegenden Fall (Dichte
konstant, keine Volumenkräfte) lautet

$$\iint\limits_{(S)} \varrho \, \vec{u}(\vec{u} \cdot \vec{n}) \, \mathrm{d}S = \iint\limits_{(S)} \vec{t} \, \mathrm{d}S \; . \qquad (1)$$

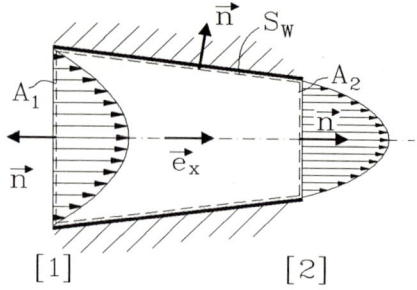

Die Kraft $\vec{F}_D$ der Flüssigkeit auf die Düse hat
wegen der Symmetrie bezüglich der Düsen-
mittellinie nur eine Komponente in die x–
Richtung. Um diese Komponente zu erhalten, multiplizieren wir den Impulssatz (1)
skalar mit $\vec{e}_x$

$$\iint\limits_{A_1} \varrho \, (-u_1^2(r)) \, \mathrm{d}A + \iint\limits_{A_2} \varrho \, u_2^2(r) \, \mathrm{d}A = \iint\limits_{A_1} p_1 \, \mathrm{d}A - \vec{F}_D \cdot \vec{e}_x + \iint\limits_{A_2} -p_2 \, \mathrm{d}A \; . \qquad (2)$$

Die Integration ist über $\mathrm{d}A = r \, \mathrm{d}r \, \mathrm{d}\varphi$ auszuführen, das erste Integral auf der linken
Seite berechnet sich zu

$$-\int\limits_0^{2\pi}\int\limits_0^{R_1} \varrho \left\{ \frac{2\dot{V}}{\pi R_1^2} \left[ 1 - \left(\frac{r}{R_1}\right)^2 \right] \right\}^2 r \, \mathrm{d}r \, \mathrm{d}\varphi = -2\pi\varrho \int\limits_0^{R_1} \left( \frac{2\dot{V}}{\pi R_1^2} \right)^2 \left\{ 1 - \left(\frac{r}{R_1}\right)^2 \right\}^2 r \, \mathrm{d}r$$

$$= -\frac{4}{3} \varrho \, \frac{\dot{V}^2}{\pi R_1^2} \; .$$

(Substitution: $t = 1 - (r/R_1)^2$, $r \, \mathrm{d}r = -R_1^2/2 \, \mathrm{d}t$)

Für das zweite Integral der linken Seite erhält man analog

$$\int\limits_0^{2\pi}\int\limits_0^{R_2} \varrho \left\{ \frac{2\dot{V}}{\pi R_2^2} \left[ 1 - \left(\frac{r}{R_2}\right)^2 \right] \right\}^2 r \, \mathrm{d}r \, \mathrm{d}\varphi = \frac{4}{3} \varrho \, \frac{\dot{V}^2}{\pi R_2^2} \; .$$

Stellt man (2) nach der gesuchten Größe um, ergibt sich

$$\vec{F}_D \cdot \vec{e}_x = F_{D_x} = p_1 \, \pi R_1^2 - p_2 \, \pi R_2^2 + \frac{4}{3} \varrho \, \frac{\dot{V}^2}{\pi} \left( \frac{1}{R_1^2} - \frac{1}{R_2^2} \right) \; .$$

# 2.3  Drallsatz oder Drehimpulssatz

### Aufgabe 2.3-1   Moment auf einen geschlitzten Rohrwinkel

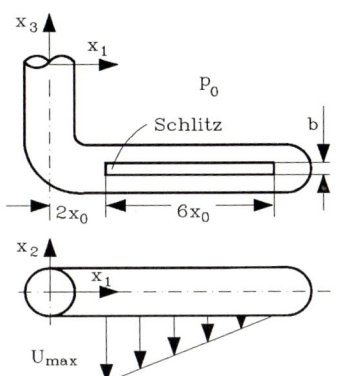

Ein abgewinkeltes, dünnes Rohr wird in der skizzierten Lage gehalten. Im waagrechten Teil des Rohres befindet sich ein Schlitz der Breite $b$ und der Länge $6\,x_0$, aus dem horizontal Wasser (Dichte $\varrho$) austritt. Die Wassergeschwindigkeit soll linear von $x_1$ abhängen. Reibungsspannungen auf den Strömungsquerschnitten können vernachlässigt werden.

a) Man bestimme das Drehmoment in $x_3$–Richtung in Abhängigkeit von $U_{\max}$, das von dem austretenden Wasser auf das Rohr ausgeübt wird.

b) Es tritt der Volumenstrom $\dot{V}$ aus. Wie groß ist die Maximalgeschwindigkeit des austretenden Wassers?

Geg.: $b$, $x_0$, $\dot{V}$, $\varrho$, $p_0$

### Lösung

a) Drehmoment auf das Rohr:

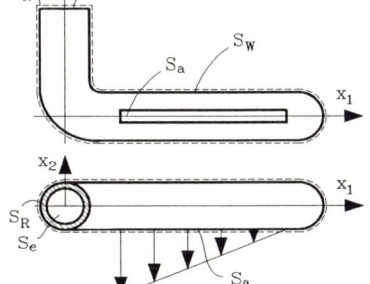

Die Strömung im Rohr ist stationär, Volumenkräfte liefern keinen Beitrag zum Drehmoment in die $x_3$–Richtung auf das Rohr, wir verwenden daher den Drallsatz in der Form (S. L. (2.54b)) und bilden die dritte Komponente durch skalare Multiplikation mit $\vec{e}_3$

$$\iint\limits_{(S)} \varrho\,\vec{e}_3 \cdot (\vec{x} \times \vec{u})\,(\vec{u} \cdot \vec{n})\,\mathrm{d}S = \iint\limits_{(S)} \vec{e}_3 \cdot (\vec{x} \times \vec{t})\,\mathrm{d}S \ . \quad (1)$$

Die gewählte Kontrollfläche umschließt das abgewinkelte Rohr und schneidet es in den Flächen $S_e$, $S_R$. Wir teilen die Integration in die skizzierten Teilbereiche auf, und berücksichtigen, daß $\vec{u} \cdot \vec{n} = 0$ an den festen Wänden $S_W$ und $S_R$ ist:

$$\iint\limits_{S_e + S_a} \varrho\,\vec{e}_3 \cdot (\vec{x} \times \vec{u})\,(\vec{u} \cdot \vec{n})\,\mathrm{d}S = \iint\limits_{S_e + S_a + S_W} \vec{e}_3 \cdot (\vec{x} \times \vec{t})\,\mathrm{d}S + \iint\limits_{S_R} \vec{e}_3 \cdot (\vec{x} \times \vec{t})\,\mathrm{d}S \ . \quad (2)$$

Zur Auswertung der Integrale betrachten wir die Integranden auf den zugehörigen Teilflächen. Zunächst nur die linke Seite der Gleichung (2):
Es gilt auf der Eintrittsfläche $S_e$ mit $\vec{u} = u_3\,\vec{e}_3$

$$\vec{e}_3 \cdot (\vec{x} \times \vec{u}) = -\vec{e}_3 \cdot (\vec{u} \times \vec{x}) = -(\vec{e}_3 \times \vec{u}) \cdot \vec{x} = 0\ ,$$

auf der Austrittsfläche $S_a$ mit $\vec{u} = u_2\,\vec{e}_2$, $\vec{x} = x_1\,\vec{e}_1 + x_2\,\vec{e}_2 + x_3\,\vec{e}_3$, $\vec{n} = -\vec{e}_2$

$$\vec{e}_3 \cdot (\vec{x} \times \vec{u}) = \vec{e}_3 \cdot ((x_1\,\vec{e}_1 + x_2\,\vec{e}_2 + x_3\,\vec{e}_3) \times u_2\,\vec{e}_2)$$

$$= \vec{e}_3 \cdot (x_1\,u_2\,\vec{e}_3 - x_3\,u_2\,\vec{e}_1) = x_1\,u_2$$

und $\vec{u} \cdot \vec{n} = -u_2$.
Die Geschwindigkeitsverteilung am Austritt ist linear:

$$u_2 = u_a(x_1) = -U_{\max} \frac{8\,x_0 - x_1}{6\,x_0}\ , \quad \text{für } 2\,x_0 \leq x_1 \leq 8\,x_0\ .$$

Für die linke Seite der Gleichung (1) erhalten wir insgesamt

$$\iint\limits_{(S)} \varrho\,\vec{e}_3 \cdot (\vec{x} \times \vec{u})\,(\vec{u} \cdot \vec{n})\,\mathrm{d}S = -\varrho\,U_{\max}^2 \int\limits_{2\,x_0}^{8\,x_0} \int\limits_{-b/2}^{+b/2} x_1 \left(\frac{8\,x_0 - x_1}{6\,x_0}\right)^2 \mathrm{d}x_3\,\mathrm{d}x_1$$

$$= -7\,\varrho\,b\,U_{\max}^2\,x_0^2\ . \tag{3}$$

Betrachten wir nun die rechte Seite der Gleichung (2):
Reibungsspannungen können auf den Strömungsquerschnitten $S_e$ und $S_a$ vernachlässigt werden ($P_{ij} = 0$), der Spannungsvektor hat dann auf der Eintrittsfläche $S_e$ die Form $\vec{t} = -p\,\vec{n}$ und auf der Austrittsfläche $S_a$ gilt $\vec{t} = -p_0\,\vec{n}$. Auf der Wandfläche $S_W$ gilt ebenfalls $\vec{t} = -p_0\,\vec{n}$. Da der Umgebungsdruck $p_0$ keinen Beitrag zum Moment liefern kann, setzen wir $p_0 = 0$ und erhalten

$$\iint\limits_{S_e+S_a+S_W} \vec{e}_3 \cdot (\vec{x} \times \vec{t})\,\mathrm{d}S + \iint\limits_{S_R} \vec{e}_3 \cdot (\vec{x} \times \vec{t})\,\mathrm{d}S =$$

$$\iint\limits_{S_e} \vec{e}_3 \cdot (\vec{x} \times (-p\,\vec{n}))\,\mathrm{d}S + \iint\limits_{S_R} \vec{e}_3 \cdot (\vec{x} \times \vec{t})\,\mathrm{d}S\ . \tag{4}$$

Das erste Integral der rechten Seite über die Eintrittsfläche $S_e$ verschwindet, da das Kreuzprodukt einen Vektor bildet, der senkrecht zu $\vec{e}_3$ ist. Das zweite Integral ist das Schnittmoment $M_{3_R}$ auf die freigeschnittene Fläche $S_R$, es ist das Reaktionsmoment zum gesuchten Moment $M_{Fl \to R}$, das die Flüssigkeit auf das Rohr ausübt

$$\iint\limits_{S_R} \vec{e}_3 \cdot (\vec{x} \times \vec{t})\,\mathrm{d}S = M_{3_R} = -M_{Fl \to R}\ . \tag{5}$$

Wir erhalten so mit (3), (4) und (5) das gesuchte Moment zu

$$M_{Fl \to R} = 7\,\varrho\,b\,x_0^2\,U_{\max}^2\ .$$

b) Maximalgeschwindigkeit $U_{\max}$:
Bei gegebenem $\dot{V}$ läßt sich $U_{\max}$ aus der Gleichung

$$\dot{V} = \iint\limits_{S_a} \vec{u} \cdot \vec{n} \; \mathrm{d}S$$

bestimmen. Wir erhalten

$$\dot{V} = b\,U_{\max} \int\limits_{2\,x_0}^{8\,x_0} \frac{8\,x_0 - x_1}{6\,x_0} \; \mathrm{d}x_1 = 3\,b\,U_{\max}\,x_0$$

$$\Rightarrow \qquad U_{\max} = \frac{\dot{V}}{3\,b\,x_0} \; .$$

Bemerkung: Oft ist es zweckmäßig, wie auch hier, das Kontrollvolumen so zu wählen, daß es Flüssigkeit und feste Körper enthält. Die Bedenken im Zusammenhang mit dem Gaußschen Satz, der im Transporttheorem verwendet wurde, und Differenzierbarkeit der Größen im Kontrollvolumen voraussetzt, umgeht man, wenn man den Übergang zwischen Flüssigkeit und festem Körper als stetig mit entsprechend großen Gradienten annimmt. Alternativ würde man das Kontrollvolumen im Inneren des Rohres verlegen, das Moment auf der benetzten Fläche wäre das gesuchte Moment $M_{Fl \to R}$.

# Aufgabe 2.3-2    Moment auf den Leitapparat einer Wasser-turbinenanlage

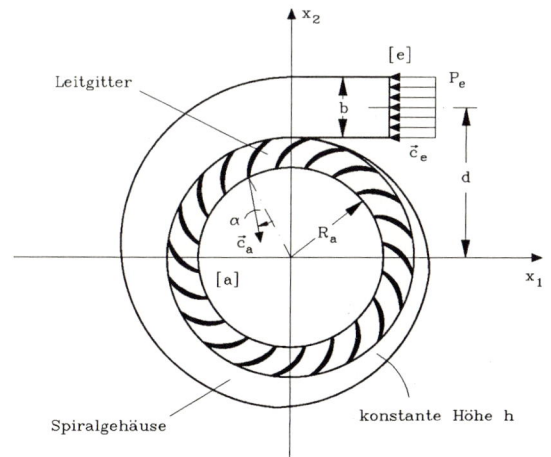

Leitgitter

Spiralgehäuse

konstante Höhe h

Der in der Skizze dargestellte Leitapparat einer Wasserturbinenanlage besteht aus einem Spiralgehäuse und einem Leitgitter, die fest miteinander verbunden sind. Das Spiralgehäuse ist so ausgebildet, daß die Flüssigkeit ($\varrho = $ const) das Leitgitter mit konstanter Geschwindigkeit unter dem konstanten Austrittswinkel $\alpha$ verläßt. Das Geschwindigkeitsprofil am Leitgitterein- und -austritt ist ausgeglichen, die Strömung ist stationär, Volumenkräfte sind zu vernachlässigen.

a) Berechnen Sie für gegebenen Volumenstrom $\dot{V}$ die Beträge der Geschwindigkeiten $\vec{c}_e$ und $\vec{c}_a$!

b) Wie groß ist die Komponente von $\vec{c}_a$ in Umfangsrichtung $c_{ua}$ der Strömung am Leitgitteraustritt?

c) Berechnen Sie das Moment in $x_3$–Richtung, das die Strömung auf den gesamten Leitapparat ausübt! (Hinweis: Bei der Auswertung der Integrale über die Eintrittsfläche $S_e$ können die in $x$ linearen Terme $\vec{x} \times \vec{c}$ und $\vec{x} \times \vec{n}$ gleich den entsprechenden Mittelwerten gesetzt werden und vor die Integrale gezogen werden. Man kann sich überzeugen, daß auch ohne diese Vereinfachung der Wert des Integrals derselbe ist.)

Geg.: $\varrho$, $\dot{V}$, $\alpha$, $h$, $b$, $d$, $R_a$, $p_e$

**Lösung**

a) Geschwindigkeitsbeträge $c_e$, $c_a$:
Aus der Definition des Volumenstromes folgt

$$\dot{V} = - \iint\limits_{S_e} \vec{c} \cdot \vec{n} \, \mathrm{d}S = \iint\limits_{S_a} \vec{c} \cdot \vec{n} \, \mathrm{d}S \; .$$

Es gilt

$$\vec{c} \cdot \vec{n} = \begin{cases} -c_e & \text{auf} \quad S_e \\ c_a \cos \alpha & \text{auf} \quad S_a \end{cases} ,$$

und daher

$$c_e = \frac{\dot{V}}{b \, h} \tag{1}$$

sowie

$$c_a = \frac{\dot{V}}{2 \pi \, R_a \, h \, \cos \alpha} \; .$$

b) Komponente von $\vec{c}_a$ in Umfangsrichtung $c_{ua}$:

$$c_{ua} = c_a \sin \alpha \quad \Rightarrow \quad c_{ua} = \frac{\dot{V}}{2 \pi \, R_a \, h} \tan \alpha \; . \tag{2}$$

c) Moment auf den Leitapparat:
Im Drallsatz (stationär, ohne Volumenkräfte)

$$\iint\limits_{(S)} \varrho \, \vec{x} \times \vec{c} \, (\vec{c} \cdot \vec{n}) \, \mathrm{d}S = \iint\limits_{(S)} \vec{x} \times \vec{t} \, \mathrm{d}S \tag{3}$$

wird die Aufteilung der Gesamtfläche des Kontrollvolumens (nicht eingezeichnet!) in

$$S = S_e + S_a + S_W \quad (S_W = \text{benetzte Fläche des Leitapparats})$$

vorgenommen und (3) liefert wegen der kinematischen Randbedingung mit

$$\iint\limits_{S_W} \varrho \, (\vec{x} \times \vec{c}) \, (\vec{c} \cdot \vec{n}) \, \mathrm{d}S = 0$$

das Ergebnis

$$\iint\limits_{S_e} \varrho\, \vec{x} \times \vec{c}\,(\vec{c}\cdot\vec{n})\, \mathrm{d}S + \iint\limits_{S_a} \varrho\, \vec{x} \times \vec{c}\,(\vec{c}\cdot\vec{n})\, \mathrm{d}S$$

$$= \iint\limits_{S_e} \vec{x} \times \vec{t}\, \mathrm{d}S + \iint\limits_{S_a} \vec{x} \times \vec{t}\, \mathrm{d}S + \iint\limits_{S_W} \vec{x} \times \vec{t}\, \mathrm{d}S \ . \tag{4}$$

Das letzte Integral der rechten Seite stellt das Moment dar, das der Leitapparat auf die Flüssigkeit ausübt. Vorzeichenumkehr liefert das Gegenmoment, mithin das Moment, das von der Flüssigkeit auf den Leitapparat ausgeübt wird.

Auswertung der Integrale liefert im einzelnen

1.) Auf $S_e$ ist $\vec{x} \times \vec{c} = (x_{1e}\,\vec{e}_1 + d\,\vec{e}_2) \times (-c_e\,\vec{e}_1) = c_e d\,\vec{e}_3$

$$\Rightarrow \qquad \iint\limits_{S_e} \varrho\, \vec{x} \times \vec{c}\,(\vec{c}\cdot\vec{n})\, \mathrm{d}S = -\varrho\dot{V}c_e d\,\vec{e}_3 \ .$$

2.) Auf $S_a$ ist $\vec{x} \times \vec{c} = (R_a\,\vec{e}_r) \times (c_{ra}\,\vec{e}_r + c_{ua}\,\vec{e}_\varphi) = R_a c_{ua}\,\vec{e}_3$

$$\Rightarrow \qquad \iint\limits_{S_a} \varrho\, \vec{x} \times \vec{c}\,(\vec{c}\cdot\vec{n})\, \mathrm{d}S = \varrho\dot{V} R_a c_{ua}\,\vec{e}_3 \ .$$

3.) Auf $S_e$ ist die Strömung ausgeglichen, d. h. $\vec{t} = -p\,\vec{n}$. Wegen $\vec{n} = \vec{e}_1$ gilt also

$$\vec{x} \times \vec{t} = (x_{1e}\,\vec{e}_1 + d\,\vec{e}_2) \times (-p_e\,\vec{e}_1) = p_e d\,\vec{e}_3$$

$$\Rightarrow \qquad \iint\limits_{S_e} \vec{x} \times \vec{t}\, \mathrm{d}S = p_e b\, h\, d\,\vec{e}_3 \ .$$

4.) Auf $S_a$ ist die Strömung ebenfalls ausgeglichen, d. h. $\vec{t} = -p\,\vec{n} = p\,\vec{e}_r$, daher gilt

$$\vec{x} \times \vec{t} = (R_a\,\vec{e}_r) \times (p\,\vec{e}_r) = 0$$

$$\Rightarrow \qquad \iint\limits_{S_a} \vec{x} \times \vec{t}\, \mathrm{d}S = 0 \ .$$

Damit erhält man aus (4) das Moment auf den Leitapparat zu

$$\vec{M}_{Fl.\to L} = \varrho\dot{V}(c_e d - c_{ua} R_a)\,\vec{e}_3 + p_e b\, h\, d\,\vec{e}_3 \ ,$$

den Betrag der nicht verschwindenden Komponente daher

$$M_3 = \varrho\dot{V}(c_e d - c_{ua} R_a) + p_e b\, h\, d \ . \tag{5}$$

Der erste Term in (5) entspricht dem Anteil aus der Dralländerung der Flüssigkeit gemäß der Eulerschen Turbinenhauptgleichung, der zweite Term rührt daher, daß die Eintrittsfläche keine Rotationsfläche ist, der Spannungsvektor (hier: $\vec{t} = -p\vec{n}$) also ein Moment hat. Setzt man in (5) noch $c_e$ und $c_{ua}$ aus (1) bzw. (2) ein, so erhält man als Ergebnis

$$M_3 = \frac{\varrho\dot{V}^2}{h}\left(\frac{d}{b} - \frac{\tan\alpha}{2\pi}\right) + p_e b\, h\, d \ .$$

# Aufgabe 2.3-3  Krümmungsradius von Kreisbogenschaufeln eines Kreisgitters

Das skizzierte, aus sechs Schaufeln bestehende Kreisgitter befindet sich in Ruhe und wird von einer Flüssigkeit der Dichte $\varrho$ mit der Geschwindigkeit $c_1$ drallfrei angeströmt. Die Abströmung erfolgt unter dem Winkel $\beta_2$.

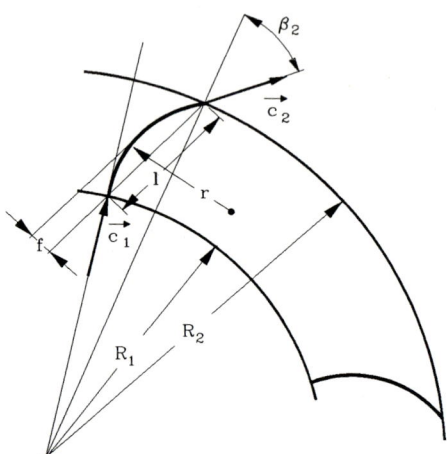

a) Berechnen Sie den Massenstrom $\dot{m}$ durch das Gitter, wenn die Kanalhöhe $H$ des Gitters bekannt ist.

b) Wie groß ist das Drehmoment, das die Strömung auf das Gitter ausübt?

c) Wie groß ist die Kraft auf eine Schaufel in Umfangsrichtung, wenn der Angriffspunkt durch den Radius $r_k$ gegeben ist?

d) Die Auftriebskraft $F_a$ in einer Gitterströmung steht bekanntlich senkrecht auf der mittleren Geschwindigkeit

$$\vec{U}_\infty = \frac{\vec{c}_1 + \vec{c}_2}{2} \, .$$

Berechnen Sie den Winkel $\gamma$ zwischen $\vec{c}_1$ und $\vec{U}_\infty$.

e) Wie groß ist die Auftriebskraft einer Schaufel?

f) Der Auftriebsbeiwert für eine Kreisbogenschaufel kann für kleine Winkel näherungsweise aus folgender Beziehung berechnet werden:

$$c_A = \frac{F_a}{\varrho/2 \, U_\infty^2 \, l} = 2\pi \left( \alpha + 2 \, \frac{f}{l} \right) , \qquad \alpha = \alpha_s - \gamma \, .$$

Dieser Auftriebsbeiwert gilt näherungsweise auch für eine Schaufel im Gitterverband, wenn der Schaufelabstand sehr viel größer als die Schaufeltiefe ist.

Wie groß muß der Krümmungsradius der Schaufel gewählt werden, um den in e) berechneten Auftrieb zu erhalten, wenn Kreisbogenschaufeln der Länge $l$ verwendet werden, deren Sehne mit der Radialen den Winkel $\alpha_s$ bilden? (Hinweis: Für Kreisbögen gilt die Beziehung $l^2 = 4 \, (2 \, f \, r - f^2)$).

Geg.: $\varrho$, $c_1$, $\alpha_s$, $\beta_2$, $R_1$, $R_2$, $r_k$, $H$, $l$

**Lösung**

a) Massenstrom durch das Gitter:

$$\dot{m} = \varrho\, c_1\, 2\,\pi\, R_1\, H \ .$$

b) Drehmoment auf das Gitter:
Die Eulersche Turbinengleichung (hier für drallfreie Zuströmung) lautet

$$M = \dot{m}\,(R_2\, c_{u2})\ ,$$

wobei die unbekannte Umfangskomponente der Austrittsgeschwindigkeit zu

$$c_{u2} = c_{r2} \tan\beta_2 = \frac{\dot{m}}{\varrho\, 2\,\pi\, R_2\, H} \tan\beta_2 = c_1 \frac{R_1}{R_2} \tan\beta_2$$

berechnet wird. Für das Drehmoment auf das Gitter erhält man somit

$$M = c_1^2\, R_1^2\, \varrho\, 2\,\pi\, H \tan\beta_2 \ .$$

c) Kraft in Umfangsrichtung auf eine Schaufel:
Zwischen Moment und Kraft in Umfangsrichtung pro Schaufel gilt der Zusammenhang

$$M = z\, F_u\, r_k\ ,\qquad (z = \text{Schaufelzahl})$$

also berechnet man für die Umfangskomponente der Kraft auf eine Schaufel

$$F_u = \frac{M}{z\, r_k} = \frac{c_1^2\, R_1^2\, H}{3\, r_k}\, \varrho\,\pi \tan\beta_2 \ .$$

d) Winkel zwischen $\vec{c}_1$ und $\vec{U}_\infty$:

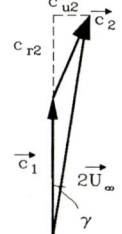

Das Ergebnis läßt sich unmittelbar aus nebenstehender Skizze ablesen:

$$\tan\gamma \;=\; \frac{c_{u2}}{c_1 + c_{r2}} = \frac{c_1\, R_1/R_2 \tan\beta_2}{c_1 + c_1\, R_1/R_2}$$

$$\Rightarrow\qquad \gamma \;=\; \arctan\frac{\tan\beta_2}{R_2/R_1 + 1} \ .$$

e) Auftrieb der Schaufel:
Der Auftrieb steht senkrecht auf $\vec{U}_\infty$. Zwischen der Auftriebskraft und der Umfangskomponente der Schaufelkraft gilt daher

$$F_a = \frac{F_u}{\cos\gamma} \ .$$

Durch Einsetzen erhält man

$$F_a = \frac{M}{z\,r_k} = \frac{c_1^2\,R_1^2\,H\,\varrho\,\pi\,\tan\beta_2}{3\,r_k\cos\left(\arctan\frac{\tan\beta_2}{R_2/R_1+1}\right)} \ .$$

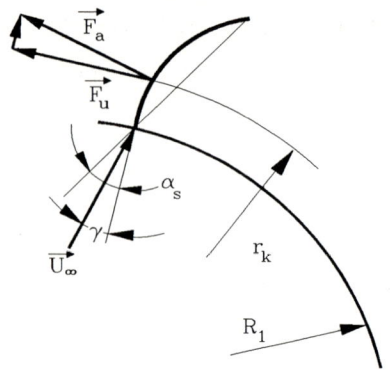

f) Krümmungsradius:

Aus der, in der Aufgabenstellung gegebenen Beziehung für den Auftriebsbeiwert, erhält man einen Ausdruck für $f$ in der Form

$$f = \frac{F_a}{2\,\pi\,\varrho\,U_\infty^2} - \frac{\alpha}{2}\,l \ .$$

Ebenso läßt sich eine Bestimmungsgleichung für den Krümmungsradius angeben (siehe Hinweis):

$$r = \frac{l^2}{8\,f} + \frac{f}{2}$$

oder auch

$$r = \frac{l^2}{4}\left[\frac{R_1^2\,H\,\tan\beta_2}{3\,r_k\,(U_\infty^2/c_1^2)\cos\left(\arctan\frac{\tan\beta_2}{R_2/R_1+1}\right)} - \alpha\,l\right]^{-1}$$

$$+\frac{1}{4}\left[\frac{R_1^2\,H\,\tan\beta_2}{3\,r_k\,(U_\infty^2/c_1^2)\cos\left(\arctan\frac{\tan\beta_2}{R_2/R_1+1}\right)} - \alpha\,l\right] \ .$$

# 2.4 Impuls– und Drallsatz im beschleunigten Bezugssystem

### Aufgabe 2.4-1  Auf eine rotierende Scheibe gespritzte Flüssigkeit

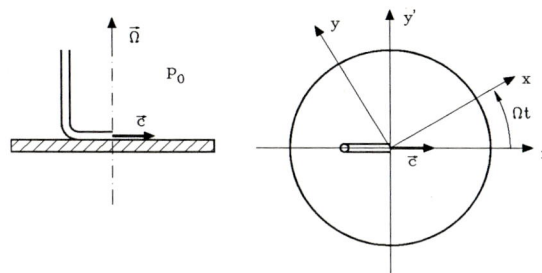

Auf eine mit der Winkelgeschwindigkeit $\vec{\Omega}$ rotierende Scheibe wird im Drehpunkt reibungsfreie Flüssigkeit mit der Geschwindigkeit $\vec{c} = c_0\,\vec{e}_{x'}$ aufgespritzt. Volumenkräfte $\varrho\,\vec{k}$ treten nicht auf, im Strahl herrscht Umgebungsdruck.

a) Welche Bahn beschreiben die Flüssigkeitsteilchen im Inertialsystem $(x', y')$?
b) Berechnen Sie dieselbe Bahn im rotierenden Bezugssystem $(x, y)$ durch Koordinatentransformation.
c) Berechnen Sie die Bahn durch direkte Integration der Bewegungsgleichung im rotierenden Bezugssystem.

### Lösung

a) Die Bahn im Inertialsystem

Die Flüssigkeit ist reibungsfrei, der Druck $p$ im Strahl ist konstant, Volumenkräfte werden nicht berücksichtigt, damit erhält man aus der Cauchyschen Bewegungsgleichung

$$\varrho\,\frac{\mathrm{D}\vec{c}}{\mathrm{D}t} = \varrho\,\vec{k} + \nabla\cdot\mathbf{T}$$

die Differentialgleichung für die Bahnlinie $\mathrm{D}\vec{c}/\mathrm{D}t = 0$, die mit den Anfangsbedingungen den konstanten Vektor $\vec{c}$ liefert:

$$\vec{c} = \frac{\mathrm{d}\vec{x}'}{\mathrm{d}t} = c_0\,\vec{e}_{x'}\;.$$

In Komponentenform des Inertialsystems $(\vec{x}' = x'\vec{e}_{x'} + y'\vec{e}_{y'})$ schreibt man also

$$\frac{\mathrm{d}x'}{\mathrm{d}t} = c_0 \qquad\text{bzw.}\qquad x' = c_0\,t + \text{const}\;,$$

$$\frac{\mathrm{d}y'}{\mathrm{d}t} = 0 \qquad\text{bzw.}\qquad y' = \text{const}\;.$$

Mit den Anfangsbedingungen $x'(0) = 0$ und $y'(0) = 0$ folgt hieraus die Bahn der Flüssigkeitsteilchen im Inertialsystem zu

$$x' = c_0\,t\;,$$

$$y' = 0\;.$$

b) Die Bahn bezüglich des rotierenden Koordinatensystems:
Für eine Koordinatentransformation gilt der Zusammenhang

$$x_j = a_{ji}\, x'_i \, .$$

Die Drehmatrix $a_{ji}$ zwischen beiden Systemen lautet

$$a_{ji} = \begin{pmatrix} \cos \Omega t & \sin \Omega t \\ -\sin \Omega t & \cos \Omega t \end{pmatrix} \, .$$

Damit erhält man

$$x \;=\; \cos \Omega t\, x' + \sin \Omega t\, y' = c_0 t \, \cos \Omega t \, ,$$

$$y \;=\; -\sin \Omega t\, x' + \cos \Omega t\, y' = -c_0 t \, \sin \Omega t$$

bzw. in Polarkoordinaten

$$r \;=\; \sqrt{x^2 + y^2} = c_0\, t \, ,$$

$$\varphi \;=\; \arctan \left( \frac{y}{x} \right) = -\Omega t$$

oder nach Elimination von $t$

$$\varphi = -\frac{\Omega}{c_0} r \, .$$

c) Die Bahnlinie, berechnet durch direkte Integration der Bewegungsgleichung im rotierenden System:
Für den vorliegenden Fall erhält man aus Gleichung (2.68) der S. L. die Beschleunigung im rotierenden System zu

$$\frac{\mathrm{D} \vec{w}}{\mathrm{D} t} = -2\vec{\Omega} \times \vec{w} - \vec{\Omega} \times (\vec{\Omega} \times \vec{x}) \, .$$

Mit $\vec{w} = u\,\vec{e}_x + v\,\vec{e}_y$, $\vec{\Omega} = \Omega\,\vec{e}_z$ und den Bezeichnungen $u = \dot{x}$, $v = \dot{y}$ berechnen sich hieraus die Komponentengleichungen in die $x$- und $y$-Richtungen zu

$$\ddot{x} \;=\; 2\,\Omega\,\dot{y} + \Omega^2 x \, ,$$

$$\ddot{y} \;=\; -2\,\Omega\,\dot{x} + \Omega^2 y \, .$$

Diese zwei gekoppelten, gewöhnlichen, linearen Differentialgleichungen mit konstanten Koeffizienten lassen sich mit den Definitionen

$$\mathbf{M} = \begin{pmatrix} 1 & 0 \\ 0 & 1 \end{pmatrix}, \quad \mathbf{D} = \begin{pmatrix} 0 & -2\Omega \\ 2\Omega & 0 \end{pmatrix}, \quad \mathbf{K} = \begin{pmatrix} -\Omega^2 & 0 \\ 0 & -\Omega^2 \end{pmatrix}$$

in der Form

$$\mathbf{M}\,\ddot{\vec{x}} + \mathbf{D}\,\dot{\vec{x}} + \mathbf{K}\,\vec{x} = \vec{0} \tag{1}$$

schreiben. Der Ansatz $\vec{x} = \vec{C}\,e^{\lambda t}$ führt auf das Eigenwertproblem

$$(\lambda^2 \mathbf{M} + \lambda \mathbf{D} + \mathbf{K})\,\vec{C} = \vec{0} \, . \tag{2}$$

Nichttriviale Lösungen des homogenen, linearen Gleichungssystems (2) gibt es nur bei verschwindender Determinante der Koeffizientenmatrix, d. h.:

$$\det(\lambda^2\,\mathbf{M} + \lambda\,\mathbf{D} + \mathbf{K}) \;=\; 0$$

$$\Rightarrow\quad \det\begin{pmatrix} \lambda^2 - \Omega^2 & -2\lambda\Omega \\ 2\lambda\Omega & \lambda^2 - \Omega^2 \end{pmatrix} \;=\; 0$$

$$\Rightarrow\quad (\lambda^2 - \Omega^2)^2 + 4\lambda^2\Omega^2 = (\lambda^2 + \Omega^2)^2 \;=\; 0\;.$$

$\lambda = \pm\,\mathrm{i}\Omega$ sind also jeweils doppelte Eigenwerte, d. h. neben $\vec{C}\mathrm{e}^{\lambda t}$ ist auch $\vec{C}t\mathrm{e}^{\lambda t}$ Lösung von (1). Die Eigenvektoren $\vec{C}$ resultieren mit den nun bekannten Eigenwerten aus (2), wobei wir aber wegen der voraussetzungsgemäß verschwindenden Determinante nur eine Gleichung benutzen können. Wir wählen die erste

$$(\lambda^2 - \Omega^2)\,C_1 - 2\,\lambda\,\Omega\,C_2 \;=\; 0$$

$$\Rightarrow\quad C_2 \;=\; C_1\,\frac{\lambda^2 - \Omega^2}{2\,\lambda\,\Omega}$$

und erhalten für $\lambda = \lambda_1 = +\mathrm{i}\Omega$ den ersten Eigenvektor

$$C_2^{(1)} = C_1^{(1)}\frac{-2\,\Omega^2}{2\,\mathrm{i}\,\Omega^2} = C_1^{(1)}\mathrm{i} \quad\Rightarrow\quad \vec{C}^{(1)} = \alpha_1\begin{pmatrix}1\\\mathrm{i}\end{pmatrix}\quad\text{mit } C_1^{(1)} = \alpha_1$$

bzw. für $\lambda = \lambda_2 = -\mathrm{i}\Omega$ den zweiten Eigenvektor

$$C_2^{(2)} = C_1^{(2)}\frac{-2\,\Omega^2}{-2\,\mathrm{i}\,\Omega^2} = -C_1^{(2)}\mathrm{i} \quad\Rightarrow\quad \vec{C}^{(2)} = \alpha_2\begin{pmatrix}1\\-\mathrm{i}\end{pmatrix}\quad\text{mit } C_2^{(2)} = \alpha_2\;.$$

Die allgemeine Lösung von (1) lautet also

$$\vec{x} = \alpha_1\begin{pmatrix}1\\\mathrm{i}\end{pmatrix}\mathrm{e}^{\mathrm{i}\Omega t} + \alpha_2\begin{pmatrix}1\\-\mathrm{i}\end{pmatrix}\mathrm{e}^{-\mathrm{i}\Omega t} + t\left[\beta_1\begin{pmatrix}1\\\mathrm{i}\end{pmatrix}\mathrm{e}^{\mathrm{i}\Omega t} + \beta_2\begin{pmatrix}1\\-\mathrm{i}\end{pmatrix}\mathrm{e}^{-\mathrm{i}\Omega t}\right]\;.$$

Die unter Umständen komplexen Konstanten $\alpha_1$, $\beta_1$, $\alpha_2$, $\beta_2$ sind über die Anfangsbedingungen $\vec{x}(0) = \vec{0}$, $\dot{\vec{x}}(0) = c_0\,\vec{e}_x$ (im Komplexen vier Gleichungen für vier komplexe Konstanten) zu bestimmen. Wir erhalten

$$\vec{x}(0) = \vec{0} \;=\; \alpha_1\begin{pmatrix}1\\\mathrm{i}\end{pmatrix} + \alpha_2\begin{pmatrix}1\\-\mathrm{i}\end{pmatrix}$$

$$\Rightarrow\quad 0 \;=\; \alpha_1 + \alpha_2\;,$$

$$0 \;=\; \mathrm{i}\,(\alpha_1 - \alpha_2)\;.$$

Diese beiden Gleichungen sind nur durch die Konstanten $\alpha_1 = \alpha_2 = 0$ zu erfüllen und daher gilt

$$\dot{\vec{x}} = \beta_1\begin{pmatrix}1\\\mathrm{i}\end{pmatrix}\mathrm{e}^{\mathrm{i}\Omega t} + \beta_2\begin{pmatrix}1\\-\mathrm{i}\end{pmatrix}\mathrm{e}^{-\mathrm{i}\Omega t} + t\left[\mathrm{i}\,\beta_1\,\Omega\begin{pmatrix}1\\\mathrm{i}\end{pmatrix}\mathrm{e}^{\mathrm{i}\Omega t} - \mathrm{i}\,\beta_2\,\Omega\begin{pmatrix}1\\-\mathrm{i}\end{pmatrix}\mathrm{e}^{-\mathrm{i}\Omega t}\right]\;.$$

Mit $\dot{\vec{x}}(0) = (c_0, 0)^T$ folgt schließlich

$$\dot{\vec{x}} = \begin{pmatrix} c_0 \\ 0 \end{pmatrix} = \beta_1 \begin{pmatrix} 1 \\ \mathrm{i} \end{pmatrix} + \beta_2 \begin{pmatrix} 1 \\ -\mathrm{i} \end{pmatrix}$$

$$\Rightarrow \qquad c_0 = \beta_1 + \beta_2 \,,$$

$$0 = \mathrm{i}\,(\beta_1 - \beta_2)$$

$$\Rightarrow \qquad \beta_1 = \beta_2 = \frac{c_0}{2} \,,$$

so daß die an die Anfangsbedingungen angepaßte Lösung des Problems lautet

$$\vec{x} = t \left[ \frac{c_0}{2} \begin{pmatrix} 1 \\ \mathrm{i} \end{pmatrix} \mathrm{e}^{\mathrm{i}\,\Omega t} + \frac{c_0}{2} \begin{pmatrix} 1 \\ -\mathrm{i} \end{pmatrix} \mathrm{e}^{-\mathrm{i}\,\Omega t} \right] \,.$$

In Komponenten zerlegt erhält man die Bahnlinie in der Form, wie sie bereits aus Aufgabenteil b) bekannt ist:

$$x(t) = c_0\,t \left( \frac{1}{2}\cos\Omega t + \frac{\mathrm{i}}{2}\sin\Omega t + \frac{1}{2}\cos\Omega t - \frac{\mathrm{i}}{2}\sin\Omega t \right) = c_0\,t\,\cos\Omega t \,,$$

$$y(t) = c_0\,t \left( \frac{\mathrm{i}}{2}\cos\Omega t - \frac{1}{2}\sin\Omega t - \frac{\mathrm{i}}{2}\cos\Omega t - \frac{1}{2}\sin\Omega t \right) = -c_0\,t\,\sin\Omega t \,.$$

## Aufgabe 2.4-2    Geschwindigkeit eines Wagens mit Düse

Ein Wagen ist mit Flüssigkeit konstanter Dichte gefüllt. Seine Gesamtmasse zum Zeitpunkt $t = 0$ ist $m_0$. Die langsame Bewegung einer schweren Platte ruft einen konstanten Massenstrom $\dot{m}$ durch die Düse mit der Austrittsgeschwindigkeit $w_A$ relativ zum Wagen hervor. Die Strömung im Relativsystem ist stationär.

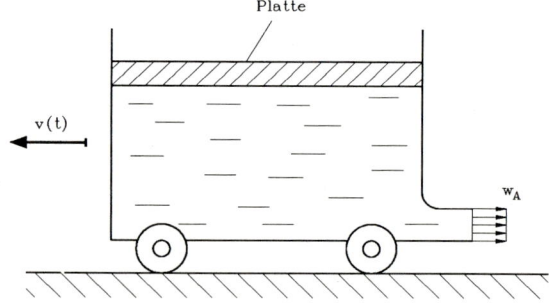

Berechnen Sie unter der Annahme, daß der Luftwiderstand vernachlässigbar ist und der Wagen sich reibungsfrei auf der Unterlage bewegt, die Geschwindigkeit $v(t)$ des Wagens.

Geg.: $m_0$, $\dot{m}$, $w_A$, $v(t = 0) = 0$

## Lösung

Bezeichnet $m_W$ die Masse des Wagens ohne Flüssigkeit, so lautet die Bewegungsgleichung des Wagens

$$m_W \frac{\mathrm{d}v}{\mathrm{d}t} = F_v \,,$$

wobei $F_v$ die Komponente der Kraft ist, die allein auf den Wagen in Richtung der Wagengeschwindigkeit wirkt.

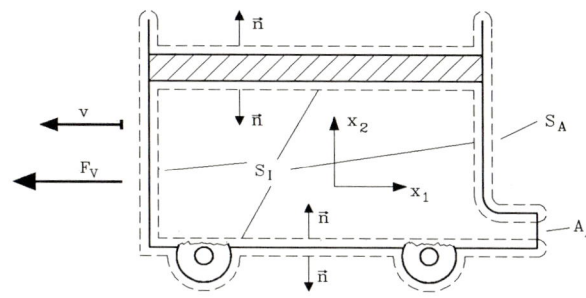

Die allein auf den Wagen wirkende Kraft $\vec{F}$ ergibt sich aus der Integration des Spannungsvektors über die gesamte Oberfläche des Körpers

$$\vec{F} = \iint\limits_{S_I} \vec{t} \,\mathrm{d}S + \iint\limits_{S_A} \vec{t} \,\mathrm{d}S \,. \qquad (1)$$

Vernachlässigt man den Luftwiderstand des Wagens, so kann man an der Außenfläche $S_A$ den Spannungsvektor $\vec{t} = -p_0 \vec{n}$ setzen. Es gilt demnach

$$\iint\limits_{S_A} \vec{t} \,\mathrm{d}S = \iint\limits_{S_A} -p_0 \vec{n} \,\mathrm{d}S = \iint\limits_{S_A + A_A} -p_0 \vec{n} \,\mathrm{d}S - \iint\limits_{A_A} -p_0 \vec{n} \,\mathrm{d}S \,.$$

Da $S_A + A_A$ eine geschlossene Oberfläche ist, ist das erste Integral der rechten Seite gleich null, also gilt

$$\iint\limits_{S_A} -p_0 \vec{n} \,\mathrm{d}S = p_0 \iint\limits_{A_A} \vec{n} \,\mathrm{d}S = p_0 \, A_A \, \vec{e}_1 \,.$$

Für die Komponente der Kraft in Richtung der Wagenbewegung (negative $x_1$–Richtung) erhalten wir somit aus (1)

$$F_v = \vec{F} \cdot (-\vec{e}_1) = -p_0 \, A_A + \iint\limits_{S_I} -t_1 \,\mathrm{d}S \,. \qquad (2)$$

Das Integral auf der rechten Seite stellt die Kraft der Flüssigkeit auf den Wagen dar.

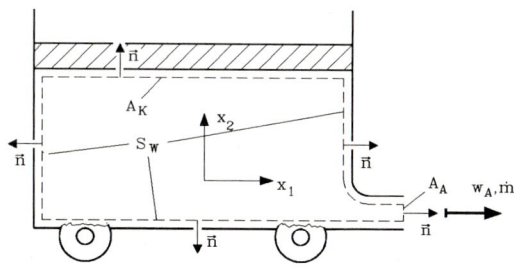

Das Integral in (2) bestimmen wir, indem wir den Impulssatz auf die Flüssigkeit im Wagen anwenden. Wir benutzen dazu das abgebildete beschleunigte Bezugssystem.

Der Impulssatz für das skizzierte Kontrollvolumen lautet (S. L. (2.73))

$$\left( \frac{\partial}{\partial t} \iiint\limits_{(V)} \varrho \, \vec{c} \,\mathrm{d}V \right)_B + \iint\limits_{(S)} \varrho \, \vec{c} (\vec{w} \cdot \vec{n}) \,\mathrm{d}S + \vec{\Omega} \times \iiint\limits_{(V)} \varrho \, \vec{c} \,\mathrm{d}V = \iiint\limits_{(V)} \varrho \, \vec{k} \,\mathrm{d}V + \iint\limits_{(S)} \vec{t} \,\mathrm{d}S \,.$$

Mit

$$\vec{c} = \vec{w} + \vec{v} + \vec{\Omega} \times \vec{x} = \vec{w} + \vec{v}, \quad \vec{\Omega} = 0$$

und

$$S = S_W + A_K + A_A$$

erhalten wir die Komponente in die $x_1$–Richtung

$$\left( \frac{\partial}{\partial t} \iiint\limits_{(V)} \varrho\, c_1 \, \mathrm{d}V \right)_B + \iint\limits_{S_W} \varrho\, c_1 (\vec{w} \cdot \vec{n}) \, \mathrm{d}S + \iint\limits_{A_K} \varrho\, c_1 (\vec{w} \cdot \vec{n}) \, \mathrm{d}S$$

$$+ \iint\limits_{A_A} \varrho\, c_1 (\vec{w} \cdot \vec{n}) \, \mathrm{d}S = \iint\limits_{S_W + A_K} t_1 \, \mathrm{d}S + \iint\limits_{A_A} t_1 \, \mathrm{d}S \,. \tag{3}$$

An der Wand des Wagens $S_W$ verschwindet $\vec{w} \cdot \vec{n}$, damit auch das Integral über diese Fläche. Das erste Integral der rechten Seite repräsentiert die Kraft, die vom Wagen auf die Flüssigkeit wirkt. Durch Vorzeichenumkehr erhält man die Kraft, die die Flüssigkeit auf den Wagen ausübt. Auf den Oberflächen $S_W + A_K$ zeigen die Normalenvektoren nach außen, auf der Fläche $S_I$ der ersten Skizze sind sie in das Wageninnere gerichtet. Deswegen wird

$$\iint\limits_{S_W + A_K} t_1 \, \mathrm{d}S = \iint\limits_{S_I} -t_1 \, \mathrm{d}S \,.$$

Dieser Ausdruck entspricht gerade dem gesuchten Integral in (2). Auf $A_A$ ist die Strömung ausgeglichen, d. h. $\vec{t} = -p\vec{n}$. Ferner ist der Druck im Strahl gleich dem Umgebungsdruck $p_0$, also

$$\iint\limits_{A_A} t_1 \, \mathrm{d}S = \iint\limits_{A_A} -p_0 n_1 \, \mathrm{d}S = -p_0 A_A \,.$$

Löst man (3) nach dem gesuchten Integral auf, ergibt sich mithin

$$\iint\limits_{S_I} -t_1 \, \mathrm{d}S = p_0 A_A + \left( \frac{\partial}{\partial t} \iiint\limits_{(V)} \varrho\, c_1 \, \mathrm{d}V \right)_B$$

$$+ \iint\limits_{A_K} \varrho\, c_1 \, \vec{w} \cdot \vec{n} \, \mathrm{d}S + \iint\limits_{A_A} \varrho\, c_1 \, \vec{w} \cdot \vec{n} \, \mathrm{d}S \,. \tag{4}$$

Mit $c_1 = w_1 + v_1 = w_1 - v(t)$ können wir für das erste Integral auf der rechten Seite schreiben

$$\left( \frac{\partial}{\partial t} \iiint\limits_{(V)} \varrho\, c_1 \, \mathrm{d}V \right)_B = \iiint\limits_{(V)} \varrho \left( \frac{\partial w_1}{\partial t} - \frac{\mathrm{d}v}{\mathrm{d}t} \right) \, \mathrm{d}V \,.$$

Die Geschwindigkeit $w_1$ ist im großen Behälter vernachlässigbar klein $w_1 \approx 0$ und damit auch $\partial w_1 / \partial t \approx 0$. Im Ausflußrohr ist $w_1$ groß, die Strömung aber stationär

$w_1 = w_A =$ const, es entsteht also

$$\left( \frac{\partial}{\partial t} \iiint\limits_{(V)} \varrho \, c_1 \, dV \right)_B = - \frac{dv}{dt} \iiint\limits_{(V)} \varrho \, dV = -m_F \frac{dv}{dt}$$

mit $m_F$ als Masse der Flüssigkeit im festen Kontrollvolumen.

Für das zweite Integral in (4) erhalten wir

$$\iint\limits_{A_K} \varrho \, c_1 \, \vec{w} \cdot \vec{n} \, dS = \iint\limits_{A_K} \varrho \, (w_1 - v(t)) \, \vec{w} \cdot \vec{n} \, dS = -v(t) \iint\limits_{A_K} \varrho \, \vec{w} \cdot \vec{n} \, dS \; .$$

Das letzte Integral berechnen wir mit Hilfe der Kontinuitätsgleichung

$$\iiint\limits_{(V)} \frac{\partial \varrho}{\partial t} \, dV = - \iint\limits_{(S)} \varrho \, \vec{w} \cdot \vec{n} \, dS \; ,$$

mit

$$\iiint\limits_{(V)} \frac{\partial \varrho}{\partial t} \, dV = 0 \; ,$$

(die Flüssigkeitsdichte $\varrho$ ist konstant) und

$$\iint\limits_{S_W} \varrho \, \underbrace{\vec{w} \cdot \vec{n}}_{=0} \, dS + \iint\limits_{A_K} \varrho \, \vec{w} \cdot \vec{n} \, dS + \underbrace{\iint\limits_{A_A} \varrho \, \vec{w} \cdot \vec{n} \, dS}_{=\dot{m}} = 0$$

folgt

$$\iint\limits_{A_K} \varrho \, \vec{w} \cdot \vec{n} \, dS = -\dot{m}$$

sowie

$$\iint\limits_{A_K} \varrho \, c_1 \, \vec{w} \cdot \vec{n} \, dS = \dot{m} \, v(t) \; .$$

Für das dritte Integral auf der rechten Seite in (4) gilt letztlich

$$\iint\limits_{A_A} \varrho \, c_1 \, \vec{w} \cdot \vec{n} \, dS = \iint\limits_{A_A} \varrho \, (w_1 - v(t)) \, \vec{w} \cdot \vec{n} \, dS = (w_A - v(t)) \, \dot{m} \; ,$$

so daß aus (4) die Gleichung

$$\iint\limits_{S_I} -t_1 \, dS = p_0 \, A_A - m_F \frac{dv}{dt} + \dot{m} \, v(t) + \dot{m}(w_A - v(t))$$

entsteht, die sich zu

$$\iint\limits_{S_I} -t_1 \, dS = p_0 \, A_A - m_F \frac{dv}{dt} + \dot{m} \, w_A$$

vereinfacht. Aus (2) ergibt sich nun für die Kraft auf den Wagen

$$F_v = -p_0\,A_A + p_0\,A_A - m_F\,\frac{\mathrm{d}v}{\mathrm{d}t} + \dot{m}\,w_A$$

und daher für die Bewegungsgleichung

$$m_W\,\frac{\mathrm{d}v}{\mathrm{d}t} = -m_F\,\frac{\mathrm{d}v}{\mathrm{d}t} + \dot{m}\,w_A$$

oder

$$(m_W + m_F)\,\frac{\mathrm{d}v}{\mathrm{d}t} = \dot{m}\,w_A\;,\tag{5}$$

eine Form, die zeigt, daß neben der Masse des Wagens auch die Flüssigkeitsmasse durch die Schubkraft des Strahls ($\dot{m}\,w_A$) beschleunigt werden muß, wie man es auch erwartet.

Die Gesamtmasse $m(t) = m_W + m_F(t)$ nimmt im Laufe der Zeit ab, und da $\dot{m} =$ const. ist, haben wir $m(t) = m_0 - \dot{m}\,t$, wobei $m_0$ die gesamte Anfangsmasse ist, d. h. $m_0 = m_W + m_F(t = 0)$.

Die Differentialgleichung zur Bestimmung von $v$ lautet daher

$$\frac{\mathrm{d}v}{\mathrm{d}t} = \frac{\dot{m}}{m_0 - \dot{m}\,t}\,w_A\;.$$

Durch Integration

$$\int\limits_0^{v(t)} \mathrm{d}v = w_A \int\limits_0^t \frac{\dot{m}}{m_0 - \dot{m}\,t}\,\mathrm{d}t$$

erhält man die gesuchte Geschwindigkeit des Wagens

$$v(t) = w_A \ln\left(\frac{m_0}{m_0 - \dot{m}\,t}\right)\;.$$

**Zweiter Lösungsweg**

Wir lösen die Aufgabe nocheinmal unter Verwendung des unten skizzierten, wagenfesten Kontrollvolumens: Der Impulssatz im wagenfesten (d. h. beschleunigten) Bezugssystem lautet

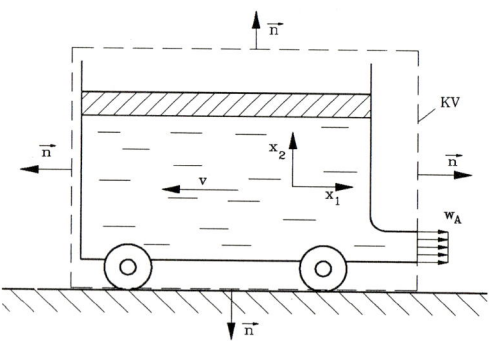

$$\frac{\partial}{\partial t}\left(\underset{(V)}{\iiint} \varrho\,\vec{c}\,\mathrm{d}V\right)_{\!B} + \underset{(S)}{\iint} \varrho\,\vec{c}(\vec{w}\cdot\vec{n})\,\mathrm{d}S + \vec{\Omega} \times \underset{(V)}{\iiint} \varrho\,\vec{c}\,\mathrm{d}V = \underset{(V)}{\iiint} \varrho\,\vec{k}\,\mathrm{d}V + \underset{(S)}{\iint} \vec{t}\,\mathrm{d}S\;,$$

wobei sich die Absolutgeschwindigkeit $\vec{c}$ aus der Formel

$$\vec{c} = \vec{w} + \vec{v} + \vec{\Omega} \times \vec{x}$$

mit $\vec{\Omega} = 0$ und $\vec{v} = -v(t)\,\vec{e}_1$ errechnet. Ferner spielen bei der Berechnung der Wagengeschwindigkeit $v(t)$ Volumenkräfte $\varrho\,\vec{k}$ keine Rolle, wir setzen daher $\vec{k} = 0$. Vom Impulssatz benötigen wir nur die $x_1$–Komponente, die wir durch skalare Multiplikation mit $\vec{e}_1$ erhalten:

$$\frac{\partial}{\partial t}\left(\iiint\limits_{(V)} \varrho\, c_1\, \mathrm{d}V\right)_B + \iint\limits_{(S)} \varrho\, c_1\, (\vec{w}\cdot\vec{n})\, \mathrm{d}S = \iint\limits_{(S)} t_1\, \mathrm{d}S\ , \qquad (6)$$

mit

$$c_1 = w_1 - v(t)\ .$$

Das Integral auf der rechten Seite würde den Luftwiderstand beinhalten, den wir aber hier vernachlässigen wollen, so daß die rechte Seite identisch null ist. Für das erste Integral der linken Seite schreiben wir

$$\frac{\partial}{\partial t}\left(\iiint\limits_{(V)} \varrho\, c_1\, \mathrm{d}V\right)_B = \iiint\limits_{(V)} \frac{\partial}{\partial t}\left(\varrho\,(w_1 - v(t))\right)\, \mathrm{d}V$$

$$= \iiint\limits_{(V)} \frac{\partial\varrho}{\partial t}(w_1 - v(t))\, \mathrm{d}V + \iiint\limits_{(V)} \varrho\left(\frac{\partial w_1}{\partial t} - \frac{\partial v}{\partial t}\right)\, \mathrm{d}V\ .$$

Es gilt

$$\frac{\partial\varrho}{\partial t}\, w_1 = \varrho\,\frac{\partial w_1}{\partial t} = 0\ ,$$

da dort, wo $w_1$ von null verschieden ist (im Rohrstück), die Strömung stationär ist. Also entsteht

$$\frac{\partial}{\partial t}\left(\iiint\limits_{(V)} \varrho\, c_1\, \mathrm{d}V\right)_B = -v(t) \iiint\limits_{(V)} \frac{\partial\varrho}{\partial t}\, \mathrm{d}V - \frac{\mathrm{d}v}{\mathrm{d}t} \iiint\limits_{(V)} \varrho\, \mathrm{d}V\ ,$$

wobei das letzte Integral die Gesamtmasse $m$ im Kontrollvolumen ist. Für das zweite Integral in (6) schreiben wir ($A_A$ bezeichnet wieder die Austrittsfläche der Düse)

$$\iint\limits_{(S)} \varrho\, c_1(\vec{w}\cdot\vec{n})\, \mathrm{d}S = \iint\limits_{A_A} \varrho(w_1 - v(t))\,(\vec{w}\cdot\vec{n})\, \mathrm{d}S$$

$$= (w_A - v(t)) \iint\limits_{A_A} \varrho\,(\vec{w}\cdot\vec{n})\, \mathrm{d}S$$

$$= \dot{m}\,(w_A - v(t))\ .$$

Damit lautet der Impulssatz:

$$-v(t) \iiint\limits_{(V)} \frac{\partial\varrho}{\partial t}\, \mathrm{d}V - m\,\frac{\mathrm{d}v}{\mathrm{d}t} + \dot{m}\,(w_A - v(t)) = 0\ .$$

Die Kontinuitätsgleichung, angewandt auf das Kontrollvolumen, liefert

$$\frac{\partial}{\partial t} \underset{(V)}{\iiint} \varrho \, \mathrm{d}V = \underset{(V)}{\iiint} \frac{\partial \varrho}{\partial t} \, \mathrm{d}V = - \underset{(S)}{\iint} \varrho \, \vec{w} \cdot \vec{n} \, \mathrm{d}S = -\dot{m} \, ,$$

was zum einen zeigt, daß sich die Masse im (festen) Kontrollvolumen ändert und zum anderen, daß die lokale Änderung der Dichte nicht verschwindet. Diese lokale Dichteänderung tritt an der Grenzfläche Platte–Flüssigkeit auf und wird hervorgerufen durch die Bewegung der Platte. Wir erhalten so

$$v(t)\,\dot{m} - m\,\frac{\mathrm{d}v}{\mathrm{d}t} + \dot{m}\,(w_A - v(t)) = 0$$

$$\Rightarrow \qquad m\,\frac{\mathrm{d}v}{\mathrm{d}t} = \dot{m}\,w_A$$

wieder die Gleichung (5). Damit ist das Problem erwartungsgemäß auf die Newtonsche Bewegungsgleichung für die Beschleunigung der Gesamtmasse zurückgeführt.

## Aufgabe 2.4-3   Beschleunigung und Geschwindigkeit einer Rakete

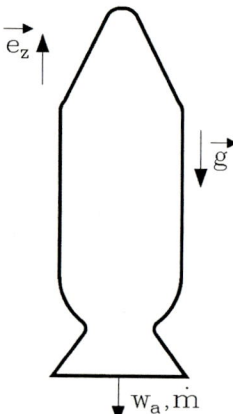

Eine Rakete, die sich zunächst in Ruhe befindet, wird zur Zeit $t = 0$ gezündet. Die Geschwindigkeit des austretenden Gasstrahls bezüglich der Rakete sei $w_a$, der austretende Massenstrom $\dot{m}$, die Startmasse $m_0$. Die Rakete bewege sich in vertikaler Richtung $\vec{e}_z$, der Luftwiderstand sei vernachlässigbar. Die (Überschall–) Düse ist so ausgeformt, daß am Düsenaustritt der Umgebungsdruck im Strahl herrscht.

a) Wie groß ist die Anfangsbeschleunigung der Rakete?

b) Welche Geschwindigkeit hat die Rakete nach der Zeit $t_0$?

Geg.: $w_a$, $\dot{m}$, $m_0$, $\vec{g}$

**Lösung**

a) Anfangsbeschleunigung:

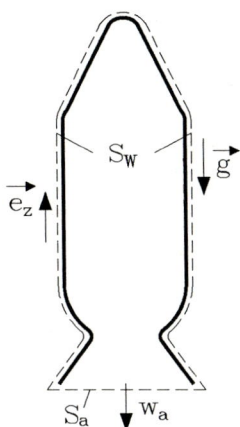

Auf das eingezeichnete Kontrollvolumen wird der Impulssatz für beschleunigte Bezugssysteme (S. L. (2.73)) angewendet, wobei der Umgebungsdruck unberücksichtigt bleibt, weil er keine Nettokraft am Kontrollvolumen hervorruft:

$$\frac{\partial}{\partial t}\left[\iiint\limits_{(V)} \varrho\,\vec{c}\,\mathrm{d}V\right]_B + \iint\limits_{(S)} \varrho\,\vec{c}\,(\vec{w}\cdot\vec{n})\,\mathrm{d}S + \vec{\Omega}\times\iiint\limits_{(V)} \varrho\,\vec{c}\,\mathrm{d}V$$

$$= \iiint\limits_{(V)} \varrho\,\vec{k}\,\mathrm{d}V + \iint\limits_{(S)} \vec{t}\,\mathrm{d}S\,,$$

wobei

$$\vec{c} = \vec{w} + \vec{\Omega}\times\vec{x} + \vec{v} = \vec{w} + \vec{v}$$

ist, weil keine Drehung auftritt. Die allein interessierende $\vec{e}_z$–Komponente lautet mit der Volumenkraft der Schwere ($\varrho\,\vec{k} = \varrho\,\vec{g}$):

$$\frac{\partial}{\partial t}\left[\iiint\limits_{(V)} \varrho\,(\vec{w} + \vec{v})\cdot\vec{e}_z\,\mathrm{d}V\right]_B + \iint\limits_{(S)} \varrho\,(\vec{w} + \vec{v})\cdot\vec{e}_z\,(\vec{w}\cdot\vec{n})\,\mathrm{d}S$$

$$= \iiint\limits_{(V)} \varrho\,\vec{g}\cdot\vec{e}_z\,\mathrm{d}V + \iint\limits_{(S)} \vec{t}\cdot\vec{e}_z\,\mathrm{d}S\,. \tag{1}$$

Auswerten des ersten Integrals liefert:

$$\frac{\partial}{\partial t}\left[\iiint\limits_{(V)} \varrho\,(\vec{w} + \vec{v})\cdot\vec{e}_z\,\mathrm{d}V\right]_B = \iiint\limits_{(V)} \left(\frac{\partial\varrho}{\partial t}(w_z + v_z) + \varrho\frac{\partial(w_z + v_z)}{\partial t}\right)\,\mathrm{d}V\,.$$

Die Relativgeschwindigkeit im Raketeninneren ist ungefähr null und mit

$$v_z = v_{\text{Rakete}} = v_R$$

und

$$\iiint\limits_{(V)} \frac{\partial \varrho}{\partial t}\, \mathrm{d}V = -\iint\limits_{S_a} \varrho\, \vec{w} \cdot \vec{n}\, \mathrm{d}S = -\dot{m}\,, \qquad \text{bzw.} \qquad \iiint\limits_{(V)} \varrho\, \mathrm{d}V = m(t)$$

wird daraus

$$\frac{\partial}{\partial t}\left[\iiint\limits_{(V)} \varrho\,(\vec{w}+\vec{v})\cdot\vec{e}_z\, \mathrm{d}V\right]_B = -v_R\,\dot{m} + \frac{\mathrm{d}v_R}{\mathrm{d}t}\,m(t)\,.$$

Bei dem konvektiven Term des Impulssatzes

$$\iint\limits_{(S)} \varrho\,(\vec{w}+\vec{v})\cdot\vec{e}_z\,(\vec{w}\cdot\vec{n})\, \mathrm{d}S$$

beschränkt man sich auf die Auswertung des Integrals an der Austrittsfläche, da der Beitrag an der Wand $S_W$ wegen der Randbedingung $\vec{w}\cdot\vec{n}=0$ verschwindet. Man erhält mit $w_z + v_z = -w_a + v_R$

$$\iint\limits_{S_a} \varrho\,(\vec{w}+\vec{v})\cdot\vec{e}_z\,(\vec{w}\cdot\vec{n})\, \mathrm{d}S = (v_R - w_a)\dot{m}\,.$$

Die Integralausdrücke auf der rechten Seite von (1) berechnen sich zu

$$\iiint\limits_{(V)} \varrho\,\vec{g}\cdot\vec{e}_z\, \mathrm{d}V \;=\; -g\,m(t)\,,$$

$$\iint\limits_{(S)} \vec{t}\cdot\vec{e}_z\, \mathrm{d}S \;=\; F_{\text{Luftwiderstand}} \approx 0\,,$$

so daß man aus (1) erhält:

$$-v_R\,\dot{m} + \frac{\mathrm{d}v_R}{\mathrm{d}t}\,m(t) + \dot{m}\,(v_R - w_a) = -g\,m(t)\,.$$

Mit der Gleichung $m(t) = m_0 - \dot{m}\,t$ ergibt sich daraus die Beschleunigung

$$\frac{\mathrm{d}v_R}{\mathrm{d}t} = \frac{1}{m_0/\dot{m} - t}\,w_a - g\,. \tag{2}$$

Diese Gleichung führt auf die Anfangsbeschleunigung

$$\frac{\mathrm{d}v_R}{\mathrm{d}t} = \frac{\dot{m}}{m_0}\,w_a - g\,,$$

die sich interpretieren läßt als

Beschleunigung = (Schubkraft − Gewichtskraft)$/m_0$.

b) Raketengeschwindigkeit als Funktion der Zeit
   Man integriert Gleichung (2)

$$\int\limits_0^{v_R} \mathrm{d}v_R = \int\limits_0^{t_0} \frac{w_a}{m_0/\dot{m} - t} \, \mathrm{d}t - \int\limits_0^{t_0} g \, \mathrm{d}t$$

$$\Rightarrow \quad v_R = w_a \ln\left(\frac{m_0}{m_0 - \dot{m}\, t_0}\right) - g\, t_0$$

(vgl. Aufgabe 2.4–2).

## Aufgabe 2.4-4    Schubumkehr

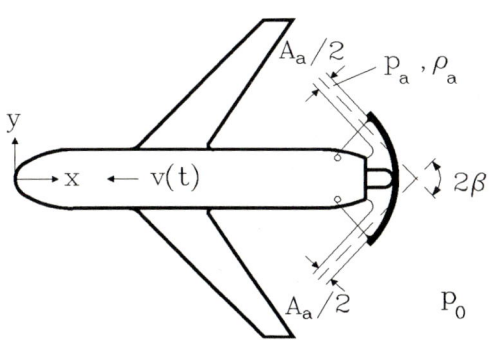

Nach dem Aufsetzen werden bei großen Flugzeugen (Masse $m_{\mathbf{ges}}$) oft zwei Schilde hinter dem Strahltriebwerk ausgefahren, die den austretenden Strahl (Unterschallstrahl $p_a = p_0$, $\varrho_a$, $w_a$, $A_a$ gegeben) in zwei Teilstrahlen aufspalten und diese um den Winkel $\pi - \beta$ umlenken (siehe Skizze). Dadurch erfährt das Flugzeug eine Verzögerung $\vec{a} = a\,\vec{e}_x$. Volumenkräfte und Reibungsspannungen auf die Außenhaut des Flugzeugs können bei diesem Vorgang vernachlässigt werden. Der in das Triebwerk eintretende Impuls nicht aber die Masse kann ebenfalls vernachlässigt werden.

Berechnen Sie die Verzögerung $\vec{a}$!

### Lösung

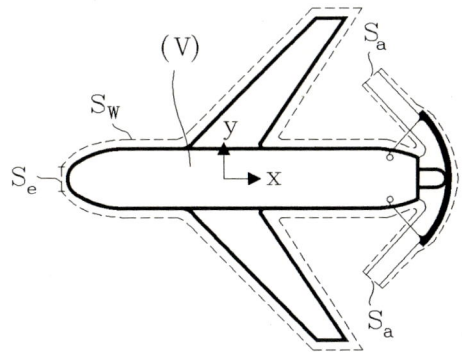

Wir wählen ein flugzeugfestes Kontrollvolumen, welches das Flugzeug und die Schilde beinhaltet.

Den Impulssatz im beschleunigten Bezugssystem für den vorliegenden Fall erhalten wir aus (S. L. (2.73)) mit $\Omega = 0$ zu

$$\frac{\partial}{\partial t}\left[\iiint\limits_{(V)} \varrho\, \vec{c}\, \mathrm{d}V\right]_B + \iint\limits_{(S)} \varrho\, \vec{c}\,(\vec{w}\cdot\vec{n})\, \mathrm{d}S = \iint\limits_{(S)} \vec{t}\, \mathrm{d}S \ .$$

Es genügt, nur die Komponente in $x$–Richtung zu betrachten

$$\frac{\partial}{\partial t}\left[\iiint\limits_{(V)} \varrho\, \vec{c}\cdot\vec{e}_x\, \mathrm{d}V\right]_B + \iint\limits_{(S)} \varrho\,(\vec{c}\cdot\vec{e}_x)\,(\vec{w}\cdot\vec{n})\,\mathrm{d}S = \iint\limits_{(S)} \vec{t}\cdot\vec{e}_x\, \mathrm{d}S\ .$$

Die Strömung ist im flugzeugfesten System stationär, d. h. $\partial\vec{w}/\partial t = 0$ und mit $\vec{c} = \vec{w}+\vec{v}$ und $\vec{t} = -p_0\,\vec{n}$ auf $(S)$ erhalten wir zunächst

$$\frac{\partial}{\partial t}\left[\iiint\limits_{(V)} \varrho\, \vec{v}\cdot\vec{e}_x\, \mathrm{d}V\right]_B + \iint\limits_{(S)} \varrho\,(\vec{w}\cdot\vec{e}_x)\,(\vec{w}\cdot\vec{n})\,\mathrm{d}S + \iint\limits_{(S)} \varrho\,(\vec{v}\cdot\vec{e}_x)\,(\vec{w}\cdot\vec{n})\,\mathrm{d}S = -\iint\limits_{(S)} p_0\,\vec{n}\cdot\vec{e}_x\, \mathrm{d}S\ .$$

Da ein geschlossenes Integral über eine Konstante (hier $p_0$) verschwindet und da $v$ in jedem Punkt des Kontrollvolumens gleich groß ist, vereinfachen wir weiter zu

$$\left[\frac{\partial\vec{v}}{\partial t}\cdot\vec{e}_x \iiint\limits_{(V)} \varrho\, \mathrm{d}V\right]_B + \vec{v}\cdot\vec{e}_x\left[\iiint\limits_{(V)} \frac{\partial\varrho}{\partial t}\, \mathrm{d}V\right]_B\ +$$

$$+\vec{v}\cdot\vec{e}_x \iint\limits_{(S)} \varrho\,(\vec{w}\cdot\vec{n})\,\mathrm{d}S + \iint\limits_{(S)} \varrho\,(\vec{w}\cdot\vec{e}_x)\,(\vec{w}\cdot\vec{n})\,\mathrm{d}S\ =\ 0\ .$$

Unter Verwendung der Kontinuitätsgleichung und der Bezeichnungen

$$\frac{\partial\vec{v}}{\partial t}\cdot\vec{e}_x = a\ ,\qquad \iiint\limits_{(V)} \varrho\, \mathrm{d}V = m_{\mathrm{ges}}$$

schreiben wir

$$-a\, m_{\mathrm{ges}} = \iint\limits_{S_e} \varrho\,(\vec{w}\cdot\vec{e}_x)\,(\vec{w}\cdot\vec{n})\,\mathrm{d}S + \iint\limits_{S_W} \varrho\,(\vec{w}\cdot\vec{e}_x)\,(\vec{w}\cdot\vec{n})\,\mathrm{d}S + \iint\limits_{S_a} \varrho\,(\vec{w}\cdot\vec{e}_x)\,(\vec{w}\cdot\vec{n})\,\mathrm{d}S\ .$$

Mit der Vernachlässigung des Impulsflusses über die Eintrittsfläche $S_e$ gelangen wir so zu dem Ergebnis

$$a\, m_{\mathrm{ges}}\ =\ \varrho_a\,(w_a\cos\beta)\,w_a\, A_a$$

$$\Rightarrow\qquad a\ =\ \frac{\varrho_a\, w_a^2\, A_a\cos\beta}{m_{\mathrm{ges}}}\ .$$

## Aufgabe 2.4-5 Moment auf ein abgewinkeltes, rotierendes Rohr

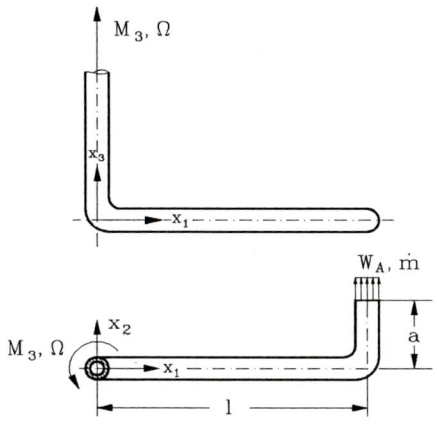

Aus einem abgewinkelten, dünnen Rohr, das sich stationär mit der Winkelgeschwindigkeit $\Omega$ um die $x_3$-Achse dreht, tritt der Massenstrom $\dot{m}$ mit der Austrittsgeschwindigkeit $W_A$ aus. Welches Drehmoment $M_3$ muß an dem Rohr angreifen, damit es sich in der angegebenen Richtung dreht?

Hinweis: Die Reibungsspannungen auf der Außenhaut des Rohres können vernachlässigt werden.

Geg.: $W_A$, $l$, $a$, $\dot{m}$, $\Omega$

**Lösung**

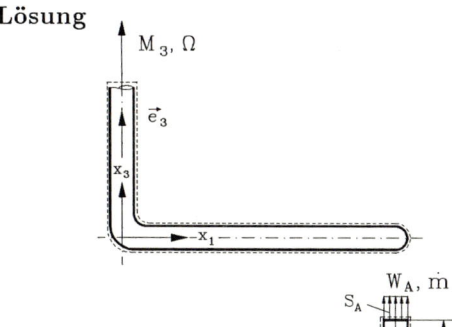

Wir legen die Oberfläche $S$ des Kontrollvolumens entlang des Rohres, schneiden das Rohr an der Eintrittsfläche $S_E$ durch und schließen das Kontrollvolumen mittels eines Schnittes am austretenden Strahl. In diesem mitbewegten System ist die Strömung stationär, so daß die Komponente des Drallsatzes in $\vec{e}_3$–Richtung lautet

$$\vec{e}_3 \cdot \iint\limits_{(S)} \varrho \, (\vec{x} \times \vec{c}) \, (\vec{w} \cdot \vec{n}) \, \mathrm{d}S = \vec{e}_3 \cdot \iint\limits_{(S)} \vec{x} \times \vec{t} \, \mathrm{d}S \; . \tag{1}$$

Auf der gesamten Rohroberfläche und im austretenden Freistrahl ist der Spannungsvektor null, wenn wir den Umgebungsdruck zu null setzen, was bei diesem Problem zulässig ist. Nur die Integrale des Spannungsvektors über $S_E$ und über die Rohrschnittfläche $S_{Rohr}$ sind auszuwerten, wobei letzteres gerade das gesuchte Moment,

$$M_3 = \vec{e}_3 \cdot \iint\limits_{S_{Rohr}} \vec{x} \times \vec{t} \, \mathrm{d}S \; , \tag{2}$$

ist. Auf der Fläche $S_E$ gilt, mit $\vec{e}_z = \vec{e}_3$:

$$\vec{e}_z \cdot (\vec{x} \times \vec{t}) = r\, t_\varphi = r\, \tau_{\varphi z} = \eta \left( \frac{\partial w_z}{\partial \varphi} + r\, \frac{\partial w_\varphi}{\partial z} \right) = 0 \ ,$$

da zum einen die Rohrströmung rotationssymmetrisch ist und zum anderen $w_\varphi$ null ist. Aus (1) mit (2) folgt damit:

$$M_3 = \iint\limits_{(S)} \varrho\, \vec{e}_3 \cdot (\vec{x} \times \vec{c})\, (\vec{w} \cdot \vec{n})\, \mathrm{d}S \ .$$

Die Normalkomponente der Relativgeschwindigkeit $\vec{w} \cdot \vec{n}$ verschwindet überall, außer auf den Schnittflächen $S_E$ und $S_A$. Auf $S_E$ ist $\vec{e}_3 \cdot (\vec{x} \times \vec{c}) = 0$. Daher können wir auch schreiben

$$M_3 = \iint\limits_{S_A} \varrho\, \vec{e}_3 \cdot (\vec{x} \times \vec{c})\, (\vec{w} \cdot \vec{n})\, \mathrm{d}S \ . \tag{3}$$

Auf der Austrittsfläche $S_A$ gilt

$$\vec{x} \ = \ l\, \vec{e}_1 + a\, \vec{e}_2 \ ,$$

$$\vec{w} \ = \ W_A\, \vec{e}_2 \ ,$$

so daß dort die Absolutgeschwindigkeit wegen $\vec{v} = 0$ und $\vec{\Omega} = \Omega\, \vec{e}_3$

$$\vec{c} \ = \ W_A\, \vec{e}_2 + \Omega\, \vec{e}_3 \times (l\, \vec{e}_1 + a\, \vec{e}_2)$$

$$= \ W_A\, \vec{e}_2 + \Omega l\, \vec{e}_3 \times \vec{e}_1 + \Omega a\, \vec{e}_3 \times \vec{e}_2$$

$$= \ (W_A + \Omega l)\, \vec{e}_2 - \Omega a\, \vec{e}_1$$

ist. Mit Hilfe des Dralls (pro Masse) auf der Austrittsfläche $S_A$ (siehe Aufgabe 2.3-2)

$$\vec{x} \times \vec{c} \ = \ (l\, \vec{e}_1 + a\, \vec{e}_2) \times ((W_A + \Omega l)\, \vec{e}_2 - \Omega a\, \vec{e}_1)$$

$$= \ \left[ W_A l + \Omega(l^2 + a^2) \right]\, \vec{e}_3$$

erhält man aus (3) das Moment $M_3$ zu

$$M_3 \ = \ \iint\limits_{S_A} \varrho \left[ W_A l + \Omega(l^2 + a^2) \right] W_A\, \mathrm{d}S$$

$$= \ \left[ W_A l + \Omega(l^2 + a^2) \right] \varrho\, W_A\, S_A$$

$$M_3 \ = \ \dot{m} \left[ W_A l + \Omega(l^2 + a^2) \right] \ .$$

Man überzeuge sich, daß das Ergebnis unmittelbar aus der Anwendung der Eulerschen Turbinengleichung folgt.

# Aufgabe 2.4-6   Triebwerksschub

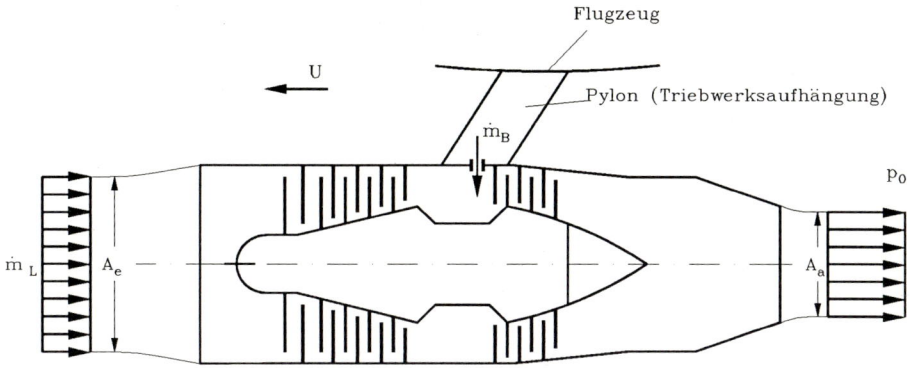

Das oben skizzierte Strahltriebwerk befindet sich an einem Flugzeug, das mit der konstanten Geschwindigkeit $U$ durch ruhende Luft fliegt. Dem Triebwerk wird der Luftmassenstrom $\dot{m}_L$ und der Brennstoffmassenstrom $\dot{m}_B$ zugeführt. Die in der Brennkammer entstandenen Abgase verlassen das Triebwerk mit der Relativgeschwindigkeit $w_a$.

Wie groß ist der Schub des Triebwerkes?

Geg.: $U$, $w_a$, $\dot{m}_L$, $\dot{m}_B$

## Lösung

Die Schubkraft des Triebwerkes berechnen wir mit dem Impulssatz. In dem Koordinatensystem, das mit dem Triebwerk fest verbunden ist, herrschen stationäre Strömungsvorgänge. Das Kontrollvolumen legen wir soweit um das Triebwerk herum, daß die Störungen durch das Triebwerk abgeklungen sind. Als Begrenzung des Kontrollvolumens wählen wir eine Stromröhre, durch deren Wand definitionsgemäß keine Flüssigkeit tritt und damit auch der Impulsfluß durch die Wand null ist, wenn wir den Impulsfluß des zugeführten Brennstoffes vernachlässigen.

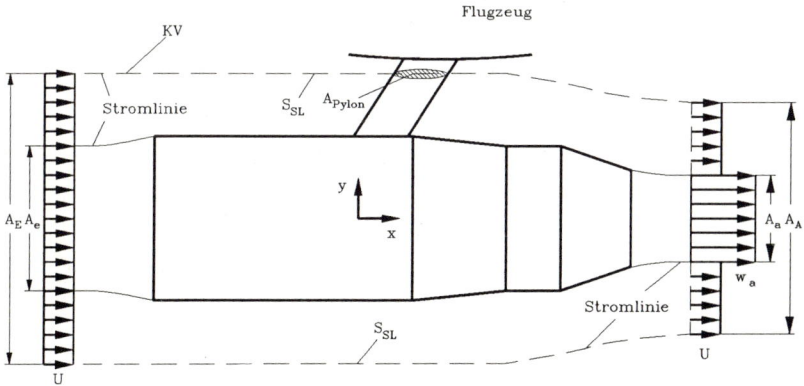

Der Impulssatz für beschleunigte Bezugssysteme (S. L. (2.73)) lautet

$$\frac{\partial}{\partial t}\left[\iiint\limits_{(V)} \varrho\,\vec{c}\,\mathrm{d}V\right]_B + \iint\limits_{(S)} \varrho\,\vec{c}\,(\vec{w}\cdot\vec{n})\,\mathrm{d}S + \vec{\Omega}\times\iiint\limits_{(V)} \varrho\,\vec{c}\,\mathrm{d}V = \iiint\limits_{(V)} \varrho\,\vec{k}\,\mathrm{d}V + \iint\limits_{(S)} \vec{t}\,\mathrm{d}S\,, \quad (1)$$

der sich wegen $\vec{\Omega} = \vec{0}$ also $\vec{c} = \vec{w} + \vec{v}$ und wegen $\vec{v} \neq \vec{v}(t)$ unter Vernachlässigung der Volumenkräfte erwartungsgemäß auf

$$\iint\limits_{(S)} \varrho\,\vec{w}\,(\vec{w}\cdot\vec{n})\,\mathrm{d}S + \iint\limits_{(S)} \varrho\,\vec{v}\,(\vec{w}\cdot\vec{n})\,\mathrm{d}S = \iint\limits_{(S)} \vec{t}\,\mathrm{d}S \quad (2)$$

vereinfacht, da ja das Bezugssystem unbeschleunigt ist. Die Führungsgeschwindigkeit $\vec{v}$ ist für jeden Punkt des Kontrollvolumens gleich und unter Berücksichtigung der Kontinuitätsgleichung wird das zweite Oberflächenintegral der linken Seite von (2) zu null:

$$\iint\limits_{(S)} \varrho\,\vec{v}\,(\vec{w}\cdot\vec{n})\,\mathrm{d}S = \vec{v}\iint\limits_{(S)} \varrho\,(\vec{w}\cdot\vec{n})\,\mathrm{d}S = 0\,,$$

so daß der Impulssatz (1) die Form

$$\iint\limits_{(S)} \varrho\,\vec{w}\,(\vec{w}\cdot\vec{n})\,\mathrm{d}S = \iint\limits_{(S)} \vec{t}\,\mathrm{d}S \quad (3)$$

annimmt, die zeigt, daß das Relativsystem hier ein Inertialsystem ist.

Zur Berechnung des Impulsflusses über die Gesamtfläche $S$ in (3) teilen wir die Fläche $S$ auf in die Ein– und Austrittsflächen $A_e$, $A_a$, die Ringflächen $A_E - A_e$, $A_A - A_a$ und die von den äußeren Stromlinien gebildete Fläche $S_{SL}$. Die linke Seite von (3) wird zu

$$\iint\limits_{(S)} \varrho\,\vec{w}\,(\vec{w}\cdot\vec{n})\,\mathrm{d}S \;=\; \iint\limits_{A_e} \varrho\,\vec{w}\,(\vec{w}\cdot\vec{n})\,\mathrm{d}S + \iint\limits_{A_a} \varrho\,\vec{w}\,(\vec{w}\cdot\vec{n})\,\mathrm{d}S +$$

$$\iint\limits_{A_E-A_e} \varrho\,\vec{w}\,(\vec{w}\cdot\vec{n})\,\mathrm{d}S + \iint\limits_{A_A-A_a} \varrho\,\vec{w}\,(\vec{w}\cdot\vec{n})\,\mathrm{d}S +$$

$$\iint\limits_{S_{SL}} \varrho\,\vec{w}\,(\vec{w}\cdot\vec{n})\,\mathrm{d}S\,.$$

Da die Strömung an den Ringflächen ausgeglichen ist, d. h. die Strömungsgeschwindigkeit $w = U = \text{const.}$ ist, und die Ein– und Austrittsringfläche von genau den gleichen Flüssigkeitsteilchen durchströmt werden, heben sich die Beiträge der Impulsflüsse über diese Flächen in der Impulsgleichung gerade auf.

Der Impulsfluß über die Fläche $S_{SL}$ verschwindet, wenn wir den Beitrag des Brennstoffmassenstromes vernachlässigen, da definitionsgemäß der Geschwindigkeitsvektor tangential zur Wand der Stromröhre gerichtet und daher $\vec{w}\cdot\vec{n}$ auf der Fläche $S_{SL}$ null ist.

Der Impulssatz (3) vereinfacht sich zu:

$$\iint\limits_{A_e} \varrho\,\vec{w}\,(\vec{w}\cdot\vec{n})\,\mathrm{d}S + \iint\limits_{A_a} \varrho\,\vec{w}\,(\vec{w}\cdot\vec{n})\,\mathrm{d}S = \iint\limits_{(S)} \vec{t}\,\mathrm{d}S \;. \tag{4}$$

Wir suchen die Kraft die von dem Triebwerk auf das Flugzeug übertragen wird. Dazu teilen wir das Integral des Spannungsvektor über die gesamte Fläche $S$ in (4) wie folgt auf

$$\iint\limits_{(S)} \vec{t}\,\mathrm{d}S \;=\; \int\limits_{S-A_{Pylon}}\!\!\!\int \vec{t}\,\mathrm{d}S + \iint\limits_{A_{Pylon}} \vec{t}\,\mathrm{d}S + \tag{5}$$

$$\iint\limits_{A_{Pylon}} -p_0\,\vec{n}\,\mathrm{d}S - \iint\limits_{A_{Pylon}} -p_0\,\vec{n}\,\mathrm{d}S \;.$$

Auf den Flächen $A_E$ und $A_A$ herrscht der Umgebungsdruck $p_0$. Voraussetzungsgemäß sind die durch das Triebwerk verursachten Störungen an der Fläche $S_{SL}$ so weit abgeklungen, daß Reibungseinflüsse vernachlässigbar sind und der Spannungsvektor an dieser Fläche $\vec{t} = -p_0\,\vec{n}$ ist. Das erste und dritte Integral der rechten Seite von (5) fassen wir nun zusammen zu einem Integral über die geschlossene Gesamtfläche $S$ mit dem Integranden $p_0\,\vec{n}$. Da $p_0$ konstant ist verschwindet das Integral. Die Summe der verbleibenden Integrale ist die Kraft, die vom Pylon auf das Triebwerk übertragen wird, also gleich dem Negativen der gesuchten Schubkraft

$$-\vec{F}_{\mathrm{Schub}} = \int\limits_{A_{Pylon}}\!\!\!\int \vec{t}\,\mathrm{d}S - \iint\limits_{A_{Pylon}} -p_0\,\vec{n}\,\mathrm{d}S \;.$$

Damit erhalten wir aus (4)

$$\iint\limits_{A_e} \varrho\,\vec{w}\,(\vec{w}\cdot\vec{n})\,\mathrm{d}S + \iint\limits_{A_a} \varrho\,\vec{w}\,(\vec{w}\cdot\vec{n})\,\mathrm{d}S = -\vec{F}_{\mathrm{Schub}} \;. \tag{6}$$

Die Strömungsgeschwindigkeiten sind über die Flächen konstant:

$$A_e: \quad \vec{w} = U\,\vec{e}_x\,, \qquad A_a: \quad \vec{w} = w_a\,\vec{e}_x\,.$$

Ziehen wir die Geschwindigkeit aus den Integralen heraus, so wird (6) zu

$$-\vec{F}_{\mathrm{Schub}} = U\,\vec{e}_x \iint\limits_{A_e} \varrho\,(\vec{w}\cdot\vec{n})\,\mathrm{d}S + w_a\,\vec{e}_x \iint\limits_{A_a} \varrho\,(\vec{w}\cdot\vec{n})\,\mathrm{d}S$$

und mit

$$\iint\limits_{A_e} \varrho\,(\vec{w}\cdot\vec{n})\,\mathrm{d}S = -\dot{m}_L\,, \qquad \iint\limits_{A_a} \varrho\,(\vec{w}\cdot\vec{n})\,\mathrm{d}S = \dot{m}_L + \dot{m}_B$$

letztlich zu

$$\vec{F}_{\mathrm{Schub}} = -\left[w_a\,\dot{m}_B + (w_a - U)\,\dot{m}_L\right]\vec{e}_x$$

erhalten.

## 2.5 Anwendungsbeispiele aus dem Turbomaschinenbau

### Aufgabe 2.5-1   Zirkulation um einen Flügel im Kreisgitter

Für ein kreisförmiges Flügelgitter sind die An– und Abströmverhältnisse bekannt, ferner das Drehmoment, das von der Flüssigkeit auf das Gitter ausgeübt wird.

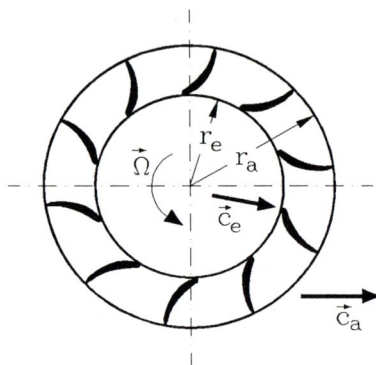

Wie groß ist die Zirkulation um einen Flügel bei insgesamt $n$ Flügeln und wie lautet der Zusammenhang zwischen Moment und Zirkulation des Einzelflügels?

### Lösung

Mit Hilfe der Eulerschen Turbinengleichung lautet das Moment auf die Flüssigkeit in Richtung positiver Geschwindigkeit $c_u$

$$M = \dot{m}\left(r_a\, c_{ua} - r_e\, c_{ue}\right) .$$

Mit der Zirkulation

$$\Gamma_a = \oint_{r_a} \vec{c} \cdot \mathrm{d}\vec{x} = c_{ua}\, 2\,\pi\, r_a \; ,$$

$$\Gamma_e = \oint_{r_e} \vec{c} \cdot \mathrm{d}\vec{x} = c_{ue}\, 2\,\pi\, r_e$$

erhalten wir

$$M = \frac{\dot{m}}{2\,\pi}(\Gamma_a - \Gamma_e) . \tag{1}$$

Daraus läßt sich die Zirkulation eines einzelnen Flügels bestimmen: Wie ein gerades Gitter mit der Teilung $t$ periodisch ist, so ist ein Kreisgitter mit dem Teilungswinkel $\alpha = 2\pi/n$ periodisch. Die Zirkulation um einen Flügel

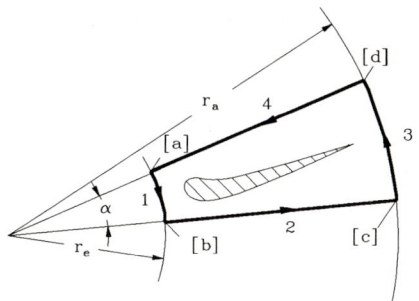

$$\Gamma_{\text{Flügel}} = \oint\limits_{\text{Flügel}} \vec{c} \cdot \mathrm{d}\vec{x}$$

berechnen wir zunächst als Teilintegrale

$$\int\limits_a^b \vec{c} \cdot \mathrm{d}\vec{x} = -c_{ue} \frac{2\,\pi\,r_e}{n} \;, \quad \int\limits_c^d \vec{c} \cdot \mathrm{d}\vec{x} = c_{ua} \frac{2\,\pi\,r_a}{n} \;, \quad \int\limits_b^c \vec{c} \cdot \mathrm{d}\vec{x} + \int\limits_d^a \vec{c} \cdot \mathrm{d}\vec{x} = 0 \;.$$

Die Integrale über die Seiten 2 und 4 heben sich in ihrer Summe wegen der Periodizität des Gitters auf, so daß gilt

$$\Gamma_{\text{Flügel}} \;=\; \frac{1}{n}\left(c_{ua}\, 2\,\pi\, r_a - c_{ue}\, 2\,\pi\, r_e\right)$$

$$\Rightarrow \qquad n\,\Gamma_{\text{Flügel}} \;=\; \Gamma_a - \Gamma_e \;.$$

Damit lautet (1)

$$M = \frac{\dot{m}}{2\,\pi}\, n\,\Gamma_{\text{Flügel}} \;,$$

womit sich die Zirkulation um den Flügel angeben läßt

$$\Gamma_{\text{Flügel}} = \frac{2\,\pi\,M}{n\,\dot{m}} \;.$$

# Aufgabe 2.5-2    Axialstufe einer Turbine

Eine Axialstufe einer Turbine besteht aus einem mit dem Gehäuse verbundenen Leitrad und einem rotierenden Laufrad. Der Massenstrom durch die Turbine ist $\dot{m}$, die Maschinendrehzahl $n$, die Leistung der betrachteten Stufe $P$, die Dichte $\varrho$ ist konstant. Da die Schaufelhöhe $h$ sehr viel kleiner ist als der mittlere Schaufelradius $R$, kann die Geometrie des Gitters abgewickelt werden. Ferner wird angenommen, daß die Geschwindigkeiten über den Strömungsquerschnitt konstant sind.

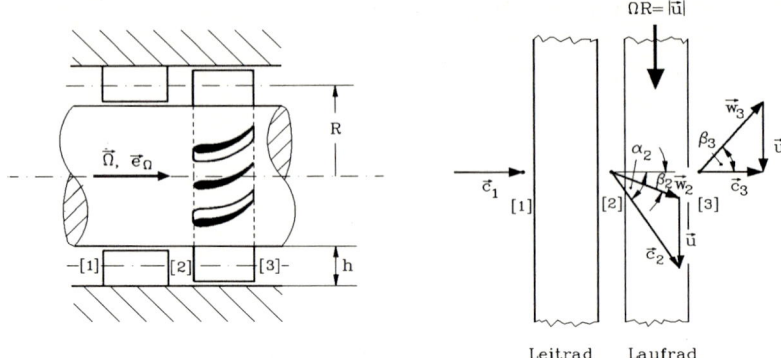

Leitrad        Laufrad

a) Berechnen Sie den Laufradzuströmwinkel $\alpha_2$.

b) Wie groß ist der Winkel $\beta_2$ zwischen der Relativgeschwindigkeit $\vec{w}_2$ und der Axial-richtung?

c) Unter welchem Winkel $\beta_3$ erfolgt im laufradfesten Bezugssystem die Abströmung vom Laufrad?

d) Skizzieren sie die Leit– und Laufradschaufeln für den Fall, daß die Zuströmung jeweils tangential zur Schaufelvorderkante ist ( stoßfreie Zuströmung).

Geg.: $\dot{m}$, $P$, $R$, $h$, $n$

**Lösung**

a) Der Laufradzuströmwinkel $\alpha_2$:

Aus dem Geschwindigkeitsdreieck am Lauf-radeintritt ist das Verhältnis

$$\tan \alpha_2 = \frac{c_{u_2}}{c_{\Omega_2}}$$

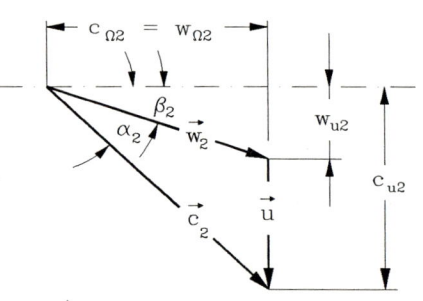

ersichtlich. Das Moment für das Laufrad einer Axialmaschine kann mit Hilfe der Eulerschen Turbinengleichung

$$M = \dot{m}(r_a\, c_{ua} - r_e\, c_{ue})$$

angegeben werden. Da das Turbinenlaufrad auf die Flüssigkeit ein Moment entge-gengesetzt der Richtung der Drehgeschwindigkeit ausübt, ist $M = -M_T$ zu setzen. Ferner soll die Abströmung vom Laufrad drallfrei sein, d. h. $c_{ua} = c_{u_3} = 0$. Folglich gilt für das Moment die Beziehung

$$M_T = \dot{m}\, R\, c_{u_2} \ ,$$

aus der mit der gegebenen Leistung $P = M_T\, \Omega$ die Zuströmgeschwindigkeit

$$c_{u_2} = \frac{P}{\dot{m}\, \Omega\, R} \tag{1}$$

folgt. Aus dem gegebenen Massenstrom und mit $\vec{c} \cdot \vec{n} = c_\Omega$ ergibt sich am Laufradeintritt

$$\dot{m} = \iint_{S_2} \varrho \, \vec{c} \cdot \vec{n} \, \mathrm{d}S = \varrho \, c_{\Omega_2} \, 2\pi R h \;,$$

woraus sich die Geschwindigkeit in axialer Richtung $c_{\Omega_2}$ berechnet zu

$$c_{\Omega_2} = \frac{\dot{m}}{\varrho \, 2\pi R h} \;, \tag{2}$$

die zusammen mit (1) die gewünschte Beziehung für den Winkel $\alpha_2$

$$\tan\alpha_2 = \frac{P}{\dot{m}\,\Omega\,R} \; \frac{\varrho\,2\pi R h}{\dot{m}}$$

liefert, die sich noch wegen $\Omega/2\pi = n$ zu

$$\tan\alpha_2 = \frac{\varrho\,P\,h}{\dot{m}^2\,n}$$

vereinfacht.

b) Der Winkel $\beta_2$:

Dem Geschwindigkeitsdreieck am Laufradeintritt entnimmt man die Beziehung

$$\tan\beta_2 = \frac{w_{u_2}}{w_{\Omega_2}} = \frac{w_{u_2}}{c_{\Omega_2}} \tag{3}$$

und aus dem Geschwindigkeitsdreieck $\vec{c} = \vec{w} + \vec{u}$ die Umfangskomponente dieser Gleichung $c_u = w_u + \Omega R$. Damit läßt sich die Umfangskomponente $w_{u_2}$ der Relativgeschwindigkeit berechnen:

$$w_{u_2} = c_{u_2} - \Omega R = \frac{P}{\dot{m}\,\Omega\,R} - \Omega R \;,$$

beziehungsweise

$$w_{u_2} = \frac{P}{2\pi\,\dot{m}\,n\,R} - 2\pi n R \;. \tag{4}$$

Gleichungen (4) und (2) in Gleichung (3) eingesetzt, ergibt schließlich

$$\tan\beta_2 = \frac{P}{2\pi\,\dot{m}\,n\,R} \; \frac{\varrho\,2\pi R h}{\dot{m}} - 2\pi n R \frac{\varrho\,2\pi R h}{\dot{m}}$$

$$\Rightarrow \qquad \tan\beta_2 = \frac{\varrho\,P\,h}{\dot{m}^2\,n} - \frac{\varrho\,(2\pi R)^2\,n\,h}{\dot{m}} = \tan\alpha_2 - \frac{\varrho\,(2\pi R)^2\,n\,h}{\dot{m}}$$

c) Der Winkel $\beta_3$:

Aus dem Geschwindigkeitsdreieck am Laufradaustritt und der Bedingung $c_{u_3} = 0$ folgt unmittelbar

$$\tan\beta_3 = \frac{-w_{u_3}}{w_{\Omega_3}} = \frac{\Omega R}{c_{\Omega_3}} = 2\pi n R\,\frac{\varrho\,2\pi R h}{\dot m}\,,\quad \text{oder}$$

$$\Rightarrow \quad \tan\beta_3 = \frac{\varrho\,(2\pi R)^2\,n\,h}{\dot m}\,.$$

d) Die Leit- und Laufschaufeln:

Zum Skizzieren der Schaufeln gehen wir zum einen von einer stoßfreien Zuströmung (im Auslegungspunkt der Maschine) aus und nehmen zum anderen an, daß Abströmwinkel und Schaufelhinterkantenwinkel identisch sind. Diesen Strömungszustand erhält man theoretisch bei unendlich dicht stehenden Schaufeln.

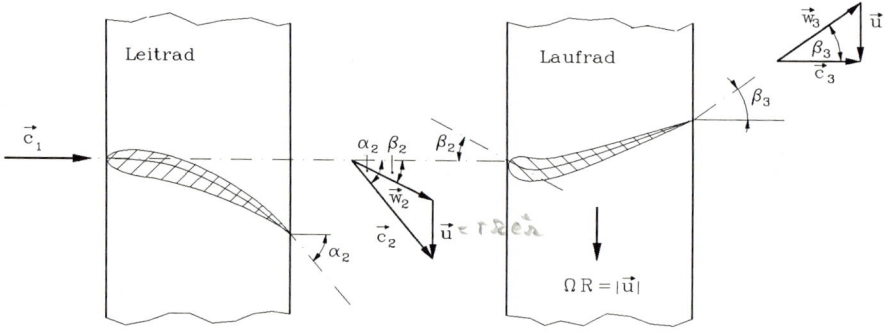

## Aufgabe 2.5-3    Kaplanturbine

Die skizzierte Turbine besteht aus einem mit dem Gehäuse verbundenen Leitrad und einem rotierenden Laufrad. Sie wird von Flüssigkeit konstanter Dichte $\varrho$ mit dem Volumenstrom $\dot V$ durchströmt.

Das Laufrad der Turbine dreht sich mit der Winkelgeschwindigkeit $\Omega$ und es wird die Leistung $P_T$ abgenommen. Die Zuströmung am Leitradeintritt [1] erfolgt rein radial ($\alpha_1 = 0$).

Die Flüssigkeit verläßt das Leitrad an der Stelle [2] mit der Geschwindigkeit $\vec c_2$ und dem Winkel $\alpha_2$ zur Radialrichtung. Die Reibungsspannungen zwischen den Stellen [2] und [3] können vernachlässigt werden.

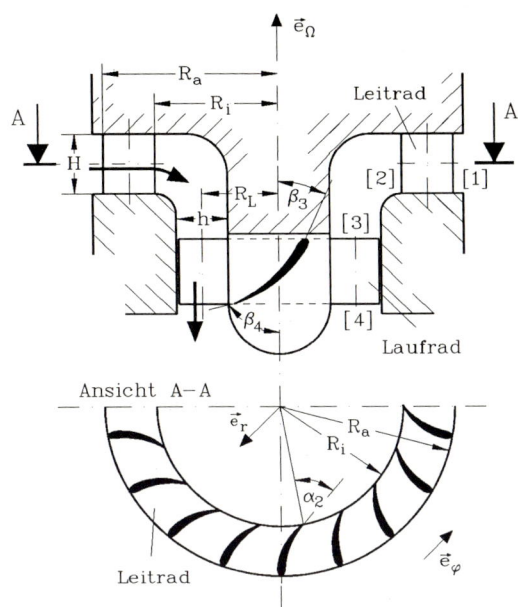

Im laufradfesten System erfolgt die Anströmung des Laufrades [3] tangential zur Schaufelvorderkante. Die Strömung am Laufradaustritt [4] ist drallfrei und im Relativsystem ebenfalls tangential zur Schaufel.

An den Ein- und Austrittsflächen des Leit- und Laufrades können die Geschwindigkeitsverteilungen als homogen angesehen werden, so daß dort die Reibungsspannungen zu vernachlässigen sind. Da die Schaufelhöhe $h$ sehr viel kleiner als der mittlere Schaufelradius $R_L$ des Laufrades ist, kann die Berechnung der Strömungsgrößen an den Stellen [3] und [4] mit dem mittleren Radius $R_L$ erfolgen.

a) 1.) Wie groß ist die Geschwindigkeit $\vec{c}_1$ am Leitradeintritt [1]?

    2.) Bestimmen Sie die Komponente $c_{r_2}$ der Geschwindigkeit $\vec{c}_2$ am Leitradaustritt [2].

b) Berechnen Sie die Komponente $c_{u_2}$ der Geschwindigkeit $\vec{c}_2$ am Leitradaustritt [2].

c) 1.) Bestimmen Sie die Umfangsgeschwindigkeit $c_{u_3}$ an der Stelle [3].

    2.) Wie groß ist die axiale Geschwindigkeitskomponente $c_{\Omega_3}$?

d) Bestimmen Sie die abgenommene Turbinenleistung $P_T$.

e) Bestimmen Sie die Schaufelwinkel $\beta_3$ und $\beta_4$ des Laufrades.

Geg.: $\dot{V}$, $\varrho$, $\Omega$, $H$, $h$, $R_i$, $R_a$, $R_L$, $\alpha_2$

**Lösung**

a) 1.) Die Geschwindigkeit $\vec{c}_1$ am Leitradeintritt:

Für die Absolutgeschwindigkeit gilt

$$\vec{c} = c_r\,\vec{e}_r + c_u\,\vec{e}_\varphi + c_\Omega\,\vec{e}_\Omega\;.$$

Da die Zuströmung rein radial ist, ist die Absolutgeschwindigkeit an der Stelle [1] gegeben durch $\vec{c}_1 = c_{r_1}\,\vec{e}_r$. Mit dem Volumenstrom $\dot{V}$

$$\dot{V} = -\iint\limits_{S_1} \vec{c}\cdot\vec{n}\;\mathrm{d}S = -\iint\limits_{S_1} c_{r_1}\;\mathrm{d}S = -2\,\pi\,R_a\,H\,c_{r_1}$$

ergibt sich

$$\vec{c}_1 = -\frac{\dot{V}}{2\pi R_a H}\,\vec{e}_r\;.$$

2.) Die radiale Komponente $c_{r_2}$:

Die Komponente $c_{r_2}$ von $\vec{c}_2$ am Leitradaustritt läßt sich mit Hilfe des Volumenstroms

$$\dot{V} = \iint\limits_{S_2} \vec{c} \cdot \vec{n} \, dS = \iint\limits_{S_2} -c_{r_2} \, dS = -2\,\pi\,R_i\,H\,c_{r_2}$$

durch die Beziehung

$$c_{r_2} = -\frac{\dot{V}}{2\pi\,R_i H}$$

ausdrücken.

b) Die Umfangskomponente $c_{u_2}$ von $\vec{c}_2$ am Leitradaustritt:

Dem Geschwindigkeitsdreieck entnimmt man

$$\tan\alpha_2 = \frac{c_{u_2}}{|c_{r_2}|}\,,$$

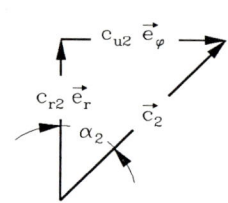

was für gegebenes $\alpha_2$ die Umfangskomponente

$$c_{u_2} = \frac{\dot{V}}{2\pi\,R_i H}\,\tan\alpha_2$$

der Absolutgeschwindigkeit $\vec{c}_2$ ergibt.

c) 1.) Die Umfangskomponente $c_{u_3}$ am Laufradeintritt:

Im Strömungskanal zwischen den Stellen [2] und [3] wird kein Moment auf die
Strömung übertragen, da keine Schaufeln vorhanden sind und Reibungsspannun-
gen zwischen [2] und [3] vernachlässigt werden. Daher gilt nach der Eulerschen
Turbinengleichung

$$0 = \dot{m}\,(r_a c_{ua} - r_e c_{ue})$$

und in den Bezeichnungen der Aufgabenskizze

$$0 = \dot{m}\,(R_L c_{u_3} - R_i c_{u_2})\,,$$

woraus sich unmittelbar die Umfangskomponente $c_{u_3}$ zu

$$c_{u_3} = \frac{R_i}{R_L}\,c_{u_2} = \frac{R_i}{R_L}\,\frac{\dot{V}}{2\,\pi\,R_i\,H}\,\tan\alpha_2 = \frac{\dot{V}}{2\,\pi\,R_L\,H}\,\tan\alpha_2$$

ergibt.

2.) Die axiale Komponente $c_{\Omega_3}$ am Laufradeintritt:

Die axiale Komponente kann aus dem Geschwindigkeitsdreieck und aus der Definition des Volumenstromes zu

$$c_{\Omega_3} = -\frac{\dot{V}}{2\,\pi\,R_L\,h}$$

angegeben werden.

d) Die abgenommene Turbinenleistung $P_T$:
Die Leistung des Laufrads ist

$$P = \vec{\Omega} \cdot \vec{M} = \Omega \dot{m} \left( r_a c_{ua} - r_e c_{ue} \right)$$

und da der Flüssigkeit Leistung entzogen wird, ist sie negativ, daher lautet die Turbinenleistung

$$P_T = -P = \Omega \dot{m} \left( r_e c_{ue} - r_a c_{ua} \right).$$

Die Abströmung ist drallfrei, somit ergibt sich mit den Bezeichnungen der Skizze

$$c_{ua} = c_{u_4} = 0, \quad r_e = R_L, \quad c_{ue} = c_{u_3}.$$

Mit diesen Beziehungen ist die Leistung gegeben als

$$P_T = \Omega \dot{m} R_L c_{u_3} = \Omega \varrho \dot{V} R_L \frac{\dot{V}}{2 \pi R_L H} \tan \alpha_2$$

$$= \varrho \Omega \frac{\dot{V}^2}{2 \pi H} \tan \alpha_2.$$

e) Der Schaufelwinkel $\beta_3$ und $\beta_4$ des Laufrades:

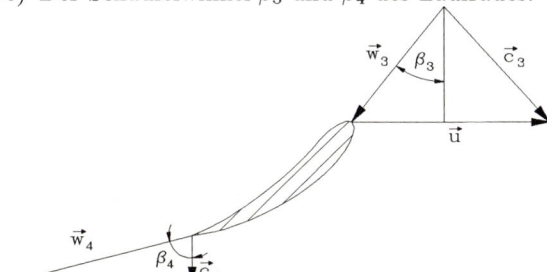

Aus dem Geschwindigkeitsdreieck liest man

$$\tan \beta_3 = \frac{|w_{u_3}|}{|w_{\Omega_3}|}$$

sowie

$$w_{\Omega_3} = c_{\Omega_3}$$

ab und mit $\vec{c}_3 = \vec{w}_3 + \vec{u}$ beziehungsweise $w_{u_3} = c_{u_3} - \Omega R_L$ folgt

$$\tan \beta_3 = \frac{|c_{u_3} - \Omega R_L|}{|c_{\Omega_3}|} = \left| \frac{\dot{V} \tan \alpha_2}{2 \pi R_L H} - \Omega R_L \right| \frac{2 \pi R_L h}{\dot{V}}$$

$$= \left| \frac{h}{H} \tan \alpha_2 - \frac{2 \pi \Omega R_L^2 h}{\dot{V}} \right|.$$

Aus der Zeichnung entnimmt man des weiteren

$$\tan \beta_4 = \frac{|\vec{u}|}{|c_{\Omega_4}|} \quad \text{mit} \quad |\vec{u}| = \Omega R_L,$$

während die Kontinuitätsgleichung $c_{\Omega_4} = c_{\Omega_3}$ liefert, so daß für den Winkel $\beta_4$ die Beziehung

$$\tan \beta_4 = \frac{2 \pi \Omega R_L^2 h}{\dot{V}}$$

entsteht.

# Aufgabe 2.5-4    Drehmomentenwandler

Die abgebildete Skizze zeigt das Prinzip
eines Drehmomentenwandlers. Der innere
Läufer wirkt als Pumpe und der äußere als
Turbine. Beide werden von dem durch die
Pumpe geförderten Ölstrom $\dot{m}$ ($\varrho$ =const)
durchsetzt und haben die Höhe $b$. Der
Drehmomentenwandler soll verlustfrei arbeiten. Durch einen (nicht dargestellten)
Leitapparat wird der die Turbine verlas-
sende Massenstrom wieder der Pumpe zugeführt.

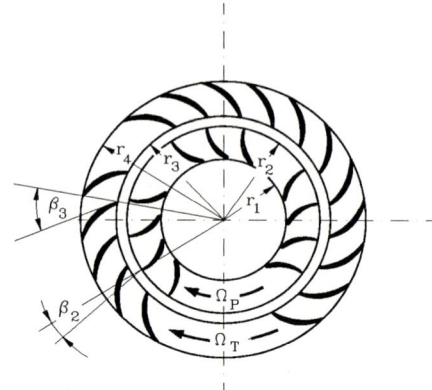

a) Wie groß ist $\dot{m}$, wenn an der Pumpe das Drehmoment $M_P$ angreift, die Zuströmung
   drallfrei erfolgt und sie mit $\Omega_P$ dreht?
b) Welchen Drall besitzt das Öl am Austritt der Turbine, wenn das Drehmoment $M_T$
   abgenommen wird?
c) Man bestimme den Schaufelwinkel $\beta_3$ so, daß das Öl stoßfrei in die Turbine eintreten
   kann.

Geg.: $r_1$, $r_2$, $r_3$, $r_4$, $\Omega_P$, $M_P$, $M_T$, $\beta_2$, $\varrho$, $b$

## Lösung

a) Bestimmung des Massenstroms
   Nach der Eulerschen Turbinengleichung gilt

$$M_P = \dot{m}\left(r_a\, c_{ua} - r_e\, c_{ue}\right),$$

mit den Bezeichnungen der Aufgabenskizze und wegen $c_{u_1} = 0$, also

$$M_P = \dot{m}\left(r_2\, c_{u_2} - 0\right). \qquad (1)$$

Dem Geschwindigkeitsdreieck am Pum-
penaustritt entnimmt man

$$c_{u_2} = w_{u_2} + u_2 \qquad (2)$$

mit

$$w_{u_2} = -w_{r_2}\tan\beta_2$$

und

$$u_2 = \Omega_P\, r_2 .$$

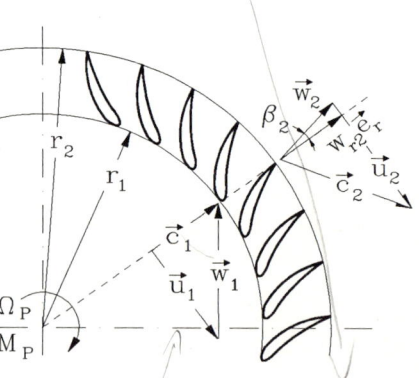

stoßfree Zuströmung

Wir ersetzen noch die Radialkomponente $w_{r_2}$ durch den Massenstrom

$$\dot{m} = \iint\limits_{S_2} \varrho\, \vec{w} \cdot \vec{n}\, \mathrm{d}S = \varrho\, w_{r_2}\, 2\,\pi\, r_2\, b$$

und erhalten mit (2)

$$c_{u_2} = -\frac{\dot{m}}{\varrho\, 2\,\pi\, r_2\, b}\, \tan\beta_2 + \Omega_P\, r_2\,,$$

so daß (1) nunmehr in der Form

$$M_P = \dot{m}\, \Omega_P\, r_2^2 - \dot{m}^2\, \frac{\tan\beta_2}{\varrho\, 2\,\pi\, b} \tag{3}$$

erscheint. Diese quadratische Gleichung für $\dot{m}$ besitzt im allgemeinen die zwei Lösungen

$$\dot{m}_{1,2} = \frac{\varrho\,\pi\, b\, \Omega_P\, r_2^2}{\tan\beta_2}\left(1 \pm \sqrt{1 - \frac{2\, M_P\, \tan\beta_2}{\varrho\,\pi\, b\, \Omega_P^2\, r_2^4}}\right)\,.$$

Welcher der beiden Massenströme sich einstellt, kann nur entschieden werden unter zusätzlicher Betrachtung der Turbinenkennlinie und der Forderung, daß die Leistung der Pumpe bei verlustfreier Strömung gleich der Leistung der Turbine sein muß:

$$M_P\, \Omega_P = |M_T|\, \Omega_T\,.$$

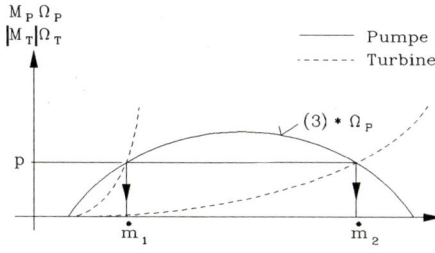

Die Verhältnisse sind in der beistehenden Skizze graphisch dargestellt. Je nach Turbinenkennlinie kann sich sowohl $\dot{m}_1$ als auch $\dot{m}_2$ einstellen.

b) Der Drall am Turbinenaustritt $r_4 c_{u_4}$
Für den schaufelfreien ringförmigen Kanal zwischen Pumpen– und Turbinenlaufrad ist $M = 0$ und daher $r\, c_u = \mathrm{const}$, d. h.

$$r_3\, c_{u_3} = r_2\, c_{u_2}\,,$$

so daß sich (1) auch in der Form

$$r_3\, c_{u3} = \frac{M_P}{\dot{m}} \tag{4}$$

schreiben läßt. Aus der Eulerschen Turbinengleichung für das Turbinenrad

$$-M_T = \dot{m}\,(r_4\, c_{u_4} - r_3\, c_{u_3})$$

folgt daher

$$-M_T = \dot{m}\, r_4\, c_{u_4} - M_P\,,$$

woraus sich die Beziehung für den gesuchten Drall ergibt:

$$r_4 \, c_{u_4} = \frac{M_P - M_T}{\dot{m}} \; .$$

Dieses Ergebnis erhält man auch direkt durch Anwendung des Drallsatzes auf ein Kontrollvolumen vom Pumpeneintritt bis zum Turbinenaustritt. Da der Pumpe die Flüssigkeit drallfrei zugeführt wird, muß am Leitapparat das Moment $M_L = \dot{m} \, (-c_{u_4} \, r_4)$ erzeugt werden, so daß

$$M_T = M_P + M_L$$

ist. Man mache sich den Unterschied zu einer „hydraulischen" Kupplung klar, bei der es keinen Leitapparat gibt und daher $M_T = M_P$ ist, aber $M_P \, \Omega_P \neq M_T \, \Omega_T$.

c) Der Schaufelwinkel $\beta_3$

Der Zeichnung entnimmt man

$$\tan \beta_3 = \frac{-w_{u_3}}{w_{r_3}}$$

und dem Ausdruck für den Massenstrom,

$$w_{r_3} = \frac{\dot{m}}{2 \, \pi \, r_3 \, b \, \varrho} \; .$$

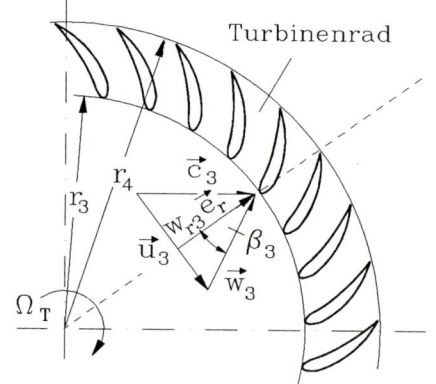

Aus $\vec{c}_3 = \vec{w}_3 + \vec{u}_3$ bzw. $c_{u3} = w_{u3} + u_3$ erhalten wir die Umfangskomponente der Relativgeschwindigkeit

$$w_{u_3} = c_{u_3} - \Omega_T r_3 \; ,$$

in der wir noch $c_{u_3}$ mit (4) ersetzen:

$$w_{u_3} = \frac{M_P}{r_3 \, \dot{m}} - \Omega_T \, r_3 \; .$$

Daraus läßt sich der Schaufelwinkel berechnen:

$$\tan \beta_3 = \frac{\Omega_T \, r_3 - \frac{M_P}{r_3 \, \dot{m}}}{\dot{m}/(2 \, \pi \, r_3 \, b \, \varrho)} = \frac{\Omega_T \, r_3^2 \, \varrho \, 2 \, \pi \, b}{\dot{m}} - \frac{M_P \, \varrho \, 2 \, \pi \, b}{\dot{m}^2} \; .$$

## Aufgabe 2.5-5   Axialschubausgleich

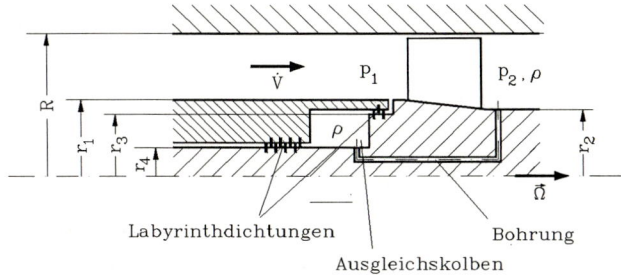

Labyrinthdichtungen    Bohrung

Ausgleichskolben

Um den Axialschub der Welle bei der skizzierten Axialpumpe auszugleichen, befindet sich auf der Saugseite der Pumpe ein Ausgleichskolben in einer Kammer, die mit der Druckseite der Pumpe durch eine Bohrung verbunden ist. Die Strömungsgrößen sind konstant über den Querschnitt des ringförmigen Kanals, durch die Labyrinthdichtungen strömt keine Flüssigkeit.

Wie groß muß der Außenradius $r_3$ des Ausgleichkolbens gewählt werden, um bei bekannten Drücken $p_1$ und $p_2$ sowie bekanntem Volumenstrom $\dot{V}$ den Axialschub der Welle zu kompensieren?

## Lösung

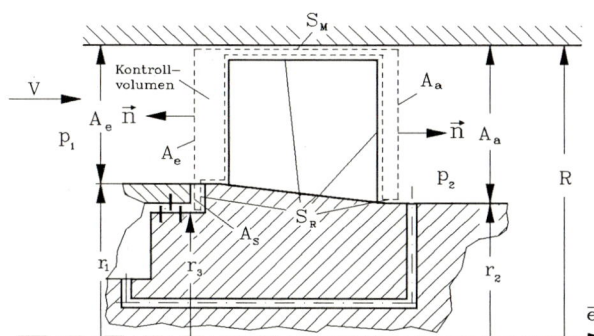

Wir berechnen zunächst den Axialschub, den die Flüssigkeit auf den Läufer ohne Ausgleichskolben ausübt. Die Formel für den Axialschub eines Rotors lautet (S. L. (2.108))

$$\iint\limits_{A_e,A_a} \varrho\, \vec{e}_\Omega \cdot \vec{c}\,(\vec{w}\cdot\vec{n})\,\mathrm{d}S = \iint\limits_{A_e,A_a,A_S} -p\,\vec{e}_\Omega\cdot\vec{n}\,\mathrm{d}S + F_a\,, \qquad (1)$$

wobei $F_a$ die Kraft von der Wand auf die Flüssigkeit bedeutet. Im Unterschied zu dem in (S. L. (2.108)) betrachteten Rotor gehört in diesem Falle jedoch die äußere Mantelfläche $S_M$ nicht zum Rotor, sondern ist ein Teil des Gehäuses, d. h.

$$F_a = \iint\limits_{S_R,S_M} \vec{e}_\Omega \cdot \vec{t}\,\mathrm{d}S$$

ist die insgesamt über $S_R$ und $S_M$ auf die Flüssigkeit übertragene Kraft. $F_a$ und der gesuchte Axialschub unterscheiden sich also um den Term

$$\iint\limits_{S_M} \vec{e}_\Omega \cdot \vec{t}\,\mathrm{d}S\,.$$

Die Komponente des Spannungsvektors in Achsrichtung $\vec{e}_\Omega$ ist

$$\vec{e}_\Omega \cdot \vec{t} = t_\Omega = \tau_{r\Omega}\, n_r + \tau_{\varphi\Omega}\, n_\varphi + \tau_{\Omega\Omega}\, n_\Omega$$

und da an $S_M$ $\vec{n} = \vec{e}_r$ ist, folgt

$$\vec{e}_\Omega \cdot \vec{t} = \tau_{r\Omega}$$

und damit das Integral der Wandschubspannungen über diese Mantelfläche zu

$$\iint\limits_{S_M} \vec{e}_\Omega \cdot \vec{t}\, \mathrm{d}S = \iint\limits_{S_M} \tau_{r\Omega}\, \mathrm{d}S \;.$$

Dieses Integral wird jedoch meist gegenüber den in (1) enthaltenen (viel größeren) Druckintegralen vernachlässigt, so daß in dem vorliegenden Fall (Gehäusefläche ist eine Zylinderfläche) $F_a$ bereits der gesuchte Axialschub ist. (1) liefert also

$$\iint\limits_{A_e} \varrho\, \vec{e}_\Omega \cdot \vec{c}\,(\vec{w}\cdot\vec{n})\, \mathrm{d}S + \iint\limits_{A_a} \varrho\, \vec{e}_\Omega \cdot \vec{c}\,(\vec{w}\cdot\vec{n})\, \mathrm{d}S \;=\;$$

$$\iint\limits_{A_e,A_S} -p\, \vec{e}_\Omega \cdot \vec{n}\, \mathrm{d}S + \iint\limits_{A_a} -p\, \vec{e}_\Omega \cdot \vec{n}\, \mathrm{d}S + F_a$$

und weiter

$$\varrho\, c_e \iint\limits_{A_e} \vec{w}\cdot\vec{n}\, \mathrm{d}S + \varrho\, c_a \iint\limits_{A_a} \vec{w}\cdot\vec{n}\, \mathrm{d}S = p_1\,(A_e + A_S) - p_2\, A_a + F_a \;.$$

Die Komponenten der Ein– und Austrittsgeschwindigkeit in Achsrichtung drücken wir durch den Volumenstrom aus

$$c_e = \frac{\dot{V}}{\pi\,(R^2 - r_1^2)}\;, \qquad c_a = \frac{\dot{V}}{\pi\,(R^2 - r_2^2)}$$

und erhalten nach Vorzeichenumkehr von $F_a$, die Kraft auf den Rotor

$$F_{a\to\text{Rotor}} = \frac{\varrho\, \dot{V}^2}{\pi} \left( \frac{1}{R^2 - r_1^2} - \frac{1}{R^2 - r_2^2} \right) + p_1\, \pi\,(R^2 - r_3^2) - p_2\, \pi\,(R^2 - r_2^2) \;.$$

Diese Kraft soll nun durch die Kraft kompensiert werden, die der Ausgleichskolben auf den Rotor ausübt. Da sowohl in der Bohrung als auch im Kolben die Strömungsgeschwindigkeit null ist, finden wir überall konstanten Druck $p_2$ vor. Die einzige Komponente der Kolbenkraft ist

$$F_K = \vec{F}_K \cdot \vec{e}_\Omega = -\iint\limits_{A_K} p\, \vec{e}_\Omega \cdot \vec{n}\, \mathrm{d}S$$

oder

$$F_K = \pi\,(r_3^2 - r_4^2)\, p_2 \;.$$

Die Forderung $F_K = F_{a\to\text{Rotor}}$ ergibt die Bestimmungsgleichung für den Radius $r_3$:

$$r_3^2 = \frac{\varrho\, \dot{V}^2}{\pi^2(p_1 + p_2)} \left( \frac{1}{R^2 - r_1^2} - \frac{1}{R^2 - r_2^2} \right) + \frac{p_1}{p_1 + p_2}\, R^2 - \frac{p_2}{p_1 + p_2}(R^2 - r_2^2 - r_4^2) \;.$$

## 2.6   Bilanz der Energie

### Aufgabe 2.6-1   Zylinder mit Wärmefluß

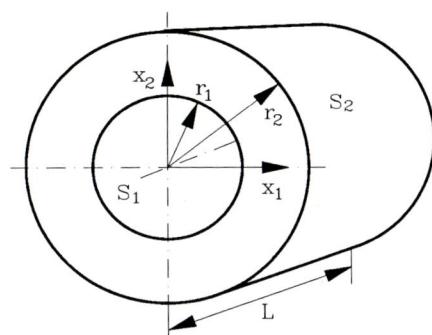

Gegeben ist das ebene Geschwindigkeitsfeld einer stationären reibungsbehafteten Strömung

$$u_1 = \frac{-a\,x_2}{r^2}\,,$$

$$u_2 = \frac{a\,x_1}{r^2}$$

mit $r^2 = x_1^2 + x_2^2$. Die Änderung der inneren Energie $DE/Dt$ ist null. Volumenkräfte können vernachlässigt werden.

a) Wie groß ist die Änderung der kinetischen Energie der Flüssigkeit in einem durch zwei konzentrische Kreiszylinder der Länge $L$ abgegrenzten Volumen (siehe Skizze). Hinweis:

$$\frac{DK}{Dt} = \frac{D}{Dt} \iiint\limits_{(V(t))} \varrho\,\frac{\vec{u}^2}{2}\,dV = \iiint\limits_{(V)} \frac{\varrho}{2}\,\frac{D\vec{u}^2}{Dt}\,dV\,.$$

b) Berechnen Sie die durch die Zylinderflächen $r = r_1$ und $r = r_2$ zugeführte Wärme, wenn der Wärmestromvektor durch

$$q_1 = -2\,\eta\,a^2\,\frac{x_1}{r^4}\,,\qquad q_2 = -2\,\eta\,a^2\,\frac{x_2}{r^4}$$

gegeben ist.

c) Berechnen Sie die von den Oberflächenkräften an der abgegrenzten Flüssigkeit geleistete Arbeit pro Zeiteinheit ohne direkte Integration des Ausdrucks

$$\iint\limits_{(S)} \vec{u}\cdot\vec{t}\,dS\,.$$

Hinweis: Benutzen Sie die Energiegleichung (S. L.(2.113)).

Geg.: $r_1$, $r_2$, $L$, $a$, $\eta$, $\varrho$

**Lösung**

a) Für die Änderung der kinetischen Energie

$$\frac{DK}{Dt} = \iiint\limits_{(V)} \frac{\varrho}{2}\,\frac{D\vec{u}^2}{Dt}\,dV$$

benötigen wir das Quadrat der Geschwindigkeit

$$\vec{u}^2 = \frac{a^2 x_2^2}{r^4} + \frac{a^2 x_1^2}{r^4} = \frac{a^2}{r^2} \; .$$

Die materielle Ableitung der kinetischen Energie verschwindet:

$$\frac{\mathrm{D}}{\mathrm{D}t}\left(\frac{\vec{u}^2}{2}\right) \;=\; \frac{1}{2}\left(u_1 \frac{\partial \vec{u}^2}{\partial x_1} + u_2 \frac{\partial \vec{u}^2}{\partial x_2}\right)$$

$$=\; \frac{1}{2}\left(-\frac{a\,x_2}{r^2}\left(-\frac{2\,a^2}{r^3}\right)\frac{x_1}{r} + \frac{a\,x_1}{r^2}\left(-\frac{2\,a^2}{r^3}\right)\frac{x_2}{r}\right) = 0$$

und man erhält:

$$\frac{\mathrm{D}K}{\mathrm{D}t} = 0 \; .$$

b) Die zugeführte Wärme $\dot{Q}$

$$\dot{Q} = -\iint\limits_{(S)} \vec{q}\cdot\vec{n}\,\mathrm{d}S$$

berechnet sich mit dem vorgegebenen Wärmestromvektor

$$\vec{q} = -2\,\eta\,a^2\left(\frac{x_1}{r^4}\,\vec{e}_1 + \frac{x_2}{r^4}\,\vec{e}_2\right)$$

und dem Einheitsnormalenvektor auf den Mantelflächen

$$\vec{n} = \pm\left(\frac{x_1}{r}\,\vec{e}_1 + \frac{x_2}{r}\,\vec{e}_2\right) \; ,$$

für die innere Mantelfläche ($r = r_1$) zu

$$\dot{Q}_1 \;=\; -\iint\limits_{(S_1)} \frac{2\,\eta\,a^2}{r^3}\,r\,\mathrm{d}\varphi\,\mathrm{d}x_3 = -\frac{2\,\eta\,a^2}{r_1^3}\,2\,\pi\,r_1\,L \; ,$$

$$\dot{Q}_1 \;=\; -\frac{4\,\eta\,a^2\,\pi}{r_1^2}\,L \; .$$

Am äußeren Zylinder ist der Normalenvektor antiparallel zum Normalenvektor der Innenfläche, so daß sich der Wärmestrom auf der Fläche $S_2$ zu

$$\dot{Q}_2 = \frac{4\,\eta\,a^2\,\pi}{r_2^2}\,L \; ,$$

und damit der gesamte Wärmestrom zu

$$\dot{Q} = 4\,\eta\,a^2\,\pi\,L\left(\frac{1}{r_2^2} - \frac{1}{r_1^2}\right)$$

ergibt.

c) Die Energiebilanz (S. L. (2.113))

$$\frac{D}{Dt}(K + E) = P + \dot{Q}$$

reduziert sich auf

$$P = -\dot{Q} \,,$$

da nach Voraussetzung $DE/Dt = 0$ und, wie gezeigt, $DK/Dt = 0$ ist. Die Leistung der Oberflächenkräfte ist daher

$$\iint\limits_{(S)} \vec{u} \cdot \vec{t} \, dS = \iint\limits_{(S)} \vec{q} \cdot \vec{n} \, dS = -4 \, \eta \, a^2 \, \pi \, L \left( \frac{1}{r_2^2} - \frac{1}{r_1^2} \right) \,.$$

## Aufgabe 2.6-2    Energiebilanz bei einer Axialturbinenstufe

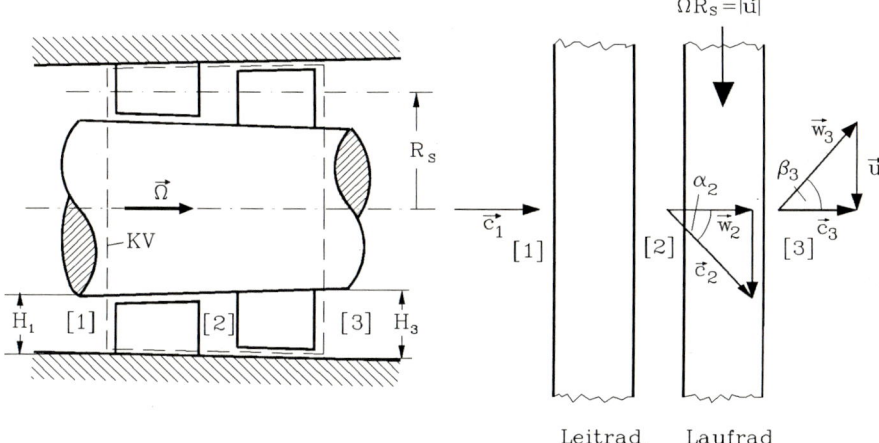

Leitrad    Laufrad

Eine Stufe einer Axialturbine besteht aus einem gehäusefesten Leitrad und einem mit der Winkelgeschwindigkeit $\vec{\Omega} = \Omega \, \vec{e}_\Omega$ rotierenden Laufrad. Die Turbine wird von Luft (ideales Gas $R$, $\gamma$) durchströmt. Die Eintrittsgeschwindigkeit $\vec{c}_1$ an der Stelle [1] ist rein axial $\vec{c}_1 = c_{ax}\vec{e}_\Omega$. An der Stelle [3] tritt Luft ebenfalls rein axial wieder aus $\vec{c}_3 = c_{ax}\vec{e}_\Omega$. Für sehr kleine Schaufelhöhen $H_1$, $H_3$ gegenüber dem mittleren Schaufelradius $R_S$ lassen sich die Schaufeln über dem Umfang abwickeln. Die Strömungsgrößen können über dem Ein– und Austrittsquerschnitt als konstant angesehen und Volumenkräfte können vernachlässigt werden.

a) Der Abströmwinkel am Leitradaustritt $\alpha_2$ ist gegeben. Bestimmen Sie die Winkelgeschwindigkeit $\Omega$ des Laufrads, wenn das Laufrad rein axial angeströmt wird ($\vec{w}_2 = c_{ax}\vec{e}_\Omega$). Wie groß ist die Umfangskomponente $c_{u3}$ am Laufradaustritt?

b) Berechnen Sie den Abströmwinkel $\beta_3$ am Laufradaustritt. Skizzieren Sie qualitativ
   die Schaufeln im Leitrad und Laufrad, für den Fall, daß die Zuströmung jeweils
   tangential zur Schaufelvorderkante ist („stoßfreie Zuströmung").

c) Wie groß ist der Massenstrom $\dot{m}$?

d) Berechnen Sie die Leistung der Turbine mit Hilfe der Eulerschen Turbinengleichung.

e) Bestimmen Sie aus der Energiegleichung in Integralform für das eingezeichnete Kontrollvolumen (KV) die Temperatur $T_3$ am Laufradaustritt, wenn keine Wärme zugeführt wird.

f) Berechnen Sie die Dichte $\varrho_3$ und die Höhe $H_3$ am Laufradaustritt.

Geg.: $R$, $\gamma$, $R_S$, $H_1$, $c_{ax}$, $p_1$, $T_1$, $p_3$, $\alpha_2$

## Lösung

a) Die Winkelgeschwindigkeit des Laufrades ermitteln wir aus dem
   Geschwindigkeitsdreieck am Laufradeintritt:

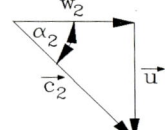

$$\tan \alpha_2 = \frac{|\vec{u}|}{|\vec{w}_2|} \tag{1}$$

mit $\vec{w}_2 = c_{ax_2}\,\vec{e}_\Omega = c_{ax}\,\vec{e}_\Omega$ und $|\vec{u}| = \Omega\,R_S$ erhalten wir aus (1)

$$\Omega = \frac{c_{ax}}{R_S}\,\tan \alpha_2 \,. \tag{2}$$

An der Stelle [3] verläßt die Strömung die Turbinenstufe wieder rein axial $\vec{c}_3 = c_{ax}\,\vec{e}_\Omega$,
d. h. $c_{u_3} = 0$.

b) Den Abströmwinkel $\beta_3$ erhalten wir aus dem Geschwindigkeitsdreieck am Laufradaustritt:

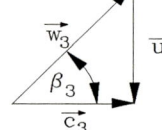

$$\tan \beta_3 = \frac{|\vec{u}|}{|\vec{c}_3|} = \frac{\Omega\,R_S}{c_{ax}} \,.$$

Mit (2) folgt hieraus $\beta_3 = \alpha_2$.

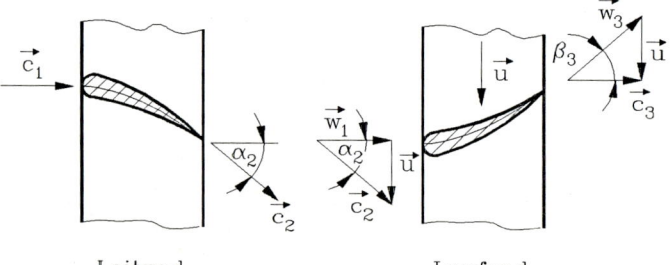

Leitrad                          Laufrad

c) Der Massenstrom $\dot{m}$ durch die Stufe:
   Wir bezeichnen den Strömungsquerschnitt am Eintritt des Leitrades (Stelle [1]) mit
   $S_1$ (der Normalenvektor dieser Fläche ist $\vec{n} = -\vec{e}_\Omega$, die Strömungsgrößen sind über
   $S_1$ konstant) und erhalten

$$\dot{m} = -\iint\limits_{(S_1)} \varrho\,\vec{c}\cdot\vec{n}\,\mathrm{d}S = \varrho_1\,c_{ax}\,2\pi\,R_S\,H_1 \,.$$

Mit der Zustandsgleichung für thermisch ideales Gas folgt dann

$$\dot{m} = \frac{p_1}{R\,T_1}\,c_{ax}\,2\pi\,R_S\,H_1\;.\tag{3}$$

d) Leistung der Turbinenstufe:
Da sich nur die Laufräder der Turbine bewegen, kann die Flüssigkeit nur an ihnen Arbeit verrichten. Die Eulersche Turbinengleichung lautet für das Laufrad zwischen den Stellen [2] und [3]

$$M = \dot{m}\,(r_3\,c_{u3} - r_2\,c_{u2})\;.\tag{4}$$

Die Abströmung vom Laufrad ist rein axial $c_{u3} = 0$, mit $r_2 = R_S$ gilt

$$M = -\dot{m}\,R_S\,c_{u2}\;.$$

Dieses Moment wirkt vom Laufrad auf die Flüssigkeit:

$$\vec{M} = -\dot{m}\,R_S\,c_{u2}\,\vec{e}_\Omega\;.$$

Die vom Moment pro Zeiteinheit geleistete Arbeit ist

$$P = \vec{M}\cdot\vec{\Omega} = -\dot{m}\,R_S\,c_{u2}\,\Omega\,\vec{e}_\Omega\cdot\vec{e}_\Omega\;,$$

$$\text{d. h.}\quad P = -\dot{m}\,R_S\,c_{u2}\,\Omega\;.\tag{5}$$

Die Vektoren $\vec{M}$ und $\vec{\Omega}$ bilden einen stumpfen Winkel (180°), die Leistung $P$ ist negativ und wird daher von der Flüssigkeit dem Laufrad zugeführt (Turbokraftmaschine). Mit den Gleichungen (2) und (3) entsteht aus (5)

$$P = -\frac{p_1}{R\,T_1}\,c_{ax}^3\,2\pi\,R_S\,H_1\,\tan^2\alpha_2\;.\tag{6}$$

e) Die Temperatur $T_3$ am Laufradaustritt:
Der Flüssigkeit wird keine Wärme zu– oder abgeführt, Volumenkräfte können vernachlässigt werden; die Energiegleichung in Integralform (S. L. (2.114)) lautet in diesem Fall

$$\frac{\mathrm{D}}{\mathrm{D}t}\iiint\limits_{(V(t))}\left[\frac{c_i\,c_i}{2} + e\right]\varrho\,\mathrm{d}V = \iint\limits_{(S)} c_i\,t_i\,\mathrm{d}S\;.\tag{7}$$

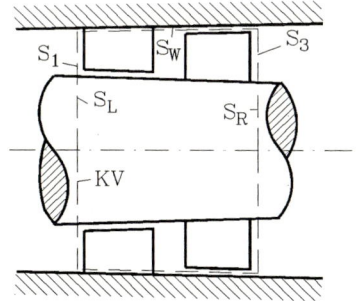

Wir verwenden das skizzierte raumfeste Kontrollvolumen und erhalten mit dem Reynoldsschen Transporttheorem (S. L. (1.96)) die Form

$$\frac{\partial}{\partial t}\iiint\limits_{(V)}\left[\frac{c_i\,c_i}{2} + e\right]\varrho\,\mathrm{d}V$$

$$+ \iint\limits_{(S)}\left[\frac{c_i\,c_i}{2} + e\right]\varrho\,(c_j\,n_j)\,\mathrm{d}S$$

$$= \iint\limits_{(S)} c_i\,t_i\,\mathrm{d}S\;.\tag{8}$$

Im Integrationsbereich $(V)$ ist die Energie bei konstanter Drehgeschwindigkeit $\vec{\Omega}$ zeitlich konstant, es gilt

$$\frac{\partial}{\partial t} \iiint\limits_{(V)} \left[ \frac{c_i\, c_i}{2} + e \right] \varrho \, \mathrm{d}V = 0 \ .$$

Auf den Flächen $S_L$, $S_R$ ist $c_j\, n_j = 0$, auf $S_W$ $c_j = 0$ und es entsteht

$$\iint\limits_{S_1} \left[ \frac{c_i\, c_i}{2} + e \right] \varrho\, (c_j\, n_j)\, \mathrm{d}S + \iint\limits_{S_3} \left[ \frac{c_i\, c_i}{2} + e \right] \varrho\, (c_j\, n_j)\, \mathrm{d}S$$

$$= \iint\limits_{S_1} c_i\, t_i \, \mathrm{d}S + \iint\limits_{S_3} c_i\, t_i \, \mathrm{d}S + \iint\limits_{S_L} c_i\, t_i \, \mathrm{d}S + \iint\limits_{S_R} c_i\, t_i \, \mathrm{d}S \ . \tag{9}$$

Die Summe der beiden letzten Integrale auf der rechten Seite ist die dem Rotor zugeführte Leistung $P$ aus d). Auf den Flächen $S_1$, $S_3$ sind die Strömungsgrößen konstant und wir erhalten mit $\vec{t} = -p\, \vec{n}$, $e = c_v\, T$ durch Auswertung der Integrale in (9):

$$\dot{m} \left( c_v\, T_3 + \frac{p_3}{\varrho_3} - \left( c_v\, T_1 + \frac{p_1}{\varrho_1} \right) \right) = P$$

oder mit $h = e + p/\varrho$

$$\dot{m}(h_3 - h_1) = P \ . \tag{10}$$

Dann folgt aus der kalorischen Zustandsgleichung $h = c_p\, T$ auch

$$T_3 = \frac{P}{\dot{m}\, c_p} + T_1 \ . \tag{11}$$

f) Mit Gleichung (11) ist die Dichte $\varrho_3$ am Laufradaustritt durch $\varrho_3 = p_3/(R\, T_3)$ gegeben. Mit der Kontinuitätsgleichung zeigt man

$$\varrho_1\, c_{ax}\, 2\pi\, R_S\, H_1 = \varrho_3\, c_{ax}\, 2\pi\, R_S\, H_3$$

und erhält $H_3 = (\varrho_1/\varrho_3)\, H_1$ .

# 3 Materialgleichungen

## Aufgabe 3-1  Geschwindigkeit eines Floßes

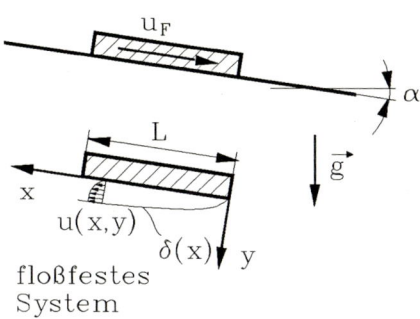

u_F

L

x

u(x,y)

$\delta(x)$  y

α

$\vec{g}$

floßfestes
System

Ein leichtes Floß (Länge $L$, Breite $b$, Masse $m$) schwimmt mit konstanter Geschwindigkeit $u_F$ einen Fluß hinunter, da die Komponente der Schwerkraft in Bewegungsrichtung gleich der Reibungskraft $F_x$ an der Unterseite des Floßes ist und die Strömungsgeschwindigkeit $U_\infty$ des Wassers ($\eta$, $\varrho$) fernab vom Floß ebenfalls konstant ist. Die freie Oberfläche des Flusses sei um den Winkel $\alpha$ zur Horizontalen geneigt.

Das Grenzschichtprofil an der Floßunterseite sei:

$$u(x,y) \;=\; \Delta u \left[ 2\,\frac{y}{\delta(x)} - \left(\frac{y}{\delta(x)}\right)^2 \right] \qquad \text{für}\quad 0 \le y \le \delta(x)$$

$$\text{mit}\qquad \delta(x) \;=\; \sqrt{30\,\frac{x\,\eta}{\varrho\,\Delta u}}\,, \qquad \Delta u = u_F - U_\infty\,.$$

a) Berechnen Sie die Reibungskraft $F_x$ an der Unterseite des Floßes (zweckmäßigerweise durch direkte Integration der Schubspannung an der Floßunterseite).

b) Wie groß ist die Geschwindigkeit $u_F$ des Floßes?

Anmerkung: Das Floß erreicht eine höhere Geschwindigkeit als das von ihm verdrängte Wasser, obwohl die treibende Kraft $m\,g\,\sin\alpha$ dieselbe ist. Im Wasser fände turbulente Dissipation statt, deren Leistung dem Floß zur Überwindung des Reibungswiderstandes zur Verfügung steht.

Geg.: $L$, $b$, $m$, $\eta$, $\varrho$, $g$, $\alpha$, $U_\infty$

**Lösung**

a) Reibungskraft $F_x$:

Eine Integration über die Schubspannung an der Floßunterseite liefert:

$$F_{x \to \text{Flüssigk.}} = \iint\limits_{A_F} \tau_{yx}\, n_y \, \mathrm{d}S \;,$$

wobei die Komponente des Spannungstensors bei Newtonschen Flüssigkeiten

$$\tau_{yx} = \tau_{xy} = 2\,\eta\, e_{xy} = 2\,\eta\, \frac{1}{2}\left(\frac{\partial u}{\partial y} + \frac{\partial v}{\partial x}\right)$$

lautet. Angewandt auf das vorliegende Problem

$$\frac{\partial v}{\partial x} = 0 \;, \qquad \frac{\partial u}{\partial y} = \Delta u \left(\frac{2}{\delta(x)} - \frac{2\,y}{\delta(x)^2}\right)$$

erhalten wir für $y = 0$

$$\tau_{yx} = 2\,\eta\,\Delta u\, \frac{1}{\delta(x)} \;.$$

Die gesuchte Reibungskraft berechnen wir nun mit $n_y = -1$ zu

$$F_x \;=\; -F_{x \to \text{Flüssigk.}} = 2\,\eta\,\Delta u\, b \int\limits_0^L \frac{\mathrm{d}x}{\delta(x)}$$

$$=\; 2\,\eta\,\Delta u\, b \int\limits_0^L \left(30\,\frac{x\,\eta}{\varrho\,\Delta u}\right)^{-1/2} \mathrm{d}x$$

$$=\; \frac{4}{\sqrt{30}}\,\eta\,\Delta u\, b\, \sqrt{\mathrm{Re}_L} \;. \qquad (\text{mit } \mathrm{Re}_L = \frac{\Delta u\, L\, \varrho}{\eta})$$

b) Floßgeschwindigkeit $u_F$

Die am Floß angreifenden Kräfte befinden sich im Gleichgewicht, weil sich das Floß mit konstanter Geschwindigkeit bewegt:

$$F_x\, \vec{e}_x - m\, g \sin\alpha\, \vec{e}_x = 0 \;.$$

Mit dem Ergebnis aus Teil a) ergibt sich

$$m\, g \sin\alpha \;=\; 4\,\Delta u^{3/2}\, b\, \sqrt{\frac{L\,\eta\,\varrho}{30}}$$

$$\Rightarrow \qquad u_F \;=\; U_\infty + \left(\frac{m\, g \sin\alpha}{4\, b}\, \sqrt{\frac{30}{L\,\eta\,\varrho}}\right)^{2/3} \;.$$

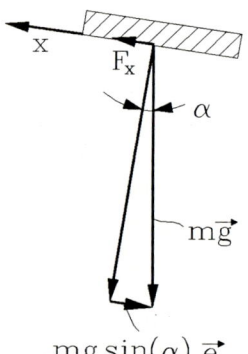

$$\mathrm{mg} \sin(\alpha)\, \vec{e}_x$$

# Aufgabe 3-2    Energiebilanz bei einem Gleitlager

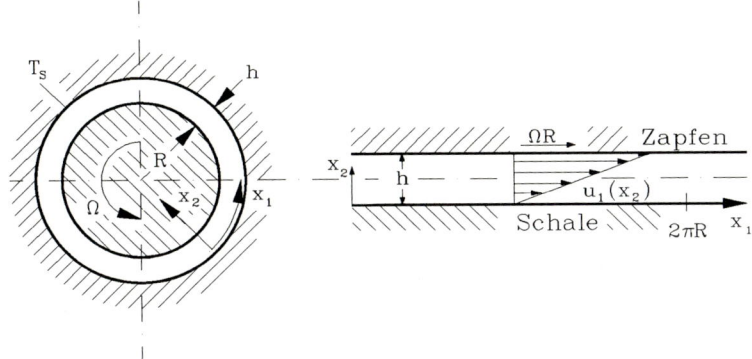

Für $h/R \ll 1$ kann der Lagerspalt des oben dargestellten, mit Newtonscher Flüssigkeit gefüllten, unbelasteten Gleitlagers abgewickelt werden, so daß die Strömung im kartesischen Koordinatensystem $x_1, x_2$ behandelt werden kann, in dem die Geschwindigkeitsverteilung durch

$$u_1(x_2) = \Omega\,R\,\frac{x_2}{h}\,, \qquad u_2 = u_3 = 0$$

gegeben ist. Die Strömung ist stationär, eben und von $x_1$ unabhängig. Die Stoffwerte $\varrho$, $\eta$ und $\lambda$ sind konstant, Volumenkräfte sind zu vernachlässigen, alle Größen sind auf die Tiefeneinheit bezogen.

a) Welches Moment $M_A$ muß bei stationärem Betrieb auf den Lagerzapfen wirken, welche Antriebsleistung $P_A$ ist notwendig?

b) Berechnen Sie die Dissipationsfunktion $\Phi$ für die angegebene Geschwindigkeitsverteilung!

c) Ermitteln Sie die im Lagerspalt dissipierte Energie $P_V$ durch Integration der Dissipationsfunktion über das Spaltvolumen! Vergleichen Sie dieses Ergebnis mit der Antriebsleistung $P_A$!

d) Welcher Wärmestrom $\dot{Q}_{ab}$ muß der Flüssigkeit im stationären Betrieb entzogen werden?

e) Wie groß muß der Temperaturgradient an der Lagerschale ($x_2 = 0$) sein, wenn der gesamte Wärmestrom $\dot{Q}_{ab}$ über die Lagerschale abfließt?

f) Bestimmen Sie die Temperaturverteilung $T(x_2)$ im Spalt, wenn die Lagerschale auf konstanter Temperatur $T_S$ gehalten wird!

Geg.: $\varrho$, $\eta$, $\lambda$, $R$, $h$, $\Omega$, $T_S$

## Lösung

a) Antriebsmoment und Antriebsleistung:

Das Antriebsmoment ist

$$M_A = \iint\limits_{S_z} \tau_w\,R\,\mathrm{d}S\,.$$

Mit der Wandschubspannung

$$\tau_w = \eta \left. \frac{\partial u_1}{\partial x_2} \right|_{x_2=h} = \eta \frac{\Omega R}{h}$$

erhält man die Form

$$M_A = \int_{\varphi=0}^{2\pi} \eta \frac{\Omega R}{h} R R \, \mathrm{d}\varphi = 2\pi \eta \frac{\Omega R^3}{h}$$

für das Moment pro Tiefeneinheit, woraus die Beziehung folgt

$$P_A = M_A \Omega = 2\pi \eta \frac{\Omega^2 R^3}{h} \ .$$

b) Die Dissipationsfunktion $\Phi$:

Die Dissipationsfunktion für Newtonsche Flüssigkeiten ist definiert als ((S. L. (3.6a))

$$\Phi = \lambda^* e_{kk} e_{ii} + 2\eta\, e_{ij}\, e_{ij}$$

und stellt die pro Volumen und Zeiteinheit dissipierte Energie dar. Aus

$$\frac{\mathrm{D}\varrho}{\mathrm{D}t} = 0 \qquad \text{folgt} \qquad e_{kk} = e_{ii} = 0 \ .$$

Die einzigen nichtverschwindenden Komponenten des Deformationsgeschwindigkeitstensors

$$e_{ij} = \frac{1}{2}\left( \frac{\partial u_i}{\partial x_j} + \frac{\partial u_j}{\partial x_i} \right)$$

sind

$$e_{21} = e_{12} = \frac{1}{2} \frac{\Omega R}{h} \ .$$

Somit ergibt sich

$$\Phi = 2\eta\,(e_{12}e_{12} + e_{21}e_{21}) = \eta \left( \frac{\Omega R}{h} \right)^2 \ .$$

c) Die dissipierte Energie $P_V$:

Die dissipierte Energie pro Zeiteinheit wird aus der Integration von $\Phi$ über das Volumen pro Tiefeneinheit $V_s = 2\pi R h$ gewonnen:

$$P_V = \iint_{V_S} \Phi \, \mathrm{d}V = \iint_{V_S} \eta \frac{\Omega^2 R^2}{h^2} \, \mathrm{d}V = \eta \frac{\Omega^2 R^2}{h^2} \iint_{V_S} \mathrm{d}V$$

oder

$$P_V = 2\pi \eta \frac{\Omega^2 R^3}{h}$$

$$\Rightarrow \qquad P_V = P_A \ !$$

d) Der Wärmestrom $\dot{Q}_{ab}$:

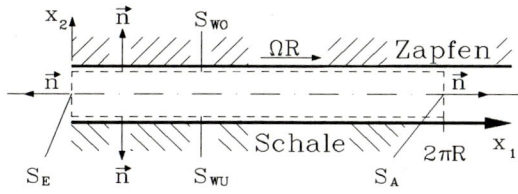

Die stationäre Strömung ist durch die Gleichungen $u_1 = u_1(x_2)$, $u_2 = u_3 = 0$ und $\partial/\partial x_1 = 0$ beschrieben. Aus der Energiegleichung (S. L. (2.113))

$$\iiint\limits_{(V(t))} \varrho \frac{\mathrm{D}}{\mathrm{D}t}\left(\frac{u_i\,u_i}{2} + e\right)\,\mathrm{d}V = -\dot{Q}_{ab} + P_A$$

ergibt sich somit $\dot{Q}_{ab} = P_A$, da nicht nur die lokale sondern auch die konvektive Änderung von $(u_i\,u_i/2 + e)$ verschwindet. Mit dem Ergebnis aus Aufgabenteil a) erhält man den Wärmestrom zu

$$\dot{Q}_{ab} = 2\,\pi\,\eta\,\frac{\Omega^2\,R^3}{h}\ .$$

e) Der Temperaturgradient an der Lagerschale ($x_2 = 0$):
Für den abgeführten Wärmestrom gilt unter Hinzunahme des Fourierschen Wärmeleitungsgesetzes (S. L. (3.8))

$$\dot{Q}_{ab} = \iint\limits_{(S)} q_i\,n_i\,\mathrm{d}S = \iint\limits_{(S)} -\lambda\,\frac{\partial T}{\partial x_i}\,n_i\,\mathrm{d}S\ .$$

Bei Anwendung auf das Kontrollvolumen aus Aufgabenteil d) erhalten wir:

$$\dot{Q}_{ab} = \iint\limits_{S_E + S_A} -\lambda\,\frac{\partial T}{\partial x_i}\,n_i\,\mathrm{d}S + \iint\limits_{S_{Wo}} -\lambda\,\frac{\partial T}{\partial x_i}\,n_i\,\mathrm{d}S + \iint\limits_{S_{Wu}} -\lambda\,\frac{\partial T}{\partial x_i}\,n_i\,\mathrm{d}S\ .$$

Am Ein– und Austritt ist $\vec{n} = \pm\vec{e}_1$ und $\partial T/\partial x_1 = 0$ und durch die obere Wand fließt keine Wärme. Dann ist

$$\dot{Q}_{ab} = \iint\limits_{S_{Wu}} -\lambda\left(\frac{\partial T}{\partial x_2}\,n_2\right)\mathrm{d}S = \iint\limits_{S_{Wu}} \lambda\,\frac{\partial T}{\partial x_2}\,\mathrm{d}S\ .$$

Die Temperatur ist nur eine Funktion von $x_2$. Daher ist auch $\partial T/\partial x_2$ von $x_1$ unabhängig und es folgt

$$\dot{Q}_{ab} = \lambda\,\frac{\partial T}{\partial x_2}\bigg|_{x_2=0}\,2\,\pi\,R$$

$$\Rightarrow \qquad \frac{\partial T}{\partial x_2}\bigg|_{x_2=0} = \frac{\dot{Q}_{ab}}{\lambda\,2\,\pi\,R} = \frac{\eta}{\lambda}\,\frac{\Omega^2\,R^2}{h}\ .$$

f) Die Temperaturverteilung $T(x_2)$:

Mit $D\varrho/Dt = 0$ und $De/Dt = 0$ vereinfacht sich die differentielle Form der Energiegleichung (S. L. (4.2)) zu:

$$0 = \Phi + \frac{\partial}{\partial x_i} \left( \lambda \frac{\partial T}{\partial x_i} \right) .$$

Mit $\lambda = \text{const}$ und $T = T(x_2)$ ergibt sich dann

$$\frac{d^2 T}{dx_2{}^2} = -\frac{\Phi}{\lambda} = -\frac{\eta}{\lambda} \frac{\Omega^2 R^2}{h^2} .$$

Zweimalige Integration ergibt

$$T(x_2) = -\frac{\eta}{\lambda} \frac{\Omega^2 R^2}{h^2} \frac{1}{2} x_2^2 + C_1 x_2 + C_2 .$$

Die Integrationskonstanten werden aus den Randbedingungen bestimmt:

$$T(x_2 = 0) = T_S = C_2 ,$$

$$\left. \frac{\partial T}{\partial x_2} \right|_{x_2 = 0} = \frac{\eta}{\lambda} \frac{\Omega^2 R^2}{h} = C_1$$

und man erhält für die Temperaturverteilung

$$T(x_2) = \frac{\eta}{\lambda} \Omega^2 R^2 \left[ \frac{x_2}{h} - \frac{1}{2} \left( \frac{x_2}{h} \right)^2 \right] + T_S .$$

## Aufgabe 3-3    Druckgetriebene Papierbreiströmung

Papierbrei kann als verallgemeinerte Newtonsche Flüssigkeit angesehen werden (S. L. (3.16)) und soll durch einen ebenen Spalt der Höhe $h$ und der Länge $L$ gepumpt werden. Die Strömung in der Leitung wird durch die erste Komponente des Druckgradienten $\partial p/\partial x_1 = \text{const}$ aufrecht erhalten. Das Geschwindigkeitsprofil der Strömung hängt nicht von $x_1$ und $x_3$ ab und ist bekannt. Außerdem ist der Spannungstensor $\tau_{ij}$ gegeben.

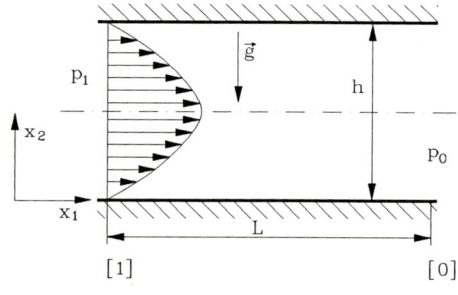

Es gilt:

$$u_1(x_2) = \frac{n}{n+1} \left( \frac{p_1 - p_0}{mL} \right)^{1/n} \left( \left( \frac{h}{2} \right)^{(n+1)/n} - \left| \frac{h}{2} - x_2 \right|^{(n+1)/n} \right) ,$$

$$u_2 = 0 ,$$

$$\tau_{11} = \tau_{22} = -p ; \quad \tau_{12} \neq f(x_1) .$$

a) Wie groß ist der Druck $p_1$ um einen vorgegebenen Volumenstrom pro Breiteneinheit ($\tilde{\dot{V}} = \dot{V}/b$) zu fördern, wenn $p_0$ bekannt ist?

b) Die kinetische Energie $K$ und die innere Energie $E$ im Spalt der Länge $L$ bleiben konstant. Zeigen Sie, daß dann die Arbeit der Oberflächenkräfte als Wärme abgeführt werden muß. (Hinweis: Verwenden Sie die Energiegleichung (S. L.(2.114)))

Geg.: Materialkonstanten des Mediums: $m$, $n > 0$

**Lösung**

a) Für den Volumenstrom $\dot{V}$ gilt:

$$\dot{V} = \iint\limits_{(S)} u_1(x_2)\, \mathrm{d}A \ .$$

Unter Ausnutzung der Symmetrie von $u_1$ zur Linie $x_2 = h/2$ wird

$$\dot{V} = 2 \int\limits_0^b \int\limits_0^{h/2} \frac{n}{n+1} \left(\frac{p_1 - p_0}{m\,L}\right)^{1/n} \left(\left(\frac{h}{2}\right)^{(n+1)/n} - \left(\frac{h}{2} - x_2\right)^{(n+1)/n}\right) \mathrm{d}x_2\, \mathrm{d}x_3$$

integriert, so daß man eine algebraische Gleichung

$$\dot{V} = 2b\, \frac{n}{n+1} \left(\frac{p_1 - p_0}{m\,L}\right)^{1/n} \frac{n+1}{2n+1} \left(\frac{h}{2}\right)^{(2n+1)/n}$$

für den Volumenstrom erhält. Nach Umstellen

$$p_1 = p_0 + m\,L \left(\frac{2n+1}{h\,n}\, \tilde{\dot{V}}\right)^n \left(\frac{h}{2}\right)^{-(1+n)}$$

erhält man den erforderlichen Druck für einen gegebenen Volumenstrom $\tilde{\dot{V}}$ pro Breiteneinheit.

b) Nach der Aufgabenstellung fällt in der Energiegleichung

$$\frac{\mathrm{D}}{\mathrm{D}t} \iiint\limits_{(V(t))} \left(\frac{u_i u_i}{2} + e\right) \varrho\, \mathrm{d}V = \iiint\limits_{(V)} u_i k_i \varrho\, \mathrm{d}V + \iint\limits_{(S)} u_i t_i\, \mathrm{d}S - \iint\limits_{(S)} q_i n_i\, \mathrm{d}S$$

die linke Seite weg und das Integral über die Volumenkraft $k_i$ – in diesem Fall die Gravitationsfeldstärke oder Erdbeschleunigung $g_i$ – liefert keinen Beitrag, da $g_i$ parallel zur $x_2$-Koordinatenrichtung ist. Somit ergibt sich für den Wärmestrom über die Oberfläche eines Kontrollvolumens

$$\dot{Q} = - \iint\limits_{(S)} q_i n_i\, \mathrm{d}S = - \iint\limits_{(S)} \tau_{ij} u_j n_i\, \mathrm{d}S \ .$$

Legt man die Flächen des Kontrollvolumens an die Stellen [1], [0] und dazwischen an die Wände, so fallen die Oberflächenintegrale der Wandbereiche wegen der Haftbedingung $\vec{u} = 0$ weg. Es bleibt der Ausdruck

$$\dot{Q} = - \iint\limits_{S_1} \tau_{ij} u_j n_i\, \mathrm{d}S - \iint\limits_{S_0} \tau_{ij} u_j n_i\, \mathrm{d}S$$

stehen, aus dem sich dann

$$\dot{Q} = \iint\limits_{S_1} \tau_{11} u_1 \, \mathrm{d}S - \iint\limits_{S_0} \tau_{11} u_1 \, \mathrm{d}S$$

ergibt. Die Flächen $S_1$ und $S_0$ sind jeweils gleich, die Komponente $\tau_{11}$ ist an der Stelle [1] $-p_1$ und an an der Stelle [0] $-p_0$:

$$\dot{Q} = (-p_1 + p_0) \iint\limits_{(S)} u_1 \, \mathrm{d}S = (p_0 - p_1)\dot{V} \, .$$

Wie aus Lösungsteil a) ersichtlich ist $p_1 > p_0$ und somit die Wärmemenge $\dot{Q}$ negativ, also abzuführen.

## Aufgabe 3-4     Schleppströmung einer Nicht–Newtonschen Flüssigkeit

In einem ebenen Kanal (Breite $b$), dessen obere Wand sich mit der Geschwindigkeit $U_W$ bewegt, strömt eine Nicht–Newtonsche Flüssigkeit mit dem Materialgesetz

$$\tau_{ij} = -p\delta_{ij} + 2\eta \, e_{ij} + 4\beta \, e_{ik}e_{kj} \, .$$

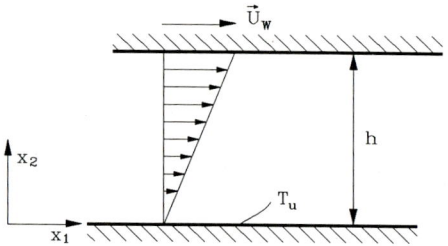

Die Strömung ist stationär und inkompressibel. Das Geschwindigkeitsfeld

$$u_1 = \frac{U_W}{h} x_2 \, , \quad u_2 = 0$$

und die Temperatur $T_u$ der unteren Wand sind bekannt. Die Volumenkräfte werden vernachlässigt.

a) Berechnen Sie die Arbeit pro Zeit und Längeneinheit, die nötig ist zum Verschieben der oberen Wand. (Hinweis: Berechnen Sie zunächst die Kraft auf die Wand).

b) Berechnen Sie mit Hilfe des Ersten Hauptsatzes (S. L. (2.119))

$$\frac{De}{Dt} = \frac{1}{\varrho} \tau_{ij}e_{ij} - \frac{1}{\varrho} \frac{\partial q_i}{\partial x_i} \, , \quad e = cT \, , \quad c = \mathrm{const}$$

die Temperaturverteilung $T(x_2)$ im Kanal für den Fall, daß nur an der oberen Wand Wärme zu- bzw. abgeführt wird. Verwenden Sie ein lineares Gesetz für den Wärmestromvektor (Fouriersches Gesetz).

Geg.: $b$, $h$, $U_W$, $\eta$, $\beta$, $\lambda$, $c$, $T_u$, $T \neq T(x_1)$

**Lösung**

a) Die Kraft der bewegten Wand auf die Flüssigkeit ist

$$F_i = \iint\limits_{(S)} t_i \, \mathrm{d}S = \iint\limits_{(S)} \tau_{ij} n_j \, \mathrm{d}S$$

mit $n_1 = 0$ und $n_2 = 1$. Nur die Kraft in $x_1$–Richtung

$$F_1 = \iint\limits_{(S)} t_1 \, \mathrm{d}S$$

geht in die Leistung ein. Mit konstanter Spannungskomponente $t_1 = \tau_{11} n_1 + \tau_{21} n_2$ benötigt man für die Kraft pro Längeneinheit

$$F_1 = \tau_{12} b$$

nur die Komponente

$$\tau_{12} = 2\eta\, e_{12} + 4\beta(e_{12}e_{11} + e_{22}e_{12})$$

des Spannungstensors. Mit

$$e_{11} = 0\,, \quad e_{22} = 0\,, \quad e_{12} = \tfrac{1}{2}\frac{\partial u_1}{\partial x_2} = \tfrac{1}{2}\frac{U_W}{h}$$

erhält man für die Leistung (pro Längeneinheit)

$$P = F_1 U_W = \eta \frac{b}{h} U_W^2 \,.$$

b) Im ersten Hauptsatz mit $q_i = -\lambda\, \partial T/\partial x_i$

$$c\left(\frac{\partial T}{\partial t} + u_1\frac{\partial T}{\partial x_1} + u_2\frac{\partial T}{\partial x_2}\right) = \frac{1}{\varrho}(\tau_{11}e_{11} + 2\tau_{12}e_{12} + \tau_{22}e_{22}) + \frac{\lambda}{\varrho}\left(\frac{\partial^2 T}{\partial x_1^2} + \frac{\partial^2 T}{\partial x_2^2}\right)$$

fallen alle Terme bis auf

$$0 = \eta\frac{U_W^2}{h^2} + \lambda\frac{\partial^2 T}{\partial x_2^2}$$

weg. Da $T$ nur eine Funktion von $x_2$ ist, ergibt

$$\frac{\mathrm{d}^2 T}{\mathrm{d}x_2^2} = -\frac{\eta}{\lambda}\frac{U_W^2}{h^2}$$

nach zweimaligem Integrieren den Temperaturverlauf

$$T(x_2) = -\frac{\eta}{2\lambda}\frac{U_W^2}{h^2}x_2^2 + C_1 x_2 + C_2\,,$$

der noch den Randbedingungen angepaßt werden muß. An der unteren Wand herrscht die Temperatur $T_u$, damit ist $C_2 = T_u$. Die Wärmemenge wird nur durch die obere Wand abgeführt, d. h. wegen $q_i n_i = (-\partial T/\partial x_i)n_i = 0$ an der unteren Wand muß

$$\left.\frac{\partial T}{\partial x_2}\right|_{x_2=0} = 0$$

erfüllt werden. Aus dieser Forderung ergibt sich der endgültige Temperaturverlauf zu

$$T(x_2) = T_u - \frac{\eta}{2\lambda}\,\frac{U_W^2}{h^2}\,x_2^2 \ .$$

## Aufgabe 3-5    Dehnströmung

Ein Flüssigkeitszylinder konstanter Dichte wird einer einfachen Dehnströmung unterworfen, d. h. er wird in axialer Richtung mit konstanter Dehnrate $\dot{\varepsilon} = \partial u_z/\partial z = \text{const}$ gedehnt und in den dazu senkrechten Richtungen gestaucht.

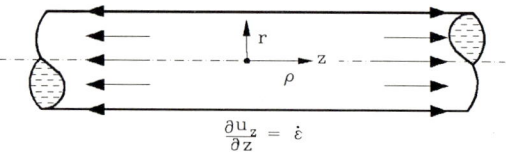

Das Problem ist rotationssymmetrisch, d. h. $\partial/\partial\varphi = 0$. Für das Geschwindigkeitsfeld gilt: $u_r = u_r(r)$, $u_\varphi = 0$, $u_z = u_z(z)$.

a) Berechnen Sie die radiale Geschwindigkeitskomponente $u_r$ in Abhängigkeit von $\dot{\varepsilon}$.

b) Bestimmen Sie die Komponenten des Deformations– und Drehgeschwindigkeitstensors $\mathbf{E}$ und $\mathbf{\Omega}$.

c) Wie lauten die Komponenten des Reibungsspannungstensors $\mathbf{P}$ für eine Newtonsche Flüssigkeit?

Die Dehnviskosität ist durch

$$\eta_D = \frac{P_{zz} - P_{rr}}{\dot{\varepsilon}} \tag{1}$$

definiert. Wie lautet sie, wenn der Flüssigkeitszylinder eine Newtonsche Flüssigkeit ist?

d) Wie lauten die Komponenten des Reibungsspannungstensors $\mathbf{P}$ für eine viskoelastische Flüssigkeit, die durch die Materialgleichung

$$\mathbf{P} + \lambda_0\,\frac{\mathcal{D}\mathbf{P}}{\mathcal{D}t} = 2\eta\,\mathbf{E} \ , \tag{2}$$

mit der Zeitableitung

$$\frac{\mathcal{D}\mathbf{P}}{\mathcal{D}t} = \frac{\mathrm{D}\mathbf{P}}{\mathrm{D}t} + \mathbf{\Omega}\cdot\mathbf{P} - \mathbf{P}\cdot\mathbf{\Omega} - \xi\,(\mathbf{P}\cdot\mathbf{E} + \mathbf{E}\cdot\mathbf{P}) \ , \tag{3}$$

beschrieben wird? (Für $\xi = 0$ erhält man aus (3) die Jaumannsche (S. L. 3.29), für $\xi = 1$ die Oldroydsche (S. L. 3.30) Ableitung.)

Geben Sie nun die Dehnviskosität $\eta_D$ für eine viskoelastische Flüssigkeit an.

## Lösung

a) Geschwindigkeitskomponente $u_r$:

Aus der Kontinuitätsgleichung in Zylinderkoordinaten (S. L. Anhang B.2) folgt

$$\frac{\partial}{\partial r}(r\,u_r) = -r\,\frac{\partial u_z}{\partial z} = -r\,\dot\varepsilon\;.$$

Integration führt zu

$$u_r\,r \;=\; -\frac{r^2}{2}\,\dot\varepsilon + C(z)$$

$$\text{oder}\quad u_r \;=\; -\frac{r}{2}\,\dot\varepsilon + \frac{C(z)}{r}\;.$$

Für $r \to 0$ muß die Lösung beschränkt bleiben ($\Rightarrow C(z) = 0$), d. h.

$$u_r(r) = -\frac{r}{2}\,\dot\varepsilon\;. \tag{4}$$

b) Deformationsgeschwindigkeits– und Drehgeschwindigkeitstensor:

Die nicht verschwindenden Komponenten des Deformationsgeschwindigkeitstensors **E** (S. L. Anhang B.2) lauten

$$e_{rr} = \frac{\partial u_r}{\partial r} = -\frac{\dot\varepsilon}{2}\;, \quad e_{\varphi\varphi} = \frac{1}{r}\left(\frac{\partial u_\varphi}{\partial\varphi} + u_r\right) = -\frac{\dot\varepsilon}{2}\;, \quad e_{zz} = \frac{\partial u_z}{\partial z} = \dot\varepsilon\;. \tag{5}$$

Drehgeschwindigkeitstensor $\boldsymbol\Omega$:

Wir geben zunächst den Geschwindigkeitsgradiententensor in Zylinderkoordinaten an, indem wir den Nabla–Operator

$$\nabla = \vec{e}_r\,\frac{\partial}{\partial r} + \vec{e}_\varphi\,\frac{1}{r}\,\frac{\partial}{\partial\varphi} + \vec{e}_z\,\frac{\partial}{\partial z}$$

auf den Geschwindigkeitsvektor $\vec{u} = u_r\,\vec{e}_r + u_\varphi\,\vec{e}_\varphi + u_z\,\vec{e}_z$ anwenden (tensorielles Produkt). Mit den Ableitungen der Einheitsvektoren

$$\frac{\partial \vec{e}_r}{\partial r} = 0\;, \qquad \frac{\partial \vec{e}_\varphi}{\partial r} = 0\;, \qquad \frac{\partial \vec{e}_z}{\partial r} = 0\;,$$

$$\frac{\partial \vec{e}_r}{\partial \varphi} = \vec{e}_\varphi\;, \qquad \frac{\partial \vec{e}_\varphi}{\partial \varphi} = -\vec{e}_r\;, \qquad \frac{\partial \vec{e}_z}{\partial \varphi} = 0\;,$$

$$\frac{\partial \vec{e}_r}{\partial z} = 0\;, \qquad \frac{\partial \vec{e}_\varphi}{\partial z} = 0\;, \qquad \frac{\partial \vec{e}_z}{\partial z} = 0\;,$$

erhalten wir

$$\nabla\vec{u} = \quad \frac{\partial u_r}{\partial r}\,\vec{e}_r\vec{e}_r \;+\; \frac{\partial u_\varphi}{\partial r}\,\vec{e}_r\vec{e}_\varphi \;+\; \frac{\partial u_z}{\partial r}\,\vec{e}_r\vec{e}_z \;+$$

$$\frac{1}{r}\left(\frac{\partial u_r}{\partial\varphi} - u_\varphi\right)\vec{e}_\varphi\vec{e}_r \;+\; \frac{1}{r}\left(u_r + \frac{\partial u_\varphi}{\partial\varphi}\right)\vec{e}_\varphi\vec{e}_\varphi \;+\; \frac{1}{r}\frac{\partial u_z}{\partial\varphi}\,\vec{e}_\varphi\vec{e}_z \;+$$

$$\frac{\partial u_r}{\partial z}\,\vec{e}_z\vec{e}_r \;+\; \frac{\partial u_\varphi}{\partial z}\,\vec{e}_z\vec{e}_\varphi \;+\; \frac{\partial u_z}{\partial z}\,\vec{e}_z\vec{e}_z\;.$$

Der transponierte Tensor $(\nabla \vec{u})^T$ lautet

$$(\nabla \vec{u})^T = \frac{\partial u_r}{\partial r} \vec{e}_r \vec{e}_r + \frac{1}{r}\left(\frac{\partial u_r}{\partial \varphi} - u_\varphi\right) \vec{e}_r \vec{e}_\varphi + \frac{\partial u_r}{\partial z} \vec{e}_r \vec{e}_z +$$

$$\frac{\partial u_\varphi}{\partial r} \vec{e}_\varphi \vec{e}_r + \frac{1}{r}\left(u_r + \frac{\partial u_\varphi}{\partial \varphi}\right) \vec{e}_\varphi \vec{e}_\varphi + \frac{\partial u_\varphi}{\partial z} \vec{e}_\varphi \vec{e}_z +$$

$$\frac{\partial u_z}{\partial r} \vec{e}_z \vec{e}_r + \frac{1}{r}\frac{\partial u_z}{\partial \varphi} \vec{e}_z \vec{e}_\varphi + \frac{\partial u_z}{\partial z} \vec{e}_z \vec{e}_z \,.$$

Damit folgt der Drehgeschwindigkeitstensor $\boldsymbol{\Omega} = 1/2 \left(\nabla \vec{u} - (\nabla \vec{u})^T\right)$ zu

$$\boldsymbol{\Omega} = \frac{1}{2}\left\{ \left(\frac{\partial u_\varphi}{\partial r} - \frac{1}{r}\frac{\partial u_r}{\partial \varphi} + \frac{1}{r}u_\varphi\right) \vec{e}_r \vec{e}_\varphi + \left(\frac{\partial u_z}{\partial r} - \frac{\partial u_r}{\partial z}\right) \vec{e}_r \vec{e}_z \right.$$

$$+ \left(\frac{1}{r}\frac{\partial u_r}{\partial \varphi} - \frac{\partial u_\varphi}{\partial r} - \frac{1}{r}u_\varphi\right) \vec{e}_\varphi \vec{e}_r + \left(\frac{1}{r}\frac{\partial u_z}{\partial \varphi} - \frac{\partial u_\varphi}{\partial z}\right) \vec{e}_\varphi \vec{e}_z$$

$$\left. + \left(\frac{\partial u_r}{\partial z} - \frac{\partial u_z}{\partial r}\right) \vec{e}_z \vec{e}_r + \left(\frac{\partial u_\varphi}{\partial z} - \frac{1}{r}\frac{\partial u_z}{\partial \varphi}\right) \vec{e}_z \vec{e}_\varphi \right\} \,.$$

Wegen $u_\varphi = 0$, $u_r = u_r(r)$ und $u_z = u_z(z)$ verschwindet der Drehgeschwindigkeitstensor identisch

$$\boldsymbol{\Omega} = 0 \,. \tag{6}$$

Anderer Weg: Da Zylinderkoordinaten rechtwinklig sind, haben alle Ausdrücke in denen keine Ableitungen vorkommen (die Ortsabhängigkeit der Basisvektoren also nicht zu Tage tritt) dieselbe Form wie in kartesischen Koordinaten. Der Zusammenhang zwischen Winkelgeschwindigkeit und Drehgeschwindigkeitstensor (S. L. (1.46)) gilt weiterhin

$$\omega_k \epsilon_{ijk} = \Omega_{ji}$$

wobei wie bisher die 1–Richtung jetzt der r-Richtung, die 2–Richtung der $\varphi$- und die 3–Richtung der z-Richtung entspricht. Aus (S. L. Anhang B) folgt dann wegen $\omega_r = \omega_\varphi = \omega_z = 0$ sofort $\boldsymbol{\Omega} = 0$.

c) Newtonsches Materialverhalten:
Bei einer inkompressiblen Newtonschen Flüssigkeit ist der Tensor der Reibungsspannungen durch die Materialgleichung $\mathbf{P} = 2\eta \, \mathbf{E}$ (S. L. 3.2b) mit dem Deformationsgeschwindigkeitstensor verknüpft. Da bei der Dehnströmung Flüssigkeitselemente nur parallel zu den Koordinatenachsen gedehnt werden, sind nur die normalen Reibungsspannungen

$$P_{rr} = -\eta \, \dot{\varepsilon} \,, \quad P_{\varphi\varphi} = -\eta \, \dot{\varepsilon} \,, \quad P_{zz} = 2\eta \, \dot{\varepsilon} \tag{7}$$

ungleich null. Dies gilt auch für das im nächsten Aufgabenteil betrachtete viskoelastische Materialverhalten.
Die Dehnviskosität $\eta_D$ bei Newtonscher Flüssigkeit folgt mit (7) zu

$$\eta_D = \frac{P_{zz} - P_{rr}}{\dot{\varepsilon}} = \frac{2\eta \, \dot{\varepsilon} + \eta \, \dot{\varepsilon}}{\dot{\varepsilon}} = 3\eta \,.$$

d) Viskoelastisches Materialverhalten:

Da die Komponenten von $\mathbf{E}$ konstant sind, sind auch die Komponenten von $\mathbf{P}$ konstant, d. h. $D\mathbf{P}/Dt = 0$ . Mit $\mathbf{\Omega} = 0$, folgt aus (3)

$$\frac{\mathcal{D}\mathbf{P}}{\mathcal{D}t} = -\xi\,(\mathbf{P}\cdot\mathbf{E} + \mathbf{E}\cdot\mathbf{P})\,.$$

Für $\xi = 0$ (Jaumannsche Zeitableitung) verschwindet diese Zeitableitung identisch und die Flüssigkeit wird durch das Newtonsche Materialgesetz beschrieben.
Wir führen die Punktprodukte als Matrizenmultiplikationen aus und erhalten

$$\frac{\mathcal{D}\mathbf{P}}{\mathcal{D}t} =$$

$$\xi\frac{\dot{\varepsilon}}{2}\left[\begin{pmatrix} P_{rr} & P_{r\varphi} & P_{rz} \\ P_{\varphi r} & P_{\varphi\varphi} & P_{\varphi z} \\ P_{zr} & P_{z\varphi} & P_{zz} \end{pmatrix}\begin{pmatrix} 1 & 0 & 0 \\ 0 & 1 & 0 \\ 0 & 0 & -2 \end{pmatrix} + \begin{pmatrix} 1 & 0 & 0 \\ 0 & 1 & 0 \\ 0 & 0 & -2 \end{pmatrix}\begin{pmatrix} P_{rr} & P_{r\varphi} & P_{rz} \\ P_{\varphi r} & P_{\varphi\varphi} & P_{\varphi z} \\ P_{zr} & P_{z\varphi} & P_{zz} \end{pmatrix}\right]$$

$$= \xi\frac{\dot{\varepsilon}}{2}\begin{pmatrix} 2P_{rr} & 2P_{r\varphi} & -P_{rz} \\ 2P_{\varphi r} & 2P_{\varphi\varphi} & -P_{\varphi z} \\ -P_{zr} & -P_{z\varphi} & -4\,P_{zz} \end{pmatrix}\,.$$

Dieser Form entnehmen wir noch, daß $\mathbf{P}\cdot\mathbf{E} + \mathbf{E}\cdot\mathbf{P}$ ein symmetrischer Tensor ist.
Mit dem Deformationsgeschwindigkeitstensor (5) folgen die nichtverschwindenden Komponenten des Reibungsspannungstensors aus dem Materialgesetz (2):

$$P_{rr} + \lambda_0\,\xi\,\dot{\varepsilon}\,P_{rr} = 2\eta\,e_{rr} = -\eta\,\dot{\varepsilon} \quad \Rightarrow \quad P_{rr} = -\frac{\eta\,\dot{\varepsilon}}{1 + \lambda_0\,\xi\,\dot{\varepsilon}}\,,$$

$$P_{\varphi\varphi} + \lambda_0\,\xi\,\dot{\varepsilon}\,P_{\varphi\varphi} = 2\eta\,e_{\varphi\varphi} = -\eta\,\dot{\varepsilon} \quad \Rightarrow \quad P_{\varphi\varphi} = -\frac{\eta\,\dot{\varepsilon}}{1 + \lambda_0\,\xi\,\dot{\varepsilon}}\,,$$

$$P_{zz} + \lambda_0\,(-2\xi\,\dot{\varepsilon}\,P_{zz}) = 2\eta\,e_{zz} = 2\eta\,\dot{\varepsilon} \quad \Rightarrow \quad P_{zz} = \frac{2\eta\,\dot{\varepsilon}}{1 - 2\lambda_0\,\xi\,\dot{\varepsilon}}\,.$$

Damit erhalten wir für eine allgemeine viskoelastische Flüssigkeit die Dehnviskosität zu

$$\eta_D = \frac{P_{zz} - P_{rr}}{\dot{\varepsilon}} = \frac{3\eta}{(1 + \xi\,\lambda_0\,\dot{\varepsilon})(1 - 2\xi\,\lambda_0\,\dot{\varepsilon})}\,.$$

Für $\xi = 0$ erhalten wir die gleiche Dehnviskosität wie bei Newtonschem Materialverhalten, $\eta_D = 3\eta$.

# 4 Bewegungsgleichungen für spezielle Materialgesetze

## 4.1 Newtonsche Flüssigkeiten

### Aufgabe 4.1-1 Poiseuille–Strömung

Zwischen zwei unendlich ausgedehnten, ebenen Platten befindet sich inkompressible Newtonsche Flüssigkeit konstanter Dichte und Viskosität. Volumenkräfte treten nicht auf. Gegeben sind die Spalthöhe $h$, die Komponenten des Druckgradienten

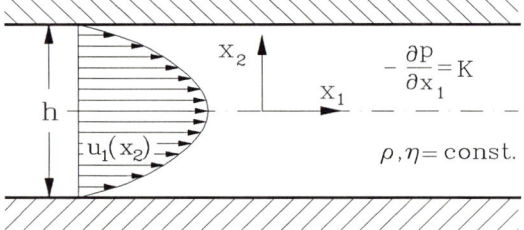

$$\frac{\partial p}{\partial x_1} = -K \; , \quad \frac{\partial p}{\partial x_2} \equiv 0 \; , \quad \frac{\partial p}{\partial x_3} \equiv 0$$

sowie das Geschwindigkeitsfeld der Strömung zwischen den Platten (siehe S. L. (6.19)) für $U \to 0$)

$$u_1(x_2) = \frac{K}{2\eta}\left(\frac{h^2}{4} - x_2^2\right) \; , \quad u_2 \equiv 0 \; , \quad u_3 \equiv 0 \; .$$

a) Zeigen Sie, daß das gegebene Geschwindigkeitsfeld die Kontinuitätsgleichung und die Navier–Stokesschen Gleichungen erfüllt.
b) Wie lauten die Komponenten des Spannungstensors?
c) Berechnen Sie die Dissipationsfunktion $\Phi$.
d) Welche Energie wird pro Tiefe und Länge im Spalt in Wärme dissipiert?
e) Berechnen Sie die Hauptspannungen und die Hauptspannungsrichtungen.

Geg.: $\partial p/\partial x_i$, $u_i$, $h$, $\varrho$, $\eta$

### Lösung

a) Setzt man das Geschwindigkeitsfeld nebst seinen Ableitungen und dem Druckgradienten in die Gleichungen ein, so zeigt sich, daß diese erfüllt sind.

b) Der Spannungstensor:

Das Materialgesetz für Newtonsche Flüssigkeit ist das Cauchy–Poisson–Gesetz

$$\tau_{ij} = (-p + \lambda^* e_{kk}) \delta_{ij} + 2\eta \, e_{ij} \; .$$

Wegen $D\varrho/Dt = 0$ ist hier $e_{kk} = \operatorname{div} \vec{u} = 0$, so daß mit $e_{ij} = 1/2(\partial u_i/\partial x_j + \partial u_j/\partial x_i)$

$$\tau_{ij} = -p\,\delta_{ij} + \eta \left( \frac{\partial u_i}{\partial x_j} + \frac{\partial u_j}{\partial x_i} \right)$$

entsteht. Die Komponenten des Spannungstensors sind folglich

$$\tau_{11} = -p + \eta \left( 2 \frac{\partial u_1}{\partial x_1} \right) = -p \, , \qquad \tau_{22} = -p + \eta \left( 2 \frac{\partial u_2}{\partial x_2} \right) = -p \, ,$$

$$\tau_{12} = \eta \left( \frac{\partial u_1}{\partial x_2} + \frac{\partial u_2}{\partial x_1} \right) = -K \, x_2 \, , \qquad \tau_{23} = \eta \left( \frac{\partial u_2}{\partial x_3} + \frac{\partial u_3}{\partial x_2} \right) = 0 \, ,$$

$$\tau_{13} = \eta \left( \frac{\partial u_1}{\partial x_3} + \frac{\partial u_3}{\partial x_1} \right) = 0 \, , \qquad \tau_{33} = -p + \eta \left( 2 \frac{\partial u_3}{\partial x_3} \right) = -p$$

bzw. in Matrizenschreibweise

$$(\tau_{ij}) = \begin{pmatrix} -p & -K \, x_2 & 0 \\ -K \, x_2 & -p & 0 \\ 0 & 0 & -p \end{pmatrix} \; .$$

c) Die Dissipationsfunktion:

Die dissipierte Energie pro Volumen und Zeit ist allgemein $\Phi = P_{ij} \, e_{ij}$, spezialisiert auf das Cauchy–Poisson–Gesetz

$$\Phi = (\lambda^* e_{kk} \, \delta_{ij} + 2\eta \, e_{ij}) \, e_{ij} = 2\eta \, e_{ij} \, e_{ij} \; .$$

Mit

$$e_{12} = e_{21} = \frac{1}{2} \frac{\partial u_1}{\partial x_2} \, ,$$

$$e_{11} = e_{22} = e_{33} = 0$$

wird die Dissipationsfunktion

$$\Phi = 2\eta \, (e_{i1} \, e_{i1} + e_{i2} \, e_{i2} + e_{i3} \, e_{i3})$$

$$= \eta \left( \frac{\partial u_1}{\partial x_2} \right)^2 = \frac{K^2 \, x_2^2}{\eta} \; .$$

d) Die dissipierte Leistung wird als Integral über den von der Flüssigkeit eingenommenen Bereich gewonnen:

$$P_D = \iiint\limits_{(V)} \Phi \, dV \; .$$

Hier ergibt sich $P_D$ pro Längen– und Tiefeneinheit zu

$$P_D = \int\limits_{-\frac{h}{2}}^{\frac{h}{2}} \Phi \, dx_2 = \frac{K^2 \, x_2^3}{3\eta} \bigg|_{-\frac{h}{2}}^{\frac{h}{2}} = \frac{K^2 \, h^3}{12\,\eta} \; .$$

Die Verläufe der $x_1, x_2$–Komponenten von Geschwindigkeit, Spannungstensor und Dissipationsfunktion sind in der nebenstehenden
Skizze graphisch dargestellt.

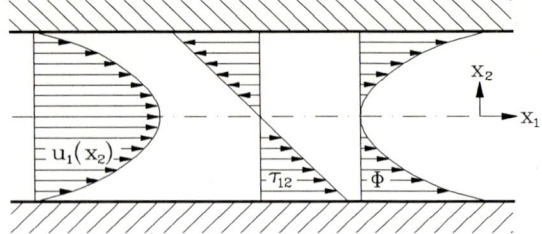

e) Die Hauptspannungen und Hauptspannungsrichtungen:
Das Eigenwertproblem lautet

$$(\tau_{ij} - \sigma\,\delta_{ij})\,l_j = 0\;. \tag{1}$$

Aus dem Spannungstensor ist leicht ersichtlich, daß $\vec{l} = (0,0,1)$ mit $\sigma = -p$ ein
Eigenvektor bzw. ein Eigenwert ist (ebene Strömung!). Daher suchen wir nur noch
in der $x_1, x_2$–Ebene die beiden anderen Eigenwerte und –vektoren. Die charakteristische Gleichung lautet dann

$$\det \begin{pmatrix} -(p+\sigma) & -K\,x_2 \\ -K\,x_2 & -(p+\sigma) \end{pmatrix} = (p+\sigma)^2 - K^2\,x_2^2 = 0\;.$$

Hieraus folgen die Eigenwerte zu

$$(p+\sigma) = \pm K\,x_2$$

$$\Rightarrow \qquad \sigma^{(1)} = -p + K\,x_2\,, \qquad \sigma^{(2)} = -p - K\,x_2\;.$$

Die Eigenvektoren berechnen wir nun aus der ersten Gleichung des homogenen Gleichungssystems (1)

$$-(p+\sigma^{(k)})\,l_1^{(k)} - K\,x_2\,l_2^{(k)} \;=\; 0$$

$$\Rightarrow \qquad l_1^{(k)} \;=\; \frac{-K\,x_2}{p + \sigma^{(k)}}\,l_2^{(k)}$$

sowie der Normierungsbedingung $l_1^{(k)2} + l_2^{(k)2} = 1$, die wir durch späteres Skalieren
erfüllen und daher zunächst $l_2^{(k)} = 1$ setzen.
Für $\sigma = \sigma^{(1)} = -p + K\,x_2$ erhält man

$$l_1^{(1)} = -1\,, \qquad |\vec{l}^{(1)}| = \sqrt{(-1)^2 + 1^2 + 0^2} = \sqrt{2}$$

und daher den normierten Vektor

$$\vec{l}^{(1)} = \frac{1}{\sqrt{2}} \begin{pmatrix} -1 \\ 1 \\ 0 \end{pmatrix}\,,$$

für $\sigma = \sigma^{(2)} = -p - K\,x_2$ gilt

$$l_1^{(2)} = +1\,, \qquad |\vec{l}^{(2)}| = \sqrt{(1)^2 + 1^2 + 0^2} = \sqrt{2}$$

also

$$\vec{l}^{(2)} = \frac{1}{\sqrt{2}} \begin{pmatrix} 1 \\ 1 \\ 0 \end{pmatrix} .$$

Zur Kontrolle versuchen wir aus dem Kreuzprodukt $\vec{l}^{(1)} \times \vec{l}^{(2)}$ den bereits bekannten Eigenvektor $\vec{l}^{(3)}$ zu berechnen.

$$\vec{l}^{(1)} \times \vec{l}^{(2)} = \frac{1}{2} \begin{vmatrix} \vec{e}_1 & \vec{e}_2 & \vec{e}_3 \\ -1 & 1 & 0 \\ 1 & 1 & 0 \end{vmatrix}$$

$$= \frac{1}{2} \left[ \vec{e}_1 \cdot 0 + \vec{e}_2 \cdot 0 + \vec{e}_3 \cdot (-2) \right]$$

$$= -\vec{e}_3 ,$$

was offensichtlich dem negativen Eigenvektor $\vec{l}^{(3)}$ entspricht. Um $\vec{l}^{(3)} = (0, 0, 1)$ zu erhalten, müssen wir an einem der beiden anderen Eigenvektoren das Vorzeichen umkehren (die Vorzeichen von Eigenvektoren sind unbestimmt). Wir multiplizieren $\vec{l}^{(1)}$ mit $-1$ und erhalten:

$$\sigma^{(1)} = -p + K\,x_2 , \qquad \vec{l}^{(1)} = \frac{1}{\sqrt{2}} \begin{pmatrix} 1 \\ -1 \\ 0 \end{pmatrix} ,$$

$$\sigma^{(2)} = -p - K\,x_2 , \qquad \vec{l}^{(2)} = \frac{1}{\sqrt{2}} \begin{pmatrix} 1 \\ 1 \\ 0 \end{pmatrix} ,$$

$$\sigma^{(3)} = -p , \qquad \vec{l}^{(3)} = \begin{pmatrix} 0 \\ 0 \\ 1 \end{pmatrix} ,$$

wobei nun $\vec{l}^{(1)}$, $\vec{l}^{(2)}$ und $\vec{l}^{(3)}$ ein rechtshändiges Koordinatensystem (Hauptachsensystem) aufspannen.

Bemerkung:
Obwohl der Spannungstensor von $x_2$ abhängt, sind die Hauptspannungen immer unter 45°. Dies liegt daran, daß die Strömung lokal immer eine einfache Scherströmung (Couette-Strömung) ist, deren Hauptspannungsrichtungen ebenfalls unter 45° anzutreffen sind.

## Aufgabe 4.1-2   Temperaturverteilung bei einer Poiseuille–Strömung

Es wird die in Aufgabe 4.1-1 berechnete Strömung betrachtet. Die Flüssigkeit sei kalorisch perfekt, habe eine konstante Wärmeleitzahl $\lambda$, die untere Platte sei wärmeisoliert, die obere habe die konstante Temperatur $T_0$.

a) Berechnen Sie die Temperaturverteilung $T(x_2)$ im Spalt.
b) Welche Temperatur stellt sich an der unteren Wand ein?
c) Welcher Wärmestrom pro Flächeneinheit fließt durch die obere Wand?
d) Welche Entropieerhöhung $Ds/Dt$ erfährt die Flüssigkeit im Spalt?

**Lösung**

a) Die Temperaturverteilung im Kanal:
   Die Energiegleichung für Newtonsche Flüssigkeiten lautet (S. L. (4.2))

$$\varrho \frac{De}{Dt} - \frac{p}{\varrho}\frac{D\varrho}{Dt} = \Phi + \frac{\partial}{\partial x_i}\left(\lambda \frac{\partial T}{\partial x_i}\right) , \tag{1}$$

wobei hier $T = T(x_2)$ und $D\varrho/Dt = 0$ und $e = cT$ gilt. Die materielle Änderung der inneren Energie verschwindet:

$$\frac{De}{Dt} = c\frac{DT}{Dt} = c\left(\frac{\partial T}{\partial t} + u_1 \frac{\partial T}{\partial x_1} + u_2 \frac{\partial T}{\partial x_2} + u_3 \frac{\partial T}{\partial x_3}\right) = 0 . \tag{2}$$

Wegen $\lambda =$const und $T = T(x_2)$ entsteht daher aus (1) die Form

$$\frac{d^2 T}{dx_2{}^2} = -\frac{\Phi}{\lambda}$$

und mit $\Phi = K^2 x_2^2/\eta$ aus Aufgabe 4.1-1 erhalten wir die Gleichung

$$\frac{d^2 T}{dx_2{}^2} = -\frac{K^2}{\eta\,\lambda} x_2^2$$

$$\Rightarrow \quad \frac{dT}{dx_2} = -\frac{K^2}{3\,\eta\,\lambda} x_2^3 + C_1 \tag{3}$$

$$\Rightarrow \quad T(x_2) = -\frac{K^2}{12\,\eta\,\lambda} x_2^4 + C_1\,x_2 + C_2 . \tag{4}$$

An der unteren Wand $S_u$ ist $x_2 = -h/2$ und $\vec{n} = (0, -1, 0)$. Da sie wärmeisoliert ist, gilt für den Wärmestrom

$$\dot{Q}_{Wu} = \iint\limits_{S_u} -q_i n_i \, dS = \iint\limits_{S_u} q_2 \, dS = 0 .$$

Da der Integrationsbereich beliebig ist, folgt für $q_2(x_2 = -h/2) = 0$. Daraus schließt man nach Anwendung des Fourierschen Wärmeleitungsgesetzes

$$q_2 = -\lambda \frac{\partial T}{\partial x_2}$$

auf die Randbedingung

$$\frac{dT}{dx_2}\bigg|_{x_2=-\frac{h}{2}} = 0 ,$$

d. h. der Temperaturgradient verschwindet an der unteren Wand. Aus (3) ergibt sich die erste Konstante zu

$$0 = \frac{K^2 h^3}{24 \lambda \eta} + C_1 \qquad \Rightarrow \qquad C_1 = -\frac{K^2 h^3}{24 \lambda \eta} \, .$$

Die zweite Integrationskonstante berechnet sich aus $T(x_2 = +h/2) = T_0$ und (4) zu

$$C_2 = T_0 + \frac{5}{8} \frac{K^2 h^4}{24 \lambda \eta} \, ,$$

so daß die angepaßte Lösung schließlich lautet

$$T(x_2) = T_0 + \frac{K^2 h^4}{24 \lambda \eta} \left[ -2 \left( \frac{x_2}{h} \right)^4 - \frac{x_2}{h} + \frac{5}{8} \right] \, .$$

b) Die Temperatur an der unteren Wand:

$$T_u = T \left( x_2 = -\frac{h}{2} \right) = T_0 + \frac{K^2 h^4}{24 \lambda \eta} \left[ -\frac{2}{16} + \frac{1}{2} + \frac{5}{8} \right]$$

$$\Rightarrow \qquad T_u = T_0 + \frac{K^2 h^4}{24 \lambda \eta} \, .$$

c) Der Wärmestrom durch die obere Wand:
An der oberen Wand $S_o$ gilt $x_2 = h/2$ und $\vec{n} = (0, 1, 0)$, womit sich der Wärmestrom aus

$$\dot{Q}_{W_o} = \iint\limits_{S_o} -q_i n_i \, \mathrm{d}S = \iint\limits_{S_o} -q_2 \, \mathrm{d}S = \iint\limits_{S_o} \lambda \frac{\mathrm{d}T}{\mathrm{d}x_2} \, \mathrm{d}S$$

berechnet. Mit

$$\lambda \frac{\mathrm{d}T}{\mathrm{d}x_2} \bigg|_{x_2 = \frac{h}{2}} = \frac{K^2 h^3}{24 \eta} \left[ -8 \left( \frac{x_2}{h} \right)^3 - 1 \right]_{x_2 = \frac{h}{2}} = -\frac{K^2 h^3}{12 \eta} = \mathrm{const} \, .$$

folgt der Wärmestrom pro Flächeneinheit zu

$$\frac{\dot{Q}}{A} = -q_2 = -\frac{K^2 h^3}{12 \eta} \qquad \text{(wird abgegeben!)} \, ,$$

der genau der in Aufgabe 4.1-1 berechneten dissipierten Energie pro Flächeneinheit des Kanals entspricht.

$$\int\limits_{-h/2}^{h/2} \Phi \, \mathrm{d}x_2 = \frac{K^2 h^3}{12 \eta} \, .$$

d) Die Entropieerhöhung:
$Ds/Dt$ ergibt sich direkt aus der Gibbsschen Relation

$$T \frac{Ds}{Dt} = \frac{De}{Dt} + p \frac{Dv}{Dt} = 0 - \frac{p}{\varrho^2} \frac{D\varrho}{Dt} = 0 \, .$$

D$e$/D$t$ verschwindet wegen (2), D$\varrho$/D$t$ ist ebenfalls null. Die Srömung ist also (obwohl reibungsbehaftet!) isentrop. Dies ist möglich, weil die in Wärme dissipierte Energie sofort über die obere Wand abgeleitet wird, was man auch

$$\varrho\, T\, \frac{\mathrm{D}s}{\mathrm{D}t} = \Phi + \lambda\, \frac{\partial^2 T}{\partial x_2^2} = 0$$

entnimmt.

# Aufgabe 4.1-3    Druckgetriebene Kanalströmung mit porösen Kanalwänden

Nebenstehendes Bild zeigt einen in $x_1$– und $x_3$–Richtung unendlich ausgedehnten Kanal der Höhe $h$, der mit Newtonscher Flüssigkeit durchströmt wird. Die ebene Strömung ist stationär, die Dichte $\varrho$ und die Viskosität $\eta$

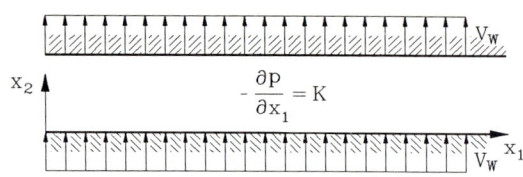

sind konstant, Volumenkräfte sind zu vernachlässigen. Die Begrenzungswände des Kanals sind porös, so daß unten durch Einblasen und oben durch Absaugen eine konstante Wandnormalenkomponente $V_W$ der Geschwindigkeit erzeugt wird. Der Druckgradient in $x_1$–Richtung ist konstant ($\partial p/\partial x_1 = -K$). Wegen der unendlichen Ausdehnung des Kanals hängt die Geschwindigkeitsverteilung nicht von $x_1$ ab.

a) Berechnen Sie aus der Kontinuitätsgleichung die Verteilung der Geschwindigkeitskomponente in $x_2$–Richtung $u_2(x_2)$!
b) Vereinfachen Sie die $x_1$–Komponente der Navier–Stokesschen Gleichungen für dieses Problem!
c) Wie lauten die Randbedingungen für die Geschwindigkeitskomponente $u_1$?
d) Berechnen Sie die Geschwindigkeitsverteilung $u_1(x_2)$!
   (Hinweis: Nach Lösung der homogenen Gleichung kann die Partikularlösung der inhomogenen Gleichung durch den Ansatz $u_{1_p} = \text{const} * x_2$ gelöst werden.)

Geg.: $\varrho$, $\eta$, $K$, $h$, $V_W$

**Lösung**

a) Die Geschwindigkeit $u_2(x_2)$:
   Da $\varrho$ eine absolute Konstante ist, ist auch D$\varrho$/D$t \equiv 0$ und aus der Kontinuitätsgleichung folgt

$$\frac{\partial u_i}{\partial x_i} = 0\;.$$

Der Term $\partial u_1/\partial x_1$ verschwindet genauso wie alle Ableitungen in $x_3$–Richtung (ebenes Problem), und wegen

$$\frac{\partial u_2}{\partial x_2} = 0$$

schließen wir auf

$$u_2 = \text{const}.$$

Mit den Randbedingungen

$$u_2(0) = u_2(h) = V_W$$

läßt sich die Geschwindigkeit bestimmen:

$$u_2 = V_W.$$

b) Die $x_1$–Komponente der Navier–Stokesschen Gleichungen:
Mit $\vec{k} = 0$, $\varrho$, $\eta = \text{const}$, stationärer Strömung, $\partial u_1/\partial x_1 = \partial u_1/\partial x_3 = 0$, $u_2 = V_W$, $u_3 = 0$ folgt

$$\varrho\, V_W \frac{\partial u_1}{\partial x_2} = -\frac{\partial p}{\partial x_1} + \eta\, \frac{\partial^2 u_1}{\partial x_2{}^2} = K + \eta\, \frac{\partial^2 u_1}{\partial x_2{}^2}.$$

Mit $\nu = \eta/\varrho$ und $\partial u_1/\partial x_2 = \mathrm{d}u_1/\mathrm{d}x_2$ erhalten wir

$$V_W \frac{\mathrm{d}u_1}{\mathrm{d}x_2} = \frac{1}{\varrho} K + \nu\, \frac{\mathrm{d}^2 u_1}{\mathrm{d}x_2{}^2}.$$

c) Die Randbedingungen:
Die Randbedingungen ergeben sich aus der Haftbedingung an der Wand zu

$$u_1(x_2 = 0) = 0, \qquad u_1(x_2 = h) = 0.$$

d) Die Geschwindigkeitsverteilung $u_1(x_2)$:
Als Ergebnis des Aufgabenteils b) erhielt man die folgende gewöhnliche, lineare, inhomogene Differentialgleichung mit konstanten Koeffizienten:

$$\nu\, \frac{\mathrm{d}^2 u_1}{\mathrm{d}x_2{}^2} - V_W \frac{\mathrm{d}u_1}{\mathrm{d}x_2} = -\frac{K}{\varrho}.$$

1.) Die homogene Lösung folgt aus

$$\nu\, \frac{\mathrm{d}^2 u_1}{\mathrm{d}x_2{}^2} - V_W \frac{\mathrm{d}u_1}{\mathrm{d}x_2} = 0.$$

Mit dem Ansatz $u_1(x_2) = C\, e^{\lambda x_2}$ erhält man das charakteristische Polynom

$$\nu\, \lambda^2 - V_W \lambda = 0,$$

die Eigenwerte

$$\lambda_1 = 0, \qquad \lambda_2 = V_W/\nu$$

und somit

$$u_{1_h} = C_1 + C_2\, e^{\frac{V_W}{\nu} x_2}.$$

2.) Die Partikularlösung erfordert den Ansatz

$$u_{1_p} = C_3\, x_2 + C_4.$$

Durch Einsetzen ergeben sich die Konstanten $C_3 = K/(\varrho\, V_W)$ und $C_4 = 0$.

Die allgemeine Lösung

$$u_1(x_2) = u_{1_h} + u_{1_p} = C_1 + C_2\, e^{\frac{V_W\, x_2}{\nu}} + \frac{K}{\varrho\, V_W}\, x_2$$

ist mit den Randbedingungen aus Aufgabenteil c)

$$\begin{aligned}
u_1(0) &= & C_1 + C_2 & &= 0 \\
u_1(h) &= & C_1 + C_2\, e^{\frac{V_W\, h}{\nu}} + \frac{K\, h}{\varrho\, V_W} & &= 0
\end{aligned}$$

$$\Rightarrow \qquad -C_1 = C_2 = \frac{K\, h}{\varrho\, V_W}\, \frac{1}{1 - e^{\frac{V_W\, h}{\nu}}}$$

anzupassen, so daß die gesuchte Geschwindigkeitsverteilung lautet

$$u_1(x_2) = \frac{K\, h}{\varrho\, V_W}\left( \frac{x_2}{h} - \frac{1 - e^{\frac{V_W\, x_2}{\nu}}}{1 - e^{\frac{V_W\, h}{\nu}}} \right)\ .$$

Nebenbemerkung:
Bildet man in obiger Gleichung den Grenzübergang $V_W \to 0$, so ergibt sich das bekannte Geschwindigkeitsprofil der ebenen Kanalströmung

$$\lim_{V_W \to 0} u_1(x_2) = \frac{K\, h^2}{2\, \eta}\left( \frac{x_2}{h} - \left(\frac{x_2}{h}\right)^2 \right)\ .$$

## Aufgabe 4.1-4    Grenzschichtabsaugung

Eine Newtonsche Flüssigkeit strömt stationär und inkompressibel über eine in $x$- und $z$-Richtung unendlich ausgedehnte Platte, wobei sich eine Grenzschicht ausbildet, die normalerweise mit steigendem $x$ anwächst. An der Platte soll nun aber pro Länge $L$ soviel von der Grenzschicht abgesaugt werden, daß die sich einstellende Geschwindigkeitsverteilung von $x$ un-

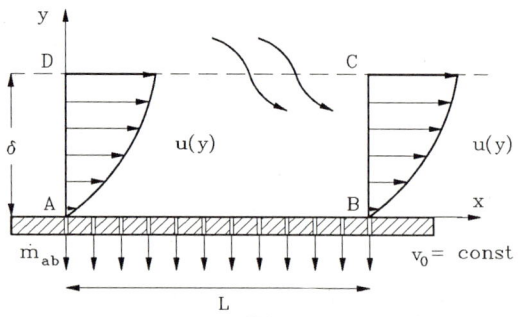

abhängig wird. Der Druck $p$ wird als konstant angenommen. Weit weg von der Platte hat die Geschwindigkeitskomponente $u(y)$ den Wert $U_\infty$.

a) Wie lauten die Randbedingungen für das Geschwindigkeitsfeld?
b) Ermitteln Sie aus der Kontinuitätsgleichung die Geschwindigkeitskomponente $v(y)$.
c) Vereinfachen Sie die $x$-Komponente der Navier-Stokes-Gleichungen und berechnen Sie die Geschwindigkeitskomponente $u(y)$.
d) Zeigen Sie, daß der durch die Fläche $D - C$ tretende Massenstrom gleich dem abgesaugten Massenstrom $\dot{m}_{ab}$ ist.

e) Berechnen Sie den Widerstand pro Tiefeneinheit des Plattenstückes der Länge $L$ durch direkte Integration der Wandschubspannung.

f) Berechnen Sie die Widerstandskraft mit der $x$-Komponente des Impulssatzes, angewendet auf ein Kontrollvolumen ABCD.

Geg.: $U_\infty$, $\eta$, $\varrho$, $v_0$

**Lösung**

a) Die Haftbedingung an der Wand verlangt

$$u(y = 0) = 0 \, ,$$

Im Unendlichen ist

$$\lim_{y \to \infty} u(y) = U_\infty \, .$$

Die Geschwindigkeitskomponente $v$ muß an der Wand den Wert der Absaugegeschwindigkeit annehmen:

$$v(y = 0) = -v_0 \, .$$

b) Die Dichte $\varrho$ ist konstant, also gilt auch $D\varrho/Dt = 0$ und die Kontinuitätsgleichung lautet

$$\frac{\partial u}{\partial x} + \frac{\partial v}{\partial y} + \frac{\partial w}{\partial z} = 0 \, .$$

Die Strömung ist eben ($\partial/\partial z = 0$) und $\partial u/\partial x = 0$. Man erhält somit

$$\frac{\partial v}{\partial y} = 0 \qquad \text{bzw.} \quad v = v(x) = \text{const} \, ,$$

da $v$ auch nicht von $x$ abhängt. Mit der Randbedingung $v(y = 0) = -v_0$ wird die Geschwindigkeitskomponente

$$v = -v_0 \, ,$$

ist also konstant im ganzen Strömungsfeld.

c) Mit $v = -v_0$, $\partial u/\partial x = 0$, $\partial u/\partial z = 0$ sowie konstantem Druck $p$ erhält man im Fall stationärer Strömung ohne Volumenkräfte

$$-\varrho \, v_0 \frac{\partial u}{\partial y} = \eta \frac{\partial^2 u}{\partial y^2}$$

bzw. mit $\partial u/\partial y = \mathrm{d}u/\mathrm{d}y$ und $\nu = \eta/\varrho$

$$-v_0 \frac{\mathrm{d}u}{\mathrm{d}y} = \nu \frac{\mathrm{d}^2 u}{\mathrm{d}y^2}$$

Dies ist eine gewöhnliche, lineare, homogene Differentialgleichung zweiter Ordnung, deren Lösung wir Aufgabe 4.1-3 entnehmen:

$$u(y) = C_1 + C_2 \, e^{\frac{-v_0}{\nu} y} \, .$$

Die Konstanten $C_1$ und $C_2$ ergeben sich aus den Randbedingungen zu

$$C_1 = -C_2 = U_\infty$$

und man erhält für die Geschwindigkeitskomponente

$$u(y) = U_\infty (1 - e^{\frac{-v_0}{\nu} y}) \, .$$

d) Die Massenströme:
Bei Anwendung der Kontinuitätsgleichung in integraler Form für das Kontrollvolumen $V_{ABCD}$

$$\iint\limits_{AD} \varrho\,\vec{u}\cdot\vec{n}\,\mathrm{d}S + \iint\limits_{BC} \varrho\,\vec{u}\cdot\vec{n}\,\mathrm{d}S + \iint\limits_{DC} \varrho\,\vec{u}\cdot\vec{n}\,\mathrm{d}S + \iint\limits_{AB} \varrho\,\vec{u}\cdot\vec{n}\,\mathrm{d}S = 0$$

verschwinden die beiden ersten Integrale wegen des gleichen Geschwindigkeitsprofils und wir erhalten den Massenstrom zu

$$\dot{m}_{ab} = \iint\limits_{AB} \varrho\,\vec{u}\cdot\vec{n}\,\mathrm{d}S = - \iint\limits_{DC} \varrho\,\vec{u}\cdot\vec{n}\,\mathrm{d}S = \dot{m}_{zu}\;.$$

e) Der Widerstand:
Die Widerstandskraft ist

$$F_w = \vec{F}_{\text{Flüssigkeit}\rightarrow\text{Platte}}\cdot\vec{e}_x = \iint\limits_{S_p} \vec{t}\cdot\vec{e}_x\,\mathrm{d}S\;,$$

beziehungsweise in Indexnotation mit $t_1 = \tau_{j1}\,n_j$

$$F_w = F_1 = \iint\limits_{S_p} t_1\,\mathrm{d}S = \iint\limits_{S_p} \tau_{j1}n_j\,\mathrm{d}S\;,\qquad j = 1,2\;.$$

Mit den Komponenten des Normalenvektors $n_1 = 0$, $n_2 = 1$ und $n_3 = 0$ erhalten wir

$$F_w = \iint\limits_{S_p} \tau_{21}\,\mathrm{d}S\;.$$

Das Materialgesetz der Newtonschen Flüssigkeiten lautet (Cauchy–Poisson)

$$\tau_{ij} = -p\,\delta_{ij} + \lambda^*\,e_{kk}\,\delta_{ij} + 2\,\eta\,e_{ij}\;,$$

und daher erhalten wir für die gewünschte Komponente des Spannungstensors:

$$\tau_{21}\big|_{x_2=0} = 2\,\eta\,e_{21}\big|_{x_2=0} = \eta\,\frac{\partial u_1}{\partial x_2}\bigg|_{x_2=0} = \eta\,\frac{\partial u}{\partial y}\bigg|_{y=0}\;.$$

Mit

$$\frac{\partial u}{\partial y}\bigg|_{y=0} = U_\infty\,\frac{v_0}{\nu}\mathrm{e}^{\frac{-v_0}{\nu}\,y}\bigg|_{y=0} = U_\infty\,\frac{v_0}{\nu}$$

wird die Schubspannung

$$\tau_{21}\big|_{y=0} = \varrho\,U_\infty\,v_0$$

und die Widerstandskraft

$$F_w = \iint\limits_{S_p} \varrho\,U_\infty\,v_0\,\mathrm{d}S = \varrho\,U_\infty\,v_0\,L\;.$$

Die Widerstandskraft hängt nicht von der Viskosität der Flüssigkeit ab!

f) Widerstandskraft mit Impulssatz:
Die x–Komponente des Impulssatzes angewandt auf das Kontrollvolumen aus Aufgabenteil b) führt auf

$$\iint\limits_{AD} \varrho\,(\vec{u}\cdot\vec{e}_x)\,(\vec{u}\cdot\vec{n})\,\mathrm{d}S + \iint\limits_{BC} \varrho\,(\vec{u}\cdot\vec{e}_x)\,(\vec{u}\cdot\vec{n})\,\mathrm{d}S \;+$$

$$+ \iint\limits_{DC} \varrho\,(\vec{u}\cdot\vec{e}_x)\,(\vec{u}\cdot\vec{n})\,\mathrm{d}S + \iint\limits_{AB} \varrho\,(\vec{u}\cdot\vec{e}_x)\,(\vec{u}\cdot\vec{n})\,\mathrm{d}S \;=$$

$$\iint\limits_{AD} \vec{t}\cdot\vec{e}_x\,\mathrm{d}S + \iint\limits_{BC} \vec{t}\cdot\vec{e}_x\,\mathrm{d}S + \iint\limits_{DC} \vec{t}\cdot\vec{e}_x\,\mathrm{d}S + \iint\limits_{AB} \vec{t}\cdot\vec{e}_x\,\mathrm{d}S \;,$$

wobei sich die Integrale über die Flächen $AD$ und $BC$ wieder jeweils aufheben, weil an diesen Flächen gleiche Strömungsverhältnisse herrschen, und an der Wand $AB$ der Anteil wegen $\vec{u}\cdot\vec{e}_x = 0$ ebenfalls verschwindet.
Der letzte Term der rechten Seite ist die Kraft, die die Platte auf die Flüssigkeit ausübt:

$$\iint\limits_{AB} \vec{t}\cdot\vec{e}_x\,\mathrm{d}S = F_{x\text{Platte}\rightarrow\text{Flüssigkeit}} = -F_w\;.$$

Es verbleibt also

$$\iint\limits_{DC} \varrho(\vec{u}\cdot\vec{e}_x)(\vec{u}\cdot\vec{n})\,\mathrm{d}S = \iint\limits_{DC} \vec{t}\cdot\vec{e}_x\,\mathrm{d}S - F_w\;.$$

Mit

$$\iint\limits_{DC} \varrho\,(\vec{u}\cdot\vec{e}_x)(\vec{u}\cdot\vec{n})\,\mathrm{d}S = -\iint\limits_{DC} \varrho\,U_\infty\,(1 - \mathrm{e}^{\frac{-v_0}{\nu}y})\,v_0\,\mathrm{d}S = -\varrho\,U_\infty\,v_0\,(1 - \mathrm{e}^{\frac{-v_0}{\nu}\delta})\,L$$

und

$$\iint\limits_{DC} \vec{t}\cdot\vec{e}_x\,\mathrm{d}S = \eta\,\iint\limits_{DC} \left.\frac{\partial u}{\partial y}\right|_{y=\delta}\,\mathrm{d}S = U_\infty\,\varrho\,v_0\,L\,\mathrm{e}^{\frac{-v_0}{\nu}\delta}$$

erhält man für die Widerstandskraft

$$F_w = U_\infty\,\varrho\,v_0\,L\,\mathrm{e}^{\frac{-v_0}{\nu}\delta} + \varrho\,U_\infty\,v_0\,(1 - \mathrm{e}^{\frac{-v_0}{\nu}\delta})\,L = \varrho\,U_\infty\,v_0\,L\;,$$

entsprechend dem Ergebnis aus Aufgabenteil d). Liegt die Fläche DC bei $y \to \infty$, so verschwindet das Integral des Spannungsvektors über diese Fläche und die Widerstandskraft entspricht der $x$-Komponente des Impulsflusses durch die Fläche DC.

## Aufgabe 4.1-5    Vermischung zweier Flüssigkeitsströme

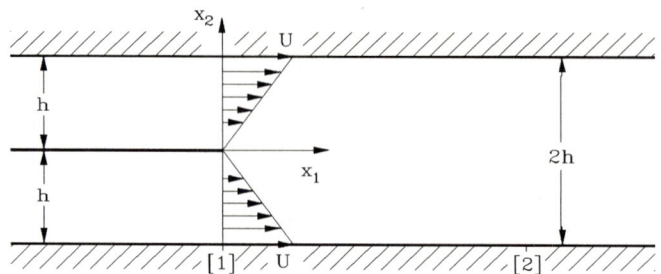

In einem ebenen Kanal (Höhe $2h$) strömt inkompressibel, stationär Newtonsche Flüssigkeit ($\varrho$, $\eta = $ const). In der Kanalmitte befindet sich eine unendlich dünne Platte. Die Kanalwände bewegen sich mit konstanter Geschwindigkeit $U$ in der positiven $x_1$–Richtung. Die beiden durch die Platte getrennten Flüssigkeitsströme vermischen sich nach dem Plattenende. An der Stelle [2] hat sich wieder ein Geschwindigkeitsprofil $u_1 = u_1(x_2)$ ausgebildet, das sich mit $x_1$ nicht mehr ändert.

Bei der Lösung können Volumenkräfte vernachlässigt werden.

a) Zeigen Sie mit Hilfe der Bewegungsgleichungen, daß sich der Druckgradient $\partial p/\partial x_1$ ab der Stelle [2] nicht mehr ändert.

b) Berechnen Sie den Volumenstrom pro Tiefeneinheit $\dot V$ an der Stelle [1].

c) Bestimmen Sie das Geschwindigkeitsprofil $u_1 = u_1(x_2)$ an der Stelle [2] aus der Forderung, daß die Flüssigkeitsteilchen bei $x_2 = \pm h$ an der Wand haften und der Forderung, daß der Volumenstrom an der Stelle [2] gleich dem Volumenstrom an der Stelle [1] ist. Zeigen Sie damit, daß der Druckgradient von null verschieden sein muß, sich also eine Druck–Schleppströmung einstellen muß.

d) Wie groß ist der Druckgradient?

Geg.: $h$, $U$, $\varrho$, $\eta$

**Lösung**

a) Druckgradient $\partial p/\partial x_1$:

Zur Bestimmung des Druckgradienten an der Stelle [2] gehen wir von den Navier–Stokesschen Gleichungen (S. L. (4.1)) aus. Zunächst folgt aus der Kontinuitätsgleichung (S. L. (2.5))

$$\frac{\partial u_1}{\partial x_1} + \frac{\partial u_2}{\partial x_2} = 0$$

für die Stelle [2], wo $u_1$ voraussetzungsgemäß nur eine Funktion von $x_2$ ist

$$\frac{\partial u_2}{\partial x_2} = 0\ ,$$

also $u_2 = u_2(x_1)$. Die Kanalwände können nicht durchströmt werden, d. h. $u_2 = 0$ bei $x_2 = \pm h$. Wir schließen daraus, daß bei [2] $u_2$ identisch null ist.

Die $x_1$–Komponente der Navier–Stokesschen Gleichung vereinfacht sich dann zu

$$\frac{\partial^2 u_1}{\partial x_2{}^2} = \frac{1}{\eta}\,\frac{\partial p}{\partial x_1}\;. \tag{1}$$

Differenzieren wir (1) partiell nach $x_1$, so erhalten wir:

$$\frac{\partial}{\partial x_1}\left(\frac{\partial^2 u_1}{\partial x_2{}^2}\right) = \frac{1}{\eta}\,\frac{\partial^2 p}{\partial x_1{}^2}\;.$$

Die linke Seite dieser Gleichung ist null, da $u_1$ nur eine Funktion von $x_2$ ist. Daher ist $\partial p/\partial x_1$ an der Stelle [2] eine Konstante, die wir $-K$ nennen.

b) Volumenstrom pro Tiefeneinheit $\dot{V}$:

Den Volumenstrom pro Tiefeneinheit bei [1] erhalten wir durch Integration der Geschwindigkeit $u_1(x_2)$ über die Kanalhöhe. Die Strömung ist reibungsbehaftet. Daher haften Flüssigkeitsteilchen an der Wand und an der Stelle [1] beobachtet man das Geschwindigkeitsprofil einer Couette–Strömung (Einfache Scherströmung):

$$-h < x_2 < 0\;:\qquad u_1 = -U\,\frac{x_2}{h}\;,$$

$$0 < x_2 < h\;:\qquad u_1 = U\,\frac{x_2}{h}\;.$$

Die Integration liefert:

$$\dot{V} = \int\limits_{-h}^{0} u_1\,\mathrm{d}x_2 + \int\limits_{0}^{h} u_1\,\mathrm{d}x_2 = U\,h\;.$$

c) Geschwindigkeitsprofil $u_1 = u_1(x_2)$ bei [2]:

Zur Bestimmung des Geschwindigkeitsprofils an der Stelle [2] lösen wir die Navier–Stokessche Gleichung (1) durch zweimaliges Integrieren. Wir erhalten die allgemeine Lösung zu

$$u_1(x_2) = -\frac{K}{2\,\eta}\,x_2^2 + C_1\,x_2 + C_2\;.$$

Für verschwindenden Druckgradienten ($K = 0$), also

$$u_1(x_2) = C_1\,x_2 + C_2$$

folgt aus der Haftbedingung $u_1 = U$ für $x_2 = \pm h$

$$u_1(x_2) = C_2 = U\;,\quad C_1 = 0\;.$$

Damit ergibt sich der Volumenstrom $\dot{V} = 2\,U\,h$, so daß die Kontinuitätsgleichung verletzt ist. Die integrale Form der Kontinuitätsgleichung führt unmittelbar auf die Aussage, daß der Volumenstrom $\dot{V}$ eine absolute Konstante ist. D. h., es muß sich aus Gründen der Kontinuität ein Druckgradient einstellen.

Für $K \neq 0$ ergeben sich die Konstanten nunmehr zu

$$C_1 = 0\;,\quad C_2 = U + \frac{K}{2\,\eta}\,h^2\;.$$

und damit

$$\frac{u_1(x_2)}{U} = 1 + \frac{K}{2\eta}\frac{h^2}{U}\left[1 - \left(\frac{x_2}{h}\right)^2\right] .$$

d) Druckgradient:

Die Konstante $K = -\partial p/\partial x_1$ bestimmen wir aus der Forderung, daß der Volumenstrom bei [1] gleich dem Volumenstrom bei [2] ist:

$$U\,h = \int\limits_{-h}^{h}\left\{U + \frac{K}{2\eta}h^2\left[1 - \left(\frac{x_2}{h}\right)^2\right]\right\}dx_2$$

$$= U\,2h + \frac{K}{2\eta}h^2\left[2h - \frac{2}{3}h\right] .$$

Die gesuchte Konstante ist

$$K = -\frac{3}{2}\eta\frac{U}{h^2} .$$

Das gesuchte Geschwindigkeitsprofil bei [2] ist

$$\frac{u_1(x_2)}{U} = 1 - \frac{3}{4}\left[1 - \left(\frac{x_2}{h}\right)^2\right] .$$

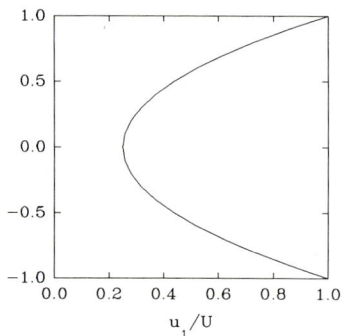

## Aufgabe 4.1-6    Widerstand einer unendlich dünnen, ebenen Platte

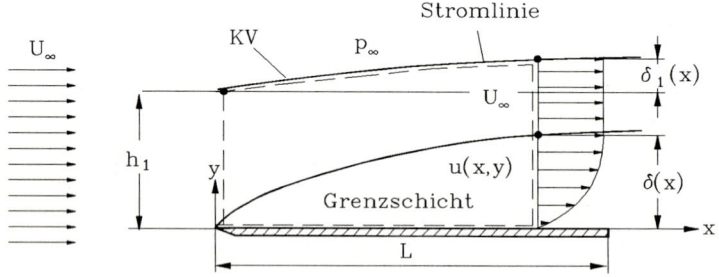

Eine unendlich dünne, ebene Platte (Breite in $z$–Richtung $b$, Länge $L$ ($b \gg L$)) wird in $x$–Richtung stationär mit $U_\infty$ angeströmt. Es bildet sich eine laminare Grenzschicht der Dicke $\delta(x) = \sqrt{30\,\nu x/U_\infty}$ aus.

Die Reynoldszahl sei groß, die Strömung der Newtonschen Flüssigkeit inkompressibel. Das Geschwindigkeitsprofil an der Plattenoberseite habe die Form:

$$\frac{u(x,y)}{U_\infty} = \begin{cases} 2\dfrac{y}{\delta(x)} - \left(\dfrac{y}{\delta(x)}\right)^2 & \text{für} \quad 0 \leq y \leq \delta(x) \\ 1 & \text{für} \quad y > \delta(x) \,. \end{cases}$$

Hinweis: Bei großer Reynoldszahl ist die Grenzschicht dünn und es gelten innerhalb und, bei dem betrachteten Problem, auch außerhalb der Grenzschicht die Ungleichungen

$$\frac{\partial u}{\partial x} \sim \frac{\partial v}{\partial y} \ll \frac{\partial u}{\partial y} \quad \text{und damit} \quad \frac{\partial v}{\partial x} \ll \frac{\partial u}{\partial y} \,.$$

Dies hat zur Folge, daß die Strömung außerhalb der Grenzschicht als ausgeglichen betrachtet werden kann und der Druck innerhalb der Grenzschicht gleich dem Druck am Grenzschichtrand ist.

a) Um welchen Betrag $\delta_1(x)$ (Verdrängungsdicke) wird die Strömung abgedrängt?
b) Man berechne den Widerstand $F_w$, den die einseitig benetzte Platte der Länge $x = L$ erfährt,
    1.) mit Hilfe des Impulssatzes,
    2.) durch direkte Integration von $\iint\limits_{(S)} \vec{t}\, \mathrm{d}S$ über die Plattenoberfläche.
c) Man berechne $Re$, $\delta(L)$ und $\delta_1(L)$ für $U_\infty = 10\,\mathrm{m/s}$, $U_\infty = 50\,\mathrm{m/s}$ und $U_\infty = 100\,\mathrm{m/s}$.

Geg.: $U_\infty$, $\nu = 15,6 * 10^{-6}\ \mathrm{m}^2/\mathrm{s}$, $L = 1\ \mathrm{m}$, $b$, $p_\infty$, $\varrho = \text{const}$

**Lösung**

a) Zur Bestimmung der Verdrängungsdicke $\delta_1(x)$ wenden wir für das skizzierte Kontrollvolumen die Kontinuitätsgleichung für $\varrho = \text{const}$,

$$\iint\limits_{(S)} \vec{u} \cdot \vec{n}\, \mathrm{d}S = 0 \,, \tag{1}$$

an, mit der Hilfsgröße $h_1$, dem Abstand von der Platte zur oberen Stromlinie an der Eintrittsfläche:

$$U_\infty\, b\, h_1 = U_\infty\, b\, \delta_1(x) + U_\infty\, b\,[h_1 - \delta(x)] + U_\infty\, b\, \delta(x) \int\limits_0^1 \frac{u}{U_\infty}\, \mathrm{d}(y/\delta) \,.$$

Daraus folgt

$$\delta_1(x) = \delta(x) \left\{ 1 - \int\limits_0^1 \left[ 2\frac{y}{\delta} - \left(\frac{y}{\delta}\right)^2 \right] \mathrm{d}(y/\delta) \right\} = \frac{1}{3}\, \delta(x) \,. \tag{2}$$

b) 1.) Berechnung von $F_w$ durch Auswerten des Impulssatzes:

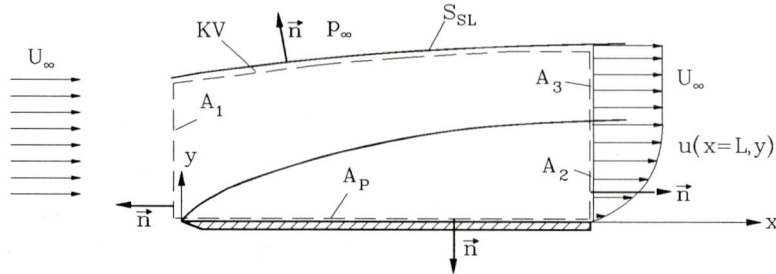

Zur Bestimmung der Widerstandskraft $F_w$ wenden wir den Impulssatz in Integralform (S. L. (2.43)) in $x$–Richtung für das skizzierte Kontrollvolumen

$$\iint\limits_{(S)} \vec{t}\cdot\vec{e}_x\,\mathrm{d}S = \iint\limits_{(S)} \varrho\,\vec{u}\cdot\vec{e}_x\,(\vec{u}\cdot\vec{n})\,\mathrm{d}S \tag{3}$$

an. Dazu wird die Gesamtfläche $S$ wie folgt aufgeteilt:
$S = S_{SL} + A_1 + A_2 + A_3 + A_P$, mit $A_1 = h_1\,b$, $A_2 = \delta(L)\,b$ und $A_3 = h_3\,b$.
Die Höhe $h_3$ ist

$$h_3 = \delta_1(L) + h_1 - \delta(L) = h_1 - \frac{2}{3}\delta(L)\ .$$

Impulsfluß über die Kontrollflächen:
Das Kontrollvolumen wurde so gewählt, daß die obere und untere Kontrollfläche Stromflächen bilden. Der Impulsfluß über die Flächen $S_{SL}$ und $A_P$ ist daher null und die rechte Seite von (3) wird zu

$$\iint\limits_{(S)} \varrho\,\vec{u}\cdot\vec{e}_x\,(\vec{u}\cdot\vec{n})\,\mathrm{d}S = \varrho\,b\left\{ -U_\infty^2\,h_1 + U_\infty^2\,h_3 + U_\infty^2\,\delta(L)\int\limits_0^1 \left(\frac{u}{U_\infty}\right)^2 \mathrm{d}(y/\delta)\right\}$$

$$= \varrho\,b\,\delta(L)\,U_\infty^2 \left\{ \int\limits_0^1 \left(\frac{u}{U_\infty}\right)^2 \mathrm{d}(y/\delta) - \frac{2}{3}\right\}$$

$$= \varrho\,b\,\delta(L)\,U_\infty^2 \left\{ \int\limits_0^1 \left[2\left(\frac{y}{\delta}\right) - \left(\frac{y}{\delta}\right)^2\right]^2 \mathrm{d}(y/\delta) - \frac{2}{3}\right\}$$

$$= -\frac{2}{15}\,\varrho\,b\,\delta(L)\,U_\infty^2\ . \tag{4}$$

Integral von $t_x$ über die Kontrollflächen:
Das Integral der $x$–Komponente des Spannungsvektors über $S$ ist:

$$\iint\limits_{(S)} \vec{t}\cdot\vec{e}_x\,\mathrm{d}S = \iint\limits_{A_P} t_x\,\mathrm{d}S + \iint\limits_{A_1} t_x\,\mathrm{d}S + \iint\limits_{A_2} t_x\,\mathrm{d}S + \iint\limits_{A_3} t_x\,\mathrm{d}S + \iint\limits_{S_{SL}} t_x\,\mathrm{d}S\ . \tag{5}$$

Die $x$–Komponente des Spannungsvektors an einer Kontrollfläche, mit den Komponenten $n_x$ und $n_y$ des Flächennormalenvektors, lautet

$$\vec{t} \cdot \vec{e}_x = t_x = \tau_{xx}\, n_x + \tau_{xy}\, n_y \; . \tag{6}$$

Die Spannungen $\tau_{xx}$ und $\tau_{xy}$ sind durch das Cauchy–Poisson–Gesetz (S. L. (3.1a)) $(e_{kk} = 0)$

$$\tau_{xx} = -p + 2\,\eta\, \frac{\partial u}{\partial x} \quad \text{und} \quad \tau_{xy} = \eta \left( \frac{\partial u}{\partial y} + \frac{\partial v}{\partial x} \right) \tag{7}$$

gegeben. Vernachlässigen wir verabredungsgemäß die Geschwindigkeitsänderungen in $x$–Richtung im gesamten Strömungsfeld und berücksichtigen, daß $p = p_\infty$ ist, so erhalten wir

$$t_x = -p_\infty\, n_x + \eta\, \frac{\partial u}{\partial y}\, n_y \; . \tag{8}$$

Das Integral von $t_x$ über die Plattenoberfläche $A_P$ ist gleich dem negativen der gesuchten Widerstandskraft $F_w$:

$$F_w = - \iint\limits_{A_P} t_x \, \mathrm{d}S \; . \tag{9}$$

Außerhalb der Grenzschicht kann die Strömung im Rahmen der Grenzschichttheorie als ausgeglichen angesehen werden, da $\partial u / \partial y$ gegen null geht. An den Kontrollflächen $A_1$, $A_3$ und $S_{SL}$ ist die $x$–Komponente des Spannungsvektors daher $t_x = -p_\infty\, n_x$. Wir erhalten für das Integral des Spannungsvektors über diese Flächen

$$\int\!\!\!\int\limits_{(A_1 + A_3 + S_{SL})} t_x\, \mathrm{d}S = p_\infty\, A_1 - p_\infty\, A_3 + p_\infty (A_2 + A_3 - A_1) = p_\infty\, A_2 = p_\infty\, \delta(L)\, b \; .$$

An der Kontrollfläche $A_2$ ist $n_x = 1$ und $n_y = 0$. Aus (8) folgt damit

$$\iint\limits_{A_2} t_x\, \mathrm{d}S = b \int\limits_0^{\delta(\mathrm{L})} (-p_\infty)\, \mathrm{d}y = -p_\infty\, \delta(L)\, b \; .$$

Das Integral von $t_x$ über die Gesamtkontrollfläche $S$ ist letztlich

$$\iint\limits_{(S)} \vec{t} \cdot \vec{e}_x\, \mathrm{d}S = -F_w \; .$$

Aus (3) folgt mit (4) die gesuchte Widerstandskraft zu

$$F_w = \frac{2}{15}\, \varrho\, b\, U_\infty^2\, \delta(L) = \frac{2\sqrt{30}}{15}\, \varrho\, b\, U_\infty^2\, L\, \frac{1}{\sqrt{Re}} \; . \tag{10}$$

Das Verhältnis dieser Lösung zu der exakten Lösung der Grenzschichtgleichung für dieses Problem (S. L. (12.50)) ist

$$\frac{F_w}{F_{w_{exakt}}} = 1,0998 \; .$$

2.) Berechnung von $F_w$ durch direkte Integration von $\iint\limits_{(S)} \vec{t}\, \mathrm{d}S$:

Aus (9) und (8) folgt mit $n_x = 0$ und $n_y = -1$:

$$F_w = -\iint\limits_{A_P} t_x \, \mathrm{d}S = b \int\limits_0^L \eta \left.\frac{\partial u}{\partial y}\right|_{y=0} \mathrm{d}x \; . \tag{11}$$

Die Wandschubspannung $\tau_w = \eta\, \partial u/\partial y|_{y=0}$ ist

$$\tau_w = \eta \sqrt{\frac{U_\infty^3}{\nu\, x}} \frac{2}{\sqrt{30}} \; .$$

Wir erhalten erwartungsgemäß

$$F_w = \frac{4}{\sqrt{30}} \, b\, \eta \sqrt{\frac{U_\infty^3}{\nu}} \sqrt{L} = \frac{2\sqrt{30}}{15} \, \varrho\, U_\infty^2 \, L\, b\, \frac{1}{\sqrt{Re}} \; .$$

c) In der folgenden Tabelle sind die Grenzschichtdicken bei einer Plattenlänge von 1 m und der kinematischen Viskosität $\nu = 15{,}6 * 10^{-6}$ m²/s (trockene Luft bei 1 bar und 25°C (S. L. Tabelle D.2)) für verschiedene Anströmgeschwindigkeiten zusammengefaßt.

| $U_\infty/\,(\mathrm{m/s})$ | $Re = U_\infty\, L/\nu$ | $\delta(L)/\,\mathrm{mm}$ | $\delta_1(L)/\,\mathrm{mm}$ |
|---|---|---|---|
| 10 | $0{,}64 * 10^6$ | 6,84 | 2,28 |
| 50 | $3{,}70 * 10^6$ | 3,06 | 1,02 |
| 100 | $6{,}41 * 10^6$ | 2,16 | 0,72 |

## Aufgabe 4.1-7   Ebener Wasserstrahl auf einen Keil

Auf einen Keil mit dem Spitzenwinkel $2\alpha$ trifft symmetrisch zur $x$–Achse ein ebener Wasserstrahl, der weit vor dem Keil die konstante Geschwindigkeit $U_0$ und die Strahldicke $h_0$ besitzt. Infolge der Reibung an der Keilwand bildet sich eine Grenzschicht aus, deren Geschwindigkeitsprofil am Keilende mit

$$u(y') = U_0 \sin\left(\frac{\pi\, y'}{2\, \delta_L}\right)$$

gegeben sei.

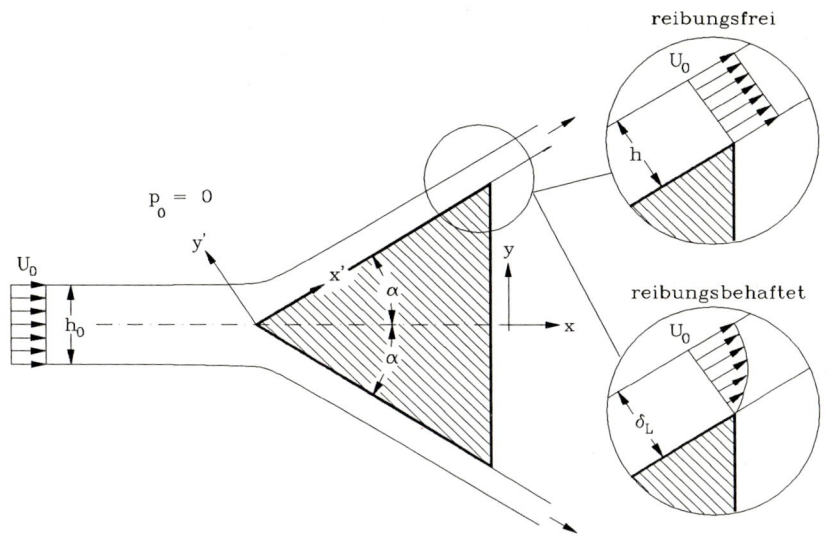

a) Bestimmen Sie die Dicken
  1.) $h$ für die reibungsfreie Strömung und
  2.) $\delta_L$ für die reibungsbehaftete Strömung.
b) Bestimmen Sie die Kraft, die pro Tiefeneinheit auf den Keil ausgeübt wird, für den Fall, daß
  1.) die Strömung reibungsfrei ist,
  2.) die Strömung reibungsbehaftet ist.
c) Wie groß ist die Differenz der so berechneten Kräfte für $\alpha = \pi/2$?

Geg.: $U_0$, $h_0$, $\alpha$, $\varrho$

**Lösung**

a)

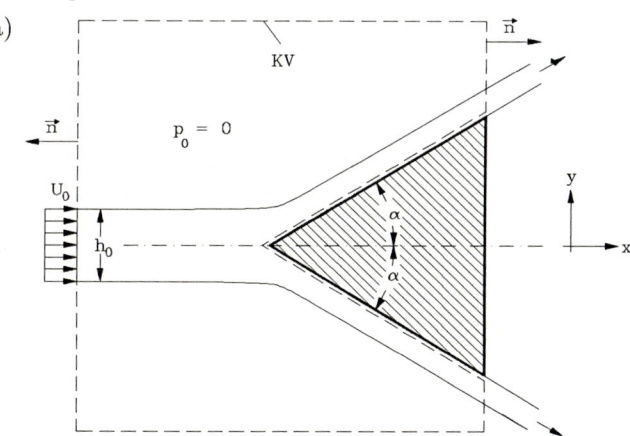

Zur Bestimmung der Dicke der Flüssigkeitsschicht am Keilende wenden wir für das skizzierte Kontrollvolumen die Kontinuitätsgleichung für $\varrho = $ const,

$$\iint\limits_{(S)} \vec{u} \cdot \vec{n} \; \mathrm{d}S = 0 \;, \qquad (1)$$

an:

1.) Für den reibungsfreien Fall erhalten wir aus (1)

$$U_0 \, h_0 = 2 \, U_0 \, h \quad \text{oder} \quad h = \frac{1}{2} \, h_0 \, . \tag{2}$$

2.) Bei der reibungsbehafteten Strömung wird die Kontinuitätsgleichung (1) mit dem gegebenen Geschwindigkeitsprofil zu:

$$U_0 \, h_0 = 2 \int\limits_0^{\delta_L} U_0 \, \sin\left(\frac{\pi \, y'}{2 \, \delta_L}\right) \, \mathrm{d}y' = 2 U_0 \, \frac{2 \, \delta_L}{\pi} \left[ -\cos\left(\frac{\pi \, y'}{2 \, \delta_L}\right) \right]_0^{\delta_L} \, .$$

Daraus folgt:

$$\delta_L = \frac{\pi}{4} \, h_0 \, . \tag{3}$$

b) Zur Bestimmung der Kraft pro Breiteneinheit auf den Keil wenden wir den Impulssatz in Integralform (S. L. (2.43))

$$\iint\limits_{(S)} \vec{t} \, \mathrm{d}S = \iint\limits_{S_K} \vec{t} \, \mathrm{d}S + \iint\limits_{S-S_K} -p_0 \, \vec{n} \, \mathrm{d}S = \iint\limits_{(S)} \varrho \, \vec{u} \, (\vec{u} \cdot \vec{n}) \, \mathrm{d}S$$

an. Das Integral über die Keiloberfläche $S_K$ ist gleich dem Negativen der gesuchten Kraft

$$-\vec{F} = \iint\limits_{(S)} \varrho \, \vec{u} \, (\vec{u} \cdot \vec{n}) \, \mathrm{d}S \, . \tag{4}$$

1.) Für den reibungsfreien Fall erhalten wir aus (4)

$$-\vec{F} = \left[ -\varrho \, U_0^2 \, h_0 + 2 \, \varrho \, U_0^2 \, h \, \cos\alpha \right] \vec{e}_x$$

und mit (2) schließlich:

$$\vec{F} = \varrho \, U_0^2 \, h_0 \, (1 - \cos\alpha) \, \vec{e}_x \, .$$

2.) Bei der reibungsbehafteten Strömung setzen wir in (4) das gegebene Geschwindigkeitsprofil ein und erhalten:

$$-\vec{F} = \left[ -\varrho \, U_0^2 \, h_0 + 2 \, \varrho \, U_0^2 \, \cos\alpha \int\limits_0^{\delta_L} \sin^2\left(\frac{\pi \, y'}{2 \, \delta_L}\right) \, \mathrm{d}y' \right] \vec{e}_x$$

$$= -\varrho \, U_0^2 \, h_0 \left[ 1 - 2 \cos\alpha \, \frac{\delta_L}{h_0} \, \frac{1}{\pi} \left[ \frac{\pi \, y'}{2 \, \delta_L} - \sin\left(\frac{\pi \, y'}{2 \, \delta_L}\right) \cos\left(\frac{\pi \, y'}{2 \, \delta_L}\right) \right]_0^{\delta_L} \right] \vec{e}_x$$

und mit (3):

$$\vec{F} = \varrho \, U_0^2 \, h_0 \left( 1 - \frac{\pi}{4} \, \cos\alpha \right) \vec{e}_x \, .$$

Man beachte, daß die Kraft auch in reibungsbehafteter Strömung bei gegebenem Geschwindigkeitsprofil nicht von der Scherviskosität der Flüssigkeit abhängt!

c) Die Differenz der beiden berechneten Kräfte ist:

$$\Delta \vec{F} = \vec{F}_{\text{reibungsbehaftet}} - \vec{F}_{\text{reibungsfrei}}$$

$$= \varrho \, U_0^2 \, h_0 \left( 1 - \frac{\pi}{4} \right) \cos \alpha \, \vec{e}_x \; .$$

Trifft der Strahl auf eine senkrechte Wand, d. h. $\alpha = \pi/2$, so verschwindet die Differenz der berechneten Kräfte.

## Aufgabe 4.1-8    Starrkörperrotation und Potentialwirbel

Gegeben ist das Geschwindigkeitsfeld einer inkompressiblen, ebenen Strömung ohne Volumenkräfte

$$u_1 = -k \, x_2 \left( x_1^2 + x_2^2 \right)^n \; ,$$

$$u_2 = k \, x_1 \left( x_1^2 + x_2^2 \right)^n \; .$$

a) Berechnen Sie die Strom– und Bahnlinien dieser Strömung.
b) Berechnen Sie den Geschwindigkeitsgradienten, den symmetrischen Deformations-geschwindigkeitstensor $e_{ij} = 1/2 \left\{ \partial u_i / \partial x_j + \partial u_j / \partial x_i \right\}$ und den antisymmetrischen Drehgeschwindigkeitstensor $\Omega_{ij} = 1/2 \left\{ \partial u_i / \partial x_j - \partial u_j / \partial x_i \right\}$.
c) Untersuchen Sie die Fälle $n = 0$ und $n = -1$:
   Für welchen Wert von $n$ liegt Starrkörperrotation vor, und für welchen handelt es sich um eine Potentialströmung? Welchen Wert hat im Falle der Potentialströmung die Konstante in der Bernoullischen Gleichung auf verschiedenen Stromlinien?
d) Skizzieren Sie für die Starrkörperrotation und die Potentialströmung das Geschwindigkeitsfeld.
e) Bestimmen Sie mit Hilfe des Cauchy–Poisson–Gesetzes den Spannungstensor für $n = 0$ und $n = -1$.
f) Berechnen Sie die Beschleunigung eines Flüssigkeitsteilchens, das sich gerade auf der $x_1$-Achse befindet, aus der Ersten Cauchyschen Bewegungsgleichung für den Fall der Potentialströmung.

## Lösung

a) Die Differentialgleichungen der Stromlinie lauten:

$$\frac{\mathrm{d}x_1}{\mathrm{d}s} = \frac{u_1}{\sqrt{u_k u_k}} \quad \text{und} \quad \frac{\mathrm{d}x_2}{\mathrm{d}s} = \frac{u_2}{\sqrt{u_k u_k}} \; .$$

Der Parameter $s$ wird eliminiert, indem wir die erste Gleichung durch die zweite dividieren:

$$\frac{\mathrm{d}x_1}{\mathrm{d}x_2} = \frac{u_1}{u_2} \; .$$

Setzen wir das gegebene Geschwindigkeitsfeld ein, so erhalten wir:

$$x_1 \, dx_1 + x_2 \, dx_2 = \frac{1}{2} \, d\left(x_1^2\right) + \frac{1}{2} \, d\left(x_2^2\right) = 0 \ .$$

Integration führt zu der Kreisgleichung

$$x_1^2 + x_2^2 = \text{const} \ .$$

Die Stromlinien sind demnach konzentrische Kreise um den Ursprung. Da das Geschwindigkeitsfeld stationär ist, fallen Strom– und Bahnlinien zusammen.

b) Geschwindigkeitsgradient $\partial u_i / \partial x_j$:

$$\frac{\partial u_1}{\partial x_1} \;=\; -k \, x_2 n \left(x_1^2 + x_2^2\right)^{n-1} 2x_1 \ ,$$

$$\frac{\partial u_1}{\partial x_2} \;=\; -k \, x_2 n \left(x_1^2 + x_2^2\right)^{n-1} 2x_2 - k \left(x_1^2 + x_2^2\right)^n \ ,$$

$$\frac{\partial u_2}{\partial x_1} \;=\; k \, x_1 n \left(x_1^2 + x_2^2\right)^{n-1} 2x_1 + k \left(x_1^2 + x_2^2\right)^n \ ,$$

$$\frac{\partial u_2}{\partial x_2} \;=\; k \, x_1 n \left(x_1^2 + x_2^2\right)^{n-1} 2x_2 \ .$$

Wir zerlegen $\partial u_i / \partial x_j$

$$\frac{\partial u_i}{\partial x_j} = e_{ij} + \Omega_{ij} \ .$$

Die Komponenten des Deformationsgeschwindigkeitstensors sind:

$$e_{11} \;=\; \frac{\partial u_1}{\partial x_1} = -2k \, n \, x_1 \, x_2 \left(x_1^2 + x_2^2\right)^{n-1} \ ,$$

$$e_{12} = e_{21} \;=\; \frac{1}{2}\left\{\frac{\partial u_1}{\partial x_2} + \frac{\partial u_2}{\partial x_1}\right\} = k \, n \left(x_1^2 - x_2^2\right)\left(x_1^2 + x_2^2\right)^{n-1}$$

$$\text{und} \quad e_{22} \;=\; \frac{\partial u_2}{\partial x_2} = 2k \, n \, x_1 \, x_2 \left(x_1^2 + x_2^2\right)^{n-1} \ .$$

Die Komponenten des Drehgeschwindigkeitstensors lauten:

$$\Omega_{11} = \Omega_{22} \;=\; 0 \ ,$$

$$\Omega_{12} = -\Omega_{21} \;=\; \frac{1}{2}\left\{\frac{\partial u_1}{\partial x_2} - \frac{\partial u_2}{\partial x_1}\right\} = -k \left(1 + n\right)\left(x_1^2 + x_2^2\right)^n \ .$$

c) Speziell $n = 0$ und $n = -1$:

  $n = 0$: Für $n = 0$ wird $e_{ij} = 0$, d. h. die Flüssigkeitsbewegung kann lokal nur eine Translation und Rotation sein. Für $n = 0$ wird der Drehgeschwindigkeitstensor zu

$$(\Omega_{ij}) = \begin{pmatrix} 0 & -k \\ k & 0 \end{pmatrix} \; .$$

  Er ist nicht von $x_i$ abhängig. Die Drehgeschwindigkeit folgt aus

$$\omega_n = -\frac{1}{2} \Omega_{ij} \, \epsilon_{ijn} \tag{1}$$

und da es sich um ein ebenes Problem handelt, ist nur die Komponente $\omega_3$ von null verschieden:

$$\omega_3 = -\frac{1}{2} \left( \Omega_{12}\epsilon_{123} + \Omega_{21}\epsilon_{213} \right) = k \; .$$

Die Stromlinien sind konzentrische Kreise zum Ursprung. Es liegt keine zusätzliche Translation vor.

  $n = -1$: Für $n = -1$ wird $\Omega_{ij} = 0$ und daher wegen (1) $\omega_n = 0$. Die Strömung ist rotationsfrei, d. h. eine Potentialströmung.

  Bei einer reibungsfreien Potentialströmung hat die Bernoullische Konstante auf allen Stromlinien denselben Wert.

d) Skizze der Stromlinien und des Geschwindigkeitsfeldes:

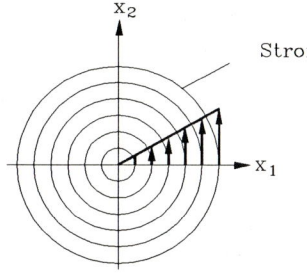 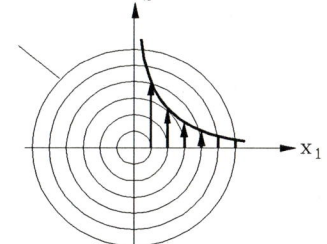

e) Spannungstensor:
Das Cauchy–Poisson–Gesetz hat die Form

$$\tau_{ij} = -p \, \delta_{ij} + \lambda^* \, e_{kk} \, \delta_{ij} + 2\eta \, e_{ij} \; .$$

Da die Strömung inkompressibel ist, ist $e_{kk} = 0$. Die Komponenten des Spannungstensors lauten

$$\tau_{11} \;=\; -p(x_i) + 2\eta \, e_{11} = -p(x_i) - 4\eta \, k \, n \, x_1 \, x_2 \, (x_1^2 + x_2^2)^{(n-1)} \; ,$$

$$\tau_{12} = \tau_{21} \;=\; 2\eta \, e_{12} = 2\eta \, k \, n \, (x_1^2 - x_2^2) \, (x_1^2 + x_2^2)^{(n-1)} \; ,$$

$$\tau_{22} \;=\; -p(x_i) + 2\eta \, e_{22} = -p(x_i) + 4\eta \, k \, n \, x_1 \, x_2 \, (x_1^2 + x_2^2)^{(n-1)} \; .$$

Für die Spezialfälle $n = 0$ und $n = -1$ erhalten wir:

$n = 0$:

$$(\tau_{ij}) = \begin{pmatrix} -p(x_i) & 0 \\ 0 & -p(x_i) \end{pmatrix} .$$

Das ist der gleiche Spannungszustand wie bei einer Flüssigkeit in Ruhe. Obwohl die Flüssigkeit reibungsbehaftet ist, treten keine Reibungsspannungen auf, da keine Relativbewegungen zwischen Flüssigkeitsteilchen stattfinden.

$n = -1$:

$$\tau_{11} = -p(x_i) + 4\eta\, k\, \frac{x_1 x_2}{(x_1^2 + x_2^2)^2} ,$$

$$\tau_{12} = \tau_{21} = -2\eta\, k\, \frac{x_1^2 - x_2^2}{(x_1^2 + x_2^2)^2} ,$$

$$\tau_{22} = -p(x_i) - 4\eta\, k\, \frac{x_1 x_2}{(x_1^2 + x_2^2)^2} .$$

f) Beschleunigung eines Flüssigkeitsteilchens auf der $x_1$–Achse für $n = -1$ (Potential-strömung):

Wir gehen von den ersten beiden Komponenten der Cauchyschen Bewegungsgleichung ohne Volumenkräfte,

$$\varrho\, \frac{\mathrm{D}u_1}{\mathrm{D}t} = \frac{\partial \tau_{11}}{\partial x_1} + \frac{\partial \tau_{12}}{\partial x_2} \quad \text{und} \quad \varrho\, \frac{\mathrm{D}u_2}{\mathrm{D}t} = \frac{\partial \tau_{21}}{\partial x_1} + \frac{\partial \tau_{22}}{\partial x_2} , \tag{2}$$

aus. Die Ableitungen der Komponenten des Spannungstensors in (2) nach den Koordinaten $x_i$ für $x_2 = 0$ sind:

$$\left.\frac{\partial \tau_{11}}{\partial x_1}\right|_{x_2=0} = \left[-\frac{\partial p}{\partial x_1} + 4\eta\, k \left(\frac{x_2}{(x_1^2 + x_2^2)^2} - \frac{2x_1 x_2\, 2x_1}{(x_1^2 + x_2^2)^3}\right)\right]_{x_2=0}$$

$$= -\frac{\partial p}{\partial x_1} ,$$

$$\left.\frac{\partial \tau_{12}}{\partial x_2}\right|_{x_2=0} = \left[-2\eta\, k \left(\frac{-2x_2}{(x_1^2 + x_2^2)^2} - \frac{2\,(x_1^2 - x_2^2)\, 2x_2}{(x_1^2 + x_2^2)^3}\right)\right]_{x_2=0}$$

$$= 0 ,$$

$$\left.\frac{\partial \tau_{21}}{\partial x_1}\right|_{x_2=0} = \left[-2\eta\, k \left(\frac{2x_1}{(x_1^2 + x_2^2)^2} - \frac{2\,(x_1^2 - x_2^2)\, 2x_1}{(x_1^2 + x_2^2)^3}\right)\right]_{x_2=0}$$

$$= \frac{4\eta\, k}{x_1^3} ,$$

$$\frac{\partial \tau_{22}}{\partial x_2}\bigg|_{x_2=0} = \left[ -\frac{\partial p}{\partial x_2} - 4\eta\, k \left( \frac{x_1}{(x_1^2 + x_2^2)^2} - \frac{2x_1\, x_2\, 2x_2}{(x_1^2 + x_2^2)^3} \right) \right]_{x_2=0}$$

$$= -\frac{\partial p}{\partial x_2} - \frac{4\eta\, k}{x_1^3} \; .$$

Eingesetzt in (2) und Auflösen nach den gesuchten Beschleunigungen führt zu

$$\frac{\mathrm{D}u_1}{\mathrm{D}t} = -\frac{1}{\varrho}\frac{\partial p}{\partial x_1} \quad \text{und} \quad \frac{\mathrm{D}u_2}{\mathrm{D}t} = -\frac{1}{\varrho}\frac{\partial p}{\partial x_2} \, ,$$

d. h. die Beschleunigung eines Teilchens ist nur vom Druckgradienten und nicht von den Reibungsspannungen abhängig. Die Erste Cauchysche Bewegungsgleichung reduziert sich hier zu der Eulerschen Gleichung.

Dies ist immer der Fall bei inkompressibler Potentialströmung, weil hier zwar nicht die Reibungsspannungen, wohl aber die Divergenz der Reibungsspannungen verschwindet (S.L. Seite 89).

## Aufgabe 4.1-9    Energiebilanz einer Potentialwirbelströmung

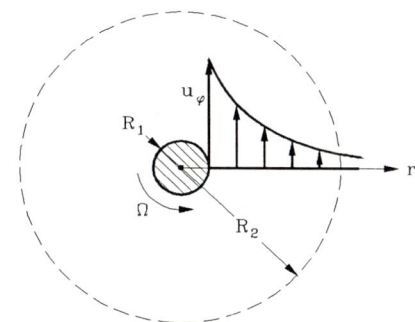

Ein unendlich langer Kreiszylinder mit dem Radius $R_1$ rotiert mit konstanter Winkelgeschwindigkeit $\Omega$ in Newtonscher Flüssigkeit ($\varrho$, $\eta$ = const). Aufgrund der Haftbedingung an der Wand hat sich ein Strömungsfeld eingestellt, das für $r > R_1$ dem eines Potentialwirbels entspricht. In Zylinderkoordinaten hat das Strömungsfeld die Geschwindigkeitskomponenten

$$u_r = 0 \, , \quad u_\varphi = \frac{\Omega\, R_1^2}{r} \quad \text{und} \quad u_z = 0 \, .$$

a) Bestimmen Sie die Zirkulation $\Gamma$ durch Auswerten des Linienintegrals am Zylinderumfang.

b) Geben Sie die Dissipationsfunktion $\Phi$ in Zylinderkoordinaten an.
   (Hinweis: Für $\Phi$ gilt $\Phi = 2\eta\,(e_{rr}^2 + 2e_{r\varphi}^2 + e_{\varphi\varphi}^2)$.)

c) Wie groß ist die pro Zeit- und Tiefeneinheit in Wärme dissipierte Energie

$$\frac{\mathrm{D}}{\mathrm{D}t} E = \iiint\limits_{(V)} \Phi \; \mathrm{d}V$$

innerhalb der skizzierten Ringfläche $S_R = \pi\,(R_2^2 - R_1^2)$?

d) Zeigen Sie, daß die pro Zeiteinheit in Wärme dissipierte Energie gleich der an der Oberfläche des Flüssigkeitsvolumens verrichteten Leistung $P$ pro Tiefeneinheit ist.

Geg.: $\varrho$, $\eta$, $R_1$, $R_2$, $\Omega$

## Lösung

a) Zirkulation $\Gamma$ längs der Zylinderoberfläche $r = R_1$:
Die Zirkulation ist definiert als

$$\Gamma = \oint_{(C)} \vec{u} \cdot d\vec{x} \, .$$

Auf dem Zylindermantel ist

$$\vec{u} = u_\varphi |_{r=R_1} \, \vec{e}_\varphi = \Omega \, R_1 \, \vec{e}_\varphi \quad \text{und} \quad d\vec{x} = R_1 \, d\varphi \, \vec{e}_\varphi \, .$$

Werten wir das Linienintegral aus, so erhalten wir:

$$\Gamma = \int_0^{2\pi} \Omega \, R_1^2 \, d\varphi = 2\pi \, \Omega \, R_1^2 \, .$$

Einsetzen dieses Ergebnisses in das gegebene Geschwindigkeitsfeld führt zu der bekannten Darstellung des Geschwindigkeitsfeldes eines Potentialwirbels

$$\vec{u} = \frac{\Gamma}{2\pi \, r} \, \vec{e}_\varphi \, . \tag{1}$$

b) Dissipationsfunktion $\Phi$:
Die Dissipationsfunktion wird im vorliegenden, ebenen Fall für inkompressible Newtonsche Flüssigkeiten durch

$$\Phi = 2\eta(e_{rr}^2 + 2e_{r\varphi}^2 + e_{\varphi\varphi}^2) \tag{2}$$

in Zyinderkoordinaten bestimmt. Wir benötigen die in (2) enthaltenen Komponenten des Deformationsgeschwindigkeitstensors in Zylinderkoordinaten, die mit dem gegebenen Geschwindigkeitsfeld (1) ermittelt werden (S. L. Anhang B):

$$e_{rr} = \frac{\partial u_r}{\partial r} = 0 \, ,$$

$$e_{\varphi\varphi} = \frac{1}{r} \frac{\partial u_\varphi}{\partial \varphi} + \frac{1}{r} u_r = 0 \, ,$$

$$e_{r\varphi} = \frac{r}{2} \frac{\partial}{\partial r} \left( \frac{u_\varphi}{r} \right) + \frac{1}{2r} \frac{\partial u_r}{\partial \varphi} = -\frac{\Gamma}{2\pi \, r^2} \, .$$

Damit wird (2) zu

$$\Phi = \eta \left( \frac{\Gamma}{\pi} \right)^2 \frac{1}{r^4} \, .$$

c) Pro Zeit- und Tiefeneinheit in Wärme dissipierte Energie:
Die dissipierte Energie pro Zeit- und Tiefeneinheit ist

$$\frac{D}{Dt} E = \iiint_{(V)} \Phi \, dV = \int_0^{2\pi} \int_{R_1}^{R_2} \eta \left( \frac{\Gamma}{\pi} \right)^2 \frac{1}{r^4} r \, dr \, d\varphi$$

$$= \frac{\eta}{\pi} \left( \frac{\Gamma}{R_1} \right)^2 \left( 1 - \left( \frac{R_1}{R_2} \right)^2 \right) \, . \tag{3}$$

Der Grenzübergang $R_2 \to \infty$ führt zu der gesamten, durch den Zylinder dissipierten Energie pro Zeit- und Tiefeneinheit:

$$\frac{\mathrm{D}}{\mathrm{D}t} E = \frac{\eta}{\pi} \left( \frac{\Gamma}{R_1} \right)^2 . \tag{4}$$

d) An der Oberflächenkräfte des Flüssigkeitsvolumens verrichtete Leistung pro Tiefeneinheit:

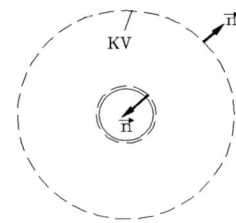

Die Leistung der äußeren Kräfte pro Tiefeneinheit am Kontrollvolumen (Ringfläche) ist:

$$P = \iint\limits_{(S)} \vec{u} \cdot \vec{t}\, \mathrm{d}S . \tag{5}$$

Den Spannungsvektor $\vec{t}$ drücken wir durch den Spannungstensor $\mathbf{T}$ aus, $\vec{t} = \vec{n} \cdot \mathbf{T}$. Der Spannungstensor berechnet sich nach dem Cauchy–Poisson–Gesetz für inkompressible Strömung zu:

$$\mathbf{T} = -p\, \vec{e}_r \vec{e}_r - \frac{\eta\, \Gamma}{\pi\, r^2}\, \vec{e}_r \vec{e}_\varphi - p\, \vec{e}_\varphi \vec{e}_\varphi - \frac{\eta\, \Gamma}{\pi\, r^2}\, \vec{e}_\varphi \vec{e}_r .$$

Wir werten das Integral (5) bei $r = R_1$ und $R_2$ aus:

$r = R_1$ : Bei $r = R_1$ ist $\vec{n} = -\vec{e}_r$. Der Spannungstensor am Zylindermantel ist daher:

$$\begin{aligned}
\vec{t} &= p\, \vec{e}_r \cdot \vec{e}_r \vec{e}_r + \frac{\eta\, \Gamma}{\pi\, R_1^2}\, \vec{e}_r \cdot \vec{e}_r \vec{e}_\varphi + \\
&\quad + p\, \vec{e}_r \cdot \vec{e}_\varphi \vec{e}_\varphi + \frac{\eta\, \Gamma}{\pi\, R_1^2}\, \vec{e}_r \cdot \vec{e}_\varphi \vec{e}_r \\
&= p\, \vec{e}_r + \frac{\eta\Gamma}{\pi\, R_1^2}\, \vec{e}_\varphi .
\end{aligned}$$

Die Geschwindigkeit am Zylindermantel ist $\vec{u} = \Gamma/(2\pi\, R_1)\, \vec{e}_\varphi$. Die an der Zylindermantelfläche verrichtete Leistung pro Tiefeneinheit ist

$$P_{R_1} = \int\limits_0^{2\pi} \frac{\Gamma}{2\pi\, R_1}\, \frac{\eta\, \Gamma}{\pi\, R_1^2}\, R_1\, \mathrm{d}\varphi = \frac{\eta}{\pi} \left( \frac{\Gamma}{R_1} \right)^2 .$$

Sie ist gleich der gesamten durch den Zylinder dissipierten Energie pro Zeit– und Tiefeneinheit (4).

$r = R_2$ : Bei der äußeren Begrenzung des Kontrollvolumens ist $\vec{n} = \vec{e}_r$. Der Spannungsvektor bei $r = R_2$ ist daher

$$\vec{t} = -p\, \vec{e}_r - \frac{\eta\, \Gamma}{\pi\, R_2^2}\, \vec{e}_\varphi$$

und die durch $\vec{t}$ bei $r = R_2$ verrichtete Leistung pro Tiefeneinheit ist

$$P_{R_2} = -\frac{\eta}{\pi} \left( \frac{\Gamma}{R_2} \right)^2 .$$

Die gesuchte Leistung $P$ ist

$$P = P_{R_1} + P_{R_2} = \frac{\eta}{\pi} \left(\frac{\Gamma}{R_1}\right)^2 \left(1 - \left(\frac{R_1}{R_2}\right)^2\right)$$

und damit gleich der dissipierten Energie pro Tiefeneinheit (3).

## 4.2   Reibungsfreie Flüssigkeiten

### Aufgabe 4.2-1   Druck– und Energieerhöhung der Flüssigkeit bei einer Radialpumpe

Eine Radialpumpe mit der aus der Skizze ersichtlichen Geometrie dreht sich mit konstanter Winkelgeschwindigkeit $\vec{\Omega} = \Omega\,\vec{e}_z$. Die Pumpe wird stationär von Flüssigkeit ($\varrho = \text{const}$) durchströmt. Der Vektor der Volumenkraft der Schwere $\varrho\,\vec{g} = -\varrho\,g\,\vec{e}_z$ steht senkrecht auf der Zeichenebene. Im Laufrad befinden sich so viele Schaufeln, daß die Strömung als schaufelkongruent angesehen werden kann. Die Stromlinien haben dann dieselbe Krümmung wie die Schaufeln.

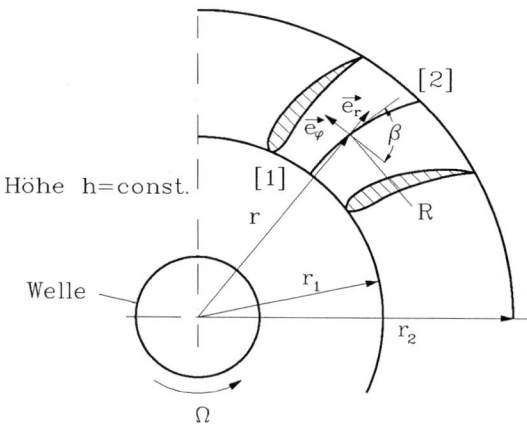

a) Man bestimme für die reibungsfreie Strömung die Komponente des Druckgradienten
   – in Strömungsrichtung $\partial p/\partial\sigma$ und
   – senkrecht zur Strömungsrichtung $\partial p/\partial n$.
b) Man spezialisiere das Ergebnis von a) für den einfacheren Fall, daß der Schaufelwinkel $\beta(r) = \text{const} = 90°$ ist.
c) Man bestimme für diesen Fall bei gegebenem Volumenstrom $\dot V$ die Energieerhöhung der Flüssigkeit in der Pumpe.

Geg.:  $r_1$, $r_2$, Schaufelwinkel $\beta(r)$, Krümmungsradius $R$, $\Omega$, $\varrho$

**Lösung**

a) Komponenten des Druckgradienten:
   Das Problem wird im mitrotierenden Koordinatensystem behandelt. Dort ist die

Strömung stationär. Die Cauchysche Bewegungsgleichung lautet im Relativsystem (S. L. (2.68)):

$$\varrho \left( \frac{\mathrm{D}\vec{w}}{\mathrm{D}t} \right)_B = \nabla \cdot \mathbf{T} + \vec{f} \,, \tag{1}$$

mit

$$\vec{f} = -\varrho \, g \, \vec{e}_z - [2\,\varrho\,\vec{\Omega} \times \vec{w} + \varrho\,\vec{\Omega} \times (\vec{\Omega} \times \vec{x})] \,.$$

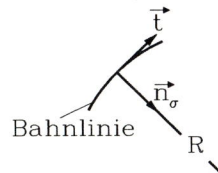

Bahnlinie

Den Beschleunigungsvektor in natürlichen Koordinaten entnehmen wir (S. L. (1.24)):

$$\frac{\mathrm{D}(w\vec{t})}{\mathrm{D}t} = \left( \frac{\partial w}{\partial t} + w \frac{\partial w}{\partial \sigma} \right) \vec{t} + \frac{w^2}{R} \, \vec{n}_\sigma$$

und erhalten in reibungsfreier Strömung ($\mathbf{T} = -p\,\mathbf{I}$) Gleichung (1) in der Form

$$\varrho \left( w \frac{\partial w}{\partial \sigma} \vec{t} + \frac{w^2}{R} \, \vec{n}_\sigma \right) = - \nabla p + \vec{f} \,.$$

Bezüglich der Basisvektoren des begleitenden Dreibeins schreiben wir

$$\vec{f} = f_\sigma \, \vec{t} + f_n \, \vec{n}_\sigma + f_b \, \vec{b}_\sigma$$

und erhalten, den Gleichungen (S. L. (4.43) - (4.45)) entsprechend, die Komponentenform in natürlichen Koordinaten

$$\varrho \, w \frac{\partial w}{\partial \sigma} = f_\sigma - \frac{\partial p}{\partial \sigma} \,, \tag{2}$$

$$\varrho \frac{w^2}{R} = f_n - \frac{\partial p}{\partial n} \,, \tag{3}$$

$$0 = f_b - \frac{\partial p}{\partial b} \,. \tag{4}$$

Für die gesamte Volumenkraft schreibt man wegen $\vec{w} = w\,\vec{t}$, $\vec{\Omega} = \Omega\,\vec{e}_z$, $\vec{x} = r\,\vec{e}_r$

$$\vec{f} = -\varrho \, g \, \vec{e}_z - 2\,\varrho\,\Omega\,w\,(\vec{e}_z \times \vec{t}) - \varrho\,\Omega^2\,r\,\vec{e}_z \times (\vec{e}_z \times \vec{e}_r) \,,$$

und mit

$$(\vec{e}_z \times \vec{t}) = -\vec{n}_\sigma \,, \quad \vec{e}_z \times (\vec{e}_z \times \vec{e}_r) = \vec{e}_z \times \vec{e}_\varphi = -\vec{e}_r \,, \quad \vec{e}_z = -\vec{b}_\sigma$$

dann

$$\vec{f} = \varrho \, g \, \vec{b}_\sigma + 2\,\varrho\,\Omega\,w\,\vec{n}_\sigma + \varrho\,\Omega^2\,r\,\vec{e}_r \,,$$

oder in der Zerlegung in Bahnrichtung

$$f_\sigma = \vec{f} \cdot \vec{t} = \varrho\, \Omega^2\, r \sin\beta \qquad\qquad (5)$$

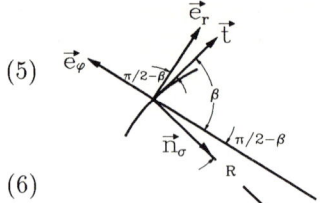

beziehungsweise in Bahnnormalenrichtung

$$f_n = \vec{f} \cdot \vec{n}_\sigma = 2\,\varrho\,\Omega\, w - \varrho\,\Omega^2\, r \cos\beta \; . \qquad\qquad (6)$$

Man beachte, daß die Corioliskraft nur einen Beitrag normal zur Bahnlinie liefert. Aus (2) und (3) gewinnen wir mit (5) und (6) schließlich die gesuchten Komponenten des Druckgradienten zu

$$\frac{\partial p}{\partial \sigma} = \varrho\, \Omega^2\, r \sin\beta - \varrho\, w\, \frac{\partial w}{\partial \sigma} \;, \qquad\qquad (7a)$$

$$\frac{\partial p}{\partial n} = 2\,\varrho\,\Omega\, w - \varrho\,\Omega^2\, r \cos\beta - \varrho\, \frac{w^2}{R} \; .$$

b) Sonderfall $\beta(r) = \pi/2$:
Die Schaufeln sind nicht gekrümmt, d. h. $R \to \infty$ und der Druckgradient vereinfacht sich zu

$$\frac{\partial p}{\partial \sigma} = \varrho\, \Omega^2\, r - \varrho\, w\, \frac{\partial w}{\partial \sigma} \;, \qquad\qquad (7b)$$

$$\frac{\partial p}{\partial n} = 2\,\varrho\,\Omega\, w \; .$$

Die Strömung zwischen den Schaufeln ist nun rein radial, die Änderung in Bahnlinienrichtung entspricht daher der Änderung in radialer Richtung. Aus (7b) folgt die Differentialgleichung

$$\frac{\partial p}{\partial r} = \varrho\, \Omega^2\, r - \varrho\, w\, \frac{\partial w}{\partial r} \;,$$

die unmittelbar längs der Bahn ($\varphi =$const!) zwischen den Stellen [1] und [2] integriert werden kann

$$\int\limits_{r_1}^{r_2} \frac{\partial p}{\partial r} \mathrm{d}r = \int\limits_{r_1}^{r_2} \varrho\, \Omega^2\, r\, \mathrm{d}r - \int\limits_{r_1}^{r_2} \varrho\, w\, \frac{\partial w}{\partial r} \mathrm{d}r$$

und die Druckdifferenz

$$p_2 - p_1 = \varrho\, \Omega^2 \left( \frac{r_2^2}{2} - \frac{r_1^2}{2} \right) - \varrho \left( \frac{w_2^2}{2} - \frac{w_1^2}{2} \right)$$

zwischen den Stellen [1] und [2] liefert. Diese Gleichung gilt längs der Bahnlinie und in der vorliegenden stationären Strömung längs der Stromlinie. In der Tat handelt es sich um eine spezielle Ableitung der Bernoullischen Gleichung im rotierenden Koordinatensystem. Man überzeuge sich, daß die Bernoullische Gleichung im allgemeinen Fall aus (1) entsteht.

c) Energieerhöhung in der Pumpe:
Aus der Energiegleichung (S. L. (2.113))

$$\frac{D}{Dt}(K + E) = P + \dot{Q}$$

ergibt sich für $\dot{Q} = 0$ und in einem Kontrollvolumen im ruhenden System (nur hier verrichten die Schaufeln Arbeit!)

$$\frac{D}{Dt}\iiint\limits_{(V(t))}\left(\frac{\vec{c}\cdot\vec{c}}{2} + e\right)\varrho\,dV = \iiint\limits_{(V)}\varrho\,\vec{c}\cdot\vec{k}\,dV + \iint\limits_{(S)}\vec{c}\cdot\vec{t}\,dS\,.$$

In adiabater, inkompressibler und reibungsfreier Strömung verschwindet die Änderung der inneren Energie (S. L. (9.61)) und wir haben

$$\frac{D}{Dt}\iiint\limits_{(V(t))}\varrho\,e\,dV = \iiint\limits_{(V(t))}\varrho\,\frac{De}{Dt}\,dV = 0\,.$$

Die Leistung der Volumenkräfte verschwindet ebenfalls, da das Innenprodukt der Absolutgeschwindigkeit

$$\vec{c} = \vec{w} + \vec{\Omega}\times\vec{x} = w\,\vec{e}_r + \Omega\,r\,\vec{e}_\varphi$$

mit der Volumenkraft

$$\vec{k} = -g\,\vec{e}_z$$

verschwindet. Aus dem Reynoldsschen Transporttheorem folgt daher der Zusammenhang

$$\frac{\partial}{\partial t}\iiint\limits_{(V)}\frac{\vec{c}\cdot\vec{c}}{2}\varrho\,dV + \iint\limits_{(S)}\varrho\,\frac{\vec{c}\cdot\vec{c}}{2}(\vec{c}\cdot\vec{n})\,dS = \iint\limits_{(S)}\vec{c}\cdot\vec{t}\,dS\,,$$

der sich weiter vereinfacht, da die kinetische Energie im benutzten Kontrollvolumen bei konstanter Drehgeschwindigkeit $\Omega$ zeitlich konstant ist:

$$\frac{\partial}{\partial t}\iiint\limits_{(V)}\frac{\vec{c}\cdot\vec{c}}{2}\varrho\,dV = 0\,.$$

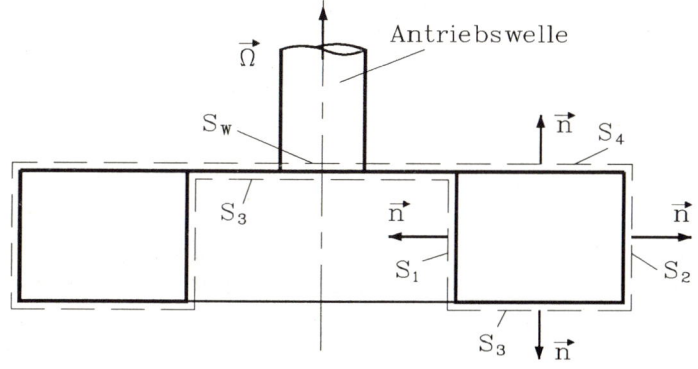

Die Strömungsgrößen können bei hinreichend vielen Schaufeln als konstant über die Eintrittsfläche $S_1$ und die Austrittsfläche $S_2$ angesehen werden, was die Auswertung von

$$\iint\limits_{S_1} \varrho \, \frac{\vec{c}\cdot\vec{c}}{2}(\vec{c}\cdot\vec{n}) \, \mathrm{d}S + \iint\limits_{S_2} \varrho \, \frac{\vec{c}\cdot\vec{c}}{2}(\vec{c}\cdot\vec{n}) \, \mathrm{d}S + \iint\limits_{S_3+S_4+S_w} \varrho \, \frac{\vec{c}\cdot\vec{c}}{2}(\vec{c}\cdot\vec{n}) \, \mathrm{d}S$$

$$= \iint\limits_{S_1} \vec{c}\cdot\vec{t} \, \mathrm{d}S + \iint\limits_{S_2} \vec{c}\cdot\vec{t} \, \mathrm{d}S + \iint\limits_{S_3+S_4} \vec{c}\cdot\vec{t} \, \mathrm{d}S + \iint\limits_{S_w} \vec{c}\cdot\vec{t} \, \mathrm{d}S$$

in geschlossener Form ermöglicht. Zunächst stellen wir fest, daß der dritte Term der linken Seite wegen $\vec{c}\cdot\vec{n} = 0$ null ist und der Dritte der rechten Seite wegen $\vec{t} = -p\,\vec{n}$. Mit dem als bekannt vorausgesetzten Volumenstrom $\dot{V}$ folgt:

$$-\frac{\varrho}{2}\left(w_1^2 + \Omega^2\, r_1^2\right)\dot{V} + \frac{\varrho}{2}\left(w_2^2 + \Omega^2\, r_2^2\right)\dot{V} = p_1\dot{V} - p_2\dot{V} + \iint\limits_{S_w} \vec{c}\cdot\vec{t} \, \mathrm{d}S \, .$$

Das verbleibende Flächenintegral stellt die Leistung dar, die die Pumpe über die Antriebswelle an die Flüssigkeit abgibt. Durch einfaches Umstellen folgt:

$$P_{K\to Fl.} = \frac{\varrho}{2}\dot{V}\left[\left(w_2^2 + \Omega^2\, r_2^2\right) - \left(w_1^2 + \Omega^2\, r_1^2\right)\right] + \dot{V}(p_2 - p_1) \, .$$

Der erste Term rechts ist die Erhöhung der kinetischen Energie, der zweite die Erhöhung der Druckenergie.

## Aufgabe 4.2-2    Druckverteilung in einem Spiralgehäuse

Das skizzierte Spiralgehäuse ohne Beschaufelung einer Turbine wird von einem Volumenstrom $\dot{V}$ durchsetzt. Die Strömung habe konstante Dichte $\varrho$ und sei reibungsfrei. Das Spiralgehäuse (konstante Höhe $h$) ist so ausgebildet, daß der Drall $\vec{x}\times\vec{c}$ über den Umfang konstant ist. Volumenkräfte sind vernachlässigbar.

Berechnen Sie den Druck $p_B$ am Radius $r_B$, wenn das Medium bei $[A]$ mit Atmosphärendruck $p_0$ austritt.

Geg.: $R$, $r_A$, $r_B$, $\dot{V}$, $p_0$, $\varrho$

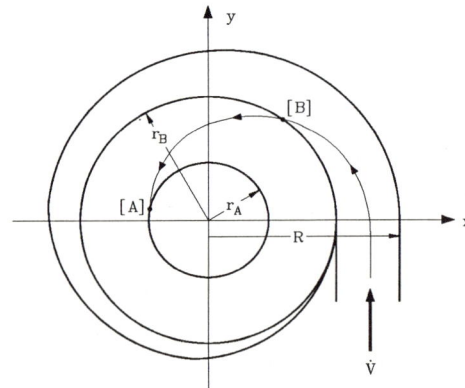

**Lösung**

Die Bernoullische Gleichung, angewandt auf die Stromlinie von $[B]$ nach $[A]$, lautet wegen $p_A = p_0$ (ohne Volumenkräfte)

$$p_B + \frac{\varrho}{2}c_B^2 = p_0 + \frac{\varrho}{2}c_A^2 \, , \tag{1}$$

wobei $c^2 = c_r^2 + c_\varphi^2$ an den Stellen $[A]$ und $[B]$ noch bestimmt werden muß. Aus dem Volumenstrom, der in die Ringfläche an $r$ eintritt, folgt

$$c_r = -\frac{\dot{V}}{2\pi r h} = -\frac{A}{r} \quad \text{mit} \quad A = \frac{\dot{V}}{2\pi h}. \tag{2}$$

Am schaufelfreien Raum wirkt in reibungsfreier Flüssigkeit kein Drehmoment und aus der Eulerschen Turbinengleichung folgt

$$r\,c_u = K \quad \text{oder} \quad c_u = c_\varphi = \frac{K}{r}.$$

Die Konstante $K$ berechnet sich aus der Bedingung, daß die Außenkontur des Spiralgehäuses Stromlinie ist. Die Differentialgleichung dieser Stromlinie

$$\frac{1}{r}\frac{dr}{d\varphi} = \frac{c_r}{c_\varphi} = -\frac{A}{K}$$

kann sofort integriert werden.

$$\ln r = -\frac{A}{K}\varphi + \ln C.$$

Die Anfangsbedingung $r(\varphi = 0) = R$ führt auf

$$\ln\frac{R}{r} = \frac{A}{K}\varphi,$$

und die noch unbekannte Konstante $K$ folgt aus der Bedingung $r(\varphi = 2\pi) = r_B$ zu

$$K = \frac{2\pi A}{\ln\frac{R}{r_B}}. \tag{3}$$

Damit erhält man schließlich

$$c_A^2 = (A^2 + K^2)\frac{1}{r_A^2}, \quad c_B^2 = (A^2 + K^2)\frac{1}{r_B^2}$$

und so aus der Bernoullischen Gleichung (1)

$$p_B = p_0 + \frac{\varrho}{2}(A^2 + K^2)\frac{1}{r_A^2}\left(1 - \left(\frac{r_A}{r_B}\right)^2\right)$$

bzw. mit (2) und (3)

$$p_B = p_0 + \frac{\varrho}{2}\left(\frac{\dot{V}}{2\pi r_A h}\right)^2\left[1 + \left(\frac{2\pi}{\ln\frac{R}{r_B}}\right)^2\right]\left(1 - \left(\frac{r_A}{r_B}\right)^2\right),$$

was zeigt, daß für $r_A \to 0$ erhebliche Drücke erzeugt werden.

# Aufgabe 4.2-3   Absenkung der freien Oberfläche eines Potentialwirbels

Das Geschwindigkeitspotential des Potentialwirbels lautet:

$$\Phi = U_0\, r_0 \arctan\left(\frac{y}{x}\right) = U_0\, r_0\, \varphi\,.$$

Man berechne die Geschwindigkeitsverteilung und die Absenkung der freien Oberfläche eines Potentialwirbels.

Geg.: $U_0$, $r_0$, $\varrho$, $\vec{g}$

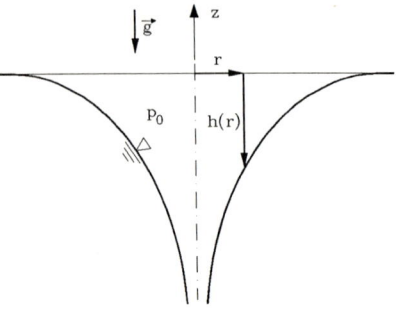

**Lösung**

Aus dem gegebenen Geschwindigkeitspotential $\Phi = U_0\, r_0\, \varphi$ folgt das Geschwindigkeitsfeld in Zylinderkoordinaten zu:

$$u_r = \frac{\partial \Phi}{\partial r} = 0\,,$$

$$u_\varphi = \frac{1}{r}\frac{\partial \Phi}{\partial \varphi} = U_0\,\frac{r_0}{r}\,,$$

$$u_z = \frac{\partial \Phi}{\partial z} = 0\,.$$

Die Divergenz des Feldes verschwindet

$$\nabla \cdot \vec{u} = \nabla \cdot \nabla \Phi = \frac{\partial^2 \Phi}{\partial r^2} + \frac{1}{r}\frac{\partial \Phi}{\partial r} + \frac{1}{r^2}\frac{\partial^2 \Phi}{\partial \varphi^2} + \frac{\partial^2 \Phi}{\partial z^2} = 0\,,$$

die Strömung ist also inkompressibel ($\mathrm{D}\varrho/\mathrm{D}t = 0$) und wir nehmen an, daß die Dichte $\varrho$ überhaupt konstant ist, so daß die Bernoullische Gleichung in der Form

$$p + \frac{\varrho}{2}u^2 + \varrho\, g\, z = \text{const}$$

Verwendung findet mit

$$u^2 = u_\varphi^2 = U_0^2 \left(\frac{r_0}{r}\right)^2 \qquad \text{und} \qquad \vec{g} = -g\,\vec{e}_z\,.$$

Da es sich um eine Potentialströmung handelt, gilt die Bernoullische Gleichung zwischen zwei beliebigen Punkten im Feld. Wir schreiben sie an zwischen einem Punkt auf der Flüssigkeitsoberfläche im Unendlichen ($r \to \infty$, $z = 0$, $p = p_0$) und einem Punkt auf der abgesenkten freien Oberfläche ($z = -h(r)$, $p = p_0$)

$$p_0 + \frac{\varrho}{2}u^2(r \to \infty) = p_0 + \frac{\varrho}{2}u^2(r) - \varrho\, g\, h(r)$$

und schließen wegen $u^2(r \to \infty) = 0$ auf

$$h(r) = \frac{u^2(r)}{2\,g} = \frac{U_0^2}{2\,g}\left(\frac{r_0}{r}\right)^2\,.$$

# Aufgabe 4.2-4   Zirkulation und Rotation einer Couetteströmung

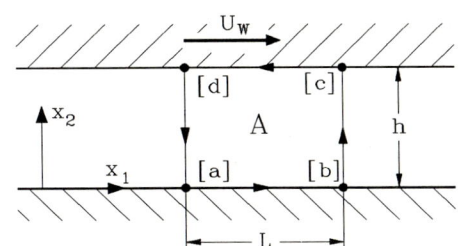

Zwischen zwei unendlich ausgedehnten, ebenen Platten (die untere ist fest, die obere wird mit $U_W \vec{e}_1$ geschleppt) befindet sich Newtonsche Flüssigkeit konstanter Dichte und Viskosität.

a) Welche Geschwindigkeitsverteilung liegt im Kanal vor?
b) Berechnen Sie die Zirkulation der geschlossenen Linie, die die oben skizzierte Fläche $A$ umschließt
   1.) durch Auswertung des Linienintegrales,
   2.) durch Anwendung des Stokesschen Integralsatzes.

Geg.: $U_W$, $L$, $h$

## Lösung

a) Geschwindigkeitsverteilung im Kanal
   Es handelt sich um die einfache Scherströmung oder auch Couette-Strömung

$$\Rightarrow \qquad u_1 = \frac{U_W}{h}\, x_2\,, \quad u_2 = u_3 = 0\,.$$

b) Die Zirkulation entlang der Linie $\overline{abcda}$:

1.) Linienintegral:

$$\Gamma = \oint\limits_{(C)} \vec{u}\cdot\mathrm{d}\vec{x} = \int\limits_a^b u_1\,\mathrm{d}x_1 + \int\limits_b^c u_2\,\mathrm{d}x_2 + \int\limits_c^d u_1\,\mathrm{d}x_1 + \int\limits_d^a u_2\,\mathrm{d}x_2$$

$$= \int\limits_c^d U_W\,\mathrm{d}x_1$$

$$= -U_W\, L\,.$$

2.) Mit dem Stokesschen Satz:

$$\Gamma = \oint\limits_{(C)} \vec{u}\cdot\mathrm{d}\vec{x} = \iint\limits_{(S)} (\mathrm{rot}\,\vec{u})\cdot\vec{n}\,\mathrm{d}S\,.$$

$C$ ist die Linie $\overline{abcda}$, $S$ ist die eingeschlossene Fläche $A$ mit dem Normalenvektor $\vec{e}_3$. Mit

$$\mathrm{rot}\,\vec{u} = \left(\frac{\partial u_2}{\partial x_1} - \frac{\partial u_1}{\partial x_2}\right)\vec{e}_3 = -\frac{U_W}{h}\,\vec{e}_3$$

erhält man also

$$\Gamma = \iint\limits_{(A)} -\frac{U_W}{h}\,\vec{e}_3 \cdot \vec{n}\,\mathrm{d}S = -U_W\,L\,.$$

## Aufgabe 4.2-5   Durch einen Kreiswirbelring induzierte Geschwindigkeit

Ein zu einem Kreis mit Radius $a$ geschlossener Wirbelfaden mit konstanter Zirkulation $\Gamma$ induziert am Punkt $P(0,0,L)$ eine Geschwindigkeit $\vec{u}(0,0,L)$. Man berechne diese Geschwindigkeit mit Hilfe des Biot–Savartschen Gesetzes.

Geg.: $a$, $\Gamma$, $L$

## Lösung

Im Biot–Savartschen Gesetz

$$\vec{u} = \frac{\Gamma}{4\,\pi} \int\limits_{\text{Faden}} \frac{\mathrm{d}\vec{x}' \times \vec{r}}{r^3}$$

ist im vorliegenden Fall

$$\mathrm{d}\vec{x}' = a\,\mathrm{d}\varphi'\,\vec{e}_\varphi{}'\,,$$

und für $\vec{r} = \vec{x} - \vec{x}'$ ergibt sich

$$\vec{r} = L\,\vec{e}_z - a\,\vec{e}_r{}'\,,$$

also

$$r^2 = L^2 + a^2\,,$$

so daß aus

$$\mathrm{d}\vec{x}' \times \vec{r} = a\,\mathrm{d}\varphi'\,\vec{e}_\varphi{}' \times (L\,\vec{e}_z - a\,\vec{e}_r{}')$$

der Zusammenhang

$$\mathrm{d}\vec{x}' \times \vec{r} = (a\,L\,\vec{e}_r{}' + a^2\,\vec{e}_z)\,\mathrm{d}\varphi'$$

entsteht. Damit schreiben wir die induzierte Geschwindigkeit

$$\vec{u} = \frac{\Gamma}{4\,\pi} \int\limits_{\varphi'=0}^{2\,\pi} \frac{a\,L\,\vec{e}_r{}'(\varphi') + a^2\,\vec{e}_z}{(L^2+a^2)^{\frac{3}{2}}}\,\mathrm{d}\varphi'$$

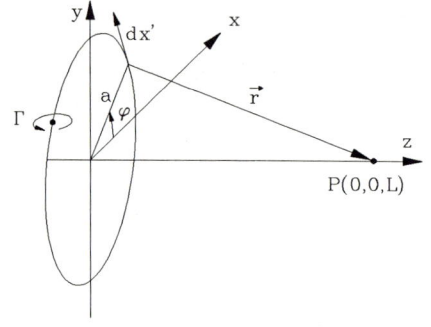

*Vorzeichen !*

*$\vec{e}_r{}'$ ist eine Funktion von $\varphi'$ siehe rechts*

Wirbelfaden

bzw.

$$\vec{u} = \frac{\Gamma}{4\pi} \frac{1}{(L^2 + a^2)^{\frac{3}{2}}} \left[ a L \int\limits_{\varphi'=0}^{2\pi} \vec{e}_r{}'(\varphi') \, d\varphi' + a^2 \vec{e}_z \int\limits_{\varphi'=0}^{2\pi} d\varphi' \right] .$$

Das erste Integral verschwindet, da

$$\vec{e}_r{}' = \cos\varphi' \, \vec{e}_x + \sin\varphi' \, \vec{e}_y$$

und $\cos\varphi'$ ebenso wie $\sin\varphi'$ über eine volle Periode integriert null ergibt. Das Zweite liefert $2\pi$ und man erhält

$$\vec{u} = \frac{\Gamma a^2}{2(L^2 + a^2)^{\frac{3}{2}}} \vec{e}_z .$$

Die maximale Geschwindigkeit wird für $L = 0$ erhalten, also im Mittelpunkt des Kreises

$$\vec{u}_{max} = \frac{\Gamma}{2a} \vec{e}_z .$$

## Aufgabe 4.2-6  Zwei unendlich lange, gerade Wirbelfäden in Wandnähe

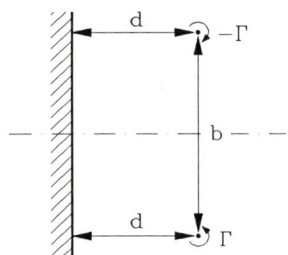

Zum Zeitpunkt $t = t_0$ befinden sich zwei unendlich lange Wirbelfäden, die voneinander den Abstand $b$ haben, im Abstand $d$ von der Wand entfernt.

a) Man erfülle durch Spiegelung die Randbedingung an der Wand ($\vec{u} \cdot \vec{n} = 0$)!
b) Wie groß sind die zum Zeitpunkt $t = t_0$ an beiden Wirbelfäden induzierten Geschwindigkeiten?
c) Man skizziere die Bahn der beiden Wirbel qualitativ.

Geg.: $d$, $b$, $\Gamma$

### Lösung

a) Eine Wand im Strömungsfeld (kinematische Randbedingung $\vec{u} \cdot \vec{n} = 0$) erzeugen wir durch Spiegelung der Wirbel an der Achse, die die Wand darstellen soll.

Damit ist die kinematische Rand-
bedingung $\vec{u} \cdot \vec{n} = 0$ auf der
$y$–Achse (Wand) erfüllt, da die
Normalkomponente der indu-
zierten Geschwindigkeit des einen
Wirbelfadens gerade von seinem
Spiegelbild kompensiert wird!

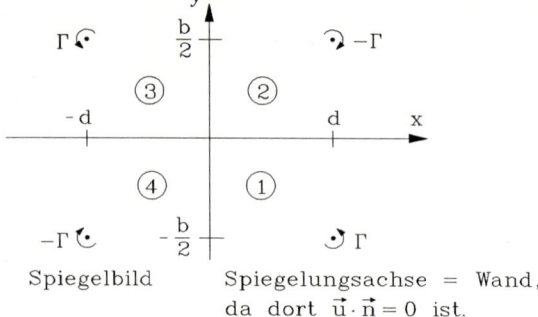

Spiegelbild    Spiegelungsachse = Wand,
da dort $\vec{u} \cdot \vec{n} = 0$ ist.

b) Ein gerader Wirbelfaden mit der Zirkulation $+\Gamma$
am Punkt $x', y'$ induziert am Punkt $x, y$ die Geschwindigkeit

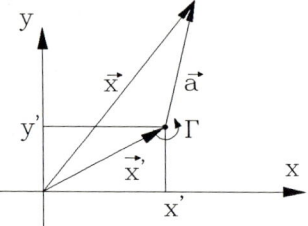

$$\vec{u} = \frac{\Gamma}{2 \pi a} \, \vec{e}_z \times \frac{\vec{a}}{a} \,,$$

wobei $\vec{a} = \vec{x} - \vec{x}'$ ist, so daß die induzierte Geschwindigkeit

$$\vec{u} = \frac{\Gamma}{2 \pi [(x - x')^2 + (y - y')^2]} \, [-(y - y') \, \vec{e}_x + (x - x') \, \vec{e}_y]$$

wird. Auf einem beliebigen Punkt $P(x, y)$ induziert der Wirbelfaden 1 dann die
Geschwindigkeit

$$\vec{u}_1 = \frac{\Gamma}{2 \pi \left[(x - d)^2 + \left(y + \frac{b}{2}\right)^2\right]} \left[-\left(y + \frac{b}{2}\right) \vec{e}_x + (x - d) \vec{e}_y\right] \,,$$

der Wirbelfaden 2

$$\vec{u}_2 = \frac{-\Gamma}{2 \pi \left[(x - d)^2 + \left(y - \frac{b}{2}\right)^2\right]} \left[-\left(y - \frac{b}{2}\right) \vec{e}_x + (x - d) \vec{e}_y\right] \,,$$

der Wirbelfaden 3

$$\vec{u}_3 = \frac{\Gamma}{2 \pi \left[(x + d)^2 + \left(y - \frac{b}{2}\right)^2\right]} \left[-\left(y - \frac{b}{2}\right) \vec{e}_x + (x + d) \vec{e}_y\right]$$

und der Wirbelfaden 4 die Geschwindigkeit

$$\vec{u}_4 = \frac{-\Gamma}{2 \pi \left[(x + d)^2 + \left(y + \frac{b}{2}\right)^2\right]} \left[-\left(y + \frac{b}{2}\right) \vec{e}_x + (x + d) \vec{e}_y\right] \,.$$

Die gesamte induzierte Geschwindigkeit am Punkt $P$ ergibt sich durch Überlagerung der Einzelgeschwindigkeiten:

$$\vec{u}_P = \vec{u}_1 + \vec{u}_2 + \vec{u}_3 + \vec{u}_4 \ .$$

Am Punkt $P(x = d, y = -b/2)$ erhalten wir so die induzierte Geschwindigkeit

$$
\begin{aligned}
\vec{u}_{P_1} &= 0 - \frac{\Gamma}{2\pi b}\vec{e}_x + \frac{\Gamma}{2\pi(4d^2+b^2)}(b\,\vec{e}_x + 2d\,\vec{e}_y) - \frac{\Gamma}{2\pi\,2d}\vec{e}_y \\
&= \frac{\Gamma}{2\pi}\left[\left(-\frac{1}{b}+\frac{b}{4d^2+b^2}\right)\vec{e}_x + \left(-\frac{1}{2d}+\frac{2d}{4d^2+b^2}\right)\vec{e}_y\right] \ ,
\end{aligned}
$$

da bekanntlich der gerade Wirbelfaden auf sich selbst keine Translationsgeschwindigkeit induziert.

Für $P(x = d, y = +b/2)$ erhalten wir die induzierte Geschwindigkeit am Wirbelfaden 2

$$
\begin{aligned}
\vec{u}_{P_2} &= -\frac{\Gamma}{2\pi b}\vec{e}_x + 0 + \frac{\Gamma}{2\pi\,2d}\vec{e}_y - \frac{\Gamma}{2\pi(4d^2+b^2)}(-b\,\vec{e}_x + 2d\,\vec{e}_y) \\
&= \frac{\Gamma}{2\pi}\left[\left(-\frac{1}{b}+\frac{b}{4d^2+b^2}\right)\vec{e}_x + \left(\frac{1}{2d}-\frac{2d}{4d^2+b^2}\right)\vec{e}_y\right] \ .
\end{aligned}
$$

c) Die Gleichungen für $\vec{u}_{P_1}$ und $\vec{u}_{P_2}$ gelten nicht nur für die Konfiguration $x = d$ und $y = b/2$, sondern für ganz beliebige $x$ und $y$, die denselben Symmetriebedingungen genügen.

Wenn die auf den Wirbel am Ort $x, y$ induzierte Geschwindigkeit bekannt ist, läßt sich sofort die Bewegungsgleichung aufstellen (S. L. (4.145)). Es gilt also für den Wirbel 2

$$
\begin{aligned}
\vec{u}_{P_2} &= \frac{\Gamma}{2\pi}\left[\left(-\frac{1}{2y}+\frac{2y}{4(x^2+y^2)}\right)\vec{e}_x + \left(\frac{1}{2x}-\frac{2x}{4(x^2+y^2)}\right)\vec{e}_y\right] \\
&= \frac{dx}{dt}\vec{e}_x + \frac{dy}{dt}\vec{e}_y
\end{aligned}
$$

oder

$$\frac{\mathrm{d}x}{\mathrm{d}t} = \frac{\Gamma}{4\pi}\left(\frac{y^2 - x^2 - y^2}{y(x^2 + y^2)}\right),$$

$$\frac{\mathrm{d}y}{\mathrm{d}t} = \frac{\Gamma}{4\pi}\left(\frac{x^2 + y^2 - x^2}{x(x^2 + y^2)}\right).$$

Hieraus gewinnen wir die parameterfreie Differentialgleichung

$$\frac{\mathrm{d}y}{\mathrm{d}x} = -\frac{y^3}{x^3},$$

deren allgemeine Lösung

$$\frac{1}{y^2} + \frac{1}{x^2} = \frac{1}{C^2}$$

ist. Zur Bestimmung der Konstanten unterwerfen wir sie der Anfangsbedingung $y(x = d) = b/2$, woraus sich die Integrationskonstante zu

$$C = \sqrt{\frac{d^2 b^2}{4 d^2 + b^2}}$$

ergibt.

Die explizite Darstellung

$$y = \frac{C x}{\sqrt{x^2 - C^2}}$$

zeigt unmittelbar, daß sich die Wirbel nur bis auf einen von Null verschiedenen Abstand nähern:

$$y\big|_{x \to \infty} = C = \frac{d b}{\sqrt{4 d^2 + b^2}}.$$

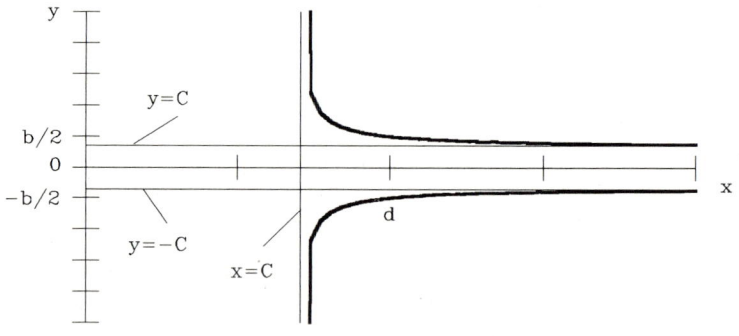

## Aufgabe 4.2-7    Elliptische Zirkulationsverteilung über der Flügelspannweite

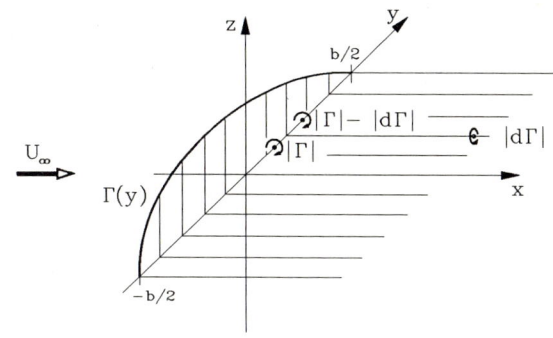

Ein Modell zur Berechnung von Auftriebs- und Abwindverteilung an einem Flügel geht von einer elliptischen Zirkulationsverteilung über der Flügelspannweite aus:

$$\Gamma(y) = -\Gamma_0 \sqrt{1 - \left(\frac{y}{b/2}\right)^2} \, .$$

Nach (S. L. (Kap. 4.2)) geht dann an jeder Stelle $y'$ ein infinitesimaler Wirbel der Stärke $\mathrm{d}\Gamma = (\mathrm{d}\Gamma/\mathrm{d}y') \, \mathrm{d}y'$ ab.

a) Man bestimme den Abwind $w(y)$, der von den abgehenden freien Wirbeln am Ort des gebundenen Wirbels induziert wird.

b) Man bestimme den induzierten Anstellwinkel $\alpha_{ind} = w/U_\infty$ am Ort des gebundenen Wirbels.

c) Man bestimme mit Hilfe des Satzes von Kutta-Joukowsky

$$A = \varrho \, U_\infty \int\limits_{-b/2}^{b/2} -\Gamma(y) \, \mathrm{d}y$$

den Auftrieb des Flügels.

d) Wie groß ist der induzierte Widerstand $W_{ind}$?

Hinweis:     $\displaystyle\int\limits_{-1}^{1} \frac{t \, \mathrm{d}t}{(t-a)(1-t^2)^{\frac{1}{2}}} = \pi$     für     $-1 < a < +1$.

## Lösung

a) Abwindverteilung $w(y)$:

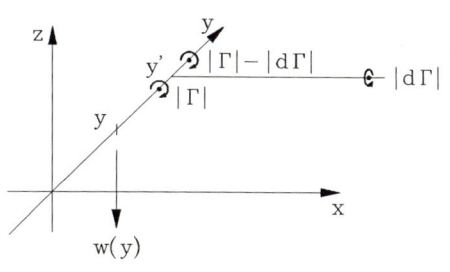

An der Stelle $y'$ verringert sich der Wert der Zirkulation des Flügels um

$$\mathrm{d}\Gamma = \frac{\mathrm{d}\Gamma}{\mathrm{d}y'} \, \mathrm{d}y' = -\Gamma_0 \frac{-2\left(\frac{y'}{b/2}\right)}{2\sqrt{1 - \left(\frac{y'}{b/2}\right)^2}} \frac{\mathrm{d}y'}{b/2}$$

mit   $\eta' = \dfrac{y'}{b/2}$

$$\mathrm{d}\Gamma = \Gamma_0 \frac{\eta' \, \mathrm{d}\eta'}{\sqrt{1 - \eta'^2}} \, .$$

Als Folge der Zirkulationsänderung muß nach dem Ersten Helmholtzschen Wirbel-satz ein infinitesimaler Wirbel der Zirkulation $\mathrm{d}\Gamma$ abgehen. Dieser infinitesimale, halbunendliche Wirbelfaden induziert am Ort $(0, y, 0)$ einen Abwind der Größe

$$\mathrm{d}w = \frac{\mathrm{d}\Gamma}{4\pi(y'-y)} = \frac{\Gamma_0}{4\pi b/2} \frac{\eta'\,\mathrm{d}\eta'}{(\eta'-\eta)\sqrt{1-\eta'^2}}\ .$$

Integriert man nun über alle $y'$, d. h. von $\eta' = -1$ bis $+1$, so erhält man den von allen abgehenden Wirbelfäden am Ort $y$ induzierten Abwind:

$$w(y) \;=\; \frac{\Gamma_0}{2\pi b} \int_{-1}^{1} \frac{\eta'\,\mathrm{d}\eta'}{(\eta'-\eta)\sqrt{1-\eta'^2}} \tag{1}$$

$$=\; \frac{\Gamma_0}{2b} = \mathrm{const}\ .$$

Anmerkung: Die Berechnung des Cauchy–Hauptwertintegrals in (1) läßt sich durch die Substitution $\eta' = \cos\varphi'$ mit $0 \leq \varphi' \leq \pi$ und $\eta = \cos\varphi$ mit $0 \leq \varphi \leq \pi$ auf ein bekanntes Glauertsches Integral (S. L. (10.382) für $n = 1$) zurückführen:

$$\int_{-1}^{1} \frac{\eta'\,\mathrm{d}\eta}{(\eta'-\eta)\sqrt{1-\eta'^2}} \;=\; \int_{\pi}^{0} \frac{\cos\varphi'(-\sin\varphi')}{(\cos\varphi'-\cos\varphi)\sin\varphi'}\,\mathrm{d}\varphi'$$

$$=\; \int_{0}^{\pi} \frac{\cos\varphi'}{(\cos\varphi'-\cos\varphi)}\,\mathrm{d}\varphi' = \pi\ .$$

Für die elliptische Zirkulationsverteilung ergibt sich also ein über den Flügel kon-stanter Abwind. Man kann zeigen, daß diese Verteilung insgesamt den geringst möglichen induzierten Widerstand liefert.

b) Resultierender Anstellwinkel $\alpha_{ind}$:

$$\tan\alpha_{ind} \;=\; \frac{w}{U_\infty} \qquad \text{bzw., da i. d. R. } \frac{w}{U_\infty} \ll 1\ ,$$

$$\alpha_{ind} \;=\; \frac{w}{U_\infty} = \frac{\Gamma_0}{2\,b\,U_\infty}\ .$$

c) Auftrieb des Flügels:
Kutta-Joukowsky:

$$A \;=\; \varrho\,U_\infty \int_{-b/2}^{b/2} -\Gamma(y)\,\mathrm{d}y = \varrho\,\Gamma_0\,U_\infty \frac{b}{2} \int_{-1}^{1} \sqrt{1-\eta^2}\,\mathrm{d}\eta$$

$$= \varrho \, \Gamma_0 \, U_\infty \, \frac{b}{2} \frac{1}{2} \left( \eta \sqrt{1 - \eta^2} + \arcsin \eta \right) \Big|_{-1}^{1} \,,$$

d. h.

$$A = \varrho \, \Gamma_0 \, U_\infty \, b \, \frac{\pi}{4}$$

und der Auftriebsbeiwert wird

$$c_A = \frac{A}{\frac{\varrho}{2} U_\infty^2 \, F} = \frac{\pi}{2} \frac{\Gamma_0 \, b}{U_\infty \, F} \,,$$

wobei $F$ die Flügelgrundrißfläche bezeichnet. Man schreibt mit $\Lambda = b^2/F$ auch

$$c_A = \frac{\pi}{2} \frac{\Lambda \, \Gamma_0}{U_\infty \, b} = \pi \, \Lambda \, \alpha_{ind}$$

und nennt $\Lambda$ das Seitenverhältnis.

d)

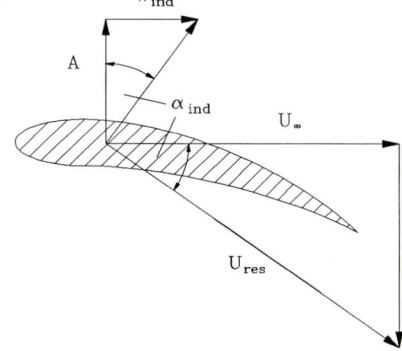

Der induzierte Widerstand ist die Komponente der Gesamtkraft in die negative Flugrichtung. Daher

$$W_{ind} = A \tan \alpha_{ind} \approx A \, \alpha_{ind}$$

$$= \varrho \, \Gamma_0 \, U_\infty \, b \, \frac{\pi}{4} \frac{\Gamma_0}{2 \, b \, U_\infty}$$

beziehungsweise

$$W_{ind} = \varrho \, \Gamma_0^2 \, \frac{\pi}{8} \,.$$

Der Widerstandsbeiwert nimmt damit die Form

$$c_W = \frac{W_{ind}}{\frac{\varrho}{2} U_\infty^2 \, F} = \frac{\pi}{4} \frac{\Gamma_0^2}{U_\infty^2 \, F} = \frac{\pi}{4} \frac{\Gamma_0^2 \, \Lambda}{U_\infty^2 \, b^2}$$

an.

# Aufgabe 4.2-8    Strömung um einen Tragflügel

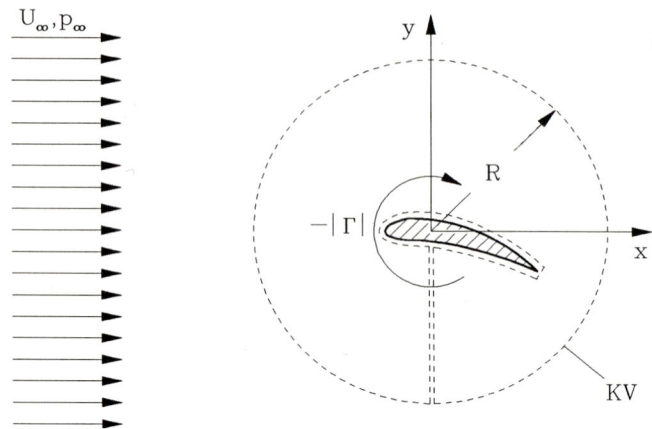

Das Geschwindigkeitsfeld um das oben skizzierte (in $z$–Richtung unendlich ausgedehnte) Tragflügelprofil kann mit Ausnahme des Bereiches in unmittelbarer Nähe des Flügels durch das Potential

$$\Phi = U_\infty\, r\, \cos\varphi + \frac{\Gamma}{2\,\pi}\,\varphi\,, \qquad (\Gamma < 0)$$

beschrieben werden, was der Überlagerung einer Parallelströmung mit einem Potentialwirbel der Zirkulation $\Gamma$ (entgegen dem mathematisch positiven Drehsinn) entspricht. Die ebene, inkompressible Strömung sei reibungsfrei, Volumenkräfte sind vernachlässigbar. Der Druck im Unendlichen ist $p_\infty$.

a) Berechnen Sie das Geschwindigkeits– und Druckfeld in Zylinderkoordinaten.
b) Bestimmen sie die Kraft auf den Flügel (pro Tiefe) durch Anwendung des Impulssatzes auf das oben skizzierte Kontrollvolumen.

Geg.: $U_\infty$, $\Gamma$, $\varrho$, $p_\infty$

## Lösung

a) Geschwindigkeits– und Druckfeld in Zylinderkoordinaten:

$$\vec{u} = \nabla\Phi = \frac{\partial\Phi}{\partial r}\,\vec{e}_r + \frac{1}{r}\,\frac{\partial\Phi}{\partial\varphi}\,\vec{e}_\varphi$$

$$\Rightarrow \qquad u_r = U_\infty\,\cos\varphi\,, \qquad u_\varphi = -U_\infty\,\sin\varphi + \frac{\Gamma}{2\,\pi\,r}\,. \qquad (1)$$

Den Betrag der Geschwindigkeit berechnet man zu

$$u^2 = u_r^2 + u_\varphi^2 = U_\infty^2 - \frac{\Gamma\,U_\infty}{\pi\,r}\,\sin\varphi + \frac{\Gamma^2}{4\,\pi^2\,r^2}\,. \qquad (2)$$

Aus der Bernoullischen Gleichung ($\psi = 0$, $\varrho = \text{const}$, $\partial/\partial t = 0$) folgt damit

$$p(r \to \infty) + \frac{\varrho}{2}\,u^2(r \to \infty) \;=\; p + \frac{\varrho}{2}\,u^2$$

$$\Rightarrow \qquad p = p_\infty - \frac{\varrho}{2}(u^2 - U_\infty^2)$$

bzw. mit (2)

$$p = p_\infty - \frac{\varrho}{2}\left(-\frac{\Gamma U_\infty}{\pi r}\sin\varphi + \frac{\Gamma^2}{4\pi^2 r^2}\right) . \qquad (3)$$

b) Kraft auf den Flügel:

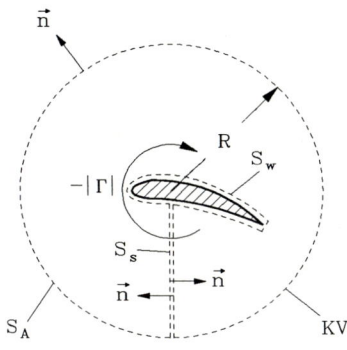

Impulssatz:

$$\iint\limits_{(S)} \varrho\vec{u}\,(\vec{u}\cdot\vec{n})\,\mathrm{d}S = \iint\limits_{(S)} \vec{t}\,\mathrm{d}S$$

Aufteilung: $S = S_A + S_W + S_S$
Die Integrale über beide Schnittufer des Schlitzes heben sich heraus, der Impulsfluß über die Flügeloberfläche $S_W$ ist null, der Normalenvektor auf $S_A$ ist $\vec{n} = \vec{e}_r$. Wegen $\vec{t} = -p\,\vec{n}$ (reibungsfrei) erhält man daher

$$\vec{F} = \iint\limits_{S_A} -p\,\vec{e}_r\,\mathrm{d}S - \iint\limits_{S_A} \varrho(u_r^2\,\vec{e}_r + u_r u_\varphi\,\vec{e}_\varphi)\,\mathrm{d}S . \qquad (4)$$

Mit $\mathrm{d}S = R\mathrm{d}\varphi$ und $p = p_\infty - (\varrho/2)(u_r^2 + u_\varphi^2 - U_\infty^2)$ erhalten wir

$$\vec{F} = \int\limits_0^{2\pi} \left\{\left(-p_\infty + \frac{\varrho}{2}(u_r^2 + u_\varphi^2 - U_\infty^2) - \varrho\,u_r^2\right)\vec{e}_r - \varrho\,u_r\,u_\varphi\,\vec{e}_\varphi\right\} R\,\mathrm{d}\varphi$$

$$\Rightarrow \quad \vec{F} = -\int\limits_0^{2\pi}\left(p_\infty + \frac{\varrho}{2}U_\infty^2\right)\vec{e}_r\,R\,\mathrm{d}\varphi + \varrho\int\limits_0^{2\pi}\left\{\frac{1}{2}(u_\varphi^2 - u_r^2)\vec{e}_r - u_r u_\varphi\,\vec{e}_\varphi\right\} R\,\mathrm{d}\varphi .$$

Das erste Integral verschwindet ($\vec{e}_r = \cos\varphi\,\vec{e}_x + \sin\varphi\,\vec{e}_y$), so daß mit $u_r$ und $u_\varphi$ aus (1) folgt:

$$\vec{F} = \varrho\int\limits_0^{2\pi}\left\{\frac{1}{2}\left(U_\infty^2(\sin^2\varphi - \cos^2\varphi) - \frac{\Gamma U_\infty}{\pi R}\sin\varphi + \frac{\Gamma^2}{4\pi^2 R^2}\right)\vec{e}_r\right.$$

$$\left. + \left(U_\infty^2\sin\varphi\cos\varphi - \frac{\Gamma U_\infty}{2\pi R}\cos\varphi\right)\vec{e}_\varphi\right\} R\mathrm{d}\varphi .$$

Wegen $\vec{e}_r = \cos\varphi\,\vec{e}_x + \sin\varphi\,\vec{e}_y$ und $\vec{e}_\varphi = -\sin\varphi\,\vec{e}_x + \cos\varphi\,\vec{e}_y$ reduziert sich das Integral auf

$$\vec{F} = \varrho \int\limits_0^{2\pi} -\frac{\Gamma U_\infty}{2\pi R}(\sin\varphi\,\vec{e}_r + \cos\varphi\,\vec{e}_\varphi)\,R\,d\varphi$$

und wir gewinnen in Übereinstimmung mit dem Satz von Kutta-Joukowsky

$$\vec{F} = -\varrho\,\Gamma\,U_\infty\,\vec{e}_y\,,\quad (\Gamma < 0)\,.$$

Für die skizzierte Anströmung und Flügelgeometrie ist $\Gamma$ negativ, so daß eine Kraft in positive $y$–Richtung (=Auftrieb) auf den Flügel wirkt.

## Aufgabe 4.2-9    Strahlwinkel im Freistrahldiffusor

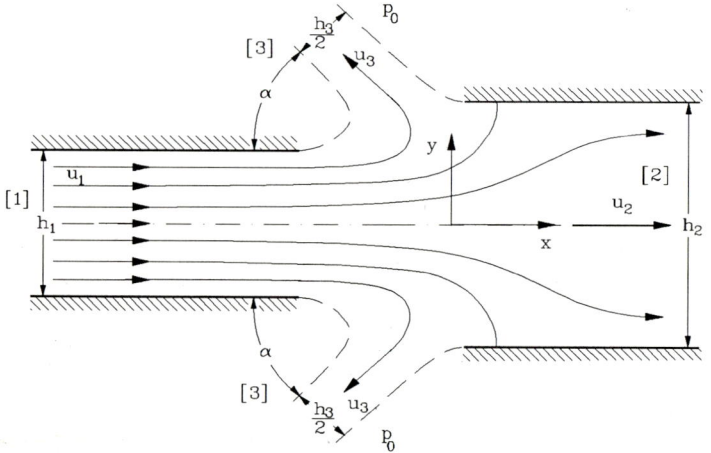

In den skizzierten Freistrahldiffusor strömt Flüssigkeit mit der Geschwindigkeit $u_1$ ein. Ein Teil der einströmenden Flüssigkeitsmenge wird bei [3] als Freistrahl unter dem Winkel $\alpha$ in die Umgebung (Druck $p_0$) ausgeblasen. Es wird reibungslose, ebene Potentialströmung angenommen, d. h. die Bernoullische Konstante ist auf jeder Stromlinie dieselbe. Die auf die Anordnung ausgeübte Kraft in $y$–Richtung, $F_y$, ist aus Symmetriegründen gleich null, die Kraft in $x$–Richtung, $F_x$, ist wegen reibungsfreier Strömung gleich null.

a) Wie groß ist die Dicke $h_3/2$ des ausgeblasenen Strahles an der Stelle [3]?
b) Wie groß sind die Druckdifferenzen $p_1 - p_0$ und $p_2 - p_0$?
c) Berechnen Sie aus der Forderung $F_x = 0$ den Winkel $\alpha$, den die Freistrahlen mit der $x$–Achse bilden.

Geg.: $u_1$, $u_2$, $u_3$, $h_1$, $h_2$, $\varrho$, $p_0$

## Lösung

a) Strahldicke $h_3/2$:

Die Kontinuitätsgleichung lautet:

$$u_1 h_1 = u_2 h_2 + u_3 h_3$$

$$\Rightarrow \quad \frac{h_3}{2} = \frac{1}{2}\left(\frac{u_1}{u_3} h_1 - \frac{u_2}{u_3} h_2\right) . \tag{1}$$

b) Druckdifferenzen $p_1 - p_0$ und $p_2 - p_0$:

An der Stelle [3] ist der Druck im Freistrahl $p_3$ gleich dem Umgebungsdruck $p_0$, da die Krümmung der Stromlinien verschwindet. Die Bernoullische Gleichung formuliert für die Punkte [1] und [3] lautet:

$$p_1 + \frac{\varrho}{2} u_1^2 = p_0 + \frac{\varrho}{2} u_3^2$$

$$\Rightarrow \quad p_1 - p_0 = \frac{\varrho}{2}\left(u_3^2 - u_1^2\right) . \tag{2}$$

Für die Punkte [1] und [2] erhalten wir:

$$p_2 + \frac{\varrho}{2} u_2^2 = p_1 + \frac{\varrho}{2} u_1^2$$

$$\Rightarrow \quad p_2 - p_0 = \frac{\varrho}{2}\left(u_1^2 - u_2^2\right) + (p_1 - p_0)$$

bzw. mit (2)

$$p_2 - p_0 = \frac{\varrho}{2}\left(u_3^2 - u_2^2\right) . \tag{3}$$

c) Strahlwinkel $\alpha$:

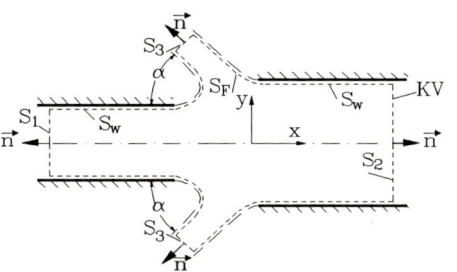

Impulssatz in $x$–Richtung:

$$\iint\limits_{(S)} \varrho\, \vec{u} \cdot \vec{e}_x\, (\vec{u} \cdot \vec{n})\, \mathrm{d}S = \iint\limits_{(S)} \vec{t} \cdot \vec{e}_x\, \mathrm{d}S . \tag{4}$$

Aufteilung: $S = S_F + S_W + S_1 + S_2 + S_3$

Das Integral des Impulsflusses über die Wandfläche $S_W$ und die Freistrahlränder verschwinden, da in beiden Fällen der Flächennormalenvektor senkrecht zum Geschwindigkeitsvektor steht.

Die Gleichung (4) ausgewertet pro Tiefeneinheit wird zu

$$-\varrho\, u_1^2 h_1 + \varrho\, u_2^2 h_2 - \varrho\, u_3^2 h_3 \cos\,\alpha = p_1 h_1 - p_2 h_2 + p_0 (h_2 - h_1) . \tag{5}$$

Mit (2), (3) und

$$h_3 = \frac{u_1}{u_3} h_1 - \frac{u_2}{u_3} h_2$$

folgt aus dem Impulssatz (5) der Kosinus des gesuchten Strahlwinkels $\alpha$:

$$\cos\,\alpha = \left[1 + \left(\frac{u_2}{u_3}\right)^2\right] \frac{h_2}{2\,h_3} - \left[1 + \left(\frac{u_1}{u_3}\right)^2\right] \frac{h_1}{2\,h_3} .$$

# Aufgabe 4.2-10    Kontraktionsziffer der Bordamündung

An einem Behälter befindet sich
eine „Bordamündung" (i.e. eine
Öffnung, die durch ein Rohr weit
ins Behälterinnere gezogen ist).
Die Flüssigkeit (Dichte $\varrho$) im Behälter wird durch einen Kolben
(Masse $m$) belastet und verläßt
die Öffnung (Querschnitt $A_B$)
mit der Austrittsgeschwindigkeit
$u$ (Strahlquerschnitt $A_S$).

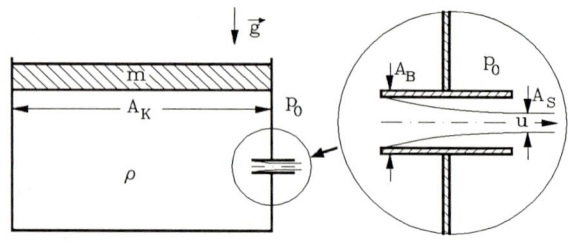

Es ist $A_B/A_K \ll 1$ (quasistationärer Vorgang) und die Volumenkräfte sind zu vernachlässigen.

a) Wie groß ist die Austrittsgeschwindigkeit $u$?
b) Berechnen Sie die Kontraktionsziffer $\alpha = A_S/A_B$.

Geg.: $A_K$, $m$, $g$, $\varrho$, $p_0$

## Lösung

a) Austrittsgeschwindigkeit $u$:

Aus der Kräftebilanz in vertikaler Richtung für den Kolben folgt der Druck unterhalb
des Kolbens:

$$p_K = p_0 + \frac{m\,g}{A_k}\,. \tag{1}$$

Unter Vernachlässigung der Volumenkräfte in der Flüssigkeit herrscht der Druck $p_K$
überall im Behälter.

Der Druck im Freistrahl ist gleich dem Umgebungsdruck $p_0$, wenn die Krümmun-
gen der Stromlinien verschwinden. Die Strömungsgeschwindigkeit innerhalb des
Behälters ist null, da $A_B/A_K \ll 1$.

Damit lautet die Bernoullische Gleichung zwischen Kolbenfläche und Strahlaustritt
(Querschnittsfläche $A_S$):

$$p_K = p_0 + \frac{\varrho}{2}u^2\,.$$

Mit der Gleichung (1) folgt daraus die Austrittsgeschwindigkeit:

$$u = \sqrt{\frac{2\,m\,g}{\varrho\,A_K}}\,. \tag{2}$$

b) Kontraktionsziffer $\alpha = A_S/A_B$:

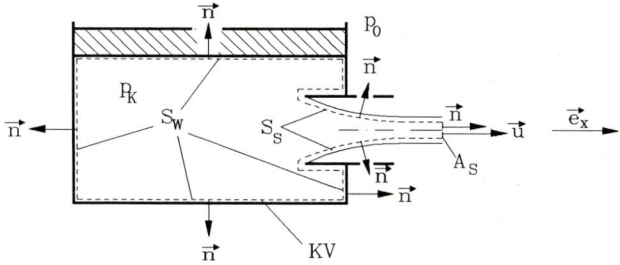

Impulssatz in $x$–Richtung:

$$\iint\limits_{(S)} \varrho\,\vec{u}\cdot\vec{e}_x\,(\vec{u}\cdot\vec{n})\,\mathrm{d}S = \iint\limits_{(S)} \vec{t}\cdot\vec{e}_x\,\mathrm{d}S\;.$$

Aufteilung: $S = S_W + S_S + A_S$

$$\Rightarrow \iint\limits_{S_W} \varrho\,\vec{u}\cdot\vec{e}_x\,(\vec{u}\cdot\vec{n})\,\mathrm{d}S + \iint\limits_{S_S} \varrho\,\vec{u}\cdot\vec{e}_x\,(\vec{u}\cdot\vec{n})\,\mathrm{d}S + \iint\limits_{A_S} \varrho\,\vec{u}\cdot\vec{e}_x\,(\vec{u}\cdot\vec{n})\,\mathrm{d}S =$$

$$\iint\limits_{S_W} \vec{t}\cdot\vec{e}_x\,\mathrm{d}S - \iint\limits_{S_S} p_0\,\vec{n}\cdot\vec{e}_x\,\mathrm{d}S - \iint\limits_{A_S} p_0\,\vec{n}\cdot\vec{e}_x\,\mathrm{d}S\;. \tag{3}$$

Das Integral des Impulsflusses über die Wandfläche $S_W$ verschwindet, da die Geschwindigkeit im Behälter null ist. Der Impulsfluß über die Freistrahlränder $S_S$ ist null, da der Flächennormalenvektor senkrecht zum Geschwindigkeitsvektor steht. Das verbleibende Oberflächenintegral auf der linken Seite ist $\varrho\,u^2\,A_S$.
Auswerten der rechten Seite:
1. Integral:

$$\iint\limits_{S_W} \vec{t}\cdot\vec{e}_x\,\mathrm{d}S \;=\; -\iint\limits_{S_W} \underbrace{p_K}_{p_K=const}\,\vec{n}\cdot\vec{e}_x\,\mathrm{d}S$$

$$=\; -p_K \iint\limits_{A_B} \underbrace{\vec{n}\cdot\vec{e}_x}_{-1}\,\mathrm{d}S$$

$$=\; p_K\,A_B\;.$$

$p_K\,A_B$ ist die resultierende Kraft infolge $p_K$ an der Behälterwand gegenüber $A_B$.

2. Integral:

$$-\iint\limits_{S_S} p_0\,\vec{n}\cdot\vec{e}_x\,\mathrm{d}S = -\iint\limits_{A_B-A_S} p_0\,\mathrm{d}S = -p_0\,(A_B - A_S)\;.$$

3. Integral:

$$-\iint\limits_{A_S} p_0\, \vec{n} \cdot \vec{e}_x\, \mathrm{d}S = -p_0\, A_S\ .$$

Einsetzen in Gleichung (3) führt auf

$$\varrho\, u^2\, A_S = p_K\, A_B - p_0\, (A_B - A_S) - p_0\, A_S = (p_K - p_0)\, A_B\ .$$

Mit der Druckdifferenz $p_K - p_0 = \varrho\, u^2/2$ aus Teil a) (Gleichung (1)) berechnen wir daraus die Kontraktionsziffer

$$\alpha = \frac{1}{2}\ .$$

## Aufgabe 4.2-11    Reibungsfreie, ebene, rotationssymmetrische Strömung

Gegeben ist die Geschwindigkeitsverteilung einer reibungsfreien, ebenen, rotationssymmetrischen Strömung:

$$u(r) = U_0 \left(\frac{r}{r_0}\right)^n\ .$$

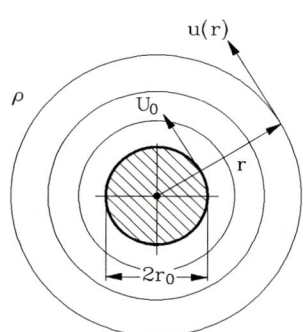

a) Geben Sie den Druckverlauf $p(r)$ für diese Strömung an ($p(r_0) = p_0$).
b) Wie groß muß der Exponent $n$ gewählt werden, damit in obigem Strömungsfeld die Konstante in der Bernoullischen Gleichung überall den gleichen Wert hat?

Geg.: $r_0,\ U_0,\ n,\ \varrho,\ p_0$

### Lösung

a) Druckverlauf $p(r)$:
   Die stationären Eulerschen Gleichungen ohne Volumenkräfte in natürlichen Koordinaten (S. L. (4.43, 4.44)) lauten:

$$\varrho\, u\, \frac{\partial u}{\partial \sigma} = -\frac{\partial p}{\partial \sigma} \qquad \Rightarrow \qquad \text{in Stromlinienrichtung,} \tag{1}$$

$$\varrho\, \frac{u^2}{R} = -\frac{\partial p}{\partial n} \qquad \Rightarrow \qquad \text{senkrecht zu den Stromlinien.} \tag{2}$$

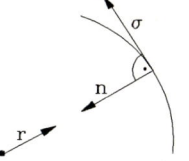

$n$ ist nicht mit dem Exponenten $n$ zu verwechseln, es wird positiv in Richtung zum Krümmungsmittelpunkt gezählt. Im vorliegenden Fall ist wegen der Rotationssymmetrie $\partial/\partial\sigma \equiv 0$. Gleichung (1) ist daher erfüllt. In Gleichung (2) entspricht

$$n \doteq -r \qquad \text{und} \qquad R \doteq r \;.$$

Dies führt auf die gewöhnliche Differentialgleichung

$$\frac{\mathrm{d}p}{\mathrm{d}r} = \frac{\varrho\, u^2}{r} \qquad \text{mit} \qquad p(r_0) = p_0 \tag{3}$$

zur Bestimmung des Druckverlaufes. Setzen wir die gegebene Geschwindigkeitsverteilung ein und integrieren über $r$, so erhalten wir

$$p(r) - p_0 = \frac{\varrho\, U_0^2}{r_0^{2n}} \int\limits_{r_0}^{r} \bar{r}^{\,2n-1}\, d\bar{r} \;. \tag{4}$$

Wir machen folgende Fallunterscheidung für den Exponenten:

$n \neq 0$:
$$p(r) - p_0 = \frac{\varrho\, U_0^2}{2n}\left(\left(\frac{r}{r_0}\right)^{2n} - 1\right)\;. \tag{5}$$

$n = 0$:
$$p(r) - p_0 = \varrho\, U_0^2 \ln\frac{r}{r_0}\;.$$

b) Bestimmung von $n$ $\Rightarrow$ Potentialströmung:
Die Stromlinien sind konzentrische Kreise um den Punkt $r = 0$. Auf jeder der kreisförmigen Stromlinien gilt die Bernoullische Gleichung

$$p + \frac{\varrho}{2}\, u^2 = \text{const} = C\;.$$

Wir greifen zwei Stromlinien heraus:
Speziell für $r = r_0$
$$p_0 + \frac{\varrho}{2}\, U_0^2 = C_0 \tag{6}$$

und allgemein für $r > r_0$ mit dem gegebenen Geschwindigkeitsansatz

$$p(r) + \frac{\varrho}{2}\, U_0^2 \left(\frac{r}{r_0}\right)^{2n} = C(r)\;. \tag{7}$$

Wenn die Konstante auf jeder Stromlinie den gleichen Wert haben soll ($C_0 = C(r)$), müssen die linken Seiten der Gleichungen (6) und (7) gleich sein:

$$\Rightarrow \quad p(r) - p_0 \;=\; \frac{\varrho}{2}\, U_0^2 - \frac{\varrho}{2}\, U_0^2\left(\frac{r}{r_0}\right)^{2n}$$

$$=\; -\frac{\varrho\, U_0^2}{2}\left(\left(\frac{r}{r_0}\right)^{2n} - 1\right)\;.$$

Durch Vergleich mit (5) stellt man fest, daß

$$n = -1$$

sein muß.

$$\Rightarrow \qquad u(r) = U_0 \, \frac{r_0}{r} \, .$$

## Aufgabe 4.2-12   Gesamtdruckerhöhung im Freistrahldiffusor

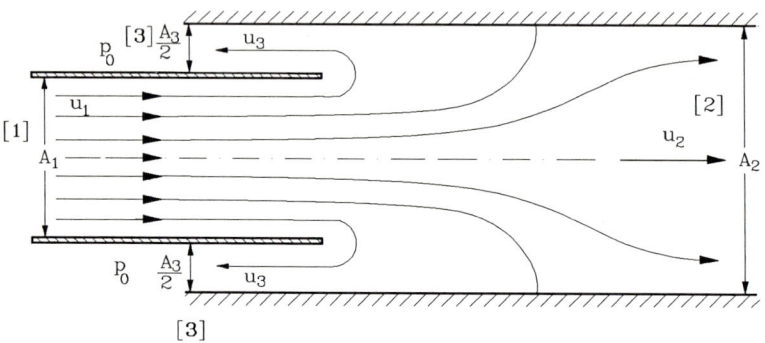

An der Stelle [1] strömt Luft in einen Kanal (Querschnitt $A_1$) ein. 15% des einströmenden Massenstromes werden bei [3] auf beiden Seiten des Kanals in die Atmosphäre ausgeblasen (Umgebungsdruck $p_0$). An der Stelle [2] sind die Stromlinien wieder parallel. Es wird verlustfreie, stationäre Strömung angenommen. Diese Annahme ist gerechtfertigt, da wegen des abnehmenden Druckes an der Wand bei diesem „Diffusor" nicht mit Ablösung zu rechnen ist. Dichteänderungen werden vernachlässigt.

a) 1.) Wie groß ist die Druckdifferenz $p_2 - p_1$?
   2.) Wie ändert sich der Gesamtdruck $p_g$ von [1] nach [2]?
b) Bestimmen Sie die Austrittsfläche $A_3$.

Geg.: $A_1 = 0,04 \, \mathrm{m}^2$, $A_2 = 0,07 \, \mathrm{m}^2$, $u_1 = 20 \, \mathrm{m/s}$, $p_1 - p_0 = 100 \, \mathrm{Pa}$, $\varrho = 1,15 \, \mathrm{kg/m^3}$

## Lösung

a) Druckdifferenzen $p_2 - p_1$ und $p_{g_2} - p_{g_1}$:

1.) Nur 85% des einströmenden Massenstromes $\dot{m}_1$ strömen nach [2]. Die Kontinuitätsgleichung lautet:

$$\dot{m}_2 \;=\; n \, \dot{m}_1 \qquad \text{mit} \qquad n = 0,85 \, .$$

$$\Rightarrow \qquad \varrho \, u_2 \, A_2 \;=\; n \, \varrho \, u_1 \, A_1$$

$$\Rightarrow \qquad \frac{u_2}{u_1} \;=\; n \, \frac{A_1}{A_2} \, . \tag{1}$$

Die Bernoullische Gleichung angewandt auf eine Stromlinie zwischen den Punkten [1] und [2] lautet:

$$p_1 + \frac{\varrho}{2}\,u_1^2 \;=\; p_2 + \frac{\varrho}{2}\,u_2^2$$

$$\Rightarrow \qquad p_2 - p_1 \;=\; \frac{\varrho}{2}\,u_1^2\left(1 - \left(\frac{u_2}{u_1}\right)^2\right)\,,$$

mit (1) folgt: $\qquad p_2 - p_1 \;=\; \frac{\varrho}{2}\,u_1^2\left(1 - \left(n\,\frac{A_1}{A_2}\right)^2\right)$

$$= \; 175,7\,\mathrm{N/m}^2\;.$$

2.) Der Gesamtdruck ist definiert als

$$p_g = p + \frac{\varrho}{2}\,u^2\;.$$

Da laut Aufgabenstellung keine Verluste zwischen den Stellen [1] und [2] auftreten, gilt:

$$p_2 + \frac{\varrho}{2}\,u_2^2 \;=\; p_1 + \frac{\varrho}{2}\,u_1^2$$

$$\Rightarrow \qquad p_{g_2} \;=\; p_{g_1}\;.$$

b) Austrittsfläche $A_3$:

Wir bestimmen zunächst die Austrittsgeschwindigkeit an der Stelle [3] mittels der Kontinuitätsgleichung:

$$(1-n)\,\varrho\,u_1\,A_1 \;=\; \varrho\,u_3\,A_3$$

$$\Rightarrow \qquad \frac{u_3}{u_1} \;=\; (1-n)\,\frac{A_1}{A_3}\;. \qquad\qquad (2)$$

An der Stelle [3] herrscht Umgebungsdruck ($p_3 = p_0$). Aus der Bernoullischen Gleichung für eine Stromlinie zwischen den Punkten [1] und [3] folgt dann:

$$p_1 + \frac{\varrho}{2}\,u_1^2 = p_0 + \frac{\varrho}{2}\,u_3^2$$

$$\Rightarrow \qquad \left(\frac{u_3}{u_1}\right)^2 \;=\; 1 - \frac{p_0 - p_1}{\frac{\varrho}{2}\,u_1^2}\,,$$

mit (2) folgt: $\qquad \left((1-n)\,\frac{A_1}{A_3}\right)^2 \;=\; 1 - \frac{p_0 - p_1}{\frac{\varrho}{2}\,u_1^2}$

$$\Rightarrow \qquad A_3 \;=\; A_1\,\frac{1-n}{\sqrt{1 - \frac{p_0 - p_1}{\frac{\varrho}{2}\,u_1^2}}}$$

$$= \; 50\,\mathrm{cm}^2\;.$$

# Aufgabe 4.2-13    Ringförmiger Behälterausfluß

Aus einem großen Behälter (Radius $R$) strömt stationär eine Flüssigkeit der Dichte $\varrho$ zwischen zwei kreisförmigen Platten mit dem Radius $R_2$ aus.

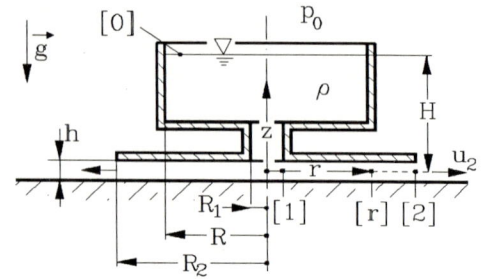

a) Wie groß ist der austretende Volumenstrom $\dot{V}$?
b) Geben Sie die Druckverteilung zwischen den Platten als Funktion von $r$ an.
c) Wie groß darf das Verhältnis $R_2/R_1$ gewählt werden, damit die Flüssigkeit an der Stelle [1] gerade nicht verdampft. Der Dampfdruck der Flüssigkeit ist $p_D$.

Geg.: $H$, $h$, $R$, $R_2$, $p_0$, $\varrho$, $g$

## Lösung

a) Berechnen des Austrittsvolumenstroms $\dot{V}$:
   Kontinuitätsgleichung:
   $$\dot{V} = u\,A = \text{const}\,,$$

da $\varrho = \text{const}$. Es gilt also:

$$\dot{V} = u_2\,2\pi\,R_2\,h \tag{1}$$

$$= u_0\,\pi\,R^2\,.$$

Daraus folgt für das Geschwindigkeitsverhältnis:

$$\frac{u_0}{u_2} = \frac{2\,h}{R}\frac{R_2}{R}\,. \tag{2}$$

Die unbekannte Austrittsgeschwindigkeit $u_2$ wird mittels der Bernoullischen Gleichung für die Stromlinie von [0] nach [2] berechnet:

$$p_0 + \varrho\,g\,z_0 + \frac{\varrho}{2}\,u_0^2 = p_2 + \varrho\,g\,z_2 + \frac{\varrho}{2}\,u_2^2\,,$$

mit $p_2 = p_0$, $z_0 = H$ und $z_2 = 0$ folgt:

$$u_2^2\left(1 - \left(\frac{u_0}{u_2}\right)^2\right) = 2\,g\,H\,.$$

Auflösen nach $u_2$ und Ersetzen von $u_0/u_2$ durch (2) führt zu

$$u_2 = \sqrt{\frac{2\,g\,H}{1 - \left(\frac{R_2}{R}\frac{2\,h}{R}\right)^2}}\,. \tag{3}$$

Einsetzen in (1) liefert den gesuchten Volumenstrom:

$$\dot{V} = \sqrt{\frac{2\,g\,H}{1 - \left(\frac{R_2}{R}\frac{2\,h}{R}\right)^2}}\, 2\pi\,R_2\,h \ .$$

Für $2\,h/R \ll 1$ gilt:

$$\dot{V} = \sqrt{2\,g\,H}\, 2\pi\,R_2\,h \ .$$

b) Druckverteilung $p(r)$:
Für die Bestimmung der Druckverteilung in der Ebene $z = 0$ betrachten wir eine Stromlinie von einer Stelle [r] zwischen den kreisförmigen Platten bis zur Stelle [2]. Die Bernoullische Gleichung für diese Stromlinie lautet:

$$p(r) + \frac{\varrho}{2}\,u(r)^2 \;=\; p_0 + \frac{\varrho}{2}\,u_2^2$$

$$\Rightarrow \qquad p_0 - p(r) \;=\; \frac{\varrho}{2}\left(u(r)^2 - u_2^2\right) \ . \tag{4}$$

Die Geschwindigkeit $u(r)$ wird aus der Kontinuitätsgleichung bestimmt:

$$u(r)\,2\pi\,r\,h = u_2\,2\pi\,R_2\,h \qquad \Rightarrow \qquad u(r) = u_2\,\frac{R_2}{r} \ , \tag{5}$$

die Austrittsgeschwindigkeit $u_2$ ist von dem Aufgabenteil a) bekannt (Gleichung (3)). Setzen wir die beiden Geschwindigkeiten in (4) ein, so erhalten wir die Druckverteilung:

$$p_0 - p(r) = \varrho\,g\,H\,\frac{\left(\frac{R_2}{r}\right)^2 - 1}{1 - \left(\frac{2\,h\,R_2}{R^2}\right)^2} \ . \tag{6}$$

c) Zulässiges Radienverhältnis $R_2/R_1$:
An der Stelle [1] ist $r = R_1$ und der Druck soll gerade den Dampfdruck $p(R_1) = p_D$ der Flüssigkeit erreichen. Setzen wir dies in (6) ein und lösen nach $R_2/R_1$ auf, so erhalten wir das gesuchte maximale Radienverhältnis:

$$\frac{R_2}{R_1} = \sqrt{1 + \frac{p_0 - p_D}{\varrho\,g\,H}\left[1 - \left(\frac{2h}{R}\frac{R_2}{R}\right)^2\right]} \ .$$

Wenn die Austrittsfläche $2\,\pi\,h\,R_2$ sehr viel kleiner ist als die Behälterfläche $\pi\,R^2$, so wird das Verhältnis der Radien

$$\frac{R_2}{R_1} = \sqrt{1 + \frac{p_0 - p_D}{\varrho\,g\,H}} \ .$$

## Aufgabe 4.2-14    Blase in einem Kanal

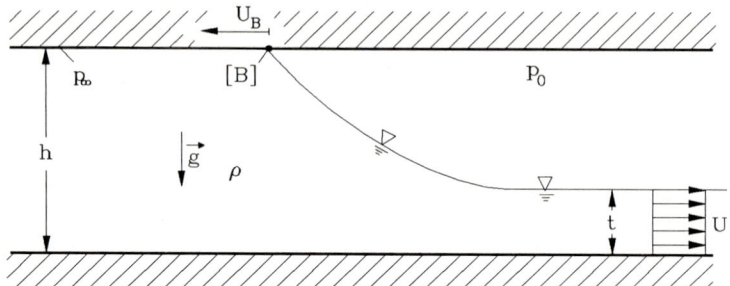

Ein langer, ebener Kanal (Höhe $h$) ist zunächst allseitig geschlossen und vollständig mit Flüssigkeit der Dichte $\varrho$ gefüllt. Entfernt man plötzlich die rechte Seitenwand, so bewegt sich unter gewissen Bedingungen eine Luftblase mit der konstanten Geschwindigkeit $U_B$ (Geschwindigkeit des Punktes [B]) in den Kanal hinein, unter der die Flüssigkeit in einiger Entfernung vom Punkt [B] stationär mit der Geschwindigkeit $U$ ausströmt. Berechnen Sie unter der Annahme reibungsfreier Strömung:

a) Die Höhe $t$ der ausfließenden Flüssigkeitsschicht,
b) die Geschwindigkeit $U_B$ des Punktes [B],
c) die Ausströmgeschwindigkeit $U$ und
d) den Druck $p_\infty$ am oberen Kanalrand in einiger Entfernung von [B].

Geg.: $h$, $p_0$, $\varrho$, $g$

**Lösung**

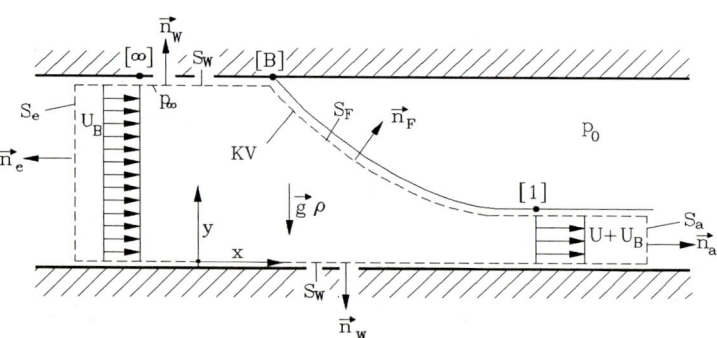

a) Höhe $t$ der ausfließenden Flüssigkeitsschicht:
   Wir können das Problem als stationäres Problem beschreiben, indem wir ein zum Punkt [B] festes, d. h. sich mit der Geschwindigkeit $U_B$ nach links bewegendes Koordinatensystem wählen. Der Punkt [B] ist dann ein Staupunkt. Wäre [B] kein Staupunkt, so würde sich die Richtung der Geschwindigkeit an diesem Punkt unstetig ändern. Dies ist bei dem betrachteten Problem aber auszuschließen.
   Das Kontrollvolumen legen wir wie in der Abbildung oben skizziert.

Die Kontinuitätsgleichung fordert

$$U_B \, h = (U + U_B) \, t \ . \tag{1}$$

Der Impulssatz in $x$–Richtung lautet

$$\iint\limits_{S_e + S_a + S_F} \varrho \, \vec{u} \cdot \vec{e}_x \, (\vec{u} \cdot \vec{n}) \, \mathrm{d}S = \iint\limits_{S_e + S_a + S_F} \vec{t} \cdot \vec{e}_x \, \mathrm{d}S \ , \tag{2}$$

wobei wir bereits die Tatsache verwendet haben, daß der Normalenvektor der Wandfläche senkrecht zu dem Einheitsvektor $\vec{e}_x$ steht und deren Skalarprodukt daher null ist. Für reibungsfreie Flüssigkeiten gilt $\vec{t} = -p \, \vec{n}$. Der Druck $p$ ist aufgrund der zu beachtenden Volumenkraft $\vec{g}$ von der Koordinate $y$ abhängig. Die hydrostatische Druckverteilung an der Ein– bzw. Austrittsfläche ist:

$$p(y) = p_\infty + \varrho \, g \, (h - y) \qquad \text{bei} \quad S_e \ ,$$

$$p(y) = p_0 + \varrho \, g \, (t - y) \qquad \text{bei} \quad S_a \ .$$

Normalenvektoren:

$$\vec{n}_e = -\vec{e}_x \qquad \text{und} \qquad \vec{n}_a = \vec{e}_x \ .$$

Der Impulsfluß über die Freifläche $S_F$ ist null, da $\vec{n}_F$ senkrecht zu $\vec{u}$ steht (Stromlinie). Der Druck an dieser Fläche ist gleich dem Umgebungsdruck $p_0$. Beachten wir weiterhin, daß $\vec{n}_F \cdot \vec{e}_x \, \mathrm{d}S$ die Projektion des Flächenelementes $\mathrm{d}S$ der Freifläche auf die $y$–Koordinatenrichtung ist, so erhalten wir

$$- \iint\limits_{S_F} p \, \vec{n}_F \cdot \vec{e}_x \, \mathrm{d}S = -p_0 \, (h - t) \ .$$

Wir können nun den Impulssatz (2) auswerten

$$- \varrho \, U_B^2 \, h + \varrho \, (U + U_B)^2 \, t = (p_\infty + \frac{\varrho}{2} \, g \, h) \, h - p_0 \, h - \frac{\varrho}{2} \, g \, t^2 \ . \tag{3}$$

Die Bernoullische Gleichung zwischen [1] und [2] längs einer Stromlinie lautet

$$p_1 + \frac{\varrho}{2} \, u_1^2 + \varrho \, g \, y_1 = p_2 + \frac{\varrho}{2} \, u_2^2 + \varrho \, g \, y_2 \ .$$

Für die Punkte [∞] und [B], die auf einer Stromlinie liegen gilt daher

$$p_\infty + \frac{\varrho}{2} \, U_B^2 = p_B = p_0 \ . \tag{4}$$

Analog ergibt sich für [B] und den Punkt [1]

$$p_B + \varrho \, g \, (h - t) = p_0 + \frac{\varrho}{2} \, (U + U_B)^2 \ ,$$

$$\Rightarrow \qquad \varrho \, g \, (h - t) = \frac{\varrho}{2} \, (U + U_B)^2 \ . \tag{5}$$

Die Gleichungen (1), (3), (4) und (5) bilden ein Gleichungssystem in den Unbekannten $t$, $U_B$, $U$ und $p_\infty$.

Elimination aller Unbekannten bis auf die Höhe der ausfließenden Flüssigkeitsschicht $t$:

Aus (1)

$$U_B^2 = (U + U_B)^2 \left(\frac{t}{h}\right)^2$$

folgt mit (5)

$$U_B^2 = 2g\,(h - t)\left(\frac{t}{h}\right)^2 . \tag{6}$$

Einsetzen von (6) in (4) liefert

$$p_\infty - p_0 = -\varrho\,g\,(h - t)\left(\frac{t}{h}\right)^2 . \tag{7}$$

Setzen wir (5), (6) und (7) in die Impulsgleichung (3) ein, so erhalten wir die quadratische Gleichung

$$t^2 - \frac{3}{2}\,h\,t + \frac{1}{2}\,h^2 = 0$$

mit den zwei Lösungen

$$t_1 = h \qquad \text{und} \qquad t_2 = \frac{h}{2} .$$

$t_1 = h$ ist die triviale Lösung für den Ruhezustand. Die gesuchte Lösung ist

$$t = \frac{h}{2} .$$

b) Aus (6) folgt die Geschwindigkeit $U_B$ des Punktes [B]:

$$U_B = \frac{1}{2}\sqrt{g\,h} .$$

c) Aus der Kontinuitätsgleichung (1) kann nun die Ausflußgeschwindigkeit $U$ bestimmt werden. Sie ist gleich der Geschwindigkeit $U_B$, mit der sich die Blase in den Kanal bewegt,

$$U = U_B = \frac{1}{2}\sqrt{g\,h} .$$

d) Aus der Bernoullischen Gleichung (4) erhält man letztlich den Druck am oberen Kanalrand:

$$p_\infty = p_0 - \frac{1}{8}\,\varrho\,g\,h .$$

# Aufgabe 4.2-15   Flugzeug über dem Boden

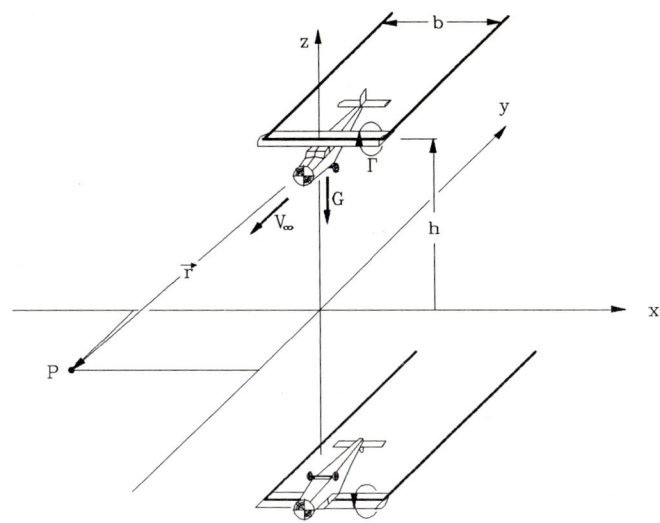

Ein Flugzeug (Gewicht $G$, Spannweite $b$) fliegt mit konstanter Geschwindigkeit $V_\infty$ in der Höhe $h$ über der Erde ($x$–$y$–Ebene).

Die Strömungsverhältnisse im Fernfeld, also auch am Boden wenn $b/h \ll 1$ ist, werden sehr gut durch einen Hufeisenwirbel beschrieben, der aus einem gebundenen Wirbel am Ort des Tragflügels ($-b/2 \leq x \leq b/2$; $y = 0$; $z = h$) und zwei freien Wirbeln, die senkrecht von den Flügelenden in die positive $y$-Richtung abgehen, besteht, und einen zweiten gleichgroßen aber an der $x$–$y$–Ebene gespiegelten Hufeisenwirbel. Durch die Spiegelung wird die Randbedingung erfüllt, daß der Erdboden nicht durchströmt wird, die Geschwindigkeitskomponente in $z$-Richtung also null ist.

a) Berechnen Sie den Druck an einem Punkt P der Erdoberfläche, den das Flugzeug beim Überfliegen der Erde erzeugt.

b) Zeigen Sie, daß die gesamte auf den Boden ausgeübte Druckkraft gleich dem Gewicht des Flugzeuges ist.

1. Hinweis: Man betrachte das Problem in einem flugzeugfesten Koordinatensystem.

2. Hinweis:

$$\int [(a - x)^2 + b]^{-\frac{3}{2}} \, \mathrm{d}x = -\frac{a - x}{b \sqrt{(a - x)^2 + b}} + \text{const.}$$

Geg.: $h$, $b$, $V_\infty$, $p_\infty$, $\varrho$, $G$

**Lösung**

a) Der Druck an einem Punkt P am Boden (Koordinaten $x$ und $y$) ist

$$p(x, y) = p_\infty + \Delta p(x, y) \,. \tag{1}$$

Die Hufeisenwirbel induzieren die Geschwindigkeiten $u$ und $v$ am Boden, mit

$$u \ll V_\infty \qquad \text{und} \qquad v \ll V_\infty \, . \tag{2}$$

Die Bernoullische Gleichung zwischen Punkt P mit den Koordinaten $x$, $y$ und einem Punkt im ungestörten Strömungsfeld lautet

$$p_\infty + \Delta p(x, y) + \frac{\varrho}{2}\left[u^2 + (v + V_\infty)^2\right] = p_\infty + \frac{\varrho}{2} V_\infty^2$$

$$\Rightarrow \qquad \Delta p(x, y) = -\varrho\, v\, V_\infty - \frac{\varrho}{2}\left(u^2 + v^2\right) \, ,$$

aufgrund von (2) können wir die Terme, die die induzierten Geschwindigkeiten als Produkte enthalten vernachlässigen:

$$\Delta p(x, y) = -\varrho\, v\, V_\infty \, . \tag{3}$$

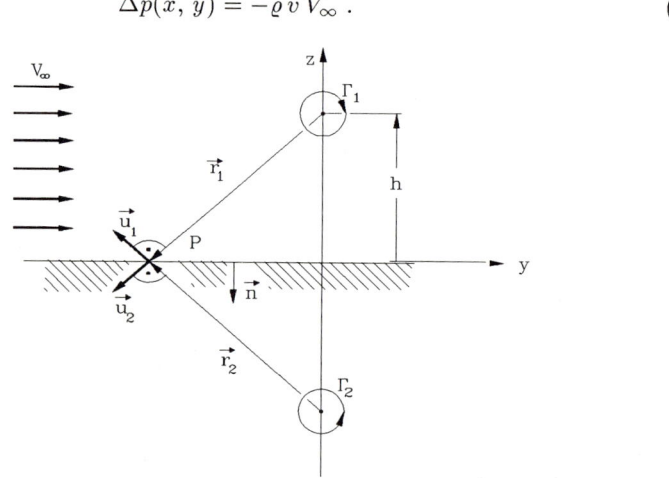

Die am Boden induzierte Geschwindigkeit $\vec{u}$ hat nur eine Komponente in $y$–Richtung, da die $z$–Komponente aufgrund der Randbedingung verschwinden muß und die durch die seitlich an den Flügelenden abgehenden freien Wirbel induzierte Geschwindigkeit vernachlässigt werden kann. (Dies ist zulässig, wenn wir annehmen, daß für einen Beobachter auf der Erde die beiden Wirbelfäden am selben Ort erscheinen, d. h. $b/h \ll 1$ ist, und sich somit deren Wirkung aufheben. Zudem hat die durch die freien Wirbelfäden induzierte Geschwindigkeit keine Komponente in $y$–Koordinatenrichtung. Daher sind bei der Druckberechnung nach (3) die freien Wirbel nicht zu beachten.)
Wir bestimmen nun die durch die beiden Hufeisenwirbel induzierte Geschwindigkeit $v$ an dem Punkt P mittels des Biot–Savartschen Gesetzes. Die induzierte Geschwindigkeit $\vec{u} = v\,\vec{e}_y$ ergibt sich aus der Summe der durch die beiden Hufeisenwirbel induzierten Geschwindigkeiten $\vec{u}_1$ und $\vec{u}_2$:

$$\vec{u} \;=\; \vec{u}_1 + \vec{u}_2$$

$$= \frac{\Gamma_1}{4\pi} \int\limits_{(\text{Faden}_1)} \frac{\mathrm{d}\vec{x'}_1 \times \vec{r}_1}{r_1^3} + \frac{\Gamma_2}{4\pi} \int\limits_{(\text{Faden}_2)} \frac{\mathrm{d}\vec{x'}_2 \times \vec{r}_2}{r_2^3} \qquad (4)$$

mit

$$\vec{x} = x\,\vec{e}_x + y\,\vec{e}_y$$

am Boden.

Wirbel 1:

$$\Gamma_1 = -\Gamma\,,$$

$$\vec{x'}_1 = x'\,\vec{e}_x + h\,\vec{e}_z \qquad \Rightarrow \qquad \mathrm{d}\vec{x'}_1 = \mathrm{d}x'\,\vec{e}_x\,,$$

$$\vec{r}_1 = \vec{x} - \vec{x'}_1$$

$$= (x - x')\,\vec{e}_x + y\,\vec{e}_y - h\,\vec{e}_z\,,$$

$$\mathrm{d}\vec{x'}_1 \times \vec{r}_1 = \det \begin{bmatrix} \vec{e}_x & \vec{e}_y & \vec{e}_z \\ \mathrm{d}x' & 0 & 0 \\ (x - x') & y & -h \end{bmatrix}$$

$$= \mathrm{d}x'\,(h\,\vec{e}_y + y\,\vec{e}_z)\,.$$

Wirbel 2:

$$\Gamma_2 = \Gamma\,,$$

$$\vec{x'}_2 = x'\,\vec{e}_x - h\,\vec{e}_z \qquad \Rightarrow \qquad \mathrm{d}\vec{x'}_2 = \mathrm{d}x'\,\vec{e}_x\,,$$

$$\vec{r}_2 = \vec{x} - \vec{x'}_2$$

$$= (x - x')\,\vec{e}_x + y\,\vec{e}_y + h\,\vec{e}_z\,,$$

$$\mathrm{d}\vec{x'}_2 \times \vec{r}_2 = \det \begin{bmatrix} \vec{e}_x & \vec{e}_y & \vec{e}_z \\ \mathrm{d}x' & 0 & 0 \\ (x - x') & y & h \end{bmatrix}$$

$$= \mathrm{d}x'\,(-h\,\vec{e}_y + y\,\vec{e}_z)\,.$$

Der Betrag von $\vec{r}_1$ bzw. $\vec{r}_2$ ist für beide Wirbel gleich:

$$r = \sqrt{(x - x')^2 + y^2 + h^2}\,.$$

Aus (4) entsteht die $y$–Komponente zu

$$v = \frac{\Gamma_1}{4\pi} \int\limits_{(\text{Faden}_1)} \frac{h\,\mathrm{d}x'}{r_1^3} + \frac{\Gamma_2}{4\pi} \int\limits_{(\text{Faden}_2)} \frac{-h\,\mathrm{d}x'}{r_2^3}$$

$$\text{bzw.} \qquad v = -\frac{h\,\Gamma}{2\pi} \int\limits_{-b/2}^{b/2} r^{-3}\,\mathrm{d}x' \,,$$

$$\text{also} \qquad v = -\frac{h\,\Gamma}{2\pi} \int\limits_{-b/2}^{b/2} \frac{1}{\left(\sqrt{(x-x')^2 + y^2 + h^2}\right)^3}\,\mathrm{d}x' \,. \tag{5}$$

Das unbestimmte Integral ist der Aufgabenstellung zu entnehmen, wobei gilt $x \triangleq x'$, $a \triangleq x$ und $b \triangleq h^2 + y^2$. Die Integration führt mit (3) auf den Überdruck

$$\Delta p = \frac{\varrho\,\Gamma\,V_\infty}{2\pi} \frac{h}{h^2 + y^2} \left[ \frac{x + b/2}{\sqrt{(x + b/2)^2 + (h^2 + y^2)}} - \frac{x - b/2}{\sqrt{(x - b/2)^2 + (h^2 + y^2)}} \right] \tag{6}$$

oder

$$\frac{\Delta p}{p_B} = \frac{1}{1 + (y/h)^2} \left[ \frac{x/h + b/2h}{\sqrt{(x/h + b/2h)^2 + (1 + (y/h)^2)}} - \frac{x/h - b/2h}{\sqrt{(x/h - b/2h)^2 + (1 + (y/h)^2)}} \right]$$

mit $p_B = \varrho\,\Gamma\,V_\infty/(2\pi\,h)$. In der Abbildung unten ist $\Delta p/p_B$ für $h/b = 5$ über $x/h$ (Parameter $y/h$) aufgetragen.

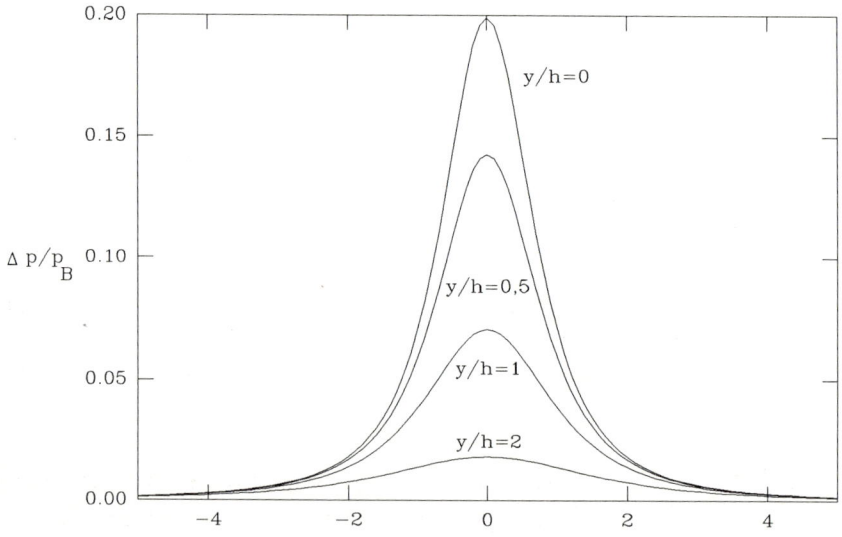

Die Druckverteilung am Erdboden ($z = 0$) ist dann

$$p(x,\,y) = p_\infty + \frac{\varrho\,\Gamma\,V_\infty}{2\pi} \frac{h}{h^2 + y^2} \left[ \frac{x + b/2}{\sqrt{(x + b/2)^2 + (h^2 + y^2)}} - \frac{x - b/2}{\sqrt{(x - b/2)^2 + (h^2 + y^2)}} \right] \,.$$

b) Die Druckverteilung am Boden ist zu der $x$– und $y$–Achse symmetrisch. Wir erhalten die Kraft, die das Flugzeug auf den Boden ausübt durch die Integration

$$\vec{F}_{\text{Flugzeug}\rightarrow\text{Boden}} = - \iint\limits_{(S)} -\Delta p\,\vec{n}\,\mathrm{d}S \ .$$

Es ist $\vec{n} = -\vec{e}_z$, d. h. $\vec{n}$ zeigt aus dem Strömungsgebiet heraus (siehe Skizze). Da $\Delta p$ eine gerade Funktion ist, wird die Integration über die positive Viertelebene ausgeführt und ergibt

$$\vec{F}_{\text{Flugzeug}\rightarrow\text{Boden}} = -4 \int\limits_0^\infty \int\limits_0^\infty \Delta p(x,\,y)\,\mathrm{d}x\,\mathrm{d}y\,\vec{e}_z \ .$$

Wir führen zunächst die Integration über $x$ aus und erhalten:

$$\int\limits_0^\infty \Delta p(x,\,y)\,\mathrm{d}x = \frac{b\,h\,\varrho\,\Gamma\,V_\infty}{2\pi\,(h^2 + y^2)} \ .$$

Die Integration über $y$ liefert:

$$\int\limits_0^\infty \frac{b\,h\,\varrho\,\Gamma\,V_\infty}{2\pi\,(h^2 + y^2)}\,\mathrm{d}y = \frac{1}{4}\,b\,\varrho\,\Gamma\,V_\infty \ ,$$

also

$$\vec{F}_{\text{Flugzeug}\rightarrow\text{Boden}} = -\varrho\,\Gamma\,V_\infty\,b\,\vec{e}_z \ . \tag{7}$$

Nach dem Kutta–Joukowsky–Theorem ist der Auftrieb

$$\vec{A} = -\varrho\,\Gamma_1\,V_\infty\,b\,\vec{e}_z = \varrho\,\Gamma\,V_\infty\,b\,\vec{e}_z \ ,$$

der gleich der negativen Gewichtskraft $\vec{G}$ ist. Die Druckverteilung trägt also gerade das Gewicht des Flugzeuges.

**Aufgabe 4.2-16    Zirkulation und Rotation der Strömung im Ringspalt zwischen zwei rotierenden Zylindern**

Im Ringspalt zwischen zwei unendlich langen Zylindern ($R_I$, $R_A$), die sich mit den Winkelgeschwindigkeiten $\Omega_I$ bzw. $\Omega_A$ drehen, befindet sich inkompressible Newtonsche Flüssigkeit.

Das Geschwindigkeitsfeld dieser Strömung ist in Zylinderkoordinaten gegeben:

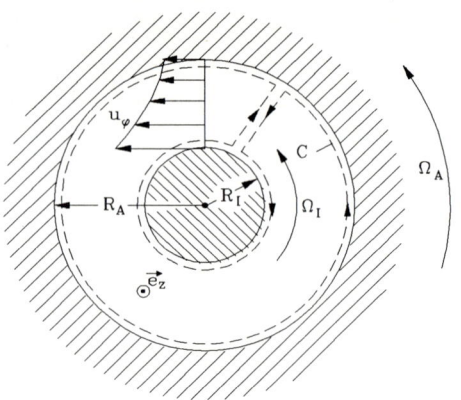

$$u_r = 0 \,,$$

$$u_\varphi = \frac{1}{R_A^2 - R_I^2} \left[ r \left( \Omega_A R_A^2 - \Omega_I R_I^2 \right) \right.$$

$$\left. - \frac{R_A^2 R_I^2}{r} \left( \Omega_A - \Omega_I \right) \right] \qquad \text{und}$$

$$u_z = 0 \,.$$

a) Zeigen Sie, daß diese Strömung die Kontinuitätsgleichung erfüllt.

b) 1.) Berechnen Sie die Zirkulation entlang der Kurve $C$ mittels

$$\Gamma = \oint_{(C)} \vec{u} \cdot \mathrm{d}\vec{x}$$

    2.) und mittels

$$\Gamma = \iint_{(S)} (\operatorname{rot} \vec{u}) \cdot \vec{n} \, \mathrm{d}S \,.$$

c) Für welches Verhältnis $\Omega_A/\Omega_I$ ist die Strömung rotationsfrei?

Geg.: $R_A$, $R_I$, $\Omega_A$, $\Omega_I$

**Lösung**

a) Erfüllen der Kontinuitätsgleichung:
Für inkompressible Flüssigkeiten lautet die Kontinuitätsgleichung in Zylinderkoordinaten:

$$0 = \operatorname{div} \vec{u}$$

$$= \frac{1}{r} \left[ \frac{\partial(u_r \, r)}{\partial r} + \frac{\partial u_\varphi}{\partial \varphi} + \frac{\partial(u_z \, r)}{\partial z} \right] \,. \qquad (1)$$

$u_\varphi$ ist nur eine Funktion von $r$ und die Geschwindigkeitskomponenten $u_z$ und $u_r$ sind null. Die Kontinuitätsgleichung (1) ist also erfüllt.

b) Zirkulation $\Gamma$ entlang der Kurve $C$:
Das Geschwindigkeitsfeld ist gegeben:

$$\vec{u} = u_\varphi \, \vec{e}_\varphi$$

$$= \left[ \underbrace{\frac{\Omega_A R_A^2 - \Omega_I R_I^2}{R_A^2 - R_I^2}}_{A} \, r - \underbrace{\frac{R_A^2 R_I^2 \left( \Omega_A - \Omega_I \right)}{R_A^2 - R_I^2}}_{B} \, \frac{1}{r} \right] \vec{e}_\varphi$$

$$= \left( A r - \frac{B}{r} \right) \vec{e}_\varphi \, . \tag{2}$$

Es handelt sich um eine ebene Strömung in der $r$–$\varphi$–Ebene.

1.) Zur Berechnung von

$$\Gamma = \oint_{(C)} \vec{u} \cdot d\vec{x} \, , \tag{3}$$

drücken wir das Linienelement $d\vec{x}$ in Zylinderkoordinaten

$$d\vec{x} = dr \, \vec{e}_r + r \, d\varphi \, \vec{e}_\varphi$$

aus und bilden das Innenprodukt

$$\vec{u} \cdot d\vec{x} = \left( A r - \frac{B}{r} \right) r \, d\varphi \, .$$

Die Integrationen über die beiden radialen Kurvenstücke von $C$ würden sich in jedem Fall aufheben, hier liefern sie keinen Beitrag zu $\Gamma$, da bei diesen der Geschwindigkeitsvektor $\vec{u}$ und das Linienelement $d\vec{x}$ senkrecht aufeinander stehen. Mit (3) entsteht

$$\Gamma = \oint_{\varphi=0}^{2\pi} \left( A R_A - \frac{B}{R_A} \right) R_A \, d\varphi + \oint_{\varphi=2\pi}^{0} \left( A R_I - \frac{B}{R_I} \right) R_I \, d\varphi$$

und daher

$$\Gamma = 2\pi \left[ \Omega_A R_A^2 - \Omega_I R_I^2 \right] \, .$$

2.) Zirkulation mittels des Stokesschen Satzes

$$\Gamma = \oint_C \vec{u} \cdot d\vec{x} = \iint_{(S)} (\text{rot } \vec{u}) \cdot \vec{n} \, dS \, . \tag{4}$$

Die Kurve $C$ ist Rand der ebenen Fläche $S$. Die Flächennormale $\vec{n}$ in (4) ist so zu wählen, daß der Umlaufsinn von der positiven Seite der Fläche (die Seite der Fläche zu der der Normalenvektor zeigt) aus gesehen im Gegenuhrzeigersinn positiv gezählt wird. Hier ist der Normalenvektor gleich dem Einheitsvektor in $z$–Richtung, $\vec{e}_z$ (siehe Abbildung).

Da es sich bei dem Problem um eine ebene Strömung handelt, hat die Rotation von $\vec{u}$ nur eine Komponente in $z$–Koordinatenrichtung, die sich aus

$$\text{rot } \vec{u} = \frac{1}{r} \left( \frac{\partial(u_\varphi r)}{\partial r} - \underbrace{\frac{\partial u_r}{\partial \varphi}}_{= 0} \right) \vec{e}_z$$

bzw.

$$\text{rot } \vec{u} = \frac{1}{r} \frac{\partial}{\partial r} \left( A r^2 - B \right) \vec{e}_z$$

zu

$$\operatorname{rot} \vec{u} = 2A\,\vec{e}_z \tag{5}$$

ergibt. Die Rotation ist also konstant im ganzen Feld. Das Oberflächenintegral (4) liefert erwartungsgemäß mit

$$\Gamma \;=\; 2A\,\vec{e}_z \cdot \vec{e}_z \iint\limits_{(S)} \mathrm{d}S$$

$$\Gamma \;=\; 2\pi \left[\Omega_A\,R_A^2 - \Omega_I\,R_I^2\right]\;.$$

c) Die Strömung ist rotationsfrei, wenn $\operatorname{rot}\vec{u} = 0$ im ganzen Feld. Wir erhalten die Bedingung für Rotationsfreiheit der Strömung durch Nullsetzen von (5):

$$\frac{\Omega_A}{\Omega_I} = \left(\frac{R_I}{R_A}\right)^2\;.$$

## Aufgabe 4.2-17    Leistung der Peltonturbine

Aus einer feststehenden Düse tritt ein Wasserstrahl (Dichte $\varrho$, Austrittsquerschnitt $A_1$) mit der Geschwindigkeit $c$ aus und trifft symmetrisch auf ein System von Schaufeln, deren Bewegung als reine Translation aufgefaßt werden soll (z. B. Peltonturbinenrad mit großem Durchmesser und kleinen Schaufeln).

Jeweils nach einer Zeit $\Delta t_0 = l/u_0$ taucht eine neue Schaufel in den Wasserstrahl ein und wird sofort voll von ihm beaufschlagt. Der abgeschnittene Strahl leistet noch so lange an einer Schaufel Arbeit, solange er sie benetzt. Volumenkräfte sind zu vernachlässigen. Die Strömung sei reibungsfrei und inkompressibel.

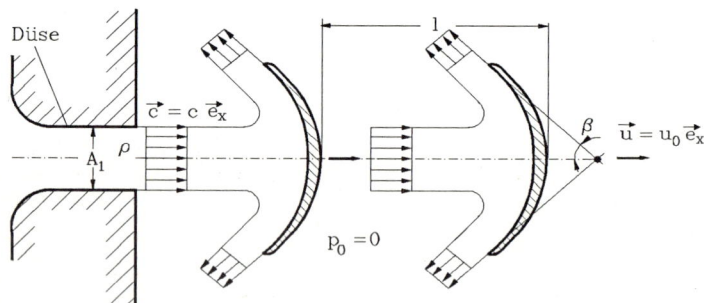

Hinweis: Die Kraft auf die Schaufel ist unabhängig vom Umgebungsdruck $p_0$, der daher ohne Beschränkung der Allgemeingültigkeit zu null gesetzt werden kann.

a) Welche Kraft wird auf jede beaufschlagte Schaufel ausgeübt?
b) Man bestimme die Leistung des Schaufelsystems.

c) Für welches Verhältnis $c/u_0$ ist die Leistung maximal?

d) Wie groß ist dann der Wirkungsgrad der Anlage?

e) Bestimmen Sie die Leistung des Schaufelsystems direkt aus der Eulerschen Turbinengleichung.

Geg.: $\varrho$, $u_0$, $c$, $l$, $A_1$, $p_0 = 0$

**Lösung**

a) Schaufelkraft:

Der Impulssatz in integraler Form ohne Volumenkräfte für ein Kontrollvolumen, das bezogen auf ein beliebig beschleunigtes Koordinatensystem fest ist, lautet (S. L. (2.73))

$$\frac{\partial}{\partial t}\left[\iiint_{(V)} \varrho\,\vec{c}\,\mathrm{d}V\right]_B + \iint_{(S)} \varrho\,\vec{c}\,(\vec{w}\cdot\vec{n})\,\mathrm{d}S + \vec{\Omega}\times\iiint_{(V)}\varrho\,\vec{c}\,\mathrm{d}V = \iint_{(S)} \vec{t}\,\mathrm{d}S\,, \qquad (1)$$

mit der Absolutgeschwindigkeit $\vec{c} = \vec{w} + \vec{\Omega}\times\vec{x} + \vec{v}$. Für einen Beobachter auf der Schaufel, d. h. im Relativsystem, ist die Strömung stationär ($\partial\vec{w}/\partial t = 0$). Mit $\vec{\Omega} = 0$ (weil nur die Translation der Schaufeln betrachtet wird) und konstanter Führungsgeschwindigkeit $\vec{v} = u_0\,\vec{e}_x$ fallen der erste und dritte Term der linken Seite von (1) weg und das bewegte System ist ein Inertialsystem.

Die Schaufelkraft hat aufgrund der Symmetrie des Problems nur eine Komponente $F_x$ in Richtung von $\vec{e}_x$. Es ist daher ausreichend den Impulssatz (1) in Richtung von $\vec{e}_x$ anzuwenden:

$$\iint_{(S)} \vec{t}\cdot\vec{e}_x\,\mathrm{d}S = \iint_{(S)} \varrho\,(\vec{w}+\vec{v})\cdot\vec{e}_x\,(\vec{w}\cdot\vec{n})\,\mathrm{d}S\,,$$

oder, da die Führungsgeschwindigkeit $\vec{v} = u_0\,\vec{e}_x$ konstant ist und $\iint_{(S)}\varrho\,(\vec{w}\cdot\vec{n})\,\mathrm{d}S$ wegen der Kontinuitätsgleichung identisch verschwindet,

$$\iint_{(S)} \vec{t}\cdot\vec{e}_x\,\mathrm{d}S = \iint_{(S)} \varrho\,\vec{w}\cdot\vec{e}_x\,(\vec{w}\cdot\vec{n})\,\mathrm{d}S\,. \qquad (2)$$

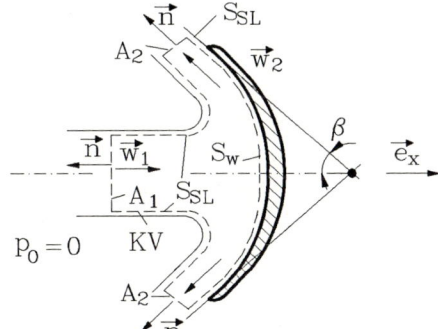

Man hätte also direkt den Impulssatz im bewegten Inertialsystem anwenden können. Die Gesamtfläche $S$ wird in die Teilflächen $S = A_1 + A_2 + S_{SL} + S_w$ aufgeteilt. $\varrho\,\vec{w}\,(\vec{w}\cdot\vec{n})$ und $t_x$ sind an den Freistrahl-rändern $S_{SL}$ null. Der Impulsfluß über die Schaufelfläche $S_w$ ist null und das Integral von $t_x$ über $S_w$ ist gleich dem Negativen der gesuchten Schaufelkraft, d. h.

$$F_x = -\iint_{S_w} \vec{t}\cdot\vec{e}_x\,\mathrm{d}S = \varrho\,w_1^2\,A_1 + 2\,\varrho\,w_2^2\,\cos\beta\,A_2\,. \qquad (3)$$

Die Strömung ist über die Strahlquerschnitte $A_1$, $A_2$ ausgeglichen und der Druck gleich dem Umgebungsdruck $p_0$. Damit müssen bei verlustfreier Strömung die Geschwindigkeiten $\vec{w}_1$, $\vec{w}_2$ dem Betrag nach gleich sein und aus der Kontinuitätsgleichung folgt $A_2 = A_1/2$. Mit der relativen Strahleintrittsgeschwindigkeit $w_1 = c - u_0$ berechnet sich aus (3) die Schaufelkraft zu

$$F_x = \varrho \left(c - u_0\right)^2 \left(1 + \cos \beta\right) A_1 \ . \tag{4}$$

b) Bei der Berechnung der nutzbaren Leistung ist zu beachten, daß mehrere Schaufeln gleichzeitig beaufschlagt werden. Die Zeitdauer der Beaufschlagung setzt sich zusammen aus zwei Anteilen, und zwar der Zeit $\Delta t_0 = l/u_0$ zwischen dem Eintauchen einer Schaufel in den Strahl bis zum Eintauchen der nächsten und der Zeit $\Delta t_1 = l/w_1 = l/(c - u_0)$, die vergeht, bis das Ende des abgeschnittenen Strahls die Schaufel erreicht hat. Die Beaufschlagungszeit einer Schaufel ist daher

$$\Delta t = \Delta t_0 + \Delta t_1 = \frac{l}{u_0} + \frac{l}{w_1} \ .$$

Während dieser Zeit wird jeweils nach der Zeitspanne $\Delta t_0$ eine weitere Schaufel beaufschlagt, so daß zu jedem Zeitpunkt

$$n = \frac{\Delta t}{\Delta t_0} = \frac{c}{c - u_0} \tag{5}$$

Schaufeln beaufschlagt sind. Die Leistung einer Schaufel mit der Fläche $S_W$ berechnet sich nach (S. L. (2.111)) durch

$$P_S = \iint\limits_{S_W} u_0 \, \vec{e}_x \cdot \vec{t} \, \mathrm{d}S \ .$$

Die Geschwindigkeit $u_0$ ist über $S_W$ konstant, so daß wir mit (3) die Leistung einer Schaufel zu

$$P_S = -u_0 \, F_x \tag{6}$$

erhalten. Die Leistung der $n$ Schaufeln ist $P = n \, P_S$ oder mit (4), (5), (6)

$$P = -\varrho \, c^3 \, A_1 \, \frac{u_0}{c} \left(1 - \frac{u_0}{c}\right) \left(1 + \cos \beta\right) \ .$$

Die Leistung erscheint hier negativ, weil der Flüssigkeit Energie entzogen wird.

c) Die an den Schaufeln der Turbine verrichtete Leistung $P_T = -P$ wird für

$$\frac{\mathrm{d}P_T}{\mathrm{d}(u_0/c)} = \varrho \, c^3 \, A_1 \left(1 - 2 \, \frac{u_0}{c}\right) \left(1 + \cos \beta\right) = 0$$

$$\Rightarrow \quad \frac{c}{u_0} = 2$$

maximal ($\mathrm{d}^2 P_T / \mathrm{d}(u_0/c)^2 < 0$):

$$P_{T_{max}} = \varrho \, c^3 \, A_1 \, \frac{1 + \cos \beta}{4} \ .$$

d) Der maximale Wirkungsgrad (bei $c/u_0 = 2$) der Kraftmaschine

$$\eta_{max} = \frac{P_{Tmax}}{P_{zu}} \, ,$$

mit der durch die Düse zugeführten Leistung (Fluß der Energie aus der Düse)

$$P_{zu} = \iint\limits_{A_1} \varrho \, \frac{\vec{c} \cdot \vec{c}}{2} \, (\vec{c} \cdot \vec{n}) \, \mathrm{d}S = \frac{\varrho}{2} \, c^3 \, A_1$$

ist

$$\eta_{max} = \frac{1 + \cos \beta}{2} \, .$$

e) Eulersche Turbinengleichung:

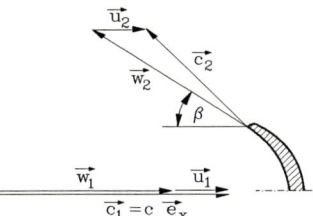

Wir fassen das Schaufelsystem nun als eine Peltonturbine mit dem Schaufelradius $r$ auf. Das Moment, das die Turbine auf die Flüssigkeit ausübt, ist

$$M = \dot{m} \, r \, (c_{u2} - c_{u1}) \, .$$

Die Umfangskomponente des eintreffenden Strahls ist $c_{u1} = c$. Die Umfangskomponente der Absolutgeschwindigkeit $\vec{c}_2$ erhalten wir aus dem Geschwindigkeitsdreieck des abgehenden Strahls:

$$
\begin{aligned}
c_{u2} &= \vec{c}_2 \cdot \vec{e}_x = (\vec{w}_2 + \vec{u}_2) \cdot \vec{e}_x \\
&= -w_2 \cos \beta + u_0 = -(c - u_0) \cos \beta + u_0 \, .
\end{aligned}
$$

Der Massenstrom der die $n$ Schaufeln beaufschlagt ist

$$\dot{m} = -n \iint\limits_{A_1} \varrho \, \vec{w} \cdot \vec{n} \, \mathrm{d}S \, .$$

Es ist natürlich derselbe Massenstrom, der durch die feststehende Düse strömt

$$\dot{m} = - \iint\limits_{A_1} \varrho \, \vec{c} \cdot \vec{n} \, \mathrm{d}S = \varrho \, c \, A_1 \, .$$

Das Moment lautet somit $M = -\varrho \, A_1 \, c \, r \, (c - u_0) \, (1 + \cos \beta)$. Damit wird die Leistung $P = M \, \Omega$ mit $u_0 = \Omega \, r$ wiederum zu

$$P = -\varrho \, c^3 \, A_1 \, \frac{u_0}{c} \left( 1 - \frac{u_0}{c} \right) (1 + \cos \beta) \, .$$

Die vorausgesetzte Translation des Schaufelsystems entspricht hier dem Grenzfall $r \to \infty$, $\Omega \to 0$, aber $r \, \Omega = \text{const} = u_0$.

# 4.3    Anfangs- und Randbedingungen

### Aufgabe 4.3-1    Sich in Flüssigkeit bewegender elliptischer Zylinder

Ein Zylinder mit elliptischem Querschnitt bewegt sich senkrecht zu
seiner Achse in Flüssigkeit. Die
Bewegung ist gegeben durch

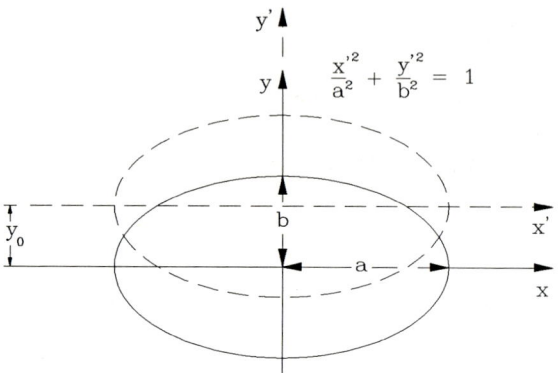

$$y(x,t) = y'(x') + y_0 \cos \omega t .$$

Man bestimme die kinematische
Randbedingung mit Hilfe der Beziehungen

a)   $(u_i - u_{i(w)}) n_i = 0$  $\left.\vphantom{\begin{matrix}a\\b\end{matrix}}\right\}$   an $F(\vec{x}, t) = 0$.
b)   $DF/Dt = 0$

Geg.: $a$, $b$, $y_0$, $\omega$

### Lösung

Die implizite Form der elliptischen Zylinderoberfläche im körperfesten (mitbewegten)
Koordinatensystem $x'$, $y'$ lautet:

$$F'(x', y') = \frac{x'^2}{a^2} + \frac{y'^2}{b^2} - 1 = 0 .$$

Mit der gegebenen Bewegung

$$y = y' + y_0 \cos \omega t , \qquad x = x'$$

erhalten wir die implizite Form der Oberfläche im festen Koordinatensystem $x, y$ zu

$$F(x, y, t) = \frac{x^2}{a^2} + \frac{(y - y_0 \cos \omega t)^2}{b^2} - 1 = 0 . \tag{1}$$

a)  $(u_i - u_{i(w)}) n_i = 0$:
    Durch Anwendung dieser Gleichung auf das hier gegebene Problem entsteht

$$(u - 0) n_x + (v - v_w) n_y = 0$$

und mit

$$v_w = \left( \frac{\mathrm{d}y}{\mathrm{d}t} \right)_w = -y_0 \, \omega \, \sin \omega t$$

und

$$\vec{n} = \frac{\nabla F}{|\nabla F|}, \qquad \nabla F = \frac{2\,x}{a^2}\,\vec{e}_x + \frac{2(y - y_0 \cos \omega t)}{b^2}\,\vec{e}_y$$

wird die Randbedingung zu

$$u\,\frac{2\,x}{a^2} + (v + y_0\,\omega \,\sin \omega t)\frac{2(y - y_0 \cos \omega t)}{b^2} = 0 \qquad \text{(an der Wand)}$$

erhalten.

b) $DF/Dt = 0$ an $F(\vec{x}, t) = 0$

Dasselbe Ergebnis folgt unmittelbar

$$\frac{2(y - y_0 \cos \omega t)(y_0\,\omega \,\sin \omega t)}{b^2} + u\,\frac{2\,x}{a^2} + v\,\frac{2(y - y_0 \cos \omega t)}{b^2} = 0 \;.$$

## Aufgabe 4.3-2    Schlag– und Nickschwingung einer ebenen Platte

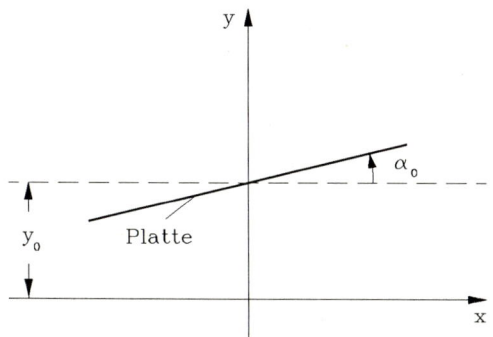

Eine ebene Platte führt eine Schlag-schwingung $(y(t) = y_0 \cos \omega t)$ und eine Nickschwingung $(\alpha(t) = \alpha_0 \cos \omega t)$ aus. Die Amplitude sei so klein, daß

$$\tan \alpha_0 \approx \alpha_0$$

gesetzt werden kann.

a) Man bestimme die implizite Gleichung $F(x, y, t) = 0$ der Plattenoberfläche.

b) Man bestimme die kinematische Randbedingung an der Platte.

Geg.: $y_0$, $\alpha_0$, $\omega$

### Lösung

a) Implizite Gleichung der Oberfläche

Die explizite Form lautet

$$y(x,\, t) = y_0 \cos \omega t + x \tan(\alpha_0 \cos \omega t) \approx (y_0 + \alpha_0 x) \cos \omega t \;,$$

woraus unmittelbar die implizite Form zu

$$F(x, y, t) = y - (y_0 + \alpha_0\, x) \cos \omega t = 0$$

folgt.

b) Randbedingung an der Platte

Aus

$$\frac{\mathrm{D}F}{\mathrm{D}t} = 0 \qquad \text{an der Wand} \qquad F(x, y, t) = 0$$

ergibt sich sofort

$$(y_0 + \alpha_0\, x)\,\omega\,\sin\omega t + u\,(-\alpha_0\,\cos\omega t) + v = 0 \qquad \text{an der Wand} \quad F(x, y, t) = 0 \,.$$

## Aufgabe 4.3-3　　In Flüssigkeit bewegter Kreiszylinder

Ein Zylinder (Radius $R$) rotiert mit der Winkelgeschwindigkeit $\Omega$ um seine Mittelachse, während diese sich längs der gegebenen Bahn $\vec{x}_M(t)$ bewegt.

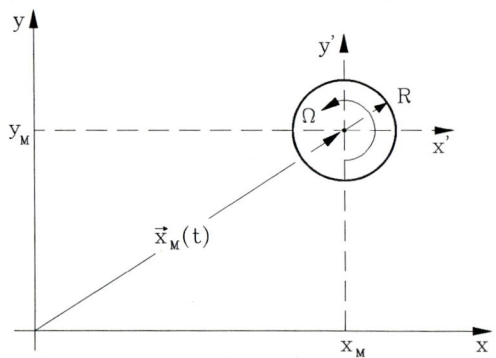

a) Wie lautet die kinematische,
b) wie die dynamische Randbedingung an der Zylinderwand?

Geg.: $R$, $\Omega$, $\vec{x}_M(t)$

**Lösung**

a) Kinematische Randbedingung:

$$\vec{u} \cdot \vec{n} = \vec{u}_w \cdot \vec{n} \qquad \text{oder} \qquad \frac{\mathrm{D}F}{\mathrm{D}t} = \frac{\partial F}{\partial t} + u_i\,\frac{\partial F}{\partial x_i} = 0 \,.$$

Die implizite Flächengleichung lautet für diese Bewegung

$$F = x'^2 + y'^2 - R^2 = 0 \,,$$

mit

$$x' = x - x_M \qquad \text{und} \qquad y' = y - y_M$$

folgt nun

$$F(x, y, t) = (x - x_M)^2 + (y - y_M)^2 - R^2 = 0 \,.$$

Bilden wir die materielle Ableitung dieser Gleichung

$$\frac{\mathrm{D}F}{\mathrm{D}t} = 2\,(x - x_M)(-\dot{x}_M) + 2\,(y - y_M)(-\dot{y}_M) + u\,2\,(x - x_M) + v\,2\,(y - y_M) \,,$$

in der der Punkt die Ableitung nach der Zeit bedeutet, so lautet die kinematische Randbedingung

$$(x - x_M)(u - \dot{x}_M) + (y - y_M)(v - \dot{y}_M) = 0 \qquad \text{an der Wand} \qquad F(x, y, t) = 0 .$$

Für den Sonderfall $\vec{x}_M(t) \equiv 0$ reduziert sich die Randbedingung nach Division mit $R$ zu

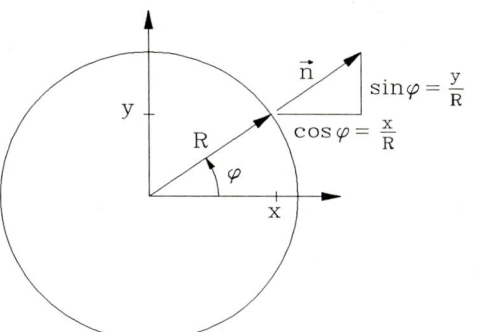

$$\frac{x}{R} u + \frac{y}{R} v = 0$$

oder

$$u \, n_x + v \, n_y = \vec{u} \cdot \vec{n} = 0$$

auf dem Zylinder.

b) Dynamische Randbedingung im allgemeinen Fall:

Es gilt

$$\vec{u} = \vec{u}_w \qquad \text{an der Wand} .$$

Auf dem Zylinder ist

$$\vec{u}_w = \dot{\vec{x}}_M + \Omega \, R \, \vec{e}_\varphi' .$$

Aus $\vec{e}_\varphi' = \vec{e}_z \times \vec{n}$ entsteht

$$\vec{e}_\varphi' = -\sin \varphi' \, \vec{e}_x + \cos \varphi' \, \vec{e}_y$$

mit

$$\sin \varphi' = \frac{y'}{R} = \frac{y - y_M}{R}$$

$$\cos \varphi' = \frac{x'}{R} = \frac{x - x_M}{R} ,$$

so daß die Randbedingung die Form

$$\vec{u} = \vec{u}_w = (\dot{x}_M - (y - y_M)\Omega) \, \vec{e}_x + (\dot{y}_M + (x - x_M)\Omega) \, \vec{e}_y$$

auf der Zylinderoberfläche, also auf $F(x, y, t) = 0$ annimmt.

Anmerkung:

Die Tatsache, daß der Zylinder rotiert, macht sich nur in der dynamischen Randbedingung bemerkbar!

## Aufgabe 4.3-4    Wirbelbehaftete Strömung in einem elliptischen Zylinder

Für eine wirbelbehaftete Strömung in einem elliptischen Zylinder ist das Geschwindigkeitsfeld

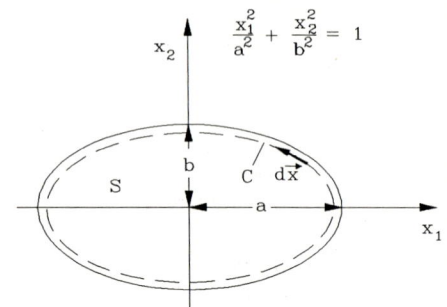

$$u_1(x_1, x_2) = -\frac{2K\, x_2}{b^2} ,$$

$$u_2(x_1, x_2) = \frac{2K\, x_1}{a^2}$$

bekannt. Die Gleichung des Zylinders ist durch

$$\frac{x_1^2}{a^2} + \frac{x_2^2}{b^2} = 1$$

gegeben.

a) Zeigen Sie, daß die Zylinderwand nicht durchströmt wird.
b) Berechnen Sie die Zirkulation entlang der Kurve $C$.
   Hinweis: Dies gelingt am leichtesten unter Verwendung des Stokesschen Satzes

$$\oint\limits_{(C)} \vec{u} \cdot d\vec{x} = \iint\limits_{(S)} (\mathrm{rot}\,\vec{u}) \cdot \vec{n}\; dS .$$

Geg.: $a$, $b$, $K$

**Lösung**

a) Undurchlässigkeit der Zylinderwand:
   Es ist zu zeigen, daß

$$(u_i - u_{i(w)})\, n_i = 0 \qquad \text{(an der Wand)} \tag{1}$$

erfüllt ist. Da $u_{i(w)} = 0$ also $u_i\, n_i = 0$.
Die implizite Form der elliptischen Zylinderoberfläche lautet:

$$F(x_1, x_2) = \frac{x_1^2}{a^2} + \frac{x_2^2}{b^2} - 1 = 0 , \tag{2}$$

und daher ist

$$u_i \frac{\partial F}{\partial x_i} \bigg/ \sqrt{\frac{\partial F}{\partial x_j}\frac{\partial F}{\partial x_j}} = 0$$

oder

$$u_1 \frac{\partial F}{\partial x_1} + u_2 \frac{\partial F}{\partial x_2} = -\frac{2K\, x_2}{b^2}\frac{2\, x_1}{a^2} + \frac{2K\, x_1}{a^2}\frac{2\, x_2}{b^2} = 0 .$$

b) Zirkulation $\Gamma$:
Es ist

$$\Gamma = \oint_{(C)} \vec{u} \cdot \mathrm{d}\vec{x} = \iint_{(S)} (\mathrm{rot}\,\vec{u}) \cdot \vec{n}\, \mathrm{d}S \,. \tag{3}$$

Die Flächennormale $\vec{n}$ der Fläche $S$ ist so zu wählen, daß von der positiven Flächenseite aus gesehen die Kurve $C$ im mathematisch positiven Sinn durchlaufen wird. Hier zeigt sie aus der Zeichenebene heraus und ist gleich $\vec{e}_3$. Daher ist der Integrand des Oberflächenintegrals in (3)

$$(\mathrm{rot}\,\vec{u}) \cdot \vec{n} = (\mathrm{rot}\,\vec{u})_3 = \varepsilon_{3jk}\,\frac{\partial u_k}{\partial x_j} = \frac{2K}{a^2} + \frac{2K}{b^2}\,.$$

Mit dem bekannten Ausdruck für die Ellipsenfläche $\pi\,a\,b$ erhalten wir die gesuchte Zirkulation zu

$$\Gamma = 2\pi\,K\,\frac{a^2 + b^2}{a\,b}\,.$$

# 5 Hydrostatik

## 5.1 Hydrostatische Druckverteilung

### Aufgabe 5.1-1 U–Rohr–Manometer

Zwei mit Flüssigkeiten der konstanten Dichten $\varrho_a$ bzw. $\varrho_b$ gefüllte Behälter sind in der skizzierten Weise über ein U–Rohr–Manometer verbunden. Die Dichte der Manometerflüssigkeit ist $\varrho_c$.

Wie groß ist die Druckdifferenz $p_1 - p_2$ in Abhängigkeit vom Manometerausschlag $\Delta h$?

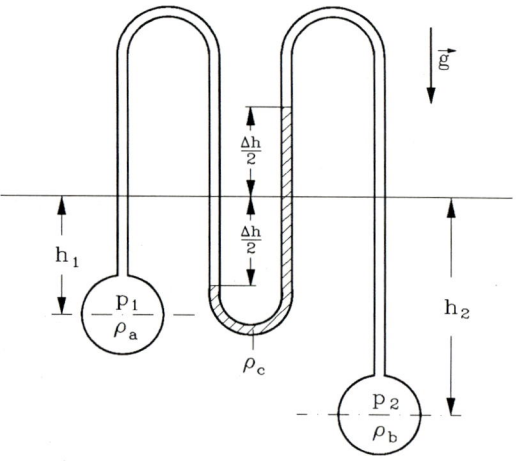

Geg.: $h_1$, $h_2$, $\Delta h$, $\varrho_a$, $\varrho_b$, $\varrho_c$, $g$

**Lösung**

Die Druckverteilung in ruhender, schwerer Flüssigkeit ist im Inertialsystem (S. L. (5.15))

$$p + \varrho g z = \text{const.}$$

Der Druck $p_L$ am linken Spiegel der Meßflüssigkeit beträgt von der Flüssigkeit $a$ kommend

$$p_L = p_1 + \varrho_a g \left( \frac{\Delta h}{2} - h_1 \right) ,$$

der Druck $p_R$ am rechten Spiegel von der Flüssigkeit $b$ kommend

$$p_R = p_2 - \varrho_b\, g\left(\frac{\Delta h}{2} + h_2\right).$$

Die Differenz ist demnach

$$p_L - p_R = p_1 - p_2 + \frac{\Delta h}{2}\, g\,(\varrho_a + \varrho_b) - g\,(\varrho_a\, h_1 - \varrho_b\, h_2),$$

andererseits aber auch der Druckunterschied an diesen Stellen in der Flüssigkeit $c$

$$p_L - p_R = \varrho_c\, g\,\Delta h.$$

Durch Gleichsetzen erhält man die gesuchte Druckdifferenz

$$p_1 - p_2 = \varrho_c\, g\,\Delta h\left(1 - \frac{\varrho_a + \varrho_b}{2\,\varrho_c}\right) + g\,(\varrho_a\, h_1 - \varrho_b\, h_2).$$

## Aufgabe 5.1-2  Hydraulische Sicherheitskupplung

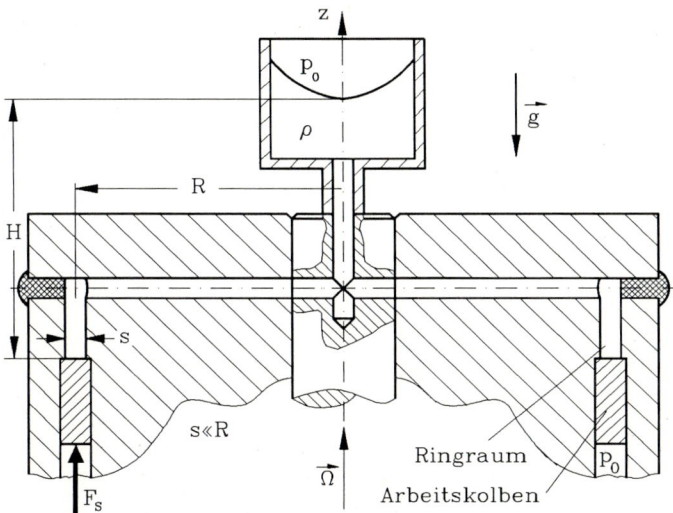

Eine hydraulisch betätigte Sicherheitskupplung soll bei einer bestimmten Drehzahl auskuppeln. Die Einstellung der Drehzahl erfolgt über die Füllhöhe $H$. Die erforderliche Schaltkraft $F_s$ wird durch den Flüssigkeitsdruck am kreisringförmigen Arbeitskolben (Radius $R$, Breite $s$) erzeugt. Wegen $s \ll R$ kann der Druck über der Kolbenfläche als konstant angesehen werden.

a) Bei welcher Drehzahl wird die Schaltkraft $F_s$ gerade überwunden?

b) Wie muß die Füllhöhe verändert werden, damit sich die Schaltdrehzahl verdoppelt?

Geg.: $H$, $F_S$, $R$, $s$, $\varrho$, $p_0$, $g$

**Lösung**

a) Grenzdrehzahl:
   Die Druckverteilung im rotierenden Bezugssystem lautet (S. L. (5.15))

$$p + \varrho\,g\,z - \frac{\varrho}{2}\,\Omega^2\,r^2 = \text{const}\ .$$

Der Druck am Kolben ist dann

$$p_K = p_0 + \varrho\,g\,H + \frac{\varrho}{2}\,\Omega^2\,R^2\ .$$

Da $p_K$ über der Kolbenfläche praktisch konstant ist, gilt

$$p_K = \frac{F_K}{2\,\pi\,R\,s}\ ,$$

$F_K$ bezeichnet die Kraft der Flüssigkeit auf den Kolben.
Mit dem Kräftegleichgewicht $F_K = F_S + p_0\,2\,\pi\,R\,s$ erhält man die Grenzdrehzahl $\Omega^*$:

$$\frac{F_S}{2\,\pi\,R\,s} + p_0 = p_K^* = p_0 + \varrho\,g\,H + \frac{\varrho}{2}\,\Omega^{*2}\,R^2$$

$$\Rightarrow \qquad \Omega^* = \left(\frac{F_S}{\varrho\,\pi\,R^3\,s} - \frac{2\,g\,H}{R^2}\right)^{\frac{1}{2}}\ .$$

b) Veränderung der Füllhöhe
   Schreiben wir $H'$ für die Füllhöhe bei doppelter Schaltdrehzahl $\Omega' = 2\,\Omega^*$, so gilt:

$$\left(\frac{F_S}{\varrho\,\pi\,R^3\,s} - \frac{2\,g\,H'}{R^2}\right)^{\frac{1}{2}} = 2\left(\frac{F_S}{\varrho\,\pi\,R^3\,s} - \frac{2\,g\,H}{R^2}\right)^{\frac{1}{2}}$$

$$\Rightarrow \qquad H' = 4\,H - \frac{3}{2}\,\frac{F_S}{\varrho\,g\,\pi\,R\,s}\ .$$

## Aufgabe 5.1-3    Mit Flüssigkeit gefüllter, rotierender Behälter

Ein rotationssymmetrischer Behälter (Radius $R$, Füllhöhe $H$) ist mit Flüssigkeit der Dichte $\varrho$ gefüllt und mit einem Kolben des Gewichts $G$ abgeschlossen. Der Behälter rotiert um seine senkrechte Achse mit der Winkelgeschwindigkeit $\Omega$. Der Umgebungsdruck ist $p_0$.

a) Geben Sie für $\vec{\Omega} = 0$ den Druck $p_2$ am Behälter-boden an.

b) Berechnen Sie die Druckverteilung im Behälter für $\vec{\Omega} \neq 0$ (die Konstante in der Bernoullischen Gleichung wird durch das Kräftegleichgewicht am Kolben festgelegt).

c) An welcher Stelle am Behälterboden wirkt der Druck $p_2$ aus Teilfrage a) bei rotierendem Behälter?

d) An welcher Stelle und bei welcher Winkel-geschwindigkeit wird der Dampfdruck $p_D = 0,2\,p_0$ zuerst erreicht?

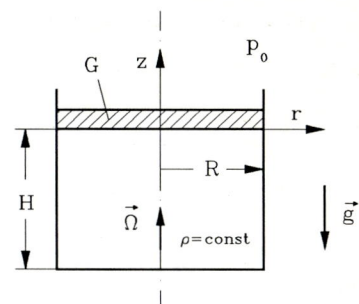

Geg.: $R$, $H$, $p_0$, $G$, $\varrho$, $\Omega$, $g$

**Lösung**

a) Druck $p_2$ am Behälterboden für $\vec{\Omega} = 0$:
Bezeichnen wir den Druck unterhalb des Kolbens ($z = 0$) mit $p_1$, so lautet die Druckverteilung in der Flüssigkeit

$$p(z) + \varrho\,g\,z = p_1\ .$$

Mit dem Kräftegleichgewicht am Kolben

$$p_1\,\pi\,R^2 = G + p_0\,\pi\,R^2$$

erhalten wir

$$p(z) + \varrho\,g\,z = \frac{G}{\pi\,R^2} + p_0$$

und speziell für den Druck $p_2$ am Behälterboden ($z = -H$)

$$p_2 = \frac{G}{\pi\,R^2} + p_0 + \varrho\,g\,H\ .$$

b) Die Druckverteilung im Behälter für $\vec{\Omega} \neq 0$:
Aus der Bernoullischen Gleichung im Koordinatensystem, in dem die Flüssigkeit ruht,

$$p(r,z) + \varrho\,g\,z - \frac{\varrho}{2}\,\Omega^2\,r^2 = C$$

folgt für die Druckverteilung an der Kolbenunterseite ($z = 0$)

$$p_1(r) = C + \frac{\varrho}{2}\,\Omega^2\,r^2\ .$$

Das Kräftegleichgewicht am Kolben lautet nun

$$\iint\limits_{S_K} p_1(r)\,\mathrm{d}A\ =\ G + p_0\,A$$

$$\Rightarrow\qquad C\ =\ \frac{G}{\pi\,R^2} + p_0 - \frac{\varrho}{4}\,\Omega^2\,R^2\ .$$

Damit ergibt sich aus der Bernoullischen Gleichung die Druckverteilung im Behälter:

$$p(r,z) = \frac{G}{\pi R^2} + p_0 - \varrho\, g\, z + \frac{\varrho}{2}\Omega^2\left(r^2 - \frac{R^2}{2}\right)$$

und speziell am Behälterboden ($z = -H$) zu

$$p(r,-H) = \frac{G}{\pi R^2} + p_0 + \varrho\, g\, H + \frac{\varrho}{2}\Omega^2\left(r^2 - \frac{R^2}{2}\right)\;.$$

c) Wo ist $p(r,-H) = p_2$?

$$\frac{G}{\pi R^2} + p_0 + \varrho\, g\, H = \frac{G}{\pi R^2} + p_0 + \varrho\, g\, H + \frac{\varrho}{2}\Omega^2\left(r^2 - \frac{R^2}{2}\right)$$

$$\Rightarrow r = \frac{R}{\sqrt{2}}\,.$$

Auf dem Kreis $r = R/\sqrt{2}$ ist der Druck unabhängig von $\Omega$!

d) Wo wird der Dampfdruck zuerst erreicht?

Der Druck sinkt mit $z$ und steigt mit $r$, d. h. der niedrigste Druck im Behälter ist an der Stelle $r = z = 0$ zu finden. Die Bestimmungsgleichung für $\Omega$ lautet daher

$$p_D = p(0,0) = \frac{G}{\pi R^2} + p_0 - \frac{\varrho}{4}\Omega^2 R^2\;,$$

mit $p_D = 0,2\, p_0$ folgt

$$\Omega = \left(\frac{4\,G}{\varrho\,\pi\,R^4} + \frac{3,2\,p_0}{\varrho\,R^2}\right)^{\frac{1}{2}}\;.$$

## Aufgabe 5.1-4   Schleudergußverfahren

Ein rotationssymmetrisches Werkstück, das im Schleudergußverfahren hergestellt werden soll, ist gemäß nebenstehender Skizze eingeformt. Während des Gießvorganges rotiert die Form mit konstanter Winkelgeschwindigkeit $\Omega$.

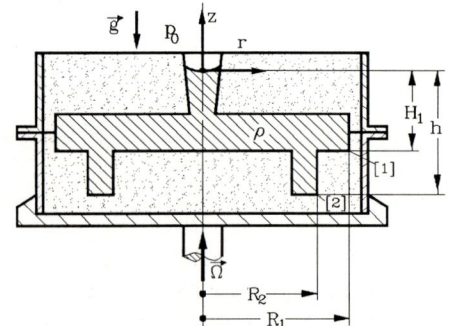

a) Man berechne den Druck $p_1$ an der Stelle [1] als Funktion von $\Omega$.

b) Wie groß darf die Winkelgeschwindigkeit $\Omega$ höchstens gewählt werden, wenn im Punkt [1] der maximal zulässige Sand–Druck $p_{max}$ nicht überschritten werden darf?

c) Man berechne für diese Winkelgeschwindigkeit $\Omega_{max}$ die maximale Höhe $h$, damit auch an der Stelle [2] $p_{max}$ nicht überschritten wird.

Geg.: $R_1$, $R_2$, $H_1$, $\varrho$, $p_0$, $p_{max}$, $g$

**Lösung**

Die Druckverteilung bezüglich eines um die $z$–Achse rotierenden Bezugssystems ist (S. L. (5.15))

$$p = p_0 - \varrho\, g\, z + \frac{1}{2}\, \varrho\, \Omega^2\, r^2 \;. \tag{1}$$

a) Der Druck an der Stelle [1] wird berechnet, indem wir in der Gleichung oben $r = R_1$ und $z = -H_1$ setzen:

$$p_1 = p_0 + \varrho\, g\, H_1 + \frac{1}{2}\, \varrho\, \Omega^2\, R_1^2 \;. \tag{2}$$

b) Die maximal zulässige Winkelgeschwindigkeit $\Omega_{max}$ erhalten wir, indem in der Gleichung (2) $p_1 = p_{max}$ gesetzt und die Gleichung nach $\Omega_{max}$ aufgelöst wird

$$\Omega_{max} = \frac{1}{R_1} \sqrt{\frac{2}{\varrho}(p_{max} - p_0) - 2\, g\, H_1} \;.$$

c) Die bei dieser Winkelgeschwindigkeit zulässige Höhe $h$ (Stelle [2]) wird berechnet, indem die Größen der Gleichung (1) wie folgt ersetzt werden:

$$p = p_{max} \;, \quad z = -h \;, \quad \Omega = \Omega_{max} \text{ und } \quad r = R_2 \;.$$

Die unbekannte Höhe $h$ folgt aus der erhaltenen Gleichung zu

$$h = \frac{p_{max} - p_0}{\varrho\, g}\left(1 - \left(\frac{R_2}{R_1}\right)^2\right) + \left(\frac{R_2}{R_1}\right)^2 H_1 \;.$$

# Aufgabe 5.1-5    Tiefenmesser

Ein Meßgerät zur Bestimmung von Gewässertiefen besteht aus einem mit Quecksilber (Dichte $\varrho_{Hg}$) gefüllten Behälter, der über ein Rückschlagventil mit einem Zylinder verbunden ist. Über einen Zulauf kann Wasser in den Behälter einströmen. Beim Absenken des Gerätes wird der Kolben des Zylinders durch einströmendes Quecksilber nach oben verschoben. Nach dem Hochziehen kann an einer Skala die erreichte Wassertiefe abgelesen werden.

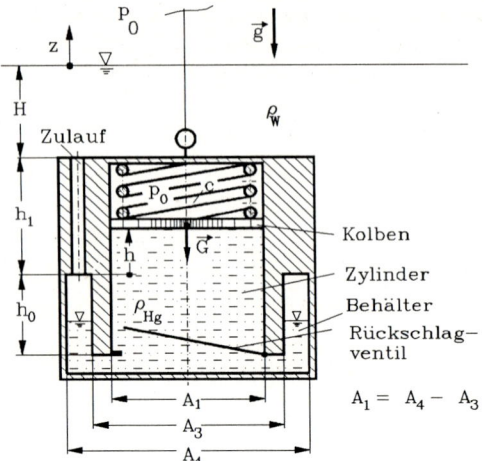

a) Wie groß ist das Gewicht des Kolbens, damit für die Wassertiefe $H = 0$ das Quecksilber im Behälter genauso hoch wie im Zylinder steht? Die Feder soll unbelastet
sein. (Das Meßgerät ist mit so viel Quecksilber gefüllt, daß bei $H = 0$ die Trennfläche
Quecksilber–Wasser bei $z = -h_1$ ist.)

b) Wie ist die Federsteifigkeit $c$ zu wählen, damit das Meßgerät bis zur Tiefe $H_{max}$
einsatzfähig ist, ohne daß Wasser in den Zylinder strömt?
Hinweis: Die Änderung durch die Kompression der Luft soll gegenüber der Rück-
stellkraft der Feder vernachlässigt werden.

c) Wie lautet der Zusammenhang von Wassertiefe $H$ und Quecksilberstand $h$ im Zylinder?

Geg.: $A_1$, $A_2 = A_4 - A_3 = A_1$, $h_0$, $h_1$, $p_0$, $\varrho_W$, $\varrho_{Hg}$, $g$

**Lösung**

Da angenommen wird, daß auf der oberen Seite des Kolbens der Umgebungsdruck $p_0$
wirkt, hat dieser keinen Einfluß und wir setzen im folgenden $p_0 = 0$.

a) Kolbengewicht $G$:
Da die Flächen $A_1$ und $A_2$ gleich sind, steigt das Quecksilber im Zylinder bei zuneh-
mender Tiefe $H$ um den gleichen Betrag $h$, um den es im Behälter abnimmt. Der
Abstand der Trennfläche Wasser–Quecksilber von der Wasseroberfläche ist daher

$$z_{Tf} = -(H + h_1 + h) \, .$$

Der Druck an dieser Stelle ist

$$p_{Tf} = -\varrho_W \, g \, z_{Tf} \, ,$$

$$p_{Tf} = \varrho_W \, g \, (H + h_1 + h) \, . \tag{1}$$

Dieser Druck ist gleich dem Druck innerhalb des Zylinders bei $z = -z_{Tf}$:

$$p_{Zy} = p_{Tf} \, . \tag{2}$$

$p_{Zy}$ wird durch die Federkraft $c\,h$ (unbekannte Federsteifigkeit $c$), die noch unbekannte Gewichtskraft $G$ und die Quecksilbersäule der Höhe $2\,h$ verursacht. Die Kräftebilanz für den Kolben mit der Quecksilbersäule lautet:

$$p_{Zy}\,A_1 \;=\; G + c\,h + 2\,\varrho_{Hg}\,g\,h\,A_1$$

$$\Rightarrow p_{Zy} \;=\; \frac{G + c\,h}{A_1} + 2\,\varrho_{Hg}\,g\,h \;. \tag{3}$$

Speziell für den Aufgabenteil a) gilt $h = 0$ und $H = 0$. Wir setzen dies in die Gleichungen (1) und (3) ein:

$$p_{Tf} \;=\; \varrho_W\,g\,h_1 \;,$$

$$p_{Zy} \;=\; \frac{G}{A_1} \;.$$

In Gleichung (2) eingesetzt und nach dem gesuchten Gewicht $G$ aufgelöst liefert:

$$G = \varrho_W\,g\,h_1\,A_1 \;. \tag{4}$$

b) Federsteifigkeit $c$:
Der Quecksilberstand im Behälter darf maximal um $h_0$ (Bei einer messbaren Tiefe von $H_{max}$) sinken, damit kein Wasser in den Zylinder strömt. Gleichzeitig steigt der Kolben bei $H = H_{max}$ auf $h = h_0$ (siehe Aufgabenteil a)).
Zur Bestimmung der Federsteifigkeit setzen wir $H = H_{max}$ und $h = h_0$ in die Gleichungen (1) und (3) ein und erhalten

$$p_{Tf} = \varrho_W\,g\,(H_{max} + h_1 + h_0) \;,$$

$$p_{Zy} = \frac{G + c\,h_0}{A_1} + 2\,\varrho_{Hg}\,g\,h_0$$

bzw.

$$p_{Zy} = \varrho_W\,g\,h_1 + \frac{c\,h_0}{A_1} + 2\,\varrho_{Hg}\,g\,h_0 \;.$$

Mit Gleichung (2) ergibt sich die gesuchte Federsteifigkeit $c$ zu

$$c = A_1\,g\,\varrho_W \left( \frac{H_{max}}{h_0} + 1 - 2\,\frac{\varrho_{Hg}}{\varrho_W} \right) \;. \tag{5}$$

c) Zusammenhang von Wassertiefe $H$ und Quecksilberstand $h$:
Mit (4) und (5) läßt sich die Kolbenhöhe $h$ aus (3) eliminieren und mit (1) durch bekannte Größen ausdrücken:

$$\frac{H}{h} = \frac{H_{max}}{h_0} \;.$$

# 5.2   Hydrostatischer Auftrieb, Kraft auf Wände

### Aufgabe 5.2-1   Kraft und Moment auf eine Absperrklappe

Das skizzierte, an einem Behälter ange-
schlossene Rohr ist durch eine ebene Platte, die um den Winkel $\alpha$ gegenüber der
Rohrachse geneigt ist, verschlossen. Die
elliptische Platte ist um die zur Zeichenebene senkrechte Symmetrieachse dreh-
bar gelagert und wird durch das Moment
$M$ gegen den Wasserdruck geschlossen gehalten.

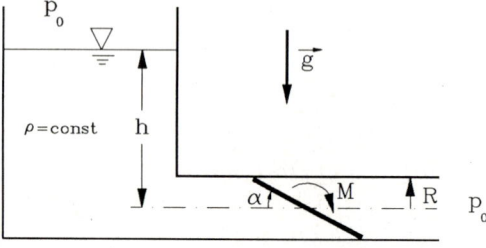

a) Wie groß ist die Kraft auf die Platte und deren Komponente in die Rohrachsenrichtung?
b) Welches Moment $M$ ist notwendig, um die Klappe geschlossen zu halten?

Geg.: $h$, $R$, $\alpha$, $\varrho$, $g$

**Lösung**

a) Kraft auf die Platte:

Der Umgebungsdruck $p_0$ ist ohne Einfluß auf die auf die Platte wirkenden
Kräfte, wir setzen daher in der folgenden Rechnung $p_0 = 0$. Die Platte hat
elliptische Form, ihre Halbachsen sind

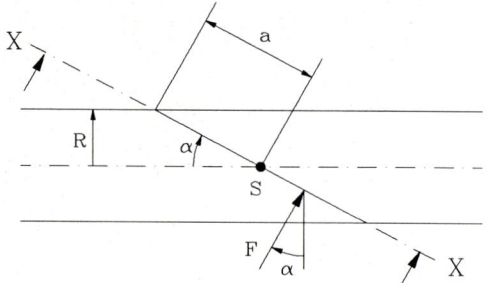

$$a = \frac{R}{\sin \alpha} \quad \text{und} \quad b = R \,.$$

Der Flächenschwerpunkt $S$ liegt aus
Symmetriegründen auf der Rohrachse,
d. h. der Druck im Flächenschwerpunkt
$p_s$ beträgt ($p_0 = 0$):

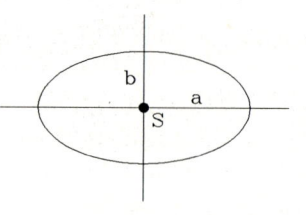

$$p_s = \varrho\, g\, h \,.$$

Der Flächeninhalt des Ellipsenquerschnitts
ist

$$A = \pi\, a\, b = \pi\, \frac{R^2}{\sin \alpha} \,,$$

die Kraft auf die Platte ist damit

$$F = p_s\, A = \varrho\, g\, h\, \pi\, \frac{R^2}{\sin \alpha} \,.$$

Sie wirkt senkrecht zur Plattenoberfläche, die Komponente in Rohrachsenrichtung ist daher

$$F_x = F \sin \alpha = \varrho \, g \, h \, \pi \, R^2 \; .$$

b) Moment auf die Platte:
Wir benutzen dazu das links eingezeichnete Koordinatensystem und berechnen das Moment bzgl. des Koordinatenursprungs ($\vec{x}_p = 0$) aus der Formel (S. L. (5.41))

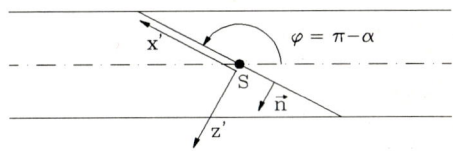

$$\vec{M}_p = (\varrho \, g \, \sin \varphi \, I_{x'y'} + y'_p \, p_s \, A) \, \vec{e}_x{}' - (\varrho \, g \, \sin \varphi \, I_{y'} + x'_p \, p_s \, A) \, \vec{e}_y{}'$$

zu

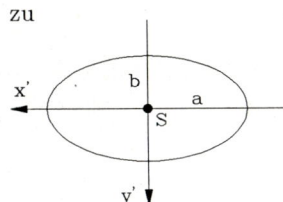

$$\vec{M}_0 = \varrho \, g \, \sin \varphi \, (I_{x'y'} \, \vec{e}_x{}' - I_{y'} \, \vec{e}_y{}') \; . \qquad (1)$$

Die Flächenmomente zweiter Ordnung des Ellipsenquerschnitts sind (siehe Handbuch)

$$I_{x'y'} = 0 \qquad \text{(aus Symmetriegründen)} \; ,$$

$$I_{y'} = \frac{\pi}{4} \, a^3 \, b = \frac{\pi}{4} \, \frac{R^4}{\sin^3 \alpha} \; .$$

Dies in (1) eingesetzt liefert wegen $\sin \varphi = \sin(\pi - \alpha) = \sin \alpha$

$$\vec{M}_0 = -\varrho \, g \, \sin \alpha \, \frac{\pi}{4} \, \frac{R^4}{\sin^3 \alpha} \, \vec{e}_y{}' \; ,$$

$$\vec{M}_0 = -\varrho \, g \, \frac{\pi}{4} \, \frac{R^4}{\sin^2 \alpha} \, \vec{e}_y{}' \; .$$

Da $\vec{e}_y{}'$ in die Zeichenebene hinein geht, wirkt das Moment aus dem Flüssigkeitsdruck also öffnend.


# Aufgabe 5.2-2    Abflußverschluß durch eine Halbkugelschale

Der Abfluß eines Wasserbehälters (Füllhöhe $h$) ist durch eine Halbkugelschale (Gewicht $G$, Radius $r_0$) abgeschlossen.

Welche Kraft $F$ ist notwendig, um den Abfluß zu öffnen?

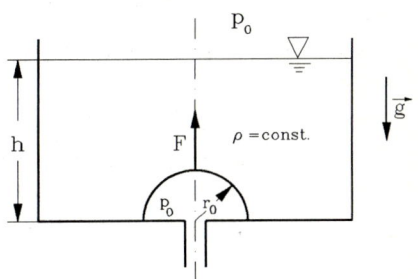

Geg.: $h, \varrho, r_0, g$

## Lösung

Für die Berechnung verwenden wir den skizzierten Ersatzkörper. Der Umgebungsdruck ist ohne Einfluß, wir setzen daher wieder der Einfachheit halber $p_0 = 0$. Die Kraft auf die Innenseite der Halbkugel ist dann null, die Kraft auf die Außenseite berechnen wir aus der Formel (S. L. (5.45))

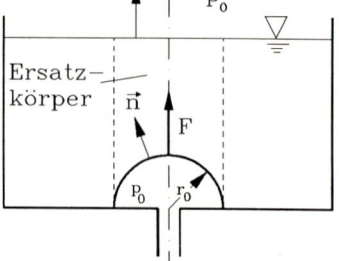

$$F_z = p_0 A_z + \varrho g V \,, \qquad (1)$$

bei deren Herleitung jedoch angenommen wurde, daß $\vec{n} \cdot \vec{e}_z < 0$ ist, d. h. die Unterseite der Fläche $S$ gemeint ist. Hier betrachten wir die Oberseite, so daß wir in (1) das Vorzeichen umdrehen müssen. Also ist mit $p_0 = 0$

$$F_z = -\varrho g V$$

die Kraft, die die Flüssigkeit auf die Halbkugel ausübt. Das Kräftegleichgewicht an der Glocke lautet

$$F_z - G + F = 0$$

$$\Rightarrow \qquad F = G - F_z = G + \varrho g V \,.$$

Das Volumen des Ersatzkörpers ist

$$V = V_{\text{Zylinder}} - V_{\text{Halbkugel}} = \pi r_0^2 h - \frac{2}{3} \pi r_0^3 \,,$$

so daß wir für die gesuchte Kraft letztlich erhalten:

$$F = G + \varrho g h \pi r_0^2 \left( 1 - \frac{2}{3} \frac{r_0}{h} \right) \,. \qquad (h \geq r_0!)$$

## Aufgabe 5.2-3    Kraft auf eine bogenförmige Staumauer

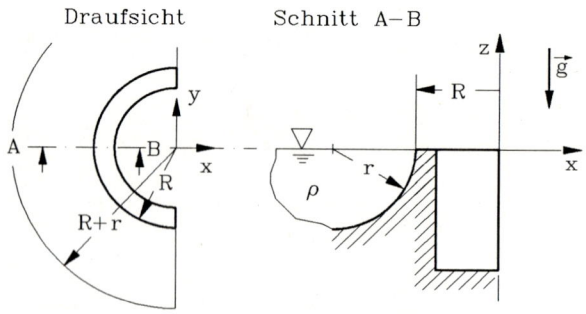

Berechnen Sie die Kraft $(F_x, F_z)$, die vom Wasser auf die bogenförmige, oben skizzierte Staumauer ausgeübt wird.

Geg.: $\varrho$, $r$, $R$, $g$

**Lösung**

Wir setzen den Umgebungsdruck, der ohne Einfluß auf die insgesamt auf die Staumauer wirkende Kraft ist, null. Zunächst berechnen wir die $z$–Komponente der gesuchten Kraft. Dazu betrachten wir das in nebenstehendem Bild eingezeichnete Flüssigkeitsvolumen $V$, dessen Oberfläche $S_{ges}$ sich zusammensetzt aus $S$, $S_M$ und $A_z$, wobei $S$ die betrachtete benetzte Oberfläche der Staumauer ist.

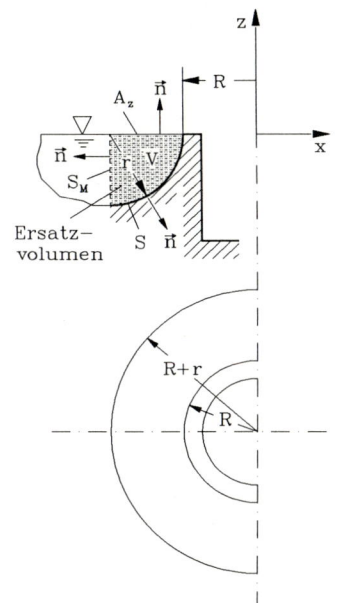

Aus dem Archimedesschen Prinzip folgt dann

$$\vec{F}_{\to\text{Ersatzvol.}} = \iint\limits_{(S+S_M+A_z)} -p\,\vec{n}\,\mathrm{d}S = -\varrho\,\vec{g}\,V$$

bzw. für die $z$–Komponente $(\vec{g}\cdot\vec{e}_z = -g)$

$$F_{z\to\text{Ersatzvol.}} = \iint\limits_{(S+S_M+A_z)} -p\,\vec{n}\cdot\vec{e}_z\,\mathrm{d}S = \varrho\,g\,V\ .$$

Da auf $S_M$ $\vec{n}\cdot\vec{e}_z = 0$ und auf $A_z$ $p = p_0 = 0$ ist, gilt $F_{z-\text{Ersatzvol.}} = -F_{z\to\text{Mauer}}$, wir erhalten also

$$F_z = F_{z\to\text{Mauer}} = -\varrho\,g\,V\ .$$

Der Volumeninhalt $V$ ist der des skizzierten Torussegments, den wir mit Hilfe der Guldinschen Regel berechnen:
Volumen = Flächeninhalt des Querschnitts multipliziert mit dem Weg des Flächenschwerpunkts, den dieser bei Erzeugung des Rotationskörpers zurücklegt,

also hier

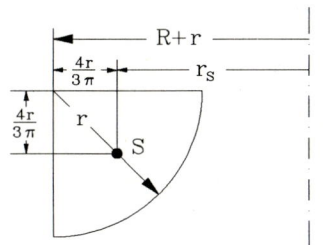

$$V = A_{\text{Viertelkreis}}\,\pi\,r_s = \frac{1}{4}\,\pi^2\,r^2\,r_s\ .$$

Mit

$$r_s = (R+r) - \frac{4}{3\,\pi}\,r$$

folgt für den Volumeninhalt

$$V = \frac{1}{4}\,\pi^2\,r^2\left[R + r\left(1 - \frac{4}{3\,\pi}\right)\right]$$

und daher für die $z$–Komponente der Kraft

$$F_z = -\varrho\, g\, \frac{\pi^2}{4}\, r^2 \left[R + r\left(1 - \frac{4}{3\,\pi}\right)\right] \; .$$

Die $x$–Komponente (die $y$–Komponente verschwindet aus Symmetriegründen) ist

$$F_x = \iint\limits_{(S)} p\,\vec{n}\cdot\vec{e}_x\, \mathrm{d}S = \iint\limits_{(A_x)} p\, \mathrm{d}A \; ,$$

also ist $F_x$ auch die Kraft auf die ebene Fläche $A_x$, die durch Projektion von $S$ in die $x$–Richtung entsteht (siehe Skizze):

$$\begin{aligned} F_x &= p_s\, A_x \\[2mm] &= \varrho\, g\, h_s\, A_x \; . \end{aligned}$$

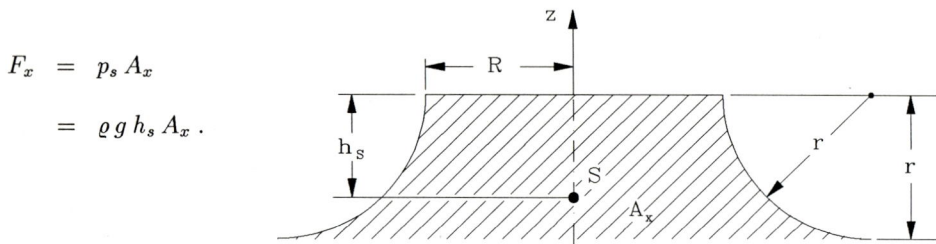

Die Flächenschwerpunktlage ist

$$-z_s = h_s = \frac{\sum A_i\,(-z_{S_i})}{A_x} \; ,$$

also ergibt sich

$$F_x = \varrho\, g\, \sum A_i\,(-z_{s_i}) \; .$$

Die Teilflächen $A_i$ sind zum einen das große Rechteck $2(R+r)\,r$ sowie die beiden Viertelkreise, die wieder abzuziehen sind:

$$F_x = \varrho\, g\left[2(R+r)\,r\left(\frac{r}{2}\right) - 2\,\frac{\pi}{4}\, r^2\left(\frac{4\,r}{3\,\pi}\right)\right]$$

$$\Rightarrow \qquad F_x = \varrho\, g\left(\frac{1}{3}\, r^3 + r^2\, R\right) \; .$$

# Aufgabe 5.2-4   Durch ihr Eigengewicht dichtende Halbkugelschale

Eine mit Flüssigkeit (Dichte $\varrho$) gefüllte Halbkugel (Radius $R$) mit Einfüllstutzen (Radius $r$ mit $r \ll R$) liegt auf einer ebenen Platte und dichtet durch ihr Eigengewicht $G$.

Wie hoch darf die Flüssigkeit im Behälter stehen (Höhe $h$), damit kein Leck auftritt?

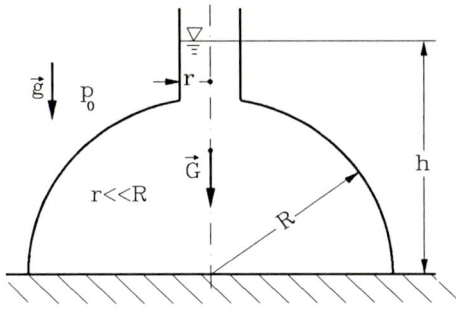

Geg.: $r$, $R$, $G$, $\varrho$, $g$

**Lösung**

Die Halbkugel dichtet noch, wenn die resultierende Kraft $F_A$ aus der Druckintegration über die Innenwand der Halbkugel gerade gleich dem Gewicht ist

$$F_A = G \, . \tag{1}$$

Der Umgebungsdruck $p_0$ wirkt auf beiden Seiten des Gefäßes. Wir setzen daher $p_0 = 0$. Die Druckintegration läßt sich leicht durchführen, indem der Auftrieb für einen geeigneten Ersatzkörper (Volumen $V_K$) nach

$$F_A = \varrho \, g \, V_K \tag{2}$$

berechnet wird.

Fall a: Die Flüssigkeit steht im Einfüllstutzen ($h > R$):

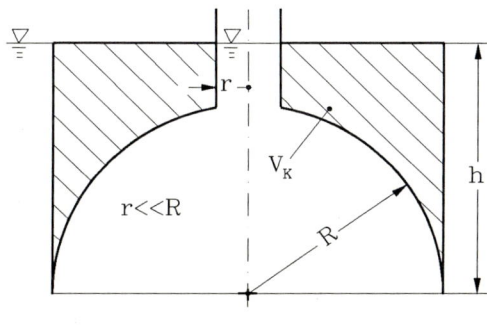

Das Volumen des skizzierten Ersatzkörpers ist

$$V_K = \pi \, R^2 \, h - \frac{2}{3} \, \pi \, R^3 - \pi \, r^2 \, (h - R).$$

Setzen wir dies in die Gleichungen (1) und (2) ein, so erhalten wir die zulässige Füllhöhe bezogen auf den Radius $R$:

$$\frac{h}{R} = \frac{G}{\pi \, \varrho \, g \, R^3} \, \frac{1}{1 - \left(\frac{r}{R}\right)^2} + \frac{\frac{2}{3} - \left(\frac{r}{R}\right)^2}{1 - \left(\frac{r}{R}\right)^2} \, .$$

Mit der Vorgabe $r \ll R$ vereinfacht sich das Ergebnis zu

$$\frac{h}{R} = \frac{G}{\pi \, \varrho \, g \, R^3} + \frac{2}{3} \, .$$

In dieser Gleichung ist der Grenzübergang $G \to 0$ wegen $h/R > 1$ nicht zulässig.

Fall b: Die Flüssigkeit ist nur innerhalb der Halbkugel ($h \leq R$):
Der skizzierte Ersatzkörper hat das Volumen

$$V_K = \pi R^2 h - V_{\text{Kugelschnitt}} \, ,$$

mit dem Volumen der „geschnittenen" Halbkugel (siehe Handbuch)

$$V_{\text{Kugelschnitt}} = \pi R^2 h - \frac{1}{3} \pi h^3 \, .$$

Analog zu oben erhalten wir das Ergebnis für diesen Fall:

$$G = \pi \varrho g \left( R^2 h - R^2 h + \frac{1}{3} h^3 \right) \, .$$

Die Gleichung aufgelöst nach der zulässigen Höhe $h$ ergibt

$$h = \left( \frac{3 G}{\pi \varrho g} \right)^{\frac{1}{3}} \, .$$

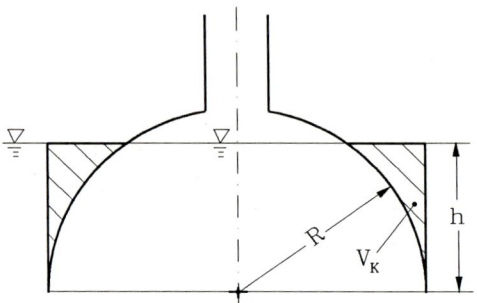

## Aufgabe 5.2-5    Zylindrische Tauchstation

Die dargestellte zylindrische Tauchstation eines Filmteams besteht aus einem aus Stahlblech der Blechdicke $s$ gefertigten Hohlzylinder ($s \ll D$) und zwei stirnseitigen Tanks. Die Tauchkabine ist in ihrer horizontalen Mitte mit runden ebenen Fenstern (Durchmesser $d$) versehen. In der Station herrscht der Druck $p_i$.

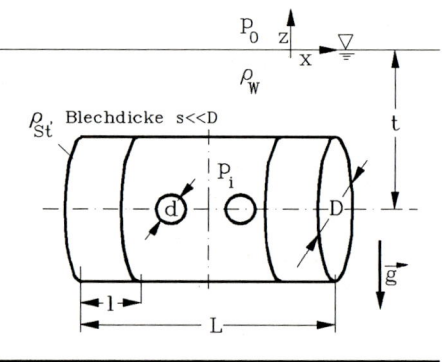

a) Die Tanks sind mit Luft gefüllt und die Station schwimmt ohne Last um $D/2$ eingetaucht an der Wasseroberfläche. Wie groß ist damit das Verhältnis der Dichten von Stahl und Wasser ($\varrho_{St}/\varrho_W$)?
b) Die Station ist nun mit dem Gewicht $G$ belastet und vollständig unter die Oberfläche getaucht.
   1.) Welches Wasservolumen $\Delta V$ wurde in die Tanks geflutet?
   2.) Wie groß ist $l$, wenn die Tanks vollständig gefüllt sind?
c) Welche Kraft wirkt bei einer Tauchtiefe $t$ auf ein Fenster?

Geg.: $L$, $D$, $d$, $s$, $\varrho_W$, $p_0$, $g$

**Lösung**

a) Dichteverhältnis $\varrho_{St}/\varrho_W$:
   Die Summe der vertikalen Kräfte, die auf die Station wirken, ist null:

$$F_{A_1} - G_{St} = 0 \ . \tag{1}$$

Die Auftriebskraft berechnet sich zu

$$F_{A_1} = V_{fl_1} \, \varrho_W \, g \ .$$

Da die Station halb eingetaucht ist, ist das Volumen $V_{fl_1}$ gleich dem halben Gesamtvolumen der Tauchstation

$$V_{fl_1} = \frac{1}{2} V \ , \text{ mit } V = \pi \frac{D^2}{4} L \ .$$

Das Gewicht der leeren Tauchstation, das gleich dem Gewicht der Stahlbleche ist, berechnet sich wie folgt:

$$G_{St} = V_{St} \, \varrho_{St} \, g \ ,$$

mit dem Stahlvolumen für $s \ll D$

$$
\begin{aligned}
V_{St} &= \pi D L s + \pi D^2 s \\[2mm]
&= \pi D^2 s \left(1 + \frac{L}{D}\right) \\[2mm]
&= 4 V \frac{s}{L} \left(1 + \frac{L}{D}\right) \ .
\end{aligned}
$$

Setzt man dies in Gleichung (1) ein und löst nach dem gesuchten Dichteverhältnis auf, so erhält man

$$\frac{\varrho_{St}}{\varrho_W} = \frac{1}{8} \frac{L}{s} \left(1 + \frac{L}{D}\right)^{-1} \ .$$

b) 1.) Welches Wasservolumen $\Delta V$ wurde geflutet?
   Die Summe aller vertikalen Kräfte, die auf die getauchte und mit dem Gewicht $G$ belastete Station wirken, ist nun

$$F_{A_2} - G_{St} - G = 0 \ . \tag{2}$$

Die Auftriebskraft ist

$$F_{A_2} = V_{fl_2} \, \varrho_W \, g \ ,$$

mit dem verdrängten Wasservolumen

$$V_{fl_2} = V - \Delta V \ .$$

$G_{St}$ in der Gleichung (2) kann mittels Gleichung (1) durch $1/2\, V \, \varrho_W \, g$ ausgedrückt werden. Einsetzen in die Gleichung (2) liefert das gesuchte Volumen $\Delta V$ bezogen auf das Gesamtvolumen der Tauchstation

$$\frac{\Delta V}{V} = \frac{1}{2} - \frac{G}{V \, \varrho_W \, g} \ .$$

(Anm.: Man erkennt, daß $G < V \, \varrho_w \, g/2$ sein muß, damit die Station nicht bis auf den Grund sinkt.)

2.) Wie groß ist die notwendige Tanklänge $l$ bei vollen Tanks?

Sollen die Tanks beim Tauchen vollständig mit Wasser gefüllt sein, so berechnet sich die notwendige Tanklänge $l$ aus der Bedingung

$$\Delta V = \frac{\pi}{2} D^2 l \, .$$

Mit dem Ergebnis von oben berechnet sich die Tanklänge zu

$$\frac{l}{L} = \frac{1}{2} \left( \frac{1}{2} - \frac{G}{V \varrho_W g} \right) \, .$$

c) Kraft auf ein Fenster:

Die horizontale Mittellinie der Fenster in der Tauchstation liegt in der Tiefe $t$ unter der Wasseroberfläche.

In der Station wirkt der Druck $p_i$ konstant über das Fenster. Die Kraft

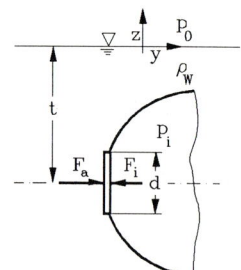

$$F_i = p_i \frac{\pi}{4} d^2$$

greift im Schwerpunkt des Fensters innen an. Im Flächenschwerpunkt des Fensters (Tiefe $t$) herrscht der Flüssigkeitsdruck

$$p_S = p_0 + \varrho_W g t \, .$$

Die Flüssigkeitskraft auf das Fenster ist also

$$F_a = p_S \frac{\pi}{4} d^2$$

und daher die resultierende Kraft

$$F_y = (p_0 - p_i + \varrho_W g t) \frac{\pi}{4} d^2 \, .$$

## Aufgabe 5.2-6    In einen Fluß gestürzter Personenwagen

Der abgebildete Personenwagen ist gerade in einen Fluß gestürzt, so daß der Innendruck im Fahrzeug noch Atmosphärendruck $p_0$ ist.

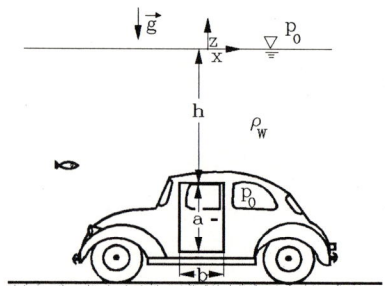

Die Fahrzeugtür kann näherungsweise als ein Rechteck mit den Seitenlängen $a$ und $b$ betrachtet werden. Die Höhe des Wasserspiegels über der Oberkante der Tür sei $h$.

a) Wie groß ist die zum Öffnen der Tür notwendige Kraft $F$, wenn diese Kraft senkrecht zur Türfläche und im Abstand $3/4\, b$ von der vertikalen Drehachse der Tür angreifen kann.

b) Bis zu welcher Höhe $x$ muß das Wasser im Fahrzeug steigen, damit ein Mensch mit der Muskelkraft $F_M$ die Tür zu öffnen vermag?

Geg.: $h = 5\,\text{cm}$, $a = 95\,\text{cm}$, $b = 60\,\text{cm}$, $\varrho_W = 10^3\,\text{kg/m}^3$, $g = 9,81\,\text{m/s}^2$, $F_M = 500\,\text{N}$

**Lösung**

Da der Atmosphärendruck $p_0$ auf beiden Seiten der Tür wirkt, hat er keinen Einfluß auf das Ergebnis und braucht im folgenden nicht beachtet zu werden.

a) Kraft $F$:

Der Druck am Flächenschwerpunkt $z_S$ der Tür ist

$$p_S = -\varrho_W\, g\, z_S$$

$$= \varrho_W\, g \left( h + \frac{1}{2}\, a \right)\ .$$

Der Betrag der von außen auf die Tür wirkenden Kraft ist das Produkt dieses Druckes mit der Türfläche $A$:

$$F_{Fl} = p_S\, A$$

$$= \varrho_W\, g\, a\, b\, h \left( 1 + \frac{a}{2\, h} \right)\ . \tag{1}$$

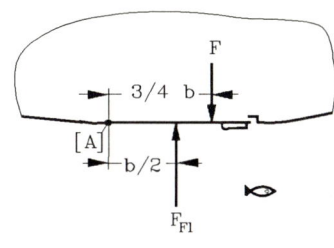

Die notwendige Kraft wird mittels Momentenbilanz um das Scharnier [A] der dargestellten Tür ermittelt:

$$F\, \frac{3}{4}\, b = F_{Fl}\, \frac{1}{2}\, b$$

$$\Rightarrow F = \frac{2}{3}\, F_{Fl} \tag{2}$$

$$= \frac{2}{3}\, \varrho_W\, g\, h\, a\, b \left( 1 + \frac{a}{2\, h} \right)$$

$$= 1,957\,\text{kN}\ .$$

b) Wasserhöhe $x$ im Fahrzeug:

Die resultierende Kraft ist

$$F_y = F_{Fl_a} - F_{Fl_i} \,.$$

Die Kraft $F_{Fl_a}$ ist gleich $F_{Fl}$ aus dem Aufgabenteil a) (Gleichung (1)). Die durch die Flüssigkeit im Inneren des Wagens verursachte Kraft ist

$$F_{Fl_i} = \frac{1}{2}\,\varrho_W\,g\,b\,x^2 \,.$$

Setzen wir in die rechte Seite der Gleichung (2) die resultierende Kraft $F_y$ und auf der linken Seite die aufwendbare Kraft $F_M$ ein und lösen nach der unbekannten Wasserhöhe $x$ auf, so erhalten wir:

$$x \;=\; \sqrt{2\,a\,h\left(1 + \frac{a}{2\,h}\right) - \frac{3\,F_M}{\varrho_W\,g\,b}}$$

$$=\; 86\,\mathrm{cm}\,.$$

Für $x = 0$ wird wieder das Ergebnis aus a) erhalten.

# 6 Laminare Schichtenströmungen

## Aufgabe 6-1    Ebene Ringspaltströmung

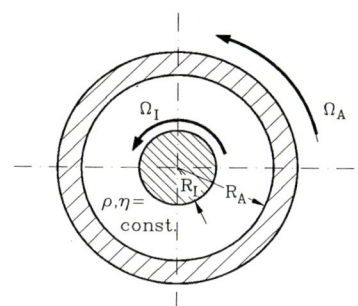

Im Ringspalt zwischen zwei unendlich langen Zylindern $(R_A, R_I)$ befindet sich inkompressible Newtonsche Flüssigkeit $(\varrho, \eta)$. Der äußere Zylinder rotiert mit $\Omega_A$, der innere mit $\Omega_I$. Die Strömung sei stationär.

Man bestimme für den Fall, daß die Axialkomponente der Geschwindigkeit null ist,

a) das Geschwindigkeits– und Druckfeld,
b) die an beiden Zylindern angreifenden Momente,
c) die im Spalt dissipierte Leistung.
d) Für welches Verhältnis $\Omega_A/\Omega_I$ ist die Strömung eine Potentialströmung?

Geg.: $R_A$, $R_I$, $\Omega_A$, $\Omega_I$, $\varrho$, $\eta$

### Lösung

a) Geschwindigkeits– und Druckfeld in Zylinderkoordinaten:
   Die einzige von null verschiedene Komponente ist bekannt (S. L. (6.42))

$$u_\varphi(r) \;=\; \frac{\Omega_A\,R_A^2 - \Omega_I\,R_I^2}{R_A^2 - R_I^2}\,r \;+\; \frac{(\Omega_I - \Omega_A)\,R_I^2\,R_A^2}{R_A^2 - R_I^2}\,\frac{1}{r}$$

$$=\; C_1\,r \;+\; C_2\,\frac{1}{r}$$

mit den Konstanten

$$C_1 = \frac{\Omega_A\,R_A^2 - \Omega_I\,R_I^2}{R_A^2 - R_I^2}, \qquad C_2 = \frac{(\Omega_I - \Omega_A)\,R_I^2\,R_A^2}{R_A^2 - R_I^2}\,. \tag{1}$$

Aus der $r$–Komponente der Navier–Stokesschen Gleichung

$$\frac{\mathrm{d}p}{\mathrm{d}r} = \frac{\varrho}{r}\left(C_1\,r + \frac{C_2}{r}\right)^2$$

läßt sich nun die Druckverteilung berechnen:

$$p(r) = \frac{\varrho}{2} \left( \frac{\Omega_A R_A^2 - \Omega_I R_I^2}{R_A^2 - R_I^2} \right)^2 r^2$$

$$+ 2\varrho \frac{\Omega_A R_A^2 - \Omega_I R_I^2}{R_A^2 - R_I^2} \frac{(\Omega_I - \Omega_A) R_I^2 R_A^2}{R_A^2 - R_I^2} \ln r$$

$$- \frac{\varrho}{2} \left( \frac{(\Omega_I - \Omega_A) R_I^2 R_A^2}{R_A^2 - R_I^2} \right)^2 \frac{1}{r^2} + \text{const}$$

(Der Druck ist — wie immer in inkompressibler Strömung ohne Druckrandbedingung — nur bis auf eine Konstante bestimmbar.).

b) Moment auf die Zylinder:

Aus Symmetriegründen haben die Momente auf die beiden Zylinder nur eine $z$-Komponente, die sich zu

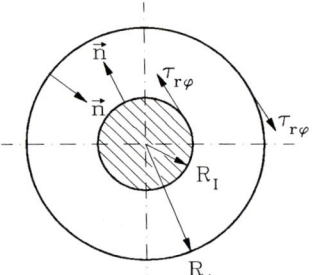

$$M_I = \tau_{r\varphi}|_{r=R_I} 2\pi R_I^2 \qquad (2)$$

$$M_A = -\tau_{r\varphi}|_{r=R_A} 2\pi R_A^2 \qquad (3)$$

berechnen.

Die Komponente $\tau_{r\varphi}$ des Spannungstensors lautet:

$$\tau_{r\varphi} = 2\eta \, e_{r\varphi} = \eta \left( r \frac{\partial}{\partial r} \left( \frac{u_\varphi}{r} \right) + \frac{1}{r} \frac{\partial u_r}{\partial \varphi} \right)$$

$$\Rightarrow \qquad \tau_{r\varphi} = -\eta \frac{2}{r^2} \frac{(\Omega_I - \Omega_A) R_I^2 R_A^2}{R_A^2 - R_I^2} \,.$$

Aus (2) und (3) folgt dann

$$M_I = -4\pi\eta \frac{(\Omega_I - \Omega_A) R_I^2 R_A^2}{R_A^2 - R_I^2} \,,$$

$$M_A = 4\pi\eta \frac{(\Omega_I - \Omega_A) R_I^2 R_A^2}{R_A^2 - R_I^2} \,.$$

Die Momente sind also bis auf das Vorzeichen gleich, was auch direkt aus dem Drallsatz folgt.

c) Dissipierte Leistung:

Im stationären Fall muß die im Spalt dissipierte Leistung als Wärme an die Umgebung abgegeben werden:

$$P_D = \iiint_V \Phi \, dV = -\dot{Q} \,.$$

Wir wenden die Energiegleichung

$$\frac{D}{Dt}(K + E) = P + \dot{Q}$$

auf ein Kontrollvolumen an, das die Flüssigkeit im Ringspalt beinhaltet. Die linke Seite dieser Gleichung ist null, da die Strömung stationär ist und die Zylinderoberflächen nicht durchströmt werden. Dies wird einsichtig, wenn man die linke Seite mit dem Reynoldsschen Transporttheorem umschreibt

$$\frac{D}{Dt}(K + E) = \frac{\partial}{\partial t} \iiint\limits_{(V)} \varrho \left(\frac{u^2}{2} + e\right) dV + \iint\limits_{(S)} \varrho \left(\frac{u^2}{2} + e\right) \vec{u} \cdot \vec{n}\, dS \ .$$

Also gilt (die Leistung der Volumenkräfte ist null):

$$-\dot{Q} = P_D = P \;=\; \iint\limits_{(S)} t_i\, u_i\, dS$$

$$\Rightarrow P_D \;=\; \iint\limits_{S_I} t_\varphi\, u_\varphi\, dS + \iint\limits_{S_A} t_\varphi\, u_\varphi\, dS \ .$$

Wegen der Haftbedingung ist $u_\varphi = \Omega_I R_I$ auf $S_I$ und $u_\varphi = \Omega_A R_A$ auf $S_A$:

$$\Rightarrow \qquad P_D = \Omega_I \iint\limits_{S_I} t_\varphi\, R_I\, dS + \Omega_A \iint\limits_{S_A} t_\varphi\, R_A\, dS \ .$$

Die Integrale stellen die Momente dar, welche die Zylinder auf die Flüssigkeit ausüben. Damit erhalten wir

$$P_D = -\Omega_I\, M_I - \Omega_A\, M_A$$

bzw. mit den berechneten Momenten

$$P_D = 4\,\pi\,\eta\, \frac{R_I^2\, R_A^2}{R_A^2 - R_I^2}\, (\Omega_I - \Omega_A)^2 \ .$$

Die dissipierte Leistung ist also von dem Starrkörperrotationsteil $C_1 r$ im Geschwindigkeitsfeld vollkommen unabhängig, wie es auch sein muß.

d) $\Omega_A/\Omega_I$ für rotationsfreie Strömung (Potentialströmung):
Die ebene Strömung kann nur in die $z$–Richtung eine von null verschiedene Rotationskomponente haben:

$$\mathrm{rot}\,\vec{u} \;=\; \frac{1}{r}\left(\frac{\partial}{\partial r}(r u_\varphi) - \frac{\partial u_r}{\partial \varphi}\right) \vec{e_z}$$

$$=\; \frac{1}{r}\frac{d}{dr}\left(C_1\, r^2 + C_2\right) \vec{e_z}$$

$$=\; 2\,C_1\, \vec{e_z} \ .$$

Für Rotationsfreiheit ist daher zu fordern

$$C_1 = 0 \ ,$$

aus (1) folgt

$$\Omega_A R_A^2 = \Omega_I R_I^2 \quad \Rightarrow \quad \frac{\Omega_A}{\Omega_I} = \left(\frac{R_I}{R_A}\right)^2 \ . \tag{4}$$

Ein wichtiger Sonderfall von (4) ist $R_A \rightarrow \infty$, d. h. $\Omega_A = 0$. Die berechnete Strömung ist dann die exakte Lösung für einen im unendlichen Raum rotierenden Zylinder ($R_I$, $\Omega_I$). Ist (4) erfüllt, so handelt es sich um eine reibungsbehaftete Potentialströmung.

## Aufgabe 6-2    Rohöltransport durch Pipelines

Bei sehr niedrigen Außentempe-
raturen kann Rohöl nur deshalb
bei erträglichem Druckabfall durch
Pipelines gepumpt werden, weil
sich das Öl aufgrund der Dissipation erwärmt und somit die Scherviskosität abnimmt. Der Visko-
sitäts-Temperatur-Zusammenhang
für Rohöl ist im gezeigten Diagramm aufgetragen.

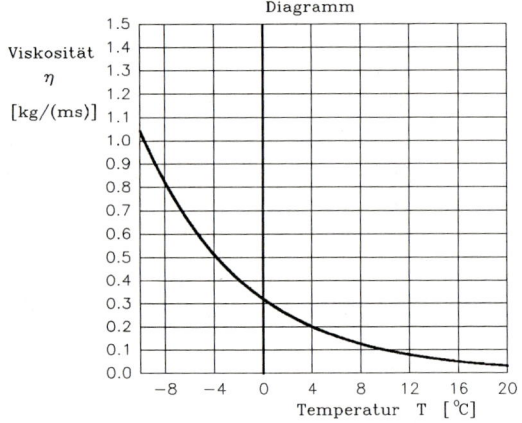

Die Strömung ist laminar, inkompressibel, die Temperatur und somit auch die Viskosität können als
über den Rohrradius in etwa kon-
stant angenommen werden. Die Strömungsgrößen ändern sich in Rohrachsenrichtung nicht.

Die mittlere Strömungsgeschwindigkeit des Öls $\overline{U}$, der Rohrdurchmesser $R$ und die Umgebungstemperatur $T_u$ sind bekannt. Der Wärmeverlust an die Umgebung pro Längeneinheit des Rohres kann durch die Formel

$$\dot{Q} = k\,(T - T_u)\,2\,\pi\,R \tag{1}$$

abgeschätzt werden, in der $T$ die mittlere Öltemperatur ist.

a) Wie lautet die Gleichung für das Geschwindigkeitsprofil $u_z(r)$?
b) Bestimmen Sie die Dissipationsfunktion $\Phi$. (Hinweis: Gehen Sie von der Bestimmungsgleichung für $\Phi$ in symbolischer Schreibweise aus und benutzen Sie Zylinderkoordinaten!)
c) Wieviel Energie $P_D$ wird pro Rohrlängeneinheit (in Abhängigkeit von der noch unbekannten Viskosität $\eta$) dissipiert?

d) Damit die Strömung von der Koordinate in Rohrachsenrichtung unabhängig ist, muß die dissipierte Energie als Wärme an die Umgebung abgegeben werden. Die Bedingung, daß dieser Wärmestrom der Gleichung (1) genügen muß, liefert einen Zusammenhang zwischen der noch unbekannten Viskosität und der sich einstellenden Öltemperatur. Tragen Sie diesen Zusammenhang in das Diagramm ein und bestimmen Sie so $T$ und $\eta$.

e) Welcher Druckgradient $\partial p/\partial z$ stellt sich ein?

Geg.: $\overline{U} = 3\,\text{m/s}$, $R = 0,5\,\text{m}$, $T_u = -40°\,\text{C}$ (Alaska), $k = 0,8\,\text{W/(m}^2\text{K)}$ (isoliert !)

**Lösung**

a) Geschwindigkeitsprofil $u_z(r)$:
   Die Strömung ist laminar, die Viskosität kann als konstant über den Querschnitt angesehen werden, das gesuchte Geschwindigkeitsprofil ist folglich das der Hagen-Poiseuille-Strömung:

$$u_z(r) = 2\overline{U}\left(1 - \left(\frac{r}{R}\right)^2\right). \tag{2}$$

b) Dissipationsfunktion $\Phi$:
   Es gilt

$$\Phi = \lambda^*\,(\text{sp}\,\mathbf{E})^2 + 2\eta\,\text{sp}\,(\mathbf{E}^2). \tag{3}$$

In der inkompressiblen Strömung ist $\text{sp}\,\mathbf{E} = e_{ii} = 0$. In Zylinderkoordinaten hat der Deformationsgeschwindigkeitstensor $\mathbf{E}$ die Komponenten

$$\mathbf{E} = \begin{pmatrix} e_{rr} & e_{r\varphi} & e_{rz} \\ e_{\varphi r} & e_{\varphi\varphi} & e_{\varphi z} \\ e_{zr} & e_{z\varphi} & e_{zz} \end{pmatrix}.$$

mit $e_{rz} = (1/2)\,\partial u_z/\partial r$ (S. L. (B.2)), alle anderen Komponenten sind null, d. h. in Matrixform

$$\mathbf{E} = \begin{pmatrix} 0 & 0 & \frac{1}{2}\frac{\partial u_z}{\partial r} \\ 0 & 0 & 0 \\ \frac{1}{2}\frac{\partial u_z}{\partial r} & 0 & 0 \end{pmatrix} \quad \text{mit } \frac{\partial u_z}{\partial r} = -4\overline{U}\,\frac{r}{R^2}. \tag{4}$$

Man erhält damit für $\mathbf{E}^2$ (Falksches Schema)

$$\mathbf{E}^2 = \begin{pmatrix} \frac{1}{4}\left(\frac{\partial u_z}{\partial r}\right)^2 & 0 & 0 \\ 0 & 0 & 0 \\ 0 & 0 & \frac{1}{4}\left(\frac{\partial u_z}{\partial r}\right)^2 \end{pmatrix}$$

und daraus

$$\text{sp}\,(\mathbf{E}^2) = \frac{1}{4}\left(\frac{\partial u_z}{\partial r}\right)^2 + \frac{1}{4}\left(\frac{\partial u_z}{\partial r}\right)^2 = \frac{1}{2}\left(\frac{\partial u_z}{\partial r}\right)^2.$$

Aus (3) und (4) erhält man dann

$$\Phi = 2\eta\,\frac{1}{2}\left(\frac{\partial u_z}{\partial r}\right)^2 = \eta\left(\frac{\partial u_z}{\partial r}\right)^2 = 16\,\eta\,\overline{U}^2\,\frac{r^2}{R^4}. \tag{5}$$

c) Dissipierte Energie pro Rohrlänge:

$$P_D = \iiint\limits_{(V)} \Phi \, dV = \int\limits_{r=0}^{R} 16\,\eta\,\overline{U}^2\,\frac{r^2}{R^4}\,2\,\pi\,r\,dr = 8\,\pi\,\eta\,\overline{U}^2\ . \tag{6}$$

d) Bestimmung von $T$ und $\eta$:

Die dissipierte Energie ist gleich dem Wärmeverlust an die Umgebung

$$P_D = \dot{Q}$$

$$\Rightarrow \quad 8\,\pi\,\eta\,\overline{U}^2 = k\,(T - T_u)\,2\,\pi\,R$$

$$\Rightarrow \quad \eta = \frac{k\,R}{4\,\overline{U}^2}\,(T - T_u)\ . \quad (T_u = -40^\circ\,\mathrm{C}) \tag{7}$$

Tragen wir die durch (7) mit $(k\,R)/(4\,\overline{U}^2) = 1/90\,(\mathrm{kg/msK})$ gegebene Gerade in obiges Diagramm ein, so lesen wir im Schnittpunkt der beiden Kurven (siehe nebenstehendes Diagramm) das Wertepaar $T \approx -2{,}3^\circ\,\mathrm{C}$, $\eta \approx 0{,}42\,\mathrm{kg/(ms)}$ ab.

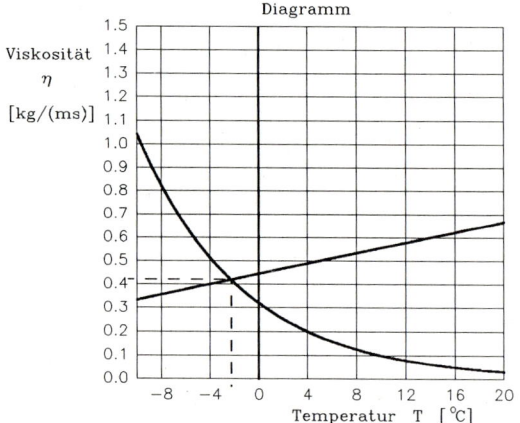

Diagramm

e) Druckgradient:
Es gilt für die Hagen-Poiseuille-Strömung (S. L. (6.63))

$$\dot{V} = \frac{\pi}{8}\,\frac{R^4}{\eta}\,\frac{\Delta p}{l} = -\frac{\pi}{8}\,\frac{R^4}{\eta}\,\frac{\partial p}{\partial z}$$

$$\Rightarrow \quad -\frac{\partial p}{\partial z} = \frac{8\,\dot{V}\,\eta}{\pi\,R^4} = 8\,\eta\,\frac{\overline{U}}{R^2} = 0{,}4032\,\frac{\mathrm{bar}}{\mathrm{km}}\ .$$

# Aufgabe 6-3    Oszillierende Rohrströmung

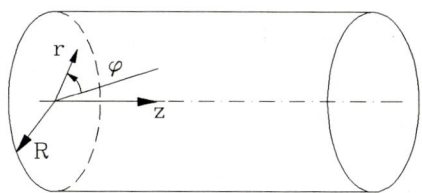

In einem „unendlich" langen, geraden Kreisrohr wird inkompressible, newtonsche Flüssigkeit ($\eta$) durch ein periodisches Druckgefälle in Schwingungen versetzt. Der Rohrradius ist $R$, die Dichte der Flüssigkeit $\varrho$. Das Druckgefälle im Rohr ist durch $\partial p/\partial z = -\varrho\,\overline{K}\cos(\omega\,t)$, mit $\overline{K} = $ const gegeben. Für die Vereinfachungen der Bewegungsgleichungen greifen wir auf die Diskussion in S. L. (Kapitel 6.1.5) zurück. Es soll der eingeschwungene Zustand betrachtet werden, Volumenkräfte bleiben unberücksichtigt. Es ist die Geschwindigkeitsverteilung zu berechnen.

Geg.: $\overline{K}$, $R$, $\varrho$, $\eta$

## Lösung

Wir verwenden das in der Aufgabenstellung skizzierte dem Problem angepaßte Zylinderkoordinatensystem. An der Rohrwand $r = R$ ist $u_r = u_\varphi = 0$, und wir setzen wie bei der Hagen-Poiseuille-Strömung (siehe S. L. Kap. 6.1.5) $u_r$ und $u_\varphi$ im ganzen Strömungsfeld identisch null. Die Rotationssymmetrie besagt, daß die Ableitungen sämtlicher Strömungsgrößen in $\varphi$-Richtung verschwinden ($\partial/\partial\varphi = 0$). Der Kontinuitätsgleichung (siehe S. L. Anhang B.2) entnehmen wir dann

$$\frac{\partial u_z}{\partial z} = 0 \quad \Rightarrow \quad u_z = u_z(r,t)\,.$$

Die $r$-Komponente der Navier-Stokesschen Gleichung liefert

$$0 = \frac{\partial p}{\partial r} \quad \Rightarrow \quad p = p(z,t)\,.$$

Alle Terme der $\varphi$-Komponente verschwinden identisch. Mit dem gegebenen Druckgradienten erhalten wir aus der $z$-Komponente die Gleichung

$$\frac{\partial u_z}{\partial t} = \overline{K}\cos\omega t + \nu\left(\frac{\partial^2 u_z}{\partial r^2} + \frac{1}{r}\frac{\partial u_z}{\partial r}\right) \tag{1}$$

mit der dazu gehörenden Randbedingung

$$u_z(r = R, t) = 0\,.$$

Zur Lösung der Differentialgleichung (1) verwenden wir die komplexe Schreibweise

$$-\frac{1}{\varrho}\frac{\partial p}{\partial z} = \overline{K}e^{i\omega t}\,, \tag{2}$$

wobei dann nur der Realteil physikalische Bedeutung hat. Dies legt für die Geschwindigkeit einen Ansatz in der Form

$$u_z(r,t) = f(r)e^{i\omega t} \tag{3}$$

nahe. Setzen wir (2) und (3) in (1) ein, so erhalten wir eine inhomogene Besselsche Differentialgleichung von nullter Ordnung für die Funktion $f(r)$

$$r^2 f''(r) + r f'(r) - \mathrm{i}\,\frac{\omega}{\nu}\,r^2 f(r) = -\frac{\overline{K}}{\nu}\,r^2 \ . \tag{4}$$

Eine partikuläre Lösung $f_p(r)$ dieser Gleichung ergibt sich durch den Ansatz vom Typ der rechten Seite zu

$$f_p(r) = -\mathrm{i}\,\frac{\overline{K}}{\omega} \ . \tag{5}$$

Die allgemeine Lösung der homogenen Differentialgleichung lautet bekanntlich

$$f_h(r) = C_1 J_0\left(\sqrt{\frac{-\mathrm{i}\omega}{\nu}}\,r\right) + C_2 Y_0\left(\sqrt{\frac{-\mathrm{i}\omega}{\nu}}\,r\right) \tag{6}$$

sie kann Büchern über gewöhnliche Differentialgleichungen entnommen werden. Die Lösung ist eine Linearkombination der Besselschen Funktionen erster Art und nullter Ordnung

$$J_0\left(\sqrt{\frac{-\mathrm{i}\omega}{\nu}}\,r\right) = \sum_{n=0}^{\infty} \frac{(-1)^n}{(n!)^2}\left(\sqrt{\frac{-\mathrm{i}\,\omega}{\nu}}\,\frac{r}{2}\right)^{2n}$$

und der Besselschen Funktionen zweiter Art und nullter Ordnung

$$Y_0(z) = \frac{2}{\pi}\,J_0(z)(\ln\frac{z}{2} + \gamma) = -\frac{2}{\pi}\sum_{n=0}^{\infty}\frac{(-1)^n}{(n!)^2}\left(\frac{z}{2}\right)^{2n}\left(\frac{1}{n} + \frac{1}{n-1} + \cdots + 1\right) \ ,$$

$\gamma \approx 0.5772$ bezeichnet die Euler-Máscheroni-Konstante. Die Funktion $Y_0(\sqrt{-\mathrm{i}\omega/\nu}\,r)$ besitzt für $r = 0$ eine logarithmische Singularität. Die Geschwindigkeit muß im ganzen Rohr beschränkt bleiben, die Funktion $Y_0(z)$ scheidet daher als Lösung aus, d. h. $C_2 = 0$. Damit ergibt sich zunächst aus (3),(5) und (6)

$$u_z(r,t) = \left[C_1 J_0\left(\sqrt{\frac{-\mathrm{i}\omega}{\nu}}\,r\right) - \mathrm{i}\,\frac{\overline{K}}{\omega}\right]\mathrm{e}^{\mathrm{i}\omega t} \ . \tag{7}$$

Mit der Haftbedingung an der Rohrwand

$$u_z(r = R,t) = 0 = \left[C_1 J_0\left(\sqrt{\frac{-\mathrm{i}\omega}{\nu}}\,R\right) - \mathrm{i}\,\frac{\overline{K}}{\omega}\right]\mathrm{e}^{\mathrm{i}\omega t}$$

erhalten wir die Konstante

$$C_1 = \frac{\mathrm{i}\,\overline{K}/\omega}{J_0\left(\sqrt{\frac{-\mathrm{i}\omega}{\nu}}\,R\right)}$$

und damit die Lösung zu

$$u_z(r,t) = -\mathrm{i}\,\frac{\overline{K}}{\omega}\mathrm{e}^{\mathrm{i}\omega t}\left(1 - \frac{J_0\left(\sqrt{\frac{-\mathrm{i}\omega}{\nu}}\,r\right)}{J_0\left(\sqrt{\frac{-\mathrm{i}\omega}{\nu}}\,R\right)}\right) \ .$$

Da nur der Realteil physikalische Bedeutung hat schreiben wir

$$u_z(r,t) = \Re \left[ -i\, \frac{\overline{K}}{\omega} e^{i\omega t} \left( 1 - \frac{J_0\left(\sqrt{\frac{-i\omega}{\nu}}\, r\right)}{J_0\left(\sqrt{\frac{-i\omega}{\nu}}\, R\right)} \right) \right] . \tag{8}$$

Für die graphische Darstellung dieser Funktion wird die Geschwindigkeitskomponente $u_z(r,t)$ mit der mittleren Geschwindigkeit $\overline{U} = \overline{K}\, R^2/(8\nu) = \overline{K}\, N^2/(8\omega)$ (siehe S. L. (6.58)) dimensionslos gemacht

$$\frac{u_z(r,t)}{\overline{U}} = \Re \left[ -i\, \frac{8}{N^2} e^{i\omega t} \left( 1 - \frac{J_0\left(\sqrt{-i}\, N\, \frac{r}{R}\right)}{J_0\left(\sqrt{-i}\, N\right)} \right) \right] , \tag{9}$$

wobei zur Abkürzung $N = \sqrt{\omega/\nu}\, R$ eingeführt wurde. In den gezeigten Abbildungen ist der Geschwindigkeitsverlauf für die Parameterwerte $N = 1$ und $N = 5$, was zwei verschiedenen Frequenzen $\omega$ entspricht, aufgetragen.

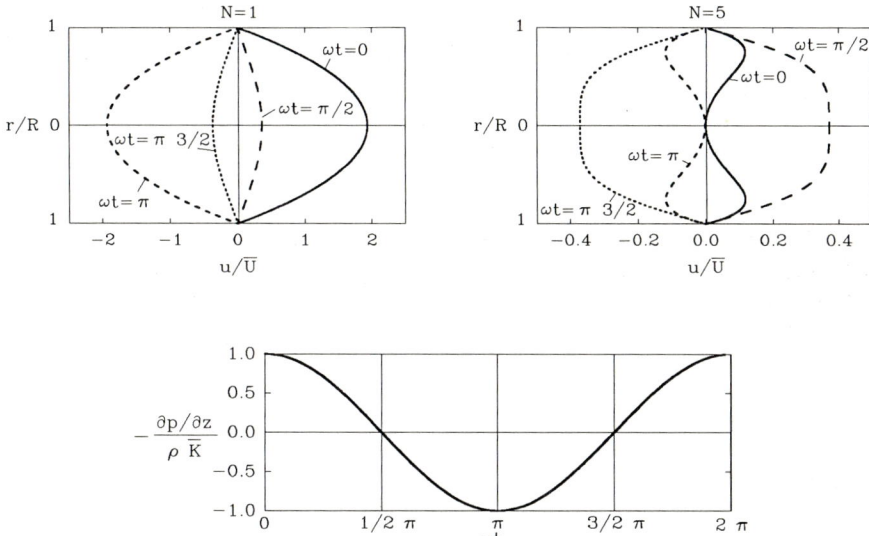

Für kleine Frequenzen hat die Geschwindigkeitsverteilung die gleiche Phase wie der zeitliche Verlauf des Druckgradienten. Die Geschwindigkeitsverteilung ist parabolisch wie bei der Hagen-Poiseuille-Strömung. Mit zunehmender Frequenz entsteht eine Phasennacheilung der Strömung in der Rohrmitte gegenüber den wandnahen Schichten. Die Amplitude der Strömung in der Rohrmitte nimmt ab, die Flüssigkeit schwingt mit einer Phasenverschiebung von einer viertel Periode gegenüber dem treibenden Druckgradienten.

**Aufgabe 6-4      Vergleich der stationären Druck–Schleppströmung einer Newtonschen und Stokesschen Flüssigkeit und einem Bingham Material**

Zwischen zwei parallelen, in $x$– und $z$–Richtung unendlich ausgedehnten, ebenen Platten befindet sich ein inkompressibles Material mit der konstanten Dichte $\varrho$.

Die obere Platte wird mit der konstanten Geschwindigkeit $\vec{u}_W = U\,\vec{e}_x$ geschleppt. Die Plattenbewegung und die $x$–Komponente des Druckgradienten $\partial p/\partial x = -K$ bewirken eine stationäre Druck–Schleppströmung. Volumenkräfte sind zu vernachlässigen. Berechnen Sie

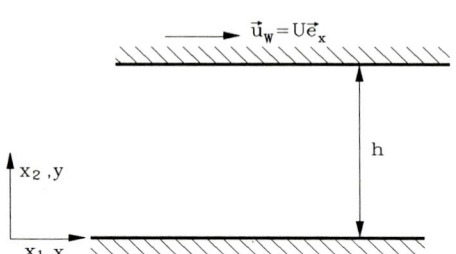

a)  die Dissipationsfunktion $\Phi$ und
b)  die pro Längen– und Tiefeneinheit zwischen den Platten dissipierte Energie (pro Zeiteinheit) $E_d$

für

1.) eine Newtonsche Flüssigkeit,
2.) eine Flüssigkeit, die dem Materialgesetz

$$\tau_{ij} = -p\,\delta_{ij} + 2\alpha\,e_{ij} + 4\beta\,e_{ik}e_{kj}$$

(Stokessche Flüssigkeit, inkompressibler Fall) gehorcht, und für
3.) ein Bingham-Medium ($\vartheta, \eta_1, G$).

Variieren Sie bei festem $K > 0$, $U > 0$ und $h$ die Materialgrößen $\eta$, $\alpha$, $\beta$, $\eta_1$ und $\vartheta$ und vergleichen Sie die Ergebnisse.

Geg.: $h$, $U$, $K$, $\varrho$, $\eta$, $\eta_1$, $\vartheta$, $\alpha$, $\beta = $ const

**Lösung**

a)  Die Dissipationsfunktion $\Phi$ lautet allgemein

$$\Phi = P_{ij}e_{ij}\ ,$$

wobei zur Berechnung das Materialgesetz und das Geschwindigkeitsfeld bekannt sein müssen.
Im vorliegenden Fall ist die Strömung eine stationäre Schichtenströmung und es gilt

$$u_1 = u_1(x_2)\,,\quad u_2 = u_3 = 0\,.$$

Damit hat der Deformationsgeschwindigkeitstensor $e_{ij}$ nur zwei von Null verschiedene Komponenten, nämlich

$$e_{12} = e_{21} = \frac{1}{2}\frac{\partial u_1}{\partial x_2} = \frac{1}{2}\frac{\mathrm{d}u_1}{\mathrm{d}x_2}$$

und die Dissipationsfunktion vereinfacht sich nach Summation zu

$$\Phi = P_{12}e_{12} + P_{21}e_{21} = 2P_{12}e_{12} \, , \tag{1}$$

benutzt man noch die Symmetrie des Reibungsspannungstensors $P_{ij}$.

1.) Der Reibungsspannungstensor $P_{ij}$ für eine Newtonsche Flüssigkeit lautet (S. L. (3.2a))

$$P_{ij} = \lambda^* e_{kk}\delta_{ij} + 2\eta \, e_{ij}$$

und vereinfacht sich für inkompressible Strömung ($e_{kk} = 0$) auf

$$P_{ij} = 2\eta \, e_{ij} \, .$$

Damit erhält man aus (1)

$$\Phi = 2P_{12}e_{12} = 4\eta \, e_{12}e_{12} = \eta \left(\frac{du_1}{dx_2}\right)^2 \, .$$

Die Geschwindigkeitskomponente $u_1(x_2) = u(y)$ der Couette-Poiseuille-Strömung (S. L. (6.19)) ist

$$\frac{u(y)}{U} = \frac{y}{h} + \frac{K \, h^2}{2\eta \, U} \left(1 - \frac{y}{h}\right) \frac{y}{h} \, ,$$

woraus man

$$\frac{du_1}{dx_2} = \frac{du}{dy} = \frac{U}{h} + \frac{K \, h}{2\eta} \left(1 - 2\frac{y}{h}\right)$$

gewinnt. Die Dissipationsfunktion wird dann

$$\Phi(y) = \eta \left[\frac{U}{h} + \frac{K \, h}{2\eta} \left(1 - 2\frac{y}{h}\right)\right]^2$$

oder in dimensionsloser Form

$$\tilde{\Phi}_N = \frac{\Phi}{K \, U/2} = A_N \left(1 + \frac{1}{A_N}(1 - 2\tilde{y})\right)^2 \tag{2}$$

mit $A_N = 2U \, \eta/(K \, h^2)$ und $\tilde{y} = y/h$.

2.) Dem Spannungstensor für eine Stokessche Flüssigkeit

$$\tau_{ij} = -p \, \delta_{ij} + 2\alpha \, e_{ij} + 4\beta \, e_{ik}e_{jk}$$

entnimmt man mit Hilfe der allgemeinen Aufspaltung (S. L. (2.35))

$$\tau_{ij} = -p \, \delta_{ij} + P_{ij}$$

den Tensor der Reibungsspannungen zu

$$P_{ij} = 2\alpha \, e_{ij} + 4\beta \, e_{ik}e_{jk} \, . \tag{3}$$

Für die Dissipationsfunktion gilt wieder

$$\Phi = 2P_{12}e_{12} \, ,$$

worin $P_{12}$ aus Gleichung (3) berechnet wird

$$P_{12} = 2\alpha\, e_{12} + 4\beta(\underbrace{e_{11}e_{21}}_{=0} + \underbrace{e_{12}e_{22}}_{=0} + \underbrace{e_{13}e_{23}}_{=0}) = 2\alpha\, e_{12}\,,$$

und sich daher für die Dissipationsfunktion

$$\Phi = 4\alpha\, e_{12}e_{12} = \alpha \left(\frac{\mathrm{d}u_1}{\mathrm{d}x_2}\right)^2 \tag{4}$$

ergibt. Zur Berechnung des Geschwindigkeitsfeldes gehen wir von der Cauchy Gleichung (S. L. (2.38a)) aus

$$\varrho\, \frac{\mathrm{D}u_i}{\mathrm{D}t} = \varrho\, k_i + \frac{\partial \tau_{ji}}{\partial x_j}\,,$$

die sich bei einer stationären Schichtenströmung und unter Vernachlässigung von Volumenkräften zu

$$0 = \frac{\partial \tau_{ji}}{\partial x_j} \tag{5}$$

vereinfacht. Die erste Komponente von Gleichung (5)

$$0 = \frac{\partial \tau_{11}}{\partial x_1} + \frac{\partial \tau_{21}}{\partial x_2} + \frac{\partial \tau_{31}}{\partial x_3}$$

liefert mit den Komponenten des Spannungstensors $\tau_{ij}$

$$\tau_{11} = -p\,\delta_{11} + 4\beta(\underbrace{e_{11}e_{11}}_{=0} + e_{12}e_{12} + \underbrace{e_{13}e_{13}}_{=0}) = -p + 4\beta\, e_{12}^2\,,$$

$$\tau_{12} = 2\alpha\, e_{12} + 4\beta(\underbrace{e_{11}e_{21}}_{=0} + \underbrace{e_{12}e_{22}}_{=0} + \underbrace{e_{13}e_{23}}_{=0}) = 2\alpha\, e_{12} = \tau_{21}$$

eine Differentialgleichung für die unbekannte Geschwindigkeit $u_1(x_2)$:

$$0 = -\frac{\partial p}{\partial x_1} + 2\alpha\, \frac{\partial e_{12}}{\partial x_2}\,,$$

$$0 = K + \alpha\, \frac{\mathrm{d}^2 u_1}{\mathrm{d}x_2{}^2}$$

bzw. $\mathrm{d}^2 u/(\mathrm{d}y)^2 = -K/\alpha$. Diese DGL für $u(y)$ sowie die zugehörigen Randbedingungen

$$u(y=0) = 0\,, \quad u(y=h) = U$$

sind dieselben wie für die Couette-Poiseuille-Strömung, man erhält also auch dasselbe Geschwindigkeitsfeld und, folgend aus (4), denselben Ausdruck für die dimensionslose Dissipationsfunktion $\Phi$:

$$\tilde{\Phi}_S = \frac{\Phi}{K\,U/2} = A_S \left(1 + \frac{1}{A_S}\,(1 - 2\tilde{y})\right)^2\,, \tag{6}$$

wobei nun

$$A_S = \frac{2U\,\alpha}{K\,h^2}$$

ist, mit $\alpha$ anstelle $\eta$.

Anm. 1: Bei der Berechnung der Couette-Poiseuille-Strömung (Kap. 6.1.2, S. L.) folgt aus der $y$-Komponente der Navier-Stokesschen Gleichung, daß der Druck $p$ nur eine Funktion von $x$ sein kann. Diese Einschränkung folgt aus dem Materialgesetz für Newtonsche Flüssigkeiten. Bei der Druck-Schleppströmung einer Stokesschen Flüssigkeit ergibt sich aus der zweiten Komponente von Gleichung (4) aber

$$0 = -\frac{\partial p}{\partial x_2} + 4\beta \frac{\partial e_{12}^2}{\partial x_2}$$

und daher

$$\frac{\partial p}{\partial y} = \beta \frac{\mathrm{d}}{\mathrm{d}y}\left(\frac{\mathrm{d}u}{\mathrm{d}y}\right)^2 ,$$

woraus die Druckverteilung zu

$$p(x,y) = \beta \left(\frac{\mathrm{d}u}{\mathrm{d}y}\right)^2 - K x + C$$

folgt. Diese hängt also hier auch von der Koordinate $y$ ab; die Integrationskonstante $C$ ist in inkompressibler Strömung ohne Druckrandbedingung nicht bestimmbar.

Anm. 2: Die Materialkonstante $\beta$ hat keinen Einfluß auf die Dissipationsfunktion sondern nur auf die Druckverteilung.

3.) Bei der Druck-Schleppströmung eines Bingham-Materials (Kap.6.4.1, S. L.) wird nur in den Fließzonen Energie dissipiert. Aus dem Binghamschen Materialgesetz erhält man für den Fall des Fließens

$$P_{ij} = 2\eta\, e'_{ij} \quad \text{mit} \quad \eta = \eta_1 + \frac{\vartheta}{\sqrt{2e'_{ij}e'_{ij}}} .$$

Bei der Ermittlung von $P_{12}$ ist jetzt zu beachten, daß in dem Ausdruck $e'_{ij}e'_{ij}$ über die Indizes $i$ und $j$ zu summieren ist und daß $e'_{ij}$ der deviatorische Anteil des Deformationsgeschwindigkeitstensors $e_{ij}$ ist. Man erhält dann

$$P_{12} = P_{xy} = 2\left(\eta_1 + \frac{\vartheta}{\sqrt{4e'_{xy}e'_{xy}}}\right) e'_{xy} .$$

Mit $e'_{xy} = \frac{1}{2}\mathrm{d}u/\mathrm{d}y$ ergibt sich

$$P_{xy} = \eta_1 \frac{\mathrm{d}u}{\mathrm{d}y} + \vartheta\, \mathrm{sgn}\left(\frac{\mathrm{d}u}{\mathrm{d}y}\right)$$

und weiter

$$\Phi = 2P_{xy}e_{xy} = \eta_1 \left(\frac{\mathrm{d}u}{\mathrm{d}y}\right)^2 + \vartheta\left|\frac{\mathrm{d}u}{\mathrm{d}y}\right| . \tag{7}$$

Aus den Geschwindigkeitsverteilungen in den Fließzonen (S. L. (6.197), (6.198)) folgt für die 1. Fließzone

$$\frac{\mathrm{d}u}{\mathrm{d}y} = \frac{K h}{\eta_1}\left(\kappa_1 - \frac{y}{h}\right) \geq 0$$

und die 2. Fließzone

$$\frac{\mathrm{d}u}{\mathrm{d}y} = \frac{K\,h}{\eta_1}\left(\kappa_2 - \frac{y}{h}\right) \leq 0\,.$$

Mit den dimensionslosen Kennzahlen $A = 2U\eta_1/(K\,h^2)$ und $B = 2\vartheta/(K\,h)$, sowie $\tilde{y} = y/h$ berechnet man nach wenigen Rechenschritten die dimensionslose Dissipationsfunktion in der ersten Fließzone $(0 < \tilde{y} < \kappa_1)$ zu

$$\tilde{\Phi}_{B_1} = \frac{\Phi}{K\,U/2} = \frac{2}{A}\left(2(\kappa_1 - \tilde{y})^2 + B(\kappa_1 - \tilde{y})\right) \tag{8}$$

und in der zweiten Fließzone $(\kappa_2 < \tilde{y} < 1)$

$$\tilde{\Phi}_{B_2} = \frac{\Phi}{K\,U/2} = \frac{2}{A}\left(2(\kappa_2 - \tilde{y})^2 - B(\kappa_2 - \tilde{y})\right)\,. \tag{9}$$

Bei bekanntem $A$ und $B$ sind die Grenzen der Fließzonen gegeben durch

$$\kappa_1 = \frac{A + (1-B)^2}{2(1-B)} \tag{S. L. (6.203)}$$

und

$$\kappa_2 = \frac{A + (1-B^2)}{2(1-B)}\,. \tag{S. L. (6.204)}$$

b) Die pro Längen- und Tiefeneinheit zwischen den Platten dissipierte Energie $E_d$ erhält man durch Integration der Dissipationsfunktion $\Phi$ zu

$$E_d = \int_0^h \Phi(y)\mathrm{d}y = \frac{K\,U}{2}\int_0^h \tilde{\Phi}(y)\mathrm{d}y\,.$$

Mit $\tilde{y} = y/h$ und $\mathrm{d}y = h\mathrm{d}\tilde{y}$ stellt sich die dimensionslose dissipierte Energie

$$\tilde{E}_d = \frac{E_d}{K\,U\,h/2} = \int_0^1 \tilde{\Phi}(\tilde{y})\mathrm{d}\tilde{y}\,,$$

wie folgt dar:

1.) Für die Newtonsche Flüssigkeit folgt mit Gleichung (2)

$$\tilde{E}_{d_N} = \int_0^1 \tilde{\Phi}_N(\tilde{y})\mathrm{d}\tilde{y} = A_N + \frac{1}{3A_N}\,, \tag{10}$$

2.) für die Stokessche Flüssigkeit aus Gleichung (6)

$$\tilde{E}_{d_S} = \int_0^1 \tilde{\Phi}_S(\tilde{y})\mathrm{d}\tilde{y} = A_S + \frac{1}{3A_S}\,, \tag{11}$$

3.) für das Bingham-Material aus den Gleichungen (8) und (9)

$$\tilde{E}_{d_B} = \int_0^{\kappa_1} \tilde{\Phi}_{B_1}(\tilde{y})\mathrm{d}\tilde{y} + \int_{\kappa_2}^1 \tilde{\Phi}_{B_2}(\tilde{y})\mathrm{d}\tilde{y}$$

$$= \frac{2 + 6A^2 - 7B - 3A^2B + 8B^2 - 2B^3 - 2B^4 + B^5}{6A(B-1)^2} . \tag{12}$$

Beim abschließenden Vergleich werden bei konstantem $U$, $K$ sowie $h$ die Materialkonstanten $\eta$, $\alpha$, $\eta_1$ und $\vartheta$ variiert. Die Konstante $\beta$ hat, wie schon gezeigt, keinen Einfluß auf die Dissipation. Die Stokessche Flüssigkeit verhält sich wie die Newtonsche Flüssigkeit; $\alpha$ spielt die Rolle von $\eta$. Zum Vergleich von Bingham-Material und Newtonscher Flüssigkeit werden die Gleichungen (10) und (12) als Funktionen der dimensionslosen Zähigkeit $A_N$ bzw. $A$ aufgetragen. Die dimensionslose Fließspannung $B$ beim Bingham-Material ist Scharparameter.

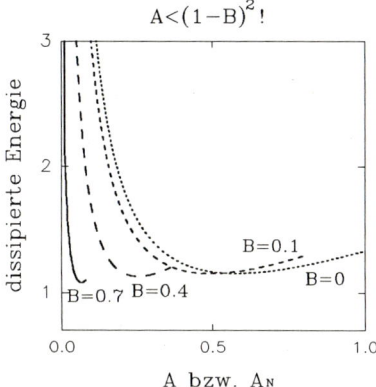

Man erkennt, daß alle Kurven ein Minimum haben, das sich im Fall der Newtonschen Flüssigkeit aus Gleichung (2) zu

$$A_{N_{\min}} = \sqrt{\tfrac{1}{3}}$$

ergibt. Für $B = 0$ verhält sich das Bingham-Material wie eine Newtonsche Flüssigkeit. Der Schnittpunkt $\hat{A}$, ab dem in der Strömung des Bingham-Materials mehr Energie dissipiert wird als in der Couette-Poiseulle-Strömung ergibt sich durch Gleichsetzen der Gleichungen (10) und (12) abhängig von $B$ zu

$$\hat{A} = \sqrt{\frac{3 - 6B + 2B^2 + 2B^3 - B^4}{9 - 6B}} .$$

Der starke Anstieg der dissipierten Energie für den Fall $A_N \to 0$ bzw. $A \to 0$ rührt daher, daß bei festgehaltenem Druckgradienten in $x$-Richtung der Volumenstrom stark ansteigt und große Geschwindigkeitsgradienten auftreten, die die Dissipation erhöhen. Der Grenzfall $\eta = 0 \to A = 0$ (reibungsfreie Strömung) kann nicht beschrieben werden, da dann auch $K = 0$ werden muß und zudem die Wandbewegung keine Strömung bewirkt.

# 7 Grundzüge turbulenter Strömungen

## Aufgabe 7-1    Turbulente Couette–Strömung

Es soll das Geschwindigkeitsfeld der turbulenten Couette–Strömung zwischen zwei sich gegeneinander bewegenden, unendlich langen Platten berechnet werden. Die Strömung habe die konstante Dichte $\varrho$, sei in den Mittelwerten stationär und nur von $y$ abhängig. Volumenkräfte sind vernachlässigbar. Die turbulenten Scheinspannungen (Reynoldssche Spannungen) sollen nach dem Prandtlschen Mischungswegansatz berechnet werden, wobei für die Verteilung des Mischungsweges der Ansatz

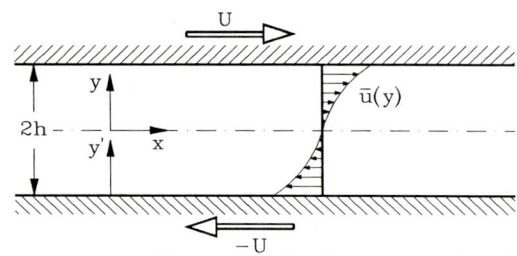

$$l(y) = K\left(h^2 - y^2\right)$$

gemacht wird.

a) Bestimmen Sie die Konstante $K$ so, daß gilt:

$$-\left.\frac{\mathrm{d}l}{\mathrm{d}y}\right|_{y=\pm h} = \pm\kappa .$$

b) Wie lautet die Gleichung für die turbulenten Scheinspannungen $\tau_t$ für die gegebene Mischungswegverteilung?

c) Da in der Couette-Strömung $\overline{p}$ konstant ist, ist auch die Schubspannung konstant, so daß

$$\eta\frac{\mathrm{d}\overline{u}}{\mathrm{d}y} - \varrho\,\overline{u'v'} = \varrho\,u_*^2 = \mathrm{const}$$

gilt. Außerhalb der viskosen Unterschicht ist die viskose Schubspannung $\eta\,\mathrm{d}\overline{u}/\mathrm{d}y$ gegenüber der turbulenten Schubspannung vernachlässigbar. Berechnen Sie mit dieser Vereinfachung das Geschwindigkeitsprofil $\overline{u}(y)$ (Hinweis: $\overline{u}(y=0)$ folgt aus der Symmetriebedingung).

d) Wie lautet die Geschwindigkeitsverteilung als Funktion des Abstandes von der unteren Wand $y' = y + h$?

e) Zeigen Sie, daß für kleine $y'$ das logarithmische Wandgesetz in dimensionshomogener Form entsteht. (Hinweis: Die Geschwindigkeitsverteilung aus d) ist am Rand der viskosen Unterschicht ($y'u_*/\nu = \beta$) gleich der Geschwindigkeitsverteilung aus der viskosen Unterschicht.)

Geg.: $h$, $\kappa$, $U$, $u_*$, $\varrho$, $\nu$

## Lösung

a) Die Konstante $K$:

In unmittelbarer Wandnähe muß für den Mischungsweg

$$l = \kappa\, y' \qquad \left(\frac{y'}{h} \ll 1\right)$$

gelten, d. h. hier

$$\frac{\mathrm{d}l}{\mathrm{d}y}\bigg|_{y=-h} = \kappa\,, \qquad \frac{\mathrm{d}l}{\mathrm{d}y}\bigg|_{y=+h} = -\kappa\,.$$

Mit der gegebenen Mischungswegverteilung folgt also

$$\frac{\mathrm{d}l}{\mathrm{d}y}\bigg|_{y=\mp h} = K\,(-2\,y)\big|_{y=\mp h} = \pm 2\,K\,h = \pm\kappa$$

$$\Rightarrow \qquad K = \frac{\kappa}{2\,h}\,. \tag{1}$$

b) Die turbulente Scheinspannung:

Prandtlsche Mischungswegformel:

$$\tau_t = -\varrho\,\overline{u'v'} = \varrho\,l^2\,\left|\frac{\mathrm{d}\overline{u}}{\mathrm{d}y}\right|\frac{\mathrm{d}\overline{u}}{\mathrm{d}y}\,.$$

Im vorliegenden Fall ist $\mathrm{d}\overline{u}/\mathrm{d}y$ immer positiv, so daß die Betragsstriche weggelassen werden können. Setzt man die gegebene Verteilung $l(y)$ mit $K$ aus (1) ein, so entsteht:

$$\tau_t = -\varrho\,\overline{u'v'} = \varrho\left[\frac{\kappa}{2\,h}\,\left(h^2 - y^2\right)\right]^2\left(\frac{\mathrm{d}\overline{u}}{\mathrm{d}y}\right)^2\,. \tag{2}$$

c) Geschwindigkeitsprofil $\overline{u}(y)$:

Wegen des verschwindenden Druckgradienten ist die gesamte Schubspannung, bestehend aus viskoser Schubspannung und turbulenter Scheinspannung, über der Kanalhöhe konstant:

$$\eta\,\frac{\mathrm{d}\overline{u}}{\mathrm{d}y} - \varrho\,\overline{u'v'} = \tau_w = \varrho\,u_*^2 = \text{const}\,. \tag{3}$$

Außerhalb der viskosen Unterschicht und der Übergangsschicht ist der viskose Anteil in (3) vernachlässigbar, so daß wir für den voll turbulenten Teil schreiben können

$$-\varrho\,\overline{u'v'} = \varrho\,u_*^2\,,$$

mit (2) also

$$\varrho \left[ \frac{\kappa}{2\,h} \left( h^2 - y^2 \right) \right]^2 \left( \frac{d\overline{u}}{dy} \right)^2 = \varrho\, u_*^2$$

$$\Rightarrow \quad \frac{\kappa}{2\,h} \left( h^2 - y^2 \right) \frac{d\overline{u}}{dy} = u_*$$

$$\Rightarrow \quad \frac{1}{u_*} \int d\overline{u} = \frac{2\,h}{\kappa} \int \frac{dy}{h^2 - y^2} + \text{const}$$

und integriert:

$$\frac{\overline{u}}{u_*} = \frac{1}{\kappa} \ln \left( \frac{h+y}{h-y} \right) + \text{const} ,$$

wobei die Konstante null ist, da aus Symmetriegründen $\overline{u}(y = 0) = 0$ gilt.

d) $\overline{u} = \overline{u}(y')$:

Mit $y' = y + h$ erhält man

$$\frac{\overline{u}(y')}{u_*} = \frac{1}{\kappa} \ln \left( \frac{y'}{2h - y'} \right) = \frac{1}{\kappa} \ln \left( \frac{y'/h}{2 - (y'/h)} \right) . \tag{4}$$

e) Schreibt man Gleichung (4) in der Form

$$\frac{\overline{u}(y')}{u_*} = \frac{1}{\kappa} \left[ \ln \left( \frac{y'}{2h} \right) - \ln \left( 1 - \frac{y'}{2h} \right) \right] , \tag{5}$$

so gilt für $y'/h \ll 1$:

$$\frac{\overline{u}(y')}{u_*} = \frac{1}{\kappa} \ln \left( \frac{y'}{2h} \right) .$$

Diese Gleichung schreiben wir nun in der Form

$$\frac{\overline{u}(y')}{u_*} = \frac{1}{\kappa} \ln \left( \frac{y' u_*}{\nu} \right) + \frac{1}{\kappa} \ln \left( \frac{\nu}{2h u_*} \right) . \tag{6}$$

Am Rand der viskosen Unterschicht muß diese Geschwindigkeitsverteilung mit derjenigen der viskosen Unterschicht übereinstimmen. In der viskosen Unterschicht ist die Verteilung linear, entsprechend der Gleichung (S. L. (7.54)) lautet sie hier

$$\frac{\overline{u} + U}{u_*} = \frac{y' u_*}{\nu} = y_* .$$

($y_*$ ist der dimensionslose Abstand von der unteren Wand, $U$ ist der Betrag der Wandgeschwindigkeit)

$$\Rightarrow \quad \frac{\overline{u}}{u_*} = y_* - \frac{U}{u_*} . \tag{7}$$

Mit $\beta$ als dimensionsloser Dicke der viskosen Unterschicht erhält man aus (6) und (7)

$$\beta - \frac{U}{u_*} = \frac{1}{\kappa} \ln \beta + \frac{1}{\kappa} \ln \left( \frac{\nu}{2h u_*} \right)$$

und wir identifizieren die Konstante des logarithmischen Gesetzes $B$ zu

$$\frac{1}{\kappa} \ln\left(\frac{\nu}{2hu_*}\right) + \frac{U}{u_*} = \beta - \frac{1}{\kappa} \ln \beta = B \,.$$

Damit entsteht aus (6)

$$\frac{\overline{u} + U}{u_*} = \frac{1}{\kappa} \ln\left(\frac{y'u_*}{\nu}\right) + B \,. \tag{8}$$

Dies ist das logarithmische Wandgesetz, das sich von dem in S. L. hergeleiteten durch die überlagerte Plattengeschwindigkeit $U/u_*$ unterscheidet.

## Aufgabe 7-2    Geschwindigkeitsverteilung der turbulenten Couette–Strömung bei gegebener Reynoldszahl

Die Geschwindigkeitsverteilung $\overline{u}(y')/U$ der turbulenten Couette–Strömung in Aufgabe 7-1 ist für die Reynoldszahl $Re = 2h\,U/\nu = 34\,000$ zu berechnen. Aus der gleichzeitigen Gültigkeit des Mittengesetzes und des logarithmischen Wandgesetzes (Gleichung (6) und (8) der Aufgabe 7-1) bestimme man zunächst ein Widerstandsgesetz, d. h. eine implizite Gleichung für $u_*$. Aus dieser Gleichung ist die Zahl $2h\,u_*/\nu$ zu berechnen und die Geschwindigkeitsverteilung $\overline{u}(y')/U$ für $0 < y' < 2h$ anzugeben.

### Lösung

Aus den Gleichungen

$$\frac{\overline{u}(y')}{u_*} = \frac{1}{\kappa} \ln\left(\frac{y'u_*}{\nu}\right) + \frac{1}{\kappa} \ln\left(\frac{\nu}{2hu_*}\right)$$

und

$$\frac{\overline{u} + U}{u_*} = \frac{1}{\kappa} \ln\left(\frac{y'u_*}{\nu}\right) + B \,.$$

gewinnen wir durch Subtraktion die Beziehung

$$\frac{2h\,U}{\nu} \frac{\nu}{u_* 2h} = B - \frac{1}{\kappa} \ln\left(\frac{\nu}{2hu_*}\right) \,,$$

die ein Widerstandsgesetz ist. Mit $B = 5,0$, $\kappa = 0,4$ und $2h\,U/\nu = 34\,000$ erhalten wir numerisch die Lösung dieser impliziten Gleichung zu $u_* 2h/\nu = 1\,464,11$.

Die Geschwindigkeitsverteilung (Gleichung (5), Aufgabe 7-1) zwischen den Platten läßt sich in der Form

$$\frac{\overline{u}(y')}{U} = \frac{u_* 2h}{\nu} \frac{\nu}{2h\,U} \frac{1}{\kappa} \left[\ln\left(\frac{y'}{2h}\right) - \ln\left(1 - \frac{y'}{2h}\right)\right]$$

schreiben und ist im Intervall $0 <$ $y'/(2h) < 1$, mit den Werten $\kappa = 0,4$ , $u_* 2h/\nu = 1464$ und $2hU/\nu = 34\,000$ in der nebenstehenden Abbildung aufgetragen.

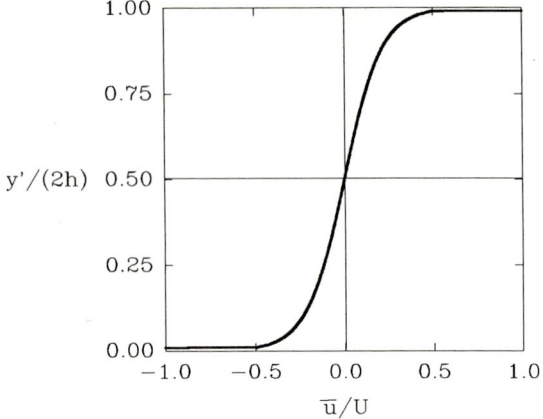

## Aufgabe 7-3    Turbulente Rohrströmung

Durch ein Rohr (Durchmesser $d$) strömt inkompressible Flüssigkeit. Das Rohr sei hydraulisch glatt ($k/d = 0$) und der Volumenstrom $\dot{V}$ ist bekannt.

a) Bestimmen Sie die über die Querschnittsfläche des Rohres gemittelte Geschwindigkeit $\overline{U}$ und die Reynoldszahl der Strömung. Ist die Strömung laminar oder turbulent?

b) Wie groß ist die Widerstandszahl $\lambda$? Bestimmen Sie die Schubspannungsgeschwindigkeit $u_*$ und die maximale Geschwindigkeit $U_{\max}$ in der Rohrmitte. Schätzen Sie die Dicke $\delta_V$ der viskosen Unterschicht ab.

c) Berechnen Sie die Wandschubspannung $\tau_w$ und den Druckgradienten $\partial p/\partial x$.

d) Welchen Wert hat die turbulente Schubspannung an der Rohrwand und in der Rohrmitte? Skizzieren Sie qualitativ den Verlauf für die gesamte und für die turbulente Schubspannung.

Geg.: $\dot{V} = 0,07854\,\mathrm{m^3/\,s}$, $d = 2R = 0,1\,\mathrm{m}$, $\nu = 10^{-6}\,\mathrm{m^2/\,s}$, $\varrho = 10^3\,\mathrm{kg/\,m^3}$

**Lösung**

a) Die gemittelte Geschwindigkeit ist

$$\overline{U} = \dot{V}/\pi R^2 = 10\,\mathrm{m/s} \ ,$$

die Reynoldszahl der Strömung beträgt

$$Re = \overline{U}\,d/\nu = 10^6 \ ,$$

d. h. die Strömung ist turbulent.

b) Die Widerstandszahl kann durch die numerische Lösung der folgenden Gleichung ermittelt werden:

$$\frac{1}{\sqrt{\lambda}} = 2,03\,\lg\left(Re\,\sqrt{\lambda}\right) - 0,8$$

$$\Rightarrow \quad \lambda = 0,011308 \ .$$

Die Schubspannungsgeschwindigkeit folgt aus

$$\lambda = 8\,(u_*/\overline{U})^2 \qquad \text{zu} \qquad u_* = 0,375\,\text{m/s} \ ,$$

und so erhalten wir

$$U_{\max} = \overline{U} + 3,75\,u_* = 11,41\,\text{m/s} \ .$$

Die Abschätzung der Dicke $\delta_V$ der viskosen Unterschicht erhalten wir aus der Ungleichung

$$0 \le \frac{\delta_V\,u_*}{\nu} \le 5 \qquad \text{zu} \qquad \delta_V = \frac{5\,\nu}{u_*} = 0,013\,\text{mm} \ .$$

c) Die Wandschubspannung und der Druckgradient:

$$\tau_w \;=\; \varrho\,u_*{}^2 = 140,6\,\frac{\text{N}}{\text{m}^2} \ ,$$

$$\frac{\partial \overline{p}}{\partial x} \;=\; -\frac{2}{R}\,\tau_w = -0,0562\,\frac{\text{bar}}{\text{m}}$$

d) Der Schubspannungsverlauf:
Die gesamte Schubspannung setzt sich aus einem viskosen und einem turbulenten Anteil zusammen

$$\tau_{ges} = \tau_{vis} + \tau_t = \eta\,\frac{d\overline{u}}{dr} - \varrho\,\overline{u'v'} \ .$$

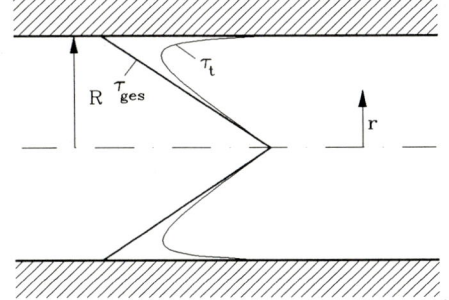

Die turbulenten Schubspannungen

$$\tau_t = -\varrho\,\overline{u'v'}$$

verschwinden aufgrund der Haftbedingung an der Rohrwand und wegen der Symmetrie in der Rohrmitte

$$\tau_t|_{r=R} = 0 \ , \qquad \tau_t|_{r=0} = 0 \ .$$

Der Verlauf der gesamten Schubspannung ist linear

$$\tau_{ges} = -\tau_w\,\frac{r}{R} \ .$$

# Aufgabe 7-4   Kristallwachstum an der Rohrwand bei der Rohrströmung salzhaltiger Flüssigkeit

Eine salzhaltige Flüssigkeit (Dichte $\varrho_S$) bildet beim Durchfluß einer sehr langen Rohrleitung an den Wänden Kristallablagerungen, wodurch diese rauh werden. Um das Kristallwachstum zu überwachen, werden an den Stellen [1] und [2] die Schenkel eines Manometers (Meßflüssigkeitsdichte $\varrho_{Hg}$) angeschlossen. In gleichen Zeitabständen werden die Spiegeldifferenzen $\Delta h_1$, $\Delta h_2$, $\Delta h_3$ gemessen.

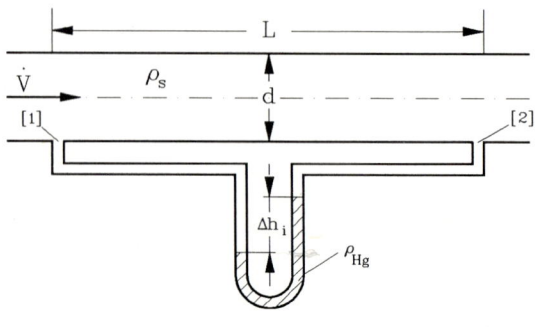

a) Wie groß sind die auftretenden Druckunterschiede $\Delta p_i(\Delta h_i)$?

b) Bestimmen Sie die auftretenden Druckverlustziffern $\zeta_i(\Delta h_i)$.

c) Wie groß sind die drei Reynoldsschen Zahlen?

d) Bestimmen Sie die zu den gemessenen Spiegeldifferenzen gehörenden mittleren Kristallhöhen.

Geg.: $L = 10\,\mathrm{m}$, $d = 1\,\mathrm{m}$, $\dot{V} = 4,3\,\mathrm{m^3/s}$, $\varrho_S = 1184\,\mathrm{kg/m^3}$, $\eta_S = 0,01296\,\mathrm{kg/(ms)}$, $\varrho_{Hg} = 13550\,\mathrm{kg/m^3}$, $\Delta h_1 = 41,68\,\mathrm{mm}$, $\Delta h_2 = 64,00\,\mathrm{mm}$, $\Delta h_3 = 95,08\,\mathrm{mm}$, $g = 9,81\,\mathrm{m/s^2}$

## Lösung

a) Druckunterschiede $\Delta p_i(\Delta h_i)$:

Hydrostatik:

($p_l$, $p_r$ bezeichnet den Druck auf der linken bzw. rechten Oberfläche der Meßflüssigkeit)

$$p_l = p_1 + \varrho_S \, g \, (z_1 - z_l) \,,$$

$$p_r = p_2 + \varrho_S \, g \, (z_2 - z_r) \,.$$

Mit $z_1 = z_2$ und $z_r - z_l = \Delta h$ folgt für die Druckdifferenz

$$\Rightarrow \qquad p_l - p_r = \varrho_{Hg} \, g \, \Delta h = p_1 - p_2 + \varrho_S \, g \, \Delta h$$

$$\Rightarrow \qquad p_1 - p_2 = (\varrho_{Hg} - \varrho_S) \, g \, \Delta h \,.$$

Setzen wir für die verschiedenen Messungen $\Delta p_i = (p_1 - p_2)_i$ , so gilt:

$$\Delta p_i = (\varrho_{Hg} - \varrho_S) \, g \, \Delta h_i \,.$$

Wir erhalten

$$\Delta h_1 = 41,68 \cdot 10^{-3}\,\mathrm{m} \qquad \Rightarrow \qquad \Delta p_1 = 5056\,\mathrm{N/m^2} \,,$$

$$\Delta h_2 = 64,00 \cdot 10^{-3}\,\text{m} \qquad \Rightarrow \qquad \Delta p_2 = 7764\,\text{N/m}^2\,,$$

$$\Delta h_3 = 95,08 \cdot 10^{-3}\,\text{m} \qquad \Rightarrow \qquad \Delta p_3 = 11534\,\text{N/m}^2\,.$$

b) Berechnung der Druckverlustziffern:

$$\zeta_i = \frac{\Delta p_i}{\varrho s/2\,\overline{u}^2} \qquad \text{mit} \qquad \overline{u} = \frac{\dot{V}}{A} = \frac{4\,\dot{V}}{\pi\,d^2} = 5,475\,\text{m/s}$$

$$\Rightarrow \qquad \zeta_1 = 0,285\,, \qquad \zeta_2 = 0,438\,, \qquad \zeta_3 = 0,650\,.$$

c) Reynoldszahl:

$$Re = \frac{\overline{u}\,d\,\varrho s}{\eta s}$$

Für alle drei Messungen erhält man dieselbe Reynoldszahl: $Re = 500185$.

d) Kristallhöhen:

$$\lambda = \zeta\,\frac{d}{L} = \frac{\zeta}{10}$$

Aus dem Widerstandsgesetz $\lambda = \lambda(Re, k/d)$ läßt sich aus den nun bekannten Zahlenwerten von $\lambda_i$ und $Re$ der zugehörige Wert von $k_i/d$ bestimmen. Man liest aus dem Widerstandsdiagramm (S. L. Abb. 7.4) ab ($Re \approx 5 \cdot 10^5$):

| $i$ | $\lambda_i$ | $k_i/d$ | $k_i\,[\,\text{mm}\,]$ |
|---|---|---|---|
| 1 | 0,0285 | 0,004 | 4 |
| 2 | 0,0438 | 0,015 | 15 |
| 3 | 0,0650 | 0,040 | 40 |

## Aufgabe 7-5 Impulsfluß und Energiefluß bei laminarer und turbulenter Rohrströmung

Für ein glattes Kreisrohr vom Radius $R$ sind folgende Verhältnisse für die laminare a) und turbulente b) Rohrströmung zu berechnen:

$$1.)\ \ U_{\text{max}}/\overline{U}\,, \qquad 2.)\ \ \frac{\overline{U}^2 A}{\iint\limits_A \overline{u}^2\,\mathrm{d}A}\,, \qquad 3.)\ \ \frac{\overline{U}^3 A}{\iint\limits_A \overline{u}^3\,\mathrm{d}A}\,.$$

Hierbei bezeichnet $\overline{U}$ die über den Rohrquerschnitt gemittelte und $\overline{u}$ die zeitlich gemittelte Geschwindigkeit.

Im Fall der turbulenten Rohrströmung soll für die Geschwindigkeitsverteilung das Mittengesetz

$$\frac{\overline{u}}{u_*} = \frac{U_{\text{max}}}{u_*} + \frac{1}{\kappa}\ln\frac{y}{R}$$

verwendet werden. Die Reynoldszahl sei mit $Re = 2300$ gegeben.

## Lösung

a) Laminare Rohrströmung:

  1.) Nach (S. L. (6.57)) gilt

$$\frac{U_{\max}}{\overline{U}} = 2 \ .$$

  2.) Mit $\overline{u} = u(r) = K/(4\eta)\,(R^2 - r^2)$ erhalten wir zunächst

$$\iint\limits_A \overline{u}^2 \, \mathrm{d}A = \int\limits_0^{2\pi} \int\limits_0^R \overline{u}^2 \, r\mathrm{d}r\mathrm{d}\varphi = \frac{\pi}{3}\left(\frac{K}{4\eta}\right)^2 R^6 \ ,$$

und mit

$$\overline{U}^2 A = \left(\frac{K\,R^2}{8\eta}\right)^2 \pi R^2 = \frac{\pi}{4}\left(\frac{K}{4\eta}\right)^2 R^6$$

ergibt sich dann

$$\frac{\overline{U}^2 A}{\iint\limits_A \overline{u}^2 \, \mathrm{d}A} = \frac{3}{4} \ ,$$

  d. h. der Impulsfluß gebildet mit der mittleren Geschwindigkeit beträgt nur 3/4 des tatsächlichen Impulsflusses im Rohr bei laminarer Strömung.

  3.) Mit

$$\int\limits_0^{2\pi} \int\limits_0^R \left(\frac{K}{4\eta}(R^2 - r^2)\right)^3 r\mathrm{d}r\mathrm{d}\varphi = 2\pi \left(\frac{K}{4\eta}\right)^3 \frac{R^8}{8}$$

und

$$\overline{U}^3 A = \pi \left(\frac{K}{4\eta}\right)^3 \frac{R^8}{8}$$

erhalten wir

$$\frac{\overline{U}^3 A}{\iint\limits_A \overline{u}^3 \, \mathrm{d}A} = \frac{1}{2} \ .$$

Der Energiefluß gebildet mit der mittleren Geschwindigkeit ist nur halb so groß wie der tatsächliche Energiefluß durch das Rohr.

b) Turbulente Rohrströmung:

  1.) Mit den Gleichungen (S. L. (7.83) und (7.87)) folgt

$$\frac{U_{\max}}{\overline{U}} = 1 + 3,75\sqrt{\frac{\lambda}{8}} \ .$$

Die Widerstandszahl $\lambda$ berechnet sich für die Reynoldszahl $Re = 2300$ aus der Gleichung

$$\frac{1}{\sqrt{\lambda}} = 2,03\lg\left(Re\sqrt{\lambda}\right) - 0,8$$

(S. L. (7.89)) numerisch zu $\lambda = 0,0459257$ und wir erhalten

$$\frac{U_{\max}}{\overline{U}} = 1,28413 \ .$$

Der Unterschied zwischen maximaler und mittlerer Geschwindigkeit ist in turbulenter Rohrströmung, aufgrund des völligeren Profils, geringer als in laminarer Rohrströmung.

2.) Für den Vergleich der Impulsflüsse ersetzen wir im Mittengesetz $U_{\max}$ durch

$$U_{\max} = \overline{U} + 3,75 u_*$$

und schreiben

$$\frac{\overline{U}^2 A}{\iint\limits_A \overline{u}^2 \, \mathrm{d}A} = \frac{\overline{U}^2 \pi R^2}{u_*^2 \, 2\pi \int\limits_0^R \left(\frac{\overline{U}}{u_*} + 3,75 + \frac{1}{\kappa} \ln \frac{y}{R}\right)^2 (R-y)\mathrm{d}y}$$

$$= \frac{8}{\lambda} \frac{R^2}{2\int\limits_0^R \left(\sqrt{\frac{8}{\lambda}} + 3,75 + \frac{1}{\kappa} \ln \frac{y}{R}\right)^2 (R-y)\mathrm{d}y} \ .$$

Für $\kappa = 0,4$ liefert die Integration den Ausdruck $(3,90625 + 4/\lambda)\, R^2$ und daher

$$\frac{\overline{U}^2 A}{\iint\limits_A \overline{u}^2 \, \mathrm{d}A} = \frac{4}{3,90625\lambda + 4} = 0,957076 \ .$$

3.) Für das Verhältnis der Energieflüsse erhalten wir

$$\frac{\overline{U}^3 A}{\iint\limits_A \overline{u}^3 \, \mathrm{d}A} = \sqrt{\left(\frac{8}{\lambda}\right)^3} \frac{R^2}{2\int\limits_0^R \left(\sqrt{\frac{8}{\lambda}} + 3,75 + \frac{1}{\kappa} \ln \frac{y}{R}\right)^3 (R-y)\mathrm{d}y}$$

$$= \frac{8\sqrt{2}}{-17,5781\sqrt{\lambda^3} + 23,4375\sqrt{2}\lambda + 8\sqrt{2}} = 0,89345 \ .$$

**Aufgabe 7-6    Geschwindigkeitsverteilung der turbulenten Rohrströmung aufgrund des Blasiusschen Widerstandsgesetzes**

Die Widerstandszahl $\lambda$ für turbulente Rohrströmungen im $Re$–Zahlenbereich $5000 < Re < 10^5$ kann mit Hilfe der Blasius–Formel $\lambda = 0,316\, Re^{-1/4}$ bestimmt werden. Die Geschwindigkeitsverteilung im Rohr mit dem Radius $R$ habe die Form $\overline{u}(r) = C\,(R - r)^m$.

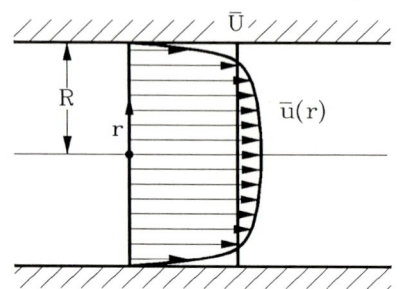

a) Berechnen Sie die Wandschubspannung.
b) Berechnen Sie die mittlere Geschwindigkeit $\overline{U}$ mit der gegebenen Geschwindigkeitsverteilung.
c) Zeigen Sie, daß $m = 1/7$ sein muß, damit die Geschwindigkeitsverteilung mit der Blasius–Formel verträglich ist.
d) Bestimmen Sie die Konstante $C$ und geben Sie die Geschwindigkeitsverteilung $\overline{u}(r)/\overline{U}$ an.

**Lösung**

a) Wandschubspannung:
   Wir betrachten ein Stück des Rohres der Länge $\Delta x$. Die Bernoullische Gleichung mit Verlusten für eine Stromlinie zwischen den Punkten [1] und [2] lautet

$$p_1 + \frac{\varrho}{2}\overline{U}_1^2 = p_2 + \frac{\varrho}{2}\overline{U}_2^2 + \Delta p_v \,. \tag{1}$$

Aus Kontinuitätsgründen ist $\overline{U}_1 = \overline{U}_2 = \overline{U}$. Der Druckverlust $\Delta p_v$ wird mittels der Widerstandszahl $\lambda$ bestimmt:

$$\Delta p_v = \frac{\varrho}{2}\overline{U}^2 \lambda \frac{\Delta x}{2R}\,.$$

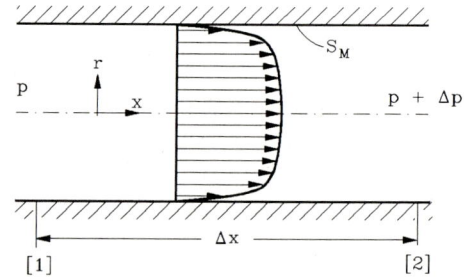

Aus (1) folgt die Druckänderung zwischen den Punkten [1] und [2]:

$$p_2 - p_1 = \Delta p = -\Delta p_v = -\frac{\varrho}{2}\overline{U}^2 \lambda \frac{\Delta x}{2R}\,. \tag{2}$$

In der voll ausgebildeten Rohrströmung heben sich die Impulsflüsse gerade auf und der Impulssatz reduziert sich auf

$$\vec{e}_x \cdot \iint\limits_{(S)} \vec{t}\, \mathrm{d}S = 0$$

oder

$$\iint\limits_{S_M} \tau_{rx}\, n_r \; \mathrm{d}S + \iint\limits_{S_1} \tau_{xx}\, n_x \; \mathrm{d}S + \iint\limits_{S_2} \tau_{xx}\, n_x \; \mathrm{d}S = 0$$

bzw.

$$2\pi\, R\, \Delta x\, \tau_{rx}(R) - \Delta p\, \pi\, R^2 = 0\ .$$

$$\tau_{rx}(R) = +\frac{\Delta p}{\Delta x}\frac{R}{2} = -\tau_w\ ,$$

wobei $\tau_w$ die Wandschubspannung ist, definitionsgemäß positiv (S. L. (7.85)). Mit (2) entsteht der Ausdruck

$$\tau_w = \frac{1}{8}\, \varrho\, \overline{U}^2\, \lambda\ ,$$

in dem wir die Widerstandszahl $\lambda$ durch die Blasius–Formel ($Re = \overline{U}\, 2R/\nu$) ersetzen:

$$\tau_w = \frac{0,316}{8 * 2^{1/4}}\, \varrho\, \nu^{1/4}\, R^{-1/4}\, \overline{U}^{7/4}\ .$$

Die Auflösung nach der mittleren Geschwindigkeit führt auf

$$\overline{U} = A^{4/7}\, R^{1/7} \quad \text{mit} \quad A = \frac{8 * 2^{1/4}}{0,316}\, \frac{\tau_w}{\varrho\, \nu^{1/4}}\ . \tag{3}$$

b) Mittlere Geschwindigkeit $\overline{U}$:
Die mittlere Geschwindigkeit $\overline{U}$ folgt andererseits aus

$$\overline{U} = \frac{1}{A} \iint\limits_{(A)} u(r)\; \mathrm{d}S = \frac{1}{\pi\, R^2} \int\limits_{0}^{2\pi} \int\limits_{0}^{R} C\,(R-r)^m\, r\, \mathrm{d}r\, \mathrm{d}\varphi$$

zu

$$\overline{U} = \frac{2C}{(m+1)(m+2)}\, R^m\ . \tag{4}$$

c) Ein Vergleich der Exponenten von $R$ in (3) und (4) zeigt, daß $m = 1/7$ sein muß, wenn die Geschwindigkeitsverteilung mit der Blasius–Formel verträglich sein soll.
d) Geschwindigkeitsverteilung:
Mit $m = 1/7$ folgt aus (4):

$$\overline{U} = \frac{2\,C}{8/7 * 15/7}\, R^{1/7} \quad \text{oder} \quad C \approx 1,2\, \frac{\overline{U}}{R^{1/7}}\ .$$

Die gesuchte Geschwindigkeitsverteilung ist demnach:

$$\frac{\overline{u}}{\overline{U}} = 1,2\, \left(1 - \frac{r}{R}\right)^{1/7}\ .$$

## Aufgabe 7-7    Ortung eines Rohrleitungsleckes

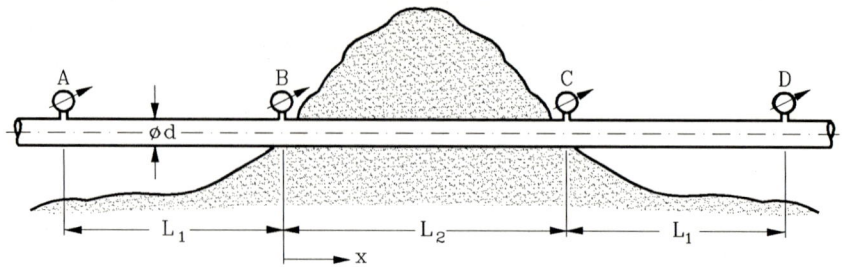

Zur Überprüfung der Dichtigkeit einer hydraulisch glatten Wasserleitung (Durchmesser $d$), die durch einen Berg führt, werden an den Stellen A, B, C und D statische Druckmessungen durchgeführt. In den zugänglichen Rohrstücken AB und CD wurde kein Leck gefunden.

a) Berechnen Sie aus den gegebenen Daten die Volumenströme zwischen AB und CD, unter der Annahmen, daß die Strömung im Rohr turbulent ist.

b) Falls ein Leck vorhanden ist, geben Sie den Volumenstrom an, der aus dem Leck entweicht.

c) Bestimmen Sie aus den gegebenen Daten den Ort des Leckes $x_L$ und den Innendruck $p_L$ an der Leckstelle (z.B. durch Extrapolation der Druckverläufe).

Geg.: $D = 0,05\,\mathrm{m}$, $L_1 = 1000\,\mathrm{m}$, $L_2 = 1500\,\mathrm{m}$, $p_A = 6\,\mathrm{bar}$, $p_B = 4\,\mathrm{bar}$, $p_C = 1,5\,\mathrm{bar}$, $p_D = 1\,\mathrm{bar}$, $\varrho = 1000\,\mathrm{kg/m^3}$, $\nu = 10^{-6}\,\mathrm{m^2/s}$

### Lösung

a) Volumenströme zwischen AB und CD:

Rohrstück AB:

Aus den Meßdaten berechnet sich der Druckverlust zwischen den Stellen A und B zu $\Delta p_v = p_A - p_B = 2\,\mathrm{bar}$. Dieser Druckverlust kann mittels der noch unbekannten Widerstandszahl $\lambda$ berechnet werden

$$\Delta p_v = \frac{\varrho}{2}\,\overline{U}^2\,\lambda\,\frac{L_1}{d}\,. \tag{1}$$

Die Widerstandszahl ist für hydraulisch glatte Rohre bei turbulenter Rohrströmung durch die implizite Widerstandsformel (S. L. (7.89))

$$\frac{1}{\sqrt{\lambda}} = 2,03\,\lg(Re\,\sqrt{\lambda}) - 0,8 \tag{2}$$

als Funktion der Reynoldsschen Zahl $Re = \overline{U}\,d/\nu$ gegeben. Aus den Gleichungen (1) und (2) eliminieren wir die Widerstandszahl $\lambda$ und erhalten die mittlere Geschwindigkeit

$$\overline{U} = \sqrt{\frac{2\,\Delta p\,d}{\varrho\,L_1}}\left[2,03\lg\left(\frac{d}{\nu}\sqrt{\frac{2\,\Delta p\,d}{\varrho\,L_1}}\right) - 0,8\right]\,.$$

Daraus folgt $\overline{U} = 0,992\,\text{m/s}$ und die Reynoldssche Zahl wird zu $Re = 0,992 *$ $0.05/10^{-6} = 49600 \gg Re_{\text{krit}}$. Es ist daher zu vermuten, daß die Strömung tatsächlich turbulent ist.

Der gesuchte Volumenstrom im Rohrstück AB ist

$$\dot{V}_{AB} = \overline{U}\,\frac{\pi}{4}\,d^2 = 1,95 * 10^{-3}\,\text{m}^3/\text{s}\;.$$

Rohrstück CD:

Der gemessene Druckverlust ist $\Delta p_v = p_C - p_D = 0,5\,\text{bar}$. Wir erhalten $\overline{U} = 0,453\,\text{m/s}$ und $Re = 22650 \gg Re_{\text{krit}}$. Es ist daher gerechtfertigt, turbulente Strömung in dem Rohrstück CD anzunehmen.

Der Volumenstrom im Rohrstück CD ist

$$\dot{V}_{CD} = \overline{U}\,\frac{\pi}{4}\,d^2 = 0,89 * 10^{-3}\,\text{m}^3/\text{s}\;.$$

b) Der Leckvolumenstrom ist

$$\dot{V}_L = \dot{V}_{AB} - \dot{V}_{CD} = 1,06 * 10^{-3}\,\text{m}^3/\text{s}\;.$$

c) Ort des Leckes $x_L$ und Druck an dem Leck $p_L$:

Mit den Gleichungen (1) und (2) kommt zum Ausdruck, daß bei konstanter mittlerer Strömungsgeschwindigkeit $\overline{U}$ der Druckverlust in einem Rohr eine lineare Funktion der Rohrlänge ist (siehe Skizze).

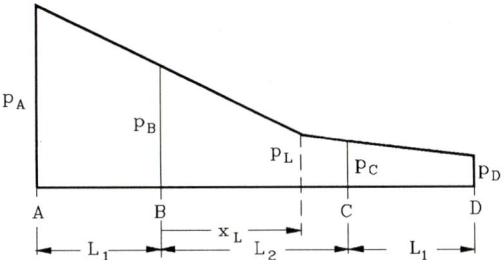

Zur Bestimmung von $x_L$ und $p_L$ wenden wir zweimal den Strahlensatz an:

$$\frac{p_B - p_L}{p_A - p_L} = \frac{x_L}{L_1 + x_L} \qquad (3)$$

$$\text{und} \qquad \frac{p_L - p_D}{p_C - p_D} = \frac{L_1 + L_2 - x_L}{L_1}\;. \qquad (4)$$

Die Lösung des Systems (3), (4) ist

$$p_L = p_B + \frac{(p_B - p_A)(L_1(p_B - p_C) + L_2(p_D - p_C))}{L_1(p_A + p_D - (p_B + p_C))} = \frac{5}{3}\,\text{bar}\;,$$

$$x_L = \frac{L_1(p_B - p_C) + L_2(p_D - p_C)}{p_A + p_D - (p_B + p_C)} = \frac{3500}{3}\,\text{m}\;.$$

# Aufgabe 7-8    Heißdampfkühlung durch Wassereinspritzung

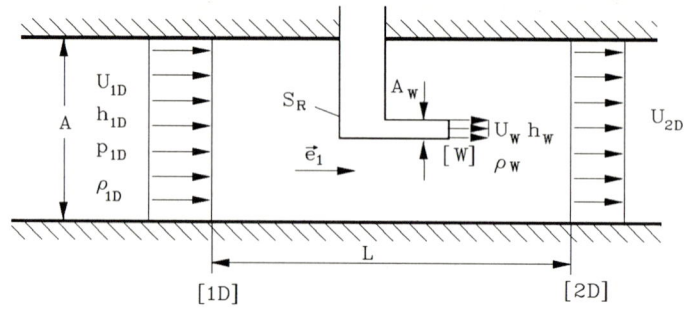

[1D]                                              [2D]

Im Kraftwerk wird der Heißdampf durch Einspritzen von Wasser abgekühlt. Die Strömungsgrößen des Dampfes bei [1D] und des Wassers bei [W] sind alle bekannt. Die Strömung kann an den Stellen [1D], [2D], [W] als ausgeglichen betrachtet werden. Bei [2D] ist alles eingespritzte Wasser verdampft. Die Kraft (in $\vec{e}_1$-Richtung) vom Dampf auf das Einspritzrohr

$$F_{D \to R} = \iint\limits_{(S_R)} \vec{t} \cdot \vec{e}_1 \, \mathrm{d}S = 500 \, \mathrm{N}$$

wurde gemessen.

a) Schätzen Sie die Gesamtkraft auf die Wand $F_{D \to W}$ in $\vec{e}_1$-Richtung über die turbulente Rohrreibung mit der Blasiusformel

$$\frac{\tau_w}{\varrho \overline{U}^2} = 0,0395 Re^{-1/4}$$

ab. Entscheiden Sie, ob die aus der Rohrreibung entstehenden Druckverluste zu berücksichtigen sind.

b) Werten Sie den Impulssatz so aus, daß Sie den Druck $p_{2D}$ bestimmen könnten. Entscheiden Sie, ob die Kraft $F_{D \to R}$ im Impulssatz berücksichtigt werden muß.

c) Vereinfachen Sie die Energiegleichung in integraler Form so, daß die Größen $u_i$ und $h$ an der Oberfläche eines Kontrollvolumens ausgewertet werden können unter der Annahme, daß die Strömung an den Kontrollflächen ausgeglichen ist.

d) Kann die kinetische Energie gegenüber der Enthalpie vernachlässigt werden?

e) Stellen Sie das Gleichungssystem auf, mit dem die Unbekannten $\varrho_{2D}$, $u_{2D}$, $p_{2D}$ und $h_{2D}$ bestimmt werden können. Verwenden Sie für $h = h(\varrho, p)$ das in der Aufgabe 9.2-3 gegebene Mollier–Diagramm.

Die Lösung läßt sich nötigenfalls durch Iteration bestimmen!

Geg.: $A = 2,4 * 10^5$ mm$^2$, $A_W = 5,3 * 10^2$ mm$^2$, $U_{1D} = 80$ m/s, $U_W = 20$ m/s, $\varrho_{1D} = 3,26$ kg/m$^3$, $\varrho_W = 916$ kg/m$^3$, $p_{1D} = 10$ bar, $h_{1D} = 3264$ kJ/kg, $h_W = 632$ kJ/kg, $\nu_{1D} = 7,5 * 10^{-6}$ m$^2$/s, $L$=3 m

**Lösung**

a) Die Kraft auf die Wandung als Folge der Wandschubspannung $\tau_w$ ist

$$F_{D \to W} = \tau_w \pi \, d \, L$$

und folglich mit $\overline{U} = U_{1D}$, $d = 2\sqrt{A/\pi}$ und $Re = \overline{U} d / \nu$

$$F_{D \to W} = 87 \, \text{N} .$$

Mit (S. L. (7.87))

$$\lambda = 8 \frac{\tau_w}{\varrho \overline{U}^2} = 0,3164 Re^{-1/4}$$

folgt für den Druckabfall

$$\Delta p = \lambda \frac{l}{d} \frac{\varrho}{2} \overline{U}^2 = 0,0037 \, \text{bar} .$$

Gegenüber dem an der Stelle [1D] herrschenden Druck $p_{1D} = 10 \, \text{bar}$ sind die Druckverluste vernachlässigbar.

b)

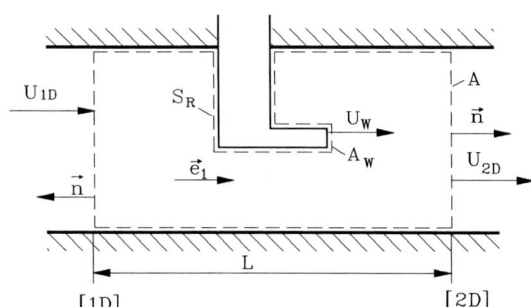

Der Impulssatz in $\vec{e}_1$-Richtung ausgewertet für das skizzierte Kontrollvolumen

$$\iint\limits_{(S)} \varrho \, \vec{u} \cdot \vec{e}_1 (\vec{u} \cdot \vec{n}) \, \mathrm{d}S = \iint\limits_{(S)} \vec{t} \cdot \vec{e}_1 \, \mathrm{d}S$$

lautet unter Vernachlässigung der Kraft $F_{D \to W}$ auf die Wand

$$-\varrho_{1D} U_{1D}^2 A - \varrho_W U_W^2 A_W + \varrho_{2D} U_{2D}^2 A = p_{1D} A + p_W A_W - p_{2D} A - F_{D \to R}$$

oder, da $F_{D \to R}$ wegen $F_{D \to R} \ll p_{1D} A = 2,5 * 10^5 \, \text{N}$ vernachlässigbar ist, mit $p_W = p_{1D}$:

$$p_{2D} = \varrho_{1D} U_{1D}^2 + \varrho_W U_W^2 \frac{A_W}{A} - \varrho_{2D} U_{2D}^2 + p_{1D} \left( 1 + \frac{A_W}{A} \right) \qquad (1)$$

c) Die Energiegleichung in integraler Form (S. L. (2.114)) lautet für die im Mittel stationäre Strömung, mit $q_i = 0$, $k_i = 0$, $t_i = \tau_{ij} n_j$

$$\iiint\limits_{(V)} \frac{\partial}{\partial x_j} \left[ \varrho \, u_j \left( \frac{u_i u_i}{2} + e \right) \right] \mathrm{d}V = \iint\limits_{(S)} u_i \tau_{ij} n_j \, \mathrm{d}S$$

und wird mit dem Gaußschen Satz zu

$$\iint\limits_{(S)} \varrho \, u_j n_j \left( \frac{u_i u_i}{2} + e \right) \mathrm{d}S = \iint\limits_{(S)} u_i \tau_{ij} n_j \, \mathrm{d}S .$$

Wir verwenden das gleiche Kontrollvolumen, wie in Teil b). An den festen Wänden ist $u_i = 0$, deshalb bleiben nur die Integrale über die Querschnitte stehen, die von Flüssigkeit durchströmt werden. Da dort die Strömung ausgeglichen ist, gilt an diesen Flächen $\tau_{ij} n_j = -p\, n_i$ und wir erhalten

$$\iint\limits_{(S)} \varrho\, u_j n_j \left( \frac{u_i u_i}{2} + e + \frac{p}{\varrho} \right)\, \mathrm{d}S = 0 \;,$$

oder, mit $h = e + p/\varrho$,

$$\iint\limits_{(S)} \varrho\, u_j n_j \left( \frac{u_i u_i}{2} + h \right)\, \mathrm{d}S = 0 \;. \tag{2}$$

d) Die kinetische Energie des Dampfes pro Masseneinheit $u_i u_i/2 = U_{1D}^2/2$ an der Stelle [1D] ist

$$\frac{u_{1D}^2}{2} = 3,2\,\mathrm{kJ/kg}$$

und gegen die Enthalpie $h_{1D} = 3264$ kJ/kg vernachlässigbar.
Die kinetische Energie des Wassers

$$\frac{u_W^2}{2} = 0,2\,\frac{\mathrm{kJ}}{\mathrm{kg}} \;.$$

ist ebenfalls gegenüber der Wasserenthalpie $h_W = 632$ kJ/kg vernachlässigbar.
Wir folgern daraus, daß auch an der Stelle [2D] die kinetische Energie gegenüber der Enthalpie vernachlässigt werden kann.
(2) vereinfacht sich damit zu

$$\iint\limits_{(S)} \varrho\, u_j n_j\, h\, \mathrm{d}S = 0 \;.$$

Werten wir die Energiegleichung für das skizzierte Kontrollvolumen aus Aufgabenteil b) aus, so erhalten wir

$$\varrho_{2D}\, U_{2D}\, A\, h_{2D} = \varrho_{1D}\, U_{1D}\, A\, h_{1D} + \varrho_W\, U_W\, A_W\, h_W \;,$$

oder mit $\dot{m}_{1D} = \varrho_{1D}\, U_{1D}\, A$, $\dot{m}_{2D} = \varrho_{2D}\, U_{2D}\, A$ und $\dot{m}_W = \varrho_W\, U_W\, A_W$

$$h_{2D} = \frac{\dot{m}_{1D} h_{1D} + \dot{m}_W h_W}{\dot{m}_{2D}} \;. \tag{3}$$

e) Zur Bestimmung der 4 Strömungsgrößen an der Stelle [2D] ($U_{2D}$, $\varrho_{2D}$, $p_{2D}$, $h_{2D}$) müssen wir die 3 Erhaltungssätze Impulssatz (1), Energiegleichung (3), Kontinuitätsgleichung

$$\iint\limits_{(S)} \varrho\, u_i n_i\, \mathrm{d}S = 0 \quad \Rightarrow \dot{m}_{2D} = \dot{m}_{1D} + \dot{m}_W \tag{4}$$

und die kalorische Zustandsgleichung $h = h(\varrho, p)$, die als Mollier–Diagramm gegeben ist (Aufgabe 9.2-3) auswerten.

$\dot{m}_{2D}$ folgt direkt aus (4): $\dot{m}_{2D} = 72,3$ kg/s. Aus der Energiegleichung (3) erhalten wir $h_{2D} = 2910$ kJ/kg. $U_{2D}$, $\varrho_{2D}$ und $p_{2D}$ werden nun durch Iteration bestimmt. Wir nehmen zunächst isobare Mischung an (0. Iterationsschritt)

$$\Rightarrow \quad p_{2D}^{(0)} = p_{1D} = 10\,\text{bar}\;.$$

Aus dem Mollier–Diagramm folgt: $\quad \varrho_{2D} \approx 4,5\,\text{kg/m}^3\;$;

aus der Kontinuitätsgleichung folgt: $\quad u_{2D} = 67\,\dfrac{\text{m}}{\text{s}}\;$;

aus der Impulsgleichung folgt: $\quad p_{2D} = 10,037\,\text{bar}\;.$

Da sich der Druck nur sehr geringfügig geändert hat, erwarten wir auch nur sehr kleine Änderungen bei $\varrho_{2D}$, $u_{2D}$ und verzichten auf weitere Iterationsschritte.

# 8  Hydrodynamische Schmierung

## Aufgabe 8-1    Stufenlager

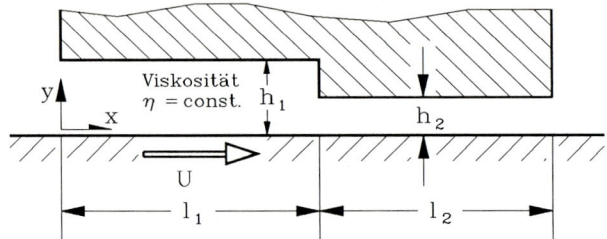

Die Skizze zeigt ein sogenanntes Stufenlager, bei dem die Spalthöhe $h(x)$ stückweise konstant ist. Berechnen Sie unter Berücksichtigung der in der Schmiertheorie üblichen Vereinfachungen

a) die Druckverteilung $p(x)$ im Spalt (Hinweis: die Konstanz des Volumenstroms an der Übergangsstelle $x = l_1$ ist zu beachten!),

b) die Tragkraft des Lagers,

c) die zum Schleppen der unteren Wand notwendige Kraft durch Integration des Spannungsvektors über
   1.) die obere Wand,
   2.) die untere Wand.

Geg.: $h_1$, $h_2$, $l_1$, $l_2$, $\eta$, $U$

### Lösung

a) Druckverteilung:
   Abschnittsweise folgt aus der Reynoldsschen Gleichung

$$\frac{\partial}{\partial x}\left(\frac{h^3}{\eta}\frac{\partial p}{\partial x}\right) = 0$$

($\partial h / \partial x = 0$) und daher folgt für den Druckgradienten

$$\frac{\partial p}{\partial x} = \frac{A\eta}{h^3}, \tag{1}$$

wenn $A$ die Integrationskonstante ist, und für den Druck

$$p(x) = \frac{A\,\eta}{h^3}\,x + B\,.$$ (2)

Der Volumenstrom berechnet sich aus der Formel (S. L. (6.22))

$$\dot{V} = \frac{h\,U}{2} - \frac{\partial p}{\partial x}\,\frac{h^3}{12\,\eta}$$

zu

$$\dot{V} = \frac{h\,U}{2} - \frac{A}{12}\,.$$ (3)

Zunächst zum Abschnitt 1 $(0 \leq x \leq l_1)$:
Mit der Druckrandbedingung $p(0) = 0$ erhält man aus (2) $B_1 = 0$, also

$$p(x) = \frac{A_1\,\eta}{h_1^3}\,x\,, \qquad 0 \leq x \leq l_1$$ (4)

und aus (3)

$$\dot{V}_1 = \frac{h_1\,U}{2} - \frac{A_1}{12}\,.$$

Der Index an den Integrationskonstanten kennzeichnet den jeweiligen Abschnitt. Für den Abschnitt 2 erhält man wegen $p(l_1 + l_2) = 0$

$$B_2 = -\frac{A_2\,\eta}{h_2^3}\,(l_1 + l_2)$$

und damit

$$p(x) = -\frac{A_2\,\eta}{h_2^3}\,(l_1 + l_2 - x)\,, \qquad l_1 \leq x \leq l_2$$ (5)

und

$$\dot{V}_2 = \frac{h_2\,U}{2} - \frac{A_2}{12}\,.$$

Druckgleichheit an der Stelle $x = l_1$ liefert

$$\frac{A_1\,\eta}{h_1^3}\,l_1 = -\frac{A_2\,\eta}{h_2^3}\,l_2$$

und die Bedingung $\dot{V}_1 = \dot{V}_2$ (Kontinuität!) ergibt

$$\frac{h_1\,U}{2} - \frac{A_1}{12} = \frac{h_2\,U}{2} - \frac{A_2}{12}\,,$$

woraus sich die Konstanten zu

$$A_1 = \frac{6\,U\,(h_1 - h_2)\,l_2\,h_1^3}{l_2\,h_1^3 + l_1\,h_2^3}$$

und

$$A_2 = -A_1\,\frac{l_1}{l_2}\,\left(\frac{h_2}{h_1}\right)^3 = -\frac{6\,U\,(h_1 - h_2)\,l_1\,h_2^3}{l_2\,h_1^3 + l_1\,h_2^3}$$

bestimmen. Damit lautet die Druckverteilung

$$p(x) = \begin{cases} \dfrac{6\,\eta\,U\,(h_1 - h_2)\,l_2}{l_2\,h_1^3 + l_1\,h_2^3}\,x & \text{für } 0 \leq x \leq l_1\,, \\[3ex] \dfrac{6\,\eta\,U\,(h_1 - h_2)\,l_1}{l_2\,h_1^3 + l_1\,h_2^3}\,(l_1 + l_2 - x) & \text{für } l_1 \leq x \leq l_2\,. \end{cases}$$

Der Druck hat also eine dreiecksförmige
Verteilung mit dem Maximalwert

$$p_{\text{max}} = \frac{6\,\eta\,U\,(h_1 - h_2)\,l_1\,l_2}{l_2\,h_1^3 + l_1\,h_2^3} \,. \qquad (6)$$

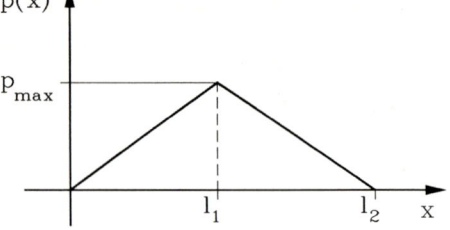

b) Lagerkraft pro Tiefeneinheit:
Aus der skizzierten Dreiecksverteilung für den Druck im Schmierspalt kann man für
das Integral

$$F_y = \int\limits_{(S)} \tau_{yy}\,n_y\,\mathrm{d}S = \int\limits_{x=0}^{l_1+l_2} p(x)\,\mathrm{d}x \qquad \text{(Flächeninhalt des Dreiecks)}$$

sofort den Wert

$$F_y = \frac{l_1 + l_2}{2}\,p_{\text{max}} = \frac{3\,\eta\,U\,(h_1 - h_2)\,l_1\,l_2\,(l_1 + l_2)}{l_2\,h_1^3 + l_1\,h_2^3}$$

ablesen.

c) Widerstandskraft:
Die Geschwindigkeitsverteilung im Spalt ist die Verteilung der Druck–Schlepp–
Strömung (S. L. (6.16)):

$$u = \frac{\partial p}{\partial x}\,\frac{y^2}{2\,\eta} + C_1\,y + C_2 \,,$$

mit den hier zu erfüllenden Randbedingungen $u(y=0) = U$, $u(y=h) = 0$ also:

$$u = U\left(1 - \frac{y}{h}\right) + \frac{\mathrm{d}p}{\mathrm{d}x}\,\frac{1}{2\,\eta}\,(y^2 - y\,h) \,.$$

Damit errechnet sich die Schubspannung $\tau_{xy}(y)$

$$\tau_{xy} = \eta\left(\frac{\partial u}{\partial y} + \frac{\partial v}{\partial x}\right) = -\eta\,\frac{U}{h} + \frac{\mathrm{d}p}{\mathrm{d}x}\left(y - \frac{1}{2}\,h\right)$$

und mit $\mathrm{d}p/\mathrm{d}x$ aus (1)

$$\tau_{xy} = -\eta\,\frac{U}{h} + \frac{A\,\eta}{h^3}\left(y - \frac{h}{2}\right) \,.$$

An der unteren Wand also

$$\tau_{xy}(y=0) = -\eta\,\frac{U}{h} - \frac{A\,\eta}{2\,h^2} \qquad\qquad (7)$$

und an der oberen Wand

$$\tau_{xy}(y=h) = -\eta\,\frac{U}{h} + \frac{A\,\eta}{2\,h^2} \,. \qquad\qquad (8)$$

Das Integral

$$F_x = \int\limits_{(S)} t_x \, \mathrm{d}S = \int\limits_{(S)} \tau_{jx} \, n_j \, \mathrm{d}S$$

liefert an der unteren Wand ($n_j = (0, 1, 0)$ , $\mathrm{d}S = \mathrm{d}x$)

$$F_{xu} = \int \tau_{xy}(0) \, \mathrm{d}x \qquad\qquad (9)$$

und an der oberen Wand ($n_j = (0, -1, 0)$ , $\mathrm{d}S = \mathrm{d}x$ bzw. $n_j = (-1, 0, 0)$ , $\mathrm{d}S = \mathrm{d}y$ an der Stufe)

$$F_{xo} = \int -\tau_{xy}(h) \, \mathrm{d}x - \tau_{xx}(l)\,(h_1 - h_2) \,, \qquad\qquad (10)$$

wobei $\tau_{xx} = -p(l_1) = -p_{\max}$ nach (6) ist und die $v$–Komponente der Geschwindigkeit voraussetzungsgemäß vernachlässigt wird. Da die Schubspannungen abschnittsweise konstant sind, liefert (9) bzw. (10)

$$F_{xu} = \tau_{xy1}(0)\,l_1 + \tau_{xy2}(0)\,l_2$$

bzw.

$$F_{xo} = -\tau_{xy1}(h_1)\,l_1 - \tau_{xy2}(h_2)\,l_2 + p_{\max}\,(h_1 - h_2)$$

und mit (7) und (8)

$$F_{xu} = -\eta\,\frac{U\,l_1}{h_1} - \frac{A_1\,\eta\,l_1}{2\,h_1^2} - \eta\,\frac{U\,l_2}{h_2} - \frac{A_2\,\eta\,l_2}{2\,h_2^2}$$

und

$$F_{xo} = \eta\,\frac{U\,l_1}{h_1} - \frac{A_1\,\eta\,l_1}{2\,h_1^2} + \eta\,\frac{U\,l_2}{h_2} - \frac{A_2\,\eta\,l_2}{2\,h_2^2} + p_{\max}\,(h_1 - h_2) \,.$$

Setzt man nun noch die Werte von $A_1$, $A_2$ und $p_{\max}$ ein, so erhält man

$$F_{xo} = -F_{xu} = \eta\,U\left[\frac{l_1}{h_1} + \frac{l_2}{h_2} + \frac{3\,(h_1 - h_2)^2\,l_1\,l_2}{l_2\,h_1^3 + l_1\,h_2^3}\right] \,.$$

Die Kräfte sind also, wie es sein muß, betragsmäßig gleich groß und entgegengesetzt gerichtet.

## Aufgabe 8-2  Auf Lagerzapfen und Lagerschale übertragenes Reibmoment

Berechnen Sie für das statisch belastete, unendlich lange Radiallager, die durch die Schubspannung auf den Lagerzapfen und auf die Lagerschale übertragenen Reibungsmomente.

Zeigen Sie, daß die Differenz dieser Momente gleich dem Moment ist, das die Lagerkraft $F_Y$ um die Exzentrizität $e$ hervorruft.

Wegen $R_S^2 = R^2 (1 + \overline{h}/R)^2$ und $\overline{h}/R \ll 1$ genügt es das Moment auf die Lagerschale mit dem Radius $R$ des Lagerzapfens zu berechnen.

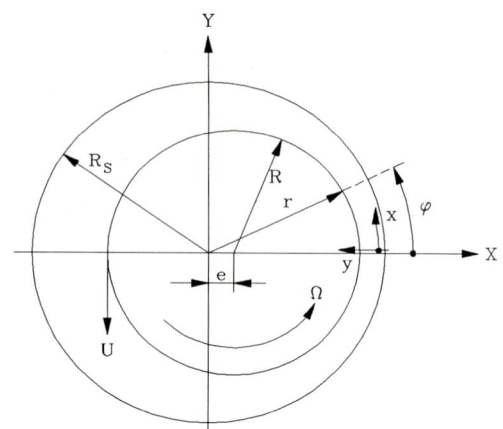

## Lösung

Das Moment der Reibungsspannungen auf den Lagerzapfen ist in (S. L. (8.38)) bereits berechnet:

$$M_{\text{Zapfen}} = \frac{\eta \, \Omega \, R^2}{\Psi} \left( 4 \, I_1 - 3 \frac{I_2^2}{I_3} \right) \, ,\tag{1}$$

wobei $I_1$, $I_2$, $I_3$ durch (S. L. (8.40), (8.41), (8.42)) gegeben sind.

Für die Berechnung des Momentes auf die Lagerschale ermitteln wir zunächst die Reibungsspannungen an der Lagerschale. Nach (S. L. (8.10)) erhalten wir

$$\tau_{xy}\big|_{y=0} = \eta \left. \frac{\partial u}{\partial y} \right|_{y=0} = \eta \, U \left( \frac{1}{h(x)} - \frac{\partial p}{\partial x} \frac{h(x)}{2\eta \, U} \right) \, .\tag{2}$$

Mit Gleichung (S. L. (8.26))

$$h(x) = h(\varphi) = \overline{h} \, (1 - \epsilon \cos \varphi)$$

und (S. L. (8.28))

$$\frac{\partial p}{\partial x} = 6 \frac{\eta \, \Omega \, R}{h^2(\varphi)} \left( 1 - \frac{\overline{h}}{h(\varphi)} \frac{I_2}{I_3} \right) \, ,$$

sowie $\Psi = \overline{h}/R$ und $U = \Omega \, R$ können wir die Reibungsspannungen (2) an der Lagerschale in der Form

$$\tau_{xy}\big|_{y=0} = \frac{\eta \, \Omega \, R}{\overline{h}} \left\{ \frac{\overline{h}}{h(\varphi)} - 3 \left[ \frac{\overline{h}}{h(\varphi)} - \left( \frac{\overline{h}}{h(\varphi)} \right)^2 \frac{I_2}{I_3} \right] \right\}$$

$$= \frac{\eta \, \Omega}{\Psi} \left[ -2 \frac{\overline{h}}{h(\varphi)} + 3 \frac{I_2}{I_3} \left( \frac{\overline{h}}{h(\varphi)} \right)^2 \right]\tag{3}$$

schreiben. Damit berechnet sich das Moment auf die Lagerschale zu

$$M_{\text{Schale}} = R^2 \int\limits_0^{2\pi} \tau_{xy}\big|_{y=0} \, \mathrm{d}\varphi + \mathcal{O}(R^2 \, \Psi)$$

$$= \frac{\eta\,\Omega\,R^2}{\Psi}\left(-2\int\limits_{0}^{2\pi}\frac{\overline{h}}{h(\varphi)}\mathrm{d}\varphi + 3\frac{I_2}{I_3}\int\limits_{0}^{2\pi}\left(\frac{\overline{h}}{h(\varphi)}\right)^2\mathrm{d}\varphi\right). \qquad (4)$$

Das erste Integral ist nach (S. L. (8.40)) mit $I_1$, das zweite nach (S. L. (8.41)) mit $I_2$ bezeichnet, d. h.

$$M_{\text{Schale}} = \frac{\eta\,\Omega\,R^2}{\Psi}\left(-2\,I_1 + 3\,\frac{I_2^2}{I_3}\right). \qquad (5)$$

Unter Verwendung der Gleichungen (S. L. (8.40)–(8.41)) bilden wir die Differenz von (1) und (5) in dimensionsloser Form, dies führt uns zu

$$(M_{\text{Zapfen}} - M_{\text{Schale}})\frac{\Psi}{\eta\,\Omega\,R^2} = \frac{12\pi}{(1-\epsilon^2)^{1/2}} - \frac{24\pi\,(1-\epsilon^2)^{5/2}}{(1-\epsilon^2)^3\,(2+\epsilon^2)}$$

$$= \frac{12\,\pi\,\epsilon^2}{(1-\epsilon^2)^{1/2}\,(2+\epsilon^2)}. \qquad (6)$$

Nach Gleichung (S. L. (8.46)) ist (6) das Produkt zwischen der Sommerfeldzahl $So$ und der relativen Exzentrizität $\epsilon$, so daß die Differenz der Momente gleich dem Moment ist, das die Lagerkraft $F_Y$ um die Exzentrizität $e$ auf den Lagerzapfen ausübt:

$$(M_{\text{Zapfen}} - M_{\text{Schale}})\frac{\Psi}{\eta\,\Omega\,R^2} = \epsilon\,So = \frac{e}{h}\,F_Y\,\frac{\Psi^2}{\eta\,\Omega\,R}$$

$$\Rightarrow \quad M_{\text{Zapfen}} - M_{\text{Schale}} = e\,F_Y\,.$$

## Aufgabe 8-3  Vergleich der Stempeltragkraft einer Quetschströmung bei verschiedenen Stempelgeometrien

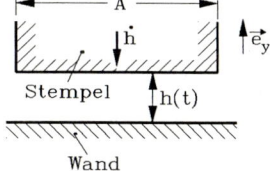

Ein Stempel der Querschnittsfläche $A$ bewegt sich mit der Geschwindigkeit $\mathrm{d}h/\mathrm{d}t = \dot{h}$ auf eine zum Stempel parallele Wand und verursacht eine reine Quetschströmung der inkompressiblen, Newtonschen Flüssigkeit (Viskosität $\eta$, konstante Dichte) zwischen Stempel und Wand.

a) Ermitteln Sie die Tragkraft des Stempels für den Fall, daß die Querschnittsfläche des Stempels
   1.) ein Quadrat (Seitenlänge $c$) ist,
   2.) ein gleichseitiges Dreieck (Höhe $d$) ist,
   3.) eine Ellipse (Halbachsen $a$, $b$) ist.
b) Vergleichen Sie bei gleicher Querschnittsfläche die Tragkraft der obigen Stempel mit der Tragkraft eines Stempels mit Kreisquerschnitt (Radius $R$).

Hinweis: Es besteht eine mathematische Analogie zwischen der reinen Quetschströmung bei parallelen Wänden und der stationären, druckgetriebenen Schichtenströmung (S. L. Kap. 8.3.2).

Geg.: $\dot{h}$, $R$, $\eta$

**Lösung**

Die für die Druckverteilung zu lösende Gleichung lautet (S. L. (8.80))

$$\nabla \cdot \nabla p = \Delta p = \frac{12\,\eta}{h^3}\,\dot{h}$$

und entspricht der Gleichung $\Delta u = -K/\eta$ für die druckgetriebene, stationäre Schichtenströmung. Deren Lösungen lassen sich auf den Fall der Quetschströmung übertragen, wobei $u$ durch $p$ und $-K/\eta$ durch $12\,\eta\,\dot{h}/h^3$ zu ersetzen sind.

Der über den Stempelquerschnitt gemittelte Druck $\bar{p}$ entspricht der mittleren Geschwindigkeit $\overline{U}$ im Kanal.

Für einen Tragstempel mit Kreisquerschnitt (Radius $R$) erhält man auf diese Weise für die Tragkraft (S. L. (8.82))

$$F_{yK} = -\frac{3}{2}\,\pi\,\frac{\eta\,\dot{h}}{h^3}\,R^4 \; . \tag{1}$$

a) Tragkraft für unterschiedliche Stempelgeometrien:

1.) Quadratischer Querschnitt:
   Bei einer Strömung durch einen Kanal mit Rechteckquerschnitt (Seitenlängen $b$, $c$) ist die mittlere Geschwindigkeit (S. L. (6.89))

$$\overline{U} = \frac{K\,c^2}{4\,\eta}\left\{\frac{1}{3} - \frac{c}{b}\,\frac{64}{\pi^5}\sum_{n=1}^{\infty}\frac{\tanh(m\,b/2)}{(2n-1)^5}\right\}$$

   mit $m = \pi/c\,(2n-1)$.
   Für quadratischen Querschnitt ($b = c$, Fläche $A = c^2$) errechnet sich dann der Volumenstrom zu

$$\dot{V} = \overline{U}\,A = \overline{U}\,c^2 = \frac{K\,c^4}{4\,\eta}\left\{\frac{1}{3} - \frac{64}{\pi^5}\sum_{n=1}^{\infty}\frac{\tanh(m\,b/2)}{(2n-1)^5}\right\} \; .$$

   Ersetzt man nun

$$\frac{K}{\eta} \quad \text{durch} \quad -\frac{12\,\eta\,\dot{h}}{h^3} \; ,$$

   so erhält man die Tragkraft eines quadratischen Stempels der (Kantenlänge $c$)

$$F_{yQ} = \frac{-3\eta\,\dot{h}}{h^3}\,c^4\left\{\frac{1}{3} - \frac{64}{\pi^5}\sum_{n=1}^{\infty}\frac{\tanh(\pi/2\,(2n-1))}{(2n-1)^5}\right\}$$

$$= -0,4217\,\frac{\eta\,\dot{h}}{h^3}\,c^4 \; , \tag{2}$$

wobei der Klammerausdruck numerisch berechnet wurde.

2.) Dreieckiger Querschnitt:

Bei einem gleichseitigen Dreieck (Höhe $d$, Fläche $A = d^2/\sqrt{3}$) erhält man analog dem Aufgabenteil 1.) aus Gleichung (S. L. (6.94))

$$\dot{V} = \overline{U}\, A = \overline{U}\, \frac{d^2}{\sqrt{3}} = \frac{1}{60\sqrt{3}}\, \frac{K\, d^4}{\eta}\ .$$

und

$$F_{yD} = -\frac{1}{5\sqrt{3}}\, \frac{\eta\, \dot{h}}{h^3}\, d^4\ . \qquad (3)$$

3.) Elliptischer Querschnitt:

Ist der Querschnitt elliptisch (Halbachsen $a$, $b$; Querschnittsfläche $A = \pi\, a\, b$) berechnet man mit Gleichung (S. L. (6.99))

$$\dot{V} = \overline{U}\, A = \overline{U}\, \pi\, a\, b = \frac{K}{4\,\eta}\, \pi\, \frac{a^3\, b^3}{a^2 + b^2}$$

und

$$F_{yE} = -3\pi\, \frac{\eta\, \dot{h}}{h^3}\, \frac{a^3\, b^3}{a^2 + b^2}\ . \qquad (4)$$

b) Bei gleichen Querschnittsflächen der verschiedenen Stempelformen muß gelten:

Quadrat: $\quad c^2 = \pi\, R^2 \quad \Rightarrow \quad c = \sqrt{\pi}\, R$,

Dreieck: $\quad d^2/\sqrt{3} = \pi\, R^2 \Rightarrow \quad d = \sqrt[4]{3\,\pi^2}\, R$,

Ellipse: $\quad \pi\, a\, b = \pi\, R^2 \quad \Rightarrow \quad a = R/b\, R$.

Man erhält dann aus den Gleichungen (2)–(4):

$$F_{yQ} = -0,4217\, \pi^2\, \frac{\eta}{h^3}\, \dot{h}\, R^4\ , \quad F_{yD} = -\frac{\sqrt{3}}{5}\, \pi^2\, \frac{\eta}{h^3}\, \dot{h}\, R^4\ , \quad F_{yE} = -3\,\pi\, \frac{\eta}{h^3}\, \dot{h}\, \frac{R^2\, b^2}{R^4 + b^4}\, R^4\ .$$

Werden die errechneten Tragkräfte auf die Tragkraft des Stempels mit Kreisquerschnitt bezogen, ergibt sich

Quadrat: $\quad F_{yQ}/F_{yK} = 0,8832$,

Dreieck: $\quad F_{yD}/F_{yK} = 0,726$,

Ellipse: $\quad F_{yE}/F_{yK} = 2\, R^2\, b^2/(R^4 + b^4)$.

Aus

$$\frac{\mathrm{d}}{\mathrm{d}b}\left(\frac{F_{yE}}{F_{yK}}\right) = 2R^2\, \frac{2b\,(R^4 + b^4) - 4b^5}{(R^4 + b^4)^2} = 0$$

erhält man die Werte $b = 0$ und $b = R$, für die die Tragkraft bei elliptischem Querschnitt extremal wird. Im Fall $b = 0$ entartet die Ellipse zu einer unendlich langen Linie, die Tragkraft ist null, im Fall $b = R$ ist die Ellipse ein Kreis und $F_{yE}/F_{yK} = 1$.

Unter den untersuchten Stempelformen ist der Stempel mit Kreisquerschnitt der mit der höchsten Tragkraft.

# 9 Stromfadentheorie

## 9.1 Inkompressible Strömung

### Aufgabe 9.1-1 Rohrpumpe

Die skizzierte Anordnung eines abgewinkelten Rohres (Querschnitt $A$, Gesamtlänge $l$), dessen unteres
Ende in Flüssigkeit ($\varrho = $ const) eintaucht, wirkt als
Pumpe, wenn das Rohr mit der konstanten Winkelgeschwindigkeit $\Omega$ um die vertikale Achse rotiert.

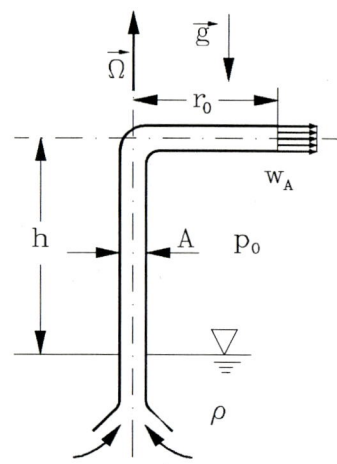

a) Wie groß darf $\Omega$ höchstens sein, damit an keiner Stelle im Rohr der Dampfdruck $p_D$
   unterschritten wird?
b) Mit welcher Beschleunigung $b(t)$ setzt sich das Wasser in Bewegung, wenn das Rohr
   zunächst durch einen Schieber verschlossen war, der zur Zeit $t = 0$ plötzlich geöffnet
   wird?
c) Man gebe den Verlauf der Ausströmgeschwindigkeit $w_A$ als Funktion der Zeit für
   den Anlaufvorgang an.

Geg.: $\Omega$, $h$, $l$, $A$, $r_0$, $\varrho$, $p_D$, $p_0$, $g$

## Lösung

a) Maximalwert für $\Omega$, so daß $p(r,z) < p_D$:

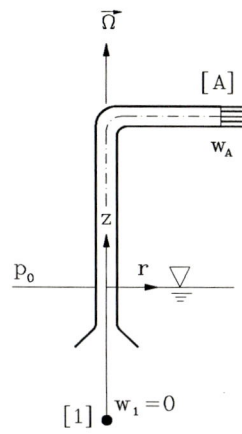

Wir betrachten hierzu den stationären Betrieb der Pumpe. Die Bernoullische Gleichung für das rotierende Koordinatensystem lautet dann:

$$p_1 + \frac{\varrho}{2}\,w_1^2 - \frac{\varrho}{2}\,\Omega^2\,r_1^2 + \varrho\,g\,z_1 = p + \frac{\varrho}{2}\,w^2 - \frac{\varrho}{2}\,\Omega^2\,r^2 + \varrho\,g\,z\;.$$

Die hydrostatische Druckverteilung in der ruhenden Flüssigkeit liefert

$$p_1 + \varrho\,g\,z_1 = p_0\;,$$

so daß wir

$$p_0 = p + \frac{\varrho}{2}\,w^2 - \frac{\varrho}{2}\,\Omega^2\,r^2 + \varrho\,g\,z$$

erhalten. Im Rohr konstanten Querschnitts ist aus Kontinuitätsgründen $w = w_A$, die Druckverteilung innerhalb des Rohrs lautet:

$$p(r,z) = p_0 - \frac{\varrho}{2}\,w_A^2 + \frac{\varrho}{2}\,\Omega^2\,r^2 - \varrho\,g\,z\;.$$

Am Austritt $(r = r_0,\ z = h)$ ist $p = p_0$, was die Bestimmungsgleichung für $w_A$ liefert:

$$\frac{\varrho}{2}\,w_A^2 = \frac{\varrho}{2}\,\Omega^2\,r_0^2 - \varrho\,g\,h\;,$$

so daß die Druckverteilung die Form

$$p(r,z) = p_0 + \varrho\,g\,(h - z) - \frac{\varrho}{2}\,\Omega^2\,(r_0^2 - r^2)$$

annimmt. Der Druck ist minimal für $z = h$ und $r = 0$. Wenn dieser größer als der Dampfdruck $p_D$ sein soll, muß gelten

$$p(0,h) = p_0 - \frac{\varrho}{2}\,\Omega^2\,r_0^2 > p_D$$

$$\Rightarrow \qquad p_0 - p_D > \frac{\varrho}{2}\,\Omega^2\,r_0^2$$

$$\Rightarrow \qquad \Omega < \sqrt{\frac{2\,(p_0 - p_D)}{\varrho\,r_0^2}}\;.$$

b) Beschleunigung des Wassers bei Öffnen des Schiebers:

Wir müssen nun die Bernoullische Gleichung für den instationären Fall benutzen. Angeschrieben vom Punkt [1] zum Punkt [A] am Rohraustritt lautet diese:

$$\varrho \int\limits_{(1)}^{(A)} \frac{\partial w}{\partial t}\,\mathrm{d}s + p_A + \varrho\,g\,h - \frac{\varrho}{2}\,\Omega^2\,r_0^2 + \frac{\varrho}{2}\,w_A^2 = p_1 + \varrho\,g\,z_1 - \frac{\varrho}{2}\,\Omega^2\,r_1^2 + \frac{\varrho}{2}\,w_1^2\;.$$

Die Integration von der Stelle [1] bis zum Rohreintritt liefert nur einen sehr kleinen Beitrag, weil die Geschwindigkeit außerhalb des Rohres sehr klein ist und bleibt. Dieser Beitrag wird vernachlässigt. Längs der Stromlinie im Rohr ist die Geschwindigkeit $w = w_A$ und daher nur eine Funktion der Zeit, so daß die Gleichung

$$\varrho \frac{\mathrm{d}w_A}{\mathrm{d}t} \int\limits_{(1)}^{(A)} \mathrm{d}s + p_0 + \varrho\, g\, h - \frac{\varrho}{2} \Omega^2 r_0^2 + \frac{\varrho}{2} w_A^2 = p_0$$

entsteht, welche die Beschleunigung

$$\frac{\mathrm{d}w_A}{\mathrm{d}t} = b(t) = \frac{1}{2\,l} \left( \left( \Omega^2 r_0^2 - 2\,g\,h \right) - w_A^2 \right) \tag{1}$$

ergibt. Speziell für $t = 0$ ist $w_A = 0$ und wir erhalten

$$b(t = 0) = \frac{1}{2\,l} \left( \Omega^2 r_0^2 - 2\,g\,h \right) \ .$$

Dieser Gleichung entnehmen wir, daß für $\Omega$ die Ungleichung

$$\Omega^2 r_0^2 \geq 2\,g\,h \qquad \Rightarrow \qquad \Omega \geq \sqrt{\frac{2\,g\,h}{r_0^2}}$$

gelten muß, weil sonst das Wasser zurückläuft.

c) Funktion $w_A(t)$:
Die Gleichung (1) läßt sich durch Trennung der Veränderlichen leicht integrieren: Wir setzen $w_{St} = \sqrt{\Omega^2 r_0^2 - 2\,g\,h}$ ($St$ = stationärer Betrieb) und erhalten

$$\int\limits_{0}^{w_A(t)} \frac{\mathrm{d}w_A}{w_{St}^2 - w_A^2} = \frac{1}{2\,l} \int\limits_{0}^{t} \mathrm{d}t$$

$$\Rightarrow \qquad \frac{1}{w_{St}} \operatorname{artanh}\left( \frac{w_A}{w_{St}} \right) = \frac{1}{2\,l} t$$

$$\Rightarrow \qquad \frac{w_A(t)}{w_{St}} = \tanh\left( \frac{w_{St}}{2\,l} t \right) \ .$$

## Aufgabe 9.1-2  Durchflußmessung mittels einer Meßdüse

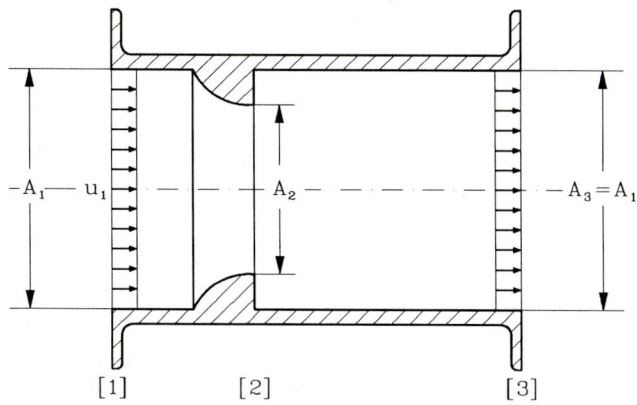

Zur Durchflußmessung einer Flüssigkeit der Dichte $\varrho$ = const wird die skizzierte Meß-
düse in eine Rohrleitung eingebaut. Die Strömungsgeschwindigkeit $u_1$ am Eintritt der
Meßstrecke sei über den Querschnitt konstant. Am Austritt sei die Strömung wieder
ausgeglichen. Die Reibung an den Rohrwänden kann vernachlässigt werden.

Wie groß ist

a) der Druckverlust dieser Meßstrecke?
b) der Druck $p_3$ am Austritt?
c) die Kraft der Flüssigkeit auf die Meßstrecke?

Geg.: $\varrho$, $p_1$, $u_1$, $A_1$, $A_2$

**Lösung**

a) Druckverlust in der Meßstrecke:
   Der auftretende Verlust in der Strecke von [1] bis [3] ist der Carnotsche Stoßverlust
   der unstetigen Querschnittserweiterung von $A_2$ auf $A_3$:

$$\Delta p_v = \frac{\varrho}{2}\left(u_2 - u_3\right)^2$$

   bzw. mit der Kontinuitätsgleichung

$$u_1\, A_1 = u_2\, A_2 = u_3\, A_3$$

   auch

$$\Delta p_v = \frac{\varrho}{2}u_1^2 \left(\frac{A_1}{A_2} - 1\right)^2 .$$

b) Der Druck $p_3$:
   Die Bernoullische Gleichung mit Verlusten von [1] nach [3]

$$p_1 + \frac{\varrho}{2}u_1^2 + \varrho\, g\, z_1 - \Delta p_v = p_3 + \frac{\varrho}{2}u_3^2 + \varrho\, g\, z_3$$

   liefert mit $u_1 = u_3$ und $z_1 = z_3$

$$p_3 = p_1 - \Delta p_v = p_1 - \frac{\varrho}{2}u_1^2 \left(\frac{A_1}{A_2} - 1\right)^2 .$$

c) Kraft auf die Düse

Der Impulssatz lautet im Rahmen der Stromfadentheorie für den Fall stationärer Strömung ($\partial/\partial t = 0$):

$$-\varrho_1 u_1^2 A_1\, \vec{\tau}_1 + \varrho_3 u_3^2 A_3\, \vec{\tau}_3 = p_1 A_1\, \vec{\tau}_1 - p_3 A_3\, \vec{\tau}_3 - \vec{F}\,,$$

wobei $\vec{F}$ die Kraft auf die Wandung ist. Hier ist $\vec{\tau}_1 = \vec{\tau}_3 = \vec{\tau}$, $\varrho_1 = \varrho_3 = \varrho$ und wir erhalten ($A_1 = A_3$)

$$\vec{F} = \vec{\tau}\left[(p_1 - p_3)\,A_1 + \varrho\, u_1^2 A_1 \left(1 - \left(\frac{u_3}{u_1}\right)^2\right)\right].$$

Der letzte Ausdruck in der eckigen Klammer verschwindet und wir erhalten

$$\vec{F} = \vec{\tau}\,\Delta p_v\, A_1 = \vec{\tau}\,\frac{\varrho}{2}\,u_1^2 \left(\frac{A_1}{A_2} - 1\right)^2 A_1\,.$$

## Aufgabe 9.1-3    Wasserstrahlpumpe

In einem Rohr mit der Querschnittsfläche $A$ befindet sich ein zweites Rohr (Querschnittsfläche $(1-n)\,A$), das in der skizzierten Weise in einen großen Behälter eintaucht. Durch das große Rohr tritt ein Flüssigkeitsstrom (Dichte $\varrho$), der an der Stelle [1] die Geschwindigkeit $U_a$ hat und hier aus dem inneren Rohr Flüssigkeit gleicher Dichte mit der Geschwindigkeit $U_b$ absaugt. Bis zum Rohrende hat sich wieder ein gleichmäßiges Geschwindigkeitsprofil ausgebildet. Die Wandschubspannungen können auf dieser Strecke vernachlässigt werden.

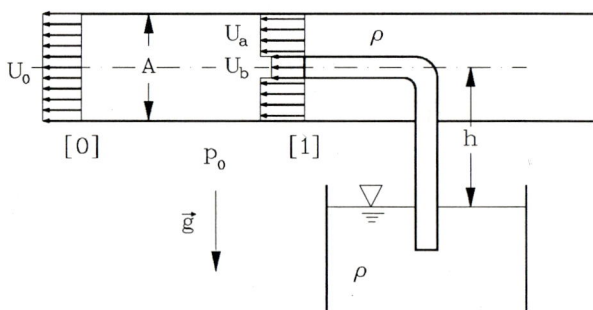

Wie lautet der Zusammenhang zwischen $U_a$ und $U_b$?

Geg.: $A$, $n$, $h$, $\varrho$

## Lösung

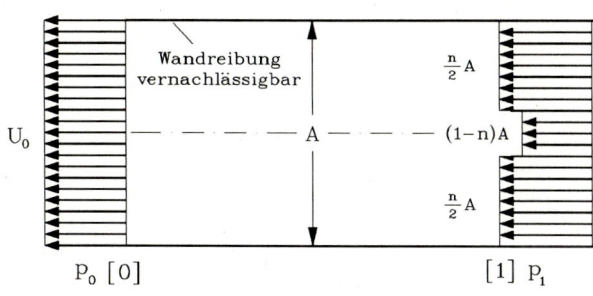

Für das Vermischungsproblem ist der Druckanstieg (S. L. (9.59)):

$$\Delta p = n\,(1 - n)\,\epsilon^2\,\varrho\,u_1^2 \,,$$

wobei $u_1$ hier $U_b$ entspricht und

$$\Delta p = p_0 - p_1$$

ist. Mit

$$U_a = (1 - \epsilon)\,U_b \qquad \text{(hier ist } \epsilon < 0\,\text{!)}$$

erhalten wir so:

$$p_0 - p_1 = n\,(1 - n)\,\varrho\,(U_a - U_b)^2 \,. \tag{1}$$

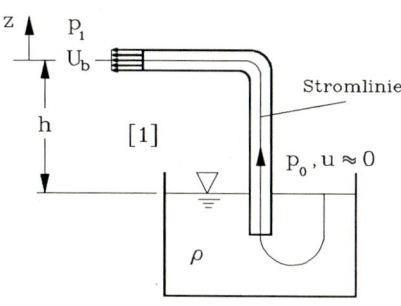

Der Druck $p_1$ ergibt sich aus der Bernoullischen Gleichung längs der rechts skizzierten Stromlinie:

$$p_1 + \frac{\varrho}{2}\,U_b^2 \;=\; p_0 - \varrho\,g\,h \,,$$

$$\Rightarrow \qquad p_1 \;=\; p_0 - \frac{\varrho}{2}\,U_b^2 - \varrho\,g\,h \,. \tag{2}$$

(2) in (1) eingesetzt liefert

$$\frac{\varrho}{2}\,U_b^2 + \varrho\,g\,h = (n - n^2)\,\varrho\,(U_a - U_b)^2$$

Löst man nach $U_a$ auf, so erhält man

$$U_a = U_b \pm \sqrt{\frac{\frac{1}{2}\,U_b^2 + g\,h}{n - n^2}} \,,$$

wobei nur das positive Vorzeichen in Frage kommt.

Für den Grenzfall, daß die Flüssigkeit im Rohr gerade nicht zurückläuft ($U_b \to 0$), erhalten wir:

$$U_{a_{\min}} = \sqrt{\frac{g\,h}{n - n^2}} \,,$$

da auch in diesem Fall ein endlicher Druckanstieg erforderlich ist, ist der Grenzübergang $n \to 1$ nur mit $U_{a_{\min}} \to \infty$ zu erreichen.

# Aufgabe 9.1-4   Radialpumpe

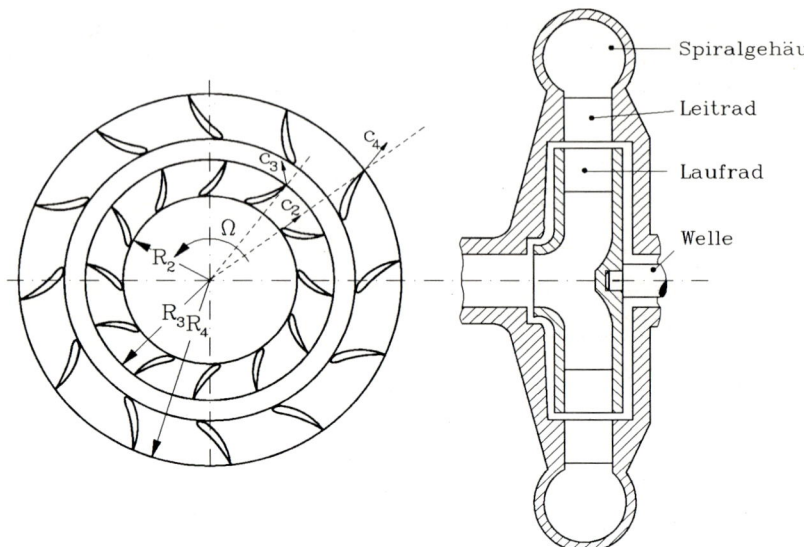

Spiralgehäuse
Leitrad
Laufrad
Welle

Die Skizze zeigt einen Schnitt durch eine Radialpumpe. Das Fördermedium ist inkompressibel und reibungsfrei. Bekannt sind die Geschwindigkeitsbeträge $c_2$, $c_3$, $c_4$, sowie die Umfangskomponente $c_{u_3}$. Der Druck im Zuführstutzen ist $p_1$, die Geschwindigkeit dort $c_1$. Die Zuströmung zum Laufrad erfolgt drallfrei. Volumenkräfte sind vernachlässigbar.

a) Welche Drücke herrschen an den Stellen [2], [3] und [4]?
b) Berechnen Sie die dem Pumpenlaufrad zuzuführende Antriebsleistung $P_A$ aus der Energiegleichung.
c) Berechnen Sie $P_A$ aus der Eulerschen Turbinengleichung.

Geg.: $R_2$, $R_3$, $R_4$, $c_1$, $c_2$, $c_3$, $c_4$, $c_{u_3}$, $\Omega$, $p_1$, $\varrho$

**Lösung**

a) Die Drücke $p_2$, $p_3$ und $p_4$:
Der Druck $p_2$ folgt bei gegebenen Geschwindigkeiten aus der Bernoullischen Gleichung im Inertialsystem auf der Stromlinie vom Zuführstutzen ($p_1$, $c_1$) zum Laufradeintritt ($c_2$):

$$p_1 + \frac{\varrho}{2} c_1^2 = p_2 + \frac{\varrho}{2} c_2^2 \,,$$

$$\Rightarrow \quad p_2 = p_1 + \frac{\varrho}{2} (c_1^2 - c_2^2) \,. \tag{1}$$

Zur Bestimmung von $p_3$ ergibt die Bernoullische Gleichung im rotierenden Koordinatensystem (laufradfestes Bezugssystem) vom Laufradeintritt ($p_2$, $c_2$, $R_2$) zum Laufradaustritt ($c_3$, $R_3$):

$$p_2 + \frac{\varrho}{2} w_2^2 - \frac{\varrho}{2} \Omega^2 R_2^2 = p_3 + \frac{\varrho}{2} w_3^2 - \frac{\varrho}{2} \Omega^2 R_3^2 \,,$$

$$\Rightarrow \qquad p_3 = p_2 + \frac{\varrho}{2}\left(w_2^2 - w_3^2\right) + \frac{\varrho}{2}\,\Omega^2\left(R_3^2 - R_2^2\right). \qquad (2)$$

Die Relativgeschwindigkeiten $w_2$ und $w_3$ lassen sich durch die Absolutgeschwindigkeiten und die Umfangsgeschwindigkeiten ausdrücken:
Aus $\vec{c} = \vec{w} + \vec{u}$, d.h. $\vec{w} = \vec{c} - \vec{u}$ folgt für eine Radialmaschine:

$$\vec{w}\cdot\vec{e}_r = w_r = c_r\,, \qquad \vec{w}\cdot\vec{e}_u = w_u = c_u - \Omega\,R\,,$$

$$\vec{w}\cdot\vec{w} = \vec{c}\cdot\vec{c} + \vec{u}\cdot\vec{u} - 2\,\vec{u}\cdot\vec{c}\,,$$

$$\Rightarrow \qquad w^2 = c^2 - 2\,\Omega\,R\,c_u + \Omega^2\,R^2\,,$$

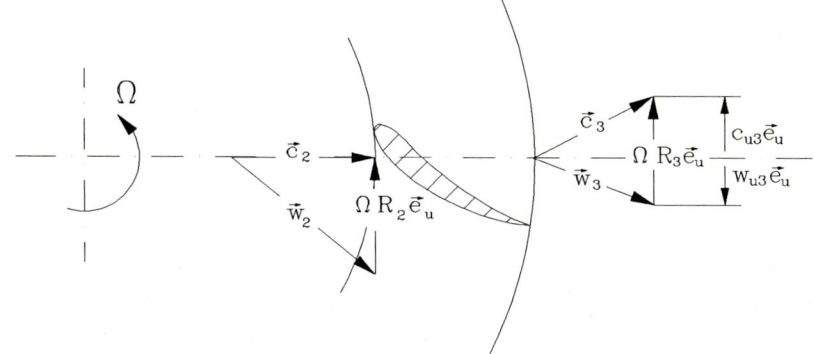

am Laufradeintritt $(c_{u_2} = 0)$ also

$$w_2^2 = c_2^2 + \Omega^2\,R_2^2\,, \qquad (3)$$

am Laufradaustritt

$$w_3^2 = c_3^2 - 2\,\Omega\,R_3\,c_{u_3} + \Omega^2\,R_3^2\,, \qquad (4)$$

was man auch obigen Geschwindigkeitsdreiecken entnehmen kann. (3) und (4) in (2) eingesetzt und $p_2$ mittels (1) eliminiert, liefert für $p_3$

$$p_3 = p_1 + \frac{\varrho}{2}\left(c_1^2 - c_2^2\right) + \frac{\varrho}{2}\,\Omega^2\left(R_3^2 - R_2^2\right) +$$

$$+ \frac{\varrho}{2}\left(c_2^2 + \Omega^2\,R_2^2 - c_3^2 + 2\,\Omega\,R_3\,c_{u_3} - \Omega^2\,R_3^2\right),$$

$$\Rightarrow \qquad p_3 = p_1 + \frac{\varrho}{2}\left(c_1^2 - c_3^2 + 2\,\Omega\,R_3\,c_{u_3}\right). \qquad (5)$$

Im Inertialsystem von Laufradaustritt $(p_3,\,c_3)$ zu Leitradaustritt $(p_4,\,c_4)$ erhält man durch Anwendung der Bernoullischen Gleichung folgende Beziehung:

$$p_3 + \frac{\varrho}{2}\,c_3^2 = p_4 + \frac{\varrho}{2}\,c_4^2\,,$$

$$\Rightarrow \qquad p_4 = p_3 + \frac{\varrho}{2}\left(c_3^2 - c_4^2\right),$$

und mit $p_3$ aus (5) schließlich

$$p_4 = p_1 + \frac{\varrho}{2}\left(c_1^2 - c_3^2 + 2\,\Omega\,R_3\,c_{u_3}\right) + \frac{\varrho}{2}\left(c_3^2 - c_4^2\right),$$

$$\Rightarrow \qquad p_4 = p_1 + \frac{\varrho}{2}\left(c_1^2 - c_4^2 + 2\,\Omega\,R_3\,c_{u_3}\right). \tag{6}$$

b) Antriebsleistung aus der Energiegleichung:

Bei der reibungs- und wärmeleitungsfreien, inkompressiblen Strömung verschwinden $\mathrm{D}E/\mathrm{D}t$
und $\dot{Q}$, so daß die Energiegleichung folgende
Form annimmt

$$\frac{\mathrm{D}K}{\mathrm{D}t} = P. \tag{7}$$

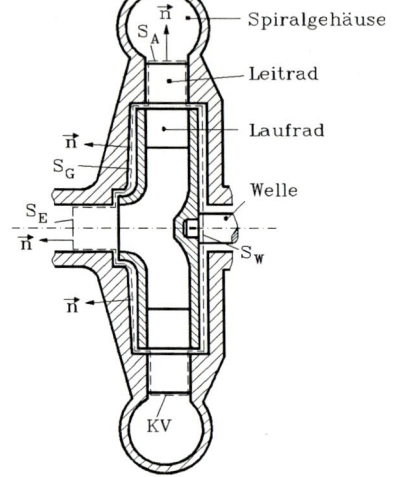

Wir benutzen ein Kontrollvolumen, dessen
Oberfläche $S$ sich zusammensetzt aus der Ein-
trittsfläche $S_E$ im Ansaugstutzen $(p_1, c_1)$, der
Leitradaustrittsfläche $S_A$ $(p_4, c_4)$, der Schnitt-
fläche der Welle $S_W$ und den Wandflächen von
Leitrad und Gehäuse $S_G$. Man erhält dann

$$\frac{\mathrm{D}K}{\mathrm{D}t} = \frac{\partial}{\partial t}\iiint\limits_{(V)} \frac{\varrho}{2}c^2\,\mathrm{d}V + \iint\limits_{(S)} \frac{\varrho}{2}c^2\,\vec{c}\cdot\vec{n}\,\mathrm{d}S.$$

Die Strömung ist zwar im Inertialsystem in-
stationär, die im Kontrollvolumen enthaltene kinetische Energie bleibt jedoch bei
konstanter Drehgeschwindigkeit $\vec{\Omega}$ zeitlich konstant, so daß das Volumenintegral null
ist. Wir erhalten

$$\frac{\mathrm{D}K}{\mathrm{D}t} = \iint\limits_{(S)} \frac{\varrho}{2}c^2\vec{c}\cdot\vec{n}\,\mathrm{d}S = \frac{\varrho}{2}\,c_1^2\iint\limits_{S_E} \vec{c}\cdot\vec{n}\,\mathrm{d}S + \frac{\varrho}{2}\,c_4^2\iint\limits_{S_A} \vec{c}\cdot\vec{n}\,\mathrm{d}S$$

$$= \varrho\,\dot{V}\left(\frac{c_4^2}{2} - \frac{c_1^2}{2}\right). \tag{8}$$

Die Integrale über $S_W$ und die Fläche $S_G = S - (S_E + S_A + S_W)$ verschwinden wegen
$\vec{c}\cdot\vec{n} = 0$.
Entsprechend erhält man für die Leistung $P$

$$P = \iint\limits_{(S)} \vec{c}\cdot\vec{t}\,\mathrm{d}S = \iint\limits_{S_E + S_A} -p\,\vec{c}\cdot\vec{n}\,\mathrm{d}S + \iint\limits_{S_W} \vec{c}\cdot\vec{t}\,\mathrm{d}S + \iint\limits_{S_G} -p\,\vec{c}\cdot\vec{n}\,\mathrm{d}S.$$

Das Integral über $S_G$ verschwindet wieder wegen $\vec{c}\cdot\vec{n} = 0$ und das Integral über $S_W$
ist gerade die gesuchte Antriebsleistung $P_A$. Somit ergibt sich

$$P = \dot{V}\,(p_1 - p_4) + P_A. \tag{9}$$

Die Energiegleichung (7) liefert also mit (8) und (9)

$$\varrho\,\dot{V}\left(\frac{c_4^2}{2}-\frac{c_1^2}{2}\right) \;=\; \dot{V}\,(p_1-p_4)+P_A\;,$$

$$\Rightarrow\quad P_A \;=\; \dot{V}\left(\frac{\varrho}{2}\,(c_4^2-c_1^2)+p_4-p_1\right),$$

bzw. mit $p_4-p_1$ aus (6)

$$P_A \;=\; \dot{V}\left(\frac{\varrho}{2}\,(c_4^2-c_1^2)+\frac{\varrho}{2}\,(c_1^2-c_4^2+2\,\Omega\,R_3\,c_{u_3})\right),$$

$$=\; \varrho\,\dot{V}\,\Omega\,R_3\,c_{u_3}\;.$$

($\dot{V}=c_1\,\pi\,R_1^2$, mit $R_1$ als Radius des Zuführstutzens)

c) Antriebsleistung aus der Eulerschen Turbinengleichung:
Mit der Eulerschen Turbinengleichung findet man

$$M \;=\; \dot{m}\,(R_a\,c_{u_a}-R_e\,c_{u_e})\;,$$

$$=\; \varrho\,\dot{V}\,(R_3\,c_{u_3}-R_2\,c_{u_2})\;.$$

Da drallfreier Eintritt vorliegt, gilt $c_{u_2}=0$, der zweite Term verschwindet,

$$\Rightarrow\quad P_A = M\,\Omega = \varrho\,\dot{V}\,\Omega\,R_3\,c_{u_3}\;.$$

## Aufgabe 9.1-5   Rohrturbine

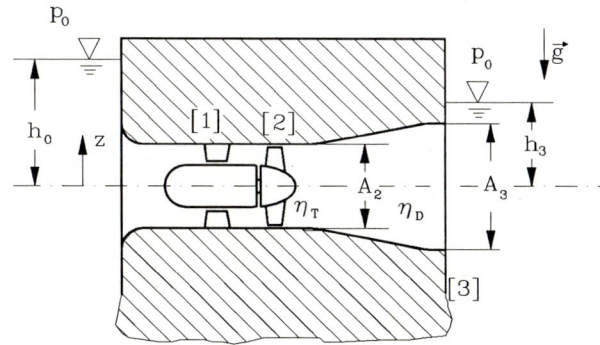

Die nebenstehende Skizze zeigt eine Rohrturbine eines Flußkraftwerks. Bekannt sind neben den Geometriedaten und dem Volumenstrom $\dot{V}$ der mechanische Wirkungsgrad $\eta_T$ der Turbine und der Diffusorwirkungsgrad $\eta_D$. Die Strömung ist vor und hinter der Turbine ausgeglichen und rein axial.

a) Welche Leistung $P_{zu}$ führt die Flüssigkeit der Turbine zu?
b) Welche Leistung könnte im Idealfall der Turbine zugeführt werden ?
c) Was ist der hydraulische Wirkungsgrad $\eta_H$ der Anlage?

d) Was ist die von der Turbine an den Generator abgegebene Leistung $P_{ab}$?

Geg.: $h_0 = 12\,\text{m}$, $h_3 = 7\,\text{m}$, $\dot{V} = 100\,\text{m}^3/\text{s}$, $\eta_T = 0,95$, $\eta_D = 0,85$, $\varrho = 10^3\,\text{kg/m}^3$, $A_2 = 18\,\text{m}^2$, $A_3 = 54\,\text{m}^2$, $g = 9,81\,\text{m/s}^2$

**Lösung**

a) Leistung $P_{zu}$:

Aus der Energiegleichung folgt (siehe 9.1-4)

$$P_{zu} = \dot{V}\left(p_1 - p_2 + \frac{\varrho}{2}\left(c_1^2 - c_2^2\right)\right) . \tag{1}$$

Für $p_1$ erhält man aus der Bernoullischen Gleichung

$$p_0 + \varrho\,g\,h_0 = p_1 + \frac{\varrho}{2}c_1^2 ,$$

so daß wir für (1) schreiben können

$$P_{zu} = \dot{V}\left(p_0 - p_2 + \varrho\,g\,h_0 - \frac{\varrho}{2}c_2^2\right) . \tag{2}$$

Der Druck $p_2$ hinter der Turbine bestimmt sich aus der Bernoullischen Gleichung, angewandt auf den Diffusor, unter Berücksichtigung des Diffusorverlusts

$$p_2 + \frac{\varrho}{2}c_2^2 = p_3 + \frac{\varrho}{2}c_3^2 + \Delta p_{vD} . \tag{3}$$

Der Druck $p_3$ der austretenden Flüssigkeit ergibt sich zu:

$$p_3 - \varrho\,g\,h_3 = p_0 , \tag{4}$$

während der Diffusorverlust sich aus (S. L. (9.48))

$$\eta_D = \frac{(p_3 - p_2)_{\text{real}}}{(p_3 - p_2)_{\text{ideal}}} = 1 - \frac{\Delta p_{vD}}{\frac{\varrho}{2}c_2^2\left(1 - \left(\frac{A_2}{A_3}\right)^2\right)}$$

zu

$$\Delta p_{vD} = (1 - \eta_D)\frac{\varrho}{2}c_2^2\left(1 - \left(\frac{A_2}{A_3}\right)^2\right) \tag{5}$$

berechnet. Gleichungen (4) und (5) in Gleichung (3) eingesetzt, ergibt

$$p_2 + \frac{\varrho}{2}c_2^2 = p_0 + \varrho\,g\,h_3 + \frac{\varrho}{2}c_3^2 + (1 - \eta_D)\frac{\varrho}{2}c_2^2\left(1 - \left(\frac{A_2}{A_3}\right)^2\right)$$

bzw. mit $c_3 = c_2\,A_2/A_3$

$$p_2 = p_0 + \varrho\,g\,h_3 - \eta_D\frac{\varrho}{2}c_2^2\left(1 - \left(\frac{A_2}{A_3}\right)^2\right) . \tag{6}$$

Setzt man schließlich $p_2$ aus (6) in die Energiegleichung (2) ein, so erhält man

$$P_{zu} = \dot{V}\left\{p_0 - p_0 - \varrho\,g\,h_3 + \eta_D\,\frac{\varrho}{2}\,c_2^2\left(1 - \left(\frac{A_2}{A_3}\right)^2\right) + \varrho\,g\,h_0 - \frac{\varrho}{2}\,c_2^2\right\}$$

$$\Rightarrow\qquad P_{zu} = \varrho\,\dot{V}\left\{g\,(h_0 - h_3) - \frac{1}{2}\left(\frac{\dot{V}}{A_2}\right)^2\left[1 - \eta_D\left(1 - \left(\frac{A_2}{A_3}\right)^2\right)\right]\right\}, \qquad (7)$$

wobei wir $c_2$ durch $\dot{V}/A_2$ (axiale, ausgeglichene Strömung) ersetzt haben. Wir entnehmen dem Ausdruck die maximal der Turbine zuführbare Leistung

$$P_{ideal} = \varrho\,\dot{V}\,g\,\Delta h . \qquad (8)$$

Mit den gegebenen Zahlenwerten erhält man

$$P_{zu} = 10^3 * 100\left\{9,81*(12 - 7) - \frac{1}{2}\left(\frac{100}{18}\right)^2\left[1 - 0,85\left(1 - \left(\frac{18}{54}\right)^2\right)\right]\right\}\,\text{W}$$

$$= 4,9050\,\text{MW} - 0,3772\,\text{MW} = 4,5278\,\text{MW} .$$

b) $P_{ideal}$ :

$$P_{ideal} = 4,9050\,\text{MW}$$

c) $\eta_H$ :

Mit den Gleichungen (7) und (8) erhalten wir den hydraulischen Wirkungsgrad

$$\eta_H = \frac{P_{zu}}{P_{ideal}} = \left\{1 - \frac{\frac{1}{2}\left(\frac{\dot{V}}{A_2}\right)^2}{g\,\Delta h}\left[1 - \eta_D\left(1 - \left(\frac{A_2}{A_3}\right)^2\right)\right]\right\} .$$

$$\eta_H = \frac{P_{zu}}{P_{ideal}} = \frac{4,5278}{4,9050} = 0,92$$

d) $P_{ab}$ :

$$P_{ab} = \eta_T\,P_{zu} = 0,95 * 4,5278\,\text{MW} = 4,3014\,\text{MW}$$

## Aufgabe 9.1-6 Coanda–Effekt

Als Coanda–Effekt bezeichnet man die Eigenschaft von Flüssigkeitsstrahlen, sich an in der Nähe befindliche Wände anzulegen.

Volumen– und Zähigkeitskräfte sind zu vernachlässigen.

Um welchen Winkel $\beta$ wird der Freistrahl (Dichte $\varrho$, Querschnitt $A_1$, Geschwindigkeit $u_1$) aus der Vertikalen abgelenkt, und wie groß ist die gesamte Kraft, mit der der Stab gehalten wird, wenn die $x$–Komponente dieser Kraft $F_x$ bekannt ist?

Geg.: $F_x$, $\varrho$, $A_1$, $u_1$

**Lösung**

Die Bernoullische Gleichung längs der Stromlinie lautet für den Freistrahl ($p_1 = p_2 = p_0$)

$$p_1 + \frac{\varrho}{2} u_1^2 \;=\; p_2 + \frac{\varrho}{2} u_2^2$$

$$\Rightarrow \qquad u_1 \;=\; u_2 \,.$$

Für den Impulssatz bei stationärer, inkompressibler Strömung ergibt sich hier

$$\iint\limits_{(S)} \varrho\, \vec{u}\,(\vec{u} \cdot \vec{n})\, \mathrm{d}S = \iint\limits_{(S)} \vec{t}\, \mathrm{d}S \,,$$

für das Kontrollvolumen $S = A_1 + A_2 + S_3 + S_4$ also

$$\varrho\, u_1^2\, A_1\, \vec{e}_y - \varrho\, u_2^2\, A_2\, (\sin\beta\, \vec{e}_x + \cos\beta\, \vec{e}_y) \;=$$

$$\varrho\, u^2\, A\, (-\sin\beta\, \vec{e}_x + (1 - \cos\beta)\, \vec{e}_y) \;=\; \iint\limits_{(S)} \vec{t}\, \mathrm{d}S \,. \tag{1}$$

Das Ergebnis der Kontinuitätsgleichung $A_1 = A_2$ ist hier schon verwendet worden. Für das Integral schreiben wir

$$\iint\limits_{(S)} \vec{t}\, \mathrm{d}S = - \iint\limits_{A_1, A_2, S_3} p_0\, \vec{n}\, \mathrm{d}S - \iint\limits_{S_4} p\, \vec{n}\, \mathrm{d}S \,,$$

wobei $- \iint\limits_{S_4} p\, \vec{n}\, \mathrm{d}S$ die vom Stab auf die Flüssigkeit ausgeübte Kraft ist. Dann können wir schreiben

$$\iint\limits_{(S)} \vec{t}\, \mathrm{d}S = - \iint\limits_{S_{ges}} p_0\, \vec{n}\, \mathrm{d}S + \iint\limits_{S_4} p_0\, \vec{n}\, \mathrm{d}S + \vec{F}_{K \to Fl} \,. \tag{2}$$

Das Rundintegral über $p_0$ verschwindet und aus nebenstehender Skizze wird der Zusammenhang

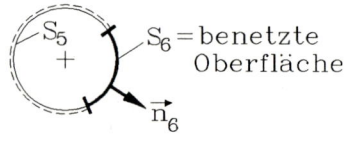

$S_6 =$ benetzte Oberfläche

$$\vec{F}_{ges} = \vec{F}_{Fl \to K} - \iint\limits_{S_5} p_0\, \vec{n}\, \mathrm{d}S$$

deutlich. Setzt man (1) und (2) hier ein, erhalten wir die Gleichung

$$\vec{F}_{ges} = \varrho\, u^2\, A\, (\sin\beta\, \vec{e}_x - (1 - \cos\beta)\, \vec{e}_y) + \iint\limits_{S_4} p_0\, \vec{n}_4\, \mathrm{d}S - \iint\limits_{S_5 + S_6} p_0\, \vec{n}\, \mathrm{d}S + \iint\limits_{S_6} p_0\, \vec{n}_6\, \mathrm{d}S \,.$$

Da aber $\vec{n}_4 = -\vec{n_6}$ ist und das Integral über $S_5 + S_6$ wieder verschwindet, lautet die Kraft auf den Stab schließlich

$$\vec{F}_{ges} = \varrho\,u^2\,A\,(\sin\beta\,\vec{e}_x - (1-\cos\beta)\,\vec{e}_y)\,.$$

Die notwendige Haltekraft ist dann

$$\vec{F} = -\vec{F}_{ges}\,.$$

Bei bekannter $x$–Komponente dieser Kraft

$$F_x = -\varrho\,u^2\,A\sin\beta$$

berechnet sich der Winkel zu

$$\beta = \arcsin\left(-\frac{F_x}{\varrho\,u^2\,A}\right)\,.$$

## Aufgabe 9.1-7    Prinzip der Hohlladung

Zwei unter dem Winkel $\beta$ $(\beta < 90°)$ gegen die Symmetrieebene geneigte Flüssigkeitsschichten ($\varrho = $ const) der Dicke $h_1$ bewegen sich in der skizzierten Weise aufeinander zu und werden an der Auftreffstelle zerteilt. Durch die Wahl eines geeigneten bewegten Koordinatensystems kann man das Problem stationär machen.

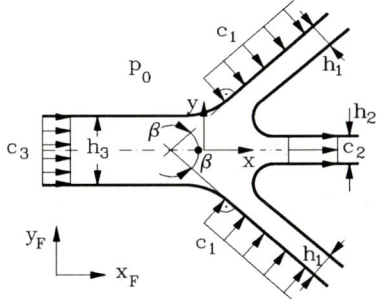

a) Bestimmen Sie die Geschwindigkeit $\vec{v}$ dieses Koordinatensystems.
b) Welche Dicken $h_2$ bzw. $h_3$ haben die abgehenden Strahlen?
c) Wie groß sind die absoluten Geschwindigkeiten $\vec{c}_2$ und $\vec{c}_3$?
d) Welche Massenströme $\dot{m}_2$ und $\dot{m}_3$ werden pro Breiteneinheit in den abgehenden Strahlen transportiert?

Geg.: $c_1 = |\vec{c}_1|$, $h_1$, $\beta$, $\varrho$

**Lösung**

a) Addieren wir zur Geschwindigkeit $\vec{c}_1$ der oberen geneigten Flüssigkeitsschicht die Geschwindigkeit $-\vec{v} = -(c_1/\sin\beta)\,\vec{e}_x$, so strömt diese Flüssigkeitsschicht nun stationär unter dem Winkel $\beta$ mit der Geschwindigkeit $\vec{w}_1 = \vec{c}_1 - \vec{v}$ gegen die Symmetrieebene. Dasselbe gilt für die untere Flüssigkeitsschicht.

In einem Relativsystem, das sich mit der Führungsgeschwindigkeit $\vec{v} = (c_1/\sin\beta)\,\vec{e}_x$ in die positive $x$–Richtung bewegt, ist der Vorgang stationär.

b) Die Strahldicken $h_2$ und $h_3$:

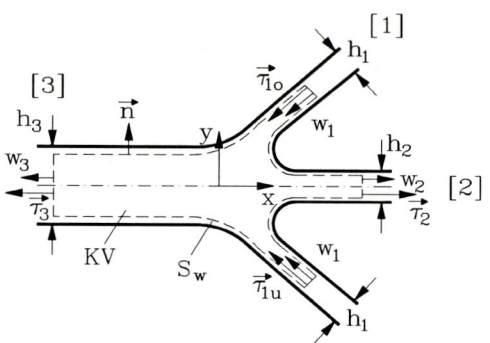

Wir verwenden das skizzierte, mit dem Relativsystem fest verbundene Kontrollvolumen. $w_1$, $w_2$ und $w_3$ bezeichnen die Beträge der Relativgeschwindigkeiten. Mit $\varrho = $ const erhalten wir aus der Kontinuitätsgleichung

$$2\,w_1\,h_1 = w_2\,h_2 + w_3\,h_3 \,. \tag{1}$$

Das Relativsystem bewegt sich mit konstanter Geschwindigkeit, ist daher ein Inertialsystem; die Strömung ist stationär; auf der gesamten Oberfläche des Kontrollvolumens hat der Spannungsvektor die Form $\vec{t} = -p_0\,\vec{n}$, so daß der Impulssatz (S. L. (9.43)) auf

$$- w_1^2\,h_1\,\vec{\tau}_{1u} - w_1^2\,h_1\,\vec{\tau}_{1o} + w_2^2\,h_2\,\vec{\tau}_2 + w_3^2\,h_3\,\vec{\tau}_3 = 0 \,, \tag{2}$$

und nach Multiplikation mit $\vec{e}_x$ auf die Gleichung

$$2\,w_1^2\,h_1\,\cos\beta + w_2^2\,h_2 - w_3^2\,h_3 = 0 \tag{3}$$

führt. Aus der Bernoullischen Gleichung zwischen den Stellen [1] und [2]

$$p_0 + \frac{\varrho}{2}\,w_1^2 = p_0 + \frac{\varrho}{2}\,w_2^2$$

sowie [1] und [3]

$$p_0 + \frac{\varrho}{2}\,w_1^2 = p_0 + \frac{\varrho}{2}\,w_3^2$$

folgt

$$w_1 = w_2 = w_3 \,. \tag{4}$$

Mit den Gleichungen (1), (3) und (4) bestimmen sich dann die Strahldicken zu

$$h_2 = h_1\,(1 - \cos\beta) \quad \text{und} \quad h_3 = h_1\,(1 + \cos\beta) \,. \tag{5}$$

c) Die Absolutgeschwindigkeiten $\vec{c}_2$, $\vec{c}_3$ ergeben sich aus den Geschwindigkeitsdreiecken $\vec{c} = \vec{w} + \vec{v}$. Mit $\vec{v} = (c_1/\sin\beta)\,\vec{e}_x$, sowie $\vec{w}_2 = w_2\,\vec{e}_x = w_1\,\vec{e}_x = c_1\,\cot\beta\,\vec{e}_x$, erhalten wir

$$\vec{c}_2 = \vec{w}_2 + \vec{v} = \frac{c_1}{\sin\beta}(1 + \cos\beta)\,\vec{e}_x \;, \tag{6}$$

und mit $\vec{w}_3 = -w_3\,\vec{e}_x = -w_1\,\vec{e}_x = -c_1\,\cot\beta\,\vec{e}_x$

$$\vec{c}_3 = \vec{w}_3 + \vec{v} = \frac{c_1}{\sin\beta}(1 - \cos\beta)\,\vec{e}_x \;. \tag{7}$$

d) Die Massenströme $\dot{m}_2$, $\dot{m}_3$ berechnen sich mit (5) zu

$$\dot{m}_2 = \varrho\,w_2\,h_2 = \varrho\,\frac{c_1}{\sin\beta}\,\cos\beta\,(1 - \cos\beta)\,h_1$$

$$\dot{m}_3 = \varrho\,w_3\,h_3 = \varrho\,\frac{c_1}{\sin\beta}\,\cos\beta\,(1 + \cos\beta)\,h_1 \;.$$

Gleichung (6) zeigt, daß sich für $\beta \to 0$ sehr hohe Geschwindigkeiten $c_2$ erzeugen lassen. Man zeigt leicht, daß der Betrag des Impulses dieses Strahles $c_2\,\dot{m}_2 = 2\,\varrho\,c_1^2\,h_1$ ist.

## Aufgabe 9.1-8 Wasserzulauf einer Peltonturbine

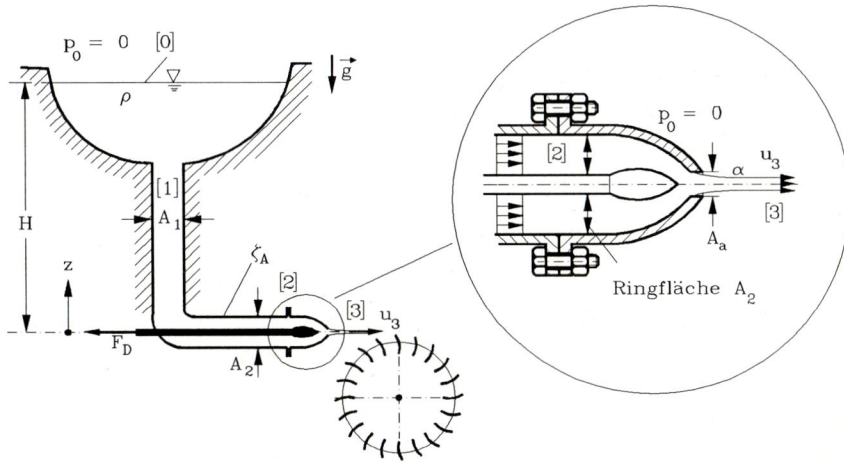

Am Ende des Fallrohres eines Wasserkraftwerkes befindet sich ein Düsenstock, mit dem der Wasserzulauf einer Pelton–Turbine geregelt wird. Die Strahlkontraktionsziffer $\alpha$ am Austritt ist bekannt.

Die Druckverlustziffer $\zeta_A$ erfaßt alle Verluste in der Zuleitung bis zur Stelle [2]. Die Verluste von [2] bis zum Austritt und die Reibungsspannungen am Schaft der Düsennadel sind dagegen vernachlässigbar. Um die Düsennadel in der gezeichneten Stellung zu halten, ist die Kraft $F_D$ nötig.

a) Bestimmen Sie die Austrittsgeschwindigkeit $u_3$.
b) Wie groß sind $u_2$ und $p_2$?
c) Berechnen Sie die Kraft $F_S$, die auf die Schraubenverbindung wirkt (aus Symmetriegründen besteht nur eine Kraftkomponente in Richtung von $\vec{e}_x$).

Geg.: $p_0 = 0$, $\varrho$, $A_1$, $A_2$, $A_a$, $\alpha$, $H$, $\zeta_A$, $F_D$

**Lösung**

a) Austrittsgeschwindigkeit $u_3$:
Zur Bestimmung der Austrittsgeschwindigkeit wenden wir die Bernoullische Gleichung von einem Punkt [0] der Oberfläche des Wasserspeichers zu dem Punkt [3] an

$$p_0 + \varrho\, g\, H = p_0 + \frac{\varrho}{2}\, u_3^2 + \Delta p_v \tag{1}$$

mit dem Druckverlust $\Delta p_v = \zeta_A\, \varrho/2\, u_1^2$. Aus der Kontinuitätsgleichung folgt:

$$u_1\, A_1 = u_3\, A_3 \quad \text{oder} \quad u_1 = \alpha\, \frac{A_a}{A_1}\, u_3$$

mit $A_3 = \alpha\, A_a$. Aus (1) entsteht damit

$$u_3 = \sqrt{\frac{2g\, H}{1 + \zeta_A\, (\alpha\, A_a/A_1)^2}}\; . \tag{2}$$

b) Geschwindigkeit und Druck an der Stelle [2]:
Aus der Kontinuitätsgleichung $u_2\, A_2 = u_3\, A_3$ folgt mit (2)

$$u_2 = \alpha\, \frac{A_a}{A_2}\, \sqrt{\frac{2g\, H}{1 + \zeta_A\, (\alpha\, A_a/A_1)^2}}\; . \tag{3}$$

Aus der Bernoullischen Gleichung von [2] nach [3]

$$p_2 + \frac{\varrho}{2}\, u_2^2 = p_0 + \frac{\varrho}{2}\, u_3^2$$

folgt mit (2), (3) und $p_0 = 0$ der Druck an der Stelle [2] zu

$$p_2 = \left[1 - \left(\alpha\, \frac{A_a}{A_2}\right)^2\right]\, \frac{\varrho}{2}\, u_3^2$$

$$= \varrho\, g\, H\, \frac{1 - (\alpha\, A_a/A_2)^2}{1 + \zeta_A\, (\alpha\, A_a/A_1)^2}\; . \tag{4}$$

c) Schraubenkraft $F_S$:

Wir werten den Impulssatz in integraler Form in Richtung von $\vec{e}_1$ für das skizzierte Kontrollvolumen aus. Dazu wird der Impulssatz skalar mit $\vec{e}_1$ multipliziert

$$\iint\limits_{(S)} \vec{t} \cdot \vec{e}_1 \, \mathrm{d}S = \iint\limits_{(S)} \varrho \, \vec{u} \cdot \vec{e}_1 \, (\vec{u} \cdot \vec{n}) \, \mathrm{d}S \; . \tag{5}$$

Die Gesamtfläche $S$ des Kontrollvolumens wird in die Teilflächen $A_2$, $S_W$, $S_D$, $S_S$ und $A_3$ aufgeteilt. Der Impulsfluß über $S_W$, $S_D$ und $S_S$ ist null, da der Flächennormalenvektor an diesen Flächen senkrecht zum Geschwindigkeitsvektor steht.

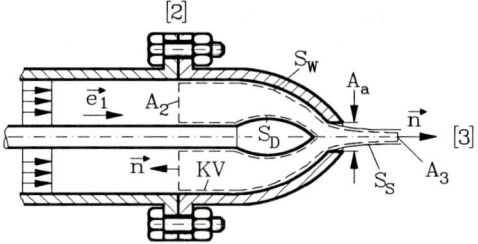

Das Integral des Spannungsvektors über die Wandfläche $S_w$ ist gleich der Kraft, die von der Wand auf die Flüssigkeit ausgeübt wird. Die gesuchte Schraubenkraft ist daher gleich dem Negativen dieser Kraft. Das Integral von $\vec{t}$ über $S_D$ ist gleich dem Negativen der Kraft, die auf die Düsennadel wirkt und als $F_D$ gegeben ist.

An den Flächen $A_2$ und $A_3$ ist der Flächennormalenvektor parallel zu $\vec{e}_1$, d. h. nur die erste Komponente von $\vec{n}$ ist ungleich null. ($n_1 = -1$ an $A_2$, $n_1 = 1$ an $A_3$). Für $\vec{t} \cdot \vec{e}_1$ an $A_2$ oder $A_3$ gilt daher

$$\vec{t} \cdot \vec{e}_1 = t_1 = n_1 \, \tau_{11} = \mp \tau_{11} = \mp \left( -p + \eta \, \frac{\partial u_1}{\partial x_1} \right) \; ,$$

wobei $x_1$ eine Koordinate in Strömungsrichtung ist. Da sich der Strömungsquerschnitt bei [2] und [3] in Richtung von $\vec{e}_1$ nicht ändert, ist $\partial u_1 / \partial x_1 = 0$. Damit erhalten wir aus (5):

$$-F_S - F_D + p_2 \, A_2 - p_0 \, A_a = -\varrho \, u_2^2 \, A_2 + \varrho \, u_3^2 \, \alpha \, A_a$$

oder mit (2), (3), (4) und $p_0 = 0$

$$F_S = p_2 \, A_2 - \varrho \, u_3^2 \, \alpha \, A_a \left[ 1 - \left( \alpha \, \frac{A_a}{A_2} \right) \right] - F_D$$

$$= \varrho \, g \, H \, A_2 \, \frac{\left( 1 - \alpha \, A_a / A_2 \right)^2}{1 + \zeta_A \, \left( \alpha \, A_a / A_1 \right)^2} - F_D$$

## Aufgabe 9.1-9    Bestimmung des Gebläsebetriebspunktes einer Verbrennungsanlage

Einem Verbrennungsraum (Querschnitt $A_1$) wird über ein Gebläse (Druckanstieg $\Delta p_G$) Frischluft ($p_0$, $\varrho_a$) zugeführt. Die Rauchgase verlassen die Verbrennungszone mit der

Dichte $\varrho_i$ ($\varrho_i < \varrho_a$). Die Druckänderung infolge des Geschwindigkeitsanstieges durch die Verbrennungszone kann vernachlässigt werden (isobare Verbrennung). Es soll angenommen werden, daß der Massenstrom des Brennstoffes gegenüber dem Massenstrom der Frischluft vernachlässigt werden kann. Über ein Rohr (Querschnitt $A_2$) werden die Rauchgase einem Schornstein ($A_3$) zugeführt, dabei tritt am Eintritt des Rohres Strahlkontraktion auf.

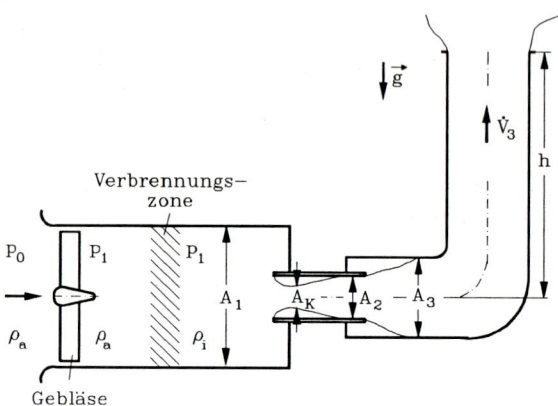

a) Geben Sie den funktionellen Zusammenhang für den Volumenstrom $\dot{V}_3 = u_3 A_3$

$$\dot{V}_3 = \mathrm{fn}(\varrho_a,\ \varrho_i,\ \alpha_1,\ \alpha_2,\ \alpha_3,\ A_3,\ h,\ \Delta p_G)$$

mit $\alpha_1 = A_3/A_1$, $\alpha_2 = A_K/A_2$, $\alpha_3 = A_2/A_3$ an.

b) Wie groß muß die vom Gebläse erzeugte Druckdifferenz $\Delta p_G$ sein, um den Frischluftvolumenstrom $\dot{V}_L$ zu verbrennen (Verbrauchskennlinie)?

c) Bei vorgegebener Gebläsedrehzahl $n$ und Volumenstrom $\dot{V}_L$ stellt sich der Druckanstieg $\Delta p_G$ ein. Zusätzlichen Einfluß auf den Druckanstieg haben die Dichte $\varrho_a$ und der typische Gebläsedurchmesser $d = \sqrt{A_1 4/\pi}$.

Gegeben ist die idealisierte dimensionslose Kennlinie des Gebläses

$$\Psi = 1 - \varphi^2$$

in den dimensionslosen Produkten

Druckzahl $\quad \Psi = \dfrac{2\,\Delta p_G/\varrho_a}{n^2\,\pi^2\,d^2} \quad$ und Durchflußzahl $\quad \varphi = \dfrac{4\,\dot{V}_L}{n\,\pi^2\,d^3}$ .

Schreiben Sie zunächst die im Aufgabenpunkt b) ermittelte Verbrauchskennlinie in den dimensionslosen Produkten Druckzahl $\Psi$ und Durchflußzahl $\varphi$ und bestimmen Sie dann qualitativ graphisch und rechnerisch den sich einstellenden Betriebspunkt ($\varphi_B$, $\Psi_B$).

Geg.: $\varrho_a$, $\varrho_i$, $\alpha_1$, $\alpha_2$, $\alpha_3$, $A_3$, $\Delta p_G$, $h$, $g$

## Lösung

a) Volumenstrom:

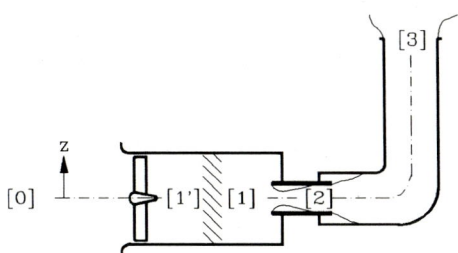

Mit der Bernoullischen Gleichung längs einer Stromlinie zwischen der Stelle [0] weit vor dem Gebläse und der Stelle [1'] vor der Verbrennung erhalten wir unter Berücksichtigung der Druckerhöhung durch das Gebläse

$$p_0 + \Delta p_G = p'_1 + \frac{\varrho_a}{2} u'^2_1 . \qquad (1)$$

Entsprechend, unter Berücksichtigung der Verluste, für die Stelle [1] nach der Verbrennung bis zur Austrittsstelle [3]

$$p_1 + \frac{\varrho_i}{2} u^2_1 = (p_0 - \varrho_a\, g\, h) + \frac{\varrho_i}{2} u^2_3 + \varrho_i\, g\, h$$

$$+ \frac{\varrho_i}{2} u^2_2 \left[ \left( \frac{A_2}{A_K} - 1 \right)^2 + \left( 1 - \frac{A_2}{A_3} \right)^2 \right] . \qquad (2)$$

In Gleichung (1) ersetzen wir die Geschwindigkeit $u'_1$ mit der Kontinuitätsgleichung durch $u'_1 = u_1 \varrho_i / \varrho_a$, in (2) $u_2$ durch $u_2 = u_3 A_3 / A_2$.
Die Verbrennung erfolgt isobar, d. h. es gilt $p_1 = p'_1$. Damit erhalten wir aus (1) und (2) zunächst

$$p_0 + \Delta p_G - \frac{\varrho_a}{2} \left( \frac{\varrho_i}{\varrho_a} \right)^2 u^2_1 = p_0 + (\varrho_i - \varrho_a)\, g\, h - \frac{\varrho_i}{2} u^2_1$$

$$+ \frac{\varrho_i}{2} u^2_3 \left[ 1 + \left( \frac{A_3}{A_2} \left( \frac{A_2}{A_K} - 1 \right) \right)^2 + \left( \frac{A_3}{A_2} - 1 \right)^2 \right] . (3)$$

Ersetzen wir noch $u_1$ über die Kontinuitätsgleichung durch $u_1 = u_3 A_3 / A_1$, schreiben statt der Flächenverhältnisse die entsprechenden $\alpha_i$ und lösen nach $u_3$ auf, so erhalten wir für den Volumenstrom $\dot{V}_3 = A_3 u_3$

$$\dot{V}_3 = A_3 \sqrt{\frac{2 \dfrac{\Delta p_G}{\varrho_i} + 2 \left( \dfrac{\varrho_a}{\varrho_i} - 1 \right) g\, h}{\left( \dfrac{\varrho_i}{\varrho_a} - 1 \right) \alpha^2_1 + \left[ 1 + \left( \dfrac{1}{\alpha_3} \left( \dfrac{1}{\alpha_2} - 1 \right) \right)^2 + \left( \dfrac{1}{\alpha_3} - 1 \right)^2 \right]}} . \qquad (4)$$

b) Verbrauchskennlinie $\Delta p_G(\dot{V}_L)$:
Es soll der Luftvolumenstrom $\dot{V}_L$, der gleich dem Volumenstrom an der Stelle [1'] ist, bei der Verbrennung verbraucht werden. Wir bestimmen $\dot{V}_L$ mittels der Kontinuitätsgleichung zwischen den Stellen [1'] und [3]. Vernachlässigen wir den Brennstoffmassenstrom, so erhalten wir:

$$\dot{V}_L \varrho_a = \dot{V}_3 \varrho_i \quad \text{oder} \quad \dot{V}_L = \frac{\varrho_i}{\varrho_a} \dot{V}_3 .$$

Mit (4) folgt daraus

$$\dot{V}_L = \frac{\varrho_i}{\varrho_a} A_3 \sqrt{\frac{2\frac{\Delta p_G}{\varrho_i} + 2\left(\frac{\varrho_a}{\varrho_i} - 1\right) g\,h}{1 + \left(\frac{\varrho_i}{\varrho_a} - 1\right)\alpha_1^2 + \left(\frac{1}{\alpha_3}\left(\frac{1}{\alpha_2} - 1\right)\right)^2 + \left(\frac{1}{\alpha_3} - 1\right)^2}} \,. \tag{5}$$

Bezeichnet man den Nenner mit

$$f(\varrho_i/\varrho_a,\, \alpha_1,\, \alpha_2,\, \alpha_3) = 1 + \left(\frac{\varrho_i}{\varrho_a} - 1\right)\alpha_1^2 + \left(\frac{1}{\alpha_3}\left(\frac{1}{\alpha_2} - 1\right)\right)^2 + \left(\frac{1}{\alpha_3} - 1\right)^2 ,$$

führt Auflösen nach dem gesuchten Druckanstieg $\Delta p_G$ auf

$$\Delta p_G(\dot{V}_L) = \left(\frac{\dot{V}_L}{A_3}\right)^2 \frac{\varrho_i}{2}\left(\frac{\varrho_a}{\varrho_i}\right)^2 f(\varrho_i/\varrho_a,\, \alpha_1,\, \alpha_2,\, \alpha_3) - (\varrho_a - \varrho_i)g\,h \,. \tag{6}$$

c) Bestimmen des Betriebspunktes:
Wir multiplizieren die Verbrauchskennlinie (6) mit

$$\frac{2}{n^2\,\pi^2\,d^2\,\varrho_a} = \frac{1}{2}\frac{1}{A_1\,n^2\,\pi\,\varrho_a} ,$$

so daß auf der linken Seite von (6) die Druckzahl $\Psi$

$$\Psi = \left(\frac{\dot{V}_L}{A_3}\right)^2 \frac{1}{2}\frac{1}{A_1\,n^2\,\pi\,\varrho_a}\frac{\varrho_i}{2}\left(\frac{\varrho_a}{\varrho_i}\right)^2 f - \frac{\varrho_a - \varrho_i}{\varrho_a}\frac{1}{2}\frac{g\,h}{A_1\,n^2\,\pi}$$

entsteht. Mit den dimensionslosen Produkten

$$F = f\left(\frac{A_1}{A_3}\right)^2 \frac{\varrho_a}{\varrho_i} = f\frac{1}{\alpha_1^2}\frac{\varrho_a}{\varrho_i} ,$$

d. h.

$$F = 1 - \frac{\varrho_a}{\varrho_i} + \frac{\varrho_a}{\varrho_i}\frac{1}{\alpha_1^2}\left[1 + \left(\frac{1}{\alpha_3}\left(\frac{1}{\alpha_2} - 1\right)\right)^2 + \left(\frac{1}{\alpha_3} - 1\right)^2\right]$$

und

$$\Psi_0 = \left(1 - \frac{\varrho_i}{\varrho_a}\right)\frac{1}{2}\frac{g\,h}{A_1\,n^2\,\pi} = \left(1 - \frac{\varrho_i}{\varrho_a}\right)\frac{2\,g\,h}{n^2\,\pi^2\,d^2}$$

gewinnen wir die Verbrauchskennlinie in der Form

$$\Psi = \varphi^2\,F - \Psi_0 \,. \tag{7}$$

Die Verbrauchskennlinie (7) ist in der
nebenstehender Abbildung zusammen
mit der Gebläsekennlinie $\Psi = 1 - \varphi^2$
qualitativ skizziert. Der Schnittpunkt
beider Funktionen ist gleich dem gesuchten Betriebspunkt B, dessen Koordinaten man durch Gleichsetzen der
Gebläsekennlinie und Verbrauchskennlinie erhält:

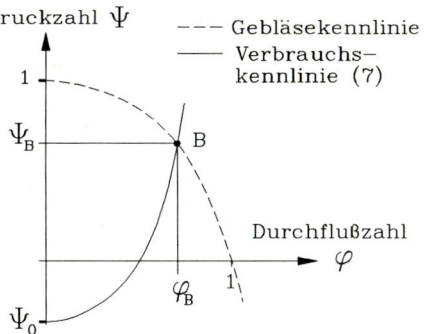

$$\varphi_B = \sqrt{\frac{\Psi_0 + 1}{F + 1}} \quad \text{und}$$

$$\Psi_B = 1 - \frac{\Psi_0 + 1}{F + 1}.$$

## Aufgabe 9.1-10    Wasserkraftwerk

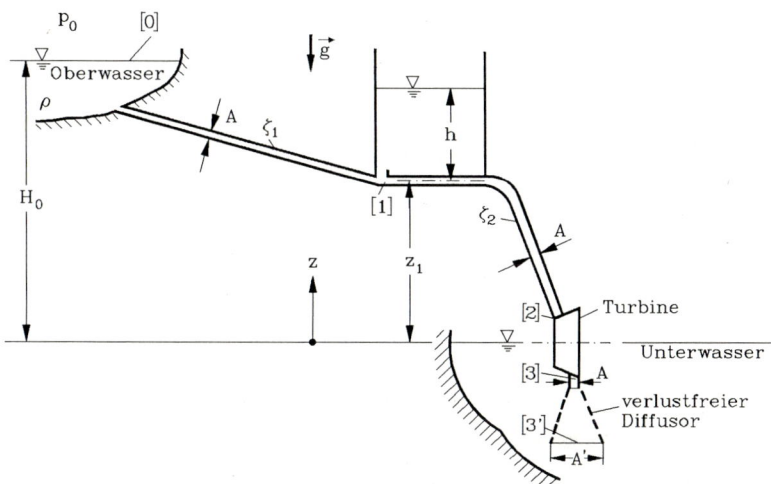

Ein Wasserkraftwerk wird in der skizzierten Anordnung betrieben. Der Volumendurch-
satz der Turbine ist $\dot{V}$. Die Abmessungen der Turbine können gegenüber den anderen
geometrischen Daten vernachlässigt werden.

a) Welche Spiegelhöhe $h$ stellt sich im stationären Betrieb ein?
b) Wie groß ist der Gesamtdruck $p_g$ (Bernoullische Konstante) am Turbineneintritt [2]?
c) Maßgebend für die Turbinenleistung pro Volumeneinheit ist die Differenz des Gesamtdruckes über der Turbine. Wie groß ist diese Gesamtdruckdifferenz, wenn der
   Turbinenaustritt [3] direkt im Unterwasser mündet?

d) Welche Gesamtdruckdifferenz steht der Turbine zur Verfügung, wenn an den Turbinenaustritt in der skizzierten Weise noch ein verlustfreier Diffusor angeschlossen wird?

e) Die Turbine arbeitet nur einwandfrei, wenn $p_3$ größer als der Dampfdruck $p_D$ des Wassers ist. Wie muß die Lage der Turbine mit Diffusor gegenüber dem Unterwasser–Spiegel geändert werden, wenn $p_3 < p_D$ ist? (Qualitative Antwort)

Geg.: $\dot{V}$, $\varrho$, $g$, $p_0$, $p_D$, $A$, $A'$, $H_0$, $z_1$, $\zeta_1$, $\zeta_2$

**Lösung**

a) Spiegelhöhe $h$:

Die Querschnittsfläche $A$ der Rohrleitungen ist konstant und daher auch die Geschwindigkeit $u = \dot{V}/A$. Die Bernoullische Gleichung von einem Punkt [0] an der Oberfläche des oberen Wasserspeichers (Oberwasser) zu dem Punkt [1] unter Berücksichtigung der Druckverluste aufgrund der Wandschubspannungen lautet:

$$p_0 + \varrho\, g\, H_0 = p_1 + \frac{\varrho}{2} \left(\frac{\dot{V}}{A}\right)^2 + \varrho\, g\, z_1 + \frac{\varrho}{2} \left(\frac{\dot{V}}{A}\right)^2 \zeta_1 \,,$$

mit dem hydrostatischen Druck an der Stelle [1], $p_1 = p_0 + \varrho\, g\, h$. Auflösen der Bernoullischen Gleichung nach der Spiegelhöhe $h$ führt zu

$$h = (H_0 - z_1) - \frac{1}{2g} \left(\frac{\dot{V}}{A}\right)^2 (1 + \zeta_1) \,.$$

b) Gesamtdruck an der Stelle [2]:

Den Gesamtdruck $p_{g2} = p_2 + \varrho\, u_2^2/2$ (Bernoullische Konstante) berechnen wir mittels der Bernoullischen Gleichung mit Verlusten für eine Stromlinie von [0] nach [2]:

$$p_{g2} = p_0 + \varrho\, g\, H_0 - \frac{\varrho}{2} \left(\frac{\dot{V}}{A}\right)^2 (\zeta_1 + \zeta_2) \,. \tag{1}$$

c) Gesamtdruckdifferenz $\Delta p_{g23}$ ohne Diffusor:

Die Flüssigkeit tritt mit der Geschwindigkeit $\dot{V}/A$ bei [3] aus der Turbine aus. Der Druck ist gleich dem Umgebungsdruck an diesem Punkt. Der Gesamtdruck der Flüssigkeit an der Stelle [3] ist daher

$$p_{g3} = p_0 + \frac{\varrho}{2} \left(\frac{\dot{V}}{A}\right)^2 \,.$$

Die Gesamtdruckdifferenz berechnet sich mit (1) zu

$$\Delta p_{g23} = p_{g2} - p_{g3} = \varrho\, g\, H_0 - \frac{\varrho}{2} \left(\frac{\dot{V}}{A}\right)^2 (1 + \zeta_1 + \zeta_2) \,.$$

d) Gesamtdruckdifferenz $\Delta p_{g23}$ mit Diffusor:

Zur Bestimmung des Gesamtdruckes an der Stelle [3] wenden wir die Bernoullische

Gleichung für eine Stromlinie von [3] zum Diffusorende [3'] an, mit dem Druck $p_3' = p_0 - \varrho\, g\, z_3'$.

$$p_{g3} = p_3 + \frac{\varrho}{2}\left(\frac{\dot V}{A}\right)^2 = p_3' + \frac{\varrho}{2}\left(\frac{\dot V}{A'}\right)^2 + \varrho\, g\, z_3'$$

$$= p_0 + \frac{\varrho}{2}\left(\frac{\dot V}{A'}\right)^2 .$$

Mit (1) erhalten wir die Gesamtdruckdifferenz zu

$$\Delta p_{g23} = p_{g2} - p_{g3} = \varrho\, g\, H_0 - \frac{\varrho}{2}\left(\frac{\dot V}{A}\right)^2\left(\left(\frac{A}{A'}\right)^2 + \zeta_1 + \zeta_2\right) .$$

Da $A' > A$ ist die Gesamtdruckdifferenz mit Diffusor und damit die Turbinenleistung pro Volumeneinheit größer als die, die der Turbine ohne Diffusor zur Verfügung steht.

e) Annahme: $p_3 < p_D$:

Der Druck am Turbinenaustritt folgt aus der Bernoullischen Gleichung für eine Stromlinie von [3] nach [3']:

$$p_3 + \frac{\varrho}{2} u_3^2 + \varrho\, g\, z_3 = p_{3'} + \frac{\varrho}{2} u_{3'}^2 + \varrho\, g\, z_{3'} ,$$

$$p_3 = p_0 - \frac{\varrho}{2}\left(\frac{\dot V}{A}\right)^2\left(1 - \left(\frac{A}{A'}\right)^2\right) - \varrho\, g\, z_3 .$$

Will man also $p_3$ erhöhen um $p_3 > p_D$ zu erreichen, so muß man $z_3$ verkleinern ($z_3 < 0$) d. h. die Turbine tiefer legen.

## Aufgabe 9.1-11    Schnüffelanlage

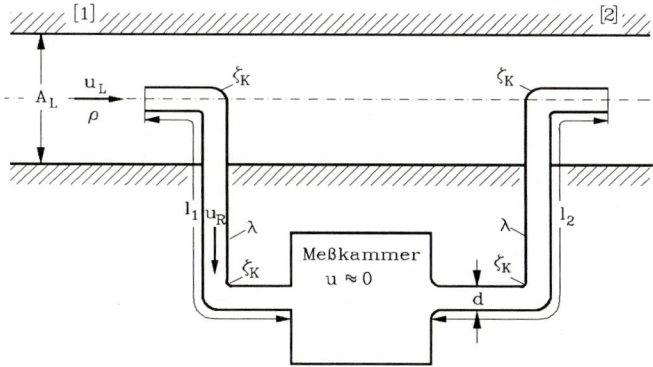

Die skizzierte „Schnüffelanlage" (Rohrdurchmesser $d$, Längen $l_1$ und $l_2$) befindet sich in einer Abluftleitung mit sehr großem Querschnitt $A_L$, mit $d^2/A_L \ll 1$, und dient dazu, einen Teil der Abluft in der Meßkammer ($u \approx 0$) zu untersuchen.

Während die Strömung in der Abluftleitung zwischen den Stellen [1] und [2] praktisch verlustfrei ist, ist die Strömung in der Schnüffelanlage verlustbehaftet ($\zeta_K$, $\lambda$ bekannt). Die Kanten des Querschnittsüberganges von der Meßkammer zum Rohr seien so abgerundet, daß es zu keiner Strahleinschnürung kommt.

a) Wie groß ist die Strömungsgeschwindigkeit $u_R$ in der Rohrleitung der Schnüffelanlage?

b) Welcher Anteil der Abluft strömt durch die Meßkammer?

Geg.: $\varrho$, $u_L$, $A_L$, $l_1$, $l_2$, $d$, $\zeta_K$, $\lambda$

**Lösung**

a) Strömungsgeschwindigkeit $u_R$:

Wegen $d^2/A_L \ll 1$ ist die Störung in der Abluftleitung durch das Schnüffelrohr vernachlässigbar, d. h. $u_1 = u_2 = u_L$. Aus der Bernoullischen Gleichung für eine Stromlinie von [1] nach [2] im Abluftrohr folgt daher

$$p_1 + \frac{\varrho}{2} u_L^2 = p_2 + \frac{\varrho}{2} u_L^2 \quad \text{oder} \quad p_1 = p_2 \, . \tag{1}$$

Die Bernoullische Gleichung mit Verlusten von [1] nach [2] durch die Schnüffelanlage ist

$$p_1 + \frac{\varrho}{2} u_L^2 = p_2 + \frac{\varrho}{2} u_R^2 + \Delta p_{v_{ges}} \, . \tag{2}$$

Der Gesamtdruckverlust $\Delta p_{v_{ges}}$ entlang dieses Stromfadens ist die Summe folgender Druckverlustanteile:

Krümmerdruckverlust: Die 4 Krümmer verursachen den Druckverlust

$$\Delta p_{v_K} = 4 \, \zeta_K \, \frac{\varrho}{2} u_R^2 \, .$$

Wandschubspannungen: Zur Überwindung der Wandschubspannungen ist die Druckdifferenz

$$\Delta p_{v_R} = \lambda \, \frac{l_1 + l_2}{d} \, \frac{\varrho}{2} u_R^2$$

notwendig.

Austrittsverlust: Aufgrund der plötzlichen Querschnittserweiterung beim Eintritt in die Meßkammer stellt sich der Carnotsche Stoßverlust

$$\Delta p_{v_C} = \frac{\varrho}{2} u_R^2$$

ein, wobei angenommen wurde, daß der Rohrquerschnitt viel kleiner ist als der Meßkammerquerschnitt. Da es beim Meßkammeraustritt zu keiner Strahleinschnürung kommt, tritt ein Carnotscher Stoßverlust an dieser Stelle nicht auf.

Der Gesamtdruckverlust ist

$$\Delta p_{v_{ges}} = \Delta p_{v_K} + \Delta p_{v_R} + \Delta p_{v_C} = \frac{\varrho}{2} u_R^2 \left(4\,\zeta_K + \frac{l_1 + l_2}{d}\lambda + 1\right). \tag{3}$$

Mit (1) folgt aus (2) und (3) die Strömungsgeschwindigkeit im Rohr:

$$u_R = \frac{u_L}{\sqrt{2 + 4\,\zeta_K + (l_1 + l_2)/d\,\lambda}}. \tag{4}$$

b) Volumenstromverhältnisse:

Für das gesuchte Volumenstromverhältnis gilt:

$$\frac{\dot{V}_R}{\dot{V}_L} = \frac{\pi/4\,d^2\,u_R}{A_L\,u_L} = \frac{\pi}{4}\frac{d^2}{A_L}\frac{1}{\sqrt{2 + 4\,\zeta_K + (l_1 + l_2)/d\,\lambda}}.$$

# Aufgabe 9.1-12  Strömungsablenkung durch ein Sieb

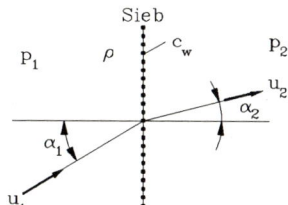

Durch ein Sieb strömt Flüssigkeit der Dichte $\varrho$. Die Anströmgeschwindigkeit $u_1$, der Anströmwinkel $\alpha_1$ und der Druck $p_1$ vor dem Sieb sind gegeben. Auf das Sieb wirkt in Anströmrichtung die Widerstandskraft pro Flächeneinheit $W = c_w\,\varrho\,u_1^2/2$. Der Widerstandsbeiwert $c_w$ ist gegeben.

Berechnen Sie die Strömungsgrößen $u_2$, $\alpha_2$ und $p_2$ hinter dem Sieb.

Geg.: $\varrho$, $u_1$, $p_1$, $\alpha_1$, $c_w$

## Lösung

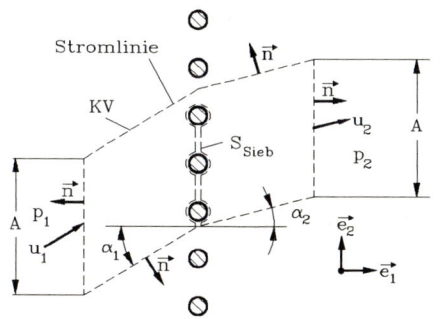

Für die Anwendung des Impulssatzes benutzen wir das skizzierte Kontrollvolumen mit der Hilfsfläche $A$. Als obere und untere Begrenzung wählen wir zwei Stromlinien die in jedem Punkt parallel zueinander sind, da sich die Strömung in Richtung von $\vec{e}_2$ nicht ändert. Damit heben sich die Integrale über den Spannungsvektor gerade heraus. Der Impulsfluß über diese Flächen ist null. Wegen der Kontinuität muß die Normalkomponente der Geschwindigkeiten an der Ein– und Austrittsfläche der Stromröhre gleich sein, also

$$u_1 \cos\alpha_1 = u_2 \cos\alpha_2. \tag{1}$$

Das Sieb übt auf das Kontrollvolumen die Kraft

$$\iint\limits_{(S_{Sieb})} \vec{t}\, \mathrm{d}S = -c_w\, A\, \frac{\varrho}{2}\, u_1^2\, (\cos\alpha_1\, \vec{e}_1 + \sin\alpha_1\, \vec{e}_2) \tag{2}$$

aus.

Wir werten zunächst den Impulssatz in Richtung von $\vec{e}_1$,

$$\iint\limits_{(S)} \varrho\, \vec{u}\cdot\vec{e}_1\, (\vec{u}\cdot\vec{n})\, \mathrm{d}S = \iint\limits_{(S)} \vec{t}\cdot\vec{e}_1\, \mathrm{d}S\ ,$$

aus. Dies führt mit (1) und (2) zu

$$-\varrho\, u_1^2\, \cos^2\alpha_1\, A + \varrho\, u_2^2\, \cos^2\alpha_2\, A = -c_w\, A\, \frac{\varrho}{2}\, u_1^2\, \cos\alpha_1 + p_1\, A - p_2\, A$$

oder

$$p_2 = p_1 - c_w\, \frac{\varrho}{2}\, u_1^2\, \cos\alpha_1\ .$$

Der Impulssatz in Richtung von $\vec{e}_2$,

$$\iint\limits_{(S)} \varrho\, \vec{u}\cdot\vec{e}_2\, (\vec{u}\cdot\vec{n})\, \mathrm{d}S = \iint\limits_{(S)} \vec{t}\cdot\vec{e}_2\, \mathrm{d}S\ ,$$

liefert mit (2)

$$-\varrho\, u_1^2\, \sin\alpha_1\, \cos\alpha_1 + \varrho\, u_2^2\, \sin\alpha_2\, \cos\alpha_2 = -c_w\, \frac{\varrho}{2}\, u_1^2\, \sin\alpha_1\ . \tag{3}$$

Eliminieren wir aus (1) und (3) die Austrittsgeschwindigkeit, so erhalten wir für den Austrittswinkel die Beziehung

$$\tan\alpha_2 = \tan\alpha_1\, \left(1 - \frac{c_w}{2\,\cos\alpha_1}\right)\ .$$

Aus der Kontinuitätsgleichung (1) folgt damit die Austrittsgeschwindigkeit zu

$$u_2 = u_1\, \cos\alpha_1\, \sqrt{1 + \tan^2\alpha_1\, \left(1 - \frac{c_w}{2\,\cos\alpha_1}\right)^2}\ .$$

## Aufgabe 9.1-13    Luftkissenfahrzeug

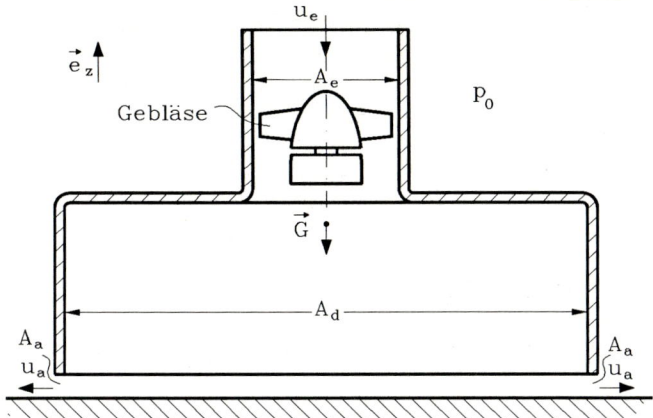

Die Skizze stellt den schematischen Aufbau eines Luftkissenfahrzeugs (Gewichtskraft $G$) dar. Die Umgebungsluft (Druck $p_0$) wird über ein Gebläse (Querschnitt $A_e$, Druck $p_e$) in eine Druckkammer (Fläche $A_d$, $p_d$) gepumpt und entweicht am Umfang durch die Fläche $A_a$. Die Geschwindigkeit in der Druckkammer sowie jegliche Wandreibung sollen vernachlässigt werden.

Berechnen Sie den Volumenstrom $\dot{V}$, den das Gebläse liefern muß, damit das Fahrzeug in der gezeichneten Lage schwebt.

Geg.: $A_e$, $A_a$, $A_d$, $p_0$, $G$

### Lösung

Das am Luftkissenfahrzeug in $z$–Richtung bestehende Kräftegleichgewicht läßt sich mit der Gleichung

$$-\vec{G}\cdot\vec{e}_z - \iint\limits_{S_{außen}} p_0\,\vec{n}\cdot\vec{e}_z\,\mathrm{d}S + \iint\limits_{S_{innen}} \vec{t}\cdot\vec{e}_z\,\mathrm{d}S = 0 \tag{1}$$

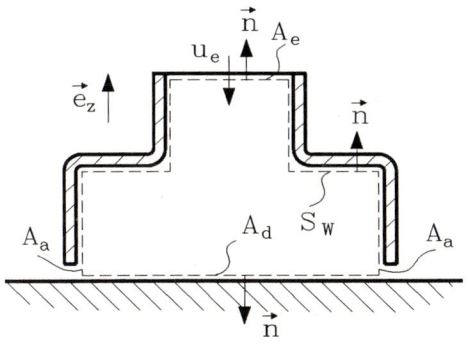

beschreiben.

Zur Berechnung der Kraft auf das Innere des Fahrzeuges verwenden wir den Impulssatz für das skizzierte Kontrollvolumen. Der Impulsfluß über die Fläche $A_a$ hat keine Komponente in die $\vec{e}_z$–Richtung:

$$\iint\limits_{A_e} \varrho\,\vec{u}\cdot\vec{e}_z(\vec{u}\cdot\vec{n})\,\mathrm{d}A = \iint\limits_{A_e} \vec{t}\cdot\vec{e}_z\,\mathrm{d}A + \iint\limits_{A_a} \vec{t}\cdot\vec{e}_z\,\mathrm{d}A + \iint\limits_{A_d} \vec{t}\cdot\vec{e}_z\,\mathrm{d}S + \iint\limits_{S_W} \vec{t}\cdot\vec{e}_z\,\mathrm{d}S\,.$$

Das letzte Integral drückt die Kraft aus, die das Fahrzeug auf die Flüssigkeit ausübt. Auswerten der Integrale mit der Annahme, daß an $A_e$, $A_a$ und $A_d$ die Reibungsspannungen vernachlässigbar sind $(\vec{t} = p\,\vec{n})$, sowie Umstellen liefert

$$F_{\rightarrow \text{Fahrzeug}} = - \underset{S_W}{\iint} \vec{t} \cdot \vec{e}_z \, dS = + \underset{A_d}{\iint} p \, dS - \underset{A_e}{\iint} p \, dA - \underset{A_e}{\iint} \varrho \, u^2 \, dA \,,$$

und Einsetzen in (1) ergibt

$$- G - p_0 \left( A_d - A_e \right) - p_e A_e - \varrho \, u_e^2 A_e + p_d A_d = 0 \,. \tag{2}$$

Die unbekannten Geschwindigkeiten $u_e$ und $u_a$ erhält man aus der Kontinuitätsgleichung zu

$$u_e = \frac{\dot{V}}{A_e} \,, \qquad u_a = \frac{\dot{V}}{A_a} \,. \tag{3}$$

Die Bernoullische Gleichung zwischen der Umgebung und dem Gebläseeintritt

$$p_0 + \frac{\varrho}{2} u_0^2 + \varrho \, g \, z_0 = p_e + \frac{\varrho}{2} u_e^2 + \varrho \, g \, z_e$$

führt mit (3) auf

$$p_e = p_0 - \frac{\varrho}{2} \left( \frac{\dot{V}}{A_e} \right)^2 \,.$$

Den Druck in dem Luftkissen berechnet man ebenfalls mit der Bernoullischen Gleichung vom Inneren bis zur Fläche $A_a$ wo $p_a = p_0$ ist:

$$p_d + \frac{\varrho}{2} u_d^2 \;=\; p_0 + \frac{\varrho}{2} u_a^2$$

$$\Rightarrow \qquad p_d \;=\; p_0 + \frac{\varrho}{2} \left( \frac{\dot{V}}{A_a} \right)^2 \,,$$

womit sich zusammen mit (2) eine Bestimmungsgleichung für $\dot{V}$ ergibt:

$$\dot{V} = \sqrt{\frac{2\,G}{\varrho \left( \dfrac{A_d}{A_a^2} - \dfrac{1}{A_e} \right)}} \,.$$

## Aufgabe 9.1-14   Windkraftmaschine

Eine Windkraftmaschine wird mit konstanter Geschwindigkeit $u_1$ angeströmt. Alle Flüssigkeitsteilchen innerhalb der skizzierten Stromröhre passieren das Windrad der Anlage, das mit der Winkelgeschwindigkeit $\Omega$ rotiert.

Die Strömung ist an den Stellen [1] und [4] ausgeglichen. Das Windrad kann man idealisierend als flache Scheibe auffassen, durch welche die Flüssigkeit strömt und dabei eine unstetige Druckänderung erfährt. Die vom Windrad erzeugte Umfangskomponente der Geschwindigkeit kann hier unberücksichtigt bleiben. Diese Annahme ist bei der i. allg. angestrebten großen Schnellläufigkeit $\Omega D/2 \gg u_1$ gerechtfertigt.

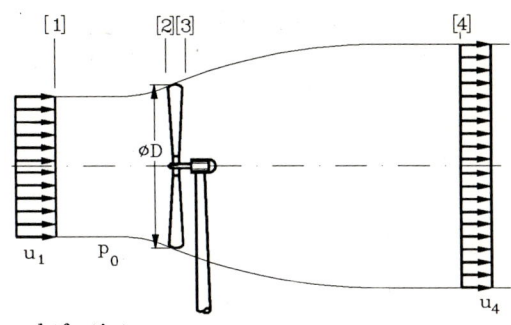

Die vertikale Trägersäule beeinflußt die Strömung konstanter Dichte nicht.

a) Bestimmen Sie die axiale Lagerkraft $F_{\mathrm{axial}} = F_{\mathrm{axial}}(u_1, u_4, \dot{m})$.

b) Berechnen Sie den Massenstrom $\dot{m}$ durch das Windrad und die mittlere Geschwindigkeit $\bar{u}$, mit der das Rad durchströmt wird, in Abhängigkeit von $u_1$ und $u_4$.

c) Berechnen Sie den optimalen äußeren Wirkungsgrad $\eta^*$ einer idealen Windkraftanlage.

d) Welche Leistung gibt die optimale Windkraftanlage mit einem Raddurchmesser von $D = 50\,\mathrm{m}$ bei einer Windgeschwindigkeit von $u_1 = 10\,\mathrm{m/s}$ und der Dichte $\varrho = 1,225\,\mathrm{kg/m^3}$ von Luft ab? Wie groß ist dann die Lagerkraft?

Geg.: $\varrho$, $u_1$, $u_4$, $D$

## Lösung

a) Axiale Lagerkraft:

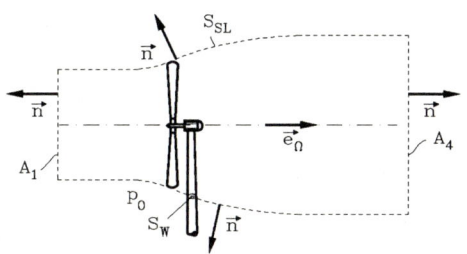

Zur Berechnung der axialen Lagerkraft wenden wir den Impulssatz auf das skizzierte Kontrollvolumen an. Die Querschnittsflächen des Kontrollvolumens sind zeitlich unveränderlich. Auf der von den Stromlinien gebildeten Fläche $S_{SL}$ gilt $\vec{u} \cdot \vec{n} = 0$ und wir erhalten unter den Annahmen der Stromfadentheorie aus der Impulsgleichung (S. L. (9.41)) die Komponente in die $\vec{e}_\Omega$–Richtung

$$- \varrho\, u_1^2\, A_1 + \varrho\, u_4^2\, A_4 = p_1\, A_1 - p_4\, A_4 + \iint\limits_{S_{SL}+S_W} \vec{t} \cdot \vec{e}_\Omega \; \mathrm{d}S \;. \tag{1}$$

Auf der Fläche $S_{SL}$ können Reibungsspannungen vernachlässigt werden, dort gilt $\vec{t} = -p_0\, \vec{n}$. Damit liegt auf der gesamten Kontrollfläche $S = A_1 + A_4 + S_{SL} + S_W$ der Druck $p = p_0 = \mathrm{const}$ vor, so daß dieser keinen Beitrag zur Kraft auf das Windrad liefert und null gesetzt werden kann. Das verbleibende Oberflächenintegral

$$\iint\limits_{S_W} \vec{t} \cdot \vec{e}_\Omega \; \mathrm{d}S = -F_{\mathrm{axial}} \tag{2}$$

auf der rechten Seite von (1) ist die Kraft der Schnittfläche $S_W$ auf die Strömung, $F_{\text{axial}}$ die Kraft der Strömung auf die Schnittfläche in $\vec{e}_\Omega$–Richtung also die gesuchte axiale Lagerkraft.

Mit (2) erhalten wir aus (1)

$$F_{\text{axial}} = \varrho \left( u_1^2 A_1 - u_4^2 A_4 \right)$$

bzw. mit dem Massenstrom $\dot{m}$

$$F_{\text{axial}} = \dot{m} \left( u_1 - u_4 \right) . \tag{3}$$

b) Massenstrom $\dot{m}$ und mittlere Geschwindigkeit $\overline{u}$:

Verabredungsgemäß betrachten wir das Windrad als flache Scheibe, die mit der Geschwindigkeit $\overline{u}$ durchströmt wird (Der Wellenquerschnitt ist klein gegenüber $A = \pi/4\, D^2$). Wenden wir den Impulssatz in $\vec{e}_\Omega$–Richtung für das skizzierte Kontrollvolumen um diese Scheibe an, so erhalten wir

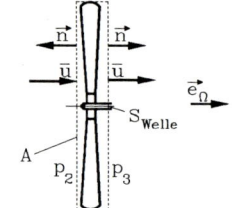

$$(p_2 - p_3)\, A = -\iint\limits_{S_{\text{Welle}}} \vec{t} \cdot \vec{e}_\Omega \ \mathrm{d}S = F_{\text{axial}}$$

bzw. mit (3)

$$(p_2 - p_3)\, A = \dot{m} \left( u_1 - u_4 \right) . \tag{4}$$

Aus der Bernoullischen Gleichung zwischen den Stellen [1] und [2] vor und [3] und [4] nach dem Windrad erhalten wir

$$p_0 + \frac{\varrho}{2} u_1^2 = p_2 + \frac{\varrho}{2} u_2^2 , \tag{5}$$

$$p_3 + \frac{\varrho}{2} u_3^2 = p_0 + \frac{\varrho}{2} u_4^2 . \tag{6}$$

Läßt man verabredungsgemäß die Umfangskomponente der Geschwindigkeit an der Stelle [3] unberücksichtigt, so gilt $u_2 = u_3 = \overline{u}$ und aus (5) und (6) folgt

$$p_3 - p_2 = \frac{\varrho}{2} \left( u_4 + u_1 \right) \left( u_4 - u_1 \right) .$$

Setzen wir diese Gleichung in (4) ein, so ergibt sich der Massenstrom zu

$$\dot{m} = \frac{\varrho}{2} A \left( u_1 + u_4 \right) \tag{7}$$

und mit $\dot{m} = \varrho\, A\, \overline{u}$ die mittlere Geschwindigkeit zu

$$\overline{u} = \frac{u_1 + u_4}{2} . \tag{8}$$

c) Optimaler Wirkungsgrad $\eta^*$:

Würde das Windrad die Strömung nicht beeinflussen (der Querschnitt der Stromröhre ist dann überall gleich $A$), so stände der Windkraftmaschine die gesamte kinetische

Energie der Anströmung zur Verfügung, die pro Zeiteinheit über die Fläche $A$ des Windrades fließt,

$$P_{\text{möglich}} = \iint\limits_{(A)} \frac{\varrho}{2}\,\vec{u}\cdot\vec{u}\,(\vec{u}\cdot\vec{n})\,\mathrm{d}A = \frac{\varrho}{2}\,u_1^3\,A. \tag{9}$$

Die Energie pro Zeiteinheit, die der Strömung entnommen wird ist

$$P = \Delta p\,\dot{V} = \Delta p\,A\,\overline{u} = F_{\text{axial}}\,\overline{u}.$$

Damit erhalten wir den Wirkungsgrad mit (3) und (8)

$$\eta = \frac{P}{P_{\text{möglich}}} = \frac{1}{2}\left[1 - \left(\frac{u_4}{u_1}\right)^2\right]\left[1 + \frac{u_4}{u_1}\right] \tag{10}$$

als Funktion des Geschwindigkeitsverhältnisses $u_4/u_1$. Zur Bestimmung des größtmöglichen Wirkungsgrades $\eta^*$ setzen wir die Ableitung $\mathrm{d}\eta/\mathrm{d}(u_4/u_1)$ der Gleichung (10) zu null und erhalten

$$\left(\frac{u_4}{u_1}\right)^2 + \frac{2}{3}\frac{u_4}{u_1} - \frac{1}{3} = 0\,,$$

mit den Lösungen

$$\frac{u_4}{u_1} = -\frac{1}{3} \pm \sqrt{\frac{1}{9} + \frac{3}{9}}\,.$$

Wegen $u_1 > 0$, $u_4 > 0$ ist nur die positive Wurzel zulässig, und der größtmögliche Wirkungsgrad $\eta^*$ wird für das Geschwindigkeitsverhältnis

$$\frac{u_4}{u_1} = \frac{1}{3} \tag{11}$$

erreicht. Setzen wir dieses Verhältnis in (10) ein, so erhalten wir $\eta^* = 0{,}59$. Bei völlig verlustfrei arbeitenden Windkraftmaschinen wäre also ein Wirkungsgrad von fast 60 % möglich.

d) Leistungsabgabe und Lagerkraft einer optimalen Windkraftanlage:

Leistungsabgabe:

$$P = \eta^*\,P_{\text{möglich}} = 0{,}59\,\frac{\varrho}{2}\,A\,u_1^3 = 709{,}61\,\text{kW}\,.$$

Lagerkraft:

$$F_{\text{axial}} = \dot{m}\,(u_1 - u_4) = \frac{\varrho}{2}\,A\,(u_1^2 - u_4^2) = \frac{4}{9}\,\varrho\,A\,u_1^2 = 106{,}9\,\text{kN}\,.$$

## Aufgabe 9.1-15    Vergleich verschiedener Geometrien einer Behälterabflußleitung

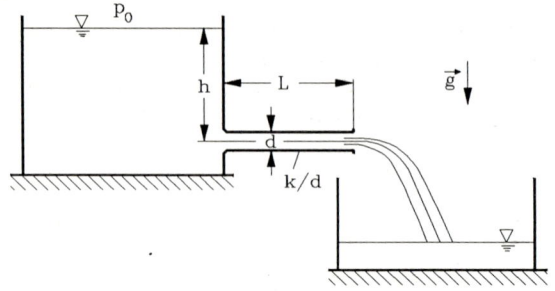

| | Rohr 1 | Rohr 2 |
|---|---|---|
| $L\,[\mathrm{m}]$ | 5 | 7,5 |
| $d\,[\mathrm{m}]$ | 0,1 | 0,125 |
| $k/d$ | 0,0002 | 0,0004 |

Aus einem großen Behälter soll Wasser über ein Rohr in einen zweiten Behälter geleitet werden, wobei der Volumenstrom $\dot{V}_0$ des ausfließenden Wassers möglichst groß sein soll. Es stehen zwei Rohre mit den oben angegebenen Daten zur Verfügung.

a) Welchem Rohr würden Sie unter der Annahme daß die Strömung turbulent ist, den Vorzug geben?

b) Bestimmen Sie das Verhältnis des Volumenstromes des günstigeren Rohres zu dem Volumenstrom, der sich bei gleicher Rohrlänge und Querschnittsfläche aber
1.) dreieckigem Rohr (gleichseitiges Dreieck)
2.) quadratischem Rohr
einstellt.

Geg.: $h = 10\,\mathrm{m}$, $\nu = 10^{-6}\,\mathrm{m^2/s}$, $g = 9{,}81\,\mathrm{m/s^2}$

### Lösung

Wir wenden die Bernoullische Gleichung mit Verlusten für eine Stromlinie von einem Punkt an der freien Oberfläche des oberen Behälters zu einem Punkt im Austrittsquerschnitt des Rohres an. An beiden Punkten herrscht der Umgebungsdruck $p_0$, die Lösung ist daher von $p_0$ unabhängig. Aufgrund der großen Behälteroberfläche kann die Geschwindigkeit des Punktes an der Behälteroberfläche vernachlässigt werden. Die über den Querschnitt gemittelte Geschwindigkeit $\overline{U}$ ist konstant:

$$\varrho\, g\, h - \Delta p_v = \frac{\varrho}{2}\,\overline{U}^2 \ . \tag{1}$$

Der Druckverlust $\Delta p_v$ wird mittels der Druckverlustzahl $\lambda$ berechnet:

$$\Delta p_v = \frac{\varrho}{2}\,\overline{U}^2\,\lambda\,\frac{L}{d} \ . \tag{2}$$

Die Widerstandszahl ist für turbulente Rohrströmung durch die Colebrookesche Widerstandsformel (S. L. (7.99))

$$\frac{1}{\sqrt{\lambda}} = 1{,}74 - 2\lg\left(2\,\frac{k}{d} + \frac{18{,}7}{Re\,\sqrt{\lambda}}\right) \tag{3}$$

als implizite Funktion der auf den Durchmesser bezogenen Rauhigkeitserhebung $k/d$ und der Reynoldsschen Zahl $Re = \overline{U}\,d/\nu$ gegeben. Aus (1) und (2) erhalten wir für die unbekannte Geschwindigkeit

$$\overline{U} = \sqrt{\frac{2g\,h}{1 + \lambda\,L/d}} \; . \tag{4}$$

Die Gleichungen (3), (4) und die Definition der Reynoldsschen Zahl bilden ein implizites Gleichungssystem zur Bestimmung der Unbekannten $\overline{U}$, $\lambda$ und $Re$. Wir lösen es iterativ mittels des Newtonschen Verfahrens mit dem Geschwindigkeitsstartwert $\overline{U} = \sqrt{2g\,h} = 14\,\text{m/s}$. Es ist auch möglich mittels einer graphischen Darstellung der Colebrookeschen Formel (S. L. Abb. 7.4) die Lösung iterativ zu bestimmen.

a) Ergebnisse für Rohr 1 und 2:

|  | Rohr 1 | Rohr 2 |
|---|---|---|
| $\overline{U}/\,(\text{m/s})$ | 10,64 | 9,95 |
| $\lambda$ | 0,0146 | 0,016 |
| $Re$ | $1,1*10^6$ | $1,2*10^6$ |
| $\dot{V}_0/\,(\text{m}^3/\text{s})$ | 0,084 | 0,122 |

Wir erkennen, daß der Volumenstrom $\dot{V}_0$ durch das Rohr 2 größer ist. Wir geben daher dem Rohr 2 den Vorzug.

b) nichtkreisförmiger Querschnitt:

1.) dreieckiges Rohr:

Aus der Forderung gleicher Querschnittsflächen

$$A_{\text{Dreieck}} = A_{\text{Rohr 2}} \quad\Longleftrightarrow\quad a^2\,\frac{\sqrt{3}}{4} = \frac{\pi}{4}\,d^2$$

bestimmen wir die Seitenlänge $a$ des gleichseitigen Dreieckes zu

$$a = d\,\frac{\sqrt{\pi}}{3^{1/4}} \; .$$

Der hydraulische Durchmesser ist

$$d_h = \frac{4\,A_{\text{Dreieck}}}{3\,a} = 0,097\,\text{m} \; .$$

Für die auf $d_h$ bezogene Rauhigkeitserhebung erhalten wir

$$\frac{k}{d_h} = \frac{k}{d}\,\frac{d}{d_h} = 0,0004 * \frac{0,125}{0,097} = 0,00052 \; .$$

Wir ersetzen in der Reynoldsschen Zahl in (3) und (4) $d$ durch den hydraulischen Durchmesser $d_h$. Die Lösung der drei Gleichungen ist in der unten stehenden Tabelle zusammengefaßt.

2.) quadratisches Rohr:

Die Seitenlänge $a$ des quadratischen Rohres erhalten wir aus der Forderung gleicher Querschnittsflächen zu $a = d\sqrt{\pi/4}$. Der hydraulische Durchmesser ist gleich der Seitenlänge

$$d_h = a = 0,125 * \sqrt{\pi/4} = 0,111\,\text{m}$$

und $k/d_h$ ist

$$\frac{k}{d_h} = 0,0004 * \frac{0,125}{0,111} = 0,00045 \ .$$

Die mit diesen Werten berechnete Lösung ist in der Tabelle

|  | Dreieck | Quadrat |
|---|---|---|
| $\overline{U}/\,(\mathrm{m/s})$ | 9,16 | 9,58 |
| $\lambda$ | 0,0174 | 0,017 |
| $Re$ | $0,89 * 10^6$ | $1,1 * 10^6$ |
| $\dot{V}/\,(\mathrm{m^3/s})$ | 0,112 | 0,118 |
| $\dot{V}_0/\dot{V}$ | 1,089 | 1,033 |

zusammengefaßt.

## Aufgabe 9.1-16  Schwingungsfähiges System bestehend aus einem gefederten Kolben und einer Flüssigkeitssäule

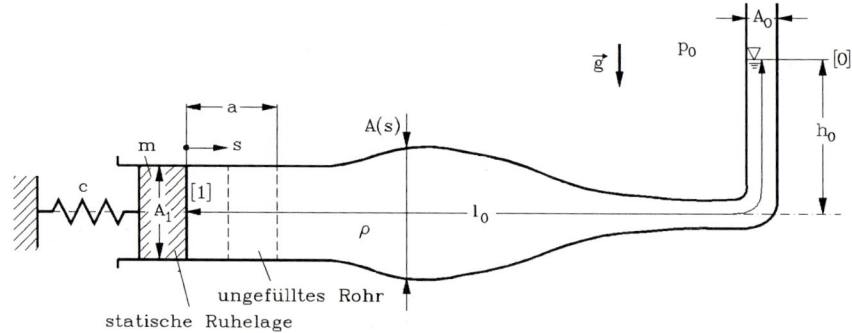

Eine mit Flüssigkeit der Dichte $\varrho$ gefüllte Rohrleitung mit veränderlichem Querschnitt $A(s)$ ist an der Stelle [1] durch ein Ventil verschlossen.

Das Ventil kann durch einen Kolben (Masse $m$, Querschnittsfläche $A_1$) mit anschließender Feder (Federsteifigkeit $c$) dargestellt werden.

In der skizzierten Ruhelage ist der Abstand des Flüssigkeitsspiegels von der waagrechten Rohrachse gleich $h_0$ und die mittlere Stromlinie hat die Länge $l_0$.

a) Bestimmen Sie die Strecke $a$, um die der Kolben durch die eingefüllte Flüssigkeit zurückgeschoben wurde.

b) Unter Vernachlässigung der Reibung zwischen Kolben und Rohr, sowie zwischen Flüssigkeit und Rohr, entwickle man die Differentialgleichung zur Beschreibung der

Kolbenbewegung um die Ruhelage unter der Voraussetzung, daß die Querschnitte $A_1$ und $A_0$ über dem Schwingungsweg konstant sind.

Hinweis: Das bestimmte Integral $L = \int\limits_{0}^{l_0} A_1/A(s)\,\mathrm{d}s$ sei bekannt.

c) Geben Sie die Lösung der Differentialgleichung an, wenn zur Zeit $t = 0$ der Kolben in die Position, die er vor dem Füllen hatte, ausgelenkt ist und die Geschwindigkeit null ist. Für die Querschnittsflächen soll dann $A_1 = A_0$ gelten.

Geg.: $m$, $c$, $\varrho$, $A_1$, $A_0$, $L$, $h_0$, $l_0$, $g$

**Lösung**

a) Strecke $a$:
Wird das Rohr bis zur Füllstandshöhe $h_0$ mit Flüssigkeit gefüllt, so verschiebt sich der Kolben um die Strecke $a$ in die statische Ruhelage.
Die Kraft der Feder auf den Kolben ist $a\,c\,\vec{e}_x$, die der Flüssigkeit $-\varrho\,g\,h_0\,A_1\,\vec{e}_x$. Der Umgebungsdruck $p_0$ liefert keinen Beitrag zur Kraft. Die Summe der am Kolben angreifenden Kräfte muß verschwinden

$$a\,c\,\vec{e}_x - \varrho\,g\,h_0\,A_1\,\vec{e}_x = 0$$

und wir erhalten die Strecke $a$ zu

$$a = \frac{\varrho\,g\,h_0\,A_1}{c}\,. \tag{1}$$

b) Differentialgleichung des Schwingungssystems:

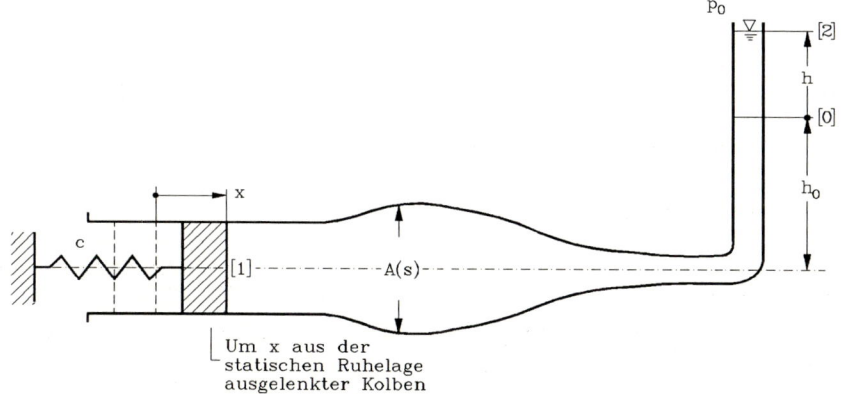

Zur Beschreibung der Bewegung des Kolbens verwenden wir ein $x$–Koordinatensystem dessen Ursprung mit der statischen Ruhelage zusammenfällt.
Ist $p_1$ der Druck auf die rechte Kolbenfläche (Stelle [1]), so lautet die Bewegungsgleichung für den Kolben

$$m\,\ddot{x} = -(x - a)\,c - (p_1 - p_0)\,A_1\,. \tag{2}$$

Den Druck $p_1$ ermitteln wir mit der instationären Bernoullischen Gleichung längs der mittleren Stromlinie von [1] nach [2] (siehe Skizze):

$$\varrho \int\limits_{[1]}^{[2]} \frac{\partial u}{\partial t}\, ds + \frac{\varrho}{2}\, u_2^2 + p_0 + \varrho\, g\, (h_0 + h) = p_1 + \frac{\varrho}{2}\, u_1^2 \, . \tag{3}$$

Die Dichte $\varrho$ der Flüssigkeit ist konstant, wir können aufgrund der Kontinuitätsgleichung $u_2$ und $h$ in (3) durch

$$u_2 = u_1\, \frac{A_1}{A_0}\, , \quad h = x\, \frac{A_1}{A_0}$$

ersetzen und gelangen zu

$$p_1 - p_0 = \varrho \int\limits_{[1]}^{[2]} \frac{\partial u}{\partial t}\, ds + \frac{\varrho}{2}\, u_1^2 \left[\left(\frac{A_1}{A_0}\right)^2 - 1\right] + \varrho\, g\left[h_0 + \frac{A_1}{A_0}\, x\right] \, . \tag{4}$$

Zur Auswertung des Integrals teilen wir den Integrationsweg auf und schreiben das Integral in der Form

$$\int\limits_{[1]}^{[2]} \frac{\partial u}{\partial t}\, ds = \int\limits_{x}^{l_0} \frac{\partial u}{\partial t}\, ds + \int\limits_{l_0}^{l_0 + h} \frac{\partial u}{\partial t}\, ds$$

$$= \int\limits_{0}^{l_0} \frac{\partial u}{\partial t}\, ds + \int\limits_{l_0}^{l_0 + h} \frac{\partial u}{\partial t}\, ds - \int\limits_{0}^{x} \frac{\partial u}{\partial t}\, ds \, . \tag{5}$$

Mit der Voraussetzung, daß die Querschnitte $A_1$ und $A_0$ über den Schwingungswegen $x(t)$, $h(t)$ konstant sind, ersetzen wir den Integranden über die Kontinuitätsgleichung $u_1(t)\, A_1 = u(s, t)\, A(s)$ durch $\partial u/\partial t = \partial u_1/\partial t\, A_1/A(s)$. Schreiben wir noch für die Kolbengeschwindigkeit $u_1 = \dot{x}$ und deren Ableitung $\partial u_1/\partial t = \ddot{x}$, so folgt aus (5) zunächst

$$\int\limits_{[1]}^{[2]} \frac{\partial u}{\partial t}\, ds = \ddot{x} \left\{ \int\limits_{0}^{l_0} \frac{A_1}{A(s)}\, ds + \int\limits_{l_0}^{l_0 + h} \frac{A_1}{A_0}\, ds - \int\limits_{0}^{x} ds \right\}$$

$$= \ddot{x} \left\{ L + x \left[\left(\frac{A_1}{A_0}\right)^2 - 1\right] \right\}$$

und damit aus Gleichung (4)

$$p_1 - p_0 = \varrho\, \ddot{x} \left\{ L + x \left[\left(\frac{A_1}{A_0}\right)^2 - 1\right] \right\} + \frac{\varrho}{2}\, \dot{x}^2 \left[\left(\frac{A_1}{A_0}\right)^2 - 1\right] + \varrho\, g\left[h_0 + \frac{A_1}{A_0}\, x\right] \, . \tag{6}$$

Setzen wir (6) in Gleichung (2) ein und berücksichtigen (1), so werden wir auf eine nichtlineare Differentialgleichung von 2. Ordnung für die Kolbenbewegung $x(t)$ geführt:

$$\left\{ \frac{m}{A_1} + \varrho L + \varrho \left[ \left( \frac{A_1}{A_0} \right)^2 - 1 \right] x \right\} \ddot{x}$$

$$+ \frac{\varrho}{2} \left[ \left( \frac{A_1}{A_0} \right)^2 - 1 \right] \dot{x}^2 + \left( \varrho g \frac{A_1}{A_0} + \frac{c}{A_1} \right) x = 0 \ . \tag{7}$$

c) $A_1 = A_0$:

In diesem Sonderfall geht (7) in eine lineare Differentialgleichung 2. Ordnung über

$$\left( \frac{m}{A_1} + \varrho L \right) \ddot{x} + \left( \frac{c}{A_1} + \varrho g \right) x = 0 \ , \tag{8}$$

mit den Anfangsbedingungen

$$t = 0 : \quad x = a \quad \text{und} \quad \dot{x} = 0 \ . \tag{9}$$

Der Lösungsansatz $x(t) = \mathrm{e}^{\mathrm{i}\lambda t}$ führt zu

$$\lambda_1 = \sqrt{\frac{c + \varrho A_1 g}{m + \varrho A_1 L}} =: \omega \quad \text{und} \quad \lambda_2 = -\omega \ .$$

Die allgemeine Lösung von (8) lautet mit den komplexen Konstanten $C_1$, $C_2$

$$x(t) = C_1 \mathrm{e}^{\mathrm{i}\omega t} + C_2 \mathrm{e}^{-\mathrm{i}\omega t} \ . \tag{10}$$

Mit $\mathrm{e}^{\pm\mathrm{i}\omega t} = \cos(\omega t) \pm \mathrm{i}\sin(\omega t)$ erhalten wir für den Realteil von (10)

$$x(t) = A \cos(\omega t) + B \sin(\omega t) \ .$$

Die nun reellen Konstanten $A$ und $B$ sind durch die Anfangsbedingungen (9) festgelegt:

$$A = a = \frac{\varrho g h_0 A_1}{c} \quad \text{und} \quad B = 0 \ .$$

Die Kolbenbewegung wird beschrieben durch

$$x(t) = \frac{\varrho g h_0 A_1}{c} \cos(\omega t) \ .$$

# Aufgabe 9.1-17    Instationäre Strömung in einem zusammen- gequetschten Rohr

Die Wände eines flexiblen Rohres wer- den zusammengequetscht, so daß an beiden offenen Seiten die darin befindli- che inkompressible Flüssigkeit verlust- frei austreten kann.

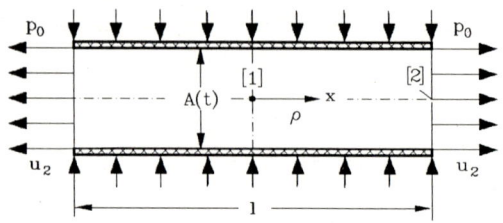

a) Berechnen Sie den Geschwindigkeitsverlauf $u(x,t)$ im Rohr mit Hilfe der Kontinu- itätsgleichung.
b) Bestimmen Sie die Druckdifferenz $\Delta p = p_1 - p_2$ auf der mittleren Stromlinie.
c) Skizzieren Sie den zeitlichen Verlauf der Querschnittsfläche, der Austrittsgeschwin- digkeit und der Druckdifferenz $p_1 - p_2$ für die Fälle:
   1.) $A(\tau) = A_0 (1 - \tau)$ und
   2.) $A(\tau) = A_0 \cos(\tau \pi/2)$
   in dem Bereich $0 \leq \tau \leq 1$, mit der dimensionslosen Zeit $\tau = t/t^*$ ($t^*$ ist die Zeit, die verstreicht, bis das Rohr die Querschnittsfläche null hat).

Geg.: $\varrho$, $A(t)$, $l$, $p_0$, $t^*$

**Lösung**

a) $u(x,t)$:
   Die Querschnittsfläche $A$ ist nur eine Funktion der Zeit. Für diesen Fall lautet die Kontinuitätsgleichung (S. L. (9.8)) ausgewertet für eine Stromlinie von $-x$ nach $x$:

$$\int\limits_{-x}^{x} \frac{\mathrm{d}A}{\mathrm{d}t}\,\mathrm{d}x - (-u)\,A + u\,A = 0 \ . \tag{1}$$

Dabei haben wir die Symmetrie des Problems ausgenutzt, aufgrund derer die Strömungsgeschwindigkeit bei $-x$ gleich dem Negativen der Geschwindigkeit bei $x$ ist. Gleichung (1) aufgelöst nach $u$ führt zu

$$u(x,t) = -\frac{1}{A}\frac{\mathrm{d}A}{\mathrm{d}t}\,x \ . \tag{2}$$

b) $p_1 - p_2$:
   Zur Bestimmung der Druckdifferenz werten wir die Bernoullische Gleichung für die mittlere Stromlinie von [1] nach [2] aus:

$$p_1 + \frac{\varrho}{2}u_1^2 = \varrho \int\limits_{[1]}^{[2]} \frac{\partial u}{\partial t}\,\mathrm{d}s + p_2 + \frac{\varrho}{2}u_2^2 \ . \tag{3}$$

Am Punkt [2] herrscht Umgebungsdruck $p_0$. Aufgrund der Symmetrie des Problems verschwindet die Geschwindigkeit am Punkt [1] (Staupunkt). Aus (2) ergibt sich

$$u_2 = -\frac{1}{A}\frac{\mathrm{d}A}{\mathrm{d}t}\frac{l}{2} \quad \text{und} \quad \frac{\partial u}{\partial t} = \left[\left(\frac{1}{A}\frac{\mathrm{d}A}{\mathrm{d}t}\right)^2 - \frac{1}{A}\frac{\mathrm{d}^2A}{\mathrm{d}t^2}\right] x \; .$$

Damit wird (3) zu

$$\Delta p = p_1 - p_0 \;=\; \varrho \int\limits_0^{1/2} \frac{\partial u}{\partial t}\,\mathrm{d}x + \frac{\varrho}{2}\,u_2^2$$

$$=\; \frac{1}{8}\,l^2\,\varrho \left[2\left(\frac{1}{A}\frac{\mathrm{d}A}{\mathrm{d}t}\right)^2 - \frac{1}{A}\frac{\mathrm{d}^2A}{\mathrm{d}t^2}\right] \; . \tag{4}$$

c) Zeitliche Verläufe von $A$, $u_2$ und $\Delta p$:
Wir werten die Gleichungen (2) und (4) für die im Aufgabenteil c) gegebenen Querschnittsverläufe aus:
Für die zeitliche Differentiation von $A$ gilt:

$$\frac{\mathrm{d}A}{\mathrm{d}t} = \frac{\mathrm{d}A}{\mathrm{d}\tau}\frac{\mathrm{d}\tau}{\mathrm{d}t} = \frac{\mathrm{d}A}{\mathrm{d}\tau}\frac{1}{t^*} \quad \text{und} \quad \frac{\mathrm{d}^2A}{\mathrm{d}t^2} = \frac{\mathrm{d}^2A}{\mathrm{d}\tau^2}\frac{1}{(t^*)^2} \; .$$

1.) Lineare Querschnittsabnahme:
Die auf die Ausgangsfläche $A_0$ bezogene Querschnittsfläche ist als Funktion der Zeit gegeben

$$\frac{A}{A_0} = 1 - \tau \; .$$

Daraus folgt

$$\frac{1}{A}\frac{\mathrm{d}A}{\mathrm{d}t} = \frac{-1}{1-\tau}\frac{1}{t^*}$$

und

$$\frac{1}{A}\frac{\mathrm{d}^2A}{\mathrm{d}t^2} = 0 \; .$$

Die Austrittsgeschwindigkeit (2) ist

$$u_2 = \frac{1}{1-\tau}\frac{l}{2\,t^*}$$

oder

$$\frac{u_2}{u^*} = \frac{1}{1-\tau} \; ,$$

mit der Bezugsgeschwindigkeit $u^* = l/(2\,t^*)$.

Die Druckdifferenz (4) ist

$$\Delta p = \frac{\varrho}{2} \left(\frac{l}{2\,t^*}\right)^2 \frac{2}{(1-\tau)^2}$$

oder

$$\frac{\Delta p}{p^*} = \frac{2}{(1-\tau)^2}$$

mit dem Bezugsdruck $p^* = \varrho/2\,[l/(2\,t^*)]^2$.
In der nebenstehenden Abbildung ist der zeitliche Verlauf von $A/A_0$, $u_2/u^*$ und $\Delta p/p^*$ skizziert.

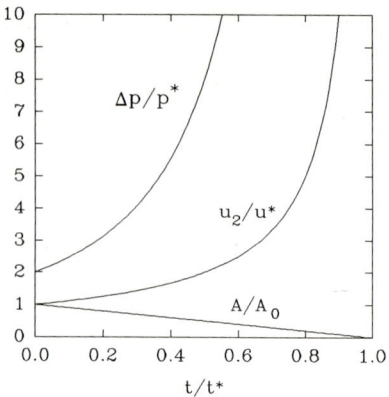

2.) Harmonische Querschnittsabnahme:
Die auf die Ausgangsfläche $A_0$ bezogene Querschnittsfläche ist

$$\frac{A}{A_0} = \cos\left(\frac{\pi}{2}\,\tau\right) \ .$$

Daraus folgt

$$\frac{1}{A} \frac{\mathrm{d}A}{\mathrm{d}t} = -\frac{\pi}{2} \tan\left(\frac{\pi}{2}\,\tau\right) \frac{1}{t^*}$$

und

$$\frac{1}{A} \frac{\mathrm{d}^2 A}{\mathrm{d}t^2} = -\left(\frac{\pi}{2}\right)^2 \left(\frac{1}{t^*}\right)^2 \ .$$

Wir erhalten für die auf $u^* = l/(2\,t^*)$ bezogene Austrittsgeschwindigkeit

$$\frac{u_2}{u^*} = \frac{\pi}{2} \tan\left(\frac{\pi}{2}\,\tau\right)$$

und für die auf $p^* = \varrho/2\,[l/(2\,t^*)]^2$ bezogene Druckdifferenz (4)

$$\frac{\Delta p}{p^*} = \left(\frac{\pi}{2}\right)^2 \left[2 \tan^2\left(\frac{\pi}{2}\,\tau\right) + 1\right] \ .$$

In der nebenstehenden Abbildung ist der zeitliche Verlauf von $A/A_0$, $u_2/u^*$ und $\Delta p/p^*$ skizziert.

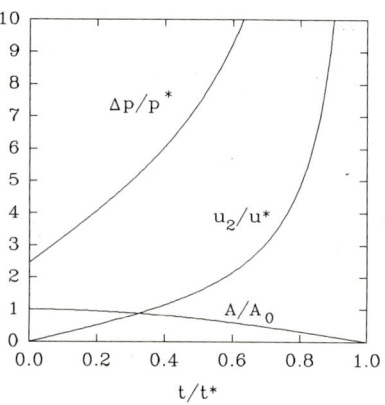

## Aufgabe 9.1-18    Kolbenpumpe

Nebenstehend skizzierte Kolbenpumpe, deren
charakteristische Abmessungen klein sein sollen gegenüber den Höhen $H_A$ und $H_E$, fördert
verlustfrei inkompressible Flüssigkeit (Dichte $\varrho$)
durch eine Rohrleitung (Querschnitt $A$, Längen
$L_E$ und $L_A$). Die Kolbengeschwindigkeit $u_K$ ist
durch Geometrie (Kurbelradius $r$, Pleuellänge $l$)
und durch die Winkelgeschwindigkeit $\omega$ vorgegeben:

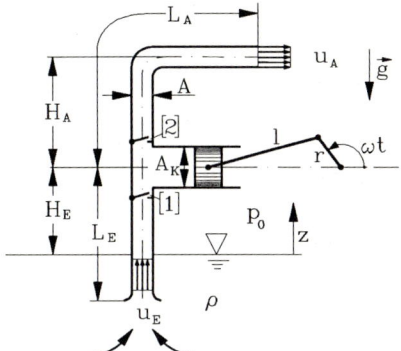

$$u_K(t) = \omega\, r \left[\sin(\omega\, t) + \frac{1}{2}\frac{r}{l}\,\sin(2\,\omega\, t)\right] \ .$$

a) Geben Sie den zeitlichen Verlauf der Eintrittsgeschwindigkeit $u_E$ und der Austrittsgeschwindigkeit $u_A$ während eines Arbeitstaktes an.
b) Welcher Druck $p_2(t)$ herrscht an der Stelle [2] unmittelbar oberhalb des Ventils an
   der Druckseite der Pumpe?
c) Welcher Druck $p_1(t)$ herrscht an der Stelle [1] unmittelbar unterhalb des Ventils an
   der Saugseite?
d) Wie groß darf $H_E$ für den Fall, daß $A_K/A * r/L_e \ll 1$ ist, maximal sein, damit an
   der Stelle [1] der Dampfdruck $p_D$ nicht unterschritten wird?

Geg.: $\varrho, \omega, l, r, L_A, L_E, H_A, H_E, A, A_K, p_D, p_0, g$

### Lösung

Zur Berechnung der Geschwindigkeiten und Drücke ist eine Fallunterscheidung notwendig. Die Kolbenpumpe hat 2 Arbeitstakte:

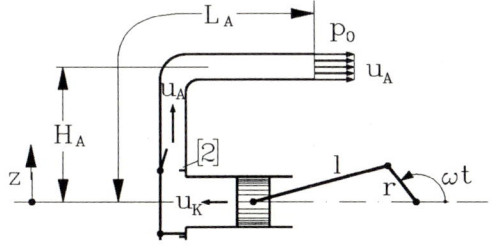

Beim Entleeren des Hubraumes ist das
obere Ventil geöffnet und das untere
geschlossen. Die Kolbengeschwindigkeit
$u_K$ ist positiv und der von der Kurbel überstrichene Winkelbereich ist $0 \leq
\omega\, t \leq \pi$ (siehe Skizze).

Beim Füllen des Hubraumes ist das untere Ventil geöffnet und das obere geschlossen. Die Kolbengeschwindigkeit ist
negativ und der von der Kurbel überstrichene Winkelbereich ist $\pi < \omega t < 2\pi$
(siehe Skizze).

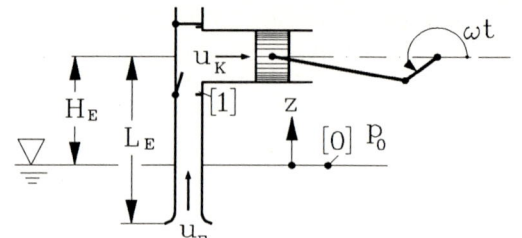

a) $u_A(t)$ und $u_E(t)$:

Entleeren, d. h. $0 \leq \omega t \leq \pi$:

Da das untere Ventil geschlossen ist, ist $u_E(t) \equiv 0$ und aus der Kontinuitätsgleichung
folgt für $u_A$

$$u_A(t) = \frac{A_K}{A} u_K(t) = u_0 \left[ \sin(\omega t) + \lambda \, \sin(2\,\omega\, t) \right] \qquad (1)$$

mit $u_0 = \omega\, r \, (A_K/A)$ und $\lambda = 1/2 \,(r/l)$.

Füllen, d. h. $\pi \leq \omega t \leq 2\pi$:

Es gilt:

$$u_A(t) \equiv 0 \quad \text{und} \quad u_E(t) = -u_0 \left[ \sin(\omega t) + \lambda \, \sin(2\,\omega\, t) \right]. \qquad (2)$$

b) Druck an der Stelle [2]:

Zur Bestimmung des Druckes benutzen wir die Bernoullische Gleichung von [2] zu
einem Punkt [A] im Austrittsquerschnitt:

$$p_2(t) + \frac{\varrho}{2} u_2^2 = p_0 + \frac{\varrho}{2} u_A(t)^2 + \varrho\, g\, H_A + \varrho \int\limits_{[2]}^{[A]} \frac{\partial u}{\partial t} ds \qquad (3)$$

mit

$$\varrho \int\limits_{[2]}^{[A]} \frac{\partial u}{\partial t} \, \mathrm{d}s = \varrho\, L_A \, \frac{\mathrm{d}u_A}{\mathrm{d}t} \,,$$

da der Rohrquerschnitt konstant $A$ ist und daher die Strömungsgeschwindigkeit in
dem Bereich zwischen [2] und dem Austrittsquerschnitt gleich $u_A(t)$ ist. Also ist
auch $u_2 = u_A$ und wir erhalten aus (3)

$$p_2(t) = p_0 + \varrho\, g\, H_A + \varrho\, L_A \, \frac{\mathrm{d}u_A}{\mathrm{d}t} \,. \qquad (4)$$

Die Fallunterscheidung führt zu:

Entleeren, d. h. $0 \leq \omega t \leq \pi$:

$$p_2(t) = p_0 + \varrho\, g\, H_A + \varrho\, L_A\, u_0\, \omega \left[\cos(\omega t) + 2\lambda \, \cos(2\,\omega\, t)\right].$$

Füllen, d. h. $\pi \leq \omega t \leq 2\pi$:

$$p_2(t) = p_0 + \varrho\, g\, H_A \,.$$

c) Druck an der Stelle [1]:

Die Bernoullische Gleichung von einem Punkt [0] auf der freien Flüssigkeitsoberfläche, mit $u_0 = 0$, zu dem Punkt [1], mit $u_1 = u_E$ ergibt

$$p_0 = p_1(t) + \frac{\varrho}{2} u_E(t)^2 + \varrho \, g \, H_E + \varrho \int\limits_{[0]}^{[1]} \frac{\partial u}{\partial t} ds \qquad (5)$$

mit

$$\varrho \int\limits_{[0]}^{[1]} \frac{\partial u}{\partial t} \, ds = \varrho \, L_E \, \frac{du_E}{dt} \; .$$

Für den Druck erhalten wir aus (5)

$$p_1(t) = p_0 - \varrho \, g \, H_E - \frac{\varrho}{2} u_E(t)^2 - \varrho \, L_E \, \frac{du_E}{dt} \; . \qquad (6)$$

Einsetzen der im Aufgabenteil a) berechneten Eintrittsgeschwindigkeit führt zu:

Entleeren, d. h. $0 \le \omega \, t \le \pi$:

$$p_1(t) = p_0 - \varrho \, g \, H_E \; .$$

Füllen, d. h. $\pi \le \omega \, t \le 2\pi$:

$$p_1(t) = p_0 - \varrho \, g \, H_E - \frac{\varrho}{2} u_0^2 \left[ \sin(\omega \, t) + \lambda \, \sin(2 \, \omega \, t) \right]^2 + $$

$$+ \varrho \, L_E \, u_0 \, \omega \left[ \cos(\omega \, t) + 2\lambda \, \cos(2 \, \omega \, t) \right] \; . \qquad (7)$$

Die Differenz von Gesamtdruck und hydrostatischem Druck an der Stelle [1], $\Delta p_1 = p_1 - (p_0 - \varrho \, g \, H_E)$, folgt aus (7) für $\pi \le \omega \, t \le 2\pi$ zu

$$\frac{\Delta p_1(t)}{u_0 \, \varrho \, L_E \, \omega} = f_1(t) - \frac{1}{2} \frac{A_K}{A} \frac{r}{L_E} \, f_2(t) \qquad (8)$$

mit den harmonischen Funktionen

$$f_1(t) = \cos(\omega \, t) + 2\lambda \, \cos(2\omega \, t) \quad \text{und} \quad f_2(t) = \left[ \sin(\omega \, t) + \lambda \, \sin(2\omega \, t) \right]^2 \; .$$

Die Verläufe von (8) und den Funktionen $f_1$ und $f_2$ sind für $A_K/A *$ $r/L_E = 1/2$ über $\omega t$ in der nebenstehenden Abbildung dargestellt.

Für $0 < \omega t < \pi$ (Entleeren) stellt man keinen dynamischen Druck an der Stelle [1] fest.

Kolbenpumpen werden z. B. zur Förderung von Flüssigkeiten aus einem Erdbohrloch verwendet. Im allgemeinen ist in diesen Fällen $r \ll L_E$, womit der zweite Term der rechten Seite von (8) vernachlässigt werden kann.

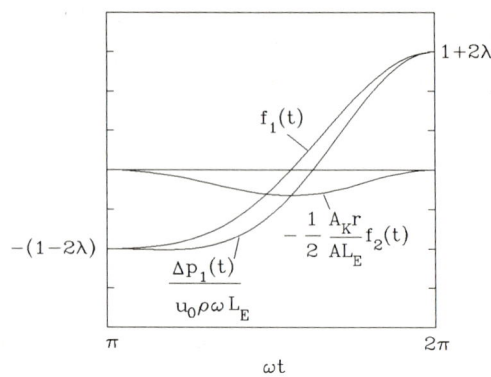

d) Bestimmen von $H_{E_{\max}}$ für $A_K/A * r/L_E \ll 1$:

Man erkennt an dem in der Abbildung von Teil c) dargestellten Druckverlauf, daß zur Zeit $t = \pi/\omega$ bei der vorausgesetzten Geometrieannahme $p_1$ minimal wird:

$$p_{1_{\min}} = p_1(\omega t = \pi) = p_0 - \varrho\, g\, H_E - u_0\, \varrho\, L_E\, \omega\, (1 - 2\lambda)\,.$$

Dieser Druck soll größer sein als der Dampfdruck $p_D$. Wir erhalten mit dieser Bedingung eine Ungleichung für die Höhe $H_E$ und die gesuchte maximale Förderhöhe:

$$H_E \leq H_{E_{\max}} = \frac{p_0 - p_D}{\varrho\, g} - \frac{u_0\, L_E\, \omega}{g}\,(1 - 2\lambda)\,.$$

# Aufgabe 9.1-19    Strömung in einer Ureterprothese

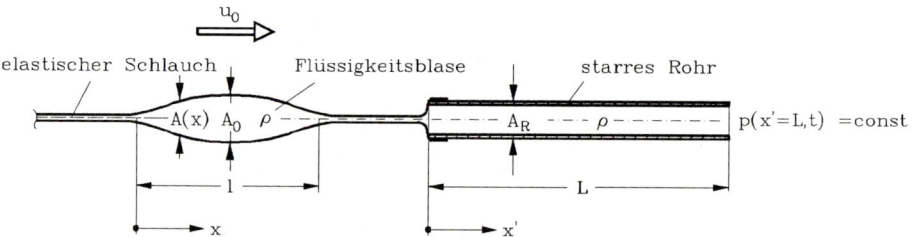

In einem elastischen Schlauch bewegt sich eine Flüssigkeitsblase (Dichte $\varrho$) mit konstanter Geschwindigkeit $u_0$ auf ein mit gleicher Flüssigkeit gefülltes, starres Rohr zu.

Die Blase hat die Länge $l$ und den Querschnitt $A(x) = A_0\,(x/l)\,(1 - x/l)$ , mit der zur Blase ortsfesten Koordinate $x$. Es kann angenommen werden, daß der Querschnittsverlauf erhalten bleibt, auch wenn die Blase das Rohr erreicht (unstetiger Übergang vom Blasenquerschnitt zum Rohrquerschnitt an der Stelle $x' = 0$) und der Schlauchquerschnitt an den Stellen, an denen sich die Blase nicht befindet, näherungsweise null ist.

Das Rohr hat die Länge $L$ und den konstanten Querschnitt $A_R$.

Geben Sie den zeitlichen Druckverlauf $p(x' = 0, t)$ an, wenn die Blase zur Zeit $t = 0$ das Rohr erreicht und der Druck $p(x' = L, t)$ zu allen Zeiten konstant ist.

Geg.: $\varrho$, $u_0$, $l$, $L$, $A_R$, $A_0$, $p(x' = L)$

**Lösung**

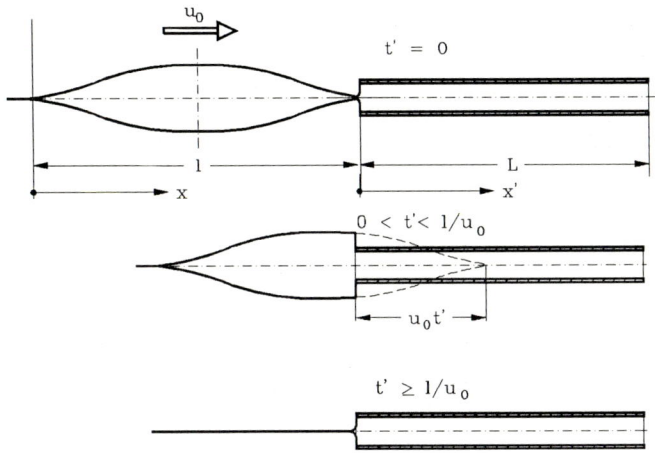

Das Flüssigkeitsvolumen bewegt sich mit $u_0 =$const auf das feste Rohr zu und erreicht die Stelle $x' = 0$ zur Zeit $t = 0$. Bis zu diesem Zeitpunkt ist die Geschwindigkeit im Rohr null und der Druck konstant gleich dem Druck an der Stelle $x' = L$. Ab diesem Zeitpunkt ändern sich die Strömungsgrößen im Rohr und nur diesen Zeitbereich wollen wir betrachten. Wir führen die Transformation $x = x' + (l - u_0 t')$, $t = t'$ ein. In dem Zeitbereich $0 \leq t' \leq l/u_0$ hat die Blase an der Stelle $x' = 0$ den Querschnitt

$$A(t') = A_0 \frac{t' u_0}{l} \left(1 - \frac{t' u_0}{l}\right) . \tag{1}$$

Damit folgt aus der Kontinuitätsgleichung für die Geschwindigkeit im Rohr

$$u(t') = u_0 \frac{A(t')}{A_R} = u_0 \frac{A_0}{A_R} t' \frac{u_0}{l} \left(1 - t' \frac{u_0}{l}\right) . \tag{2}$$

Die instationäre Bernoullische Gleichung von $x' = 0$ nach $x' = L$ lautet

$$p(x' = 0, t') + \frac{\varrho}{2} u(t')^2 = p(x' = L) + \frac{\varrho}{2} u(t')^2 + \varrho \int_0^L \frac{\partial u}{\partial t} \, ds ,$$

mit

$$\varrho \int_0^L \frac{\partial u}{\partial t} \, ds = \varrho \frac{du}{dt'} L .$$

Mit (2) führt dies zu

$$p(x' = 0, t') = p(x' = L) + \varrho\, u_0^2 \frac{L}{l} \frac{A_0}{A_R} \left(1 - 2\,t'\,\frac{u_0}{l}\right) \; .$$

Die Druckdifferenz $\Delta p(t') = p(x' = 0, t') - p(x' = L)$ ist

$$\Delta p(t') = \begin{cases} 0 & : \ t' < 0 \\ \Delta p_{max}\,[1 - 2\,u_0\,t'/l] & : \ 0 \le t' \le l/u_0 \\ 0 & : \ t' > l/u_0 \end{cases} \; ,$$

mit $\Delta p_{max} = \varrho\, u_0^2\, L/l * A_0/A_R$.

$\Delta p$ ist in der nebenstehenden Abbildung über $t'$ aufgetragen.

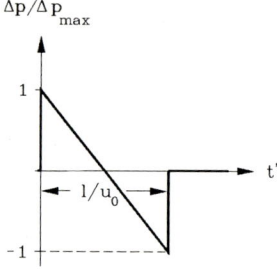

## 9.2 Stationäre kompressible Strömung

### Aufgabe 9.2-1 Kraft auf ebene Platte

Aus einem großen Behälter [1] strömt Luft (als ideales Gas zu betrachten) durch ein Rohr mit dem Rechteckquerschnitt $b * H$, in welches eine angespitzte, ebene Platte (Querschnitt $b * H/2$) hineinragt, in die Atmosphäre aus.

Die Plattenhalterung ist weit vom Punkt [3] entfernt befestigt. Die Strömung zwischen [1] und [3] sei isentrop und das Druckverhältnis $p_1/p_0 = 4$.

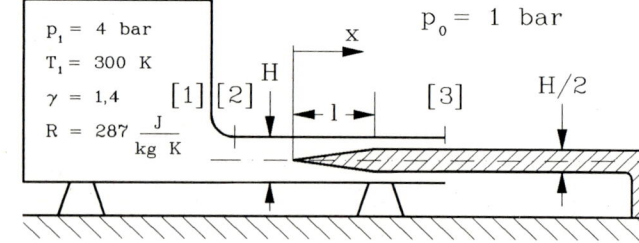

a) Wie groß ist die Austrittsgeschwindigkeit $u_3$ des Gases und welcher Druck $p_3$ herrscht dort?

b) Man ermittle $p_2$, $u_2$ und $M_2$.

c) Welche Kraft in $x$–Richtung übt die Strömung auf die Platte aus?

d) Man zeichne die Verläufe $M(x/l)$, $p(x/l)$ und $u(x/l)$. (Hinweis: Man wähle einige
   Punkte, beispielsweise $x/l = 1/4$, $1/2$, $3/4$, und arbeite dann mit der Tabelle im
   Anhang C der S. L.)

Geg.: $p_1 = 4$ bar, $T_1 = 300$ K, $\gamma = 1,4$, $R = 287$ J/(kg K)

**Lösung**

a) $u_3$ und $p_3$:
   Das Druckverhältnis Kesseldruck/Atmosphärendruck ist überkritisch

$$\frac{p_1}{p_0} = 4 \ .$$

Die Machzahl am Austritt ist daher

$$M_3 = 1 \ ,$$

das Druckverhältnis also kritisch:

$$\frac{p_3}{p_1} = \frac{p^*}{p_t} = \left(\frac{2}{\gamma+1}\right)^{\frac{\gamma}{\gamma-1}} = 0,528$$

$$\Rightarrow \qquad p_3 = 0,528 * 4 \text{ bar} = 2,112 \text{ bar} \ .$$

Die Schallgeschwindigkeit am Austritt (Austrittsgeschwindigkeit) ist

$$\frac{a_3}{a_1} = \frac{a^*}{a_t} = \sqrt{\frac{2}{\gamma+1}} = 0,913 \ ,$$

$$a_1 = a_t = \sqrt{\gamma R T_1} = 347 \text{ m/s}$$

$$\Rightarrow \qquad u_3 = a_3 = 0,913 * a_t = 317 \text{ m/s} \ .$$

b) Strömungsgrößen an der Stelle [2]:
   Der kritische Querschnitt ist an der Stelle [3], da dort die Machzahl eins ist:

$$A^* = A_3 = \frac{1}{2} b H$$

und daher gilt für die Stelle [2]

$$\frac{A^*}{A_2} = \frac{A_3}{A_2} = \frac{1}{2} \ .$$

Mit diesen Daten lesen wir aus der gasdynamischen Tabelle (Unterschallbereich !)
die Größen

$$M_2 = 0,306 \ ,$$

$$\frac{p_2}{p_t} = 0,937$$

ab und daher

$$p_2 = 0,937\, p_1 = 3,748 \text{ bar} .$$

Weiter

$$\frac{a_2}{a_t} = 0,991$$

und daher

$$a_2 = 0,991\, a_1 = 344 \text{ m/s} .$$

Die Strömungsgeschwindigkeit ist mit

$$u_2 = M_2\, a_2 = 105 \text{ m/s}$$

gegeben.

c) Kraft auf die Platte:
Der Impulssatz lautet für
die stationäre Strömung im
Rahmen der Stromfadentheorie:

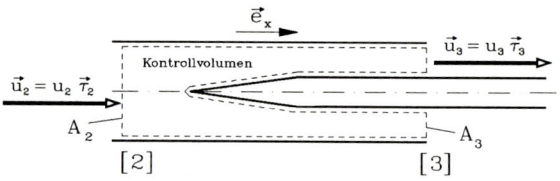

$$-\varrho_2\, u_2^2\, A_2\, \vec{\tau}_2 + \varrho_3\, u_3^2\, A_3\, \vec{\tau}_3 = p_2\, A_2\, \vec{\tau}_2 - p_3\, A_3\, \vec{\tau}_3 - \vec{F} .$$

Da $\vec{\tau}_1 = \vec{\tau}_2 = \vec{e}_x$, ist $F_x$ die einzig nicht verschwindende Komponente der Kraft $\vec{F}$ auf die benetzten Wände. Auf den Kanalwänden steht $\vec{t} = -p\,\vec{n}$ senkrecht auf $\vec{e}_x$, so daß $F_x$ die Kraftkomponente auf die Platte ist. Wir erhalten durch skalare Multiplikation mit $\vec{e}_x$:

$$F_x = \varrho_2\, u_2^2\, A_2 - \varrho_3\, u_3^2\, A_3 + p_2\, A_2 - p_3\, A_3$$

bzw. mit $\varrho\, u^2 = \varrho\, M^2\, a^2 = \varrho\, M^2\, \gamma\, p/\varrho = \gamma\, M^2\, p$

$$F_x = \frac{1}{2}\, b\, H \left[ 2\,\gamma\, M_2^2\, p_2 - \gamma\, M_3^2\, p_3 + 2\, p_2 - p_3 \right]$$

$$\Rightarrow \quad \frac{F_x}{p_2\, \frac{1}{2}\, b\, H} = \left[ 2 \left( \gamma\, M_2^2 + 1 \right) - \frac{p_3}{p_2} \left( \gamma\, M_3^2 + 1 \right) \right] ,$$

mit $p_3/p_2 = 2,112/3,748 = 0,5635$ also

$$\frac{F_x}{p_2\, \frac{1}{2}\, b\, H} = 0,9098 .$$

d) Verläufe $M(x/l)$, $p(x/l)$, $u(x/l)$

| $x/l$ | $A^*/A$ | $M$ | $p/p_t$ | $a/a_t$ | $u/a_t = M\,a/a_t$ |
|-------|---------|-----|---------|---------|---------------------|
| 0 | 0,500 | 0,31 | 0,94 | 0,991 | 0,307 |
| 0,25 | 0,571 | 0,36 | 0,915 | 0,987 | 0,355 |
| 0,50 | 0,667 | 0,43 | 0,88 | 0,982 | 0,422 |
| 0,75 | 0,800 | 0,56 | 0,81 | 0,971 | 0,534 |
| 1 | 1 | 1 | 0,53 | 0,913 | 0,913 |

(mit $p_t = p_1 = 4$ bar, $a_t = a_1 = 347$ m/s)

Alle drei Verläufe werden bei bekanntem Verlauf von

$$\frac{A_*}{A(x/l)} = \frac{1}{2 - \frac{x}{l}}$$

der gasdynamischen Tabelle entnommen und sind im Graphen dargestellt.

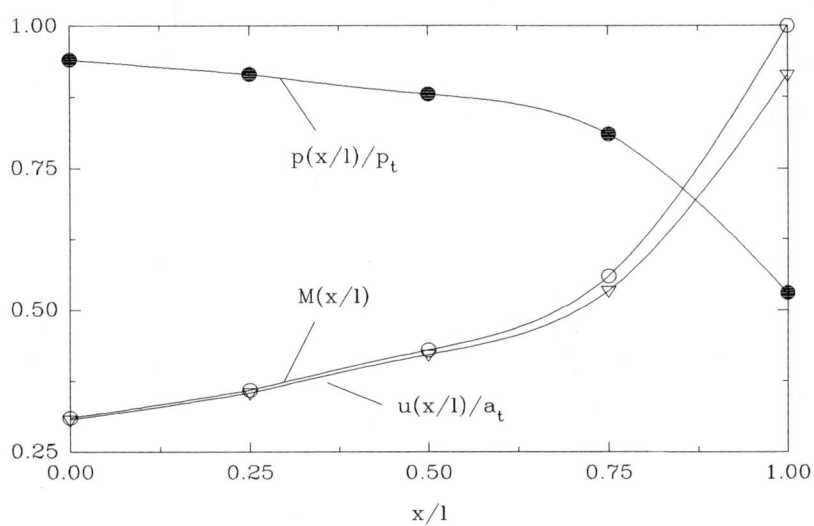

Aufgabe 9.2-2   Kanalströmung zwischen zwei Behältern mit Wärmezufuhr

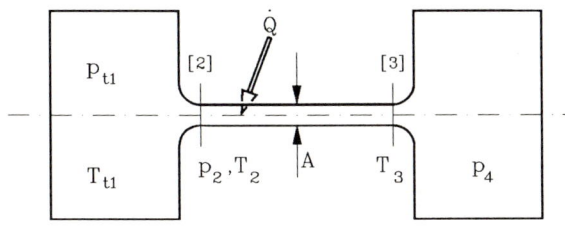

Aus einem großen Behälter ($p_{t_1}$, $T_{t_1}$) strömt stationär und isentrop Luft. An der Stelle [2] sind $p_2$ und $T_2$ bekannt. Im Kanal zwischen [2] und [3] (Querschnitt $A$) wird gerade soviel Wärme zugeführt, daß die Temperatur bei [3] doppelt so hoch ist wie die bei [2]. Anschließend strömt die Luft in einen zweiten großen Behälter ($p_4$). Die Luft kann als thermisch und kalorisch ideales Gas angesehen werden. Die Machzahl ist überall kleiner als 1.

a) Wie groß sind Geschwindigkeit, Dichte und Massenstrom an der Stelle [2]?

b) Man berechne die Zustandsgrößen bei [3] und die zugeführte Wärmemenge pro Zeiteinheit.

c) Man bestimme die Ruhetemperatur $T_{t_4}$ und das Dichteverhältnis $\varrho_{t_1}/\varrho_4$.

Geg.: $\gamma$, $R$, $c_p$, $p_{t_1}$, $T_{t_1}$, $p_2$, $T_2$, $T_3$, $A$, $p_4$

## Lösung

a) Größen an der Stelle [2]:

Die Ausflußgeschwindigkeit aus einem großen Behälter berechnet sich nach der Gleichung von Saint-Venant-Wantzel (S. L. (9.88))

$$u_2 = \sqrt{\frac{2\gamma}{\gamma-1}\frac{p_1}{\varrho_1}\left[1-\left(\frac{p_2}{p_1}\right)^{\frac{\gamma-1}{\gamma}}\right]}$$

mit $p_1 = p_{t_1}$ und $\varrho_1 = \varrho_{t_1} = p_{t_1}/(RT_{t_1})$ zu

$$u_2 = \sqrt{\frac{2\gamma}{\gamma-1}RT_{t_1}\left[1-\left(\frac{p_2}{p_{t_1}}\right)^{\frac{\gamma-1}{\gamma}}\right]}.\tag{1}$$

Die Dichte $\varrho_2$ ergibt sich aus der thermischen Zustandsgleichung

$$\varrho_2 = \frac{p_2}{RT_2},$$

der Massenstrom aus $\dot{m} = \varrho_2 u_2 A_2$ zu

$$\dot{m} = A\sqrt{\frac{2\gamma}{\gamma-1}\frac{T_{t_1}p_2^2}{RT_2^2}\left[1-\left(\frac{p_2}{p_{t_1}}\right)^{\frac{\gamma-1}{\gamma}}\right]}.\tag{2}$$

b) Größen an der Stelle [3] und $\dot{Q}$:

Der Druck im austretenden Unterschallstrahl ist gleich dem Umgebungsdruck (hier $p_4$)

$$\Rightarrow\qquad p_3 = p_4,$$

aus der thermischen Zustandsgleichung folgt dann

$$\varrho_3 = \frac{p_3}{RT_3} = \frac{p_4}{R\,2\,T_2},$$

die Kontinuitätsgleichung liefert $u_3$:

$$\varrho_3 u_3 A_3 = \varrho_2 u_2 A_2\qquad(\text{mit } A_2 = A_3 = A)$$

$$\Rightarrow\qquad u_3 = u_2\frac{\varrho_2}{\varrho_3} = u_2\frac{p_2}{RT_2}\frac{R\,2\,T_2}{p_4}$$

$$\Rightarrow\qquad u_3 = u_2\frac{2\,p_2}{p_4}.\tag{3}$$

Der Wärmestrom $\dot{Q}$ bestimmt sich aus dem Energiesatz zwischen [1] und [3]

$$h_1 + \frac{1}{2}\,u_1^2 + \frac{\dot{Q}}{\dot{m}} = h_3 + \frac{1}{2}\,u_3^2$$

für kalorisch perfektes Gas $(h = c_p\,T)$ zu

$$\dot{Q} = \dot{m}\left[c_p\,(T_3 - T_{t_1}) + \frac{1}{2}\,u_3^2\right]$$

oder mit $u_3$ aus (3) und mit $T_3 = 2\,T_2$ zu

$$\dot{Q} = \dot{m}\left[c_p\,(2\,T_2 - T_{t_1}) + \frac{1}{2}\,u_2^2\left(\frac{2\,p_2}{p_4}\right)^2\right]\ ,$$

wobei $\dot{m}$ und $u_2$ aus (2) und (1) folgen.

c) Ruhetemperatur $T_{t4}$ und Dichte $\varrho_{t4}$:
Mit der Energiegleichung von [1] nach [4] ergibt sich

$$h_{t_1} + \frac{\dot{Q}}{\dot{m}} = h_4 \qquad \text{mit } h = c_p\,T\ ,$$

woraus folgt

$$T_{t4} = T_{t_1} + \frac{\dot{Q}}{c_p\,\dot{m}}\ .$$

Aus der Ruhetemperatur und dem Druck berechnet sich die Dichte zu

$$\varrho_4 = \frac{p_4}{R\,T_{t4}} \quad = \quad \frac{p_{t_1}}{R\,T_{t_1}}\,\frac{p_{t4}}{p_{t_1}}\,\frac{T_{t_1}}{T_{t4}}$$

$$\Rightarrow \qquad \frac{\varrho_{t_1}}{\varrho_4} = \frac{p_{t_1}}{p_4}\,\frac{T_{t4}}{T_{t_1}} \quad = \quad \frac{p_{t_1}}{p_4}\left(1 + \frac{\dot{Q}}{c_p\,T_{t_1}\,\dot{m}}\right)\ .$$

# Aufgabe 9.2-3    Senkrechter Verdichtungsstoß innerhalb einer Leitradstufe

In einer Dampfturbine steht bei Teillastbetrieb ein senkrechter Verdichtungsstoß innerhalb einer Leitradstufe (siehe Skizze). Am Punkt [1] unmittelbar vor dem Stoß ist die Machzahl $M_1 = 2{,}0$, der Druck $p_1 = 1$ bar und das spezifische Volumen $v_1 = 2{,}0\,\mathrm{m^3/kg}$ bekannt. Wasserdampf ist ein reales Gas, dessen Zustandsgrößen aus dem Mollier–Diagramm am Ende der Aufgabe entnommen werden müssen.

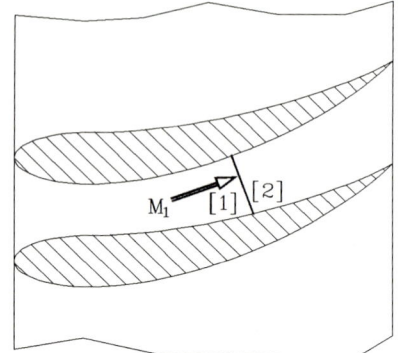

a) Man bestimme mit Hilfe des Mollier–Diagramms die Temperatur $T_1$, die Enthalpie $h_1$ und die Entropie $s_1$ an der Stelle [1].

b) Man ermittle mit dem $h$–$s$–Diagramm die Schallgeschwindigkeit $a_1$ und die Geschwindigkeit $u_1$ unmittelbar vor dem Verdichtungsstoß.

c) Man gebe eine Iterationsvorschrift zur Bestimmung des Druckes $p_2$, der Enthalpie $h_2$ und des spezifischen Volumens $v_2$ hinter dem Verdichtungsstoß an. Mit dem Startwert $v_2/v_1 = 1/6$ führe man drei Iterationsschritte durch.

d) Man zeichne den Zustand [2] unmittelbar hinter dem Stoß in das Mollier–Diagramm ein und ermittle die Entropie $s_2$ und die Temperatur $T_2$.

e) Wie groß ist die Strömungsgeschwindigkeit $u_2$ hinter dem senkrechten Verdichtungsstoß?

Geg.: $M_1$, $p_1$, $v_1$, Mollier–Diagramm

## Lösung

a) Zustandsgrößen vor dem Stoß:
   Mit $p_1 = 1$ bar, $v_1 = 2\,\mathrm{m^3/kg}$ entnimmt man dem Mollier–Diagramm (Schnittpunkt der Isobaren $p_1 = 1$ bar mit der Isochoren $v = 2\,\mathrm{m^3/kg}$)

$$T_1 \approx 170°\,\mathrm{C}\,,$$

$$h_1 \approx 2818\,\mathrm{kJ/kg}\,,$$

$$s_1 \approx 7{,}7\,\mathrm{kJ/(kg\,K)}\,.$$

b) Schall- und Strömungsgeschwindigkeit vor dem Stoß:
   Wir bestimmen die Schallgeschwindigkeit aus der Definitionsgleichung

$$a^2 = \left(\frac{\partial p}{\partial \varrho}\right)_{s=\mathrm{const}}\,.$$

Wir notieren aus dem $h$-$s$-Diagramm Wertepaare von $p$ und $\varrho$ längs der Isentropen durch Punkt [1] ($s$=7,7 kJ/(kg K)). Trägt man nun $p(\varrho)$ bei $s$ = const auf, so erhält man die entsprechende Kurve. Die Steigung der Tangente an den Punkt [1] entspricht $(\partial p/\partial \varrho)_{s=\text{const}} = a_1^2$.

| $p$ [bar] | $v$ [m³/kg] | $\varrho = 1/v$ [kg/m³] |
|-----------|-------------|------------------------|
| 0,5 | 3,70 | 0,27 |
| 1,0 | 2,00 | 0,50 |
| 2,0 | 1,25 | 0,80 |
| 2,6 | 1,00 | 1,00 |
| 3,0 | 0,92 | 1,09 |

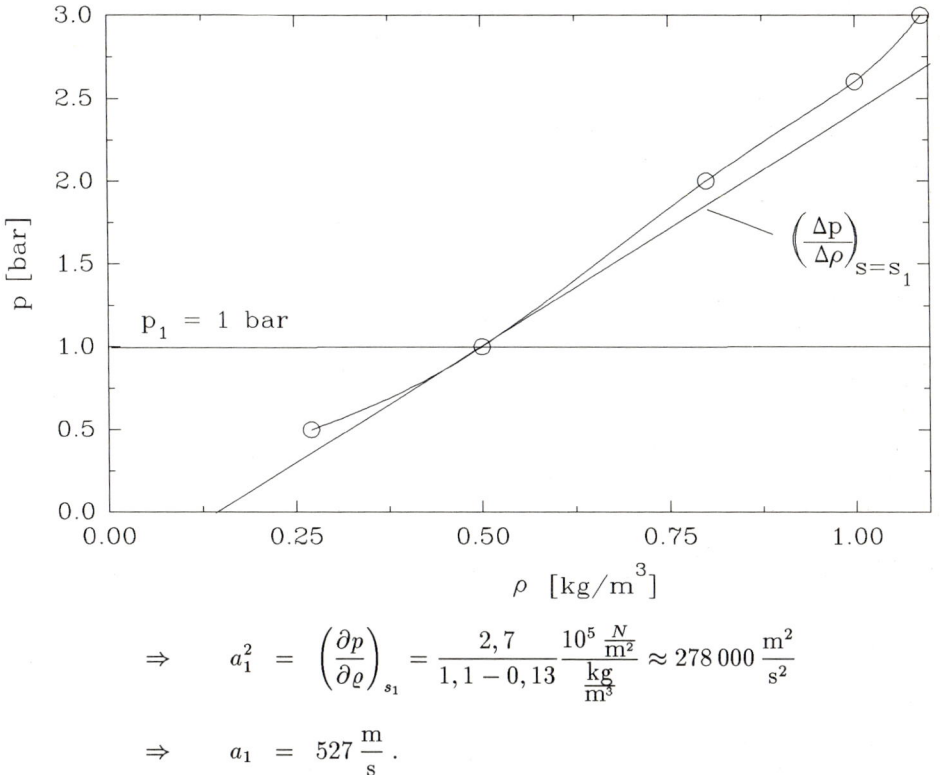

$$\Rightarrow \quad a_1^2 = \left(\frac{\partial p}{\partial \varrho}\right)_{s_1} = \frac{2,7}{1,1-0,13} \frac{10^5 \frac{N}{m^2}}{\frac{kg}{m^3}} \approx 278\,000 \, \frac{m^2}{s^2}$$

$$\Rightarrow \quad a_1 = 527 \, \frac{m}{s} \, .$$

Damit ist die Geschwindigkeit

$$u_1 = M_1 \, a_1 = 2 \, a_1 = 1054 \, \frac{m}{s} \, .$$

c) Bestimmung des Zustandes nach dem Stoß:

Zur Bestimmung des thermodynamischen Zustandes nach dem Stoß stehen die Gleichungen

$$\text{(Impuls)} \quad p_2 = p_1 + \frac{u_1^2}{v_1} \left(1 - \frac{v_2}{v_1}\right) , \tag{1}$$

$$\text{(Energie)} \quad h_2 = h_1 + \frac{u_1^2}{2} \left(1 - \left(\frac{v_2}{v_1}\right)^2\right) \tag{2}$$

zur Verfügung. Dies sind zwei Gleichungen für die gesuchten Zustandsgrößen $p_2$, $h_2$ und $v_2$. Die fehlende dritte Beziehung liegt in Form des Mollier–Diagramms vor:

$$v_2 = v_2(p_2, h_2) .$$

Die Bestimmung der Zustandsgrößen kann nun iterativ erfolgen. Der Iterationsablauf sieht wie folgt aus:

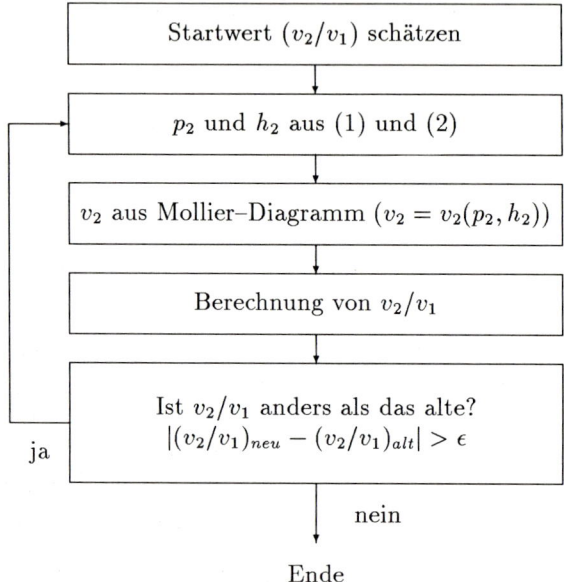

Ende

Einsetzen der Zahlenwerte von $u_1$, $v_1$, $p_1$, $h_1$ in (1) und (2) liefert

$$p_2 = \left\{ 1 + 5,5546 \left( 1 - \frac{v_2}{v_1} \right) \right\} \text{ bar} ,$$

$$h_2 = \left\{ 2818 + 555,46 \left( 1 - \left( \frac{v_2}{v_1} \right)^2 \right) \right\} \frac{\text{kJ}}{\text{kg}} .$$

Der Iterationsgang liefert dann mit dem Startwert $v_2/v_1 = 1/6$ (dies wäre bei zweiatomigem, idealem Gas das maximale Verdichtungsverhältnis) die folgenden Zahlenwerte:

| Iterations-schritt | $v_2/v_1$ | $p_2$ aus (1) [bar] | $h_2$ aus (2) [kJ/kg] | $v_2 = v_2(p_2, h_2)$ [m³/kg] |
|:---:|:---:|:---:|:---:|:---:|
| 0 | 1/6 | 5,63 | 3358 | 0,68 |
| 1 | 0,34 | 4,67 | 3309 | 0,72 |
| 2 | 0,36 | 4,55 | 3301 | 0,75 |
| 3 | 0,375 | 4,47 | 3295 | 0,76 |

d) Zustand [2] im Mollier-Diagramm:
   (siehe folgende Seite)
   Man liest ab

   $$s_2 \approx 7,9\,\mathrm{kJ/(kg\,K)} \qquad \text{und} \qquad T_2 \approx 415°\,\mathrm{C}\,.$$

e) Strömungsgeschwindigkeit hinter dem Stoß
   Aus der Kontinuitätsgleichung folgt

   $$\varrho_1\,u_1 = \varrho_2\,u_2 \qquad \Rightarrow \qquad u_2 = u_1\,\frac{v_2}{v_1} = 1054 * \frac{0,76}{2,0}\,\frac{\mathrm{m}}{\mathrm{s}} = 400,5\,\frac{\mathrm{m}}{\mathrm{s}}\,.$$

**Mollier–Diagramm für Wasserdampf:**

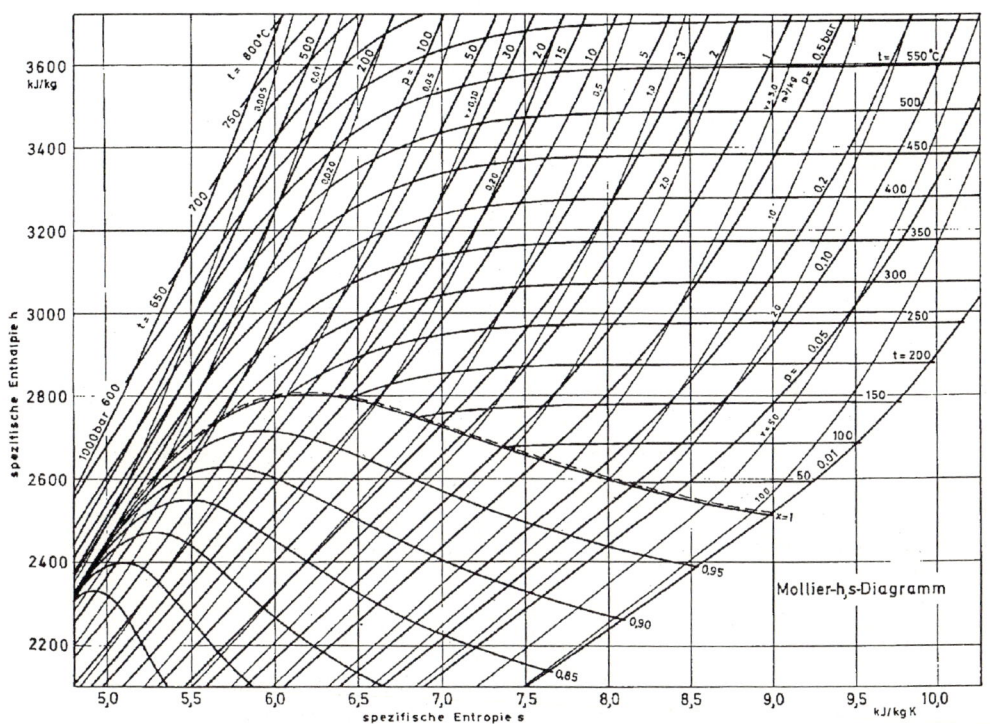

# Aufgabe 9.2-4    Mit Überschall angeströmter stumpfer Körper

Ein symmetrischer Körper mit stump-
fer Vorderkante wird mit idealem Gas
($\gamma$) vom Druck $p_\infty$ unter der Machzahl
$M_\infty > 1$ angeströmt.

Welcher Druck und welche Temperatur
herrschen im Staupunkt des Körpers,
wenn die Strömung bis auf den Verdichtungsstoß isentrop ist?

Geg.: $\gamma$, $M_\infty$, $p_\infty$, $T_\infty$

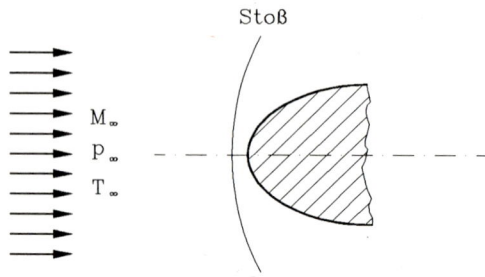

## Lösung

Die Teilchen auf der Staustromlinie (= Symmetrielinie) durchlaufen aus Symmetriegründen einen senkrechten Verdichtungsstoß, so
daß der Zustand [2] aus dem Zustand [1] mit
Hilfe der Beziehungen für den senkrechten
Verdichtungsstoß berechnet werden kann. Da
weiterhin bis zur Stoßfront die ungestörte Anströmung vorliegt, entspricht der Zustand [1]
unmittelbar vor dem Stoß dem Anströmungs-

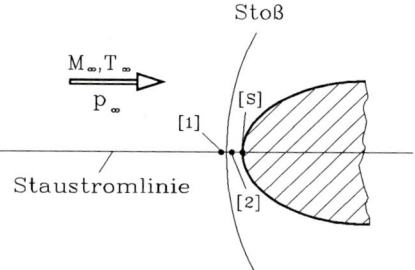

zustand. Aus den Beziehungen für den senkrechten Verdichtungsstoß folgt also (S. L.
(9.137), (9.141))

$$\frac{p_2}{p_1} = \frac{p_2}{p_\infty} = 1 + 2\,\frac{\gamma}{\gamma+1}\,(M_\infty^2 - 1)\,, \tag{1}$$

$$M_2^2 = \frac{\gamma + 1 + (\gamma - 1)\,(M_\infty^2 - 1)}{\gamma + 1 + 2\,\gamma\,(M_\infty^2 - 1)}\,. \tag{2}$$

Der Druck am Staupunkt ($M = 0$) ist der Totaldruck, so daß zwischen $p_2$ und $p_s$ die
aus der Bernoulli-Gleichung resultierende Beziehung (S. L. (9.94))

$$\frac{p_s}{p_2} = \frac{p_t}{p_2} = \left[\frac{\gamma - 1}{2}\,M_2^2 + 1\right]^{\frac{\gamma}{\gamma-1}}$$

gilt, also mit $M_2^2$ aus (2) und $p_2/p_\infty$ aus (1)

$$\frac{p_s}{p_\infty} = \frac{p_s}{p_2}\frac{p_2}{p_\infty} = \left[\frac{\gamma - 1}{2}\,\frac{\gamma + 1 + (\gamma - 1)\,(M_\infty^2 - 1)}{\gamma + 1 + 2\,\gamma\,(M_\infty^2 - 1)} + 1\right]^{\frac{\gamma}{\gamma-1}} \left(1 + \frac{2\,\gamma}{\gamma+1}\,(M_\infty^2 - 1)\right)$$

$$\Rightarrow \quad \frac{p_s}{p_\infty} = \left[\frac{\gamma + 1}{2}\,M_\infty^2\right]^{\frac{\gamma}{\gamma-1}} \left[1 + \frac{2\,\gamma}{\gamma+1}(M_\infty^2 - 1)\right]^{-\frac{1}{\gamma-1}}\,.$$

Die Staupunkttemperatur läßt sich aus der Energiegleichung längs der Staustromlinie berechnen. Die Ruheenthalpie ändert sich durch den Stoß nicht:

$$h_s \;=\; h_t = h_\infty + \frac{1}{2}\,u_\infty^2$$

$$\Rightarrow \qquad c_p\,T_s \;=\; c_p\,T_\infty + \frac{1}{2}\,M_\infty^2\,\gamma R T_\infty$$

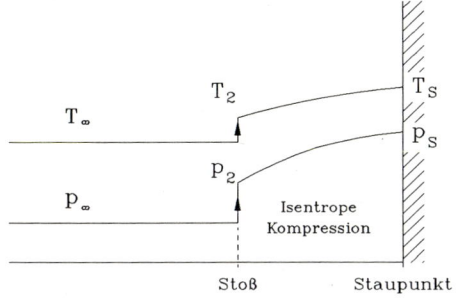

mit

$$\left(\frac{\gamma R}{c_p} = \gamma - 1\right)$$

$$\Rightarrow \qquad \frac{T_s}{T_\infty} \;=\; 1 + \frac{\gamma - 1}{2}\,M_\infty^2\,.$$

Die qualitativen Verläufe von $T$ und $p$ längs der Staustromlinie sind der Skizze links zu entnehmen.

Die Verläufe von $p_s/p_\infty$, $T_s/T_\infty$ sind im untenstehenden Diagramm über $M_\infty$ aufgetragen.

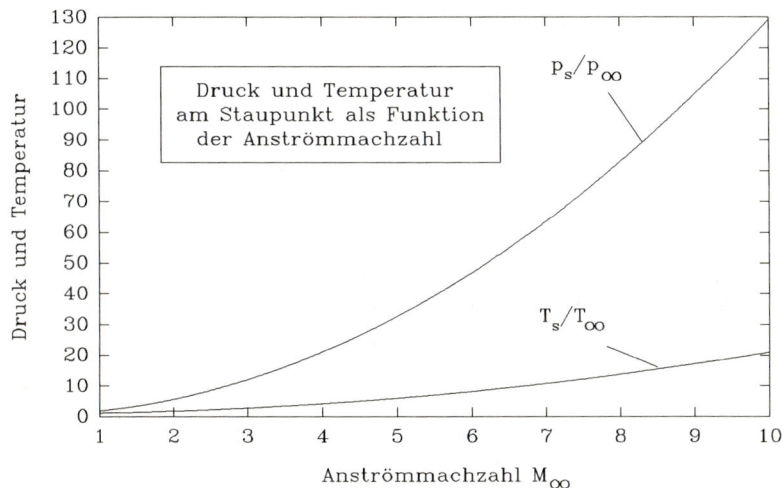

# Aufgabe 9.2-5    Strömung durch eine Lavaldüse mit Stoß

Aus einem großen Behälter mit dem
Ruhedruck $p_t = 2$ bar und der Ruhetemperatur $T_t = 500$ K strömt ideales Gas ($\gamma = 1,4$) durch eine Lavaldüse
(engster Querschnitt $A_e$) und ein Rohr
konstanten Querschnitts ($A_3 = 5\,A_e$)

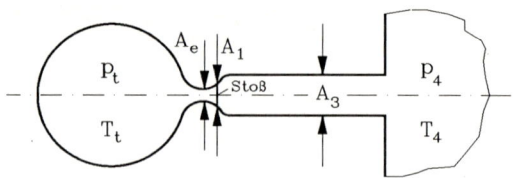

in einen zweiten großen Kessel. Im divergenten Teil der Lavaldüse steht im Querschnitt
$A_1 = 2\,A_e$ ein senkrechter Verdichtungsstoß. Mit Ausnahme des senkrechten Verdichtungsstoßes und der Vermischung im zweiten Kessel ist die Strömung isentrop.

a) Welche Machzahlen $M_1$, $M_2$, welche Drücke $p_1$, $p_2$ und welche Temperaturen $T_1$, $T_2$
   herrschen unmittelbar vor und hinter dem Verdichtungsstoß?
b) Wie groß sind im Rohr Machzahl $M_3$, Druck $p_3$ und Temperatur $T_3$?
c) Welche Ruhetemperatur $T_4$ und welcher Ruhedruck $p_4$ herrschen im zweiten Kessel?

Geg.: $p_t$, $T_t$, $\gamma$, $A_1/A_e$, $A_3/A_e$

## Lösung

a) $M_1$, $p_1$, $T_1$ und $M_2$, $p_2$, $T_2$:

   An der Stelle [1] muß Überschallströmung vorliegen, da ein Stoß nur für $M_1 > 1$
   möglich ist. Mit dem bekannten Flächenverhältnis

$$\frac{A^*}{A_1} = \frac{A_e}{A_1} = \frac{1}{2}$$

kann man die folgenden Werte aus der Tabelle C.1 (S. L.) ablesen:

$$M_1 = 2,2 \,, \quad \frac{p_1}{p_t} = 0,09352 \,, \quad \frac{T_1}{T_t} = 0,50813 \,.$$

Mit $p_t = 2$ bar, $T_t = 500$ K also

$$p_1 \;=\; \frac{p_1}{p_t}\, p_t = 0,09352 * 2\,\text{bar} = 0,1870\,\text{bar} \,,$$

$$T_1 \;=\; \frac{T_1}{T_t}\, T_t = 0,50813 * 500\,\text{K} = 254\,\text{K} \,.$$

Die Größen an der Stelle [2] (Zustand direkt hinter dem Stoß) können mit der
Kenntnis der Machzahl vor dem Stoß ($M_1 = 2,2$) aus Tabelle C.2 (S. L.) abgelesen
werden:

$$M_2 = 0,5471 \,, \quad \frac{p_2}{p_1} = 5,4800 \,, \quad \frac{T_2}{T_1} = 1,85686 \,.$$

Damit sind auch $p_2$ und $T_2$ bekannt:

$$p_2 \;=\; \frac{p_2}{p_1}\, p_1 = 5,4800 * 0,1870\,\text{bar} = 1,025\,\text{bar} \,,$$

$$T_2 \;=\; \frac{T_2}{T_1}\, T_1 = 1,85686 * 254\,\text{K} = 472\,\text{K} \,.$$

b) $M_3$, $p_3$, $T_3$:

Wir bestimmen zunächst die neuen Bezugsgrößen $A_2^*$, $p_{t_2}$ und $T_{t_2}$:
An der Stelle [2] folgt aus $M_2 = 0,5471$

$$\frac{A_2^*}{A_2} \approx 0,796 \qquad \Rightarrow \qquad \frac{A_2^*}{A_e} = \frac{A_2^*}{A_2}\frac{A_2}{A_e} = \frac{A_2^*}{A_2}\frac{A_1}{A_e} = 0,796 * 2 = 1,592 \ .$$

Mit $M_1 = 2,2$ folgt aus den Stoßbeziehungen

$$\frac{p_{t_2}}{p_{t_1}} = 0,6281 \qquad \Rightarrow \qquad p_{t_2} = 0,6281 * 2 \,\text{bar} = 1,2562 \,\text{bar} \ .$$

Die Ruheenthalpie ist eine Erhaltungsgröße, bei kalorisch idealem Gas dann auch die Ruhetemperatur,

$$T_{t_2} = T_t = 500 \,\text{K} \ .$$

Nun können die Größen im Rohr (Stelle [3]) bestimmt werden.

$$A_3 = 5\,A_e \qquad \Rightarrow \qquad \frac{A_2^*}{A_3} = \frac{A_2^*}{A_e}\frac{A_e}{A_3} = 1,592 * \frac{1}{5} = 0,3184 \ .$$

Im Rohr herrscht Unterschall, man liest für

$$\frac{A_2^*}{A_3} = 0,3184$$

aus Tabelle C.1 (S. L.) ab:

$$M_3 = 0,19 \ , \qquad \frac{p_3}{p_{t_2}} = 0,9751 \ , \qquad \frac{T_3}{T_{t_2}} = 0,9928 \ .$$

Daraus folgen die Strömungsgrößen im Rohr zu

$$p_3 \quad = \quad \frac{p_3}{p_{t_2}}\,p_{t_2} = 0,9751 * 1,2562 \,\text{bar} = 1,225 \,\text{bar} \ ,$$

$$T_3 \quad = \quad \frac{T_3}{T_{t_2}}\,T_{t_2} = 0,9928 * 500 \,\text{K} = 496,4 \,\text{K} \ .$$

c) $T_{t_4}$, $p_4$:

Ruhetemperatur ist Erhaltungsgröße (ideales Gas)

$$\Rightarrow \qquad T_{t_4} = T_t = 500 \,\text{K} \ .$$

Der Druck des in den zweiten Kessel austretenden Strahles ist der Kesseldruck, da $M_3 < 1$ ist

$$\Rightarrow \qquad p_4 = p_3 = 1,225 \,\text{bar} \ .$$

# Aufgabe 9.2-6    Verspinnen eines Fadens in einer Düse

In der skizzierten Düse wird Spinnmaterial mit Hilfe eines heißen Luftstroms (ideales Gas, $\gamma = 1,4$)
zu einem dünnen Faden verschmolzen und durch
das Rohr und die Düse transportiert. Die Strömung
in dem langen Rohr ist reibungsbehaftet, so daß
dort die Machzahl zunimmt, bis sie am Düseneintritt (Stelle [1]) schließlich den Wert $M = 1$ erreicht
hat. In der kurzen Düse kann dagegen die Reibung
vernachlässigt werden. Im Abstand $l$ vom Düseneintritt wird ein senkrechter Verdichtungsstoß beobachtet.

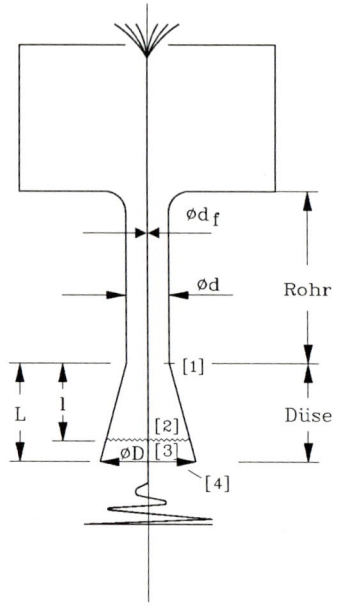

a) Wie groß ist der Massenstrom $\dot{m}$ durch die Spinndüse, wenn an der Stelle [1] der
   Druck $p_1$ und die Temperatur $T_1$ gemessen werden?
b) Man berechne $M_2$, $p_2$ und $M_3$, $p_3$.
c) Wie groß ist das Verhältnis der kritischen Querschnitte vor und nach dem Stoß?
d) Wie groß sind $M_4$ und $p_4$?

Geg.: $M_1 = 1$, $p_1 = 1,5\,\text{bar}$, $T_1 = 400\,\text{K}$, $R = 287\,\text{J/(kg K)}$, $\gamma = 1,4$, $d = 3\,\text{mm}$,
$D = 7\,\text{mm}$, $L = 16\,\text{mm}$, $l = 11\,\text{mm}$

## Lösung

a) Massenstrom $\dot{m}$ :

$$\dot{m} = \varrho_1 u_1 A_1 = \varrho_1 M_1 a_1 A_1 = \frac{p_1}{R T_1} M_1 \sqrt{\gamma R T_1}\, A_1 = M_1 p_1 \sqrt{\frac{\gamma}{R T_1}}\, \pi\, \frac{d^2}{4}$$

$$= 1 * 1,5 * 10^5\, \frac{\text{N}}{\text{m}^2} * \sqrt{\frac{1,4}{287 * 400}}\, \frac{\text{s}}{\text{m}} * \pi * \frac{3^2 * 10^{-6}}{4}\, \text{m}^2$$

$$= 3,703\, \frac{\text{g}}{\text{s}} .$$

b) $M_2$, $p_2$ und $M_3$, $p_3$:
   Am Düseneintritt, dem engsten Querschnitt [1], beträgt die Machzahl $M_1 = 1$.

$$A^* = A_1 = \frac{\pi}{4} d^2 .$$

Um die Machzahl und den Druck an der Stelle [2] ermitteln zu können, muß das Flächenverhältnis $A^*/A_2$ bekannt sein. Es gilt

$$\frac{A^*}{A_2} = \left(\frac{d}{d_2}\right)^2 .$$

Den Durchmesser $d_2$ erhält man durch einen einfachen Ansatz zu

$$d_2 = d + \frac{l}{L}(D - d)$$

$$\Rightarrow \qquad \frac{d_2}{d} = 1 + \frac{l}{L}\left(\frac{D}{d} - 1\right) .$$

Einsetzen der Zahlenwerte ergibt

$$\frac{d_2}{d} = 1 + \frac{11}{16}\left(\frac{7}{3} - 1\right) = \frac{23}{12}$$

$$\Rightarrow \qquad \frac{A^*}{A_2} = \left(\frac{12}{23}\right)^2 = 0,2722 . \tag{1}$$

Aus der Tabelle C.1 (S. L.) liest man ab:

$$M_2 = 2,85 , \qquad \frac{p_2}{p_t} = 0,03415 .$$

Der Totaldruck $p_t$ ist noch unbekannt. Er läßt sich aus den Daten an der Stelle [1] mit der bekannten Machzahl $M_1 = 1$ berechnen:

$$\frac{p_1}{p_t} = \frac{p^*}{p_t} = 0,5283$$

$$\Rightarrow \qquad p_t = \frac{p_1}{0,5283} = \frac{1,5}{0,5283}\,\text{bar} = 2,8393\,\text{bar} .$$

Damit ist auch $p_2$ bestimmt:

$$p_2 = 0,0970\,\text{bar} .$$

Für den Zustand [3] (nach dem Stoß) liest man mit $M_2 = 2,85$ aus den Stoßtabellen ab:

$$\frac{p_3}{p_2} = 9,3096 , \qquad \frac{p_{t_3}}{p_{t_2}} = 0,3733 , \qquad M_3 = 0,485 .$$

Der Druck nach dem Stoß ist dann

$$p_3 = 0,9030\,\text{bar} ,$$

der Ruhedruck nach dem Stoß

$$p_{t_3} = 1,06\,\text{bar} .$$

c) Änderung des kritischen Querschnitts:
Das Querschnittsverhältnis vor dem Stoß beträgt nach (1)

$$M_2 = 2,85 \,, \qquad \frac{A_2^*}{A_2} = 0,2722 \,,$$

das Verhältnis nach dem Stoß erhält man aus der Tabelle C.1 (S. L.) mit

$$M_3 = 0,485 \quad \text{zu} \quad \frac{A_3^*}{A_3} = 0,73 \,.$$

Da unmittelbar vor und nach dem Stoß keine Querschnittsänderung stattfindet ($A_2 = A_3$), folgt für das gesuchte Verhältnis der kritischen Querschnitte

$$\frac{A_3^*}{A_2^*} = \frac{0,73}{0,2722} = 2,68 \,.$$

d) $M_4$, $p_4$:
Sowohl die Stelle [3] als auch die Stelle [4] besitzen den gleichen kritischen Querschnitt

$$A_4^* = A_3^* \,.$$

Mit dem Ergebnis aus c) kann man nun folgende Gleichungskette formulieren:

$$\frac{A_4^*}{A_4} = \frac{A_3^*}{A_4} = \frac{A_3^*}{A_2^*} \frac{A_1}{A_4} \,,$$

denn $A_2^* = A_1$. Die beiden rechts stehenden Verhältnisse sind bekannt, also ist

$$\frac{A_4^*}{A_4} = 2,68 \left(\frac{d}{D}\right)^2 = 0,492 \,.$$

Tabelle C.1 (S. L.) liefert

$$M_4 = 0,3 \,, \qquad \frac{p_4}{p_{t_4}} = 0,9395 \,.$$

Den Druck $p_4$ erhält man mit $p_{t_3} = p_{t_4}$ zu

$$p_4 = 0,996 \, \text{bar} \,.$$

## Aufgabe 9.2-7 Strahltriebwerk im Unterschallflug

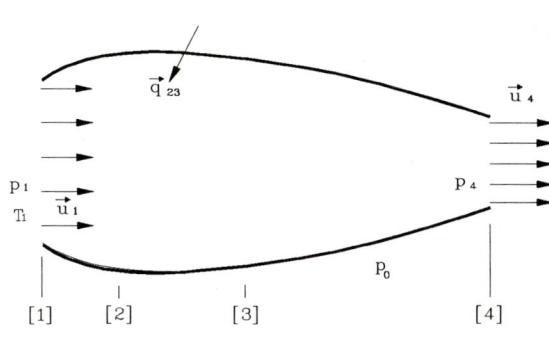

An der Stelle [1] eines Strahltriebwerkes im Unterschallflug tritt Luft über den Bereich $S_1$ mit der Geschwindigkeit $u_1$ (Druck $p_1$, Temperatur $T_1$) in das Triebwerk ein. Die Luft (kalorisch perfektes Gas $\gamma = 1,4$; $R = 287\,\mathrm{J/(kg\,K)}$) wird isentrop von [1] nach [2] auf den Druck $p_2$ komprimiert. Zwischen den Stellen [2] und [3] (Brennkammer) wird isobar die spezifische Wärme $q_{23} = 300\,\mathrm{kJ/kg}$ zugeführt. Von der Stelle [3] bis zum Austrittsquerschnitt (Stelle [4]) ist die Strömung wieder isentrop.

Die Drücke $p_1$ und $p_4$ können näherungsweise gleich dem Druck $p_0$ der Außenströmung gesetzt werden.

a) Berechnen Sie die Geschwindigkeit $u_2$ vor der Brennkammer. Wie groß ist die Temperatur $T_2$ und die Dichte $\varrho_2$ an dieser Stelle?

b) Bestimmen Sie die Geschwindigkeit $u_3$ hinter der Brennkammer, sowie die Temperatur $T_3$ und die Dichte $\varrho_3$.

c) Wie groß ist die Austrittsgeschwindigkeit $u_4$ und die Dichte $\varrho_4$, wenn der Druck $p_4 = p_0$ ist?

d) Berechnen Sie den Schub des Triebwerkes unter der Voraussetzung, daß die Strömung an den Stellen [1] und [4] ausgeglichen ist.

Geg.: $u_1 = 300$ m/s, $p_2 = 1,25$ bar, $\gamma = 1,4$; $p_0 = 0,8$ bar, $q_{23} = 300$ kJ/kg, $R = 287$ J/(kg K), $T_1 = 273$K, $A_1 = 1$ m²

### Lösung

a) Die Strömung von [1] nach [2] ist isentrop. Hierauf kann die Bernoullische Gleichung für kompressible Strömung in der Form

$$\frac{u_1^2}{2} + \frac{\gamma}{\gamma - 1}\,\frac{p_1}{\varrho_1} = \frac{u_2^2}{2} + \frac{\gamma}{\gamma - 1}\,\frac{p_1}{\varrho_1}\left(\frac{p_2}{p_1}\right)^{(\gamma-1)/\gamma}$$

angewendet werden. Nach Auflösen der gesuchten Geschwindigkeit

$$u_2 = \sqrt{u_1^2 + \frac{2\gamma}{\gamma - 1}\,R\,T_1\left(1 - \left(\frac{p_2}{p_1}\right)^{(\gamma-1)/\gamma}\right)}$$

ergibt sich $u_2$ zu 124,14 m/s. Mit der Isentropen-Beziehung

$$\frac{T_2}{T_1} = \left(\frac{p_2}{p_1}\right)^{(\gamma-1)/\gamma}$$

folgt $T_2 = 310,13$ K. Mit der thermischen Zustandsgleichung für ideale Gase berechnet sich die Dichte zu

$$\varrho_2 = \frac{p_2}{R\,T_2} = 1,4044\ \frac{\text{kg}}{\text{m}^3}\ .$$

Da die Wärmezufuhr isobar erfolgt, verschwindet der Druckgradient und in reibungsfreier Strömung daher auch die Beschleunigung (Eulersche Gleichung !) in der Brennkammer, so daß $u_2 = u_3$ gilt.

b) Wegen der Wärmezufuhr $q_{23}$ ist die Strömung von [2] nach [3] nicht adiabat und aus der Energiegleichung

$$\frac{u_2^2}{2} + h_2 + q = \frac{u_3^2}{2} + h_3$$

erhalten wir mit $h = c_p T$ und $u_2 = u_3$

$$q_{23} = c_p\,(T_3 - T_2)\ .$$

Mit der Identität $c_p = \gamma/(\gamma - 1)\,R$ erhält man damit das Ergebnis

$$T_3 = \frac{q_{23}(\gamma - 1)}{\gamma\,R} + T_2 = 608,79\text{K}\ ,$$

während die Dichte wieder aus der Gasgleichung gewonnen werden kann:

$$\varrho_3 = \frac{p_3}{R\,T_3} = 0,7154\ \frac{\text{kg}}{\text{m}^3}\ .$$

c) Von Querschnitt [3] nach [4] ist die Strömung isentrop, daher folgt die Geschwindigkeit $u_4$ analog dem Vorgehen unter Aufgabenteil a) zu 402,28 m/s. Die Auswertung der Isentropen-Beziehung

$$\frac{\varrho_4}{\varrho_3} = \left(\frac{p_4}{p_3}\right)^{1/\gamma}$$

ergibt für $\varrho_4 = 0,5201$ kg/m$^3$.

d) Der Schub ist die Kraft, welche auf das Triebwerk wirkt. Die Anwendung des Impulssatzes

$$\iint\limits_{(S)} \varrho\,\vec{u}(\vec{u}\cdot\vec{n})\ \mathrm{d}S = \iint\limits_{(S)} \vec{t}\,\mathrm{d}S$$

auf das skizzierte Kontrollvolumen ($S_{ges} = S_1 + S_w + S_4$) führt auf den Ausdruck

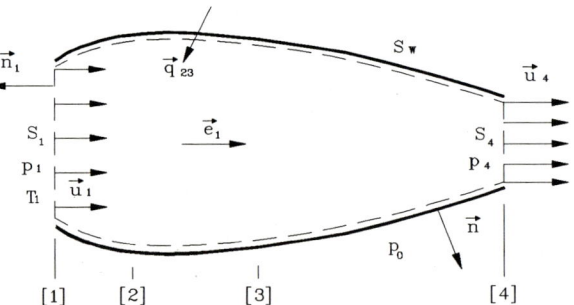

$$\iint\limits_{S_1} \varrho_1\vec{u}_1(\vec{u}_1\cdot\vec{n})\ \mathrm{d}A + \iint\limits_{S_w} \varrho\,\vec{u}(\vec{u}\cdot\vec{n})\ \mathrm{d}S + \iint\limits_{S_4} \varrho_4\vec{u}_4(\vec{u}_4\cdot\vec{n})\ \mathrm{d}S =$$

$$= -\iint\limits_{S_1} p_1\vec{n}\ \mathrm{d}A - \iint\limits_{S_4} p_4\vec{n}\ \mathrm{d}S + \iint\limits_{S_w} \vec{t}\,\mathrm{d}S\ .$$

Das zweite Integral fällt wegen der Randbedingung an der festen Wand heraus. Der Spannungsvektor der beiden ersten Terme auf der rechten Seite ist $-p\vec{n}$, da die Strömung ausgeglichen sein soll. Das letzte Oberflächenintegral ist die Kraft, die von der Triebwerksinnenseite auf die Flüssigkeit ausgeübt wird. Die Kraft auf das Triebwerk $\vec{F}_{Tr_i}$ ist zu dieser Kraft antiparallel und es wird

$$-\varrho_1 u_1^2 A_1 \vec{e}_1 + \varrho_4 u_4^2 A_4 \vec{e}_1 = p_1 A_1 \vec{e}_1 - p_4 A_4 \vec{e}_1 - \vec{F}_{Tr_i}$$

erhalten. Mit $p_1 = p_4 = p_0$ lautet obige Gleichung

$$\vec{F}_{Tr_i} = \vec{e}_1 [p_0(A_1 - A_4) + \varrho_1 u_1^2 A_1 - \varrho_4 u_4^2 A_4] \, .$$

Es interessiert nur der Schub in $\vec{e}_1$-Richtung, die Kraftkomponente auf der Außenwand des Triebwerkes lautet daher

$$F_{Tr_a} = \vec{F}_{Tr_a} \cdot \vec{e}_1 = -\iint\limits_{S_w} p_0 \, \vec{n} \cdot \vec{e}_1 \, dS = -p_0(A_1 - A_4) \, .$$

und der Schub des Triebwerkes

$$F_S = \vec{F}_{Tr_i} \cdot \vec{e}_1 + \vec{F}_{Tr_a} \cdot \vec{e}_1 = \varrho_1 u_1^2 A_1 - \varrho_4 u_4^2 A_4$$

läßt sich mit der Kontinuitätsgleichung $\varrho_1 u_1 A_1 = \varrho_4 u_4 A_4$ auswerten:

$$F_S = \varrho_1 u_1 A_1 (u_1 - u_4) = -31,332 \, \text{kN} \, .$$

## Aufgabe 9.2-8  Fahrt eines Hochgeschwindigkeitszuges durch einen Tunnel

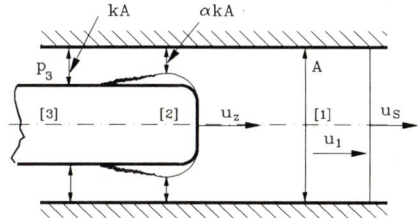

Ein Hochgeschwindigkeitszug fährt mit konstanter Geschwindigkeit $u_z$ durch einen Tunnel. An der Vorderseite löst die Strömung in der skizzierten Weise ab (Strahlkontraktionsziffer $\alpha$). Die Strömung sei kompressibel und das Medium (Luft) kalorisch und thermisch perfekt.

Bekannt sei der Zustand [1] weit vor dem Zug mit $p_1$ und $\varrho_1$. Die Geschwindigkeit ist hier $u_1 \neq u_z$.

a) Berechnen Sie an der Stelle [2] die Geschwindigkeit $u_2$ und die beiden Zustandsgrößen $p_2$ und $\varrho_2$ bei isentroper Strömung von [1] nach [2].
b) Berechnen Sie die Geschwindigkeit $u_3$ mit Hilfe des Impulssatzes von [2] nach [3], wobei $p_3$ gegeben ist.

Geg.: $u_1$, $p_1$, $\varrho_1$, $A$, $k$, $\alpha$, $u_z$, $p_3$, $\gamma$

## Lösung

a) Wenn der Zug die Stelle [3] erreicht (Tunneleintritt) bildet sich bei genügend kleinem Flächenverhältnis $k \ll 1$ ein Stoß aus, der in den Tunnel läuft.

Hinter dem Stoß ist der Zustand mit $p_1$ und $\varrho_1$ gegeben; außerdem wird durch den instationären Verdichtungsstoß die Luft mit der Geschwindigkeit $u_1$ in Bewegung versetzt. Der Zustand hinter dem Stoß könnte mit den Stoßbeziehungen berechnet werden. Dies soll hier jedoch nicht geschehen.

Untersucht wird der Fall, wo der Zug mit der Geschwindigkeit $u_z$ im Tunnel fährt, das Zugende aber noch nicht die Stelle [3] passiert hat. Der Strömungszustand im Tunnel ist instationär. Im zugfesten System ist die Strömung stationär. Vom tunnelfesten System gelangt man zum zugfesten System, indem man allen Geschwindigkeiten die Geschwindigkeit $u_z$ so überlagert, daß der Zug zur Ruhe kommt.

$$u'_1 = u_z - u_1 \,,$$

$$u'_2 = u_z - u_2 \,,$$

$$u'_3 = u_z - u_3 \,.$$

Bei der Zugumströmung von [1] nach [2] tritt eine Querschnittsverringerung auf, die als isentrope Düsenströmung angenähert werden kann. Mit der Anström–Machzahl $M'_1$ zum Zug

$$M'_1 = \frac{u'_1}{a_1} = \frac{u'_1}{\sqrt{\gamma \frac{p_1}{\varrho_1}}}$$

erhält man das Flächenverhältnis $A^*/A$ für diese Strömung aus Tabelle C.1 (S. L. Seite 414) oder aus der expliziten Gleichung

$$\frac{A^*}{A} = M'_1 \left[ \frac{2}{\gamma + 1} \left( \frac{\gamma - 1}{2} M'^2_1 + 1 \right) \right]^{-\frac{\gamma+1}{2(\gamma-1)}}$$

für gegebenes $M'_1$. Die Machzahl an der Stelle [2] $M'_2$ kann bei gegebenem Flächenverhältnis $A^*/(\alpha k A)$ aus derselben Gleichung

$$\frac{A^*}{\alpha k A} = M'_2 \left[ \frac{2}{\gamma + 1} \left( \frac{\gamma - 1}{2} M'^2_2 + 1 \right) \right]^{-\frac{\gamma+1}{2(\gamma-1)}}$$

ermittelt werden, wobei aber für $M'_2$ eine iterative Lösung nötig wird. Alternativ kann man für gegebenes Flächenverhältnis die Machzahl $M'_2$ wieder der Tabelle C.1 entnehmen. Zweimalige Anwendung von (S. L. (9.94))

$$\frac{p_t}{p} = \left( \frac{\gamma - 1}{2} M^2 + 1 \right)^{\frac{\gamma}{\gamma-1}}$$

liefert das Druckverhältnis

$$\frac{p_2}{p_1} = \left(\frac{\frac{\gamma-1}{2} M_1'^2 + 1}{\frac{\gamma-1}{2} M_2'^2 + 1}\right)^{\frac{\gamma}{\gamma-1}} ,$$

wobei es selbstverständlich ist, daß die thermodynamischen Größen vom Bezugssystem unabhängig sind. Mit der Dichte $\varrho_2$ aus

$$\frac{\varrho_2}{\varrho_1} = \left(\frac{p_2}{p_1}\right)^{1/\gamma}$$

erhält man zunächst die Geschwindigkeit

$$u_2' = M_2' \sqrt{\frac{\gamma \, p_2}{\varrho_2}}$$

relativ zum Zug und dann die Geschwindigkeit

$$u_2 = -u_2' + u_z = -M_2' \sqrt{\gamma \, \frac{p_2}{\varrho_2}} + u_z$$

im Tunnel.

Zahlenbeispiel: Mit den vorgegebenen Werten sei die Machzahl $M_1' = 0,3$ und $\alpha = 0,7$; $k = 0,8$; $\gamma = 1,4$. Es ergibt sich aus der Tabelle $A^*/A = 0,4914$. Die Machzahl $M_2'$ liest man mit Hilfe des Flächenverhältnisses

$$\frac{A^*}{\alpha \, k \, A} = 0,8775$$

zu $M_2' \approx 0,65$ ab. Das Druckverhältnis $p_2/p_1$ errechnet sich zu 0,8013 und damit das Dichteverhältnis $\varrho_2/\varrho_1$ zu 0,8536. Für die Geschwindigkeiten erweitert man

$$\frac{u_2'}{u_1'} = \frac{M_2'}{M_1'} \frac{a_2}{a_1} = \frac{M_2'}{M_1'} \frac{a_2}{a_t} \frac{a_t}{a_1}$$

und die Schallgeschwindigkeiten aus der Tabelle C.1 liefern dann $u_2' = 2,0993 u_1'$.

b)

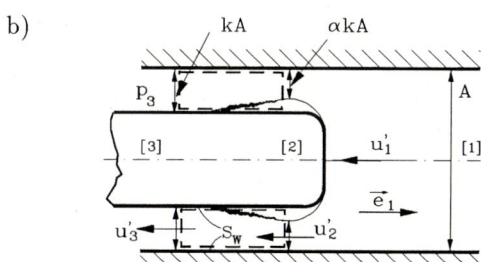

Infolge der Ablösung kommt es zu einer Strahlaufweitung, die mit Verwirbelung und deshalb mit Verlusten verbunden ist. Die Strömung von [2] nach [3] ist dann nicht mehr isentrop. Wir verwenden daher den Impulssatz, um die Zustände an der Stelle [3] zu berechnen. Die Geschwindigkeit im Ablösegebiet ist sehr klein und wird näherungsweise null gesetzt. Im Impulssatz

$$\iint\limits_{(S)} \varrho \, \vec{u}(\vec{u} \cdot \vec{n}) \, \mathrm{d}S = \iint\limits_{(S)} \vec{t} \, \mathrm{d}S \qquad (1)$$

für das skizzierte Kontrollvolumen berechnen wir zunächst die linke Seite $(\vec{L})$, die Impulsflüsse

$$\vec{L} = \iint_{kA} \varrho\,\vec{u}(\vec{u}\cdot\vec{n})\;\mathrm{d}A + \iint_{\alpha kA} \varrho\,\vec{u}(\vec{u}\cdot\vec{n})\;\mathrm{d}A + \iint_{S_W} \varrho\,\vec{u}(\vec{u}\cdot\vec{n})\;\mathrm{d}S$$

zu

$$\vec{L} = \varrho_3 u_3'^2 k\,A\,\vec{n}_3 + \varrho_2 u_2'^2 \alpha\,k\,A\,\vec{n}_2 \;.$$

Mit der Annahme, daß an den Stellen [2] und [3] keine Gradienten vorhanden sind und unter Vernachlässigung der Wandschubspannungen gilt $\vec{t} = -p\,\vec{n}$. Die rechte Seite von (1), $(\vec{R})$, wird dann mit

$$\vec{R} = \iint_{kA} -p\,\vec{n}\;\mathrm{d}A + \iint_{\alpha kA} -p\,\vec{n}\;\mathrm{d}A + \iint_{(1-\alpha)kA} -p\,\vec{n}\;\mathrm{d}A + \iint_{S_W} -p\,\vec{n}\;\mathrm{d}S$$

zu

$$\vec{R} = -p_3 k\,A\,\vec{n}_3 - p_2 \alpha\,k\,A\,\vec{n}_2 - p_2 k\,A\,(1-\alpha)\vec{n}_2 - \iint_{S_W} p\,\vec{n}\;\mathrm{d}S$$

erhalten. Die Geschwindigkeit $u_3'$ folgt nun aus der Komponente des Impulssatzes in $\vec{e}_1$–Richtung

$$\alpha\,\varrho_2 u_2'^2 - \varrho_3 u_3'^2 = p_3 - p_2$$

und der Kontinuitätsgleichung $\varrho_3 u_3' A_3 = \varrho_2 u_2' A_2$ zu

$$\frac{u_3'}{u_2'} = 1 + \frac{p_2 - p_3}{\alpha\,\varrho_2 u_2'^2} \;,$$

in der nur noch gegebene oder in Aufgabenteil a) errechnete Größen auftreten.

## Aufgabe 9.2-9   Labyrinthdichtung einer Turbomaschine

Bei einer Wellendurchführung durch ein Gehäuse einer Turbomaschine wird ideales Betriebsgas $(\gamma)$, dessen thermodynamischer Zustand im Innern mit $p_1, T_1$ und außerhalb mit $p_5, T_5$ bekannt ist, durch eine einkammerige Labyrinthdichtung gegen die Umgebung abgedichtet.

Der Radius $R$ der Welle, die Höhe $D$ und die Länge $L$ der Kammer sind groß im Vergleich zu den Spaltweiten. Das Druckverhältnis $p_1/p_3$ und $p_3/p_5$ ist überkritisch. Die sich einstellende Strömung von [1] nach [2] und von [3] nach [4] kann als stationäre, quasi-eindimensionale, isentrope Strömung angesehen werden, nicht jedoch jene von [2] nach [3] und von [4] nach [5].

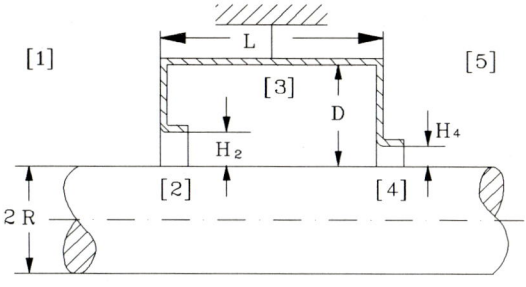

a) Berechnen Sie den Leckstrom.
b) Welcher thermodynamische Zustand $(p_3, T_3)$ stellt sich in der Kammer ein?
c) Wie muß das Spaltweitenverhältnis konstruktiv gewählt werden, damit das Druckverhältnis $p_1/p_3$ überkritisch ist?

Geg.: $p_1$, $T_1$, $p_5$, $T_5$, $R$, $H_2$, $H_4$, $\gamma$

**Lösung**

Die Spalten der Labyrinthdichtung können als konvergente Düsen betrachtet werden, in der das Betriebsgas stationär, quasieindimensional und isentrop strömt. Die Druckverhältnisse $p_1/p_3$ und $p_3/p_5$ sind überkritisch, d. h. im engsten Querschnitt der konvergenten Düse ist die Machzahl $M = 1$ und der thermodynamische Zustand ist durch die kritischen Größen gegeben. Von [2] nach [3] wird das Gas im überkritischen Fall auf den sich im Innern einstellenden Druck $p_3$ expandiert. Außerdem verwirbelt das Gas in der Kammer vollständig ($D \gg H_2, H_4$ und $L \gg H_2, H_4$) und kommt zur Ruhe. Analog kann der Vorgang von [4] nach [5] betrachtet werden.

a) Im stationären Zustand ändert sich der Leckstrom über die Dichtung nicht:

$$\dot{m} = \dot{m}_2 = \dot{m}_4 = A_2 u_2 \varrho_2 \,. \tag{1}$$

Infolge der Auslegung $H_2 \ll R$ gilt als Näherung für die Fläche

$$A_2 = 2\pi R H_2 \,.$$

Im engsten Querschnitt wird die Machzahl 1 erreicht, daher ist $u_2 = a_2$, und die Strömungsgrößen im Spalt sind die kritischen Größen. Da $p_1 = p_t$ und $\varrho_1 = \varrho_t$ Kesselzustände sind, folgt für die Geschwindigkeit

$$a_2^{*\,2} = u_2^2 = \gamma \, \frac{p_1}{\varrho_1} \, \frac{2}{\gamma + 1}$$

sowie für das Dichteverhältnis

$$\frac{\varrho_2}{\varrho_1} = \frac{\varrho_2^*}{\varrho_1} = \left( \frac{2}{\gamma + 1} \right)^{1/(\gamma-1)} \,.$$

Damit erhält man für den Leckstrom

$$\dot{m} = 2\pi\sqrt{\gamma\,\varrho_1 p_1}\,R\,H_2\left(\frac{2}{\gamma+1}\right)^{\frac{\gamma+1}{2(\gamma-1)}} . \tag{2}$$

Dies ist der maximal mögliche Massendurchsatz. Im kritischen bzw. überkritischen Fall hängt er nur von der Fläche und den Ruhegrößen ab, nicht aber vom Zustand in der Kammer.

b) Der in die Kammer einfließende Massenstrom $\dot{m}_2$ muß wieder durch den Spalt [4] austreten. Der thermodynamische Zustand in [3] stellt sich nun so ein, daß diese Bedingung erfüllt ist. Die Strömung von [3] nach [4] kann analog jener von [1] nach [2] betrachtet werden. Vertauscht man die entsprechenden Indizes in Gleichung (2), so folgt

$$\dot{m}_4 = 2\pi\,R\,H_4\varrho_3 a_3\left(\frac{2}{\gamma+1}\right)^{\frac{\gamma+1}{2(\gamma-1)}} .$$

Wegen (1) liefert ein Vergleich von (2) mit obiger Gleichung

$$\frac{\varrho_1 a_1 H_2}{\varrho_3 a_3 H_4} = 1 , \tag{3}$$

und mit $a^2 = \gamma\,p/\varrho$ und $p/\varrho = R\,T$ folgt aus Gleichung (3)

$$\frac{p_1}{p_3}\sqrt{\frac{T_3}{T_1}} = \frac{H_4}{H_2} .$$

Wenn die Temperatur $T_3$ bekannt ist, kann aus obigem Ausdruck $p_3$ für ein gegebenes Spaltweitenverhältnis berechnet werden. $T_3$ folgt aus der Energiegleichung. Da das System adiabat ist, (keine Wärmeabfuhr nach außen) und $u_1 = u_3 = 0$ gilt, folgt aus dem Energiesatz für adiabate Strömung:

$$h_1 = h_3 \quad\Rightarrow\quad T_3 = T_1$$

$$\Rightarrow\quad p_3 = p_1\frac{H_2}{H_4} .$$

c) Es gilt die Ungleichung

$$\frac{p_3}{p_1} \leq \frac{p_2^*}{p_1} = \left(\frac{2}{\gamma+1}\right)^{\gamma/(\gamma-1)} ,$$

wobei im kritischen Fall das Gleichheitszeichen gilt, sonst ist die Strömung überkritisch. Mit dieser Ungleichung gelangt man zum Ergebnis

$$\frac{H_2}{H_4} \leq \left(\frac{2}{\gamma+1}\right)^{\gamma/(\gamma-1)} \leq 0,5283 , \tag{4}$$

wenn als Adiabatenexponent $\gamma = 1,4$ gewählt wird. Der Spalt [4] muß somit größer sein als der Spalt [2].

# Aufgabe 9.2-10   Gasströmung durch eine Blende

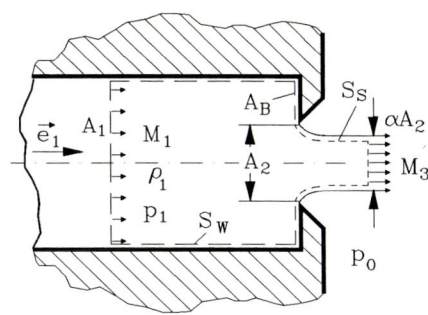

Aus einer Leitung (Querschnittsfläche $A_1$) strömt ideales Gas ($\gamma = 1,4$) reibungsfrei durch eine Blende mit der Öffnung $A_2$ aus. Dabei tritt eine Strahlkontraktion auf die Fläche $\alpha(M_3)\,A_2 = A_3$ ein. Die Beziehung $\alpha(M_3)$ ist annähernd gegeben durch

$$\alpha(M_3) = \frac{\pi}{\pi + \dfrac{2}{\left(1 + \frac{\gamma-1}{2}\,M_3^2\right)^{1/(\gamma-1)}}} \,,$$

die für $M_3 \to 0$ den bekannten Wert für inkompressible Strömung ergibt (S. L. (10.310)).

a) Bestimmen Sie die Größen $p_3$, $M_3$, $\alpha(M_3)$, wenn der Zustand in [1], die Geometrie der Anlage und der Außendruck bekannt sind.

b) Berechnen Sie die Kraft, die die Strömung auf die Blende ausübt.

Geg.: $p_0 = 1$ bar, $p_1 = 1,2$ bar, $\varrho_1 = 1,3$ kg/m$^3$, $M_1 = 0,2$, $A_1 = 10$ cm$^2$, $A_2 = 5$ cm$^2$, $\gamma = 1,4$

## Lösung

a) Mit den Beziehungen für isotrope Zustandsänderung

$$\frac{p_t}{p} = \left(\frac{\gamma-1}{2}\,M^2 + 1\right)^{\gamma/(\gamma-1)} \,, \qquad \frac{\varrho_t}{\varrho} = \left(\frac{\gamma-1}{2}\,M^2 + 1\right)^{1/(\gamma-1)} \tag{1}$$

und den gegebenen Größen des Zustands [1], ermittelt man die Ruhegrößen bzw. liest sie aus Tabelle C.1 (S. L.) ab:

$$\frac{p_1}{p_t} = 0,9725 \qquad \Rightarrow \qquad p_t = 1,2339\,\text{bar}\,,$$

$$\frac{\varrho_1}{\varrho_t} = 0,9803 \qquad \Rightarrow \qquad \varrho_t = 1,3261\,\frac{\text{kg}}{\text{m}^3}\,.$$

Aus dem Druckverhältnis $p_0/p_t = 0,8104$ folgt nach Auflösen der Isentropenbeziehung (1) oder aus der angesprochenen Tabelle die Machzahl $M_3 = 0,5564$; und weiter:

$$\frac{\varrho_3}{\varrho_t} = 0,8634 \qquad \Rightarrow \qquad \varrho_3 = 1,145\,\frac{\text{kg}}{\text{m}^3}\,.$$

Nach Einsetzen von $M_3$ in die gegebene Näherungsformel ergibt sich die Kontraktionszahl $\alpha = 0,6461$.

b) Die Anwendung des Impulssatzes:

Für die angenommene reibungsfreie Strömung lautet der Impulssatz

$$\iint\limits_{(S)} \varrho\,\vec{u}(\vec{u} \cdot \vec{n})\,\mathrm{d}S = \iint\limits_{(S)} \vec{t}\,\mathrm{d}S = -\iint\limits_{(S)} p\,\vec{n}\,\mathrm{d}S \,, \tag{2}$$

der nach einfacher Rechnung die Form

$$\vec{e}_1(-\varrho_1 u_1^2 A_1 + \varrho_3 u_3^2 \alpha\, A_2) = \vec{e}_1(p_1 A_1 - p_0\,\alpha\, A_2) - \iint\limits_{S_S} p_0\, \vec{n}\, \mathrm{d}S - \vec{F}_B - \iint\limits_{S_W} p\, \vec{n}\, \mathrm{d}S$$

annimmt, in der $\vec{F}_B$ die Kraft auf die Blende ist. Nach skalarer Multiplikation mit $\vec{e}_1$ fällt das letzte Integral heraus. Der Ausdruck $\vec{n}\cdot\vec{e}_1\,\mathrm{d}S$ ist der Bildwurf der Fläche $\mathrm{d}S$ in die $\vec{e}_1$–Richtung und das Integral daher $A_2 - \alpha\, A_2$. Es entsteht

$$F_B = \varrho_1 u_1^2 A_1 - \varrho_3 u_3^2 \alpha\, A_2 - p_0 \alpha\, A_2 - p_0(A_2 - \alpha\, A_2) + p_1 A_1 \;,$$

was nach Zusammenfassen

$$F_B = (\varrho_1 u_1^2 + p_1)A_1 - (\varrho_3 u_3^2 \alpha + p_0)A_2$$

ergibt. Mit $\varrho_3 u_3^2 = \gamma\, M_3^2 p_3$ und $\varrho_1 u_1^2 = \gamma\, M_1^2 p_1$ ist die gesuchte Kraftkomponente

$$F_B = p_1 A_1(1 + \gamma\, M_1^2) - p_0 A_2(1 + \gamma\,\alpha\, M_3^2) = 62,7\,\mathrm{N}\;.$$

## 9.3 Instationäre kompressible Strömung

### Aufgabe 9.3-1  In ein Rohr laufender senkrechter Verdichtungsstoß

Aus einem Rohr, das in eine Lavaldüse mündet, strömt ideales Gas isentrop mit der Machzahl $M_1' = 0,6$ . Der Zustand $(p_1, a_1)$ an der Stelle [1] und der Rohrquerschnitt $A$ sind bekannt. Verringert man plötzlich den engsten Querschnitt $A_D$ der Düse, so erhöht

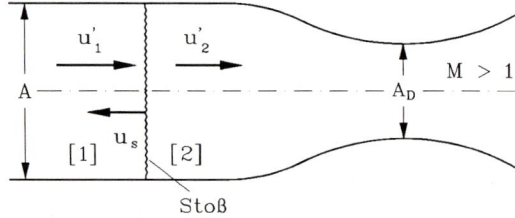

sich der Druck $p_2$ am Düseneintritt und ein senkrechter Verdichtungsstoß läuft in das Rohr (siehe Skizze). Hinter dem Stoß stellt sich sofort wieder stationäre Strömung mit der Machzahl $M_2' = u_2'/a_2$ ein.

a) Wie groß ist $A_D$, bevor der Düsenquerschnitt verändert wird?
b) Man berechne die Machzahl $M_2'$, die sich hinter dem Stoß, d. h. vor der Düse einstellt, wenn der Düsenquerschnitt auf $0,6 A_D$ verkleinert wird.
c) Man bestimme (graphisch oder numerisch) die Machzahl $M_S$ des Stoßes, die Machzahl $M_2$ im stoßfesten System und das Verhältnis $a_2/a_1$ der Schallgeschwindigkeiten.
d) Wie groß sind $p_2$ und $T_2$?

Geg.: $\gamma = 1,4$, $R = 287\,\mathrm{J/(kg\,K)}$, $M_1' = 0,6$, $p_1 = 3\,\mathrm{bar}$, $T_1 = 300\,\mathrm{K}$, $A = 10\,\mathrm{cm}^2$

**Lösung**

a) Die Querschnittsfläche $A_D$ vor der Veränderung:
Mit $M_1' = 0,6$ folgt aus der Tabelle C.1 der S. L.

$$\frac{A^*}{A} = \frac{A_D}{A} = 0,8416 \qquad \Rightarrow \qquad A_D = 0,8416\,A = 8,416\,\text{cm}^2 \ .$$

b) Die Machzahl $M_2'$ nach Veränderung des engsten Querschnittes:
Der veränderte Düsenquerschnitt ist $A^* = 0,6\,A_D$, das neue Flächenverhältnis beträgt dann

$$\frac{A^*}{A} = \frac{0,6\,A_D}{A} = 0,5050 \qquad \Rightarrow \qquad M_2' \approx 0,31 \ .$$

c) Die Stoßmachzahl $M_S$, die Machzahl $M_2$ und das Verhältnis $a_2/a_1$:
Die Machzahlen im Laborsystem vor und hinter dem Verdichtungsstoß, $M_1'$ und $M_2'$, sind bekannt. Die entsprechenden Geschwindigkeiten $u_1' = M_1'\,a_1$ und $u_2' = M_2'\,a_2$ müssen auf ein Koordinatensystem umgerechnet werden, in dem der Stoß in Ruhe ist (stoßfestes System):

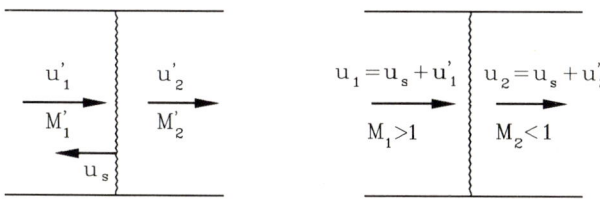

Laborsystem        stoßfestes System

Die entsprechenden Machzahlen im stoßfesten System sind dann

$$M_1 = \frac{u_1}{a_1} = \frac{u_S + u_1'}{a_1} = \frac{u_S}{a_1} + \frac{u_1'}{a_1} = M_S + M_1' \ , \tag{1}$$

$$M_2 = \frac{u_2}{a_2} = \frac{u_S + u_2'}{a_2} = \frac{u_S}{a_1}\frac{a_1}{a_2} + \frac{u_2'}{a_2} = \frac{a_1}{a_2}M_S + M_2' \ . \tag{2}$$

Die Gleichungen (1) und (2) sind zwei Gleichungen für die vier Unbekannten $M_s$, $M_1$, $M_2$ und $a_1/a_2$. Die noch fehlenden Gleichungen gewinnt man aus den Stoßbeziehungen (S. L. (9.139) ) und (S. L. (9.141) ) zu

$$\frac{a_1}{a_2} = \frac{(\gamma + 1)\,M_1}{\sqrt{(2\gamma M_1^2 - (\gamma - 1))(2 + (\gamma - 1)\,M_1^2)}} \tag{3}$$

und

$$M_2 = \left(\frac{\gamma + 1 + (\gamma - 1)(M_1^2 - 1)}{2\gamma M_1^2 - (\gamma - 1)}\right)^{1/2} \ . \tag{4}$$

Eliminiert man mittels (1) $M_S$ in (2)

$$M_2 - M_2' = \frac{a_1}{a_2}(M_1 - M_1')$$

und setzt die Stoßbeziehungen (3) und (4) ein, so erhält man bei gegebenem $M_1'$, $M_2'$ eine Bestimmungsgleichung für $M_1$. Für die Zahlenwerte $\gamma = 1,4$, $M_1' = 0,6$, $M_2' = 0,31$ ergibt sich die numerische Lösung zu $M_1 = 1,17703$.

Aus (1) erhält man damit die Stoßmachzahl

$$M_S = M_1 - M_1' = 0,58 \ ,$$

aus (2) die Machzahl nach dem Stoß

$$M_2 = 0,86$$

und aus (3) schließlich das Verhältnis der Schallgeschwindigkeiten

$$\frac{a_2}{a_1} = 1,055 \ .$$

d) Druck und Temperatur hinter dem Stoß:
Die fehlenden Zustandsgrößen $p_2$ und $T_2$ erhält man mit $M_1$ aus der Tabelle C.1 (S. L.) zu

$$\frac{p_2}{p_1} \ = \ 1,45 \ , \quad \frac{T_2}{T_1} = 1,1154$$

$$\Rightarrow \quad p_2 \ = \ 4,35 \, \text{bar} \quad \text{und} \quad T_2 = 334,6 \, \text{K} \ .$$

## Aufgabe 9.3-2   Stoßwellenrohr

Ein Stoßwellenrohr besteht in seiner ein-fachsten Ausführung aus einem langen, zy-lindrischen Rohr, in dem durch eine leicht zerstörbare Membran zwei Kammern (HD = Hochdruckteil und ND = Niederdruck-

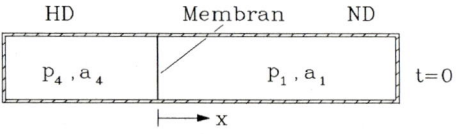

teil) abgetrennt sind. Die Kammern werden mit Gas verschiedener Zustände $p_1$, $a_1$ und $p_4 > p_1$, $a_4$ gefüllt. Zerstört man die Membran, so läuft in den ND-Teil ein Verdichtungs-stoß, dem eine sogenannte Kontaktunstetigkeit (= Mediengrenze zwischen den Gasen, die ursprünglich im HD– bzw. ND–Teil waren) folgt. In den Hochdruckteil läuft eine zentrierte Expansionswelle. Stoß und Expansionswelle werden an den Endflanschen des Rohres reflektiert.

a) Skizzieren Sie den Strömungsvorgang in einem $x$-$t$–Diagramm.
b) Geben Sie unter der Annahme idealen Gases ($\gamma_{\text{HD}} = \gamma_{\text{ND}} = \gamma$) die zur Bestimmung der Zustände hinter dem Stoß und dem Expansionsfächer notwendigen Gleichungen an.

Geg.: $p_1$, $a_1$, $p_4$, $a_4$, $\gamma$

**Lösung**

a) $x$-$t$-Diagramm:

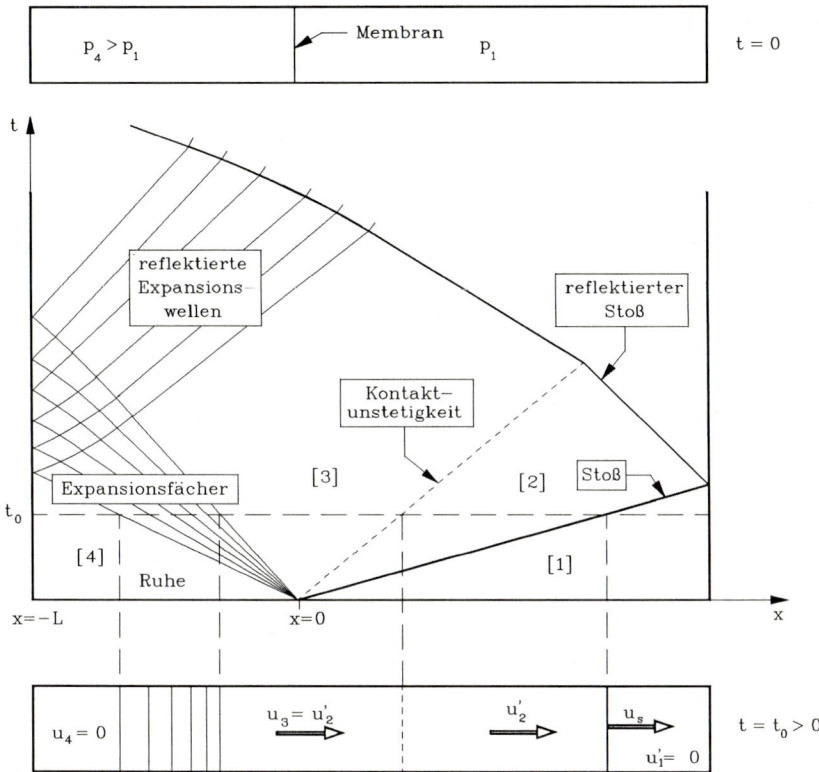

b) Zustand hinter Stoß [2] und hinter Expansionsfächer [3]:
   Die gestrichenen Größen sind auf das Laborsystem bezogen. Die zur Beschreibung
   des Vorgangs notwendigen Gleichungen sind :

   1.) Geschwindigkeit hinter einem Stoß, der in ruhendes Gas läuft (S. L. (9.154))

$$u_2' = \frac{2}{\gamma + 1}\, a_1 \left( M_s - \frac{1}{M_s} \right)$$

   oder auch wegen $M_s = M_1$ $(u_1' = 0 \;\;\Rightarrow\;\; u_1 = u_s)$

$$u_2' = \frac{2}{\gamma + 1}\, a_1 \left( M_1 - \frac{1}{M_1} \right) \; . \tag{1}$$

   2.) Druckverhältnis über den Stoß (S. L. (9.137))

$$\frac{p_2}{p_1} = \frac{2\gamma M_1^2 - (\gamma - 1)}{\gamma + 1} \; . \tag{2}$$

3.) Druckverhältnis über den Expansionsfächer
(Die Kontaktunstetigkeit, die sich mit $u_2' = u_3$ bewegt, wirkt bezüglich des Expansionsfächers wie ein nach rechts gehender Kolben, so daß in der entsprechenden Gleichung (S. L. (9.198)) $|u_K|$ durch $u_3$ ersetzt werden kann):

$$\frac{p_3}{p_4} = \left(1 - \frac{\gamma - 1}{2} \frac{u_3}{a_4}\right)^{\frac{2\gamma}{\gamma-1}} . \tag{3}$$

Ferner gelten die Randbedingungen an der Kontaktunstetigkeit:

$$u_2' = u_3 , \tag{4}$$

$$p_2 = p_3 . \tag{5}$$

(1) bis (5) sind fünf Gleichungen für die fünf Unbekannten $u_2$, $u_3$, $p_2$, $p_3$, $M_1$. Der Rechengang kann wie folgt ablaufen:
Durch Einsetzen von (5) in (3) erhält man $p_2/p_4 = f(u_3/a_4)$. Dividiert man diese Beziehung durch (2), so gewinnt man $p_1/p_4 = f(M_1, u_3/a_4)$, in der man wiederum $u_3 = u_2'$ durch (1) eliminieren kann. So erhält man eine Beziehung der Form $p_1/p_4 = f(M_1)$, also eine Bestimmungsgleichung für $M_1$. Sie lautet

$$\frac{p_1}{p_4} = \left[1 - \frac{\gamma - 1}{\gamma + 1} \frac{a_1}{a_4} \left(M_1 - \frac{1}{M_1}\right)\right]^{\frac{2\gamma}{\gamma-1}} \frac{\gamma + 1}{2\gamma M_1^2 - (\gamma - 1)} ,$$

aus der sich für gegebene $a_1/a_4$, $p_1/p_4$ die größte erreichbare Machzahl ablesen läßt. In dem folgenden Bild ist der Verlauf $p_1/p_4 = f(M_1)$ für $a_1/a_4 = 1$ und $\gamma = 1,4$ dargestellt.

Mit bekanntem $M_1$ folgt aus (1) $u_2' = u_3$, dann aus (3) $p_3/p_4 = p_2/p_4$. Das Verhältnis $a_3/a_4$ läßt sich damit aus der Isotropenbeziehung über den Expansionsfächer

$$\frac{a_3}{a_4} = \left(\frac{p_3}{p_4}\right)^{\frac{\gamma-1}{2\gamma}}$$

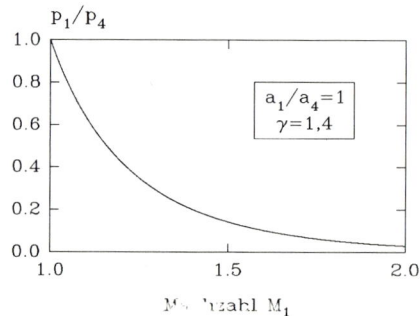

berechnen, während man $a_2/a_1$ mit bekanntem $M_1$ aus der Stoßbeziehung (S. L. (9.139))

$$\frac{a_2}{a_1} = \left(\frac{T_2}{T_1}\right)^{1/2} = \frac{\sqrt{(2\gamma M_1^2 - (\gamma - 1))(2 + (\gamma - 1)M_1^2)}}{(\gamma + 1)M_1}$$

gewinnt.

## Aufgabe 9.3-3 Bewegung eines Kolbens in einem Rohr infolge Gasexpansion

In einem unendlich langen Rohr wird an der Stelle $x = 0$ ein Kolben (Länge $l_K$, Dichte $\varrho_K$) festgehalten, der ruhendes Gas ($p_0$, $a_0$, $\gamma$) vom Vakuum abtrennt. Zur Zeit $t = 0$ wird der Kolben plötzlich losgelassen und bewegt

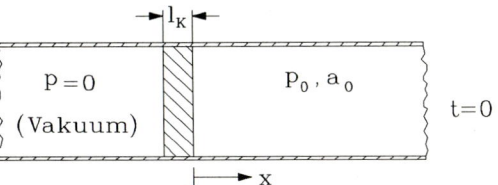

sich danach unter dem Einfluß des homentrop expandierenden Gases reibungsfrei im Rohr.

a) Man stelle den Vorgang qualitativ in einem $x$-$t$-Diagramm dar.
b) Wie lautet der Zusammenhang zwischen dem Druck $p_K$ am Kolben und der Kolbengeschwindigkeit $u_K(t)$ ?
c) Man berechne die Kolbengeschwindigkeit als Funktion von $t$. Wie groß ist die maximal erreichbare Kolbengeschwindigkeit?
d) Man skizziere den Rechnungsgang von $u(x,t)$ und $a(x,t)$ .

Geg.: $p_0$, $a_0$, $\gamma$, $l_K$, $\varrho_K$

### Lösung

a) $x$-$t$-Diagramm:

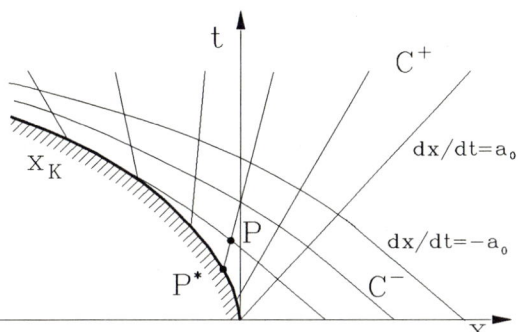

b) Druck am Kolben:
Entlang der $C^-$-Charakteristiken gilt (S. L. (9.175))

$$u - \frac{2}{\gamma - 1}a = -2s = -\frac{2}{\gamma - 1}a_0$$

$$\Rightarrow \quad a = a_0 + \frac{\gamma - 1}{2}u \,, \quad u \leq 0 \,. \tag{1}$$

Aus der Isentropenbeziehung (S. L. (9.198)) folgt dann

$$\frac{p}{p_0} = \left(\frac{a}{a_0}\right)^{(2\gamma)/(\gamma-1)} = \left(1 + \frac{\gamma - 1}{2}\frac{u}{a_0}\right)^{(2\gamma)/(\gamma-1)} \,. \tag{2}$$

Am Kolben ist wegen der kinematischen Randbedingung $u = u_K(t)$ , so daß dort gilt

$$\frac{p_K}{p_0} = \left(1 + \frac{\gamma - 1}{2}\frac{u_K(t)}{a_0}\right)^{(2\gamma)/(\gamma-1)} . \tag{3}$$

c) Kolbengeschwindigkeit $u_K(t)$:
Die Bewegungsgleichung des Kolbens lautet

$$m_K \ddot{x}_K = F_x = -p_K A_K$$

bzw. mit $m_K = \varrho_K A_K l_K$ und $\ddot{x}_K = \dfrac{\mathrm{d}u_K}{\mathrm{d}t}$

$$\varrho_K l_K \frac{\mathrm{d}u_K}{\mathrm{d}t} = -p_K , \tag{4}$$

mit (3) also

$$\frac{\mathrm{d}u_K}{\mathrm{d}t} = -\frac{p_0}{\varrho_K l_K}\left(1 + \frac{\gamma - 1}{2}\frac{u_K(t)}{a_0}\right)^{(2\gamma)/(\gamma-1)}$$

und nach Trennung der Veränderlichen und bestimmter Integration:

$$\int\limits_0^{u_K(t)} \left(1 + \frac{\gamma - 1}{2}\frac{u_K}{a_0}\right)^{-(2\gamma)/(\gamma-1)} \mathrm{d}u_K = -\frac{p_0}{\varrho_K l_K}\int\limits_0^t \mathrm{d}t$$

$$\Rightarrow \quad -\frac{2a_0}{\gamma+1}\left(1 + \frac{\gamma - 1}{2}\frac{u_K}{a_0}\right)^{-(\gamma+1)/(\gamma-1)}\Bigg]_0^{u_K(t)} = -\frac{p_0}{\varrho_K l_K}t ,$$

damit

$$\frac{2a_0}{\gamma+1}\left[\left(1 + \frac{\gamma - 1}{2}\frac{u_K(t)}{a_0}\right)^{-(\gamma+1)/(\gamma-1)} - 1\right] = \frac{p_0}{\varrho_K l_K}t ,$$

woraus sich die Kolbengeschwindigkeit zu

$$u_K(t) = -\frac{2a_0}{\gamma-1}\left[1 - \left(\frac{\gamma+1}{2}\frac{p_0}{\varrho_K l_K a_0}t + 1\right)^{-(\gamma-1)/(\gamma+1)}\right] \tag{5}$$

ergibt.
Maximalgeschwindigkeit:

$$u_K(t \to \infty) = -\frac{2a_0}{\gamma-1} \qquad \text{(Expansion ins Vakuum, vgl. S. L. (9.199)) .}$$

d) Bestimmung von $u(x,t)$, $a(x,t)$:
Längs der $C^-$–Charakteristiken gilt Gleichung (1)

$$a = a_0 + \frac{\gamma - 1}{2}u , \quad (1)$$

längs der $C^+$–Charakteristiken gilt (S. L. (9.174))

$$u + \frac{2}{\gamma-1}a = 2r = u_K + \frac{2}{\gamma-1}a_K . \tag{6}$$

Durch Einsetzen von (1) in (6) erhält man

$$u + \frac{2}{\gamma - 1}\left(a_0 + \frac{\gamma - 1}{2}u\right) = u_K + \frac{2}{\gamma - 1}a_K \ ,$$

$$u = \frac{1}{2}u_K + \frac{1}{\gamma - 1}(a_K - a_0) \tag{7}$$

und mit $a_K$ aus (1)

$$a_K = a_0 + \frac{\gamma - 1}{2}u_K \tag{8}$$

schließlich

$$u = \frac{1}{2}u_K + \frac{1}{\gamma - 1}\left(a_0 + \frac{\gamma - 1}{2}u_K - a_0\right) = u_K \ ,$$

d. h. also

$$u(x,t) = u_K \quad \text{längs} \quad \frac{\mathrm{d}x}{\mathrm{d}t} = u + a \quad (C^+ - \text{Charakteristiken}) \tag{9}$$

und wegen (1) bzw. (8) dann auch

$$a(x,t) = a_K = a_0 + \frac{\gamma - 1}{2}u_K \quad \text{längs} \quad \frac{\mathrm{d}x}{\mathrm{d}t} = u + a \ . \tag{10}$$

Geschwindigkeit und Schallgeschwindigkeit sind also längs der $C^+$-Charakteristiken jeweils konstant und gleich dem Wert am Schnittpunkt der betrachteten Charakteristik mit der Kolbenbahn. Die Aufgabe der Berechnung des Strömungsfeldes innerhalb des Expansionsgebietes ($x < a_0 t$) läßt sich also wie folgt lösen:
Aus der Gleichung $x'(t')$ der $C^+$-Charakteristik, die durch den Punkt $P(x,t)$ geht,

$$x' - x = (u_K + a_K)(t' - t)$$

und der Gleichung der Kolbenbahn

$$x_K(t') = \int\limits_0^{t'} u_K(t)\mathrm{d}t$$

lassen sich die Koordinaten $x^*$, $t^*$ des Schnittpunktes zwischen Charakteristik und Kolbenbahn bestimmen. Aus (9) folgt dann die Strömungsgeschwindigkeit

$$u(x,t) = u_K(t^*(x,t))$$

und damit aus (1) die Schallgeschwindigkeit

$$a(x,t) = a_0 + \frac{\gamma - 1}{2}u(x,t) \ ,$$

mit (2) ist dann auch der Druck bekannt.

# Aufgabe 9.3-4    Stoßreflexion am offenen Rohrende

Aus einem Rohr konstanten Durchmessers strömt ideales Gas ($\gamma$, $R$) zunächst stationär mit der Geschwindigkeit $u_1' < a_1$ in die Umgebung ($p_1$). Durch eine Änderung stromaufwärts bildet sich ein Stoß, der durch das Rohr läuft und den Druck auf $p_2$ erhöht. Zum Zeitpunkt $t = 0$ erreicht der Stoß das offene Rohrende, und der Druck hinter dem Stoß wird augenblicklich wieder auf Umgebungsdruck $p_1$ abgebaut ($p_3 = p_1$). Dies wird durch eine in das Rohr laufende zentrierte Expansionswelle verursacht.

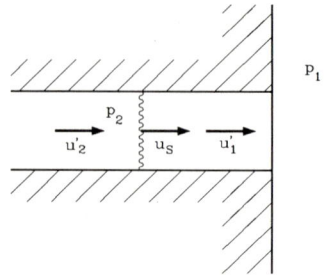

a) Skizzieren Sie den Vorgang im $x$-$t$-Diagramm.
b) Berechnen Sie $M_2'$, $a_2'$ und $u_2'$.
c) Wie groß sind $M_3'$, $a_3$ und $u_3'$, welchen Wert darf $M_3'$ maximal annehmen?

Geg.:  $\gamma = 1{,}4$, $R = 287\,\dfrac{\mathrm{J}}{\mathrm{kgK}}$, $p_2/p_1 = 1{,}513$, $M_1' = 0{,}3$, $T_1 = 300\,\mathrm{K}$

## Lösung

a) $x$-$t$-Diagramm:

Unter der Voraussetzung, daß $M_3' = (u_3'/a_3) < 1$ ist, ist der Druck im austretenden Strahl, auch nachdem der Stoß das Rohrende erreicht hat, wieder gleich dem Umgebungsdruck $p_1$. Im Rahmen der eindimensionalen Betrachtungsweise wird der Druck im Strahl hinter dem Stoß schlagartig von $p_2$ auf $p_3 = p_1$ abgesenkt ($\hateq$singulärem Punkt $(0,0)$ im $x$-$t$-Diagramm).

Bei endlichem Rohrradius $R$ vergeht jedoch eine Zeit $\tau$, bis sich die stationäre Randbedingung $p_3 = p_1$ auf dem gesamten Rohrquerschnitt eingestellt hat. Die Größenordnung von $\tau$ ist die Zeitdauer, die benötigt wird, um eine Störung über den Rohrradius zu melden, also $\tau \sim \mathcal{O}(R/a)$ mit $a$ als der betreffenden typischen Schallgeschwindigkeit. Die im $x$-$t$-Diagramm benutzte Annahme $\tau = 0$ ist demnach nur für

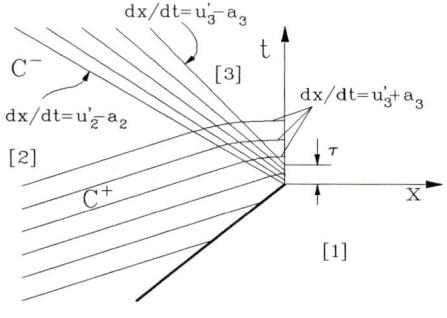

Zeiten $t$ mit $t/\tau = a\,t/R \gg 1$ sinnvoll, und die im weiteren gewonnenen Ergebnisse sind in ihrem Gültigkeitsbereich auf solche Zeiten beschränkt.

b) $M_2'$, $a_2$, $u_2'$:
Zur Benutzung der stationären Stoßbeziehungen führen wir wieder ein stoßfestes Koordinatensystem ein: Es gelten die Transformationsbeziehungen (S. L. (9.148), (9.149))

$$u_1 = u_S - u_1'\,,$$

$$u_2 = u_S - u_2'$$

und damit

$$M_1 = M_S - M_1' \,, \tag{1}$$

$$M_2 = M_S \frac{a_1}{a_2} - M_2' \,. \tag{2}$$

Aus den Stoßbeziehungen erhält man (S. L. Tabelle C.2)

$$\frac{p_2}{p_1} = 1,513 \quad \Rightarrow \quad M_1 = 1,2 \,,$$

$$M_2 = 0,8422 \,,$$

$$\frac{a_2}{a_1} = \left(\frac{T_2}{T_1}\right)^{1/2} = \sqrt{1,128} = 1,0621 \,,$$

damit aus (1)

$$M_S = M_1 + M_1' = 1,2 + 0,3 = 1,5$$

und aus (2)

$$M_2' = M_S \frac{a_1}{a_2} - M_2 = \frac{1,5}{1,0621} - 0,8422 = 0,57 \,.$$

Die Schallgeschwindigkeit $a_2$ hinter dem Stoß ist

$$a_2 = \frac{a_2}{a_1} a_1 = 1,0621 \sqrt{\gamma R T_1} = 368,7 \frac{\text{m}}{\text{s}}$$

und die Strömungsgeschwindigkeit

$$u_2' = M_2' a_2 = 0,57 \cdot 368,7 \frac{\text{m}}{\text{s}} = 210,2 \frac{\text{m}}{\text{s}} \,.$$

c) $M_3'$, $a_3$, $u_3$:
Auf der $C^+$-Charakteristik (vgl. Abb. unter a) ) gilt :

$$u' + \frac{2}{\gamma - 1} a = 2r = u_2' + \frac{2}{\gamma - 1} a_2 \,,$$

also innerhalb des Gebietes [3]

$$u_3' + \frac{2}{\gamma - 1} a_3 = u_2' + \frac{2}{\gamma - 1} a_2$$

bzw. nach Division mit $a_3$

$$M_3' + \frac{2}{\gamma - 1} = \frac{a_2}{a_3}\left(M_2' + \frac{2}{\gamma - 1}\right) \,. \tag{3}$$

Mit der Isentropenbeziehung und $p_3 = p_1$ berechnet man $a_2/a_3$

$$\frac{a_2}{a_3} = \left(\frac{p_2}{p_3}\right)^{\frac{\gamma - 1}{2\gamma}} = 1,0609 \tag{4}$$

und gewinnt aus (3) eine Bestimmungsgleichung für $M_3'$ :

$$M_3' = \left(\frac{p_2}{p_1}\right)^{\frac{\gamma-1}{2\gamma}} \left(M_2' + \frac{2}{\gamma-1}\right) - \frac{2}{\gamma-1} = 0,909 \ .$$

Die Schallgeschwindigkeit $a_3$ ist gemäß (4)

$$a_3 = \frac{a_2}{1,0609} = \frac{368,7\frac{\mathrm{m}}{\mathrm{s}}}{1,0609} = 347,6\frac{\mathrm{m}}{\mathrm{s}} \ ,$$

so daß die Strömungsgeschwindigkeit

$$u_3' = M_3' a_3 = 316\frac{\mathrm{m}}{\mathrm{s}}$$

ist. Wegen der Annahme, daß der Druck im Strahl nach dem Expansionsfächer $p_3$ gleich dem Umgebungsdruck $p_1$ ist (Gleichung (4)), muß an $M_3'$ die Bedingung

$$M_3' < 1$$

gestellt werden, die für die zugrunde gelegten Zahlenwerte erfüllt ist.

## Aufgabe 9.3-5   Prinzip des Expansionsrohres

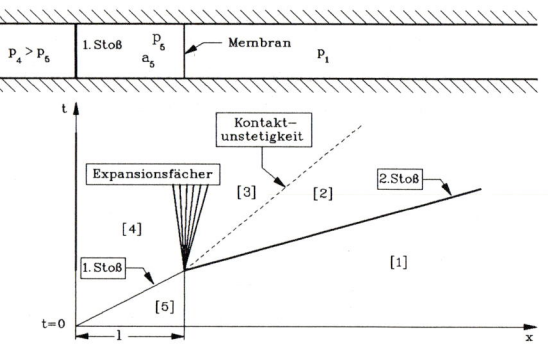

In einem unendlich langen Rohr, das mit idealem Gas ($\gamma = 1,4$) gefüllt ist, befindet sich an der Stelle $x = l$ eine masselose Membran. Der Druck $p_1$ des Gases auf der rechten Seite dieser Membran und der Zustand $p_5$, $a_5$ auf der linken Seite ist gegeben. Von links läuft nun ein Stoß in das Rohr und erhöht den Druck von $p_5$ auf $p_4$ hinter dem Stoß. Sobald der Stoß die Membran erreicht hat, platzt diese. Es entsteht eine Kontaktunstetigkeit, die sich mit der bekannten Geschwindigkeit $u_K = u_2' = u_3'$ voranbewegt.

a) Wie groß ist die Machzahl $M_{S_1}$ des 1. Stoßes?
b) Nach welcher Zeit $t_0$ hat der Stoß die Membran erreicht?
c) Wie groß ist die Schallgeschwindigkeit $a_3$?
d) Berechnen Sie den Druck an der Kontaktunstetigkeit.
e) Wie groß ist die Machzahl des zweiten Stoßes?
f) Berechnen Sie die Schallgeschwindigkeit $a_1$.

Geg.: $p_1 = 1$ bar, $p_4 = 18$ bar, $p_5 = 4$ bar, $u_k = 575$ m/s, $a_5 = 300$ m/s, $l = 1$ m, $\gamma = 1,4$

**Lösung**

a) Mit dem Druckverhältnis $p_4/p_5$ ergibt sich die Stoßmachzahl $M_{S_1} = u_S/a_1$ aus Tabelle C.2 (S. L.) oder aus der Bestimmungsgleichung (S. L. (9.137)) für das Druckverhältnis in Abhängigkeit der Machzahl vor dem Stoß:

$$\frac{p_4}{p_5} = 1 + 2\frac{\gamma}{\gamma+1}\left(M_{S_1}^2 - 1\right) \quad \Rightarrow \quad M_{S_1} = 2 \; .$$

b) Die Stoßgeschwindigkeit ist dann

$$u_S = M_{S_1} a_5 = 600\,\mathrm{m/s}$$

und daher beträgt die Zeitdauer $t_0$, die der Stoß benötigt, um die Strecke $l$ zu durchlaufen, $t_0 = 10^{-2}/6$ s.

c) Längs der $C^+$-Charakteristiken gilt:

$$u_4' + \frac{2}{\gamma-1}a_4 = u_3' + \frac{2}{\gamma-1}a_3 \; . \tag{1}$$

Die Geschwindigkeit im Bereich [4] $u_4$ gewinnt man aus der Beziehung (S. L. (9.154))

$$u_4' = \frac{2a_5}{\gamma+1}\left(M_{S_1} - \frac{1}{M_{S_1}}\right)$$

zu 375 m/s. Die Schallgeschwindigkeit in diesem Bereich folgt aus der Stoßbeziehung (S. L. (9.139)) oder Tabelle C.2 (S. L.) zu $a_4 = 389,7$ m/s und damit die Schallgeschwindigkeit im Bereich [3] aus Gleichung (1) zu $a_3 = 349,7$ m/s.

d) Der Druck im Bereich [3] entsteht aus isentroper Expansion vom Bereich [4]

$$\frac{p_3}{p_4} = \left(\frac{a_3}{a_4}\right)^{\frac{2\gamma}{\gamma-1}} \; ,$$

und $p_3$ berechnet sich zu 8,4341 bar.

e) Für die Machzahl $M_{S_2}$ des zweiten Stoßes kann man wegen $p_2 = p_3$ die Stoßbeziehung (S. L. (9.137)) verwenden oder wieder Tabelle C.2 (S. L.). Mit $p_2/p_1 = 8,4341$ folgt

$$M_{S_2} = 2,7152 \; .$$

f) Die bekannte Strömungsgeschwindigkeit hinter dem zweiten Stoß $(u_2' = u_k)$ ist über (S. L. (9.154))

$$u_K = \frac{2a_1}{\gamma+1}\left(M_{S_2} - \frac{1}{M_{S_2}}\right)$$

mit der Schallgeschwindigkeit vor dem zweiten Stoß verknüpft. Die Auflösung liefert $a_1 = 294,0$ m/s.

# Aufgabe 9.3-6    Schallausbreitung in einem geschlossenen Rohr

In einem geschlossenem Rohr der Länge $2l$, das mit idealem Gas gefüllt ist, sind folgende Anfangsverteilungen (zur Zeit $t = 0$) der Strömungsgeschwindigkeit $u(x, t)$ und der Schallgeschwindigkeit $a(x, t)$ gegeben:

$$u(x, 0) = \begin{cases} 0 & \text{für} \quad x > b \\ U_A & \text{für} \quad |x| \leq b \\ 0 & \text{für} \quad x < -b \end{cases},$$

$$a(x, 0) = a_4 .$$

Hinweise:

Die Strömung im Rohr ist homentrop.

Die Strömungsgeschwindigkeit ist klein gegenüber der Schallgeschwindigkeit.

Die Strömung soll mit der Methode der Charakteristiken berechnet werden.

a) Wie lauten die Randbedingungen an die Geschwindigkeit $u$?

b) Berechnen Sie die Strömungsgeschwindigkeit im Rohr bevor die Störung die Wand erreicht hat.

Zu welchem Zeitpunkt $t_0$ ist die Geschwindigkeit $u(0, t_0) = 0$?

c) Berechnen Sie die Strömung im Rohr nach der Reflexion an der Wand.

Geg.: $U_A$, $a_4$, $l$, $\dot{b}$

## Lösung

a) Randbedingungen:

Die beiden Enden des Rohres werden zu keiner Zeit durchströmt, d. h.

$$u(l, t) = 0 , \quad u(-l, t) = 0 .$$

Es liegt ein Anfangs–Randwertproblem vor.

b) Geschwindigkeitsverteilung im Rohr ohne Reflexionen:

Da $u \ll a$ ist, vereinfachen sich die Differentialgleichungen der $C^+-$ und der $C^--$ Charakteristiken zu $dx/dt = \pm a_4$ . Nach Integration erhält man die Gleichung der $C^+-$ Charakteristik

$$x(t) = a_4 t + \text{const}$$

und die Gleichung der $C^--$Charakteristik

$$x(t) = -a_4 t + \text{const} .$$

Störungen breiten sich längs Charakteristiken aus; der Vorgang ist
im nebenstehenden Weg–Zeit–Diagramm dargestellt. Zur Berechnung
der Geschwindigkeit $u(x, t)$ in den
einzelnen Gebieten werden die Verträglichkeitsbedingungen für homentrope Strömung (S. L. (9.174), (9.175))

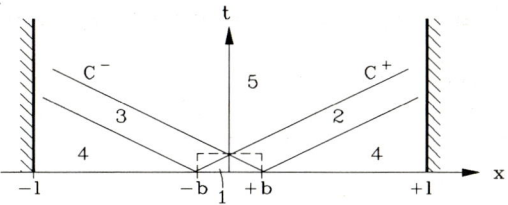

$$2r = u(x, t) + \frac{2}{\gamma - 1}\, a(x, t) \tag{1}$$

$$\text{und} \quad -2s = u(x, t) - \frac{2}{\gamma - 1}\, a(x, t) \tag{2}$$

benutzt, wobei (1) längs der $C^+$– und (2) längs der $C^-$–Charakteristik gilt.
Die Riemannschen Invarianten $2r$ und $-2s$ sind längs der $C^+$– und $C^-$–Charakteristik
konstant und werden aus den bekannten Anfangsverteilungen bestimmt.
Durch jeden Punkt des Gebietes [1] läuft eine $C^+$–Charakteristik, auf der

$$2r = u(x, 0) + \frac{2}{\gamma - 1}\, a(x, t = 0) = U_A + \frac{2}{\gamma - 1}\, a_4$$

vorliegt und eine $C^-$–Charakteristik, auf der

$$-2s = u(x, 0) - \frac{2}{\gamma - 1}\, a(x, t = 0) = U_A - \frac{2}{\gamma - 1}\, a_4$$

ist. Die Geschwindigkeit $u_1$ im Gebiet [1] erhält man durch Addition von Gleichung
(1) und (2):

$$u_1 = r - s = U_A \, .$$

Analog diesem Vorgehen errechnet man nun im Gebiet [2]

$$C^+ \; : \quad 2r \;=\; u(x, 0) + \frac{2}{\gamma - 1}\, a(x, 0)$$

$$=\; U_A + \frac{2}{\gamma - 1}\, a_4 \, ,$$

$$C^- \; : \quad -2s \;=\; u(x, 0) - \frac{2}{\gamma - 1}\, a(x, 0)$$

$$=\; 0 - \frac{2}{\gamma - 1}\, a_4$$

(jede $C^-$–Charakteristik in Gebiet [2] beginnt in einem Punkt $x > b$ auf der $x$–
Achse), und erhält

$$u_2 = r - s = \frac{1}{2} U_A \, .$$

Im Gebiet [3] beginnen alle rechtsläufigen Charakteristiken bei $x < -b$ auf der $x$–Achse:

$$C^+ \quad : \quad 2r \;=\; 0 + \frac{2}{\gamma - 1}\, a_4 \,,$$

$$C^- \quad : \quad -2s \;=\; U_A - \frac{2}{\gamma - 1}\, a_4$$

$$\Rightarrow \quad u_3 = r - s = \frac{U_A}{2}\,.$$

Die Gebiete [1], [2] und [3] sind die Einflußgebiete der Störung, für die Gebiete [4] und [5] erhält man

$$C^+ \quad : \quad 2r \;=\; 0 + \frac{2}{\gamma - 1}\, a_4 \,,$$

$$C^- \quad : \quad -2s \;=\; 0 - \frac{2}{\gamma - 1}\, a_4$$

$$\text{und} \quad u_4 = r - s = 0\,, \quad \text{sowie} \quad u_5 = r - s = 0\,.$$

Der Zeitpunkt $t_0$, bei dem in $x = 0$ Ruhe herrscht, ist der Schnittpunkt der $C^+$–Charakteristik die am Punkt $(t = 0,\ x = -b)$ beginnt mit der Zeitachse:

$$C^+ \quad : \quad x(t) = a_4\, t - b\,, \quad x(t_0') = a_4\, t_0 - b = 0 \quad \Rightarrow \quad t_0 = \frac{b}{a_4}\,.$$

c) Bisher wurde die Strömung als reines Anfangswertproblem mit den gegebenen Anfangswertverteilungen behandelt. Es ist aber offensichtlich, daß die in b) berechneten Geschwindigkeiten $u_2$ und $u_3$ nicht die Randbedingungen $u(\pm l, t)$ erfüllen. Zur Lösung werden nun an den Stellen $x = \pm 2l$ fiktive Störungen der Breite $2b$ und der Geschwindigkeit $u_B$ auf der $x$–Achse angebracht:

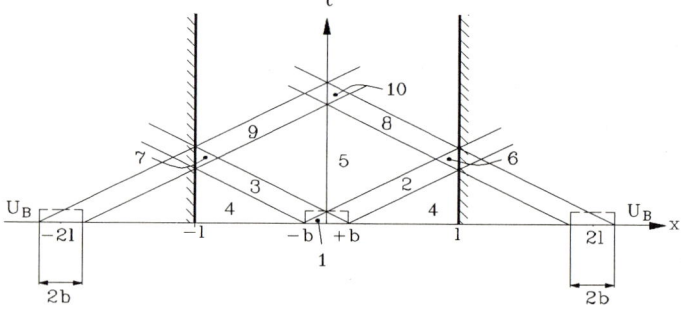

Im Gebiet [6] überlagern sich nun die Einflußgebiete der Störungen. Die rechtsläufigen Charakteristiken kommen von der Störung $U_A$ und die linksläufigen Charakteristiken von der Störung $U_B$. Man erhält

$$C^+ \quad : \quad 2r \;=\; U_A + \frac{2}{\gamma - 1}\, a_4 \,,$$

$$C^- \quad : \quad -2s \;=\; U_B - \frac{2}{\gamma - 1}\, a_4$$

$$\text{und} \quad u_6 = r - s = U_A + U_B ,$$

und durch die Wahl $U_B = -U_A$ wird im Gebiet [6] und damit an der Wand $x = l$
die Geschwindigkeit null und die Randbedingung ist erfüllt.

Das Gleiche gilt für das Gebiet [7], nur ist dort die Rolle der $C^+-$ und der $C^--$
Charakteristik vertauscht. Mit $U_B = -U_A$ wird dann

$$u_8 = -\frac{1}{2} U_A , \quad u_9 = -\frac{1}{2} U_A \quad \text{und} \quad u_{10} = -u_A .$$

Im Gebiet [10] ist die Störung nach der ersten Reflexion wieder im Ursprung angelangt, bewegt sich aber in die negative $x$–Richtung.

Nachdem die Störung das Gebiet [10] durchlaufen hat, wird sie zu einem späteren
Zeitpunkt wieder an den Wänden reflektiert. Dieser Vorgang wiederholt sich unendlich oft. Zur Erfüllung der Randbedingung zu allen Zeiten müssen unendlich viele
fiktive Störungen angebracht werden, gemäß dem folgenden Bild:

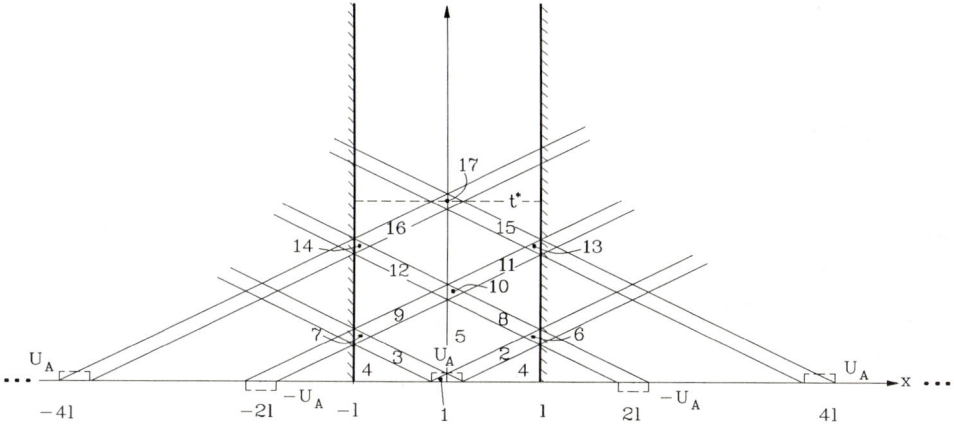

Damit ist das Anfangs–Randwertproblem in ein reines Anfangswertproblem überführt
worden, wobei nur der Bereich $|x| \leq l$ physikalische Bedeutung besitzt.

Man erhält weiterhin

$$u_{11} = u_{12} = -\frac{1}{2} U_A , \quad u_{13} = u_{14} = 0 ,$$

$$u_{15} = u_{16} = -\frac{1}{2} U_A , \quad u_{17} = U_A .$$

Nachdem die Störung im Gebiet [17] angelangt ist (nach 2–maliger Reflexion) beginnt der Vorgang wieder von neuem. Dieser Zeitpunkt $t^*$ entspricht dem Schnittpunkt der rechtsläufigen Charakteristik die im Punkt $(x = -4l, t = 0)$ beginnt mit
der Zeitachse:

$$C^+ : \quad x(t) = a_4 t - 4l , \quad x(t^*) = a_4 t^* - 4l = 0 \quad \Rightarrow \quad t^* = 4\frac{l}{a_4} .$$

# 10   Potentialströmungen

## 10.3   Inkompressible Potentialströmungen

### Aufgabe 10.3-1   Expandierende Kugel

In einer inkompressiblen Flüssigkeit befindet sich eine expandierende Kugel, deren Oberfläche durch $F(r,t) = r - R(t) = 0$ beschrieben wird.

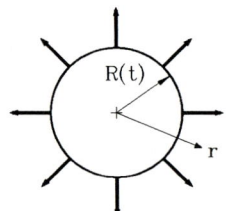

a) Man berechne das Geschwindigkeitspotential $\Phi(r)$. (An der Kugeloberfläche ist die
   kinematische Randbedingung zu erfüllen, für $r \to \infty$ muß die Strömung abgeklungen
   sein).
b) Berechnen Sie die Druckverteilung $p(r,t)$.
c) Skizzieren Sie für die Abhängigkeit

$$R(t) = R_0 \left( 1 + \frac{t}{t_0} \right)$$

   die Geschwindigkeit $u_r(r,t)$ und den Druck $p(r,t)$ zu den Zeitpunkten $t = 0,\ 1/2\,t_0$.

Geg.: $R_0,\ t_0,\ \varrho$

**Lösung**

a) Geschwindigkeitspotential $\Phi(r)$:
   Die Oberfläche der Kugel lautet

$$F(r,t) = r - R(t) = 0$$

   und enthält nur die unabhängige Veränderliche $r$. Wir wählen daher zweckmäßigerweise Kugelkoordinaten. Da über die Randbedingungen keine Abhängigkeit von den unabhängigen Veränderlichen $\varphi$ und $\vartheta$ in das Problem eintritt, muß es kugelsymmetrisch sein und die Laplace–Gleichung reduziert sich zu

$$\Delta\Phi = 0 = \frac{\partial}{\partial r}\left(r^2\frac{\partial\Phi}{\partial r}\right) .$$

Durch Integration entsteht

$$\frac{\partial\Phi}{\partial r} = \frac{C_1(t)}{r^2}$$

und weiter durch eine zweite Integration

$$\Phi = -\frac{C_1(t)}{r} + C_2(t) . \tag{1}$$

Im Unendlichen kann die endliche Kugel keine Strömung verursachen und ohne Einschränkung der Allgemeinheit setzen wir $\Phi = 0$ für $r \to \infty$ und schließen auf $C_2(t) = 0$. Die Oberfläche wird nicht durchströmt, ist also materiell, und es ist $\mathrm{D}F/\mathrm{D}t = 0$. Die kinematische Randbedingung lautet daher ausführlich

$$\frac{\mathrm{D}F}{\mathrm{D}t} = \frac{\partial F}{\partial t} + \vec{u}\cdot\nabla F = -\dot{R} + u_r|_R\frac{\partial F}{\partial r} = -\dot{R} + \frac{\partial\Phi}{\partial r}\bigg|_R = 0 ,$$

wobei von dem Nabla–Operator in Kugelkoordinaten (S. L. Anhang B)

$$\nabla = \vec{e}_r\frac{\partial}{\partial r} + \vec{e}_\vartheta\frac{1}{r}\frac{\partial}{\partial\vartheta} + \vec{e}_\varphi\frac{1}{r\sin\vartheta}\frac{\partial}{\partial\varphi}$$

Gebrauch gemacht wurde, um die konvektive Änderung der Oberfläche

$$\vec{u}\cdot\nabla F = (u_r\vec{e}_r)\cdot\left(\frac{\partial F}{\partial r}\vec{e}_r\right) = u_r\frac{\partial F}{\partial r}$$

zu ermitteln. Mit dem Potential (1) liefert die Randbedingung für die Konstante $C_1(t)$

$$C_1(t) = \dot{R}R^2 ,$$

und daher ist das Potential

$$\Phi = -\frac{\dot{R}R^2}{r} , \tag{2}$$

woraus sich der Geschwindigkeitsvektor zu

$$\vec{u} = u_r\,\vec{e}_r = \frac{\partial\Phi}{\partial r}\,\vec{e}_r = \frac{\dot{R}R^2}{r^2}\,\vec{e}_r \tag{3}$$

berechnet.

b) Druckverteilung $p(r,t)$:
Die Bernoullische Gleichung für inkompressible Strömung ohne Volumenkräfte lautet (S. L. (10.59))

$$\frac{\partial\Phi}{\partial t} + \frac{1}{2}\nabla\Phi\cdot\nabla\Phi + \frac{p}{\varrho} = \text{const} .$$

Wir berechnen die auftretenden Terme der Reihe nach:

$$\frac{\partial \Phi}{\partial t} = -\frac{\ddot{R} R^2}{r} - \frac{\dot{R} 2 R \dot{R}}{r} = -\frac{R}{r}(\ddot{R} R + 2 \dot{R}^2) \, ,$$

$$\frac{1}{2} \nabla \Phi \cdot \nabla \Phi = \frac{\dot{R}^2 R^4}{2 r^4}$$

und erhalten aus der Bernoullischen Gleichung den Ausdruck

$$-\frac{R}{r}(\ddot{R} R + 2 \dot{R}^2) + \frac{\dot{R}^2 R^4}{2 r^4} + \frac{p}{\varrho} = \text{const} \, ,$$

dessen Bernoullische Konstante durch die Bedingung im Unendlichen ($u_r = 0$, $p = p_\infty$) gegeben ist:

$$\text{const} = \frac{p_\infty}{\varrho} \, .$$

Damit erhält man die Gleichung

$$\frac{p_\infty - p}{\varrho} = -\frac{R}{r}(\ddot{R} R + 2 \dot{R}^2) + \frac{\dot{R}^2}{2}\left(\frac{R}{r}\right)^4 \, , \tag{4}$$

die für gegebene Druckdifferenz $p_\infty - p(r = R)$ eine Dgl. für den Kugelradius $R(t)$ und für gegebenen Kugelradius $R(t)$ eine Gleichung für das Druckfeld ist.
Für den Kugelradius in der Form

$$R(t) = R_0 \left(1 + \frac{t}{t_0}\right)$$

wird $\dot{R} = R_0/t_0$ und $\ddot{R} = 0$, woraus wir das Druckfeld

$$\frac{p_\infty - p}{\varrho} = -2 \frac{R_0}{r}\left(1 + \frac{t}{t_0}\right)\left(\frac{R_0}{t_0}\right)^2 + \frac{1}{2}\left(\frac{R_0}{t_0}\right)^2 \frac{R_0^4}{r^4}\left(1 + \frac{t}{t_0}\right)^4$$

gewinnen, dem wir entnehmen, daß der Druck an der Kugeloberfläche $r = R(t)$ konstant bleibt. Mit der Wahl von $(R_0/t_0)^2 \varrho/p_\infty = 1$ wird

$$\frac{p - p_\infty}{p_\infty} = 2 \frac{R_0}{r}\left(1 + \frac{t}{t_0}\right) - \frac{1}{2}\left(\frac{R_0}{r}\right)^4\left(1 + \frac{t}{t_0}\right)^4$$

und

$$u_r = \frac{R_0}{t_0}\left(\frac{R_0}{r}\right)^2\left(1 + \frac{t}{t_0}\right)^2 \, .$$

c) Dimensionslose Darstellung von $u_r$ und $p$:

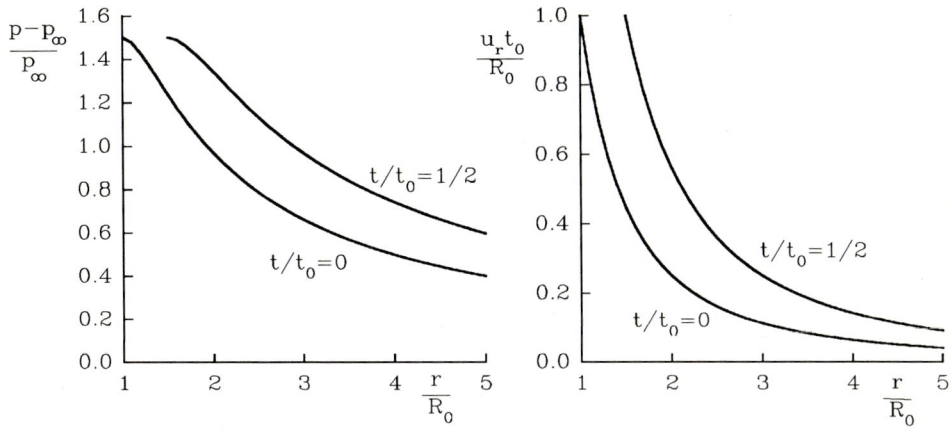

## Aufgabe 10.3-2   Kugel in einer Translationsströmung

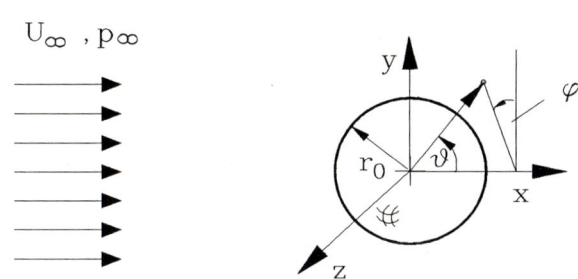

$U_\infty$ , $p_\infty$

Eine Kugel vom Radius $r_0$ wird von Flüssigkeit konstanter Dichte umströmt. Von der Strömung wird angenommen, daß sie stationär, reibungs- und wirbelfrei ist. Im Unendlichen herrscht die ungestörte Translationsströmung:
$\vec{u} = U_\infty \vec{e}_x$, $p = p_\infty$ .

a) Gesucht ist das Geschwindigkeitspotential $\Phi$ der Strömung. Dem Problem sind Kugelkoordinaten angepaßt, da sich der Rand dann als Fläche $r = $ const. besonders einfach beschreiben läßt. Man löse die Laplacesche Gleichung mit der zugehörigen Randbedingung.

Da das Problem rotationssymmetrisch zur $x$-Achse (Polachse) ist gilt $\dfrac{\partial \Phi}{\partial \varphi} = 0$ .

b) Berechnen Sie die resultierende Kraft auf die Kugel.

### Lösung

a) Potential der stationären, reibungs- und wirbelfreien Kugelumströmung.
   Das Problem ist rotationssymmetrisch zur $x$-Achse, so daß die Laplace-Gleichung in Kugelkoordinaten lautet (S. L. (B.3)):

$$\frac{1}{r^2} \frac{\partial}{\partial r}\left(r^2 \frac{\partial \Phi}{\partial r}\right) + \frac{1}{r^2 \sin \vartheta} \frac{\partial}{\partial \vartheta}\left(\sin \vartheta \frac{\partial \Phi}{\partial \vartheta}\right) = 0 \ . \tag{1}$$

Diese Gleichung ist mit der Randbedingung

$$\frac{\partial \Phi}{\partial n}\bigg|_{r=r_0} = \frac{\partial \Phi}{\partial r}\bigg|_{r=r_0} = 0 \tag{2}$$

und der Bedingung im Unendlichen

$$\Phi \sim U_\infty x = U_\infty r \cos \vartheta \ , \ \text{für } r \to \infty \tag{3}$$

zu lösen.

Mit dem Separationsansatz in Produktform

$$\Phi(r, \vartheta) = R(r) * F(\vartheta)$$

folgt aus (1) nach Multiplikation mit $\dfrac{r^2}{RF}$

$$\frac{1}{R}\frac{\mathrm{d}}{\mathrm{d}r}\left(r^2\frac{\mathrm{d}R}{\mathrm{d}r}\right) = -\frac{1}{F}\frac{1}{\sin \vartheta}\frac{\mathrm{d}}{\mathrm{d}\vartheta}\left(\sin \vartheta \frac{\mathrm{d}F}{\mathrm{d}\vartheta}\right) \ . \tag{4}$$

Die linke Seite ist nur eine Funktion von $r$, die rechte Seite nur eine Funktion von $\vartheta$, beide Seiten sind somit gleich der Separationskonstanten $k$. Die Gleichung der linken Seite

$$r^2\frac{\mathrm{d}^2 R}{\mathrm{d}r^2} + 2r\frac{\mathrm{d}R}{\mathrm{d}r} - kR = 0 \tag{5}$$

ist eine Eulersche Dgl. und die Gleichung der rechten Seite ist eine Legendre Gleichung

$$\cos \vartheta \frac{\mathrm{d}F}{\mathrm{d}\vartheta} + \sin \vartheta \frac{\mathrm{d}^2 F}{\mathrm{d}\vartheta^2} + kF \sin \vartheta = 0 \ . \tag{6}$$

Bekanntlich löst der Ansatz $R(r) = r^\alpha$ die Eulersche Gleichung, wenn $\alpha$ die Gleichung

$$\alpha^2 + \alpha = k$$

erfüllt. Wir erhalten die Wurzeln

$$\alpha_1 = -\tfrac{1}{2} + \sqrt{\tfrac{1}{4} + k} =: n \ ,$$

$$\alpha_2 = -\tfrac{1}{2} - \sqrt{\tfrac{1}{4} + k} = -n - 1$$

und daher die Lösung von (5) zu

$$R(r) = A'_n r^n + B'_n r^{-(n+1)} \ . \tag{7}$$

Mit $\alpha^2 + \alpha = k = n(n+1)$ geht (6) über in

$$\cos \vartheta \frac{\mathrm{d}F}{\mathrm{d}\vartheta} + \sin \vartheta \frac{\mathrm{d}^2 F}{\mathrm{d}\vartheta^2} + n(n+1)\sin \vartheta \, F = 0 \ . \tag{8}$$

Durch die Substitution $\mu := \cos \vartheta$ folgt nach der Kettenregel:

$$\frac{\mathrm{d}F}{\mathrm{d}\vartheta} = \frac{\mathrm{d}F}{\mathrm{d}\mu}\frac{\mathrm{d}\mu}{\mathrm{d}\vartheta} = -\sin \vartheta \frac{\mathrm{d}F}{\mathrm{d}\mu}$$

und

$$\frac{\mathrm{d}^2 F}{\mathrm{d}\vartheta^2} = \sin^2\vartheta \frac{\mathrm{d}^2 F}{\mathrm{d}\mu^2} - \cos\vartheta \frac{\mathrm{d}F}{\mathrm{d}\mu} \ .$$

Mit $\sin^2\vartheta = 1 - \cos^2\vartheta = 1 - \mu^2$ erhält man aus (8) die Legendre Differentialgleichung:

$$(1 - \mu^2)\frac{\mathrm{d}^2 F}{\mathrm{d}\mu^2} - 2\mu\frac{\mathrm{d}F}{\mathrm{d}\mu} + n(n+1)F = 0 \ . \tag{9}$$

Für den Fall das $n$ eine nicht negative ganze Zahl ist ($n \geq 0$), kann die allgemeine Lösung von (9) in der Form

$$F(\mu) = C'P_n(\mu) + D'Q_n(\mu)$$

geschrieben werden. Hierbei sind die Funktionen $P_n(\mu)$ Polynome vom Grade $n$, die Legendre Polynome genannt werden. $Q_n(\mu)$ nennt man Legendre Funktionen zweiter Art, sie sind in den Punkten $\mu = \pm 1$ unbeschränkt, d. h. $Q_n(\mu)$ wird auf der $x$-Achse unendlich:

$$\mu = \cos\vartheta \quad , \quad \vartheta = 0 \text{ bzw. } \pi \quad \Rightarrow \quad \mu = 1 \text{ bzw. } -1 \ .$$

Da das Potential für endliches $r$ auf der $x$-Achse sicher endlich (auf der $x$-Achse müssen ja auch die Staupunkte liegen) ist, muß gelten

$$D' \equiv 0 \ .$$

Für den Fall das $n$ keine ganze positive Zahl ist, werden auch die Funktionen $P_n(\mu)$ für $\mu = \pm 1$ unendlich, so daß die Lösung, die auf der $x$-Achse beschränkt bleibt,

$$F(\mu) = C'P_n(\mu) \quad \text{mit } n \text{ ganzzahlig und} \quad n \geq 0 \tag{10}$$

ist. Die Legendre Polynome können durch die Formel

$$P_n(\mu) = \frac{1}{2^n n!}\frac{\mathrm{d}^n}{\mathrm{d}\mu^n}(\mu^2 - 1)^n$$

erzeugt werden und lauten

$$\begin{array}{ll}
P_0(\mu) = & 1 \ , \\
P_1(\mu) = & \mu = \cos\vartheta \ , \\
P_2(\mu) = & \frac{1}{2}(3\mu^2 - 1) = \frac{1}{2}(3\cos^2\vartheta - 1)
\end{array}$$

usw. ... .

Aus (7) und (10) folgt

$$\Phi_n = \left(A_n r^n + B_n r^{-(n+1)}\right) P_n(\mu) \ ,$$

für jedes $n \geq 0$ , und damit ist auch

$$\Phi = \sum_{n=0}^{\infty} \left(A_n r^n + B_n r^{-(n+1)}\right) P_n(\mu)$$

die Lösung der Potentialgleichung ( mit $A_n = A'_n C'_n$ , $B_n = B'_n C'_n$ ) .

Die Konstanten $A_n$ und $B_n$ werden aus den Randbedingungen und der Bedingung im Unendlichen bestimmt.

Auf der Kugel gilt:

$$\left.\frac{\partial \Phi}{\partial r}\right|_{r=r_0} = \sum_{n=0}^{\infty} \left(nA_n r_0^{n-1} - (n+1)B_n r_0^{-(n+2)}\right) P_n(\mu) = 0$$

$$\Rightarrow \quad B_n = \frac{n}{n+1} r_0^{(2n+1)} A_n$$

$$\Rightarrow \quad \Phi = \sum_{n=0}^{\infty} A_n \left(r^n + \frac{n}{n+1} r_0^{(2n+1)} r^{-(n+1)}\right) P_n(\mu) .$$

Für $r \to \infty$ gilt dann

$$\Phi \sim \sum_{n=0}^{\infty} A_n r^n P_n(\mu)$$

und da das asymptotische Verhalten von $\Phi$ für $r \to \infty$

$$\Phi \sim U_\infty r \cos \vartheta$$

ist, ist

$$A_1 = U_\infty \quad \text{und} \quad A_n = 0 \quad \text{für} \quad n \neq 1$$

und daher die Lösung

$$\Phi = U_\infty \left(r + \frac{1}{2}\frac{r_0^3}{r^2}\right) \cos \vartheta .$$

Dies ist das bekannte Potential der Kugelumströmung (S. L. (10.139)).

b) Kraft auf die Kugel

Die Bernoullische Gleichung lautet

$$p_\infty + \frac{\rho}{2}U_\infty^2 = p + \frac{\rho}{2}\vec{u} \cdot \vec{u} .$$

Auf der Kugel gilt $u_r = 0$ (Randbedingung !)

$$u_\vartheta = \left.\frac{1}{r}\frac{\partial \Phi}{\partial \vartheta}\right|_{r=r_0} = -\frac{3}{2}U_\infty \sin \vartheta$$

$$\Rightarrow p - p_\infty = \frac{\rho}{2}U_\infty^2 \left(1 - \frac{9}{4}\sin^2 \vartheta\right)$$

und die Kraft auf die Kugel ist

$$\vec{F} = \iint_{S_K} -(p - p_\infty)\vec{n}\,\mathrm{d}S , \quad \vec{n} = \vec{e}_r$$

$$\vec{F} = -\frac{\rho}{2}U_\infty^2 \int\limits_{0}^{2\pi}\int\limits_{0}^{\pi} \left(1 - \frac{9}{4}\sin^2 \vartheta\right) \vec{e}_r r_0^2 \sin \vartheta\,\mathrm{d}\vartheta\,\mathrm{d}\varphi ,$$

mit $\vec{e}_r = \cos \vartheta \vec{e}_x + \sin \vartheta \cos \varphi \vec{e}_y + \sin \vartheta \sin \varphi \vec{e}_z$ erhalten wir

$$\vec{F} \equiv 0 .$$

## Aufgabe 10.3-3   Quelle in einer Parallelströmung

Überlagert man eine Quelle mit
einer Parallelströmung, so erhält
man die Umströmung eines unendlichen Körpers (siehe Skizze).

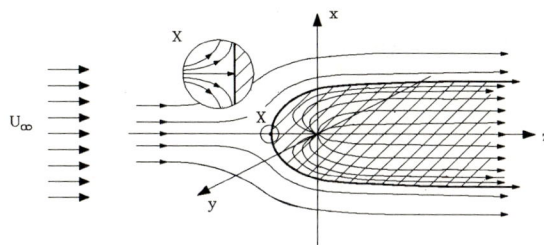

a) Wie lautet das Geschwindigkeitspotential dieser Strömung ?
b) Zeigen Sie durch Entwickeln der Geschwindigkeitskomponenten, daß die Strömung
   in der Nähe des Staupunktes der zur $z$-Achse rotationssymmetrischen Staupunktströmung entspricht.

Geg.: $U_\infty$, $E$

**Lösung**

a) Das Geschwindigkeitspotential lautet

$$\Phi = U_\infty z - \frac{E}{4\pi r} \, .$$

Abweichend von (S. L. (10.92)) benutzen wir hier $z$ als Polachse um den Zusammenhang mit der rotationssymmetrischen Staupunktströmung herzustellen. In Haupt-
koordinaten lauten die Geschwindigkeitskomponenten

$$u \quad = \quad \frac{\partial \Phi}{\partial x} \quad = \quad \frac{\partial \Phi}{\partial r}\frac{\partial r}{\partial x} = \frac{E}{4\pi r^2}\frac{2x}{2r} = \frac{E}{4\pi}\frac{x}{r^3} \, ,$$

$$v \quad = \quad \frac{\partial \Phi}{\partial y} \quad = \quad \frac{E}{4\pi}\frac{y}{r^3} \, ,$$

$$w \quad = \quad \frac{\partial \Phi}{\partial z} \quad = \quad U_\infty + \frac{E}{4\pi}\frac{z}{r^3} \, .$$

b) Geschwindigkeit am Staupunkt
   Den Staupunkt berechnen wir aus der Bedingung $\vec{u} = 0$ zu:

$$u = 0 \quad \Rightarrow \quad x_s = 0 \, ,$$

$$v = 0 \quad \Rightarrow \quad y_s = 0 \, ,$$

$$w = 0 \quad \Rightarrow \quad U_\infty + \frac{E}{4\pi}\frac{z_s}{z_s^2\sqrt{z_s^2}} = 0 \, .$$

Die letzte Gleichung hat eine reelle Lösung nur auf der negativen $z$–Achse, mit $z_s = -|z_s|$ erhalten wir

$$|z_s|^2 = \frac{E}{4\pi U_\infty} \quad z_s = -\sqrt{\frac{E}{4\pi U_\infty}} \; .$$

Die Taylorreihenentwicklung um den Staupunkt $(x_s, y_s, z_s)$ unter Vernachlässigung der Glieder quadratischer Ordnung wird in Indexnotation zu

$$u_i = u_i\big|_s + \frac{\partial u_i}{\partial x_j}\bigg|_s (x_j - x_{js})$$

erhalten. Die Berechnung des Geschwindigkeitsgradiententensors ergibt

$$\frac{\partial u_i}{\partial x_j} = \frac{\partial}{\partial x_j}\left(\frac{\partial \Phi}{\partial x_i}\right) = -\frac{E}{4\pi}\frac{\partial}{\partial x_j}\left[\frac{\partial(1/r)}{\partial x_i}\right]$$

und weiter

$$-\frac{E}{4\pi}\frac{\partial}{\partial x_j}\left[\frac{\partial(1/r)}{\partial x_i}\right] = \frac{E}{4\pi}\frac{\partial}{\partial x_j}\left(\frac{x_i}{r^3}\right) =$$

$$= \frac{E}{4\pi}\left\{\frac{1}{r^3}\frac{\partial x_i}{\partial x_j} - 3\frac{x_i x_j}{r^5}\right\} = \frac{E}{4\pi r^3}\left\{\delta_{ij} - 3\frac{x_i x_j}{r^2}\right\} \; .$$

Der Geschwindigkeitsgradiententensor wird am Staupunkt ausgewertet, also für $x = x_s = 0$, $y = y_s = 0$ und $z = z_s$

$$\frac{\partial u_1}{\partial x_1}\bigg|_s = \underbrace{\frac{E}{4\pi |z_s|^3}}_{a} \quad ; \quad \frac{\partial u_2}{\partial x_1}\bigg|_s = 0 \quad ; \quad \frac{\partial u_3}{\partial x_1}\bigg|_s = 0$$

$$\frac{\partial u_1}{\partial x_2}\bigg|_s = 0 \quad ; \quad \frac{\partial u_2}{\partial x_2}\bigg|_s = a \quad ; \quad \frac{\partial u_3}{\partial x_2}\bigg|_s = 0$$

$$\frac{\partial u_1}{\partial x_3}\bigg|_s = 0 \quad ; \quad \frac{\partial u_1}{\partial x_2}\bigg|_s = 0 \quad ; \quad \frac{\partial u_3}{\partial x_3}\bigg|_s = -2a$$

$$\Rightarrow \quad u = ax \; ; \quad v = ay \; ; \quad w = -2a(z - z_s) \; .$$

Wir erkennen, daß die Geschwindigkeitskomponenten in einem im Staupunkt angebrachten Koordinatensystem $(z' = z - z_s)$ gerade mit den Geschwindigkeitskomponenten der rotationssymmetrischen Staupunktströmung übereinstimmen :

$$u = ax' \; ; \; v = ay' \; ; \; w = -2az' \; .$$

## Aufgabe 10.3-4 Quelle in einer rotationssymmetrischen Staupunktströmung

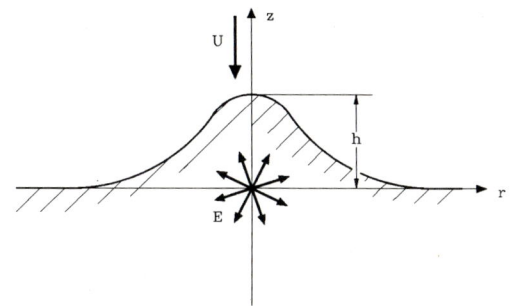

Die stationäre Strömung auf den skizzierten Körper kann als reibungsfreie Potentialströmung einer inkompressiblen Flüssigkeit berechnet werden. Die Strömung läßt sich aus einer rotationssymmetrischen Staupunktströmung und der Strömung einer Quelle im Ursprung zusammensetzen.

a) Geben Sie das Gesamtpotential der Strömung auf den Körper an.
b) Welches Geschwindigkeitsfeld $\vec{u}(r, z)$ erhält man ?
c) Wie groß muß die Ergiebigkeit $E$ der Quelle sein.
d) Geben Sie die Stromfunktion dieser Strömung an.
e) Bestimmen Sie die Körperkontur durch Berechnen der Staustromlinie.
f) Bestimmen Sie die Staupunkte der Strömung, wenn eine Senke $(E < 0)$ im Ursprung liegt, und skizzieren Sie die Stromlinien.

### Lösung

a) Das Gesamtpotential ergibt sich aus der Überlagerung der rotationssymmetrischen Staupunktströmung

$$\Phi_{St} = \frac{a}{2}(x^2 + y^2 - 2z^2)$$

mit dem Potential der Quelle im Ursprung

$$\Phi_Q = -\frac{E}{4\pi} \frac{1}{\sqrt{x^2 + y^2 + z^2}}$$

zu

$$\Phi_{ges} = \frac{a}{2}(x^2 + y^2 - 2z^2) - \frac{E}{4\pi} \frac{1}{\sqrt{x^2 + y^2 + z^2}} \; .$$

b) Geschwindigkeitsfeld $\vec{u}(r, z)$ in Zylinderkoordinaten ($r^2 = x^2 + y^2$):

Aus

$$u_r = \frac{\partial \Phi}{\partial r} \; , \; u_\varphi = \frac{1}{r} \frac{\partial \Phi}{\partial \varphi} \; , \; u_z = \frac{\partial \Phi}{\partial z}$$

ergibt sich mit dem Gesamtpotential

$$u_r = ar + \frac{E}{4\pi} \frac{r}{(r^2 + z^2)^{3/2}} \; , \tag{1}$$

$$u_\varphi = 0 \; ,$$

$$u_z = -2az + \frac{E}{4\pi} \frac{z}{(r^2 + z^2)^{3/2}} \; . \tag{2}$$

c) Ergiebigkeit $E$:

Aus Symmetriegründen muß der Staupunkt bei $r = r_s = 0$ und $z = z_s = h$ liegen.

$$\Rightarrow \quad u_r(r = 0, z = h) = 0 \; ,$$

$$u_z(r = 0, z = h) = 0 = -2ah + \frac{E}{4\pi} \frac{1}{h^2}$$

$$\Rightarrow \quad E = 8\pi a h^3 \; .$$

d) Stromfunktion $\Psi = \Psi(r, z)$ der rotationssymmetrischen Strömung:

Für Stromlinien gilt: $\Psi(r, z) = $ const

$$\Rightarrow \quad \mathrm{d}\Psi = \frac{\partial \Psi}{\partial r} \mathrm{d}r + \frac{\partial \Psi}{\partial z} \mathrm{d}z = 0 \; .$$

Dies ist ein totales Differential, wenn die Integrabilitätsbedingung

$$\frac{\partial^2 \Psi}{\partial z \partial r} = \frac{\partial^2 \Psi}{\partial r \partial z}$$

gilt. Die Kontinuitätsgleichung div $\vec{u} = 0$ liefert in Zylinderkoordinaten die Gleichung

$$\frac{\partial(u_r r)}{\partial r} + \frac{\partial(u_z r)}{\partial z} = 0 \; ,$$

die zugleich die Integrabilitätsbedingung darstellt, wenn

$$\frac{\partial \Psi}{\partial z} = u_r r \quad \text{und} \quad \frac{\partial \Psi}{\partial r} = -u_z r$$

ist. Mit der bereits bekannten Geschwindigkeitskomponente $u_z$ folgt durch Integration bezüglich $r$

$$\Psi = azr^2 + \frac{E}{4\pi} \frac{z}{\sqrt{r^2 + z^2}} + C(z)$$

und aus

$$\frac{\partial \Psi}{\partial z} = ar^2 + \frac{E}{4\pi} \frac{r^2}{(r^2 + z^2)^{3/2}} + \frac{\mathrm{d}C}{\mathrm{d}z} = u_r r$$

mit dem bereits bekannten $u_r$ folgt

$$u_r r = ar^2 + \frac{E}{4\pi}\frac{r^2}{(r^2 + z^2)^{3/2}}\,,$$

so daß wir dann auf

$$\frac{\mathrm{d}C}{\mathrm{d}z} = 0 \quad \Rightarrow \quad C = \mathrm{const}$$

schließen. Mit $E = 8\,\pi\,a\,h^3$ lautet die Stromfunktion nunmehr

$$\Psi = azr^2 + 2ah^3\frac{z}{\sqrt{r^2 + z^2}} + C\,. \tag{3}$$

e) Staustromlinie:
Es ist üblich der Körperkontur den Wert $\Psi(r,z) = 0$ zuzuordnen. Die Konstante $C$ in (3) bestimmt sich so, daß die Stromlinie $\Psi = 0$ durch den Staupunkt gehen muß, d. h. für $r = 0$, $z = h$ ist $\Psi(0,h) = 0$ und daraus folgt

$$C = -2ah^3\,,$$

so daß wir die Körperkontur in Form einer impliziten Gleichung

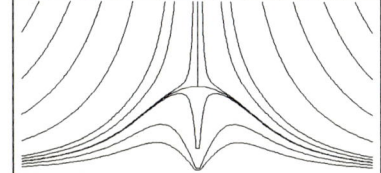

$$\Psi(r,z) = azr^2 + 2ah^3\left[\frac{z}{\sqrt{r^2 + z^2}} - 1\right] = 0 \quad (4)$$

gewinnen. In der nebenstehenden Abbildung sind Linien $\Psi = \mathrm{const}$ skizziert.

f) Senke im Ursprung:
An Staupunkten muß die Geschwindigkeit verschwinden ($\vec{u} = 0$) und da $u_\varphi$ aus Symmetriegründen verschwindet, ist zu fordern:

$$u_r = u_z = 0\,.$$

Für $E < 0$ folgt aus (2) $u_z = 0$ für $z = 0$, d. h. die Staupunkte liegen in der $x,y$-Ebene. Aus (1) erhält man für $z = 0$

$$u_r = ar + \frac{E}{4\pi}\frac{1}{r^2}\,.$$

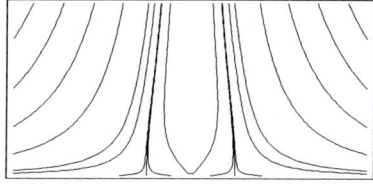

Die Staupunkte liegen also auf einem Kreis mit dem Radius

$$r = \left(-\frac{E}{4\pi a}\right)^{\frac{1}{3}}\,.$$

In der nebenstehenden Abbildung sind die Stromlinien skizziert.

## Aufgabe 10.3-5    Quelle über einer festen Wand

Im Abstand $a$ von einer festen Wand
befindet sich eine punktförmige Quelle der Ergiebigkeit $E$.

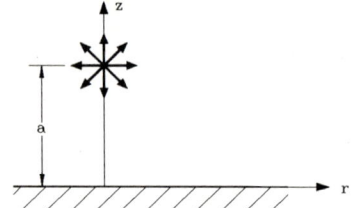

a) Wie lautet das Potential $\Phi(r,z)$ (mit $r^2 = x^2 + y^2$) der sich einstellenden Strömung?
   Hinweis: Man ermittle $\Phi$ aus der Wirkung zweier Quellen je im Abstand $a$ oberhalb
   und unterhalb der Wand.
b) Man gebe das Geschwindigkeitsfeld an. Welche Geschwindigkeitsverteilung herrscht
   speziell an der Wand?
c) Man gebe die Druckverteilung $p(r,0)$ an der Wand an, wenn der Druck im Staupunkt $p_0$ ist.

Geg.: $a$, $E$, $p_0$, $\varrho$

### Lösung

a) Das Potential einer einzelnen Punktquelle im freien Raum, deren singulärer Punkt
   die Koordinaten $(0,0,a)$ hat lautet

$$\Phi_1 = -\frac{E}{4\pi}\frac{1}{[r^2 + (z-a)^2]^{1/2}}\ , \quad \text{mit} \quad r^2 = x^2 + y^2 \ .$$

Dieses Potential allein beschreibt die Strömung bei Vorhandensein einer Wand nicht,
da die Normalkomponente der Geschwindigkeit an der Wand nicht verschwindet.
Bringt man jedoch eine zweite Quelle von gleicher Stärke bei $(0,0,-a)$ an (Spiegelung an der Wand), so stellt sich die richtige Randbedingung ein $u_z(z=0) = 0$
und die Summe beider Potentiale beschreibt die Strömung.
Das Potential der zweiten Quelle lautet

$$\Phi_2 = -\frac{E}{4\pi}\frac{1}{[r^2 + (z+a)^2]^{1/2}} \ .$$

Damit ergibt sich das Gesamtpotential zu

$$\Phi = \Phi_1 + \Phi_2\ ,$$

$$\Phi = -\frac{E}{4\pi}\left[\frac{1}{[r^2 + (z-a)^2]^{1/2}} + \frac{1}{[r^2 + (z+a)^2]^{1/2}}\right] \ .$$

b) Das Geschwindigkeitsfeld

$$\vec{u} = \nabla\Phi = \frac{\partial\Phi}{\partial r}\vec{e}_r + \frac{1}{r}\frac{\partial\Phi}{\partial\varphi}\vec{e}_\varphi + \frac{\partial\Phi}{\partial z}\vec{e}_z \ ;$$

$$u_r = \frac{\partial \Phi}{\partial r} = \frac{E}{4\pi} \left[ \frac{r}{[r^2 + (z-a)^2]^{3/2}} + \frac{r}{[r^2 + (z+a)^2]^{3/2}} \right] ,$$

$$u_\varphi = \frac{1}{r}\frac{\partial \Phi}{\partial \varphi} = 0 ,$$

$$u_z = \frac{\partial \Phi}{\partial z} = \frac{E}{4\pi} \left[ \frac{z-a}{[r^2 + (z-a)^2]^{3/2}} + \frac{z+a}{[r^2 + (z+a)^2]^{3/2}} \right] ,$$

speziell an der Wand ($z = 0$)

$$u_r = \frac{E}{4\pi} \frac{2r}{[r^2 + a^2]^{3/2}}$$

und

$$u_z = \frac{E}{4\pi} \left[ \frac{-a}{[r^2 + a^2]^{3/2}} + \frac{a}{[r^2 + a^2]^{3/2}} \right] = 0 .$$

Die letzte Gleichung zeigt, daß die kinematische Randbedingung erfüllt ist. Für $(x, y, z) = (0, 0, 0)$ gilt $\vec{u} = 0$, d. h. der Ursprung ist Staupunkt.

c) Druckverteilung an der Wand:
Druck im Staupunkt sei $p_0$, und da es sich um eine Potentialströmung handelt, hat die Bernoullische Gleichung im ganzen Feld dieselbe Konstante, sie gilt auch „quer zu den Stromlinien".

$$p + \frac{\varrho}{2}(u_r^2 + u_\varphi^2 + u_z^2) = p_0 .$$

An der Wand ist

$$u_\varphi = u_z = 0 , \quad u_r^2 = \left( \frac{E}{4\pi} \right)^2 \frac{4r^2}{[r^2 + a^2]^3}$$

und daher die Druckverteilung

$$p - p_0 = -\frac{\varrho}{2} \left( \frac{E}{4\pi} \right)^2 \frac{4r^2}{[r^2 + a^2]^3} .$$

## Aufgabe 10.3-6   Kontinuierliche Quellverteilung in einer Paralle strömung

Gegeben ist eine kontinuierliche Quellverteilung $q(x')$ längs der $x$–Achse,
die mit einer Parallelströmung in $x$–
Richtung überlagert wird.

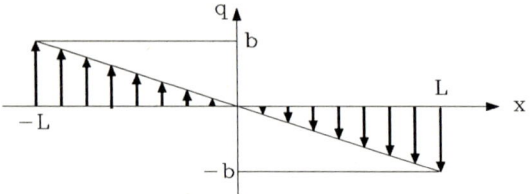

a) Bestimmen Sie die Geschwindigkeit längs der $x$–Achse.
b) Geben Sie die Bestimmungsgleichung zur Berechnung der Staupunkte an.

Geg.: $q(x') = -bx'/L$ für $-L \leq x' \leq L$

**Lösung**

a) Geschwindigkeit längs der $x$–Achse:
Mit der gegebenen Quellintensität $q(x')$ (Ergiebigkeit pro Längeneinheit) lautet die
Ergiebigkeit $\mathrm{d}E = q(x')\mathrm{d}x'$ , und das Potential im Abstand $r$ dieser infinitesimalen
Quelle am Ort $x'$ ist

$$\mathrm{d}\Phi = -\frac{q(x')\mathrm{d}x'}{4\pi R} , \quad R = \sqrt{(x - x')^2 + y^2 + z^2} .$$

Durch Integration erhalten wir das Potential dieser Quellverteilung und überlagern
gleich das Potential der Parallelströmung

$$\Phi = U_\infty x + \frac{1}{4\pi} \int\limits_{-L}^{L} \frac{bx'/L}{\sqrt{(x - x')^2 + y^2 + z^2}}\mathrm{d}x' .$$

Berechnung des Integrals

$$\int\limits_{-L}^{+L} \frac{x'}{\sqrt{(x - x')^2 + y^2 + z^2}}\mathrm{d}x' = \left[\sqrt{(x - x')^2 + y^2 + z^2} + x\,\mathrm{arsinh}\frac{x' - x}{\sqrt{y^2 + z^2}}\right]_{x'=-L}^{x'=L}$$

$$= \sqrt{(x - L)^2 + y^2 + z^2} - \sqrt{(x + L)^2 + y^2 + z^2} + x\,\mathrm{arsinh}\frac{L - x}{\sqrt{y^2 + z^2}} - x\,\mathrm{arsinh}\frac{-L - x}{\sqrt{y^2 + z^2}}$$

mit $r^2 := y^2 + z^2$

$$\Phi = U_\infty x + \frac{b}{4\pi L}\left\{\sqrt{(x - L)^2 + r^2} - \sqrt{(x + L)^2 + r^2} + \right.$$

$$\left. + x\left(\mathrm{arsinh}\frac{L - x}{r} + \mathrm{arsinh}\frac{L + x}{r}\right)\right\} ,$$

woraus sich die $x$–Komponente der Geschwindigkeit zu

$$u = \frac{\partial \Phi}{\partial x} = U_\infty + \frac{b}{4\pi L}\left\{\frac{x-L}{\sqrt{(x-L)^2+r^2}} - \frac{x+L}{\sqrt{(x+L)^2+r^2}}+\right.$$

$$\left. + \operatorname{arsinh}\frac{L-x}{r} + \operatorname{arsinh}\frac{L+x}{r} + \frac{x}{r}\left[\frac{1}{\sqrt{1+\left(\frac{L+x}{r}\right)^2}} - \frac{1}{\sqrt{1+\left(\frac{L-x}{r}\right)^2}}\right]\right\}$$

bzw.

$$u = U_\infty - \frac{b}{4\pi L}\left\{\frac{L}{\sqrt{(x-L)^2+r^2}} + \frac{L}{\sqrt{(x+L)^2+r^2}}+\right.$$

$$\left. - \operatorname{arsinh}\frac{L-x}{r} - \operatorname{arsinh}\frac{L+x}{r}\right\}$$

berechnet. Die Geschwindigkeit auf der $x$–Achse, d. h. $y \to 0$ und $z \to 0$ bzw. $r \to 0$ wird nach Umformen der Area–Funktionen mit dem Additionstheorem

$$\operatorname{arsinh}\frac{x-L}{r} - \operatorname{arsinh}\frac{x+L}{r} =$$

$$= \operatorname{arsinh}\left[\frac{x-L}{r}\sqrt{1+\left(\frac{x+L}{r}\right)^2} - \frac{x+L}{r}\sqrt{1+\left(\frac{x-L}{r}\right)^2}\right]$$

$$= \operatorname{arsinh}\frac{(x-L)\sqrt{(x+L)^2+r^2} - (x+L)\sqrt{(x-L)^2+r^2}}{r^2}$$

durch den Grenzübergang $r \to 0$ für $|x| > L$ (Regel von de L'Hospital) erhalten:

$$\lim_{r \to 0}\frac{(x-L)2r/\left(2\sqrt{(x+L)^2+r^2}\right) - (x+L)2r/\left(2\sqrt{(x-L)^2+r^2}\right)}{2r} =$$

$$= \frac{1}{2}\left\{\frac{x-L}{|x+L|} - \frac{x+L}{|x-L|}\right\}$$

$$\Rightarrow u(x, y=0, z=0) =$$

$$= U_\infty - \frac{b}{4\pi L}\left[\frac{L}{|x-L|} + \frac{L}{|x+L|} + \operatorname{arsinh}\left\{\frac{1}{2}\frac{x-L}{|x+L|} - \frac{1}{2}\frac{x+L}{|x-L|}\right\}\right] .$$

Die anderen Komponenten ergeben sich erwartungsgemäß zu null:

$$v(x, y=0, z=0) = \left.\frac{\partial \Phi}{\partial y}\right|_{y=0, z=0} = 0 ,$$

$$w(x, y = 0, z = 0) = \left.\frac{\partial \Phi}{\partial z}\right|_{y=0,\,z=0} = 0 \, .$$

b) Bestimmungsgleichung für die Staupunkte:

Da $v = w = 0$ für $y = 0$, $z = 0$ auf der $x$–Achse erfüllt ist, liegen die Staupunkte auf der $x$–Achse und erfüllen die Gleichung $u(x_s, 0, 0) = 0$

$$\Rightarrow \quad \frac{4\pi L}{b} U_\infty = \frac{L}{|x_s - L|} + \frac{L}{|x_s + L|} + \text{arsinh}\left\{\frac{1}{2}\left[\frac{x_s - L}{|x_s + L|} - \frac{x + L}{|x_s - L|}\right]\right\} \, ,$$

aus der die Staupunktskoordinate $x_s$ numerisch bestimmt werden muß.

## Aufgabe 10.3-7  Expandierende Kugel in reibungsfreier und reibungsbehafteter Strömung

Das Potential der instationären, inkompressiblen Strömung, hervorgerufen durch eine expandierende Kugel mit dem Kugelradius $R = R(t)$, ist

$$\Phi(r, t) = -\frac{\dot{R}\, R^2}{r}$$

(Vergleiche Aufgabe 10.3-1, Gleichung (2)).

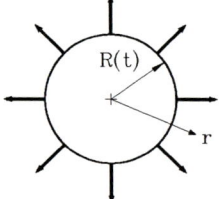

a) Berechnen Sie die kinetische Energie der Flüssigkeit in dem gesamten Strömungsfeld außerhalb der Kugel ($R \leq r \leq \infty$).

b) Zeigen Sie, daß bei reibungsfreier Strömung ohne Volumenkräfte und ohne Wärmeleitung die Änderung der kinetischen Energie gleich der Leistung der Druckkräfte an der Kugel ist, wenn der Druck im Unendlichen $p_\infty = 0$ ist.

c) Zeigen Sie, daß in reibungsbehafteter Strömung (Viskosität $\eta$) ohne Wärmeleitung die Leistung der Reibungsspannungen an der Oberfläche gleich der Änderung der inneren Energie ist, und daß auch hier die Änderung der kinetischen Energie gleich der Leistung der Druckkräfte ist.

Geg.: $R(t)$, $\varrho$, $\eta$

### Lösung

a) Kinetische Energie der Flüssigkeit:

Die kinetische Energie der Flüssigkeit innerhalb des Volumens $V$ ist:

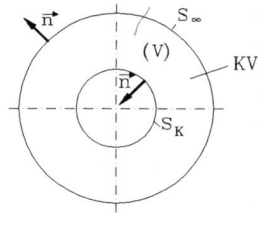

$$K = \frac{\varrho}{2} \iiint\limits_{(V)} u_r^2 \, dV = \frac{\varrho}{2} \iiint\limits_{(V)} \nabla\Phi \cdot \nabla\Phi \, dV$$

$$= \frac{\varrho}{2} \iiint\limits_{(V)} \left[\nabla \cdot (\Phi\,\nabla\Phi) - \Phi\,\Delta\Phi\right] \, dV \, .$$

Mit $\Delta\Phi = 0$ und dem Gaußschen Satz erhalten wir

$$K = \frac{\varrho}{2} \iint\limits_{(S)} \Phi\,\frac{\partial\Phi}{\partial n}\,\mathrm{d}S \;. \tag{1}$$

Die kinetische Energie im Außenraum erhält man durch Auswerten von (1) für das skizzierte Kontrollvolumen. Die äußere Begrenzungsfläche $S_\infty$ soll überall im Unendlichen ($r \to \infty$) verlaufen. Es gilt

$$\frac{\partial\Phi}{\partial n} = \begin{cases} -\dfrac{\partial\Phi}{\partial r} & \text{an} \quad S_K \\[2ex] \dfrac{\partial\Phi}{\partial r} & \text{an} \quad S_\infty \end{cases}$$

mit $\partial\Phi/\partial r = \dot R\,(R/r)^2$. Aus (1) erhalten wir mit dem Flächenelement in Kugelkoordinaten, $\mathrm{d}S_r = r^2 \sin\vartheta\,\mathrm{d}\vartheta\,\mathrm{d}\varphi$,

$$\begin{aligned} K &= \frac{\varrho}{2}\left( \int\limits_0^{2\pi}\int\limits_0^{\pi} -\Phi\,\frac{\partial\Phi}{\partial r}\,R^2 \sin\vartheta\,\mathrm{d}\vartheta\,\mathrm{d}\varphi + \lim_{r\to\infty}\int\limits_0^{2\pi}\int\limits_0^{\pi} \Phi\,\frac{\partial\Phi}{\partial r}\,r^2 \sin\vartheta\,\mathrm{d}\vartheta\,\mathrm{d}\varphi \right) \\[2ex] &= \varrho\,\pi\left( \int\limits_0^{\pi} \dot R^2\,R^3 \sin\vartheta\,\mathrm{d}\vartheta + \lim_{r\to\infty}\int\limits_0^{\pi} -\frac{(\dot R\,R^2)^2}{r}\sin\vartheta\,\mathrm{d}\vartheta \right) \\[2ex] &= 2\pi\,\varrho\,\dot R^2\,R^3 \;. \tag{2} \end{aligned}$$

b) In reibungsfreier Strömung ohne Wärmeleitung ist $De/Dt = 0$ (S. L. (2.119)), so daß die Energiegleichung (S. L. (2.113)) sich auf $DK/Dt = P$ reduziert: Die Leistung $P$ des Spannungsvektors $\vec t = -p(r,t)\,\vec n$ an der Kontrollvolumenoberfläche ist

$$P = \iint\limits_{S_K} u_r\,p(R,t)\,\mathrm{d}S \;, \tag{3}$$

wobei wir berücksichtigt haben, daß der Spannungsvektor an der Fläche $S_\infty$ null ist. Die Druckverteilung folgt aus der instationären Bernoullischen Gleichung. Für $r = R$ gilt

$$p(R,t) = \varrho\left(\ddot R\,R + \frac{3}{2}\,\dot R^2\right) \quad\text{und}\quad u_r(R,t) = \dot R \;.$$

(3) wird damit zu

$$P = 4\pi\,R^2\,p(R,t)\,u_r(R,t) = 4\pi\,\varrho\,R^2\,\dot R\left(\ddot R\,R + \frac{3}{2}\,\dot R^2\right) \;.$$

Berechnen wir $DK/Dt$ mittels (2), so erhalten wir

$$\frac{DK}{Dt} = \frac{\partial K}{\partial t} + u_r\,\frac{\partial K}{\partial r} = \frac{\mathrm{d}K}{\mathrm{d}t} = 4\pi\,\varrho\,R^2\,\dot R\left(\ddot R\,R + \frac{3}{2}\,\dot R^2\right) \;.$$

Die Energiegleichung $DK/Dt = P$ wird also erfüllt.

c) Da es sich um eine inkompressible Potentialströmung handelt, sind die Navier–Stokesschen Gleichungen erfüllt. An der Kugel ist der Geschwindigkeitsvektor $\vec{u}_w = \dot{R}\,\vec{e}_r$ und dies ist auch gleich dem Vektor der Strömungsgeschwindigkeit $\vec{u} = \dot{R}\,R^2/r^2|_R\,\vec{e}_r = \dot{R}\,\vec{e}_r$, d. h. aber auch, daß die dynamische Randbedingung erfüllt ist (S. L. (4.159)). Wir haben es hier also mit einer exakten Lösung der Navier–Stokesschen Gleichungen zu tun. Während in der vorliegenden Strömung die Divergenz der Reibungsspannungen verschwindet (S. L. (Seite 89)), sind die Reibungsspannungen selbst nicht null.

Der Tensor der Reibungsspannungen nimmt in inkompressibler Strömung die Form (S. L. (3.2b))

$$\mathbf{P} = 2\,\eta\,\mathbf{E}$$

an. Der Dehnungsgeschwindigkeitstensor ist (S. L. (Seite 406))

$$\mathbf{E} = \frac{\partial u_r}{\partial r}\,\vec{e}_r\,\vec{e}_r + \frac{u_r}{r}\,\vec{e}_\varphi\,\vec{e}_\varphi + \frac{u_r}{r}\,\vec{e}_\vartheta\,\vec{e}_\vartheta$$

und daher der Vektor $\vec{t}_R$ der Reibungsspannungen an der Kugeloberfläche $S_K$

$$\vec{t}_R = \vec{n}\cdot\mathbf{P} = -\vec{e}_r\cdot\mathbf{P} = -2\,\eta\,\frac{\partial u_r}{\partial r}\,\vec{e}_r\ ,$$

bzw. auf $S_\infty$

$$\vec{t}_R = \vec{n}\cdot\mathbf{P} = \vec{e}_r\cdot\mathbf{P} = 2\,\eta\,\frac{\partial u_r}{\partial r}\,\vec{e}_r\ .$$

Die Arbeit der Reibungsspannungen berechnen wir damit zu

$$P_R = \iint\limits_{(S)} \vec{t}_R\cdot\vec{u}\,\mathrm{d}S = \iint\limits_{S_K} -2\,\eta\,\frac{\partial u_r}{\partial r}\,u_r\,\mathrm{d}S + \iint\limits_{S_\infty} 2\,\eta\,\frac{\partial u_r}{\partial r}\,u_r\,\mathrm{d}S\ ,$$

$$P_R = \int\limits_0^{2\pi}\int\limits_0^\pi 4\,\eta\,\frac{\dot{R}^2\,R^4}{R^5}\,R^2\,\sin\vartheta\,\mathrm{d}\vartheta\,\mathrm{d}\varphi - \lim_{r\to\infty}\int\limits_0^{2\pi}\int\limits_0^\pi 4\,\eta\,\frac{\dot{R}^2\,R^4}{r^5}\,r^2\,\sin\vartheta\,\mathrm{d}\vartheta\,\mathrm{d}\varphi\ ,$$

$$P_R = 8\,\pi\,\eta\,\dot{R}^2\,R\,\int\limits_0^\pi \sin\vartheta\,\mathrm{d}\theta\ ,$$

$$P_R = 16\,\pi\,\eta\,\dot{R}^2\,R$$

berechnen. In reibungsbehafteter, inkompressibler Strömung ohne Wärmeübergang ist die Änderung der inneren Energie (S. L. (2.121), (2.131))

$$\frac{De}{Dt} = \frac{\Phi}{\varrho}\ ,$$

wobei jetzt $\Phi$ die Dissipationsfunktion bedeutet, für die wir

$$\Phi = 2\,\eta\,\mathrm{sp}\left(\mathbf{E}^2\right)$$

schreiben (S. L. (3.66)). Die Spur von $\mathbf{E}^2$ ist offensichtlich

$$\mathrm{sp}\left(\mathbf{E}^2\right) = \left(\frac{\partial u_r}{\partial r}\right)^2 + \left(\frac{u_r}{r}\right)^2 + \left(\frac{u_r}{r}\right)^2 ,$$

$$\mathrm{sp}\left(\mathbf{E}^2\right) = \frac{6\,\dot{R}^2\,R^4}{r^6}$$

und daher die in der Potentialströmung (!) pro Zeiteinheit dissipierte Energie im Außenraum der Kugel

$$\iiint\limits_{(V)} \Phi\,\mathrm{d}V = \int\limits_0^{2\pi}\int\limits_0^\pi\int\limits_R^\infty \frac{12\,\eta\,\dot{R}^2\,R^4}{r^6}\,r^2\sin\vartheta\,\mathrm{d}r\,\mathrm{d}\vartheta\,\mathrm{d}\varphi$$

$$= \frac{24\,\pi\,\eta}{3}\int\limits_0^\pi \left[-\frac{\dot{R}^2\,R^4}{r^3}\right]_{+R}^\infty \sin\vartheta\,\mathrm{d}\vartheta$$

oder

$$\iiint\limits_{(V)} \Phi\,\mathrm{d}V = 16\,\pi\,\eta\,\dot{R}^2\,R = \iiint\limits_{(V)} \varrho\,\frac{\mathrm{D}e}{\mathrm{D}t}\,\mathrm{d}V .$$

Die dissipierte Energie, die gleich der Zunahme der inneren Energie ist, wird durch die Arbeit der Reibungsspannungen an der Kugeloberfläche erzeugt. In der Energiegleichung (S. L. (2.114)) heben sich die Arbeit der Reibungsspannungen mit der Zunahme der inneren Energie auf, und genau wie in der reibungsfreien Strömung dient die Arbeit der Druckspannungen an der Kugel dazu, die kinetische Energie der Strömung zu erhöhen bzw. zu erniedrigen.

## Aufgabe 10.3-8  Wachstum einer Kavitationsblase

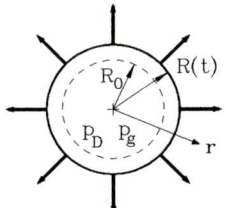

In einer ruhenden, inkompressiblen Flüssigkeit ist der Druck soweit abgesunken, daß sich eine kugelsymmetrische Blase mit dem Radius $R(t)$ bilden konnte. Kavitationskeime sind oft ungelöste Gase in Form von Bläschen, die auch an mikroskopischen Teilchen haften. Wir nehmen an, daß in der Blase Gas mit dem Gasdruck $p_g$ und Dampf mit dem Dampfdruck $p_D$ vorhanden ist. Die Expansion der Blase mit der zeitlichen Änderung des Blasenradiuses $\mathrm{d}R/\mathrm{d}t = \dot{R}$ verursacht eine kugelsymmetrische Strömung der Flüssigkeit. Die Druckverteilung

$$\frac{p(r,\,t) - p_\infty(t)}{\varrho} = \frac{R}{r}\,(R\,\ddot{R} + 2\,\dot{R}^2) - \frac{1}{2}\left(\frac{R^2\,\dot{R}}{r^2}\right)^2$$

dieser Strömung wurde in Aufgabe 10.3-1 berechnet.

a) Der Druck am Blasenrand ist in reibungsfreier Flüssigkeit mit

$$p(R,\,t) = p_g + p_D - 2\,\frac{C}{R}$$

(Gasdruck $p_g$, Dampfdruck $p_D$, Kapillarkonstante $C$) gegeben (vgl. S. L. (5.53)).
Wie lautet die Bewegungsgleichung der Blasenoberfläche?

b) Prüfen sie für kleine Störungen des Radiuses $R$ um $R_0$, d. h. $R(t) = R_0 + \varepsilon\,R_1(t)$
mit $\varepsilon \ll 1$, die Stabilität des Blasenwachstumes, wenn der Gasdruck $p_g$ in der Blase
sich isotherm ändert.

## Lösung

a) Bewegungsgleichung der Blasenoberfläche:
Die Bewegungsgleichung der Blasenoberfläche folgt aus der Druckverteilung im Feld
mit $r = R$:

$$\frac{p(R,\,t) - p_\infty(t)}{\varrho} = R\,\ddot{R} + 2\,\dot{R}^2 - \frac{1}{2}\,\dot{R}^2 = R\,\ddot{R} + \frac{3}{2}\,\dot{R}^2\,.$$

Mit dem gegebenen Druck an der Blasenoberfläche folgt daraus

$$R\,\ddot{R} + \frac{3}{2}\,\dot{R}^2 = \frac{1}{\varrho}\left(p_g + p_D - \frac{2C}{R} - p_\infty(t)\right).\tag{1}$$

Aus der thermischen Zustandsgleichung

$$p_g = \frac{m}{V}\,\mathcal{R}\,T\,,$$

wo $m$ die konstante Gasmasse ist, und dem Blasenvolumen $V = (4/3)\,\pi\,R^3$ folgt der
Gasdruck zu

$$p_g = \frac{3}{4}\,\frac{m\,\mathcal{R}}{\pi}\,T\,\frac{1}{R^3} = A\,T\,\frac{1}{R^3}\,,\quad A = \text{const}\,.\tag{2}$$

Einsetzen von (2) in (1) führt zu einer Differentialgleichung zur Bestimmung des
Blasenradiuses $R(t)$:

$$R\,\ddot{R} + \frac{3}{2}\,\dot{R}^2 - \frac{A\,T}{\varrho}\,\frac{1}{R^3} + \frac{1}{\varrho}\,\frac{2C}{R} = \frac{p_D - p_\infty(t)}{\varrho}\,.\tag{3}$$

b) Stabilität des Blasenwachstumes für isotherme Gasdruckänderung:
Wir betrachten den Fall konstanter Temperatur in der Blase ($T = \text{const}$), dann folgt
aus (2) der Gasdruck zu

$$p_g = p_{g_0}\left(\frac{R_0}{R}\right)^3\,,$$

was zu der Form der Bewegungsgleichung

$$R\,\ddot{R} + \frac{3}{2}\,\dot{R}^2 - \frac{p_{g_0}}{\varrho}\left(\frac{R_0}{R}\right)^3 + \frac{1}{\varrho}\,\frac{2C}{R} = \frac{p_D - p_\infty(t)}{\varrho}\tag{4}$$

führt. Zur Bestimmung von $R(t)$ ist diese nichtlineare Differentialgleichung 2. Ordnung numerisch mit den Anfangsbedingungen

$$t = 0 \quad : \quad R = R_0 \quad \text{und} \quad \dot{R} = 0$$

zu integrieren.

Wir wollen lediglich die Stabilität des Blasenwachstumes untersuchen und entwickeln die Funktion $R(t)$ für kleine Störungen um $R_0$. Aus dem in der Aufgabenstellung gegebenen Störansatz folgt

$$\dot{R} = \varepsilon \, \dot{R}_1 \quad \text{und} \quad \ddot{R} = \varepsilon \, \ddot{R}_1 \; .$$

Wir setzen den Ansatz in (4) ein und vernachlässigen alle Terme quadratischer und höherer Ordnung in $\varepsilon$. Dies führt zu der linearisierten Bewegungsgleichung

$$\varepsilon \, R_0 \ddot{R}_1 + \varepsilon \, \frac{R_1}{\varrho \, R_0} \left( 3 \, p_{g_0} - 2 \frac{C}{R_0} \right) = \frac{1}{\varrho} \left( p_D + p_{g_0} - \frac{2C}{R_0} - p_\infty(t) \right) \; . \tag{5}$$

$R_0$ und $R_1$ sind von gleicher Größenordnung. Die Größenordnung der Terme in der Differentialgleichung wird durch $\varepsilon$ angegeben. Ein Vergleich der Terme gleicher Größenordnung in (5) bedeutet hier, Terme gleicher Potenz in $\varepsilon$ zu vergleichen. Terme der Ordnung $\varepsilon^0$: Die aus (5) folgende Gleichung

$$0 = \frac{1}{\varrho} \left( p_D + p_{g_0} - \frac{2C}{R_0} - p_\infty(t) \right)$$

beschreibt das Druckgleichgewicht an der Oberfläche im Ruhezustand der Blase und ergibt

$$R_0 = \frac{2 \, C}{p_D - p_\infty + p_{g_0}} \; .$$

Die Terme der Größenordnung $\varepsilon$ führen auf die lineare Gleichung

$$\ddot{R}_1 + \frac{R_1}{\varrho \, R_0^2} \left( 3 \, p_{g_0} - 2 \, \frac{C}{R_0} \right) = 0 \; , \tag{6}$$

die durch den Ansatz $R_1 = e^{\lambda t}$ gelöst wird. Wenn es einen positiven Realteil von $\lambda$ gibt, so wächst eine Störung exponentiell an, d. h. die Blase ist instabil. Aus (6) folgt

$$\lambda^2 = \frac{1}{\varrho \, R_0^2} \left( 2 \, \frac{C}{R_0} - 3 \, p_{g_0} \right)$$

und somit positiver Realteil für

$$2 \, \frac{C}{R_0} > 3 p_{g_0}$$

und mit (2) auch

$$\frac{2 \, C}{R_0} > \frac{3 \, A \, T}{R_0^3}$$

oder

$$R_0 > \sqrt{\frac{3}{2} \, \frac{A \, T}{C}} = R_{0_{\text{krit}}} \; .$$

Wenn der Gleichgewichtsradius größer ist als der kritische Radius, so wächst die Blase exponentiell an. Für einen Anfangsradius $R_0 = R_{0_{\text{krit}}}$ bleibt dieser erhalten. Für $R_0 < R_{0_{\text{krit}}}$ ist der Eigenwert $\lambda$ imaginär. Die Blase oszilliert mit konstanter Amplitude. Wenn der Gasdruck $p_{g_0}$ null oder sehr viel kleiner als der Dampfdruck ist, wachsen Blasen immer an, auch in ihrem Bestreben thermodynamisches Gleichgewicht herzustellen.

## Aufgabe 10.3-9    Der runde Freistrahl

Durch das skizzierte kreisrunde Loch (Durchmesser $D$) im Boden eines sehr großen
Behälters strömt Flüssigkeit konstanter Dichte $\varrho$ unter dem Einfluß der Schwerkraft aus.
Der austretende Freistrahl schnürt sich auf den Durchmesser $d$ ein. Die Strömung ist
stationär und reibungsfrei. Es soll die Kontraktionsziffer $\alpha = d^2/D^2$ berechnet werden.

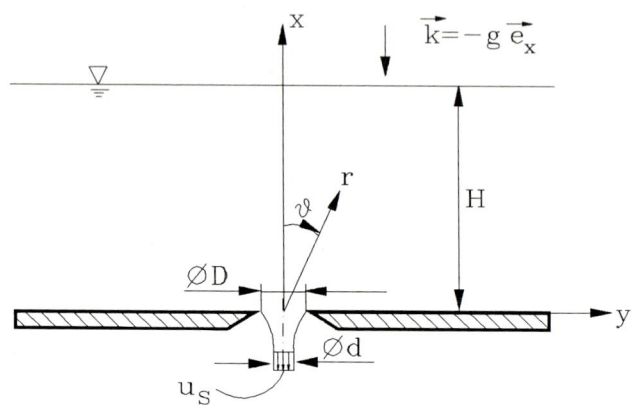

Hinweis: Ist $D$ klein gegen die Höhe $H$ des Flüssigkeitsspiegels, bewegt sich die Flüssigkeit in hinreichend großer Entfernung vom Ausfluß rein radial nach innen und kann
durch eine Punktsenke mit dem Geschwindigkeitsfeld

$$\vec{u} = \frac{E}{4\,\pi}\,\frac{1}{r^2}\,\vec{e}_r\,, \quad E < 0$$

dargestellt werden.

a) Wie groß ist die Geschwindigkeit $u_S$ des austretenden Strahles?
b) Berechnen Sie die Kontraktionsziffer $\alpha$ und den Durchmesser $d$ des Strahles!

Geg.: $H$, $D$, $\varrho$, $p_0$

### Lösung

a) Die Höhe $H$ des Flüssigkeitsspiegels ändert sich nicht, so daß die Torricellische Aus-
flußformel sofort

$$u_S = \sqrt{2\,g\,H} \tag{1}$$

ergibt.
b) Das Kontrollvolumen für den Impulssatz beinhaltet eine Halbkugel (Radius $R_K$)
mit Kugelmittelpunkt im Koordinatenursprung und den austretenden Strahl. Die
Oberfläche des Kontrollvolumens schneidet den Strahl an einer Stelle, ab der sich
der Strahldurchmesser nicht mehr ändert.

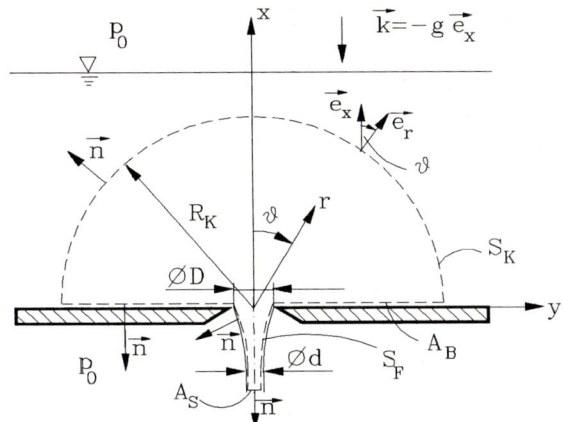

Wir benötigen nur die Komponente des Impulssatzes in die $x$–Richtung, müssen aber, da die Strömung durch die Volumenkraft getrieben wird, das Volumenintegral dieser Kraft behalten:

$$\iint\limits_{(S)} \varrho\,\vec{u}\,(\vec{u}\cdot\vec{n})\,\mathrm{d}S\cdot\vec{e}_x = \iiint\limits_{(V)} \varrho\,\vec{k}\,\mathrm{d}V\cdot\vec{e}_x + \iint\limits_{(S)} \vec{t}\,\mathrm{d}S\cdot\vec{e}_x\;.$$

Mit dem Vektor der Volumenkraft $\varrho\,\vec{k} = -\varrho\,g\,\vec{e}_x$ und dem Spannungsvektor für reibungsfreie Flüssigkeit $\vec{t} = -p\,\vec{n}$ entsteht

$$\iint\limits_{S_K} \varrho\,\vec{u}\cdot\vec{e}_x\,(\vec{u}\cdot\vec{n})\,\mathrm{d}S + \iint\limits_{A_S} \varrho\,\vec{u}\cdot\vec{e}_x\,(\vec{u}\cdot\vec{n})\,\mathrm{d}A =$$

$$= -\iiint\limits_{V} \varrho\,g\,\vec{e}_x\cdot\vec{e}_x\,\mathrm{d}V + \iint\limits_{S_K} -p_K\,\vec{n}\cdot\vec{e}_x\,\mathrm{d}S + \iint\limits_{A_B} -p_B\,\vec{n}\cdot\vec{e}_x\,\mathrm{d}A\;+$$

$$+\iint\limits_{S_F} -p_0\,\vec{n}\cdot\vec{e}_x\,\mathrm{d}S + \iint\limits_{A_S} -p_0\,\vec{n}\cdot\vec{e}_x\,\mathrm{d}A\;. \tag{2}$$

Die Impulsflüsse über die Flächen $A_B$ und $S_F$ verschwinden wegen der Randbedingung. Der Druck im Freistrahl an der Fläche $A_S$ ist gleich dem Umgebungsdruck, da die Stromlinien nicht gekrümmt sind.

Für das Integral des Impulsflusses in $x$–Richtung über die Fläche $S_K$ erhält man mit $\vec{u} = (A/r^2)\,\vec{e}_r$ , wobei $A = E/4\pi$ , $E < 0$ ist, $\vec{n} = \vec{e}_r$ und dem Flächenelement (in Kugelkoordinaten) $\mathrm{d}S = r^2 \sin\vartheta\,\mathrm{d}\vartheta\,\mathrm{d}\varphi$

$$\iint\limits_{S_K} \varrho\,\vec{u}\cdot\vec{e}_x\,(\vec{u}\cdot\vec{n})\,\mathrm{d}S = \int\limits_{0}^{2\pi}\int\limits_{0}^{\frac{\pi}{2}} \varrho\,\frac{A^2}{R_K^4}\,R_K^2\sin\vartheta\,\cos\vartheta\,\mathrm{d}\vartheta\,\mathrm{d}\varphi = \pi\,\varrho\,\frac{A^2}{R_K^2}\;.$$

Das zweite Integral der linken Seite von (2) wird mit $\vec{u} = -u_S\,\vec{e}_x$, $\vec{n} = -\vec{e}_x$ und $\mathrm{d}S = r\,\mathrm{d}\varphi\,\mathrm{d}r$

$$\iint\limits_{A_S} \varrho\,\vec{u}\cdot\vec{e}_x\,(\vec{u}\cdot\vec{n})\,\mathrm{d}A = \int\limits_{0}^{2\pi}\int\limits_{0}^{\frac{d}{2}} -\varrho\,u_S^2\,r\,\mathrm{d}r\,\mathrm{d}\varphi = -\pi\,\varrho\,u_S^2\,\frac{d^2}{4}\;.$$

Bei der Auswertung des Volumenintegrals ist $\varrho\,g$ konstant, so daß gilt

$$-\iiint\limits_{V} \varrho\,g\;\mathrm{d}V = -\varrho\,g\;\iiint\limits_{V}\;\mathrm{d}V\;,$$

mit $\iiint\limits_{V}\;\mathrm{d}V$ als dem Rauminhalt des Kontrollvolumens. Bei genügend großem Radius $R_K$ kann man das Volumen des Freistrahls gegenüber dem Volumen der Halbkugel vernachlässigen und erhält

$$-\iiint\limits_{V} \varrho\,g\;\mathrm{d}V = -\varrho\,g\,\frac{2}{3}\,\pi\,R_K^3\;.$$

Für die Berechnung der Integrale des Spannungsvektors $\vec{t} = -p\,\vec{n}$ über die Flächen $S_K$ und $A_B$ benötigt man die Druckverteilungen. Diese werden mit der Bernoullischen Gleichung ermittelt.
Druckverteilung an $S_K$:
Bernoullische Gleichung von $x = H$ zur Fläche $r = R_K$:

$$\varrho\,\frac{u_K^2}{2} + \varrho\,g\,R_K\cos\vartheta + p_K = \varrho\,g\,H + p_0\;.$$

Aus dem Geschwindigkeitsfeld der Senke

$$u_K = \frac{A}{R_K^2}$$

folgt

$$p_K(R_K,\vartheta) = \varrho\,g\,H + p_0 - \frac{\varrho}{2}\,\frac{A^2}{R_K^4} - \varrho\,g\,R_K\cos\vartheta\;.$$

Die Druckverteilung am Boden folgt aus der Bernoullischen Gleichung

$$\varrho\,\frac{u_B^2}{2} + p_B = \varrho\,g\,H + p_0\;.$$

Mit der Geschwindigkeit aus der Senkenströmung $u_B = A/r^2$ (was in der Nähe der Austrittsöffnung nicht mehr genau stimmt) wird

$$p_B(r,\vartheta = \frac{\pi}{2}) = \varrho\,g\,H + p_0 - \frac{\varrho}{2}\,\frac{A^2}{r^4}\;.$$

Der Umgebungsdruck $p_0$ wird, da er nicht in das Problem eingeht, zu null gesetzt: $p_0 = 0$.
Die Auswertung der Integrale der rechten Seite von (2) ergibt nun

$$\iint\limits_{S_K} -p_K\,\vec{n}\cdot\vec{e}_x\;\mathrm{d}S = -\int\limits_{0}^{2\pi}\int\limits_{0}^{\frac{\pi}{2}} \left(\varrho\,g\,H - \frac{\varrho}{2}\,\frac{A^2}{R_K^4} - \varrho\,g\,R_K\cos\vartheta\right)\vec{e}_r\cdot\vec{e}_x\,R_K^2\sin\vartheta\;\mathrm{d}\vartheta\;\mathrm{d}\varphi$$

$$= -\pi\left(\varrho\,g\,H - \frac{\varrho}{2}\,\frac{A^2}{R_K^4}\right)R_K^2 + \frac{2}{3}\,\pi\,\varrho\,g\,R_K^3$$

und

$$\iint\limits_{A_B} -p_B\,\vec{n}\cdot\vec{e}_x\,\mathrm{d}A \;=\; -\int\limits_{0}^{2\pi}\int\limits_{\frac{D}{2}}^{R_K}\left(\varrho\,g\,H-\frac{\varrho}{2}\frac{A^2}{r^4}\right)(-\vec{e}_x)\cdot\vec{e}_x r\,\mathrm{d}r\,\mathrm{d}\varphi$$

$$=\;2\pi\left[\varrho\,g\,H\left(\frac{R_K^2}{2}-\frac{D^2}{8}\right)+\varrho\left(\frac{A^2}{4\,R_K^2}-\frac{A^2}{D^2}\right)\right]\;.$$

Die Integrale über die Flächen $S_F$ und $A_S$ ergeben den Wert Null, da $p_0 = 0$ ist. Damit lautet Gleichung (2)

$$\pi\,\varrho\,\frac{A^2}{R_K^2}-\pi\,\varrho\,u_S^2\,\frac{d^2}{4}=-\pi\,\varrho\,\frac{2}{3}\,g\,R_K^3-\pi\,\varrho\left(g\,H-\frac{1}{2}\frac{A^2}{R_K^4}\right)R_K^2+\pi\,\varrho\,\frac{2}{3}\,g\,R_K^3$$

$$+\pi\,\varrho\left(g\,H\,R_K^2-g\,H\,\frac{D^2}{4}\right)+\pi\,\varrho\left(\frac{1}{2}\frac{A^2}{R_K^2}-2\frac{A^2}{D^2}\right)$$

bzw.

$$u_S^2\,\frac{d^2}{4}=g\,H\,\frac{D^2}{4}+2\,\frac{A^2}{D^2}\;.$$

Die Kontinuitätsgleichung für das gewählte Kontrollvolumen

$$\int\limits_{0}^{2\pi}\int\limits_{0}^{\frac{\pi}{2}}\frac{A}{R_K^2}\,R_K^2\,\sin\vartheta\,\mathrm{d}\vartheta\,\mathrm{d}\varphi+\int\limits_{0}^{2\pi}\int\limits_{0}^{\frac{d}{2}}-u_S\,r\,\mathrm{d}r\,\mathrm{d}\varphi=0$$

liefert

$$A=u_S\,\frac{d^2}{8}\;. \tag{3}$$

Mit den Gleichungen (1), (2) und (3) sowie der Beziehung für die Kontraktionsziffer $\alpha=d^2/D^2$ erhält man eine quadratische Bestimmungsgleichung für die Kontraktionsziffer $\alpha$

$$1-2\,\alpha+\frac{\alpha^2}{4}=0\;.$$

Die Lösung ist

$$\alpha_{1/2}=\pm\sqrt{12}+4\;,$$

wobei nur der Wert

$$\alpha=-\sqrt{12}+4=0,536<1$$

in Frage kommt. Der Durchmesser $d$ des Strahles ist dann

$$d=\sqrt{\alpha}\,D=0,732\,D\;.$$

Das Ergebnis wird natürlich nur exakt realisiert für $D\to 0$ und $H\to\infty$, da nur in diesem Fall die Strömung wirklich eine punktförmige Senkenströmung ist.

## Aufgabe 10.3-10    In Wasser aufsteigende Blase

Eine Kugel der Dichte $\varrho_K$ mit dem Volumen $V_K$
(Kugelradius $r_0$) wird zum Zeitpunkt $t = 0$ in
Wasser (Dichte $\varrho_W$) bei einer Tiefe $h$ unter der
Oberfläche plötzlich losgelassen.

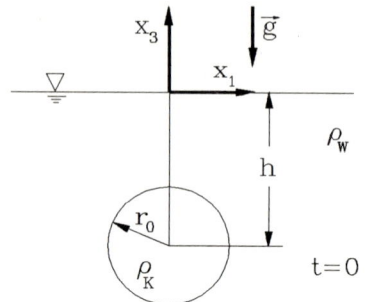

a) Wie lautet die Bewegungsgleichung der Bahn der Kugel $\vec{x}(t)$?
b) Wann erreicht die Kugel für den Fall $\varrho_K < \varrho_W$ die Oberfläche und wie groß ist in
   diesem Augenblick ihre kinetische Energie?
c) Wie ändern sich die Ergebnisse aus b), wenn der Beschleunigungswiderstand des
   Wassers fälschlicherweise nicht berücksichtigt wird?

Geg.: $\varrho_K$, $\varrho_W$, $h$, $V_K$, $g$

**Lösung**

a) Bahn der Kugel:
   Die Bewegungsgleichung für die Kugel lautet

$$\vec{X} = (M + M') \frac{\mathrm{d}\vec{U}}{\mathrm{d}t} \,,$$

wobei $\vec{X}$ die äußere Kraft, $M$ die Masse der Kugel und $M'$ die virtuelle Masse ist
(S. L. (10.175)). Für die Masse der Kugel schreiben wir

$$M = \varrho_K V_K = \frac{4}{3} \pi r_0^3 \varrho_K$$

und für die virtuelle Masse $M' = \frac{2}{3} \pi r_0^3 \varrho_W$. Die äußere Kraft besteht aus dem
Auftrieb der Kugel und ihrem Gewicht

$$\vec{X} = -V_K(\varrho_K - \varrho_W)g\vec{e}_3 \,,$$

die beide parallel zum Vektor der Erdbeschleunigung $g\,\vec{e}_3$ wirken. Für die Beschleunigung der Kugel haben wir daher auch

$$\frac{\mathrm{d}\vec{U}}{\mathrm{d}t} = \frac{\mathrm{d}^2 x_3}{\mathrm{d}t^2} \vec{e}_3 \,,$$

so daß die Gleichung

$$-V_K(\varrho_K - \varrho_W)g = V_K(\varrho_K + \frac{1}{2}\varrho_W)\frac{\mathrm{d}^2 x_3}{\mathrm{d}t^2}$$

entsteht, die auf

$$\frac{d^2 x_3}{dt^2} = \frac{\varrho_W - \varrho_K}{\varrho_W/2 + \varrho_K} g$$

führt bzw. auf

$$\frac{dx_3}{dt} = \frac{\varrho_W - \varrho_K}{\varrho_W/2 + \varrho_K} gt + C_1 \ .$$

Die Integrationskonstante bestimmt sich aus der Anfangsbedingung

$$\left. \frac{dx_3}{dt} \right|_{t=0} = U(t=0) = 0 \ ,$$

und daher ist

$$C_1 = 0 \ .$$

Die erneute Integration liefert mit der Anfangsbedingung $x_3(t = 0) = -h$ das Ergebnis

$$x_3(t) = \frac{\varrho_W - \varrho_K}{\varrho_W/2 + \varrho_K} \frac{1}{2} gt^2 - h \ .$$

b) Erreichen der Wasseroberfläche:
Wir bestimmen die Zeit aus der Bedingung $x_3(t = t^*) \overset{!}{=} 0$ zu

$$t^* = \left( \frac{2h}{g} \frac{\varrho_W/2 + \varrho_K}{\varrho_W - \varrho_K} \right)^{1/2}$$

und erkennen, daß $\varrho_W > \varrho_K$ sein muß. Die Geschwindigkeit der Kugel beim Erreichen der Wasseroberfläche beträgt

$$U(t = t^*) = \left. \frac{dx_3}{dt} \right|_{t=t^*} = \frac{\varrho_W - \varrho_K}{\varrho_W/2 + \varrho_K} gt^* \ ,$$

so daß die kinetische Energie der Kugel

$$K = \frac{1}{2} m_{\text{Kugel}} U^2(t^*)$$

zu diesem Zeitpunkt

$$K = \frac{1}{2} \varrho_K V_K \left( \frac{\varrho_W - \varrho_K}{\varrho_W/2 + \varrho_K} \right)^2 2hg \frac{\varrho_W/2 + \varrho_K}{\varrho_W - \varrho_K}$$

beträgt bzw.

$$K = \varrho_K V_K gh \frac{\varrho_W - \varrho_K}{\varrho_W/2 + \varrho_K} \ .$$

c) Ergebnisse ohne Berücksichtigung der virtuellen Massen:
Diese folgen aus b) durch Streichen des Terms $\varrho_W/2$ , der von der virtuellen Masse der Kugel rührt. Die Zeit zum Erreichen der Wasseroberfläche ist dann

$$\tilde{t}^* = \left( \frac{2h}{g} \frac{\varrho_K}{\varrho_W - \varrho_K} \right)^{1/2}$$

und die kinetische Energie

$$\tilde{K} = \varrho_K V_K gh \frac{\varrho_W - \varrho_K}{\varrho_K}$$

und die Verhältnisse der entsprechenden Größen mit und ohne Berücksichtigung der virtuellen Masse sind

$$\frac{\tilde{t}^*}{t^*} = \left( \frac{\varrho_K}{\varrho_W/2 + \varrho_K} \right)^{1/2}$$

und

$$\frac{\tilde{K}}{K} = \frac{\varrho_W/2 + \varrho_K}{\varrho_K} \, .$$

Zahlenbeispiel:

$$\frac{\varrho_K}{\varrho_W} \approx 10^{-3} \quad \text{(Luftballon)}$$

$$\Rightarrow \quad \frac{\tilde{t}^*}{t^*} = 0,0447 \quad , \quad \frac{\tilde{K}}{K} = 501 \, .$$

## Aufgabe 10.3-11    Bewegung eines Zylinders senkrecht zu seiner Achse

Gegeben ist das Potential der ebenen Strömung um einen Zylinder (Radius $r_0$, Länge $L$, Dichte $\varrho_Z$), der senkrecht zu seiner Achse mit der Geschwindigkeit $U_i$ durch ruhende Flüssigkeit (Dichte $\varrho$) bewegt wird:

$$\Phi = -r_0^2 \frac{x_i}{r^2} U_i \, , \qquad r^2 = x_1^2 + x_2^2 \, .$$

a) Man berechne den Tensor der virtuellen Massen.
b) Welche Kraft wird benötigt, um den Zylinder mit der Geschwindigkeit $\vec{U} = -U(t/t_0)\vec{e}_x$ zu bewegen?

Geg.: $\varrho_Z$, $\varrho$, $r_0$, $L$, $U_i$

### Lösung

a) Tensor der virtuellen Massen:
   Wegen der Randbedingung an der Körperoberfläche und der Linearität der Laplace-Gleichung hat das Geschwindigkeitspotential die Form (S. L. (10.167))

$$\Phi = U_i \varphi_i \, .$$

Mit der Vektorfunktion $\varphi_i$ berechnet sich der Tensor der virtuellen Massen (S. L. (10.170))

$$m_{ij} = - \iint\limits_{S_K} \varrho \, \varphi_i n_j \, \mathrm{d}S \qquad \text{(symmetrischer Tensor)},$$

wobei wir hier unmittelbar

$$\varphi_i = -\frac{r_0^2}{r^2} x_i$$

dem Potential $\Phi$ entnehmen. Da es sich um eine ebene Strömung handelt, sind vier Komponenten des Tensors $m_{ij}$ zu ermitteln. Für einen Zylinder der Länge $L$ hat man mit $n_1 = \cos\beta$, $n_2 = \sin\beta$ in Zylinderkoordinaten

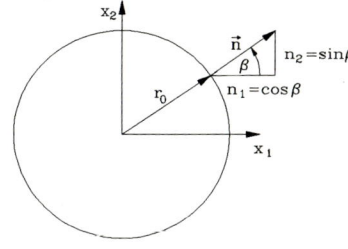

$$m_{11} = -\varrho L \int_0^{2\pi} \left( -\frac{r_0^2}{r_0^2} x_1 \right) \cos\beta \, r_0 d\beta$$

und mit $x_1 = r_0 \cos\beta$ folgt

$$m_{11} = \varrho L r_0^2 \int_0^{2\pi} \cos^2\beta \, d\beta$$

oder

$$m_{11} = \varrho \pi r_0^2 L \ .$$

$$m_{22} = -\varrho L \int_0^{2\pi} \left( -\frac{r_0^2}{r_0^2} x_2 \right) \sin\beta \, r_0 d\beta \ ,$$

mit $x_2 = r_0 \sin\beta$

$$m_{22} = \varrho L r_0^2 \int_0^{2\pi} \sin^2\beta \, d\beta = \varrho \pi r_0^2 L \ .$$

$$m_{21} = m_{12} = \varrho L r_0^2 \int_0^{2\pi} \cos\beta \, \sin\beta \, d\beta = 0 \ .$$

b) Benötigte Kraft:
Die Bewegungsgleichung lautet allgemein

$$X_i = (M\delta_{ij} + m_{ij}) \frac{dU_j}{dt}$$

und hier wegen

$$m_{ij} = M'\delta_{ij} \ , \quad M' = \varrho \pi r_0^2 L$$

und

$$M\delta_{ij} = \varrho_Z \pi r_0^2 L \delta_{ij} \qquad \text{(Masse des Zylinders)}$$

$$X_i = \pi r_0^2 L (\varrho_Z + \varrho) \delta_{ij} \frac{dU_j}{dt}$$

oder

$$X_i = \pi r_0^2 L (\varrho_Z + \varrho) \frac{\mathrm{d}U_i}{\mathrm{d}t} \; .$$

Die Richtung der Kraft stimmt hier also mit der Richtung der Beschleunigung überein. Mit

$$\frac{\mathrm{d}U_1}{\mathrm{d}t} = -\frac{U}{t_0} \; , \quad \frac{\mathrm{d}U_2}{\mathrm{d}t} = \frac{\mathrm{d}U_3}{\mathrm{d}t} = 0$$

folgt für die benötigte Kraft

$$\vec{X} = X_1 \vec{e}_1 = -\pi r_0^2 L (\varrho_Z + \varrho) \frac{U}{t_0} \vec{e}_1 \; ,$$

$$\vec{X} = -\pi r_0^2 L \varrho_Z \left( 1 + \frac{\varrho}{\varrho_Z} \right) \frac{U}{t_0} \vec{e}_1 \; .$$

## Aufgabe 10.3-12    Schwingender Rotor in einer reibungsfreien Flüssigkeit

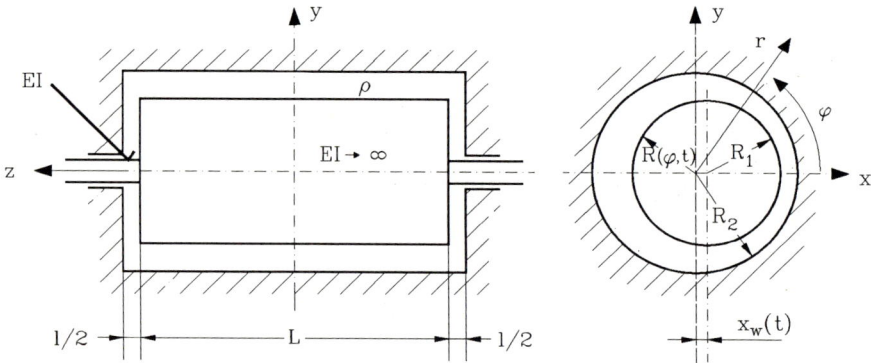

Ein zylindrischer Rotor (Masse $m$, Radius $R_1$, Länge $L$, Biegesteifigkeit $EI \to \infty$) ist an seinen Enden symmetrisch über zwei masselosen Wellen (Länge $l/2$, Biegesteifigkeit $EI$) in einem zylindrischen Gehäuse (Radius $R_2$) gelagert. Im Gehäuse befindet sich eine inkompressible, reibungsfreie Flüssigkeit (Dichte $\varrho$). Wegen $L/R_2 \gg 1$ kann das Problem unter Vernachlässigung der Randumströmung als eben betrachtet werden.

a) Wie lautet das Potential der Strömung im Spalt, wenn der Rotor kleine Schwingungen in $x$-Richtung ausführt ?

b) Wie groß ist die kinetische Energie der Flüssigkeit im Spalt ?

c) Wie groß ist die virtuelle Masse $M'$ ?

d) Wie lautet die Schwingungs-Differentialgleichung für die Rotorbewegung ?

e) Vergleichen Sie die Eigenfrequenz des Rotors mit der für den Fall, daß er nicht von Flüssigkeit umgeben ist.

Geg.: $R_1$, $R_2$, $l$, $L$, $m$, $\varrho$, $EI$, $\dot{x}_w$

**Lösung**

a) Potential der ebenen, inkompressiblen Strömung:
Die Laplace-Gleichung in Zylinderkoordinaten lautet

$$\Delta\Phi = \frac{\partial^2\Phi}{\partial r^2} + \frac{1}{r}\frac{\partial\Phi}{\partial r} + \frac{1}{r^2}\frac{\partial^2\Phi}{\partial\varphi^2} + \frac{\partial^2\Phi}{\partial z^2} = 0 \ . \tag{1}$$

Zur Lösung der Laplace-Gleichung soll ein Separationsansatz versucht werden. Dieser kann aber nur dann zur Lösung führen, wenn die Randbedingungen auf den Koordinatenflächen formuliert werden können. Die kinematische Randbedingung am Gehäuse ($r = R_2$) lautet

$$\vec{u} \cdot \vec{n} = -u_r = 0 \quad \text{an} \quad r = R_2 \ , \tag{2}$$

genügt also dieser Bedingung. Die Randbedingung am Rotor lautet aber

$$\vec{u} \cdot \vec{n} = \vec{u}_w \cdot \vec{n} \quad \text{an} \quad r = R(\varphi, t) \ . \tag{3}$$

Betrachtet man jedoch nur kleine Schwingungen um die Ruhelage, so ist $\vec{n} \approx \vec{e}_r$, so daß sich aus (3) ergibt

$$u_r = \dot{x}_w\vec{e}_x \cdot \vec{e}_r = \dot{x}_w\cos\varphi \quad \text{an} \quad r = R_1 \ , \tag{4}$$

die wir im Rahmen der Näherung statt auf der Rotorfläche auf der stationären Koordinatenfläche $r = R_1$ vorschreiben.
Für das Potential machen wir den Produktansatz

$$\Phi = F(r) * G(\varphi) \ , \tag{5}$$

der mit (1) auf

$$F''G + \frac{1}{r}F'G + \frac{1}{r^2}FG'' = 0$$

führt bzw. auf

$$(r^2F'' + rF')/F = -G''/G \ . \tag{6}$$

$$\left( \ (\ )' \ \overset{\wedge}{=} \ \text{Ableitung nach dem jeweiligen Argument} \ \right)$$

Beide Seiten von (6) können nur dann gleich sein, wenn sie gleich einer Konstanten sind, die wir $k^2$ nennen. Daraus ergeben sich die beiden gewöhnlichen Differentialgleichungen

$$r^2F'' + rF' - k^2F = 0 \ , \tag{7}$$

$$G'' + k^2G = 0 \ . \tag{8}$$

(7) ist eine lineare Dgl. vom Eulerschen Typ, die sich mit dem Ansatz $F(r) = r^n$ lösen läßt. Mit diesem Ansatz folgt aus (7)

$$n(n-1) + n - k^2 = 0 \quad \text{oder} \quad n^2 = k^2 \quad \text{d. h.} \quad n = \pm k \ ,$$

so daß die allgemeine Lösung lautet:

$$F(r) = Ar^k + Br^{-k} \ . \tag{9}$$

(8) ist eine Schwingungs-Dgl. mit der Lösung

$$G(\varphi) = C \cos k\varphi + D \sin k\varphi \ .$$

Eine Lösung für das Potential lautet damit

$$\Phi = F(r) * G(\varphi) = (Ar^k + Br^{-k})(C \cos k\varphi + D \sin k\varphi) \ \text{ für alle } k \ .$$

Da die Strömung in $\varphi$–Richtung periodisch sein muß, d. h.

$$G(\varphi) = G(\varphi + 2\pi) \ ,$$

kann $k$ nur ganzzahlig sein. Man erkennt dies sofort, wenn mit dem Additionstheorem z. B. der cos–Term ausgeschrieben wird:

$$\cos k\varphi = \cos k(\varphi + 2\pi) = \cos k\varphi \ \cos k2\pi - \sin k\varphi \ \sin k2\pi \ .$$

Aus der Summe der rechten Seite entsteht die linke Seite nur für $k = 1, 2, \dots$ . Deshalb und wegen der Linearität der Laplace-Gleichung (1) muß auch die Summe aller Einzellösungen Lösung sein:

$$\Phi = \sum_{k=0}^{\infty} \left( A_k r^k + B_k r^{-k} \right) (C_k \cos k\varphi + D_k \sin k\varphi) \ .$$

Diese unterwerfen wir den Randbedingungen (2) und (4); für $u_r$ ergibt sich

$$u_r = \frac{\partial \Phi}{\partial r} = \sum_{k=0}^{\infty} k \left( A_k \, r^{k-1} - B_k \, r^{-k-1} \right) (C_k \cos k\varphi + D_k \sin k\varphi) \ , \tag{10}$$

so daß aus (2)

$$u_r(R_2) = 0 = \sum_{k=0}^{\infty} k \left( A_k R_2^{k-1} - B_k R_2^{-(k+1)} \right) (C_k \cos k\varphi + D_k \sin k\varphi)$$

folgt. Aus dieser Gleichung kann man zunächst

$$B_k = A_k R_2^{2k}$$

schließen. Die R. B. (4) ergibt sich nun zu

$$u_r(R_1) = \dot{x}_w \cos \varphi = \sum_{k=0}^{\infty} k \, A_k \left( R_1^{k-1} - R_2^{2k} R_1^{-k-1} \right) (C_k \cos k\varphi + D_k \sin k\varphi) \ .$$

Aus dieser Gleichung erkennt man, daß $D_k \equiv 0$ und $k = 1$ sein muß. Faßt man noch das Produkt $A_1 C_1$ mit $\overline{A_1}$ zusammen, so ist

$$\dot{x}_w \cos \varphi = \overline{A_1} \left( 1 - R_2^2 R_1^{-2} \right) \cos \varphi \ ,$$

womit sich

$$\overline{A_1} = \frac{\dot{x}_w R_1^2}{R_1^2 - R_2^2} \quad \text{und} \quad B_1 = \frac{\dot{x}_w R_1^2 R_2^2}{R_1^2 - R_2^2}$$

ergibt. Die den R. B. angepaßte Lösung für das Potential lautet somit

$$\Phi = -\dot{x}_w(t) \frac{R_1^2}{R_2^2 - R_1^2} \left( r + \frac{R_2^2}{r} \right) \cos \varphi \ . \tag{11}$$

b) Kinetische Energie der Flüssigkeit im Spalt:
Aus der Definition

$$K = \iiint\limits_{(V)} \frac{\varrho}{2} \frac{\partial \Phi}{\partial x_i} \frac{\partial \Phi}{\partial x_i}\, dV$$

ergibt sich mit

$$\frac{\partial}{\partial x_i}\left(\Phi \frac{\partial \Phi}{\partial x_i}\right) = \frac{\partial \Phi}{\partial x_i}\frac{\partial \Phi}{\partial x_i} + \Phi \Delta \Phi$$

$$K = \iiint\limits_{(V)} \frac{\varrho}{2}\frac{\partial}{\partial x_i}\left(\Phi\frac{\partial \Phi}{\partial x_i}\right)\, dV = \iint\limits_{(S)} \frac{\varrho}{2}\Phi\frac{\partial \Phi}{\partial x_i} n_i\, dS \ .$$

Die Oberfläche des Volumens besteht aus der Oberfläche des Rotors an der $(\partial \Phi/\partial x_i)\, n_i = \partial \Phi/\partial n = -\partial \Phi/\partial r$ gilt und der Oberfläche des Gehäuses an der $\partial \Phi/\partial n = \partial \Phi/\partial r = 0$ gilt. Es ergibt sich also

$$K = -\iint\limits_{S_{\text{Rotor}}} \frac{\varrho}{2}\Phi\frac{\partial \Phi}{\partial r}R_1\, d\varphi dz \ .$$

Wir werten zunächst $\Phi\, \partial \Phi/\partial r$ an $r = R_1$ aus:

$$\left(\Phi\frac{\partial \Phi}{\partial r}\right)\bigg|_{R_1} = +\left(\dot{x}_w(t)\frac{R_1^2}{R_2^2 - R_1^2}\right)^2 (R_1 + \frac{R_2^2}{R_1})\left(1 - (\frac{R_2}{R_1})^2\right)\cos^2\varphi =$$

$$= -\dot{x}_w^2(t)R_1\frac{R_2^2 + R_1^2}{R_2^2 - R_1^2}\cos^2\varphi \ .$$

Damit ergibt sich die kinetische Energie im Spalt zu

$$K = \frac{\varrho}{2}\dot{x}_w^2(t)R_1^2\frac{R_2^2 + R_1^2}{R_2^2 - R_1^2}L\int\limits_{\varphi = 0}^{2\pi}\cos^2\varphi d\varphi = \frac{\varrho}{2}\dot{x}_w^2(t)\pi R_1^2 L\frac{R_2^2 + R_1^2}{R_2^2 - R_1^2} \ .$$

c) Die virtuelle Masse $M'$:
Die kinetische Energie des Tensors der virtuellen Masse ist $K = \frac{1}{2}U_i U_j m_{ij}$ und da

$$U_l = \begin{cases} \dot{x}_w & \text{für } l = 1 \\ 0 & \text{sonst} \end{cases} \ ,$$

zeigt der Vergleich, daß nun

$$M' = \frac{K}{\dot{x}_w^2/2} = \varrho\pi R_1^2 L\frac{R_2^2 + R_1^2}{R_2^2 - R_1^2}$$

ist und mit dem Rotorvolumen $V_R = \pi R_1^2 L$ auch

$$M' = \varrho V_R\frac{R_2^2 + R_1^2}{R_2^2 - R_1^2} \ .$$

Für die Grenzfälle $R_1 \to R_2$ bzw. $R_2 \to \infty$ ergibt sich

$$R_1 \to R_2 \quad \Rightarrow \quad M' \to \infty \qquad \text{(allerdings wäre Reibung nicht}$$
mehr vernachlässigbar !)

$$R_2 \to \infty \quad \Rightarrow \quad M' \to \varrho V_R \qquad \text{(virtuelle Masse eines}$$
Kreiszylinders im unendlichen Raum) .

d) Schwingungs-Differentialgleichung des Rotors:
Bei zwei „Federn" der Länge $a = l/2$ ist die Federsteifigkeit $c$ durch

$$c = 2\frac{12EI}{(l/2)^3} = 192\frac{EI}{l^3}$$

gegeben, so daß die Schwingungs-Dgl. lautet

$$(m + M')\ddot{x} + cx = F_x(t)$$

aus der wir die

e) Eigenfrequenz des Rotors
zu

$$\omega = \left(\frac{c}{m + M'}\right)^{1/2} = \left(\frac{c}{\varrho_R V_R \left(1 + (\varrho/\varrho_R)\left(R_2^2 + R_1^2\right)/\left(R_2^2 - R_1^2\right)\right)}\right)^{1/2}$$

ablesen ($\varrho_R = m/V_R$). Wir schreiben die Beziehung auch in der Form

$$\omega = \omega_0 \left(\frac{R_2^2 - R_1^2}{R_2^2 - R_1^2 + (\varrho/\varrho_R)(R_2^2 + R_1^2)}\right)^{1/2} \quad ,$$

wobei $\omega_0 = \sqrt{c/(\varrho_R V_R)}$ die Eigenfrequenz ohne Berücksichtigung der virtuellen Masse ist.

## 10.4  Ebene Potentialströmung

### Aufgabe 10.4-1  Spaltströmung zwischen einem bewegten Kolben und einer Wand

Es soll die ebene, inkompressible Strömung berechnet werden, die sich in dem Spalt unter einem Kolben einstellt, der sich mit der konstanten Geschwindigkeit $v_K$ auf eine Wand zu bewegt.

Für $Re = v_K\, h/\nu \to \infty$ kann das Problem reibungsfrei und dann auch potentialtheoretisch behandelt werden.

Nutzt man die Symmetrie des Problems bezüglich der $y$–Achse aus, so kann man sich auf die rechte Hälfte des Strömungsraums beschränken.

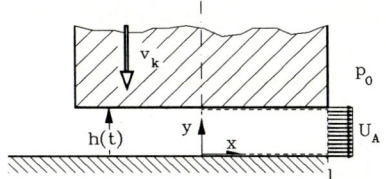

Auf der Linie $x = l$ sei die $x$–Komponente der Geschwindigkeit konstant $u = U_A$. Dann sind auf den Flächen $x = 0$, $x = l$ und $y = 0$, $y = h$ konstante Geschwindigkeiten als Randbedingungen vorgeschrieben, und dies legt einen additiven Separationsansatz der Form $\Phi = f(x) + g(y)$ nahe.

a) Berechnen Sie die Potentialfunktion $\Phi$ und die Austrittsgeschwindigkeit $U_A$.
b) Wie ist die Druckverteilung $p(x, y, t)$, wenn der Austrittsdruck $p_A = p(x = l) = p_0$ ist?
c) Wie groß ist die Kraft auf den Kolben?

Geg.: $v_K$, $h(t)$, $l$, $\varrho$

## Lösung

a) Potentialfunktion $\Phi$, Austrittsgeschwindigkeit $U_A$:
   Die Laplacesche Gleichung

$$\Delta\Phi = \frac{\partial^2\Phi}{\partial x^2} + \frac{\partial^2\Phi}{\partial y^2} = 0 \qquad \text{(ebenes Problem)}$$

liefert mit dem additiven Separationsanatz

$$\Phi(x, y) = f(x) + g(y)$$

$$\Delta\Phi = \frac{\partial^2 f}{\partial x^2} + \frac{\partial^2 g}{\partial y^2} = 0 \, .$$

Der erste Term hängt nur von $x$, der zweite nur von $y$ ab. Die Differentialgleichung kann nur richtig sein, wenn beide Terme konstant sind:

$$\frac{\partial^2 f}{\partial x^2} = -\frac{\partial^2 g}{\partial y^2} = K \, .$$

Dies sind nur zwei gewöhnliche Differentialgleichungen mit den Lösungen

$$f(x) = \frac{K}{2} x^2 + C_1 \, x + A \qquad \text{und} \qquad g(y) = -\frac{K}{2} y^2 + C_2 \, y + B$$

mit

$$\Phi(x, y) = (f(x) + g(y)) = \frac{K}{2}(x^2 - y^2) + C_1 \, x + C_2 \, y + C_3 \, .$$

$C_1, C_2, C_3 = A + B$ sind die Integrationskonstanten. Die Konstanten $K$, $C_1$ und $C_2$ bestimmen sich aus den Randbedingungen:

$$u = \frac{\partial\Phi}{\partial x} = K\, x + C_1 = \begin{cases} 0 & x = 0 \\ U_A & x = l \end{cases} \qquad \text{(Symmetrie)}$$

$$v = \frac{\partial\Phi}{\partial y} = -K\, y + C_2 = \begin{cases} 0 & y = 0 \\ -v_K & y = h \end{cases} \qquad \begin{array}{l} (\vec{u} \cdot \vec{n} = 0) \\ (\vec{u} \cdot \vec{n} = \vec{u}_w \cdot \vec{n}), \end{array}$$

also
$$C_1 = C_2 = 0 \ ,$$

und $K\,l = U_A$, $K\,h = v_K$, also
$$K = \frac{v_K}{h} \ .$$

Für die Austrittsgeschwindigkeit erhält man

$$U_A = v_K \, \frac{l}{h} \ ,$$

welche auch durch die Kontinuitätsgleichung in integraler Form hätte bestimmt werden können.

Die gesuchte Potentialfunktion lautet somit

$$\Phi = \frac{1}{2} \frac{v_K}{h} \, (x^2 - y^2) + C_3 \ ,$$

d. h. unter dem Kolben bildet sich eine Staupunktströmung aus (S. L. (10.65)). Die Konstante $C_3$ bleibt unbestimmt, da auf dem Rand nur Ableitungen von $\Phi$ vorgeschrieben sind, mit $a = v_K/h$ und $C_3 = 0$ also

$$\Phi = \frac{a}{2} \, (x^2 - y^2) \ , \quad u = a\,x \ , \quad v = -a\,y \ .$$

b)  Druckverteilung $p(x,y,t)$, wenn $p(l,y,t) = p_A = p_0$ ist:

Das Problem ist wegen $h = h(t)$ instationär. Die Bernoullische Gleichung lautet

$$\varrho \frac{\partial \Phi}{\partial t} + \frac{\varrho}{2} \left( \left( \frac{\partial \Phi}{\partial x} \right)^2 + \left( \frac{\partial \Phi}{\partial y} \right)^2 \right) + p \ = \ C$$

$$\Rightarrow \qquad -\frac{1}{2} \frac{v_K}{h^2} \frac{\mathrm{d}h}{\mathrm{d}t} \, (x^2 - y^2) + \frac{1}{2} \left( \frac{v_K}{h} \right)^2 (x^2 + y^2) + \frac{p}{\varrho} \ = \ C \ .$$

Mit $\mathrm{d}h/\mathrm{d}t = -v_K$ vereinfacht man die Gleichung zu

$$\left( \frac{v_K}{h} \right)^2 x^2 + \frac{p}{\varrho} = C \ ,$$

d. h. das Druckfeld hängt also nicht von $y$ ab. Die Bernoullische Konstante folgt aus den bekannten Größen am Austritt

$$C = \left( \frac{v_K}{h} \, l \right)^2 + \frac{p_0}{\varrho} \ ,$$

so daß

$$p(x,t) = p_0 + \varrho \left( \frac{v_K}{h} \right)^2 (l^2 - x^2)$$

entsteht.

c) Kraft auf den Kolben:

$$F_y = \iint\limits_{(S)} -p\,\vec{n}\cdot\vec{e}_y\,\mathrm{d}S = 2\int\limits_{x=0}^{l} p(x,t)\,\mathrm{d}x \qquad \text{(pro Tiefeneinheit)}$$

$$= 2\int\limits_{x=0}^{l}\left[p_0 + \varrho\left(\frac{v_K}{h}\right)^2 (l^2 - x^2)\right]\mathrm{d}x$$

$$\Rightarrow \qquad F_y = 2\,p_0\,l + \frac{4}{3}\,\varrho\left(\frac{v_K}{h}\right)^2 l^3\,.$$

## Aufgabe 10.4-2  Senkenverteilung in einer Staupunktströmung

Die im Bild skizzierte Strömung entsteht durch Überlagerung des Potentials der ebenen Staupunktströmung und des Potentials einer Senkenverteilung konstanter Intensität $q$ zwischen $x = -L$ und $x = L$.

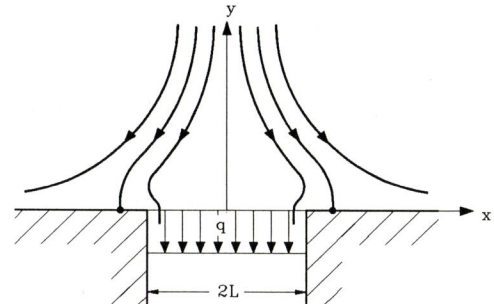

a) Wie lautet das Potential der Senkenverteilung?
b) Geben Sie das gesamte Potential an.
c) Bestimmen Sie die Geschwindigkeitskomponenten $u$ und $v$. Differenzieren Sie erst und integrieren Sie dann mit Hilfe der Substitution

$$t = (x - x')^2 + y^2 \quad \text{bzw.} \quad t = \frac{x - x'}{y}\,.$$

d) Geben Sie die Gleichung der $x$-Koordinate der Staupunkte an ($y = 0$).
e) Wie verhält sich die Geschwindigkeitskomponente $u(x,0)$, wenn $x \to \pm L$ geht?

## Lösung

a) Potential der Senkenverteilung:
   Die infinitesimale Ergiebigkeit $\mathrm{d}E$ einer Intensitätsverteilung auf der Strecke $\mathrm{d}x'$ ist

$$\mathrm{d}E = q(x')\mathrm{d}x'\,,$$

so daß deren Beitrag zum Potential

$$d\Phi_{Se}(x,y) = \frac{q(x')dx'}{2\pi} \ln \sqrt{(x-x')^2 + y^2}$$

und daher das Potential der Senkenverteilung

$$\Phi_{Se}(x,y) = \frac{q}{2\pi} \int\limits_{-L}^{+L} \ln \sqrt{(x-x')^2 + y^2}dx' , \quad q < 0$$

ist.

b) Mit dem bekannten Potential der Staupunktströmung entsteht das Gesamtpotential

$$\Phi(x,y) = \frac{a}{2}(x^2 - y^2) + \frac{q}{2\pi} \int\limits_{-L}^{+L} \ln \sqrt{(x-x')^2 + y^2}dx' .$$

c) Die Geschwindigkeitskomponenten

$$u = \frac{\partial\Phi}{\partial x} , \quad v = \frac{\partial\Phi}{\partial y} .$$

Nach der für $y \neq 0$ erlaubten Vertauschung der Reihenfolge von Differentiation und Integration erhalten wir

$$\frac{\partial\Phi}{\partial x} = ax + \frac{q}{2\pi} \int\limits_{-L}^{+L} \frac{x-x'}{(x-x')^2 + y^2}dx'$$

und mit der Substitution $t = (x-x')^2 + y^2$, $dt = -2(x-x')dx'$

$$\frac{\partial\Phi}{\partial x} = ax - \frac{q}{2\pi}\frac{1}{2} \int\limits_{(x+L)^2+y^2}^{(x-L)^2+y^2} \frac{dt}{t}$$

und daher

$$\frac{\partial\Phi}{\partial x} = ax - \frac{q}{2\pi} \ln \sqrt{\frac{(x-L)^2 + y^2}{(x+L)^2 + y^2}} .$$

Ebenso

$$\frac{\partial\Phi}{\partial y} = -ay + \frac{q}{2\pi} \int\limits_{-L}^{L} \frac{y}{(x-x')^2 + y^2}dx'$$

und mit der Substitution $t = (x-x')/y$, $dt = -dx'/y$ wird

$$\frac{\partial\Phi}{\partial y} = -ay - \frac{q}{2\pi} \int\limits_{(x+L)/y}^{(x-L)/y} \frac{dt}{1+t^2}$$

und dann

$$\frac{\partial \Phi}{\partial y} = -ay - \frac{q}{2\pi} \left[ \arctan \frac{x-L}{y} - \arctan \frac{x+L}{y} \right]$$

erhalten.

d) Die Staupunkte liegen auf der $x$–Achse für $x^2 > L^2$, da dort $v$ verschwindet. Dazu schreiben wir $v$ in der Form

$$v = -ay + \frac{q}{2\pi} \arctan \frac{2Ly}{x^2 - L^2 + y^2} \ , \quad \text{für} \quad \frac{x^2 - L^2}{y^2} > -1$$

und erhalten für $y \to 0$ den Grenzwert

$$\lim_{y \to 0} v(x,y) = 0 \ , \quad \text{für} \quad x^2 - L^2 > 0 \ .$$

Die $x$–Koordinate wird dann aus $u(x,0) = 0$ oder

$$ax = \frac{q}{2\pi} \frac{1}{2} \ln \frac{(x-L)^2}{(x+L)^2} \quad \text{mit } |x| > L$$

erhalten. Man überzeugt sich leicht, daß mit $x$ auch $-x$ eine Lösung ist.

e) $\lim\limits_{x \to \pm L} u(x,0)$:

$$\lim_{x \to L} u(x,0) = \lim_{x \to L} \left\{ ax - \frac{q}{2\pi} \frac{1}{2} \ln \frac{(x-L)^2}{(x+L)^2} \right\} \ \to \ -\infty \qquad q < 0!$$

$$\lim_{x \to -L} u(x,0) = \lim_{x \to -L} \left\{ ax - \frac{q}{2\pi} \frac{1}{2} \ln \frac{(x-L)^2}{(x+L)^2} \right\} \ \to \ +\infty \qquad q < 0!$$

## Aufgabe 10.4-3   Das Kreistheorem

Setzt man in eine inkompressible, ebene, reibungsfreie Potentialströmung mit dem Potential $F_1(z)$ einen Kreiszylinder mit dem Radius $a$ in den Ursprung, so ergibt sich nach dem sogenannten Kreistheorem das Potential $F_2(z)$ der neuen Strömung zu

$$F_2(z) = F_1(z) + \overline{F_1}\left( \frac{a^2}{z} \right) \ ,$$

wobei $\overline{F_1}$ das konjugiert komplexe Potential ist.

a) Berechnen Sie das komplexe Potential eines Kreiszylinders (Radius $a$) bei $z = 0$ in einer Quellströmung (Ergiebigkeit $E$, Quelle bei $z = b$).
b) Zeigen Sie das der Kreis $z = ae^{i\varphi}$ Stromlinie ist.
c) Skizzieren Sie einige Stromlinien.
d) Berechnen Sie das Geschwindigkeitsfeld. Wo liegen die Staupunkte?
e) Berechnen Sie die Kraft auf den Zylinder mit dem Blasius–Theorem.

## Lösung

Gegeben ist das komplexe Potential $F_1(z)$ einer inkompressiblen, reibungsfreien Strömung. Unter der Voraussetzung, daß alle Singularitäten der Funktion $F_1(z)$ in einem größeren Abstand als $a$ vom Ursprung liegen, besagt das Kreistheorem folgendes: Bringt man in diese Strömung einen Kreiszylinder mit dem Radius $a$, so ergibt sich das Potential der veränderten Strömung durch

$$F_2(z) = F_1(z) + \overline{F_1}\left(\frac{a^2}{z}\right) .$$

a) Berechnung des Potentials:
   Potential der Quelle im Punkt $z = b$ :

$$F_1(z) = \frac{E}{2\pi}\ln(z - b) \quad , \qquad (|b| > a) .$$

Zunächst ersetzen wir in $F_1$ $z$ durch $a^2/z$ und eventuell explizit auftretende $i$ durch $-i$ und erhalten so $\overline{F_1}(a^2/z)$. Das Potential der durch das Einfügen des Zylinders geänderten Strömung ist dann

$$F_2(z) = \frac{E}{2\pi}\ln(z - b) + \frac{E}{2\pi}\ln\left(\frac{a^2}{z} - b\right) .$$

b) Kreis $z = ae^{i\varphi}$ ist Stromlinie.
   Wenn der Kreis Stromlinie ist, muß sich für $z = ae^{i\varphi}$ aus der Darstellung

$$F_2(z) = \Phi + i\Psi$$

ergeben, daß $\Psi = \mathrm{const}$ ist:

$$F_2(ae^{i\varphi}) = \frac{E}{2\pi}\left[\ln(ae^{i\varphi} - b) + \ln(ae^{-i\varphi} - b)\right] ,$$

$$F_2(ae^{i\varphi}) = \frac{E}{2\pi}\ln\left(a^2 + b^2 - ab(e^{i\varphi} + e^{-i\varphi})\right) ,$$

$$F_2(ae^{i\varphi}) = \frac{E}{2\pi}\ln\left(a^2 + b^2 - 2ab\cos\varphi\right) ,$$

was zeigt

$$F_2(ae^{i\varphi}) \quad \text{ist rein reell}$$

und daher

$$\Psi = 0 ,$$

was zu beweisen war.

c) Skizze einiger Stromlinien:
   Hierzu ist es zweckmäßig das Potential umzuformen:

$$F_2(z) = \frac{E}{2\pi}\left[\ln(z - b) + \ln\left(\frac{a^2}{z} - b\right)\right]$$

oder

$$F_2(z) = \frac{E}{2\pi} \left[ \ln(z - b) + \ln(a^2 - bz) - \ln z \right]$$

und schließlich

$$F_2(z) = \frac{E}{2\pi} \left[ \ln(z - b) + \ln\left(z - \frac{a^2}{b}\right) + \ln(-b) - \ln z \right] \,.$$

Da die additive Konstante $(E/2\pi)\ln(-b)$ ohne Beschränkung der Allgemeinheit weggelassen werden kann, folgt auch

$$F_2(z) = \frac{E}{2\pi} \left[ \ln(z - b) + \ln\left(z - \frac{a^2}{b}\right) - \ln z \right] \,,$$

was zeigt, daß das Potential aus einer

$$\text{Quelle im Punkt} \quad z = b \quad \text{mit der Ergiebigkeit} \quad E > 0$$

und einer

$$\text{Quelle im Punkt} \quad z = \frac{a^2}{b} \quad \text{mit der Ergiebigkeit} \quad E > 0$$

sowie einer

$$\text{Senke im Punkt} \quad z = 0 \quad \text{mit der Ergiebigkeit} \quad - E$$

besteht. Das Stromlinienbild erhält man, indem man ein Konturdiagramm des Imaginärteils von $F_2(z)$ zeichnen läßt. Das folgende Stromlinienbild ist für $b = -1$ und $a = 1/3$ gezeichnet worden.

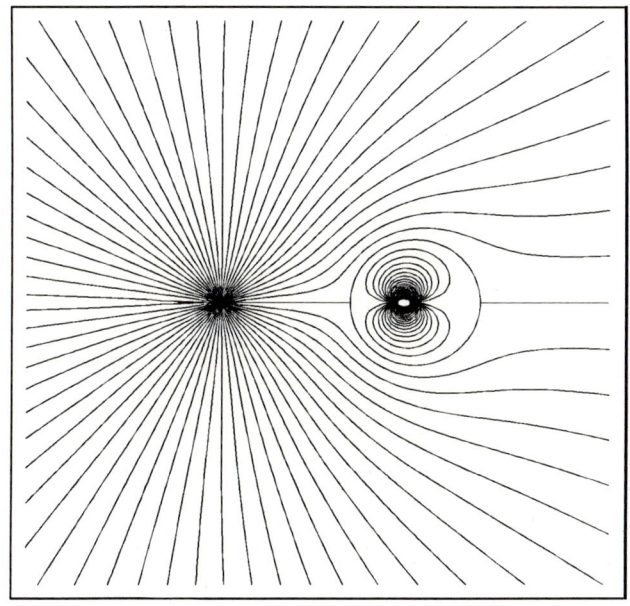

d) Geschwindigkeitsfeld und Staupunkte:
Wir berechnen die Geschwindigkeitskomponenten $u$ und $v$ aus der konjugiert komplexen Geschwindigkeit

$$\frac{\mathrm{d}F_2}{\mathrm{d}z} = u - iv \,,$$

$$\frac{\mathrm{d}F_2}{\mathrm{d}z} = \frac{E}{2\pi}\left[\frac{1}{z-b} + \frac{1}{z-(a^2/b)} - \frac{1}{z}\right]$$

oder

$$\frac{\mathrm{d}F_2}{\mathrm{d}z} = \frac{E}{2\pi}\left[\frac{x-b-iy}{(x-b)^2+y^2} + \frac{x-(a^2/b)-iy}{\left(x-(a^2/b)\right)^2+y^2} - \frac{x-iy}{x^2+y^2}\right]\,,$$

und daraus

$$u(x,y) = \frac{E}{2\pi}\left[\frac{x-b}{(x-b)^2+y^2} + \frac{x-(a^2/b)}{\left(x-(a^2/b)\right)^2+y^2} - \frac{x}{x^2+y^2}\right]$$

und

$$v(x,y) = \frac{E}{2\pi}\left[\frac{y}{(x-b)^2+y^2} + \frac{y}{\left(x-(a^2/b)\right)^2+y^2} - \frac{y}{x^2+y^2}\right]\,.$$

Lage der Staupunkte :
Es ist $v(x,y) = 0$ wenn $y = 0$ ist, d. h. die Staupunkte liegen auf der $x$-Achse. Aus $u(x,0) = 0$ folgt:

$$0 = \frac{1}{x-b} + \frac{1}{x-(a^2/b)} - \frac{1}{x}\,,$$

was auf eine quadratische Gleichung führt mit den Lösungen

$$x = \pm a \,.$$

Wir haben daher zwei Staupunkte:

$$y_s = 0 \quad , x_s = \pm a \,.$$

e) Kraft auf den Zylinder mit dem Blasius–Theorem (S. L. (10.260))

$$F_x - iF_y = i\frac{\varrho}{2}\oint_C \left[\frac{\mathrm{d}F_2}{\mathrm{d}z}\right]^2 \mathrm{d}z \,.$$

C ist die geschlossene Kurve um den Kreiszylinder. Wir bilden zunächst den Integranden

$$\left(\frac{\mathrm{d}F_2}{\mathrm{d}z}\right)^2 = \left(\frac{E}{2\pi}\right)^2\left[\frac{2}{(z-b)\,(z-(a^2/b))} - \frac{2}{z(z-b)} - \frac{2}{z\,(z-(a^2/b))}+\right.$$

$$\left. + \frac{1}{(z-b)^2} + \frac{1}{(z-(a^2/b))^2} + \frac{1}{z^2}\right]$$

und verwenden zur Berechnung des Integrals den Residuensatz:

$$\int_C f(z)\mathrm{d}z = 2\pi\mathrm{i}\sum_k \operatorname*{Res}_{z_k} f(z)$$

$$(z_k \text{ innerhalb von } C)$$

Hierbei gilt: Hat die Funktion $f(z)$ im Punkt $z_0$ einen Pol von m-ter Ordnung, so ist ihr Residuum durch

$$\operatorname*{Res}_{z_0} f(z) = \frac{1}{(m-1)!} \lim_{z\to z_0} \frac{\mathrm{d}^{m-1}}{\mathrm{d}z^{m-1}} [(z - z_0)^m f(z)]$$

gegeben. Der erste Term von $(\mathrm{d}F_2/\mathrm{d}z)^2$

$$\frac{2}{(z-b)(z-(a^2/b))}$$

hat zunächst in $z = \dfrac{a^2}{b}$ einen Pol von 1.-Ordnung, also $m = 1$ :

$$\Rightarrow \quad \operatorname*{Res}_{z=(a^2/b)} \frac{2}{(z-b)(z-(a^2/b))} = \lim_{z\to(a^2/b)} \frac{2}{z-b} = \frac{2b}{a^2-b^2} \; .$$

Der andere Pol bei $z = b$ liegt außerhalb der Kontur $C$, liefert also keinen Beitrag zum Integral. Die nächsten zwei Terme liefern die Residuen

$$\operatorname*{Res}_{z=0} -\frac{2}{z(z-b)} = \frac{2}{b} \; ,$$

$$\operatorname*{Res}_{z=0} -\frac{2}{z(z-a^2/b)} = \frac{2b}{a^2} \; ,$$

$$\operatorname*{Res}_{z=(a^2/b)} -\frac{2}{z(z-a^2/b)} = -\frac{2b}{a^2} \; ,$$

während der vierte Term $1/(z - b)^2$ für $z = b$ einen Pol von 2.-Ordnung außerhalb von $C$ hat, also keinen Beitrag ergibt. Die Residuen der letzten beiden Terme verschwinden:

$$\operatorname*{Res}_{z=(a^2/b)} \frac{1}{(z-a^2/b)^2} = \lim_{z\to(a^2/b)} \frac{\mathrm{d}}{\mathrm{d}z} \underbrace{\left(\frac{z-(a^2/b)}{z-(a^2/b)}\right)^2}_{=1} = 0$$

und

$$\operatorname*{Res}_{z=0} \frac{1}{z^2} = 0 \; .$$

Nun folgt mit

$$F_x - \mathrm{i}F_y = \mathrm{i}\frac{\varrho}{2} \oint_C \left[\frac{\mathrm{d}F_2}{\mathrm{d}z}\right]^2 \mathrm{d}z = \mathrm{i}\frac{\varrho}{2} 2\pi\mathrm{i} \sum_k \operatorname*{Res}_{z_k} \left[\frac{\mathrm{d}F}{\mathrm{d}z}\right]^2 \; ,$$

$$F_x - \mathrm{i}F_y = \mathrm{i}\frac{\varrho}{2}2\pi\mathrm{i}\left(\frac{E}{2\pi}\right)^2\left[\frac{2b}{a^2-b^2}+\frac{2}{b}+\frac{2b}{a^2}-\frac{2b}{a^2}\right]$$

bzw.

$$F_x - \mathrm{i}F_y = -\frac{\varrho}{2}\frac{E^2}{2\pi}\left[\frac{2b}{a^2-b^2}+\frac{2}{b}\right]\ .$$

Mit

$$F_y = 0$$

ist die Kraft rein reell

$$F_x = \frac{\varrho}{2}\frac{E^2}{\pi}\frac{a^2}{b(b^2-a^2)}\ ,$$

was aus Symmetriegründen zu erwarten war.

## Aufgabe 10.4-4  Halbkreisförmiger Zylinder in einer Staupunktströmung

Eine inkompressible Flüssigkeit strömt reibungsfrei gegen eine ebene Wand, auf der sich ein halbkreisförmiger ($r = a$) Zylinder befindet.

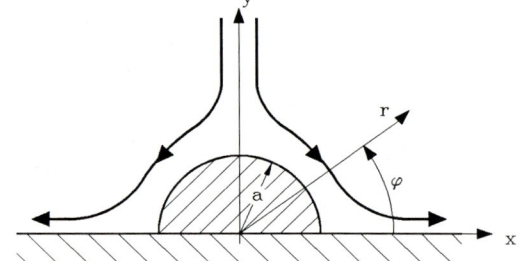

a) Formulieren Sie die Randbedingungen, die zur Bestimmung des Potentials benötigt werden.
b) Lösen Sie die Laplace-Gleichung für die gefundenen Randbedingungen.
c) Wie lautet die Stromfunktion?

### Lösung

a) Randbedingungen:
  1.) $\vec{u}\cdot\vec{n} = 0$ an den festen Wänden, d. h. $\nabla\Phi\cdot\vec{n} = \partial\Phi/\partial n = 0$.
  2.) Im Unendlichen ist die Störung durch den halbkreisförmigen Zylinder abgeklungen, d. h. dort muß das Potential der ebenen Staupunktströmung

$$\Phi_{\mathrm{Stau}} = \frac{b}{2}(x^2 - y^2)$$

herrschen. Mit

$$x = r\cos\varphi\ ,\quad y = r\sin\varphi\quad\text{und}\quad x^2 - y^2 = r^2\cos 2\varphi$$

hat das gesuchte Potential die asymptotische Form

$$\Phi(r,\varphi) \sim \frac{b}{2}r^2\cos 2\varphi\ ,\quad \text{für}\quad r \to \infty\ .$$

b) Lösung der Laplace Gleichung

$$\Phi = \Phi(r,\varphi)\ ,$$

$$\Delta\Phi = \frac{\partial^2\Phi}{\partial r^2} + \frac{1}{r}\frac{\partial\Phi}{\partial r} + \frac{1}{r^2}\frac{\partial^2\Phi}{\partial\varphi^2} = 0\ . \tag{1}$$

Der Separationsansatz $\Phi(r,\varphi) = R(r)H(\varphi)$ führt auf

$$\Delta\Phi = R''H + \frac{1}{r}R'H + \frac{1}{r^2}RH'' = 0\ ,$$

wobei der Strich die Ableitung nach dem jeweiligen Argument bedeutet. Da $r$ und $\varphi$ unabhängig sind, folgt

$$r^2\frac{R''}{R} + r\frac{R'}{R} = -\frac{H''}{H} = k^2 = \text{const}\ ,$$

woraus die zwei gewöhnlichen Differentialgleichungen entstehen:

$$H''(\varphi) + k^2 H(\varphi) = 0 \qquad (\text{Schwingungs} - \text{Dgl.})\ ,$$

$$r^2 R''(r) + r R'(r) - k^2 R(r) = 0 \qquad (\text{Eulersche Dgl.})\ .$$

Die Randbedingungen lauten an dem Zylinder: $r = a$ , $0 < \varphi < \pi$

$$\left.\frac{\partial\Phi}{\partial n}\right|_{r=a} = \left.\frac{\partial\Phi}{\partial r}\right|_{r=a} = R'(a)H(\varphi) = 0\ ,$$

daraus bei beliebigem $\varphi$

$$R'(a) = 0\ ,$$

an der Wand: $r > a$ , $\varphi = 0$

$$\left.\frac{\partial\Phi}{\partial n}\right|_{\varphi=0} = \left.\frac{\partial\Phi}{\partial\varphi}\right|_{\varphi=0} = R(r)H'(0) = 0\ ,$$

daraus bei beliebigem $r$

$$H'(0) = 0\ ,$$

an der Wand: $r > a$ , $\varphi = \pi$

$$\left.\frac{\partial\Phi}{\partial n}\right|_{\varphi=\pi} = -\left.\frac{\partial\Phi}{\partial\varphi}\right|_{\varphi=\pi} = -R(r)H'(\pi) = 0\ ,$$

daraus bei beliebigem $r$

$$H'(\pi) = 0$$

und im Unendlichen: $r \to \infty$

$$\Phi(r,\varphi) = R(r)H(\varphi) \sim \frac{b}{2}r^2 \cos 2\varphi \; .$$

Aus der allgemeinen Lösung der Schwingungs-Differentialgleichung

$$H(\varphi) = A \sin k\varphi + B \cos k\varphi$$

erhalten wir mit $H'(\varphi) = Ak \cos k\varphi - Bk \sin k\varphi$ und der Randbedingung $H'(0) = 0$, die spezielle Lösung

$$H(\varphi) = B \cos(k\,\varphi) \; ,$$

da $A \equiv 0$ sein muß. Die Randbedingung $H'(\pi) = 0$, d. h.

$$B\,k\sin(k\,\pi) = 0 \; ,$$

erfordert zur Vermeidung der trivialen Lösung, daß die Separationskonstante $k$ die diskreten Werte (Eigenwerte)

$$k = 0, \pm1, \pm2, \pm3\ldots$$

annimmt. Daher ist die spezielle Lösung

$$H_k(\varphi) = B_k \cos k\varphi \; , \quad k = 1,2,3\ldots$$

in der $B_k$ noch unbestimmt ist. Die Lösung der Eulerschen Dgl. lautet

$$R_k(r) = C_k r^k + D_k r^{-k}$$

und die Randbedingung

$$R'_k(a) = 0$$

liefert wegen

$$R'_k(a) = C_k k a^{k-1} - D_k k a^{-k-1} = 0$$
$$D_k = C_k a^{2k}$$

und daher

$$R_k(r) = C_k(r^k + a^{2k}r^{-k}) \; .$$

Damit schreiben wir die allgemeine Lösung

$$\Phi(r,\varphi) = \sum_{k=0}^{\infty} C_k(r^k + a^{2k}r^{-k})\, B_k \, \cos k\varphi \; .$$

Die Bedingung für $r \to \infty$

$$\Phi(r,\varphi) \sim \frac{b}{2}r^2 \cos 2\varphi$$

verlangt nun

$$k = 2 \quad \text{und} \quad B_2\, C_2 = \frac{b}{2} \; ,$$

so daß die Lösung lautet

$$\Phi(r,\varphi) = a^2 \frac{b}{2} \cos 2\varphi \left[ \left(\frac{r}{a}\right)^2 + \left(\frac{a}{r}\right)^2 \right] \; . \tag{2}$$

c) Mit (S. L. (10.206))

$$\vec{u} = \nabla \Psi \times \vec{e}_z$$

erhält man

$$\frac{\partial \Psi}{\partial r} = -u_\varphi = -\frac{1}{r} \frac{\partial \Phi}{\partial \varphi} \,,$$

$$\frac{1}{r} \frac{\partial \Psi}{\partial \varphi} = u_r = \frac{\partial \Phi}{\partial r} \,.$$

Durch Ableiten von $\Phi$ in (2) nach $r$ ergibt sich so die Gleichung

$$\frac{\partial \Psi}{\partial \varphi} = a^2 b \cos(2\varphi) \left( \frac{r^2}{a^2} - \frac{a^2}{r^2} \right)$$

und daraus

$$\Psi = \frac{a^2 b}{2} \left( \frac{r^2}{a^2} - \frac{a^2}{r^2} \right) \sin(2\varphi) + C_1(r) + C_0 \,,$$

mit einer absoluten Konstanten $C_0$. Aus

$$\frac{\partial \Psi}{\partial r} = a^2 b \left( \frac{r^2}{a^2} - \frac{a^2}{r^2} \right) \frac{1}{r} \sin(2\varphi) + \frac{dC_1(r)}{dr}$$

folgt, wegen $\partial \Psi / \partial r = -1/r \, \partial \Phi / \partial \varphi$ die Lösung

$$\Psi = \frac{a^2 b}{2} \left( \frac{r^2}{a^2} - \frac{a^2}{r^2} \right) \sin(2\varphi) + C_0 \,. \tag{3}$$

Anmerkung: Die Lösung läßt sich natürlich viel einfacher mit Hilfe des Kreistheorems finden. Das komplexe Potential der Staupunktströmung ist (mit $b$ statt $a$ als dimensionsbehafteter Konstante) $F(z) = (b/2)z^2$ und nach Einfügen des Zylinders mit dem Radius $a$

$$F(z) = \frac{b}{2} z^2 + \frac{b}{2} \left( \frac{a}{z} \right)^2 \,.$$

Man entnimmt dieser Funktion sofort den Realteil, der mit dem Potential (2) und dem Imaginärteil, der bis auf die additive Konstante mit der Stromfunktion (3) übereinstimmt.

# Aufgabe 10.4-5   Kreiszylinder in einer Dipolströmung

Betrachtet wird inkompressible, reibungsfreie, ebene Potentialströmung. An der Stelle $z = b$ befindet sich ein Dipol (Dipolmoment $M$), der unter dem Winkel $\alpha$ zur $x$–Achse orientiert ist. Setzt man in den Ursprung des Koordinatensystems einen Kreiszylinder mit dem Radius $a$ ($a < b$), so erhält man das Potential der neuen

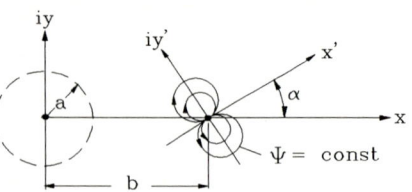

Strömung durch Anwendung des Kreistheorems (vergleiche Aufgabe 10.4-3).

a)  Wie lautet das komplexe Potential $F_1(z)$ eines Dipols an der Stelle $z = b$? Die Dipolachse schließt mit der $x$–Achse den Winkel $\alpha$ ein.

b)  Berechnen Sie das komplexe Potential eines Kreiszylinders ($r = a$) bei $z = 0$ in einer Dipolströmung (Dipolmoment $M$, Dipol bei $z = b$).

c)  Ermitteln Sie die Stromfunktion $\Psi$ und den Wert der Stromfunktion auf dem Kreis ($r = a$).

d)  Berechnen Sie die Kraft auf den Zylinder.
    Wie hängt die Kraft von der Orientierung des Dipols ab?

## Lösung

a)  Potential des Dipols:
    Im gestrichenen Koordinatensystem ist das komplexe Potential eines Dipols (S. L. (10.22)

$$F_1(z') = \frac{M}{2\pi}\frac{1}{z'}$$

mit $z' = x' + \mathrm{i}\,y'$ und $M$ als Betrag des Dipolmomentes. Mit der Transformation

$$z' = (z - b)\,\mathrm{e}^{-\mathrm{i}\,\alpha}$$

erhalten wir das Potential des Dipols im ungestrichenen System

$$F_1(z) = \frac{M}{2\pi}\frac{1}{z - b}\,\mathrm{e}^{\mathrm{i}\,\alpha}\ . \tag{1}$$

b)  Potential eines Kreiszylinders in einer Dipolströmung:
    Aus Gleichung (1) gewinnt man $\overline{F_1}(z)$, das konjugiert komplexe Potential, indem man an allen in $F_1(z)$ explizit vorkommenden „i " das Vorzeichen umkehrt:

$$\overline{F_1}(z) = \frac{M}{2\pi}\frac{1}{z - b}\,\mathrm{e}^{-\mathrm{i}\,\alpha}\ .$$

Das Kreistheorem liefert dann

$$\begin{aligned}
F_2(z) &= F_1(z) + \overline{F_1}\left(\frac{a^2}{z}\right) \\[2mm]
&= \frac{M}{2\pi}\frac{1}{z - b}\,\mathrm{e}^{\mathrm{i}\,\alpha} + \frac{M}{2\pi}\frac{1}{a^2/z - b}\,\mathrm{e}^{-\mathrm{i}\,\alpha} \\[2mm]
&= \frac{M}{2\pi}\left(\frac{1}{z - b}\,\mathrm{e}^{\mathrm{i}\,\alpha} + \frac{z}{a^2 - b\,z}\,\mathrm{e}^{-\mathrm{i}\,\alpha}\right)\ . \tag{2}
\end{aligned}$$

c) Stromfunktion $\Psi$:

Die Stromfunktion $\Psi$ erhält man als Imaginärteil des komplexen Potentials $F_2(z)$ nach der Zerlegung $F_2(z) = \Phi + i \Psi$ zu

$$\Psi(x, y) = \frac{M}{2\pi} \left[ \frac{(x - b) \sin \alpha - y \cos \alpha}{(x - b)^2 + y^2} \right.$$

$$\left. + \frac{a^2 y \cos \alpha - (a^2 x - b x^2 - b y^2) \sin \alpha}{(a^2 - b x)^2 + (b y)^2} \right] . \tag{3}$$

Stromlinien sind Linien, längs denen der Wert der Stromfunktion konstant ist. Setzt man in (3) die Kontur des umströmten Kreises $y^2 = a^2 - x^2$ ein, so erhält man den Wert der Stromfunktion zu $\Psi = \text{const} = 0$, was beweist, daß der Kreis Stromlinie ist. Alternativ setzt man $z = a\,e^{i\varphi}$ in (2) ein und erkennt, daß (2) dann rein reell ist. Der Kreis trennt zwei Strömungsgebiete; für $|z| < a$ ist die Stromfunktion immer kleiner null, für $|z| > a$ ist sie immer positiv.

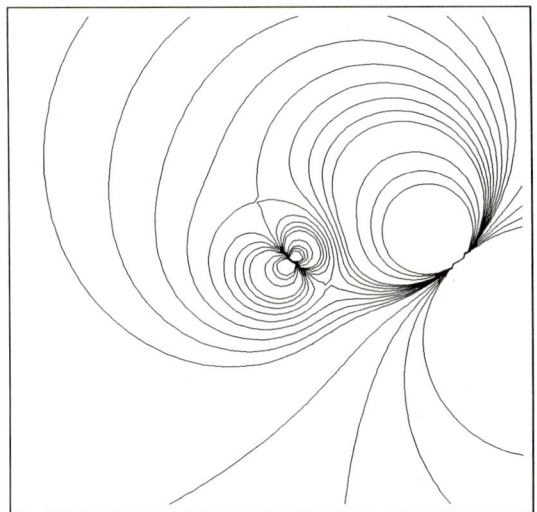

In der Abbildung sind Stromlinien für $\alpha = \pi/4$ und $b/a = 3$ dargestellt.

d) Kraft auf den Zylinder:

Die Kraft auf den Zylinder wird mit dem Ersten Blasius Theorem (S. L. (10.263))

$$F_x - i\,F_y = i\,\frac{\varrho}{2} \oint_{(C)} \left( \frac{dF_2}{dz} \right)^2 dz$$

berechnet.

Aus (2) folgt der Integrand zu

$$\left( \frac{dF_2}{dz} \right)^2 = \left( \frac{M}{2\pi} \right)^2 \left[ \left( \frac{a}{b} \right)^4 \frac{e^{-2i\alpha}}{(a^2/b - z)^4} + \right.$$

$$- 2 \left(\frac{a}{b}\right)^2 \frac{1}{(a^2/b - z)^2 (z - b)^2} + \frac{e^{2i\alpha}}{(z - b)^4}\right] \, . \tag{4}$$

Die Integration ist längs der Kontur des Kreises durchzuführen. Das Integral wird mit Hilfe des Residuensatzes

$$\oint_{(C)} f(z) \, dz = 2\pi i \sum_k \operatorname*{Res}_{z_k} f(z) \quad (z \text{ innerhalb von } (C))$$

ausgewertet. Bei der Auswertung des Residuensatzes müssen die singulären Stellen innerhalb das Kreises betrachtet werden, im vorliegenden Fall nur der Punkt $z = a^2/b$:

$$\oint_{(C)} \left(\frac{dF_2}{dz}\right)^2 dz = 2\pi i \operatorname*{Res}_{z = a^2/b} \left(\frac{dF_2}{dz}\right)^2 \, . \tag{5}$$

Entsprechend dem Vorgehen in Aufgabe 10.4-6 erhält man mit den einzelnen Termen von (4)

$$\operatorname*{Res}_{z = a^2/b} \frac{1}{(a^2/b - z)^4} = 0 \, , \qquad \operatorname*{Res}_{z = a^2/b} \frac{1}{(a^2/b - z)^2 (z - b)^2} = -\frac{2}{(a^2/b - b)^3}$$

$$\text{und} \quad \operatorname*{Res}_{z = a^2/b} \frac{1}{(z - b)^4} = 0 \, ,$$

wobei der letzte Term sowieso keinen Beitrag zum Integral ergibt, da die Singularität $z = b$ außerhalb des Integrationsbereiches liegt. Damit erhält man für die Kraft

$$F_x - i F_y = \varrho \frac{M^2}{\pi} \frac{a^2 b}{(b^2 - a^2)^3}$$

bzw.

$$F_x = \varrho \frac{M^2}{\pi} \frac{a^2 b}{(b^2 - a^2)^3} \quad \text{und} \quad F_y = 0 \, .$$

Unabhängig von der Orientierung des Dipols zeigt die Kraft immer in die positive $x$–Richtung!

## Aufgabe 10.4-6    Umströmung einer dünnen Platte

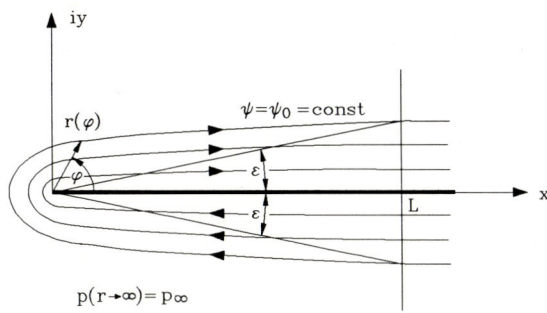

Bei der Potentialströmung um eine dünne Platte entsteht infolge des unendlich großen Unterdruckes auf der „unendlich dünnen" Vorderkante eine endliche „Saugkraft". Berechnen Sie diese Kraft durch folgende Vorgehensweise.

a) Wie lauten das komplexe Potential $F(z)$ und die Stromfunktion $\Psi$?

b) Welche Druckverteilung $p(r)$ liegt vor?

c) Wie lautet die Gleichung $r(\varphi)$ der Stromlinie ($\Psi = \Psi_0 = \text{const}$)? Welchen Wertebereich durchläuft $\varphi$ auf dieser Stromlinie von $y = +\tan \epsilon\, L$ bis $y = -\tan \epsilon\, L$?

d) Berechnen Sie die $x$–Komponente der Kraft auf der Kontur $\Psi = \Psi_0$ mit $x \leq L$.

e) Bestimmen Sie die Saugkraft durch den Grenzübergang $\Psi_0 \to 0$.

f) Berechnen Sie die Saugkraft direkt mit Hilfe des Blasius–Theorems.

Geg.: $\Psi_0$, $L$, $p_\infty$

### Lösung

a) Potential und Stromfunktion:

Das gesuchte Potential ergibt sich aus der allgemeinen Eckenströmung $F(z) = a/n\, z^n$ (S. L. (10.230)) für den Fall $n = 1/2$:

$$F(z) = 2a\sqrt{z}\,,$$

$$F(z) = 2a\sqrt{r}\,[\cos(\varphi/2) + \mathrm{i}\sin(\varphi/2)]\,.$$

Die Stromfunktion ist der Imaginärteil von $F$

$$\Psi = 2a\sqrt{r}\,\sin(\varphi/2)\,. \tag{1}$$

b) Druckverteilung:

Die konjugiert komplexe Geschwindigkeit ist

$$\frac{\mathrm{d}F}{\mathrm{d}z} = u - \mathrm{i}v = \frac{a}{\sqrt{z}}\,. \tag{2}$$

Das Quadrat des Betrages der Geschwindigkeit ist

$$u^2 + v^2 = \frac{\mathrm{d}F}{\mathrm{d}z}\frac{\mathrm{d}\overline{F}}{\mathrm{d}\overline{z}} = \frac{a^2}{\sqrt{z\,\overline{z}}} = \frac{a^2}{r}\,,$$

womit aus der Bernoullischen Gleichung folgt

$$p(r) = p_\infty - \frac{\varrho}{2}\,(u^2 + v^2) = p_\infty - \frac{\varrho}{2}\frac{a^2}{r}\,. \tag{3}$$

c) Gleichung der Stromlinie $\Psi = \Psi_0$ und Wertebereich von $\varphi$:

Aus (1) ergibt sich

$$r(\varphi) = \left(\frac{\Psi_0}{2a}\right)^2 \frac{1}{\sin^2(\varphi/2)} \tag{4}$$

als die Gleichung der Stromlinie in Polarkoordinaten. Der Grenzwinkel $\epsilon$ ist der Winkel des Schnittpunktes der Geraden $x = L$, die in Polarkoordinaten als

$$\frac{L}{r(\varphi)} = \cos\varphi$$

dargestellt werden kann, mit der Stromlinie (4). Zur Bestimmung von $\epsilon$ lösen wir die Gleichung der Geraden nach $r(\varphi)$ auf und setzen die erhaltene Gleichung in (4) ein. Verwenden wir die Identität

$$\sin^2(\varphi/2) = \frac{1}{2}\left(1 - \cos\varphi\right), \tag{5}$$

so erhalten wir

$$\cos\epsilon = \left(1 + \frac{\Psi_0^2}{2a^2 L}\right)^{-1}. \tag{6}$$

Auf $\Psi = \Psi_0$ ist

$$\epsilon \le \varphi \le 2\pi - \epsilon \qquad \text{für} \qquad x \le L.$$

d) Kraft auf die Kontur:

Aus Symmetriegründen wirkt nur eine Kraft in $x$–Richtung:

$$F_x = \iint\limits_{(S)} -p\,\vec{n}\cdot\vec{e}_x\,\mathrm{d}S$$

mit $\vec{n}\cdot\vec{e}_x\,\mathrm{d}S = -\mathrm{d}y\,\mathrm{d}z$. Für die Kraft auf die Stromlinie $\Psi = \Psi_0$ pro Tiefeneinheit ergibt sich die Form

$$F_x = \int p(r)\,\mathrm{d}y = \int p(r(\varphi))\,\mathrm{d}y,$$

die die Benutzung von $\varphi$ als Integrationsvariable nahelegt. Aus der Gleichung der Stromlinie (4) folgt mit (5)

$$r = \frac{y}{\sin\varphi} = \frac{\Psi_0^2}{2a^2}\frac{1}{1 - \cos\varphi}$$

und mit der Identität

$$\frac{\sin\varphi}{1 - \cos\varphi} = \cot(\varphi/2)$$

ergibt sich schließlich

$$y(\varphi) = \left(\frac{\Psi_0}{2a}\right)^2 2\cot(\varphi/2),$$

so daß auf der betrachteten Stromlinie

$$\mathrm{d}y = -\left(\frac{\Psi_0}{2a}\right)^2 \frac{1}{\sin^2(\varphi/2)}\,\mathrm{d}\varphi \tag{7}$$

ist. Mit (3) und (4) und unter Beachtung des negativen Vorzeichens in (7) also

$$F_x = \int_{\epsilon}^{2\pi-\epsilon} \left[ p_\infty - \frac{\varrho}{2} \frac{a^2}{(\Psi_0/2a)^2} \sin^2(\varphi/2) \right] \left( \frac{\Psi_0}{2a} \right)^2 \frac{\mathrm{d}\varphi}{\sin^2(\varphi/2)}$$

$$= \int_{\epsilon}^{2\pi-\epsilon} \left[ p_\infty \left( \frac{\Psi_0}{2a} \right)^2 \frac{1}{\sin^2(\varphi/2)} - \frac{\varrho}{2} a^2 \right] \mathrm{d}\varphi$$

$$= p_\infty \left( \frac{\Psi_0}{2a} \right)^2 \underbrace{\int_{\epsilon}^{2\pi-\epsilon} \frac{1}{\sin^2(\varphi/2)} \mathrm{d}\varphi}_{-2\,\cot(\varphi/2)|_\epsilon^{2\pi-\epsilon} = 4\cot(\epsilon/2)} - \left[ \frac{\varrho}{2} a^2 \varphi \right]_\epsilon^{2\pi-\epsilon}$$

$$\Rightarrow \quad F_x = p_\infty \frac{\Psi_0^2}{a^2} \cot(\epsilon/2) - \varrho\, a^2 (\pi - \epsilon) . \tag{8}$$

In dieser Gleichung muß noch $\epsilon$ durch (6) ersetzt werden. Mit

$$\cot(\epsilon/2) = \frac{\sin \epsilon}{1 - \cos \epsilon} = \frac{\sqrt{(1/\cos^2 \epsilon) - 1}}{(1/\cos \epsilon) - 1}$$

folgt aus Gleichung (6)

$$\cot(\epsilon/2) = \sqrt{\frac{4a^2 L}{\Psi_0^2} + 1} \, .$$

Damit lautet die Gleichung für die Kraft auf die Stromlinie $\Psi = \Psi_0$ :

$$F_x = p_\infty \frac{\Psi_0}{a} \sqrt{4L + \frac{\Psi_0^2}{a^2}} - \varrho\, a^2 \left[ \pi - \overbrace{\arccos \left( 1 + \frac{\Psi_0^2}{2a^2 L} \right)^{-1}}^{= \epsilon} \right] . \tag{9}$$

e) Saugkraft auf die unendlich dünne Platte:
Diese ergibt sich aus (9) aus dem Grenzübergang $\Psi_0 \to 0$ zu

$$F_x = -\pi \varrho\, a^2 \, .$$

f) Saugkraft berechnet mit dem Blasius–Theorem:
Die konjugiert komplexe Kraft auf den Körper ist

$$F_x - \mathrm{i}F_y = \mathrm{i}\frac{\varrho}{2} \oint \left( \frac{\mathrm{d}F}{\mathrm{d}z} \right)^2 \mathrm{d}z = \mathrm{i}\frac{\varrho}{2} \oint \frac{a^2}{z} \mathrm{d}z \, .$$

Für jedes Gebiet, das $z = 0$ enthält, ergibt sich aus dem Residuensatz

$$\oint \frac{a^2}{z} \mathrm{d}z = 2\pi\mathrm{i} \operatorname*{Res}_{z=0} f(z) = 2\pi\mathrm{i}a^2 \, .$$

Damit:

$$F_x - \mathrm{i}F_y = -\pi\,\varrho\,a^2\;.$$

Die Kraft auf den Körper hat daher die Komponenten

$$F_x = -\pi\,\varrho\,a^2 \quad\text{und}\quad F_y = 0\;.$$

## Aufgabe 10.4-7    Tragflügel über einer festen Wand

Im Abstand $a$ vom Erdboden befindet sich ein schlanker Tragflügel mit bekannter Zirkulation $-\Gamma_0$ in einer reibungsfreien, inkompressiblen Potentialströmung mit der Geschwindigkeit $U_\infty$ und dem Druck $p_\infty$ im „Unendlichen".

a) Zeigen Sie mit Hilfe des Impulssatzes, daß die Kraft auf den Boden gleich der Kraft auf den Flügel ist.

b) Berechnen Sie die Kraft auf den Boden durch Druckintegration längs der $x$–Achse.

c) Zeigen Sie anhand des Ergebnisses aus b), daß der Satz von Kutta–Joukowsky nur für $\Gamma_0/(U_\infty a) \ll 1$ gilt.

Geg.: $\varrho,\ U_\infty,\ p_\infty,\ \Gamma_0,\ a$

**Lösung**

a) Kraft auf den Boden:

Wir führen das Kontrollvolumen soweit vom Flügel entfernt, daß alle Störungen abgeklungen sind, mit Ausnahme der Störungen am Boden, wo die Entfernung durch den Abstand $a$ vorgegeben ist. Aus dem Impulssatz

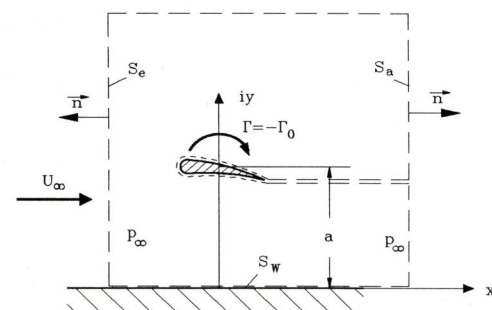

$$\iint\limits_{(S)} \varrho\vec{u}(\vec{u}\cdot\vec{n})\,\mathrm{d}S = \iint\limits_{(S)} \vec{t}\,\mathrm{d}S$$

folgt dann für die $x$-Komponente:

$$\underbrace{\underbrace{\iint\limits_{S_e} \varrho(\vec{u}\cdot\vec{e}_x)(\vec{u}\cdot\vec{n})\,\mathrm{d}S + \iint\limits_{S_a} \varrho(\vec{u}\cdot\vec{e}_x)(\vec{u}\cdot\vec{n})\,\mathrm{d}S}_{\sum=0} = \underbrace{\iint\limits_{S_K} \vec{t}\cdot\vec{e}_x\,\mathrm{d}S}_{-F_{x\to K}}\;,}$$

$$\Rightarrow\quad F_{x\to K} = 0$$

wobei sich, wie angedeutet, die Integrale auf der linken Seite aufheben, da die Strömungsgrößen in genügend großem Abstand vor und hinter dem Flügel in reibungsfreier Potentialströmung – wo ja kein Nachlauf existiert – gleich sind. Für die $y$-Komponente erhalten wir mit $\vec{t} = -p\,\vec{n}$

$$\underbrace{\iint\limits_{(S)} \varrho(\vec{u}\cdot\vec{e}_y)(\vec{u}\cdot\vec{n})\,\mathrm{d}S}_{=0} = \underbrace{\iint\limits_{S_W} -p(\vec{n}\cdot\vec{e}_y)\,\mathrm{d}S}_{-F_{y\to W}} + \underbrace{\iint\limits_{S_K} -p(\vec{n}\cdot\vec{e}_y)\,\mathrm{d}S}_{-F_{y\to K}} ,$$

was zeigt, daß die Kraft auf den Boden gleich der Kraft auf den Flügel ist:

$$|F_{y\to W}| = |F_{y\to K}| \ .$$

b) Druckintegration:

Wir nehmen an, daß das Verhältnis Flügeltiefe zu Abstand $a$ sehr klein ist. Dann kann die vom Flügel an der Wand erzeugte Strömung allein durch die Zirkulation des gebundenen Wirbels beschrieben werden (Siehe Diskussion S. L. S.117). Die Randbedingung $\vec{u}\cdot\vec{n} = 0$ an der Wand erfüllen wir durch Spiegelung des Wirbels an der $x$-Achse. Das komplexe Potential der Strömung ist dann

$$F(z) = \underbrace{U_\infty z}_{\substack{\text{Parallel-}\\\text{strömung}}} + \underbrace{\frac{\mathrm{i}\Gamma_0}{2\pi}\ln(z - \mathrm{i}a)}_{\substack{\text{Potentialwirbel bei}\\ z = \mathrm{i}a \text{ mit Zirku-}\\ \text{lation } -\Gamma_0 \text{ im Uhr-}\\ \text{zeigersinn}}} - \underbrace{\frac{\mathrm{i}\Gamma_0}{2\pi}\ln(z + \mathrm{i}a)}_{\substack{\text{Potentialwirbel bei}\\ z = -\mathrm{i}a \text{ mit Zirku-}\\ \text{lation } \Gamma_0 \text{ im Gegen-}\\ \text{uhrzeigersinn}}}$$

Aus der konjugiert komplexen Geschwindigkeit

$$\frac{\mathrm{d}F}{\mathrm{d}t} = u - \mathrm{i}v = U_\infty + \frac{\mathrm{i}\Gamma_0}{2\pi}\frac{1}{z - \mathrm{i}a} - \frac{\mathrm{i}\Gamma_0}{2\pi}\frac{1}{z + \mathrm{i}a} ,$$

$$\overline{w} = U_\infty + \frac{\mathrm{i}\Gamma_0}{2\pi}\frac{z + \mathrm{i}a - z + \mathrm{i}a}{z^2 + a^2} ,$$

$$\overline{w} = U_\infty - \frac{\Gamma_0}{\pi}\frac{a}{z^2 + a^2}$$

erhalten wir mit der Bernoullischen Gleichung die Druckverteilung an der Wand zu

$$p(x, y = 0) + \frac{\varrho}{2}w\overline{w}(x, y = 0) = \frac{\varrho}{2}U_\infty^2 + p_\infty$$

oder

$$p(x, y = 0) - p_\infty = \frac{\varrho}{2}U_\infty^2 - \frac{\varrho}{2}\left(U_\infty - \frac{\Gamma_0}{\pi}\frac{a}{x^2 + a^2}\right)^2$$

bzw.

$$p(x, y = 0) - p_\infty = \varrho\,U_\infty\frac{\Gamma_0}{\pi}\frac{a}{x^2 + a^2} - \frac{\varrho}{2}\frac{\Gamma_0^2}{\pi^2}\frac{a^2}{(x^2 + a^2)^2} \ .$$

Die Kraft auf die Wand, die durch die Strömung hervorgerufen wird, folgt in reibungsfreier Strömung aus der Druckintegration

$$F_{y \to W} = \iint\limits_{S_W} -(p - p_\infty)(\vec{n} \cdot \vec{e}_y)\, \mathrm{d}S \qquad \text{mit} \quad \vec{n} = \vec{e}_y$$

und pro Tiefeneinheit wird

$$F_{y \to W} = \int\limits_{-\infty}^{\infty} -\varrho U_\infty \frac{\Gamma_0}{\pi} \frac{a}{x^2 + a^2}\, \mathrm{d}x + \frac{\varrho}{2} \int\limits_{-\infty}^{\infty} \frac{\Gamma_0^2}{\pi^2} \frac{a^2}{(x^2 + a^2)^2}\, \mathrm{d}x$$

erhalten. Mit

$$\int \frac{\mathrm{d}x}{x^2 + a^2} = \frac{1}{a} \arctan \frac{x}{a} \quad ; \quad \int \frac{\mathrm{d}x}{(x^2 + a^2)^2} = \frac{x}{2a^2(x^2 + a^2)} + \frac{1}{2a^3} \arctan \frac{x}{a}$$

entsteht

$$F_{y \to W} = -\varrho U_\infty \frac{\Gamma_0}{\pi} \left[ \arctan \frac{x}{a} \right]_{-\infty}^{+\infty} + \frac{\varrho}{2} \left( \frac{\Gamma_0 a}{\pi} \right)^2 \left[ \frac{x}{2a^2(x^2 + a^2)} + \frac{1}{2a^3} \arctan \frac{x}{a} \right]_{-\infty}^{+\infty}$$

und daher

$$F_{y \to W} = -\varrho\, U_\infty \Gamma_0 \left( 1 - \frac{\Gamma_0}{U_\infty a} \frac{1}{4\pi} \right)\, .$$

c) Kutta-Joukowsky-Theorem:
Das Kutta-Joukowsky-Theorem liefert das Ergebnis

$$F_{x \to K} - \mathrm{i} F_{y \to K} = -\mathrm{i}\varrho \Gamma_0 (U_\infty - \mathrm{i} V_\infty)\,,$$

also

$$F_{x \to K} = 0 \qquad (V_\infty = 0)$$

und

$$F_{y \to K} = \varrho \Gamma_0 U_\infty\,,$$

welches mit dem Ergebnis aus a) nur im Grenzfall

$$\frac{\Gamma_0}{U_\infty a} \to 0 \quad \text{bzw.} \quad \frac{a}{\Gamma_0/U_\infty} \to \infty$$

übereinstimmt. (Bei der Herleitung des Theorems wird vorausgesetzt, daß außerhalb des Körpers keine weiteren Singularitäten sind. Dies ist hier nur dann der Fall, wenn die Länge $a$ (Wandabstand) sehr viel größer als die Länge $\Gamma_0/U_\infty$ ist, die zweite Singularität also unendlich weit entfernt ist.)

# Aufgabe 10.4-8  Halbunendlicher Körper in einem Kanal

Um die Strömung um einen halb-
unendlichen Körper in einem Kanal der Höhe $a$ zu erhalten, überlagert man zunächst eine Quelle
der Ergiebigkeit $E$ mit einer Parallelströmung (Anströmgeschwindigkeit $U_\infty$ bei einer Anströmung
ohne umströmten Körper).

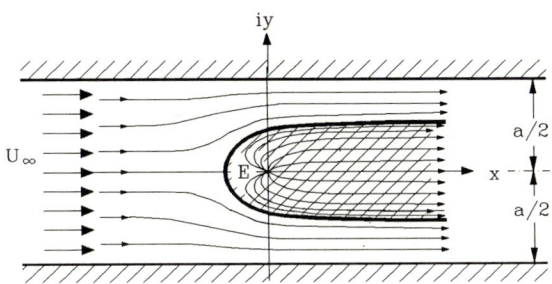

Die kinematische Randbedingung
an der Wand erfüllt man durch fortgesetzte Spiegelung der Quelle.

a) Wie lautet das komplexe Potential $F(z)$ dieser Strömung?
   Hinweis: Es ist

   $$\zeta \prod_{k=1}^{\infty} \left[ 1 + \left( \frac{\zeta}{k\,\pi} \right)^2 \right] = \sinh \zeta \ .$$

b) Berechnen Sie die Geschwindigkeit an den Wänden und die Anströmgeschwindigkeit
   $U_1$ bei $x \rightarrow -\infty$.

c) Wo befindet sich der Staupunkt?

Geg.: $E$, $U_\infty$, $a$

## Lösung

a) komplexes Potential $F(z)$:

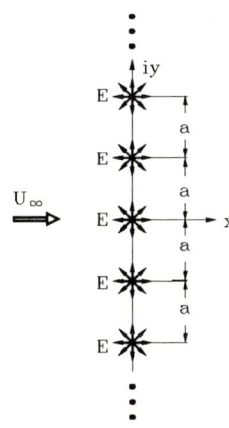

Durch Überlagerung einer Quelle und einer Parallelströmung
erhält man bekanntlich die Strömung um einen halbunend-
lichen Körper. Um nun die Strömung um einen derartigen
Körper in einem Kanal zu erhalten müssen wir die kinematische Randbedingung $\vec{u} \cdot \vec{n} = 0$ an der Kanalwand erfüllen.
Fügen wir zu der Quelle im Ursprung noch eine Quelle bei
$y = a$ hinzu, so ist die Randbedingung an der oberen Wand
erfüllt. Um nun die Randbedingung an der unteren Wand zu
erfüllen, fügen wir eine Quelle bei $y = -a$ hinzu. Dadurch
ändern wir aber auch die Strömung an der oberen Wand und
müssen deshalb zur Erfüllung der Randbedingung eine weitere Quelle bei $y = 2a$ überlagern.
Dieser Vorgang setzt sich nun so fort, so daß wir unendlich
viele Quellen auf der positiven bzw. negativen $y$-Achse hinzufügen müssen (vgl. Skizze).

Das gesamte Potential dieser Strömung ist dann

$$F(z) = U_\infty z + \frac{E}{2\pi} \left[ \ln z + \ln(z + \mathrm{i}\,a) + \ln(z - \mathrm{i}\,a) + \right.$$

$$\left. + \ln(z + \mathrm{i}\,2a) + \ln(z - \mathrm{i}\,2a) + \cdots \right]$$

$$= U_\infty z + \frac{E}{2\pi} \left[ \ln z + \ln(z^2 + a^2) + \ln(z^2 + 4a^2) + \cdots \right]$$

$$= U_\infty z + \frac{E}{2\pi} \left[ \ln \left\{ z \prod_{k=1}^{\infty} \left[ 1 + \left( \frac{z}{k\,a} \right)^2 \right] \right\} + \ln a^2 + \ln(4a^2) + \cdots \right] \; . \quad (1)$$

Die Summe $\ln a^2 + \ln(4a^2) + \cdots$ ist eine Konstante und kann ohne Beschränkung der Allgemeinheit weggelassen werden. Mit der Substitution $\zeta = (z/a)\,\pi$ können wir das Produkt als

$$z \prod_{k=1}^{\infty} \left[ 1 + \left( \frac{z}{k\,a} \right)^2 \right] = \frac{a}{\pi}\, \zeta \prod_{k=1}^{\infty} \left[ 1 + \left( \frac{\zeta}{k\,\pi} \right)^2 \right] = \frac{a}{\pi} \sinh \zeta = \frac{a}{\pi} \sinh \frac{\pi z}{a}$$

schreiben. Damit erhalten wir aus (1) das Potential der Strömung zu

$$F(z) = U_\infty z + \frac{E}{2\pi} \ln \left[ \sinh \frac{\pi z}{a} \right] \; , \quad (2)$$

wobei wir die additive Konstante $E/(2\pi) \ln(a/\pi)$ weggelassen haben.

b) Geschwindigkeit an den Wänden:

Die konjugiert komplexe Geschwindigkeit ist

$$\frac{dF}{dz} = u - \mathrm{i}\,v = U_\infty + \frac{E}{2\pi} \frac{\cosh(\pi z/a)}{\sinh(\pi z/a)} \frac{\pi}{a} = U_\infty + \frac{E}{2a} \coth \frac{\pi z}{a} \; . \quad (3)$$

Mit dem Additionstheorem

$$\coth(x \pm \mathrm{i}\,y) = \frac{\sinh 2x \mp \mathrm{i} \sin 2y}{\cosh 2x - \cos 2y}$$

erhalten wir aus (3)

$$\frac{dF}{dz} = U_\infty + \frac{E}{2a} \frac{\sinh(2\pi\,x/a)}{\cosh(2\pi\,x/a) - \cos(2\pi\,y/a)} - \mathrm{i} \frac{E}{2a} \frac{\sinh(2\pi\,y/a)}{\cosh(2\pi\,x/a) - \cos(2\pi\,y/a)}$$

oder

$$u = U_\infty + \frac{E}{2a} \frac{\sinh(2\pi\,x/a)}{\cosh(2\pi\,x/a) - \cos(2\pi\,y/a)}$$

und

$$v = \frac{E}{2a} \frac{\sinh(2\pi\,y/a)}{\cosh(2\pi\,x/a) - \cos(2\pi\,y/a)} \; . \quad (4)$$

An den Wänden ($y = \pm a/2$) erhalten wir daraus

$$u = U_\infty + \frac{E}{2a} \frac{\sinh(2\pi\,x/a)}{\cosh(2\pi\,x/a) + 1} \quad \text{und} \quad v = 0 \; .$$

Um aus (4) die sich einstellende Anströmgeschwindigkeit zu bestimmen, machen wir den Grenzübergang

$$U_1 = \lim_{x \to -\infty} \left[ U_\infty + \frac{E}{2a} \frac{\sinh(2\pi\,x/a)}{\cosh(2\pi\,x/a) - \cos(2\pi\,y/a)} \right] = U_\infty - \frac{E}{2a} \; .$$

c) Staupunkt:

Für $v = 0$ erhalten wir aus (4) $y_S = 0$.

Aus der Bedingung $u(x, y_S) = 0$ erhalten wir

$$0 = U_\infty + \frac{E}{2a} \frac{\sinh(2\pi\, x_S/a)}{\cosh(2\pi\, x_S/a) - 1} \;,$$

was mit $\alpha = E/(2a\, U_\infty)$ und $\cosh^2 x = 1 + \sinh^2 x$ auf

$$1 + \sinh^2(2\pi\, x_S/a) = (1 - \alpha\, \sinh(2\pi\, x_S/a))^2$$

führt bzw.

$$\sinh(2\pi\, x_S/a) \left[(1 - \alpha^2)\, \sinh(2\pi\, x_S/a) + 2\alpha\right] = 0 \;.$$

Daraus folgt

$$\sinh(2\pi\, x_S/a) = -\frac{2\alpha}{1 - \alpha^2} \;.$$

Die Anströmung $U_1 = U_\infty\, (1 - \alpha)$ ist nur für $0 < \alpha < 1$ positiv. Wir erhalten für $x_S/a$:

$$\frac{x_S}{a} = -\frac{1}{2\pi}\, \text{arsinh}\left(\frac{2\alpha}{1 - \alpha^2}\right) \;.$$

# Aufgabe 10.4-9    Kármánsche Wirbelstraße

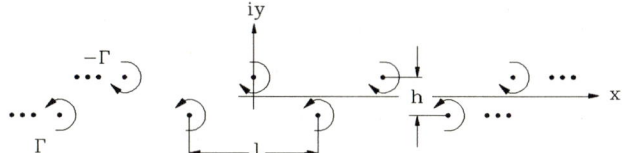

Bei der Umströmung eines ebenen, endlichen Körpers lösen sich bei ausreichend hoher Reynoldszahl alternierend an der Ober- und Unterseite des Körpers Wirbel (idealisiert als unendlich lange, gerade Wirbelfäden) der Zirkulation $-\Gamma$, bzw. $\Gamma$ ab, die sich zu zwei parallelen Wirbelreihen (Abstand $h$) formieren. Ist die Anströmung des Körpers stationär, so haben die Wirbel einer Reihe gleichen Abstand $l$ voneinander, und als Folge der alternierenden Wirbelablösung sind beide Reihen zueinander um $l/2$ versetzt.

Verlegt man die Entstehung der Wirbel örtlich und zeitlich ins Unendliche, so bilden die nun beiderseits unendlich langen Wirbelreihen eine unendlich lange „Kármánsche Wirbelstraße". Die Konfiguration ist nur stabil für ein ganz bestimmtes Verhältnis $h/l$ ($= 0,281$). Im folgenden betrachten wir $l$ und $h$ als gegeben.

a) Bestimmen Sie das komplexe Potential einer Wirbelreihe, deren Einzelwirbel die Zirkulation $\Gamma$ haben und sich bei $z_k = z_0,\, z_0 \pm l,\, z_0 \pm 2\,l \ldots$ befinden.

Hinweis: Es ist

$$\pi\,\zeta \prod_{k=1}^{\infty} \left[1 - \left(\frac{\zeta}{k}\right)^2\right] = \sin(\pi\,\zeta) \;.$$

b) Wie lautet das zugehörige Geschwindigkeitsfeld.
   Bewegen sich die Wirbel einer Reihe?
c) Bestimmen Sie unter Verwendung des Ergebnisses aus a) das komplexe Potential
   $F(z)$ der Kármánschen Wirbelstraße.
   Die oberen Wirbel der Zirkulation $-\Gamma$ befinden sich bei $z_k = k\,l + \mathrm{i}h/2$, die unteren
   der Zirkulation $\Gamma$ bei $z_k = 1/2\,l\,(2\,k+1) - \mathrm{i}\,h/2$ $(k = 0, \pm1, \pm2, \ldots)$.
d) Zeigen Sie, daß sich beide Wirbelreihen mit der Geschwindigkeit $\Gamma/(2l)\,\tanh(\pi\,h/l)$
   in die negative $x$–Richtung bewegen.
   Hinweis:

$$\cot \pi(\xi + \mathrm{i}\,\eta) = \frac{\sin(2\pi\,\xi)}{\cosh(2\pi\,\eta) - \cos(2\pi\,\xi)} - \mathrm{i}\,\frac{\sinh(2\pi\,\eta)}{\cosh(2\pi\,\eta) - \cos(2\pi\,\xi)}$$

Geg.: $\Gamma$, $h$, $l$

**Lösung**

a) Einzelne Wirbelreihe:
   Ein Wirbel an der Stelle $z_k = z_0 + k\,l$ $(k = 0, \pm1, \pm2 \ldots)$ hat das Potential

$$F_k(z) = \frac{\Gamma}{2\pi\,\mathrm{i}}\,\ln(z - z_k) = \frac{\Gamma}{2\pi\,\mathrm{i}}\,\ln(z - z_0 - k\,l)\,.$$

Die Wirbelreihe hat das Potential

$$F(z) = \frac{\Gamma}{2\pi\,\mathrm{i}}\,[\ln(z - z_0) + \ln(z - z_0 - l) + \ln(z - z_0 + l) +$$

$$+ \ln(z - z_0 - 2\,l) + \ln(z - z_0 + 2\,l) + \cdots]$$

$$= \frac{\Gamma}{2\pi\,\mathrm{i}}\,\left[\ln(z - z_0) + \ln((z - z_0)^2 - l^2) + \ln((z - z_0)^2 - 4l^2) + \cdots\right]$$

$$= \frac{\Gamma}{2\pi\,\mathrm{i}}\,\left[\ln\left\{(z - z_0)\prod_{k=1}^{\infty}\left[1 - \left(\frac{z - z_0}{k\,l}\right)^2\right]\right\} + \ln(-l^2) + \ln(-4l^2) + \cdots\right].\quad(1)$$

Die Summe $\Gamma/(2\pi\,\mathrm{i})(\ln(-l^2) + \ln(-4l^2) + \cdots)$ ist eine Konstante und kann ohne
Beschränkung der Allgemeinheit weggelassen werden. Mit der Substitution $\zeta = (z - z_0)/l$ können wir das Produkt als

$$(z - z_0)\prod_{k=1}^{\infty}\left[1 + \left(\frac{z - z_0}{k\,l}\right)^2\right] = \frac{l}{\pi}\,\pi\,\zeta\prod_{k=1}^{\infty}\left[1 + \left(\frac{\zeta}{k}\right)^2\right] =$$

$$\frac{l}{\pi}\,\sin\zeta = \frac{l}{\pi}\,\sin\frac{\pi}{l}\,(z - z_0)$$

schreiben. Damit erhalten wir aus (1) das Potential der Strömung zu

$$F(z) = \frac{\Gamma}{2\pi\,\mathrm{i}}\,\ln\left[\sin\frac{\pi}{l}\,(z - z_0)\right]\,,\quad(2)$$

wobei wir die additive Konstante $\Gamma/(2\pi\,\mathrm{i})\,\ln(l/\pi)$ weggelassen haben.

b) Geschwindigkeitsfeld:

Aus (2) folgt mit $u - \mathrm{i}\,v = \mathrm{d}F/\mathrm{d}z$

$$u - \mathrm{i}\,v = \frac{\Gamma}{2\,l\,\mathrm{i}} \cot \frac{\pi}{l}\,(z - z_0) \tag{3}$$

oder aus der Differentation der Summe

$$u - \mathrm{i}\,v = \frac{\Gamma}{2\,l\,\mathrm{i}} \left[\frac{1}{z - z_0} + \frac{1}{z - z_0 - l} + \frac{1}{z - z_0 + l} + \right. \tag{4}$$

$$\left. + \frac{1}{z - z_0 - 2\,l} + \frac{1}{z - z_0 + 2\,l} + \cdots \right].$$

Da die Wirbelreihe unendlich lang ist, muß sich jeder Wirbel mit der gleichen Geschwindigkeit bewegen, da keiner bevorzugt wird. Es genügt also den Wirbel bei $z = z_0$ zu untersuchen, der auf sich selber keine Geschwindigkeit induziert. Der erste Term in (4) liefert demnach keinen Beitrag zur Geschwindigkeit am Ort $z_0$ und alle verbleibenden Terme heben sich für $z = z_0$ paarweise auf.

c) Potential der Kármánschen Wirbelstraße:

Aus der Addition der oberen Wirbelreihe, für die gilt

$$z_1 = \mathrm{i}\,h/2\,, \qquad \Gamma_1 = -\Gamma\,,$$

mit der unteren Wirbelreihe, für die gilt

$$z_2 = l/2 - \mathrm{i}\,h/2\,, \qquad \Gamma_2 = \Gamma\,,$$

ergibt sich das Gesamtpotential zu:

$$F(z) = \frac{\Gamma}{2\pi\,\mathrm{i}} \left\{ \ln \left[\sin \frac{\pi}{l}\left(z - \frac{l}{2} + \mathrm{i}\frac{h}{2}\right)\right] - \ln \left[\sin \frac{\pi}{l}\left(z - \mathrm{i}\frac{h}{2}\right)\right] \right\}. \tag{5}$$

Um die Bewegung der Wirbelstraße zu untersuchen ist es wie oben ausreichend die Bewegung eines Wirbels zu bestimmen. Die Wirbel der Reihe, der der betrachtete Wirbel zugehört, induzieren, wie wir oben gesehen haben, auf ihn keine Geschwindigkeit. Die Bewegung des Wirbels ist demnach verursacht durch die zweite Wirbelreihe. An dem Wirbel an der Stelle $z = \mathrm{i}\,h/2$ der oberen Reihe wird die Geschwindigkeit

$$(u_1 - \mathrm{i}\,v_1)|_{z=\mathrm{i}\,h/2} = \frac{\Gamma}{2\,l\,\mathrm{i}} \cot \frac{\pi}{l}\left(z - \frac{l}{2} + \mathrm{i}\frac{h}{2}\right)\Bigg|_{z=\mathrm{i}\,h/2}$$

$$= \frac{\Gamma}{2\,l\,\mathrm{i}} \cot \frac{\pi}{l}\left(-\frac{l}{2} + \mathrm{i}\,h\right)$$

$$= \frac{\Gamma}{2\,l\,\mathrm{i}}\,(-\mathrm{i}) \tanh \frac{\pi\,h}{l}$$

$$= -\frac{\Gamma}{2\,l} \tanh \frac{\pi\,h}{l}\,,$$

d. h.

$$u_1 = u_2 = -\frac{\Gamma}{2\,l}\,\tanh\frac{\pi\,h}{l} \qquad \text{und} \qquad v_1 = v_2 = 0\,,$$

induziert.

## Aufgabe 10.4-10 Joukowsky–Abbildung eines Kreiszylinders in angestellter Strömung

Ein Kreiszylinder (Radius $r_0$) befindet sich in einer ebenen, reibungsfreien Potentialströmung. Die Anströmung sei um den Winkel $\alpha$ gegen die $x$-Achse geneigt.

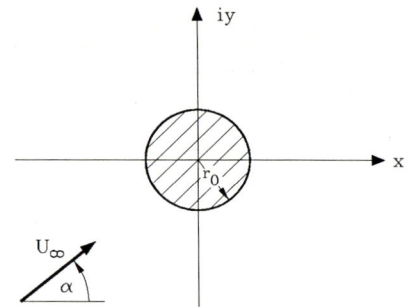

a) Wie lautet das komplexe Potential der Strömung?
b) Berechnen Sie die Lage der Staupunkte, skizzieren Sie das Stromlinienbild.
c) Welche Körperkontur erhält man, wenn man den Kreiszylinder durch die Abbildungsfunktion $\zeta = (z + r_0^2/z)e^{-i\alpha}$ in die $\zeta$–Ebene abbildet?
d) Bestimmen Sie die Lage der Staupunkte in der $\zeta$–Ebene.
e) Welche Strömung erhält man für $|\zeta| \to \infty$ ?
f) Berechnen Sie die Druckverteilung entlang der Körperkontur in der $z$–Ebene.

Geg.: $r_0$, $\alpha$, $U_\infty$, $\varrho$, $p_\infty$

### Lösung

a) Komplexes Potential der Strömung:
   Als erste Möglichkeit erzeugen wir das Potential aus dem bekannten Potential (S. L. (10.235)) der Parallelströmung um den Kreiszylinder durch Koordinatentransformation:
   Kreiszylinder in Parallelströmung:

$$F(z') = U_\infty \left( z' + \frac{r_0^2}{z'} \right)\,,$$

$$z = z'\,e^{i\alpha}$$

$$\Rightarrow \quad z' = z\,e^{-i\alpha} \quad \Rightarrow \quad F(z) = U_\infty \left( z\,e^{-i\alpha} + \frac{r_0^2}{z}\,e^{i\alpha} \right)\,.$$

Als zweite Möglichkeit erzeugen wir das gesuchte Potential aus der Translationsströmung

$$
\begin{aligned}
F_1(z) &= U_\infty(\cos\alpha - \mathrm{i}\sin\alpha)z \\
&= U_\infty \mathrm{e}^{-\mathrm{i}\alpha}z
\end{aligned}
$$

mit Hilfe des Kreistheorems

$$
F(z) = F_1(z) + \overline{F}_1\left(\frac{r_0^2}{z}\right)
$$

und erhalten unmittelbar

$$
F(z) = U_\infty \mathrm{e}^{-\mathrm{i}\alpha}z + U_\infty \mathrm{e}^{+\mathrm{i}\alpha}\frac{r_0^2}{z} \qquad \text{(s.o.)} .
$$

b) Staupunkte und Stromlinienbild:
   Aus der Staupunktbedingung

$$
\frac{\mathrm{d}F}{\mathrm{d}z} = u - \mathrm{i}v = 0
$$

folgt

$$
\mathrm{e}^{2\mathrm{i}\alpha} = \left(\frac{z}{r_0}\right)^2
$$

oder

$$
\frac{z}{r_0} = \mathrm{e}^{(\mathrm{i}/2)\,(2\alpha + k2\pi)} = \mathrm{e}^{\mathrm{i}(\alpha + k\pi)}
$$

und daher

$$
z_s = r_0 \mathrm{e}^{\mathrm{i}(\alpha + k\pi)} \quad ; \qquad k \in N .
$$

Es ergeben sich zwei getrennte Staupunkte:

$$
\begin{aligned}
k = 0 &\quad\Rightarrow\quad z_{s1} = r_0 \mathrm{e}^{\mathrm{i}\alpha} , \\
k = 1 &\quad\Rightarrow\quad z_{s2} = r_0 \mathrm{e}^{\mathrm{i}(\alpha + \pi)} .
\end{aligned}
$$

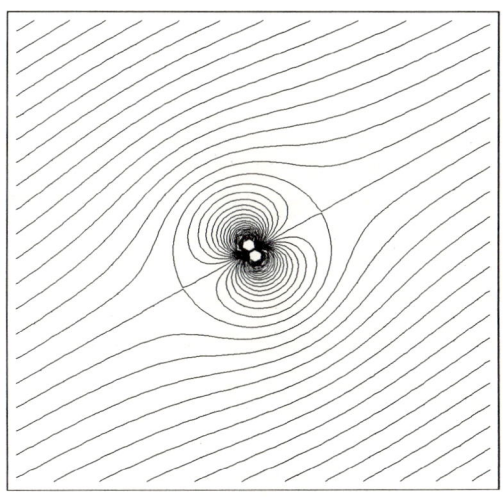

c) Körper nach der Abbildung $\zeta = (z + r_0^2/z)\,\mathrm{e}^{-\mathrm{i}\alpha}$:
   Die Körperkontur in der $z$–Ebene ist der Kreis

$$z_K = r_0 \mathrm{e}^{\mathrm{i}\varphi}$$

und in der $\zeta$–Ebene

$$\zeta_K = \left(r_0 \mathrm{e}^{\mathrm{i}\varphi} + \frac{r_0^2}{r_0}\mathrm{e}^{-\mathrm{i}\varphi}\right)\mathrm{e}^{-\mathrm{i}\alpha}\;,$$
$$\zeta_K = 2r_0 \cos\varphi\,\mathrm{e}^{-\mathrm{i}\alpha}\;.$$

In der $\zeta$–Ebene ergibt sich eine Platte der Länge $4r_0$, die durch den Ursprung geht und mit der $\xi$–Achse den Winkel $-\alpha$ bildet.

d) Staupunkte in der $\zeta$–Ebene:
   Staupunkte bleiben Staupunkte, wenn $\dfrac{\mathrm{d}\zeta}{\mathrm{d}z}$ bei $z_s$ nicht singulär wird. Das ist der Fall:

$$\frac{\mathrm{d}\zeta}{\mathrm{d}z} = \left(1 - \frac{r_0^2}{z^2}\right)\mathrm{e}^{-\mathrm{i}\alpha} \neq 0 \quad \text{für} \quad z_s = r_0 \mathrm{e}^{\mathrm{i}(\alpha+k\pi)}\;.$$

Die Staupunkte ergeben sich in der $\zeta$–Ebene, indem man die Punkte $\zeta_s$ aus der Abbildung ermittelt, die $z = z_s$ entsprechen

$$\zeta_s = \left(r_0 \mathrm{e}^{\mathrm{i}(\alpha+k\pi)} + \frac{r_0^2}{r_0}\mathrm{e}^{-\mathrm{i}(\alpha+k\pi)}\right)\mathrm{e}^{-\mathrm{i}\alpha} =$$
$$= 2r_0 \cos(\alpha + k\pi)\mathrm{e}^{-\mathrm{i}\alpha}\;,$$

$$k = 0: \qquad \zeta_{s1} = 2r_0 \cos\alpha\,\mathrm{e}^{-\mathrm{i}\alpha}\;,$$
$$k = 1: \qquad \zeta_{s2} = 2r_0 \cos(\alpha + \pi)\mathrm{e}^{-\mathrm{i}\alpha} = -2r_0 \cos\alpha\,\mathrm{e}^{-\mathrm{i}\alpha}\;.$$

e) Strömung für $|\zeta| \to \infty$:
   Die konjugiert komplexe Geschwindigkeit in der $\zeta$–Ebene ist

$$\overline{w}_\zeta = \frac{\mathrm{d}F}{\mathrm{d}z}\left(\frac{\mathrm{d}\zeta}{\mathrm{d}z}\right)^{-1}$$
$$= U_\infty \left(\mathrm{e}^{-\mathrm{i}\alpha} - \frac{r_0^2}{z^2}\mathrm{e}^{\mathrm{i}\alpha}\right)\left(1 - \frac{r_0^2}{z^2}\right)^{-1}\mathrm{e}^{\mathrm{i}\alpha}$$
$$= U_\infty \frac{1 - (r_0/z)^2\mathrm{e}^{2\mathrm{i}\alpha}}{1 - (r_0/z)^2}$$

und da für $\zeta \to \infty$ auch $z \to \infty$ gilt, folgt

$$\overline{w}_\zeta(\zeta \to \infty) = U_\infty$$

$$u_\zeta(\zeta \to \infty) = U_\infty \quad ; \qquad v_\zeta(\zeta \to \infty) = 0\;,$$

d. h. im Unendlichen liegt eine Parallelströmung in der $\zeta$– Ebene vor !

f) Druckverteilung entlang der Körperkontur in der $z$–Ebene:
   Aus der Bernoullischen Gleichung

$$\frac{w\overline{w}}{2} + \frac{p}{\varrho} = \frac{U_\infty^2}{2} + \frac{p_\infty}{\varrho}$$

erhält man mit der konjugiert komplexen Geschwindigkeit auf der Kreiskontur $z = r_0 e^{i\varphi}$

$$\overline{w} = U_\infty e^{-i\alpha} \left(1 - e^{2i(\alpha-\varphi)}\right)$$

und der komplexen Geschwindigkeit

$$w = U_\infty e^{i\alpha} \left(1 - e^{-2i(\alpha-\varphi)}\right)$$

zunächst

$$w\overline{w} = U_\infty^2 \left(2 - 2\cos 2(\alpha - \varphi)\right)$$

und dann den Druck

$$\frac{p - p_\infty}{\varrho} = \frac{U_\infty^2}{2} - U_\infty^2 \left(1 - \cos 2(\alpha - \varphi)\right)$$

bzw. den Druckbeiwert

$$c_p = \frac{p - p_\infty}{\frac{\varrho}{2} U_\infty^2} = 2\cos 2(\alpha - \varphi) - 1 \ .$$

Entlang der Körperkontur in der $\zeta$-Ebene

$$\zeta_K = 2r_0 \cos\varphi \, e^{-i\alpha}$$

erhält man die Druckverteilung, indem man zunächst einen Punkt des Kreises $z_K = r_0 e^{i\varphi}$ abbildet auf $\zeta_K$. An diesem Punkt ist die Geschwindigkeit $\overline{w}_\zeta = \overline{w}_z (d\zeta/dz)^{-1}$, aus der man auf bekannte Weise auch die komplexe Geschwindigkeit $w_\zeta$ erhält. Dann folgt die Druckverteilung wieder aus der Bernoullischen Gleichung.

# Aufgabe 10.4-11    Das ebene Kreisgitter

Ein ebenes Kreisgitter kann durch die Abbildungsfunktion

$$\zeta = K \ln \frac{z}{a}$$

($K$, $a$ positiv reell $R_1 < a < R_2$) auf ein gerades Gitter abgebildet werden.

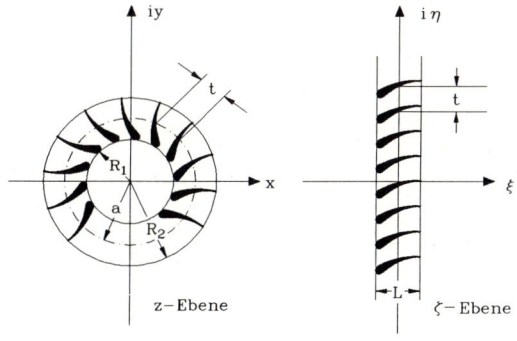

a) Wie sehen die Abbildungen von Kreisen ($r = $ const) und Strahlen durch den Ursprung ($\varphi = $ const) der $z$–Ebene in der $\zeta$–Ebene aus?

b) Bestimmen Sie die Konstante $a$ so, daß Gittervorderkante und Gitterhinterkante in der $\zeta$–Ebene von der $\eta$–Achse gleich weit entfernt sind.

c) Wie muß die Konstante $K$ gewählt werden, damit die Schaufelteilung $t$ auf dem mittleren Radius $a$ der $z$–Ebene bei der Transformation erhalten bleibt? Wie lautet damit die resultierende Abbildungsfunktion?

d) Welche Gitterlänge $L$ erhält man in der $\zeta$–Ebene?

e) Die Gitteranströmung in der $z$–Ebene erhält man aus der Überlagerung einer Quelle mit einem Potentialwirbel („Wirbelquelle"). Welche Anströmung ergibt sich in der transformierten Ebene?

## Lösung

a) Abbildung von Kreisen und Strahlen:

Die komplexe Zahl $z = r\,e^{i\varphi}$ wird auf die komplexe Zahl

$$\zeta = K \ln\left(\frac{z}{a}\right) = K \ln\left(\frac{r}{a}e^{i\varphi}\right) \ ,$$

$$\zeta = \xi + i\eta = K \ln\frac{r}{a} + iK\varphi$$

abgebildet, deren Realteil

$$\xi = K \ln\frac{r}{a} \tag{1}$$

ist und deren Imaginärteil

$$\eta = K\varphi \tag{2}$$

ist. Kreise ($r = $ const) werden daher auf Linien $\xi = $ const abgebildet und Strahlen ($\varphi = $ const) werden auf Linien $\eta = $ const abgebildet.

b) Bestimmung von $a$:

Aus (1) :

$$\xi(r = R_1) = K \ln\frac{R_1}{a} = -K \ln\frac{a}{R_1} < 0 \ , \tag{3}$$

$$\xi(r = R_2) = K \ln\frac{R_2}{a} > 0 \ . \tag{4}$$

Daraus ergibt sich wegen $-\xi(r = R_1) = \xi(r = R_2)$

$$K \ln\frac{a}{R_1} = K \ln\frac{R_2}{a}$$

$$\Rightarrow \quad \frac{a}{R_1} = \frac{R_2}{a} \quad \Rightarrow \quad a = \sqrt{R_1 R_2} \ . \tag{5}$$

Die Konstante $a$ entspricht also dem geometrischen Mittelwert beider Radien.

c) Bestimmung von $K$:

Die Teilung $t = (2\pi a)/N$ soll bei der Transformation erhalten bleiben. In der $\zeta$–Ebene ist die Teilung die Differenz der $\eta$–Werte zweier benachbarter Schaufeln, also mit (2) für $\Delta\varphi = 2\pi/N$ (Teilungswinkel)

$$t = \frac{2\pi a}{N} = K\frac{2\pi}{N} \quad \Rightarrow \quad K = a = \sqrt{R_1 R_2} \ . \tag{6}$$

Mit (5) und (6) lauten die Abbildungsfunktionen schließlich:

$$\zeta = \sqrt{R_1 R_2} \ln \left( \frac{z}{\sqrt{R_1 R_2}} \right) \; . \tag{7}$$

d) Gitterlänge in der $\zeta$–Ebene:
Die Gitterlänge $L$ berechnet sich zu

$$L = \xi(r = R_2) + |\xi(r = R_1)| \; ,$$

also mit (3), (4)

$$L = K \ln \frac{R_2}{a} + K \ln \frac{a}{R_1} = K \ln \left( \frac{R_2}{R_1} \right)$$

und mit K aus (6) :

$$L = \sqrt{R_1 R_2} \ln \left( \frac{R_2}{R_1} \right) \; . \tag{8}$$

e) Anströmung in der $\zeta$–Ebene:
In der $z$–Ebene entspricht die Anströmung dem Strömungsbild einer Wirbelquelle, d. h. der Überlagerung der Quellströmung mit dem Potentialwirbel (S. L. (10.217), (10.221))

$$F(z) = \frac{E}{2\pi} \ln \frac{z}{a} - \mathrm{i} \frac{\Gamma}{2\pi} \ln \frac{z}{a} \; ,$$

$$F(z) = \left( \frac{E}{2\pi} - \mathrm{i} \frac{\Gamma}{2\pi} \right) \ln \frac{z}{a} \; . \tag{9}$$

Die Umkehrfunktion der Abbildungsfunktion (7) lautet

$$\frac{z}{a} = \mathrm{e}^{\zeta/a} \; ,$$

so daß das Potential in der $\zeta$–Ebene

$$F(z(\zeta)) = F(\zeta) = \left( \frac{E}{2\pi} - \mathrm{i} \frac{\Gamma}{2\pi} \right) \frac{\zeta}{a} \tag{10}$$

ist. Der Wirbelquelle in der $z$–Ebene entspricht also eine Translationsströmung mit

$$U_\infty = \frac{E}{2\pi a} \quad , \quad V_\infty = \frac{\Gamma}{2\pi a}$$

in der transformierten Ebene.

# Aufgabe 10.4-12    Schwarz–Christoffel–Transformation einer endlich breiten Mauer

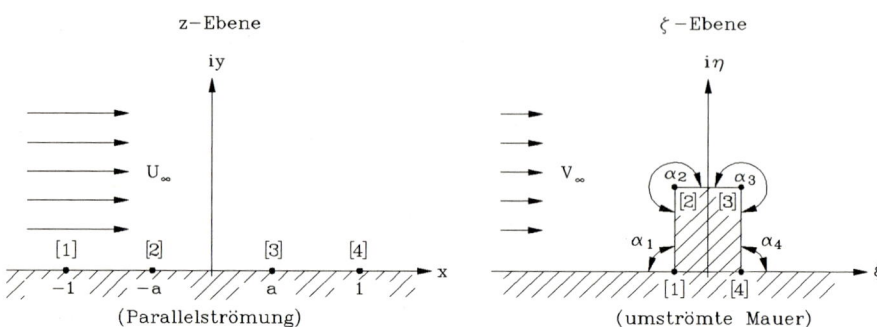

z–Ebene

(Parallelströmung)

ζ–Ebene

(umströmte Mauer)

Die skizzierte Mauer endlicher Breite in der ζ–Ebene soll mit Hilfe der Schwarz–Christoffel–Transformation in die z–Ebene abgebildet werden.

a) Bestimmen Sie die Schwarz–Christoffel–Transformation zu diesem Problem.
b) Bestimmen Sie die Punkte der Abbildung, an denen die konjugiert komplexe Geschwindigkeit in der ζ–Ebene $\overline{w}_\zeta$ unendlich wird.
c) Welcher Zusammenhang besteht zwischen $U_\infty$ und $V_\infty$?
d) Zeigen Sie, daß die Geschwindigkeit an der Mauer tangential zu dieser ist.
e) Wie lautet die Druckverteilung an der Mauer?

Geg.: $K$, $a$, $V_\infty$, $\varrho$, $p_\infty$

## Lösung

a) Transformation:
Die $x$–Achse der $z$–Ebene wird durch die allgemeine Schwarz–Christoffel–Transformation

$$\frac{\mathrm{d}\zeta}{\mathrm{d}z} = f'(z) = K\,(z - x_1)^{\alpha_1/\pi - 1}\,(z - x_2)^{\alpha_1/\pi - 1}\,(z - x_3)^{\alpha_2/\pi - 1}\cdots(z - x_n)^{\alpha_n/\pi - 1}$$

auf einen Polygonzug in der ζ–Ebene abgebildet. Hier stellt der Polygonzug die Mauer mit $n = 4$ Ecken dar.

Der erste Knick ist an der Stelle [1]. Wir legen diese Stelle in der $z$–Ebene an $x_1 = -1$. Der in der ζ–Ebene zugehörige eingeschlossene Winkel $\alpha_1$ ist $\pi/2$. Alle singulären Punkte von $\mathrm{d}\zeta/\mathrm{d}z$ und zugehörigen Winkel sind in der nebenstehenden Tabelle zusammengestellt.
Die Transformation lautet damit

| Singularität | $x_k$ | $\alpha_k$ |
|---|---|---|
| [1] | $-1$ | $1/2\,\pi$ |
| [2] | $-a$ | $3/2\,\pi$ |
| [3] | $a$ | $3/2\,\pi$ |
| [4] | $1$ | $1/2\,\pi$ |

$$\frac{\mathrm{d}\zeta}{\mathrm{d}z} = K\,(z + 1)^{-1/2}\,(z + a)^{1/2}\,(z - a)^{1/2}\,(z - 1)^{-1/2} = K\,\sqrt{\frac{z^2 - a^2}{z^2 - 1}}\,. \qquad (1)$$

b) Punkte bei denen die Geschwindigkeit in der $\zeta$–Ebene unendlich wird:
Die konjugiert komplexe Geschwindigkeit in der $\zeta$–Ebene $\overline{w}_\zeta$ wird für $\mathrm{d}\zeta/\mathrm{d}z = 0$ unendlich, d. h. an den Stellen $z = \pm a$.

c) Zusammenhang zwischen $U_\infty$ und $V_\infty$:
Die konjugiert komplexe Geschwindigkeit in der $z$–Ebene ist $\overline{w}_z = U_\infty$. Für die konjugiert komplexe Geschwindigkeit in der $\zeta$–Ebene erhalten wir mit (1)

$$\overline{w}_\zeta(\zeta) = \overline{w}_z(z) \left(\frac{\mathrm{d}\zeta}{\mathrm{d}z}\right)^{-1} = \frac{U_\infty}{K} \sqrt{\frac{z^2 - 1}{z^2 - a^2}} \, . \qquad (2)$$

Die Anströmgeschwindigkeit in der $\zeta$–Ebene ist

$$V_\infty = \lim_{\zeta \to \infty} \overline{w}_\zeta(\zeta) \, . \qquad (3)$$

Ein Punkt im Unendlichen der $\zeta$–Ebene entspricht einem Punkt im Unendlichen der $z$–Ebene. Mit (2) erhalten wir daher aus (3)

$$V_\infty = \lim_{z \to \infty} \frac{U_\infty}{K} \sqrt{\frac{z^2 - 1}{z^2 - a^2}} = \frac{U_\infty}{K}$$

oder

$$U_\infty = K \, V_\infty \, .$$

Damit können wir (2) auch als

$$\overline{w}_\zeta(\zeta) = V_\infty \sqrt{\frac{z^2 - 1}{z^2 - a^2}} \qquad (4)$$

schreiben.

d) kinematische Randbedingung:
Zur Überprüfung der kinematischen Randbedingung an der Mauer berechnen wir $\overline{w}_\zeta$ für die Linienstücke $[1] \to [2]$, $[2] \to [3]$ und $[3] \to [4]$.
Lassen wir $\zeta$ von der Ecke $[1]$ zu der Ecke $[2]$ laufen, dann läuft $z$ entlang der $x$–Achse von $-1$ zu $-a$ und wir erhalten aus (4)

$$\overline{w}_\zeta(\zeta) = -\mathrm{i} \, V_\infty \sqrt{\frac{1 - x^2}{x^2 - a^2}} \, ,$$

also nur eine Komponente tangential zur Wand.
Die komplexe Geschwindigkeitsverteilung an allen Geradenstücke der Mauer sind in der folgenden Tabelle zusammengefaßt:

| Linienstück | Wertebereich von $x$ | $\overline{w}_\zeta/V_\infty$ |
|---|---|---|
| $[1] \to [2]$ | $-1 < x < -a$ | $-\mathrm{i}\sqrt{(1 - x^2)/(x^2 - a^2)}$ |
| $[2] \to [3]$ | $-a < x < a$ | $\sqrt{(1 - x^2)/(a^2 - x^2)}$ |
| $[3] \to [4]$ | $a < x < 1$ | $\mathrm{i}\sqrt{(1 - x^2)/(x^2 - a^2)} \, .$ |

Die kinematische Randbedingung an der Maueroberfläche wird demnach erfüllt.

e) Druckverteilung:

Wir bestimmen die Druckverteilung auf der Maueroberfläche aus der Bernoullischen Gleichung

$$p_\infty + \frac{\varrho}{2} V_\infty^2 = p + \frac{\varrho}{2} w_\zeta \overline{w}_\zeta \ .$$

Daraus folgt der Druckbeiwert

$$c_p = \frac{p - p_\infty}{1/2 \, \varrho \, V_\infty^2} = 1 - \frac{w_\zeta \, \overline{w}_\zeta}{V_\infty^2} \ .$$

Unter Verwendung der im Aufgabenteil d) berechneten Wandgeschwindigkeit erhalten wir, die in der Tabelle enthaltenen Druckbeiwerte.

| Linienstück | Wertebereich von $x$ | $c_p$ |
|---|---|---|
| $[1] \rightarrow [2]$ | $-1 < x < -a$ | $1 - (1 - x^2)/(x^2 - a^2)$ |
| $[2] \rightarrow [3]$ | $-a < x < a$ | $1 - (1 - x^2)/(a^2 - x^2)$ |
| $[3] \rightarrow [4]$ | $a < x < 1$ | $1 - (1 - x^2)/(x^2 - a^2) \ .$ |

## Aufgabe 10.4-13    Schwarz–Christoffel–Transformation eines sich verjüngenden Kanals

Mit Hilfe der Schwarz–Christoffel–Transformation soll die reelle Achse der $z$–Ebene derart in die $\zeta$–Ebene abgebildet werden, daß ein sich verjüngender Kanal entsteht.

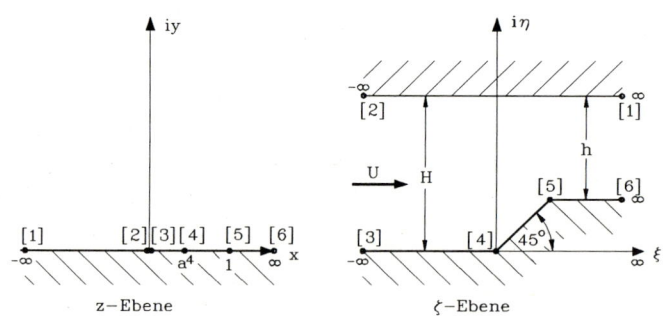

a) Wie lautet die Funktion $f' = \dfrac{\mathrm{d}\zeta}{\mathrm{d}z}$ ?

b) Bestimmen Sie das Potential der Strömung in der $z$–Ebene, wenn in der $\zeta$–Ebene eine Kanalströmung mit dem Volumenstrom $\dot{V} = U H$ entstehen soll.

c) Berechnen Sie die Geschwindigkeit in der $z$–Ebene.

d) Welchen Wert muß die Konstante $K$ der Schwarz–Christoffel–Transformation haben, damit die Geschwindigkeit im Punkt (6) der $z$–Ebene auf die Geschwindigkeit $UH/h$ im Punkt (6) der $\zeta$–Ebene abgebildet wird?

e) Bestimmen Sie die Koordinate des Punktes (4) $x = a^4$ aus der Geschwindigkeit am Punkt (2) der $\zeta$–Ebene.

f) Integrieren Sie $f'$ und geben Sie die Abbildungsfunktion an. (Hinweis: Benutzen Sie zur Integration die Substitution $t^4 = (z - a^4)/(z - 1)$.)

## Lösung

a) Funktion $f' = \dfrac{\mathrm{d}\zeta}{\mathrm{d}z}$:

Wir bilden die $x$–Achse auf den Linienzug der $\zeta$–Ebene von [1] bei $+\infty$ beginnend über [2] bei $-\infty$ und [3] bei $-\infty$ bis zu [6] bei $+\infty$ mit der Schwarz-Christoffel-Abbildung (S. L. (10.291))

$$\frac{\mathrm{d}\zeta}{\mathrm{d}z} = f'(z) = K(z - x_1)^{(\alpha_1/\pi)-1}(z - x_2)^{(\alpha_2/\pi)-1} \dots (z - x_n)^{(\alpha_n/\pi)-1}$$

ab und damit die obere Halbebene auf die Kanalströmung. Der erste Knick in diesem Linienzug ist bei den Punkten [2] und [3], die im Unendlichen zusammenfallen. Der Innenwinkel zwischen [2] und [3] ist $\alpha_1 = 0$. Wir legen den entsprechenden Punkt ohne Einschränkung der Allgemeinheit auf den Ursprung der $z$–Ebene, setzen also $x_1 = 0$. Ebenso haben wir, der Reihe nach, den Winkel an dem Punkt [4]

$$\alpha_2 = \frac{3}{4}\pi$$

und legen den entsprechenden Punkt der $z$–Ebene auf

$$x_2 = a^4 \, .$$

Den Winkel an dem Punkt [5]

$$\alpha_3 = \frac{5}{4}\pi$$

auf den Punkt der $z$–Ebene

$$x_3 = 1 \, .$$

Den Punkt [6], an dem ein Knick mit dem Winkel $\alpha_4$ ist, legen wir nach $+\infty$ in der $z$–Ebene. Der Winkel am Punkt [6] taucht dann in der Abbildung nicht auf. Man erkennt dies, wenn man statt der Konstanten $K$ die Konstante $K(-x_4)^{-(\alpha_4/\pi)+1}$ einführt. Dann entsteht mit dem Winkel $\alpha_4$ am Punkt [6] der Faktor $(-x_4)^{-(\alpha_4/\pi)+1}$ $(z - x_4)^{(\alpha_4/\pi)-1}$, der für $x_4 \to \infty$ nach 1 strebt. Daher nimmt die Schwarz-Christoffel-Transformation die Form

$$\frac{\mathrm{d}\zeta}{\mathrm{d}z} = K\,(z - 0)^{0-1}\,(z - a^4)^{(3/4)-1}\,(z - 1)^{(5/4)-1}$$

oder

$$f' = \frac{K}{z}\left(\frac{z - 1}{z - a^4}\right)^{1/4}$$

an.

b) Potential in der $z$–Ebene:

In der $\zeta$–Ebene soll eine Kanalströmung entstehen mit der Geschwindigkeit $U$ an den zusammenfallenden Stellen [2] und [3], d. h. der Volumenstrom ist $\dot{V} = UH$. Gesucht wird nun ein Potential in der $z$–Ebene, so daß zwischen den Punkten [2] und [3], die auf den Punkt $x_1 = 0$ (der $z$–Ebene) abgebildet werden, ein Volumenstrom $\dot{V} = UH$ ensteht. Dies wird gerade durch eine Quelle im Ursprung der $z$–Ebene erreicht:

$$F(z) = \frac{E}{2\pi} \ln z \ ,$$

deren Quellstärke

$$E = 2UH$$

ist, da in der $z$–Ebene die Hälfte der Ergiebigkeit noch in die negative $y$–Richtung abströmt. Daher ist das Potential

$$F(z) = \frac{UH}{\pi} \ln z \ ,$$

aus der wir

c) die Geschwindigkeit in der $z$–Ebene zu

$$\overline{w}_z(z) = \frac{\mathrm{d}F}{\mathrm{d}z} = \frac{UH}{\pi z} = u - iv$$

gewinnen. Die Geschwindigkeit an entsprechenden Punkten der $\zeta$–Ebene ist dann (S. L. (10.290))

$$\overline{w}_\zeta(\xi) = \frac{\mathrm{d}F}{\mathrm{d}z} \frac{\mathrm{d}z}{\mathrm{d}\zeta} \ .$$

d) Bestimmung von K:

$K$ soll so bestimmt werden, daß die Geschwindigkeit im Punkt [6] der $\zeta$–Ebene, der dem Punkt [6] der $z$–Ebene entspricht, gleich ist

$$\overline{w}_\zeta(\zeta) = \frac{UH}{h} \ ,$$

was sich unmittelbar aus der Kontinuitätsgleichung ergibt. Mit

$$\overline{w}_\zeta(\zeta) = \frac{\mathrm{d}F}{\mathrm{d}z} \frac{\mathrm{d}z}{\mathrm{d}\zeta} = \frac{UH}{\pi z} \frac{z}{K} \left( \frac{z - a^4}{z - 1} \right)^{1/4}$$

folgt also

$$\lim_{z \to \infty} \overline{w}_\zeta(\zeta) = \frac{UH}{\pi K} = \frac{UH}{h}$$

und daher

$$K = \frac{h}{\pi} \ .$$

e) Bestimmung der Koordinate $a^4$:

Aus der Bedingung, daß am Punkt [2] der $\zeta$–Ebene die Geschwindigkeit $U$ herrscht, entsteht

$$\overline{w}_\zeta(\zeta) = \frac{\mathrm{d}F}{\mathrm{d}z} \frac{\mathrm{d}z}{\mathrm{d}\zeta} = \frac{UH}{\pi z} \frac{z}{K} \left( \frac{z - a^4}{z - 1} \right)^{1/4} = U$$

und da der Punkt [2] ($\zeta \to -\infty$) der $\zeta$-Ebene dem Punkt [2] ($z \to 0$) der $z$-Ebene entspricht, finden wir

$$\overline{w}_\zeta(\zeta \to -\infty) = \frac{U H}{\pi K} \frac{a}{1} = U \; ,$$

woraus wir $a$ zu

$$a = \frac{K\pi}{H} = \frac{h}{H}$$

bestimmen.

f) Berechnung der Abbildungsfunktion:

Um die Abbildungsfunktion $\zeta = \zeta(z)$ explizit zu erhalten integrieren wir

$$d\zeta = \frac{K}{z} \left(\frac{z-1}{z-a^4}\right)^{1/4} dz$$

mit der Substitution $t^4 = (z - a^4)/(z - 1)$ bzw. $z = (t^4 - a^4)/(t^4 - 1)$ und erhalten zunächst mit

$$d\zeta = \frac{K}{z} \left(\frac{z-1}{z-a^4}\right)^{1/4} \frac{dz}{dt} dt$$

und

$$\frac{dz}{dt} = 4z \left(\frac{t^3}{t^4 - a^4} - \frac{t^3}{t^4 - 1}\right)$$

$$d\zeta = 2K \left(\frac{(1/2)a}{t-a} - \frac{(1/2)a}{t+a} - \frac{1/2}{t-1} + \frac{1/2}{t+1} + \frac{1}{t^2+a^2} - \frac{1}{t^2+1}\right) dt$$

und damit schließlich

$$\zeta = K \left[-\frac{1}{a} \ln\left(\frac{t+a}{t-a}\right) + \ln\left(\frac{t+1}{t-1}\right) + \frac{2}{a} \arctan\left(\frac{t}{a}\right) - 2\arctan(t)\right] + \mathrm{const} \; .$$

Die Integrationskonstante bestimmen wir aus der Bedingung, daß der Punkt

$$z = a^4 \quad \mathrm{bzw.} \quad t = 0$$

mit dem Ursprung der $\zeta$-Ebene zusammenfallen möge.

$$\Rightarrow \quad 0 = K\left(-\frac{1}{a}\ln(-1) + \ln(-1)\right) + \mathrm{const}$$

und wegen $\ln(-1) = \mathrm{i}\pi$ auch

$$\mathrm{const} = \mathrm{i}\pi K\left(\frac{1}{a} - 1\right) = \mathrm{i}(H - h)$$

und daher die Abbildungsfunktion

$$\zeta = K \left[-\frac{1}{a} \ln\left(\frac{t+a}{t-a}\right) + \ln\left(\frac{t+1}{t-1}\right) + \frac{2}{a} \arctan\left(\frac{t}{a}\right) - 2\arctan(t)\right] + \mathrm{i}(H - h) \; .$$

# Aufgabe 10.4-14    Kavitation im ebenen Kanal

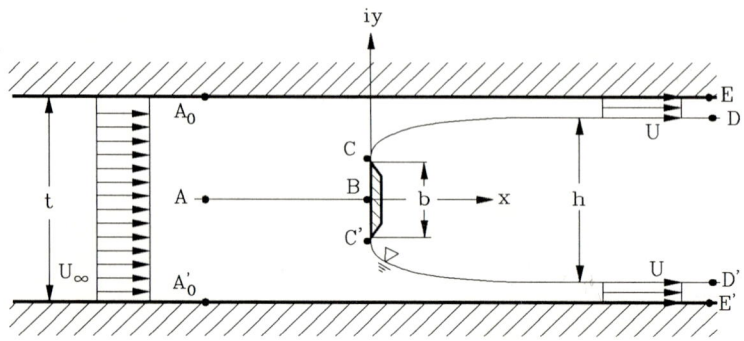

In der Mitte eines ebenen Kanales der Höhe $t$ befindet sich eine senkrechte Platte der Höhe $b$.

Die Platte wird mit der Geschwindigkeit $U_\infty$ von inkompressibler, reibungsfreier Flüssigkeit angeströmt, so daß es auf der Rückseite der Platte zur Bildung eines Kavitationsgebietes kommt, innerhalb dessen der Dampfdruck konstant ist und das Gas als ruhend angenommen werden kann. Es wird angenommen, daß sich das Kavitationsgebiet bis ins Unendliche erstreckt.

Unbekannt und gesucht ist die Geschwindigkeit $U$ der zwei sich ausbildenden Freistrahlen und die Größe des Kavitationsgebietes $h$ in ausreichend weitem Abstand von der Platte.

a) Zeigen Sie, daß an den Strahlrändern CD und C'D' der Geschwindigkeitsbetrag konstant ist.

b) Zeichnen Sie die Staustromlinie AB und ihre Verzweigungen BCD und BC'D', sowie die beiden Stromlinien $A_0E$ und $A'_0E'$ in der Hodographenebene $\zeta = u - iv$.
   Vervollständigen Sie das Stromlinienbild in der $\zeta$–Ebene durch das qualitative Zeichnen einiger weiterer Stromlinien.

c) Bestimmen Sie das komplexe Potential $F(\zeta)$ in der $\zeta$–Ebene, so daß die in b) ermittelten Stromlinien durch $F(\zeta)$ wiedergegeben werden.
   Hinweis: Verwenden Sie das Kreistheorem (Aufgabe 10.4-3).

d) An der Plattenfläche ist $\zeta = i\eta$, mit $-U \le \eta \le U$.
   Bestimmen Sie den Zusammenhang $z = z(\zeta)$ für Punkte der Plattenfläche und geben Sie die den impliziten Zusammenhang $f(b/t, U_\infty/U) = 0$ an.

e) Lösen Sie $f(b/t, U_\infty/U) = 0$ für $b/t = 0,68$ numerisch und bestimmen Sie $h$.

Geg.: $t$, $b$, $U_\infty$

## Lösung

a) Wegen der dynamischen Randbedingung ist der Druck am Strahlrand gleich dem Dampfdruck des Gases und konstant. Aus der Bernoullischen Gleichung folgt dann, daß der Geschwindigkeitsbetrag $U$ auf dem Strahlrand konstant ist.

b) Stromlinien in der Hodographenebene $\zeta = u - iv$:

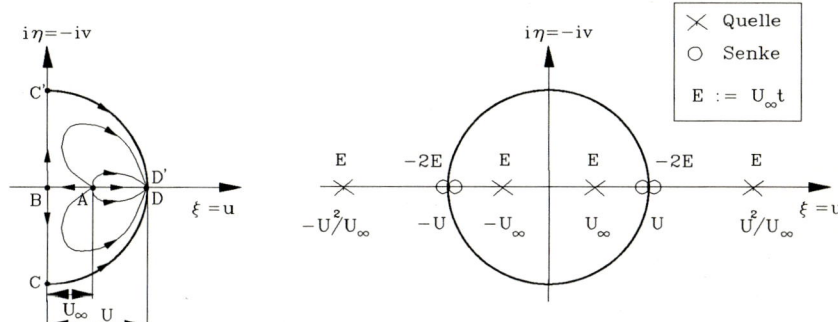

Stromlinien in der Hodographenebene      Singularitätenverteilung

c) Singularitätenverteilung in der $\zeta$–Ebene:
Wir bringen zunächst im Punkt A ($\zeta = U_\infty$) eine Quelle der Ergiebigkeit $U_\infty t$ an.
Der von dieser Quelle ausgehende Volumenstrom wird von einer Senke der Stärke
$-U_\infty t$ im Punkt D ($\zeta = U$) aufgesogen.
Da die Linie CC' Stromlinie ist, muß die Singuläritätenverteilung symmetrisch zur
Linie $\xi = 0$ sein; wir spiegeln die bereits ermittelte Quelle und Senke an $\xi = 0$.
Der Kreis $|\zeta| = U$ ist Stromlinie. Wir erreichen das, indem wir auf das bis hierher
ermittelte Potential

$$F_1(\zeta) = \frac{U_\infty t}{2\pi} \ln(\zeta - U_\infty) + \frac{U_\infty t}{2\pi} \ln(\zeta + U_\infty) - \frac{U_\infty t}{2\pi} \ln(\zeta - U) - \frac{U_\infty t}{2\pi} \ln(\zeta + U)$$

das Kreistheorem

$$F(\zeta) = F_1(\zeta) + \overline{F}_1\left(\frac{U^2}{\zeta}\right)$$

anwenden. Das so erhaltene Potential $F(\zeta)$ ist bis auf eine Konstante

$$F(\zeta) = \frac{U_\infty t}{2\pi} \left\{ \ln(\zeta + U^2/U_\infty) + \ln(\zeta - U^2/U_\infty) - 2\ln(\zeta + U) - 2\ln(\zeta - U) \right.$$

$$\left. + \ln(\zeta + U_\infty) + \ln(\zeta - U_\infty) \right\} .$$

d) Zusammenhang $f(b/t, U_\infty/U) = 0$:
Aus $\mathrm{d}F/\mathrm{d}z = \zeta$ folgt

$$z = \int \frac{\mathrm{d}F}{\mathrm{d}\zeta} \frac{1}{\zeta} \mathrm{d}\zeta + C . \tag{1}$$

An der Plattenfläche ist $\zeta = i\eta$, mit $-U \leq \eta \leq U$, rein imaginär und wegen der
Identität ($A$ und $B$ sind reell)

$$\ln(A + iB) + \ln(A - iB) = \ln[(-1)(A^2 + B^2)] = \ln(A^2 + B^2) + i\pi$$

ist für Punkte auf der Platte das komplexe Potential

$$F(\zeta) = F(i\,\eta) = \frac{U_\infty t}{2\,\pi} \left\{ \ln(\eta^2 + (U^2/U_\infty)^2) - 2\ln(\eta^2 + U^2) + \ln(\eta^2 + U_\infty^2) \right\} \ ,$$

d.h. rein reell, wie zu erwarten war. Aus (1) folgt an der Platte mit $z = i\,y$, $\zeta = i\,\eta$ und $d\,\zeta = d\,(i\,\eta)$

$$i\,y = \int \frac{dF}{d(i\,\eta)} \frac{1}{i\,\eta} \, d\,(i\,\eta) + C = -i \int \frac{dF}{d\eta} \frac{1}{\eta} \, d\eta + C \ .$$

Daraus folgt der rein reelle Zusammenhang

$$\begin{aligned}
y \ &= \ -\int \frac{dF}{d\eta} \frac{1}{\eta} \, d\eta + C \\[2mm]
&= \ -\frac{U_\infty t}{\pi} \int \left\{ \frac{1}{\eta^2 + (U^2/U_\infty)^2} - \frac{2}{\eta^2 + U^2} + \frac{1}{\eta^2 + U_\infty^2} \right\} d\eta + C \\[2mm]
&= \ -\frac{U_\infty t}{\pi} \left\{ \frac{U_\infty}{U^2} \arctan(\eta/(U^2/U_\infty)) - \frac{2}{U} \arctan(\eta/U) \right. \\[2mm]
&\qquad\qquad \left. + \frac{1}{U_\infty} \arctan(\eta/U_\infty) \right\} + C \ .
\end{aligned}$$

Die Integrationskonstante $C$ bestimmt sich aus der Symmetrie zu Null: Am Staupunkt $B$, d. h. $y = 0$, muß die $y$–Komponente der Geschwindigkeit $v = -\eta = 0$ verschwinden. Auf der Plattenoberfläche gilt demnach der Zusammenhang zwischen Ort $y$ und Geschwindigkeit $v = -\eta$:

$$\frac{y}{t/2} = \frac{2}{\pi} \frac{U_\infty}{U} \left\{ \frac{U_\infty}{U} \arctan(v\,U_\infty/U^2) + \frac{U}{U_\infty} \arctan(v/U_\infty) - 2\arctan(v/U) \right\} \ .$$

Am Plattenrand $y = b/2$ ist die Geschwindigkeit $v = U$, was den gesuchten Zusammenhang zwischen $b/t$ und $U_\infty/U$ liefert:

$$\frac{b}{t} = \frac{2}{\pi} \frac{U_\infty}{U} \left\{ \frac{U_\infty}{U} \arctan(U_\infty/U) + \frac{U}{U_\infty} \arctan(U/U_\infty) - \frac{\pi}{2} \right\} \ .$$

e)  Für $b/t = 0,68$ erhalten wir numerisch das Geschwindigkeitsverhältnis $U_\infty/U = 0,2$. Aus der Kontinuitätsgleichung $U_\infty t = U\,(t - h)$ folgt damit $h = t\,(1 - U_\infty/U) = 0,8\,t$ .

# Aufgabe 10.4-15    Quell–Senkenverteilung für einen schlanken Körper

Ein schlankes, zur $x$–Achse symmetrisches Profil wird durch die Gleichung

$$y = \pm f(x) = \pm 2\epsilon \frac{x}{l}(l - x)$$

$(0 \leq x \leq l,\ \epsilon \ll 1)$ beschrieben. Dieses Profil befindet sich in einer inkompressiblen, reibungsfreien Potentialströmung mit der Anströmung $U_\infty$ parallel zur $x$–Achse.

a) Bestimmen Sie die Quell–Senkenverteilung nach der Theorie schlanker Körper in inkompressibler Stömung, die dieses Profil erzeugt.
b) Berechnen Sie die Störgeschwindigkeiten am Profil.
c) Berechnen Sie den Druckbeiwert $c_p$.
d) Bestimmen Sie für die in a) ermittelte Quellenverteilung die exakte Gleichung der Körperkontur.

## Lösung

a) Quell–Senkenverteilung:
   Die Quell–Senkenverteilung steht mit der Profilform in der Beziehung (S. L. (10.358))

$$q(x) = 2\frac{\mathrm{d}f}{\mathrm{d}x}U_\infty \ .$$

Mit $f(x) = 2\epsilon(l - x)x/l$ also

$$q(x) = 4U_\infty\epsilon\frac{1}{l}(l - 2x) \ .$$

b) Störgeschwindigkeiten am Profil:
   Die $y$–Komponente der Störgeschwindigkeit auf der Ober- bzw. Unterseite des Profils sind

$$v(x,0^+) = \frac{\mathrm{d}f}{\mathrm{d}x}U_\infty \ , \quad v(x,0^-) = -\frac{\mathrm{d}f}{\mathrm{d}x}U_\infty \ ,$$

also

$$v(x,0) = \pm 2U_\infty\epsilon\frac{1}{l}(l - 2x) = \pm\frac{q(x)}{2} \ .$$

Die $x$–Komponente $(u = U - U_\infty)$ der Störgeschwindigkeit berechnen wir aus dem Potential (S. L. (10.342))

$$\Phi = U_\infty x + \frac{1}{2\pi}\int_0^l q(x')\ln\sqrt{(x - x')^2 + y^2}\,\mathrm{d}x'$$

zu

$$\frac{u(x,y)}{U_\infty} = \frac{1}{2\pi}\int_0^l \frac{q(x')}{U_\infty}\frac{x - x'}{(x - x')^2 + y^2}\mathrm{d}x'$$

Es ist $u(x, y = f(x))/U_\infty$ gesucht. In der Taylorentwicklung von $u$

$$\frac{u(x,y)}{U_\infty} = \frac{u(x,0)}{U_\infty} + \frac{\partial u}{\partial y}\bigg|_{y=0} \frac{y}{U_\infty} + \cdots$$

schätzen wir die Größenordnung des zweiten Termes als

$$\frac{\partial u}{\partial y}\frac{y}{U_\infty} = \frac{\partial v}{\partial x}\frac{y}{U_\infty} \sim \frac{v}{U_\infty}\frac{d}{l} \sim \epsilon^2$$

ab. D.h. wir können $u$ anstatt auf der Kontour auf der $x$–Achse bestimen. Der dabei gemachte Fehler ist von der Ordnung $O(\epsilon^2)$ und im Rahmen der Näherung vernachlässigbar.

Mit $q(x')$ aus a) erhalten wir

$$u(x,0) = \frac{2U_\infty\epsilon}{l\,\pi} \int_0^l \frac{l - 2x'}{x - x'}\mathrm{d}x' \ .$$

Dieses Integral wird singulär für $x = x'$ und es ist der Cauchysche Hauptwert zu nehmen:

$$u(x,0) = \frac{2U_\infty\epsilon}{l\,\pi}\left( \underbrace{\int_0^l \frac{l}{x - x'}\mathrm{d}x'}_{\text{I}} - \underbrace{2\int_0^l \frac{x'}{x - x'}\mathrm{d}x'}_{\text{II}} \right) ,$$

und mit $\kappa > 0$ berechnet man für das erste Integral

$$\text{I} = l\lim_{\kappa\to 0}\left\{ \int_0^{x-\kappa} \frac{\mathrm{d}x'}{x - x'} + \int_{x+\kappa}^l \frac{\mathrm{d}x'}{x - x'} \right\}$$

$$= l\lim_{\kappa\to 0}\left\{ -\ln(x - x')\Big|_0^{x-\kappa} - \ln(x - x')\Big|_{x+\kappa}^l \right\}$$

$$= l\ln\frac{x}{l - x} \ .$$

Für das zweite Integral

$$\text{II} = 2\lim_{\kappa\to 0}\left\{ \int_0^{x-\kappa} \frac{x'\mathrm{d}x'}{x - x'} + \int_{x+\kappa}^l \frac{x'\mathrm{d}x'}{x - x'} \right\}$$

benutzen wir die Substitution $x - x' = u$ , $\mathrm{d}x' = -\mathrm{d}u$ mit dem Ergebnis

$$\int \frac{u - x}{u}\mathrm{d}u = \int\left(1 - \frac{x}{u}\right)\mathrm{d}u = u - x\ln u \ ,$$

was auf

$$II = 2 \lim_{\kappa \to 0} \left\{ \left( x - x' - x \ln(x - x') \right) \Big|_0^{x-\kappa} + \left( x - x' - x \ln(x - x') \right) \Big|_{x+\kappa}^l \right\}$$

führt, so daß

$$II = 2 \lim_{\kappa \to 0} \left\{ -l + 2\kappa + x \ln \left( \frac{-\kappa x}{\kappa(x - l)} \right) \right\}$$

entsteht, bzw.

$$II = -2l + 2x \ln \left( \frac{x}{l - x} \right) \, .$$

Die Komponente der Störgeschwindigkeit in $x$-Richtung ist deshalb

$$u(x, 0) = \frac{2U_\infty \epsilon}{l \, \pi} \left\{ (l - 2x) \ln \frac{x}{l - x} + 2l \right\} \, .$$

c) Druckbeiwert $c_p$:

$$c_p = \frac{p - p_\infty}{(\varrho/2)U_\infty^2} = 1 - \frac{(U_\infty + u)^2 + v^2}{U_\infty^2} \, ,$$

$$c_p = 1 - \frac{U_\infty^2 + 2U_\infty u + u^2 + v^2}{U_\infty^2} = -\frac{2\,u}{U_\infty} + O(\epsilon^2) \, ,$$

$$c_p = -\frac{4\epsilon}{l \, \pi} \left\{ (l - 2x) \ln \frac{x}{l - x} + 2l \right\} \, .$$

d) Exakte Gleichung der Körperkontur:

Für die Quellverteilung $q(x) = 2U_\infty \dfrac{\mathrm{d}f}{\mathrm{d}x} = 4U_\infty \epsilon \dfrac{1}{l}(l - 2x)$ ermitteln wir die exakte

Gleichung der Körperkontur aus der Stromfunktion $\Psi(x, y) = 0$. Man könnte $\Psi$ direkt im Reellen ermitteln:

$$\Psi = U_\infty y + \frac{1}{2\pi} \int\limits_0^l q(x') \arctan \frac{y}{x - x'} \mathrm{d}x' \, .$$

Wir ziehen es hier vor, zunächst das komplexe Potential

$$F(z) = U_\infty z + \frac{1}{2\pi} \int\limits_0^l q(x') \ln \frac{z - x'}{l} \mathrm{d}x'$$

zu berechnen und dann den Imaginärteil abzuspalten. Mit $x' = \overline{x'}\, l$, $z = \overline{z}\, l$, wobei wir dann wieder die Querstriche an den dimensionslosen Größen weglassen, entsteht

$$F(z) = U_\infty z \, l + \frac{4U_\infty \epsilon \, l}{2\pi} \int\limits_0^1 (1 - 2x') \ln(z - x') \, \mathrm{d}x'$$

oder

$$\frac{F(z)}{U_\infty l} = z + \frac{2\epsilon}{\pi} \int\limits_0^1 (1 - 2x') \ln(z - x')\,\mathrm{d}x' \; ;$$

und mit der Substitution $z - x' = \zeta$, $\mathrm{d}x' = -\mathrm{d}\zeta$ auch

$$\frac{F(z)}{U_\infty l} = z + \frac{2\epsilon}{\pi} \int\limits_z^{z-1} -(1 - 2z + 2\zeta) \ln(\zeta)\,\mathrm{d}\zeta \; .$$

In der Auswertung des Integrals ist $z$ als Konstante zu werten, so daß wir das Integral zu

$$\int\limits_{z-1}^z (1 - 2z) \ln(\zeta)\,\mathrm{d}\zeta + \int\limits_{z-1}^z 2\zeta \ln(\zeta)\,\mathrm{d}\zeta = (1 - 2z)(\zeta \ln \zeta - \zeta)\Big|_{z-1}^z + 2(\zeta^2 \frac{\ln \zeta}{2} - \frac{\zeta^2}{4})\Big|_{z-1}^z$$

$$= (z - z^2) \ln z + (z^2 - z) \ln(z - 1) + z - \frac{1}{2}$$

berechnen, was sich zu

$$= (z - z^2) \ln \left( \frac{z}{z - 1} \right) + z - \frac{1}{2}$$

vereinfacht, so daß das komplexe Potential

$$\frac{F(z)}{U_\infty l} = z \left( 1 + \frac{2\epsilon}{\pi} \right) - \frac{\epsilon}{\pi} + \frac{2\epsilon}{\pi}(z - z^2) \ln \left( \frac{z}{z - 1} \right) \tag{1}$$

erhalten wird. Die Stromfunktion gewinnen wir durch Abspalten des Imaginärteiles aus

$$F = \Phi + \mathrm{i}\Psi \; .$$

Mit

$$z(1 - z) = x(1 - x) + y^2 + \mathrm{i}y(1 - 2x)$$

gilt

$$\ln \left( \frac{z}{z - 1} \right) = \ln \left| \frac{z}{z - 1} \right| + \mathrm{i} \arg(z) - \mathrm{i} \arg(z - 1)$$

und weiter

$$= \ln \left( \sqrt{\frac{x^2 + y^2}{(x - 1)^2 + y^2}} \right) + \mathrm{i} \left( \arctan \frac{y}{x} - \arctan \left( \frac{y}{x - 1} \right) \mp \pi \right)$$

$$= \frac{1}{2} \ln \left( \frac{x^2 + y^2}{(x - 1)^2 + y^2} \right) + \mathrm{i} \left( \arctan \left( \frac{-y}{x(x - 1) + y^2} \right) \mp \pi \right) \; ,$$

wobei das negative Vorzeichen gilt, wenn $y > 0$ ist, erhält man für die Stromfunktion den Ausdruck

$$\frac{\Psi}{U_\infty l} = y\left(1 + \frac{2\epsilon}{\pi}\right) + \frac{2\epsilon}{\pi}y(1 - 2x)\frac{1}{2}\ln\left(\frac{x^2 + y^2}{(x-1)^2 + y^2}\right)$$

$$+ \frac{2\epsilon}{\pi}\left(-x(x-1) + y^2\right)\left(\arctan\left(\frac{-y}{x(x-1) + y^2}\right) - \pi\right) ,$$

(für die obere Profilkontur). In dieser Gleichung sind $x$ und $y$ dimensionslos mit $l$, d. h. $x$ nimmt Werte an zwischen 0 und 1 und $y$ nimmt Werte an zwischen 0 und $\sim \epsilon$.

Es liegt nahe, eine neue dimensionslose Koordinate $Y$ einzuführen: $y = Y\epsilon$, d. h. $Y$ nimmt nun ebenfalls Werte an zwischen 0 und 1. Für die Körperkontur: $\Psi = 0$

$$0 = \epsilon Y\left(1 + \frac{2\epsilon}{\pi}\right) + \frac{\epsilon^2}{\pi}Y(1 - 2x)\ln\left(\frac{x^2 + \epsilon^2 Y^2}{(x-1)^2 + \epsilon^2 Y^2}\right)$$

$$+ \frac{2\epsilon}{\pi}(-x(x-1) + \epsilon^2 Y^2)\left(\arctan\left(\frac{-\epsilon Y}{x(x-1) + \epsilon^2 Y}\right) - \pi\right)$$

Für kleine $\epsilon \ll 1$ können die Terme $\epsilon^2 Y^2$, $\epsilon^2 Y$ vernachlässigt werden, man erhält:

$$0 = \epsilon Y + \frac{\epsilon}{\pi}2x(x-1)\pi ,$$

also

$$y = 2\epsilon x(1 - x) ,$$

was in dimensionsbehafteter Form

$$\frac{y}{l} = 2\epsilon\frac{x}{l}\left(1 - \frac{x}{l}\right)$$

wieder auf das Profil der Aufgabenstellung zurückführt. Aus (1) folgt für die Geschwindigkeiten:

$$\frac{\mathrm{d}F}{\mathrm{d}z} = U_\infty + u - \mathrm{i}\,v ,$$

$$\frac{u}{U_\infty l} = \frac{4\epsilon}{\pi} + \frac{\epsilon}{\pi}(1 - 2x)\ln\left(\frac{x^2 + y^2}{(x-1)^2 + y^2}\right) + \frac{4\epsilon}{\pi}y\left(\arctan\left(\frac{-y}{x(x-1) + y^2}\right) - \pi\right) ,$$

$$\frac{v}{U_\infty l} = -\frac{2\epsilon}{\pi}(1 - 2x)\left(\arctan\left(\frac{-y}{x(x-1) + y^2}\right) - \pi\right) + \frac{2\epsilon}{\pi}y\ln\left(\frac{x^2 + y^2}{(x-1)^2 + y^2}\right) ,$$

wobei zu beachten ist, daß $x, y$ noch dimensionslos sind. Auf der Achse ($y = 0$) wird wieder das Ergebnis aus Aufgabenteil b) erhalten.

# Aufgabe 10.4-16    Zirkulationsverteilung und Skelettlinie eines schwach gewölbten Profils

Mit Hilfe der Skelett–Theorie läßt sich entweder für eine gegebene Zirkulationsverteilung $\gamma(x)$ die Skelettlinie $y = f(x)$ eines dünnen, schwach gewölbten Profils (I. Hauptaufgabe der Skelett-Theorie) oder für gegebene Skelettlinie die Zirkulationsverteilung (II. Hauptaufgabe der Skelett-Theorie) berechnen.

a) Wie lautet die Gleichung der Skelettlinie für die Zirkulationsverteilung

$$\gamma(x) = 2U_\infty C = \text{const} ?$$

b) Für die Skelettlinie $y = f(x) = \epsilon\, x(1 - x/l)$ berechne man die Zirkulationsverteilung.

c) Berechnen Sie für den Fall b) den Auftriebsbeiwert $c_a$ und den Momentenbeiwert $c_m$.

## Lösung

a) I. Hauptaufgabe der Skelett-Theorie:

Die Zirkulationsverteilung $\gamma = 2U_\infty C = \text{const}$ ist bekannt und die gesuchte Skelettlinie $f(x)$ erfüllt die Gleichung (S. L. (10.372))

$$U_\infty \frac{\mathrm{d}f}{\mathrm{d}x} - \alpha U_\infty = -\frac{1}{2\pi} \int\limits_0^l \gamma(x')\frac{1}{x - x'}\mathrm{d}x'$$

bzw.

$$U_\infty \frac{\mathrm{d}f}{\mathrm{d}x} - \alpha U_\infty = -\frac{C U_\infty}{\pi} \int\limits_0^l \frac{1}{x - x'}\mathrm{d}x' \; .$$

In den dimensionslosen Größen $f = \overline{f}l$, $x = \overline{x}l$, wobei im folgenden die Querstriche weggelassen werden, folgt

$$\frac{\mathrm{d}f}{\mathrm{d}x} = \alpha - \frac{C}{\pi} \int\limits_0^1 \frac{\mathrm{d}x'}{x - x'} \; .$$

Das auftretende Integral ist ein uneigentliches Integral dessen Cauchyschen Hauptwert

$$\mathrm{I} = \int\limits_0^1 \frac{\mathrm{d}x'}{x - x'} = \lim_{\epsilon \to 0}\left[ \int\limits_0^{x-\epsilon} \frac{\mathrm{d}x'}{x - x'} + \int\limits_{x+\epsilon}^1 \frac{\mathrm{d}x'}{x - x'} \right]$$

wir zu

$$\mathrm{I} = \lim_{\epsilon \to 0}\left[ -\left(\ln(x - x')\right)\Big|_0^{x-\epsilon} - \left(\ln(x - x')\right)\Big|_{x+\epsilon}^1 \right] \; ,$$

$$I = \lim_{\epsilon \to 0} \left[ -\ln(\epsilon) + \ln(x) - \ln(1-x) + \ln(\epsilon) \right] \; ,$$

$$I = \ln\left( \frac{x}{1-x} \right)$$

ermitteln. Aus

$$\frac{df}{dx} = \alpha + \frac{C}{\pi} \left( \ln \frac{1-x}{x} \right)$$

folgt nun die Skelettlinie durch direkte Integration:

$$f = \alpha x + \frac{C}{\pi} \left[ (x-1)\ln(1-x) - x \ln x \right] + K \; .$$

Die Integrationskonstante $K$ dient dazu, die Lage des Profils im Koordinatensystem festzulegen. Mit

$$f(x=1) = 0 = \alpha + \lim_{x \to 1} \frac{C}{\pi} \left( (x-1)\ln(1-x) \right) + K$$

und Auswertung des auftretenden unbestimmten Ausdrucks

$$\lim_{x \to 1} \frac{\ln(1-x)}{(x-1)^{-1}} = \lim_{x \to 1} \frac{-(1-x)^{-1}}{-(x-1)^{-2}} = \lim_{x \to 1} (1-x) = 0 \; ,$$

$$f(x=1) = 0 = \alpha + K$$

erhalten wir

$$K = -\alpha$$

und daher

$$f(x) = \alpha(x-1) + \frac{C}{\pi} \left[ (x-1)\ln(1-x) - x \ln x \right] \; .$$

b) II. Hauptaufgabe:
Die Skelettlinie ist bekannt: $f(x) = \epsilon x(1-x/l)$ $\epsilon \ll 1$ . Gesucht ist die Zirkulationsverteilung $\gamma(x)$, die Lösung der Integralgleichung

$$U_\infty \frac{df}{dx} - \alpha U_\infty = -\frac{1}{2\pi} \int_0^l \frac{\gamma(x')}{x-x'} dx'$$

ist. Die Lösung lautet bekanntlich (S. L. Abschnitt 10.4.9)

$$\gamma(\varphi) - 2U_\infty A_0 \tan \frac{\varphi}{2} = 2U_\infty \sum_{n=1}^{\infty} A_n \sin(n\varphi) \; ,$$

wobei

$$x = \frac{l}{2}(1 + \cos \varphi)$$

und die Fourier-Koeffizienten durch

$$A_0 = \alpha - \frac{1}{\pi} \int_0^{\pi} \frac{df}{dx}(\varphi) \, d\varphi \; ,$$

$$A_n = -\frac{2}{\pi} \int\limits_0^\pi \frac{\mathrm{d}f}{\mathrm{d}x}(\varphi)\cos(n\varphi)\,\mathrm{d}\varphi$$

gegeben sind. Hier besteht der Zusammenhang $x/l = \overline{x} = (1/2)(1 + \cos\varphi)$, $f/l = \overline{f}$ und $\gamma/U_\infty = \overline{\gamma}$, wobei im folgenden die Querstriche wieder weggelassen werden. Zur Berechnung der Koeffizienten für die vorgegebene Skelettlinie bilden wir

$$\frac{\mathrm{d}f}{\mathrm{d}x} = \epsilon(1 - 2x) = \epsilon(1 - 1 - \cos\varphi) = -\epsilon\cos\varphi$$

und finden für die Koeffizienten

$$A_0 = \alpha + \frac{\epsilon}{\pi} \int\limits_0^\pi \cos\varphi\,\mathrm{d}\varphi = \alpha$$

und

$$A_1 = \frac{2\epsilon}{\pi} \int\limits_0^\pi \cos^2\varphi\,\mathrm{d}\varphi = \frac{2\epsilon}{\pi}\frac{\pi}{2} = \epsilon\,.$$

Da hier $\mathrm{d}f/\mathrm{d}x = -\epsilon\cos\varphi$ ist, treten für die höheren Koeffizienten Integrale der Form

$$\int\limits_0^\pi \cos\varphi\,\cos(n\varphi)\,\mathrm{d}\varphi$$

auf. Diese verschwinden aber für $n > 1$, so daß die Zirkulationsverteilung schon durch die beiden ersten Summanden gegeben ist.

$$\gamma(\varphi) = 2\alpha\tan\frac{\varphi}{2} + 2\epsilon\sin\varphi\,.$$

Mit

$$\tan\frac{\varphi}{2} = \frac{\sin\varphi}{1 + \cos\varphi} = \frac{\sin\varphi}{2x}$$

und

$$\sin\varphi = \sqrt{1 - \cos^2\varphi} = \sqrt{1 - (2x - 1)^2} = 2\sqrt{x(1 - x)}$$

finden wir die Darstellung der Zirkulationsverteilung

$$\gamma(x) = 4\sqrt{x(1 - x)}\left(\frac{\alpha}{2x} + \epsilon\right)$$

als Funktion von $x$.

c) Auftriebsbeiwert und Momentenbeiwert

$$c_a = \pi(2A_0 + A_1) = \pi(2\alpha + \epsilon)$$

$$c_m = -\frac{\pi}{4}(2A_0 + 2A_1 + \underbrace{A_2}_{=0}) = -\frac{\pi}{4}(2\alpha + 2\epsilon)$$

Anmerkung:
Die Störgeschwindigkeiten für Fall b) sind:

$$u(x, 0^{\pm}) = \pm\frac{1}{2}\gamma(x) = \pm 2\sqrt{x(1-x)}\left(\frac{\alpha}{2x} + \epsilon\right) ,$$

$$v(x, 0) = \frac{\mathrm{d}f}{\mathrm{d}x} - \alpha = \epsilon(1 - 2x) - \alpha ,$$

wobei $v(x, 0)$ aus der Randbedingung (S. L. (10.371)) folgt und $\gamma$, $u$ und $v$ alle auf $U_{\infty}$ bezogen sind.

## Aufgabe 10.4-17    Das gerade Schaufelgitter

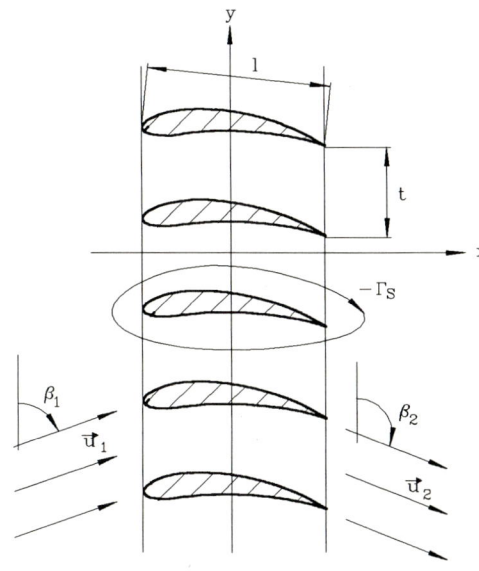

Eine ebene Strömung durch ein unendliches ($-\infty \leq y \leq \infty$), gerades Gitter erhält man z. B. durch die Abwicklung eines koaxialen Zylinderschnittes eines Schaufelkranzes.

Die Strömung in genügend großer Entfernung vom Gitter kann duch eine gebundene Wirbelschicht längs der $y$-Achse von $-\infty$ bis $\infty$ dargestellt werden. Man verwende dieses Verfahren, um die Zu- und Abströmgeschwindigkeit $\vec{u}_1$, $\vec{u}_2$ und die Zu- und Abströmwinkel $\beta_1$, $\beta_2$ an einem geraden Schaufelgitter zu bestimmen ($t/l \ll 1$; $l$ ist die Länge der Profilsehne). Die Anströmung im Unendlichen ($x \to -\infty$) ohne Gittereinfluß ist $\vec{W}_{\infty} = U_{\infty}\vec{e}_x + V_{\infty}\vec{e}_y$.

Die Geschwindigkeiten $U_{\infty}$, $V_{\infty}$, die Zirkulation einer Schaufel $\Gamma_S$ und die Teilung $t$ sind bekannt.

a) Berechnen Sie die Geschwindigkeiten $\vec{u}_1 = u_1\vec{e}_x + v_1\vec{e}_y$, $\vec{u}_2 = u_2\vec{e}_x + v_2\vec{e}_y$ und die zugehörigen Winkel $\beta_1$, $\beta_2$.
b) Wie groß ist die Kraft $\vec{F}$ auf eine Schaufel für die inkompressible, reibungsfreie Strömung. Zeigen Sie, daß $\vec{F}$ senkrecht auf $\vec{W}_{\infty}$ steht.

### Lösung

a) Für große Abstände vom Gitter kann ein gerades Schaufelgitter durch eine konstante Wirbelverteilung dargestellt werden. Man bildet $\gamma = \Gamma_S/t = $ const., d. h. die Zirkulation der Schaufeln wird längs der Teilung auf der Gitterachse „verschmiert".

Nach (S.L. 10.185) folgt dann für das Störpotential eines Wirbelelementes am Ort $(0, y')$

$$d\varphi = -\frac{\gamma}{2\pi}\arctan\frac{y - y'}{x}dy'$$

und damit für das gesamte Störpotential des Gitters

$$\varphi = -\frac{\gamma}{2\pi}\int\limits_{-\infty}^{+\infty}\arctan\frac{y - y'}{x}dy'\ .$$

Hieraus erhalten wir die Komponenten der Störgeschwindigkeiten zu

$$u(x, y) = \frac{\gamma}{2\pi}\int\limits_{-\infty}^{+\infty}\frac{y - y'}{x^2 + (y - y')^2}\,dy'\ , \tag{1}$$

$$v(x, y) = -\frac{\gamma}{2\pi}\int\limits_{-\infty}^{+\infty}\frac{x}{x^2 + (y - y')^2}\,dy'\ . \tag{2}$$

Wir berechnen die Integrale in (1) und (2):

$$\begin{aligned}
I_1 &= \int\limits_{-\infty}^{+\infty}\frac{y - y'}{x^2 + (y - y')^2}\,dy' \\[2mm]
&= \lim_{N\to\infty}\int\limits_{-N}^{N}\frac{y - y'}{x^2 + (y - y')^2}\,dy' \\[2mm]
&= \lim_{N\to\infty}-\frac{1}{2}\ln\left(x^2 + (y - y')\right)\Big|_{y'=-N}^{y'=N} \\[2mm]
&= \lim_{N\to\infty}-\frac{1}{2}\ln\frac{x^2 + (y - N)^2}{x^2 + (y + N)^2} = 0\ .
\end{aligned}$$

Das heißt, sowohl für die Zuströmung, wie auch für die Abströmung verschwindet die induzierte Geschwindigkeit in $x$–Richtung.
Weiter

$$\begin{aligned}
I_2 &= \int\limits_{-\infty}^{\infty}\frac{x}{x^2 + (y - y')^2}dy' \\[2mm]
&= \lim_{N\to\infty}\int\limits_{-N}^{N}\frac{x}{x^2 + (y - y')^2}dy'
\end{aligned}$$

$$= -\lim_{N \to \infty} \left\{ \arctan \frac{y - N}{x} - \arctan \frac{y + N}{x} \right\} .$$

Für die Grenzwertbildung sind die Fälle $x > 0$ und $x < 0$ zu unterscheiden:

1.) $x > 0$:

$$\lim_{N \to \infty} \arctan \frac{y - N}{x} = -\frac{\pi}{2} ,$$

$$\lim_{N \to \infty} \arctan \frac{y + N}{x} = +\frac{\pi}{2} .$$

2.) $x < 0$:

$$\lim_{N \to \infty} \arctan \frac{y - N}{x} = +\frac{\pi}{2} ,$$

$$\lim_{N \to \infty} \arctan \frac{y + N}{x} = -\frac{\pi}{2}$$

$$\Rightarrow \lim_{N \to \infty} \left\{ \arctan \frac{y - N}{x} - \arctan \frac{y + N}{x} \right\} = \left\{ \begin{array}{ll} +\pi & , \quad x > 0 \\ -\pi & , \quad x < 0 \end{array} \right. ,$$

also

$$- \int_{-\infty}^{\infty} \frac{x}{x^2 + (y - y')^2} \, dy' = \left\{ \begin{array}{ll} -\pi & , \quad x > 0 \\ +\pi & , \quad x < 0 \end{array} \right. .$$

Das unendlich ausgedehnte, gerade Gitter induziert Störgeschwindigkeiten in die $y$–Richtung, für die gilt

$$\begin{array}{llll} v & = & \gamma/2 & \text{für} \quad x < 0 , \\ v & = & -\gamma/2 & \text{für} \quad x > 0 . \end{array} \tag{3}$$

Bezeichnen wir den Geschwindigkeitsvektor der Zuströmung mit $\vec{u}_1$ und den der Abströmung mit $\vec{u}_2$, so gilt nach (3) in genügend großer Entfernung vom Gitter:

$$\vec{u}_1 = U_\infty \vec{e}_x + \left( V_\infty + \frac{\gamma}{2} \right) \vec{e}_y \quad \text{für} \quad x < 0 , \tag{4}$$

$$\vec{u}_2 = U_\infty \vec{e}_x + \left( V_\infty - \frac{\gamma}{2} \right) \vec{e}_y \quad \text{für} \quad x > 0 . \tag{5}$$

Die Gleichungen (4) und (5) zeigen, daß die gemittelte Geschwindigkeit $(\vec{u}_1 + \vec{u}_2)/2$ gleich der Anströmgeschwindigkeit $\vec{W}_\infty$ ohne Gitter ist.

Aus der folgenden Skizze

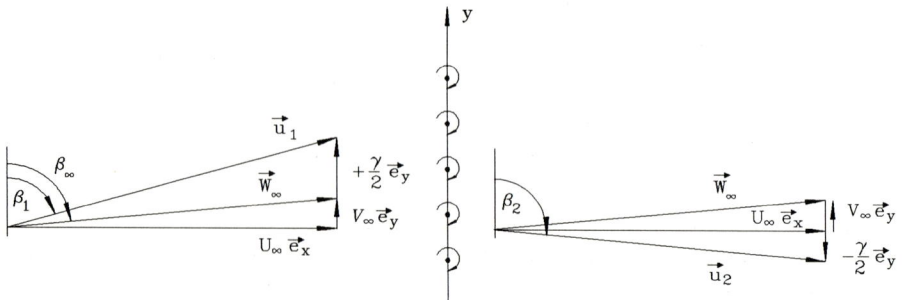

erhalten wir für den Zuströmwinkel $\beta_1$

$$\cot \beta_1 = \frac{V_\infty + \gamma/2}{U_\infty} = \cot \beta_\infty + \frac{\Gamma s}{2\,t\,U_\infty}$$

und für den Abströmwinkel $\beta_2$

$$\cot \beta_2 = \frac{V_\infty - \gamma/2}{U_\infty} = \cot \beta_\infty - \frac{\Gamma s}{2\,t\,U_\infty} \;.$$

b) Für die inkompressible, reibungsfreie Strömung erhalten wir die Kraft auf eine Schaufel nach (S.L. 2.87) und (S.L. 2.88) zu

$$F_x \;=\; -t\,(p_2 - p_1) \quad \text{und} \tag{6}$$

$$F_y \;=\; -\dot{m}\,(v_2 - v_1) \;. \tag{7}$$

Wir ersetzen die Druckdifferenz in (6) durch die Bernoullische Gleichung

$$p_2 - p_1 \;=\; \frac{\varrho}{2}\,(\vec{u}_1 \cdot \vec{u}_1 - \vec{u}_2 \cdot \vec{u}_2)$$

$$=\; \frac{\varrho}{2}\left(U_\infty^2 + \left(V_\infty + \frac{\gamma}{2}\right)^2 - U_\infty^2 - \left(V_\infty - \frac{\gamma}{2}\right)^2\right)$$

$$=\; \varrho\,\gamma\,V_\infty \;,$$

den Massenstrom in (7) durch $\dot{m} = t\,\varrho\,U_\infty$ und schreiben die Kraft in vektorieller Form

$$\vec{F} = t\,\varrho\,\gamma\,(-V_\infty\,\vec{e}_x + U_\infty\,\vec{e}_y) \;.$$

Das Skalarprodukt zwischen $\vec{F}$ und der ungestörten Anströmgeschwindigkeit

$$\vec{W}_\infty = U_\infty\,\vec{e}_x + V_\infty\,\vec{e}_y$$

ist null, d. h. die Kraft auf die Schaufel steht senkrecht auf $\vec{W}_\infty$.

Für den Winkel $\beta$ den die Kraft mit der Gitterachse ($y$–Richtung) bildet, erhalten wir

$$\tan \beta = \frac{|F_y|}{|F_x|} = \frac{U_\infty}{V_\infty} \;. \tag{8}$$

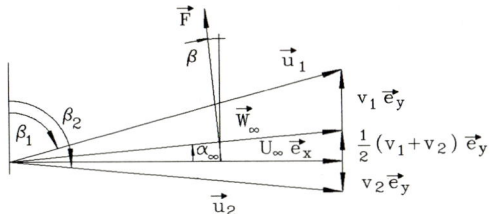

Aus der Skizze und Gleichung (8) ist ersichtlich, daß $\beta$ gleich dem Winkel $\alpha_\infty$ zwischen der Geschwindigkeit $\vec{W}_\infty$ und der $x$–Achse, also der Anströmwinkel ohne Gittereinfluß ist.

## Aufgabe 10.4-18    Zirkulationsverteilung eines Plattengitters

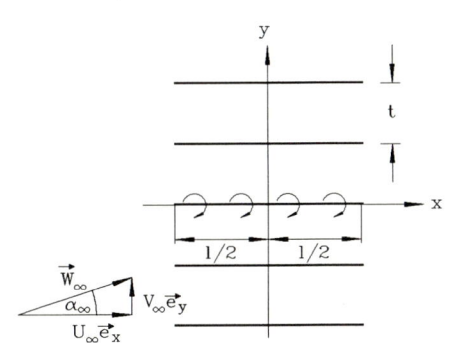

Ein Plattengitter (Teilung $t$, Plattenlänge $l$) befindet sich in einer Strömung, die im ungestörten Fall (d. h. ohne Gitter) mit der ungestörten Geschwindigkeit $\vec{W}_\infty$ unter dem ungestörten (kleinen) Winkel $\alpha_\infty$ erfolgt.

Mit (S.L.(10.221)) und (S.L.(10.361)) erhält man das komplexe Störpotential für eine einzelne Platte, die auf der $x$–Achse liegt.

$$F(z) = \frac{i}{2\pi} \int\limits_{-1/2}^{1/2} \gamma(x') \ln(z - x')\, dx' \ .$$

Durch fortgesetzte Spiegelung folgt dann für das Plattengitter das Störpotential

$$F(z) = \frac{i}{2\pi} \int\limits_{-1/2}^{1/2} \gamma(x') \ln\left[\sinh\left(\frac{\pi}{t}(z - x')\right)\right] dx'$$

und die Störgeschwindigkeiten

$$u(x,y) = \frac{1}{2t} \int\limits_{-1/2}^{1/2} \gamma(x') \frac{\sin\frac{2\pi}{t}y}{\cosh\frac{2\pi}{t}(x - x') - \cos\frac{2\pi}{t}y}\, dx' \ ,$$

$$v(x,y) = -\frac{1}{2t} \int\limits_{-1/2}^{1/2} \gamma(x') \frac{\sinh\frac{2\pi}{t}(x - x')}{\cosh\frac{2\pi}{t}(x - x') - \cos\frac{2\pi}{t}y}\, dx' \ .$$

a) Berechnen Sie die Wirbelverteilung $\gamma(x)$ für einen ungestörten Anströmwinkel $\alpha_\infty = 3°$, indem Sie die Randbedingung nur an den drei Punkten $y = 0$, $x/l = -3/12$, $1/12$, $5/12$ erfüllen.

b) Berechnen Sie den Auftriebsbeiwert.
   Hinweis: Benutzen Sie die Transformation $x = -(l/2)\cos(\varphi)$ und machen Sie den Ansatz $\gamma(\varphi) = 2\,U_\infty\,(A_0 \cotan(\varphi/2) + A_1 \sin\varphi + A_2 \sin 2\varphi)$.

c) Berechnen Sie die Komponenten der tatsächlichen Anströmgeschwindigkeit $u_1$, $v_1$ und den Zuströmwinkel $\alpha_1$.

## Lösung

Zunächst betracheten wir eine unendliche Reihe einzelner Wirbel mit der Zirkulation $-\Gamma$, die im Abstand $t$ von $-\infty$ bis $+\infty$ auf der $y$–Achse angeordnet sind.

Das Potential dieser Wirbelreihe ist

$$F(z) = \frac{i\Gamma}{2\pi}\left(\ln(z) + \ln(z + it) + \ln(z - it) + \ln(z + i2t) + \ln(z - i2t) + \dots\right).$$

Diese Summe läßt sich bis auf eine additive Konstante, die für das komplexe Potential unwesentlich ist, auf die Form

$$F(z) = \frac{i\Gamma}{2\pi}\ln\left(\sinh\frac{\pi z}{t}\right) \quad \text{bringen.}$$

Aus diesem komplexen Potential erhält man in bekannter Weise die Geschwindigkeitskomponenten

$$u(x,y) \;=\; \frac{\Gamma}{2t}\,\frac{\sin\left(\frac{2\pi}{t}y\right)}{\cosh\left(\frac{2\pi}{t}x\right) - \cos\left(\frac{2\pi}{t}y\right)}\,, \tag{1}$$

$$v(x,y) \;=\; -\frac{\Gamma}{2t}\,\frac{\sinh\left(\frac{2\pi}{t}x\right)}{\cosh\left(\frac{2\pi}{t}x\right) - \cos\left(\frac{2\pi}{t}y\right)}\,. \tag{2}$$

Bemerkung: Für $x \to \pm\infty$ erhält man aus (1) und (2) die Störgeschwindigkeiten (3) und (4) für die kontinuierliche Wirbelverteilung der Aufgabe 10.4-17.

Betrachtet man nun statt des einzelnen Wirbels eine Wirbelverteilung $\gamma(x')$ entgegen dem mathematisch positiven Sinn, so ist $\Gamma$ durch $-\gamma(x')\mathrm{d}x'$ und $x$ durch $x - x'$ zu ersetzen und über den erhaltenen Ausdruck zu integrieren:

$$u(x,y) \;=\; \frac{1}{2t}\int_{-1/2}^{+1/2} \gamma(x')\,\frac{\sin\left(\frac{2\pi}{t}y\right)}{\cosh\left(\frac{2\pi}{t}(x - x')\right) - \cos\left(\frac{2\pi}{t}y\right)}\mathrm{d}x'\,, \tag{3}$$

$$v(x,y) \;=\; -\frac{1}{2t}\int_{-1/2}^{+1/2} \gamma(x')\,\frac{\sinh\left(\frac{2\pi}{t}(x - x')\right)}{\cosh\left(\frac{2\pi}{t}(x - x')\right) - \cos\left(\frac{2\pi}{t}y\right)}\mathrm{d}x'\,. \tag{4}$$

a) Wir betrachten nur die Platte auf der $x$–Achse. Die Wirbelverteilung $\gamma(x)$ muß nun so gewählt werden, daß dort die Randbedingung und die Kuttasche Abflußbedingung erfüllt sind.

Die kinematische Randbedingung nach (S. L. (4.170)) lautet

$$\frac{V_\infty}{U_\infty} + \frac{v}{U_\infty} = \frac{df}{dx}\left(1 + \frac{u}{U_\infty}\right) ,$$

wobei $V_\infty$, $U_\infty$ die Komponenten der ungestörten Geschwindigkeit sind.
Für kleine Winkel $\alpha_\infty$ und $df/dx = 0$ erhalten wir daraus für $y = 0$

$$v(x,0) = -\alpha_\infty U_\infty = -\frac{1}{2t}\int\limits_{-1/2}^{+1/2} \gamma(x')\frac{\sinh\left(\frac{2\pi}{t}(x - x')\right)}{\cosh\left(\frac{2\pi}{t}(x - x')\right) - 1}dx' . \tag{5}$$

Die Kuttasche Abflußbedingung verlangt an der Stelle $x = l/2$ gleiche Geschwindigkeiten an der Ober- und Unterseite

$$\Delta u(x = l/2, 0) = u^+(l/2, 0) - u^-(l/2, 0) = 0 . \tag{6}$$

Wir berechnen zunächst die Randwerte $u^\pm(x,0)$. Für $|x| > l/2$ ist das Integral in (1) regulär und verschwindet für $y \to 0^\pm$. Für $-l/2 \le x \le l/2$ spalten wir den singulären Teil des Integranden in (3) ab und schreiben

$$\int\limits_{-1/2}^{+1/2} \gamma(x')\frac{\sin\left(\frac{2\pi}{t}y\right)}{\cosh\left(\frac{2\pi}{t}(x - x')\right) - \cos\left(\frac{2\pi}{t}y\right)}dx' =$$

$$= \frac{t}{\pi}\int\limits_{-1/s}^{1/2} \gamma(x')\frac{y}{(x - x')^2 + y^2}dx' +$$

$$+ \int\limits_{-1/2}^{+1/2} \gamma(x')\left\{\frac{\sin\frac{2\pi}{t}y}{\cosh\frac{2\pi}{t}(x - x') - \cos\left(\frac{2\pi}{t}y\right)} - \frac{t}{\pi}\frac{y}{(x - x')^2 + y^2}\right\}dx' .$$

Das erste Integral auf der rechten Seite liefert wegen der formalen Gleichheit mit (S.L. (10.352)) den Wert $\pm t\,\gamma(x)$, das zweite Integral geht für $y \to 0$ gegen null. Damit erhalten wir

$$u(x,0) = \pm\frac{\gamma(x)}{2} \quad \text{bzw.} \quad \Delta u = \gamma(x) \tag{7}$$

und mit der Kuttaschen Abflußbedingung

$$\Delta u|_{x=l/2} = \gamma(l/2) = 0 . \tag{8}$$

Analog zum Einzelprofil (siehe S.L.(Kap.10.4.9)) spalten wir auch hier die Um-strömung der Vorderkante ab, wir erhalten mit (S.L.(10.378))

$$\gamma_0(x) = 2\,a\,\sqrt{\frac{l/2 - x}{x + l/2}}\,, \quad a = \text{const}, \tag{9}$$

womit die Abflußbedingung (8) erfüllt ist.

Entsprechend dem Vorgehen in (S.L.(Kap.10.4.9)) subtrahieren wir $\gamma_0(x)$ von der gesuchten Verteilung $\gamma(x)$ und entwickeln die Differenz in eine Fourierreihe. Die Transformation $x = -(l/2)\cos\varphi$ für $0 < \varphi < \pi$ führt zusammen mit der Konstanten $a = U_\infty A_0$ zunächst auf

$$\gamma_0(\varphi) = 2\,U_\infty\,A\,\sqrt{\frac{1 + \cos\varphi}{1 + \cos\varphi}} = 2\,U_\infty\,A_0\cotan\frac{\varphi}{2}$$

und dann auf die der Entwicklung (S.L.(10.380)) entsprechenden Gleichung

$$\gamma(\varphi) = 2\,U_\infty\,A_0\cotan\frac{\varphi}{2} + 2\,U_\infty\,(A_1\sin\varphi + A_2\sin 2\varphi)\,, \tag{10}$$

wobei nur die ersten zwei Glieder der unendlichen Reihe berücksichtigt wurden. Wir schreiben nun Gleichung (5) in der Form

$$\frac{v(x,0)}{U_\infty} \;=\; -\alpha_\infty = -\frac{1}{2\,\pi\,U_\infty}\int\limits_{-1/2}^{+1/2}\frac{\gamma(x')\,\mathrm{d}x'}{x - x'} +$$

$$-\frac{1}{2\,t\,U_\infty}\int\limits_{-1/2}^{+1/2}\gamma(x')\left(\frac{\sinh\frac{2\pi}{t}(x - x')}{\cosh\frac{2\pi}{t}(x - x') - 1} - \frac{t/\pi}{x - x'}\right)\mathrm{d}x'\,. \tag{11}$$

Bei gegebenem, ungestörtem Anströmwinkel $\alpha_\infty$ ist (11) eine Integralgleichung für die Zirkulation $\gamma(x)$. Das erste Integral ist ein singuläres Integral vom Cauchy–Hauptwert–Typ, das zweite ist regulär, da der Kern

$$K(x,x') := \left(\frac{\sinh\frac{2\pi}{t}(x - x')}{\cosh\frac{2\pi}{t}(x - x') - 1} - \frac{t/\pi}{x - x'}\right)$$

für $x \to x'$ endlich bleibt.

Wir setzen den Ansatz (10) für die Zirkulationsverteilung in (11) ein und erhalten mit den Transformationen

$$x = -\frac{l}{2}\cos\varphi\,, \quad x' = -\frac{l}{2}\cos\varphi'\,, \quad \mathrm{d}x' = \frac{l}{2}\sin\varphi'\mathrm{d}\varphi'$$

$$\frac{v(x,0)}{U_\infty} \;=\; -\alpha_\infty$$

$$= -\frac{1}{\pi} \int_0^\pi \left(A_0 \cotan\frac{\varphi'}{2} + A_1 \sin\varphi' + A_2 \sin 2\varphi'\right) \frac{l/2 \sin\varphi' d\varphi'}{-l/2(\cos\varphi - \cos\varphi')} +$$

$$-\frac{1}{t} \int_0^\pi \left(A_0 \cotan\frac{\varphi'}{2} + A_1 \sin\varphi' + A_2 \sin 2\varphi'\right) K(\varphi,\varphi')\frac{l}{2} \sin\varphi' \, d\varphi' \, .$$

Unter Verwendung von Additionstheoremen und den Glauertschen Formeln (S.L.(10.382)) schreiben wir

$$\frac{v(x,0)}{U_\infty} = -\alpha_\infty$$

$$= A_0 \frac{1}{\pi} \underbrace{\int_0^\pi \frac{1 + \cos\varphi'}{\cos\varphi - \cos\varphi'} \, d\varphi'}_{= -1} + A_1 \frac{1}{\pi} \underbrace{\int_0^\pi \frac{\sin^2\varphi'}{\cos\varphi - \cos\varphi'} \, d\varphi'}_{= \cos\varphi} +$$

$$+ A_2 \frac{1}{\pi} \underbrace{\int_0^\pi \frac{\sin 2\varphi' \sin\varphi'}{\cos\varphi - \cos\varphi'} \, d\varphi'}_{= \cos 2\varphi} + 2\, A_0 \frac{-l}{4\,t} \underbrace{\int_0^\pi (1 + \cos\varphi')\, K(\varphi,\varphi')\, d\varphi'}_{= g_0(\varphi)} +$$

$$+ 2\, A_1 \frac{-l}{4\,t} \underbrace{\int_0^\pi \sin^2\varphi'\, K(\varphi,\varphi')\, d\varphi'}_{= g_1(\varphi)} + 2\, A_2 \frac{-l}{4\,t} \underbrace{\int_0^\pi \sin 2\varphi' \sin\varphi'\, K(\varphi,\varphi')\, d\varphi'}_{= g_2(\varphi)} \, .$$

In diesen Gleichungen sind jetzt drei unbekannte Koeffizienten $A_0$, $A_1$, $A_2$. Wir werden deshalb die Randbedingung an drei einzelnen Punkten erfüllen und erhalten dann drei Gleichungen für $A_0$, $A_1$, $A_2$.

Wir erhalten zunächst folgendes Gleichungssystem:

$$\begin{aligned}
(2\,g_0(\varphi_1) - 1)\,A_0 &+ (\cos\varphi_1 + 2\,g_1(\varphi_1))\,A_1 &+ (\cos 2\varphi_1 + 2\,g_2(\varphi_1))\,A_2 &= -\alpha_\infty \\
(2\,g_0(\varphi_2) - 1)\,A_0 &+ (\cos\varphi_2 + 2\,g_1(\varphi_2))\,A_1 &+ (\cos 2\varphi_2 + 2\,g_2(\varphi_2))\,A_2 &= -\alpha_\infty \\
(2\,g_0(\varphi_3) - 1)\,A_0 &+ (\cos\varphi_3 + 2\,g_1(\varphi_3))\,A_1 &+ (\cos 2\varphi_3 + 2\,g_2(\varphi_3))\,A_2 &= -\alpha_\infty
\end{aligned}$$

Für die Auswertung wollen wir die drei Punkte $x_1 = -3/12$, $x_2 = 1/12$, $x_3 = 5/12$ benutzen.

Wir erhalten dann

$$\begin{aligned}
\cos\varphi_1 &= -2\,x_1/l = 1/2 &\Rightarrow \quad \cos 2\varphi_1 &= -0,5 \\
\cos\varphi_2 &= -1/6 &\Rightarrow \quad \cos 2\varphi_2 &= -0,944 \\
\cos\varphi_3 &= -5/6 &\Rightarrow \quad \cos 2\varphi_3 &= 0,389
\end{aligned}$$

Die Funktionen $g_0$, $g_1$, $g_2$ sind für $t/l = 0,5$ numerisch berechnet worden und in der folgenden Tabelle aufgeführt.

| $x/l$ | $g_0(\varphi)$ | $g_1(\varphi)$ | $g_2(\varphi)$ |
|-------|------|--------|--------|
| $-3/12$ | -0,0559 | 0,2805 | -0,2615 |
| $1/12$ | -0,7296 | -0,0976 | -0,3161 |
| $5/12$ | -1,1186 | -0,4291 | -0,1816 |

Das Gleichungssystem wird dann:

$$
\begin{aligned}
-1,1118\,A_0 \quad +1,061\,A_1 \quad -1,0231\,A_2 &= -\alpha_\infty \\
-2,4593\,A_0 \quad -0,3619\,A_1 \quad -1,5766\,A_2 &= -\alpha_\infty \\
-3,2372\,A_0 \quad -1,6916\,A_1 \quad -0,0257\,A_2 &= -\alpha_\infty \; .
\end{aligned}
$$

Für den vorgegebenen Anströmwinkel $\alpha_\infty = 3°$ lautet die Lösung

$$A_0 = 0,0292 \; , \qquad A_1 = -0,0251 \; , \qquad A_2 = -0,0066 \; ,$$

$$\gamma(\varphi) = 2\,U_\infty \left( 0,0292 \cot \frac{\varphi}{2} - 0,0251 \sin\varphi - 0,0066 \sin 2\varphi \right) \; .$$

b)  Der Auftriebsbeiwert $c_a$ ist nach (S.L.(10.338)) definiert durch

$$c_a = \frac{F_a}{(\varrho/2)W_\infty^2\,l} \; .$$

Wie man an den Störgeschwindigkeiten sofort sieht, wird im Unendlichen eine Geschwindigkeit in y–Richtung induziert, so daß die tatsächliche Anströmung des Gitters nicht unter dem Winkel $\alpha_\infty$ erfolgt. Trotzdem erhält man den Auftrieb (siehe auch Aufgabe 10.4-17) entsprechend der Kutta–Joukowsky–Formel (S.L.(10.367)) zu

$$F_a = \varrho\,W_\infty\,\Gamma = \varrho\,W_\infty \int\limits_{-1/2}^{+1/2} \gamma(x)\,\mathrm{d}x \; ,$$

$$c_a = \frac{2}{W_\infty\,l} \int\limits_{-1/2}^{+1/2} \gamma(x)\,\mathrm{d}x = \frac{2}{W_\infty\,l} \int\limits_{0}^{\pi} \gamma(\varphi)\frac{l}{2}\sin\varphi\,\mathrm{d}\varphi$$

$$= 2 \int\limits_{0}^{\pi} \left( A_0(1 + \cos\varphi) + A_1\sin^2\varphi + A_2\sin 2\varphi\sin\varphi \right)\mathrm{d}\varphi \; ,$$

$$c_a = \pi\,(2\,A_0 + A_1) \; .$$

Setzt man die Werte für $A_0$ und $A_1$ ein, so ergibt sich der Auftriebsbeiwert zu

$$c_a = 0,1046 \; .$$

c) Mit (1) und (2) lauten die Komponenten der Anströmgeschwindigkeit $u_1 = U_\infty$, $v_1 = V_\infty + \Gamma/(2\,t)$ und der Anströmwinkel $\alpha_1 = V_\infty/U_\infty + \Gamma/(2\,t\,U_\infty)$, den wir mit

$$c_a = \frac{2}{W_\infty\,l}\,\Gamma \quad \Rightarrow \quad \frac{\Gamma}{2\,t} = \frac{c_a\,W_\infty\,l}{4\,t}\,,$$

sowie $W_\infty = U_\infty + \mathcal{O}(\alpha_\infty^2)$ auch durch den Auftriebsbeiwert ausdrücken können

$$\alpha_1 = \frac{V_\infty}{U_\infty} + \frac{c_a\,l}{4\,t} = 5,997° \, .$$

## Aufgabe 10.4-19  Wellige Wand in kompressibler Strömung

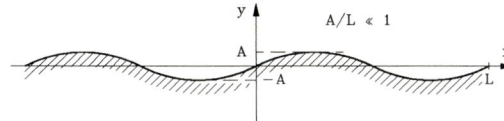

Es soll die ebene, kompressible Strömung längs einer unendlich ausgedehnten, welligen Wand berechnet werden, deren Kontur durch

$$y = f(x) = A \sin\left(\frac{2\pi}{L}x\right)$$

gegeben ist. Wegen $A/L \ll 1$ ist die Theorie schlanker Profile anwendbar.

a) Man löse für den Fall der Unterschallströmung ($M_\infty = U_\infty/a_\infty < 1$) die linearisierte Potentialgleichung mittels eines Produktansatzes. Die Randbedingung an der Kontur ist näherungsweise auf der $x$–Achse zu erfüllen. Im Unendlichen ($y \to \infty$) müssen die durch die Wand verursachten Störungen abgeklungen sein.
b) Welche Strömung ergibt sich im Falle der Überschallströmung ($M_\infty > 1$)?
c) Berechnen Sie für beide Fälle die Druckverteilung an der Wand
   ($c_p = (p - p_\infty)/((1/2)\varrho_\infty U_\infty^2)$)  und den Widerstand pro Wellenlänge
   ($c_w = F_x/((1/2)\varrho_\infty U_\infty^2)$) .

## Lösung

a) Unterschall ($M_\infty < 1$):
   Das Gesamtpotential ist
$$\Phi = U_\infty x + \varphi(x,y)$$

mit $\varphi(x,y)$ als dem Störpotential, das der Differentialgleichung

$$(1 - M_\infty^2)\frac{\partial^2\varphi}{\partial x^2} + \frac{\partial^2\varphi}{\partial y^2} = 0$$

genügen muß. Führt man die Transformationen (S. L. (10.397), (10.398))

$$\overline{x} = x \, , \quad \overline{y} = y\sqrt{1 - M_\infty^2} \, , \tag{1}$$

$$\overline{\varphi} = \varphi \left(1 - M_\infty^2\right) \tag{2}$$

ein, so erhält man die Laplace Gleichung

$$\frac{\partial^2 \overline{\varphi}}{\partial \overline{x}^2} + \frac{\partial^2 \overline{\varphi}}{\partial \overline{y}^2} = 0 \; .$$

Die Randbedingungen in der physikalischen Ebene $(x, y)$ lauten:

$$\varphi(x, y \to \infty) = \mathrm{const} = 0 \; ,$$

$$v(x, y = 0) = \left.\frac{\partial \varphi}{\partial y}\right|_{y=0} = U_\infty \frac{\mathrm{d}f}{\mathrm{d}x} \; .$$

Transformiert man die Wand nach dem aus (1) resultierenden Gesetz

$$\overline{f}(\overline{x}) = \sqrt{1 - M_\infty^2}\, f(\overline{x}) = \underbrace{\sqrt{1 - M_\infty^2}\, A}_{\overline{A}} \sin\left(\frac{2\pi \overline{x}}{L}\right) = \overline{A} \sin\left(\frac{2\pi \overline{x}}{L}\right) \; ,$$

so lauten die Randbedingungen in der transformierten Ebene

$$\overline{\varphi}(\overline{x}, \overline{y} \to \infty) = 0 \; , \tag{3}$$

$$\overline{v}(\overline{x}, \overline{y} = 0) = \left.\frac{\partial \overline{\varphi}}{\partial \overline{y}}\right|_{\overline{y}=0} = U_\infty \frac{\mathrm{d}\overline{f}}{\mathrm{d}\overline{x}} = U_\infty 2\pi \frac{\overline{A}}{L} \cos\left(\frac{2\pi \overline{x}}{L}\right) \; . \tag{4}$$

Die Laplacesche Gleichung läßt sich durch einen Separationsansatz der Form

$$\overline{\varphi}(\overline{x}, \overline{y}) = X(\overline{x})\, Y(\overline{y})$$

lösen. Wegen der unendlichen Ausdehnung in $x$– bzw. $\overline{x}$–Richtung, muß die Funktion $X(\overline{x})$ konstant oder periodisch sein, wobei der erste Fall wegen der Randbedingung (4) ausgeschlossen ist, d. h. $X(\overline{x})$ muß von der Form

$$X(\overline{x}) = C_1 \cos\left(\frac{2\pi \overline{x}}{L}\right) + C_2 \sin\left(\frac{2\pi \overline{x}}{L}\right)$$

sein. Führt man diesen Ansatz in die Differentialgleichung ein und paßt die allgemeine Lösung den Randbedingungen (3), (4) an, so erhält man die Lösung

$$\overline{\varphi}(\overline{x}, \overline{y}) = -U_\infty \overline{A} \cos\left(\frac{2\pi \overline{x}}{L}\right) \mathrm{e}^{-(2\pi \overline{y})/L} \; ,$$

die das Potential einer inkompressiblen Strömung längs einer welligen Wand mit der Amplitude $\overline{A}$ ist.

Das Potential in der physikalischen Ebene ergibt sich durch Einsetzen von (1) und (2) sowie $\overline{A} = A\sqrt{1 - M_\infty^2}$ zu

$$\varphi(x, y) = -\frac{U_\infty}{\sqrt{1 - M_\infty^2}} A \cos\left(\frac{2\pi x}{L}\right) \mathrm{e}^{-\sqrt{1 - M_\infty^2}\,(2\pi y)/L} \; .$$

Die Geschwindigkeitskomponenten erhält man zu ($u$ und $v$ sind die Störgeschwindigkeiten):

$$U_\infty + u = \frac{\partial \Phi}{\partial x} = U_\infty + \frac{U_\infty}{\sqrt{1 - M_\infty^2}} 2\pi \frac{A}{L} \sin\left(\frac{2\pi x}{L}\right) e^{-\sqrt{1-M_\infty^2}(2\pi y)/L} , \qquad (5)$$

$$v = \frac{\partial \Phi}{\partial y} = 2\pi U_\infty \frac{A}{L} \cos\left(\frac{2\pi x}{L}\right) e^{-\sqrt{1-M_\infty^2}(2\pi y)/L} .$$

b) Überschall-Lösung $M_\infty > 1$:

Für $M_\infty > 1$ schreiben wir die Differentialgleichung in der Form

$$(M_\infty^2 - 1)\frac{\partial^2 \varphi}{\partial x^2} = \frac{\partial^2 \varphi}{\partial y^2} .$$

Die Lösung ist nach (S. L. (11.20))

$$\varphi(x, y) = -\frac{U_\infty}{\beta} f(x - \beta y) ,$$

wobei

$$\beta = \sqrt{M_\infty^2 - 1}$$

ist. Mit der bekannten Wandkontour

$$f(x) = A \sin\left(\frac{2\pi}{L} x\right)$$

nimmt das Störpotential die Form

$$\varphi(x, y) = -\frac{U_\infty}{\beta} A \sin\left(\frac{2\pi}{L}(x - \beta y)\right)$$

an. Die Geschwindigkeitskomponenten ergeben sich zu:

$$U_\infty + u = \frac{\partial \Phi}{\partial x} = U_\infty - \frac{U_\infty}{\beta} 2\pi \frac{A}{L} \cos\left(\frac{2\pi}{L}(x - \beta y)\right) , \qquad (6)$$

$$v = \frac{\partial \Phi}{\partial y} = U_\infty 2\pi \frac{A}{L} \cos\left(\frac{2\pi}{L}(x - \beta y)\right) .$$

Auf den Machschen Linien $x - \beta y = $ const bzw.

$$y = \frac{x}{\beta} + \text{const}$$

ändern sich die Werte von $\varphi$, $u$ und $v$ nicht!

In der Abbildung ist die Störgeschwindigkeit $u$ qualitativ in verschiedenen Wandabständen aufgetragen. Die Störungen klingen im Überschallfall für $y \to \infty$ nicht ab!

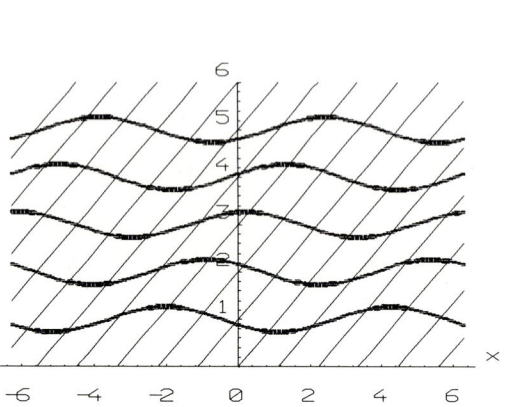

c) Druckverteilung und Widerstand pro Wellenlänge:
Der Druckbeiwert ist (S. L. (10.404))

$$c_p = -2\frac{u}{U_\infty} \tag{7}$$

und von der Größenordnung $\epsilon = A/L$. Für die Unterschallströmung ergibt sich damit aus (5) ($y \approx 0$ längs der Kontur)

$$c_p = -\frac{4\pi}{\sqrt{1 - M_\infty^2}}\frac{A}{L}\sin\left(\frac{2\pi x}{L}\right) \; ,$$

die Druckverteilung und die Wandkontur sind in Phase. Ein Widerstand ist daher im Einklang mit dem d'Alembertschen Paradoxon nicht zu erwarten.
Im Falle der Überschallströmung erhalten wir aus (6)

$$c_p = \frac{4\pi}{\sqrt{M_\infty^2 - 1}}\frac{A}{L}\cos\left(\frac{2\pi x}{L}\right) \; .$$

Die Druckverteilung ist für $M_\infty > 1$ also um den Phasenwinkel $\pi/2$ gegenüber der Wandkontur versetzt, so daß eine Kraft in $x$–Richtung (Widerstand) auf die Kontur resultiert.
Den Widerstand pro Wellenlänge berechnen wir aus

$$F_x = \iint\limits_{(S)} -p \underbrace{\vec{n} \cdot \vec{e}_x \, \mathrm{d}S}_{\mp \mathrm{d}y} \; .$$

Das Vorzeichen von $\vec{n} \cdot \vec{e}_x$ ist positiv für $\dfrac{df}{dx} < 0$ und umgekehrt, so daß wir für die Kraft pro Tiefeneinheit schreiben können

$$F_x = \int\limits_{(S)} p \frac{dy}{dx}\, dx = \int\limits_{x=0}^{L} p f'(x)\, dx$$

oder

$$F_x = \int\limits_0^L (p - p_\infty) f'(x)\, dx + p_\infty \underbrace{\int\limits_0^L f'(x)\, dx}_{=0}\ .$$

Unter Benutzung des $c_p$-Wertes also

$$F_x = \frac{\rho_\infty}{2} U_\infty^2 L \int\limits_0^1 c_p(x) f'(x)\, d\!\left(\frac{x}{L}\right)\ .$$

Der Widerstandsbeiwert berechnet sich damit aus

$$c_w = \frac{F_x}{(\rho_\infty/2) U_\infty^2 L} = \int\limits_0^1 c_p(x) f'(x)\, d\!\left(\frac{x}{L}\right)\ .$$

Mit $f'(x) = 2\pi \dfrac{A}{L} \cos\left(\dfrac{2\pi x}{L}\right)$ ergibt sich für den Unterschallfall:

$$c_w = -\frac{8\pi^2}{\sqrt{1 - M_\infty^2}} \left(\frac{A}{L}\right)^2 \underbrace{\int\limits_0^1 \sin\left(\frac{2\pi x}{L}\right) \cos\left(\frac{2\pi x}{L}\right) d\!\left(\frac{x}{L}\right)}_{=0}$$

$$\Rightarrow \quad c_w = 0 \quad \text{(Unterschall)}$$

und für Überschall:

$$c_w = \frac{8\pi^2}{\sqrt{M_\infty^2 - 1}} \left(\frac{A}{L}\right)^2 \underbrace{\int\limits_0^1 \cos^2\left(\frac{2\pi x}{L}\right) d\!\left(\frac{x}{L}\right)}_{=1/2}\ ,$$

$$c_w = \frac{\left(2\pi (A/L)\right)^2}{\sqrt{M_\infty^2 - 1}} \quad \text{(Überschall)}\ .$$

# 11 Überschallströmungen

## 11.1 Schräger Verdichtungsstoß

### Aufgabe 11.1-1 Keil mit vorstehender Platte

Ein Keil mit Öffnungswinkel 16°, an dessen Spitze eine dünne Platte angebracht ist, befindet sich in einer ebenen Überschallströmung eines idealen Gases ($\gamma = 1,4$). Die Anströmung ist parallel zur Mittelebene von Platte und Keil, so daß die Plattenvorderkante nur eine sehr kleine Störung (Machsche Welle) hervorruft.

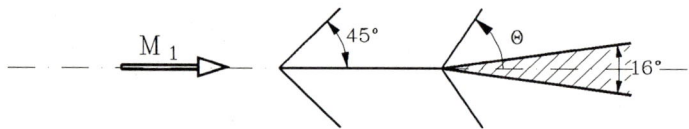

a) Messungen ergeben einen Winkel von 45° zwischen Plattenoberfläche und Machscher Welle. Wie groß ist dann die Anström–Machzahl $M_1$?

b) Bestimmen Sie den Stoßwinkel $\Theta$, die Machzahl $M_2$ nach dem schrägen Stoß sowie das Druckverhältnis $p_2/p_1$ und das Temperaturverhältnis $T_2/T_1$.

c) Skizzieren Sie den Verlauf der Stromlinien.

### Lösung

a) Machzahl $M_1$:

Aus der Beziehung für den Machschen Winkel

$$\sin \mu = \frac{1}{M}$$

folgt unmittelbar die Machzahl zu

$$M_1 = \frac{1}{\sin \mu_1} = \frac{1}{\sin 45°} = 1,4142 \ .$$

b) $\Theta$, $M_2$, $p_2/p_1$, $T_2/T_1$:

Der Ablenkwinkel $\delta = 8°$ ist durch die Neigung der Keilfläche vorgegeben. Der graphischen Darstellung $\Theta = \Theta(M, \delta)$ (S. L., Diagramm C.1 Seite 430) entnimmt man

$$\Theta = \Theta(M_1 = 1,41, \ \delta = 8°) \approx 58°$$

und dann Diagramm C.2 (Seite 431)

$$M_2 = M_2(M_1 = 1,41, \ \delta = 8°) \approx 1,02 \ .$$

Die Machzahl senkrecht zum Stoß ergibt sich aus dem Stoßwinkel $\Theta$ und der Anströmmachzahl $M_1$ zu

$$M_{1n} = \frac{w_1}{a_1} = \frac{u_1}{a_1} \sin \Theta = M_1 \sin \Theta = 1,2 \ .$$

Mit der Machzahl senkrecht zum Stoß findet man die Zustandsgrößen $p_2$ und $T_2$ aus den Beziehungen für den senkrechten Verdichtungsstoß oder unter Verwendung der tabellierten Form der Stoßbeziehungen (S. L., Tabelle C.2 Seite 422). Man erhält so

$$M_{1n} = 1,2, \quad \frac{p_2}{p_1} = 1,513 \quad \text{und} \quad \frac{T_2}{T_1} = 1,128 \ .$$

c) Stromlinienbild:

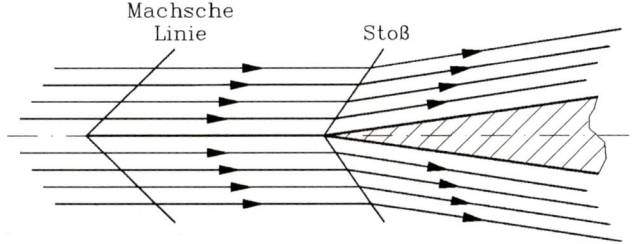

## Aufgabe 11.1-2   Einlauf eines ebenen Kanals

Am Einlauf eines ebenen Kanals entstehen zwei gleich starke, schräge Verdichtungsstöße, die sich in der skizzierten Weise kreuzen und beim Auftreffen auf den Knick nach dem konvergenten Teil des Einlaufes (Umlenkwinkel $\delta = 10°$) nicht reflektiert werden. Die Anström-Machzahl ist $M_1 = 3$, der Druck in der Anströmung ist $p_1 = 1$ bar; Strömungsmedium ist Luft (ideales Gas $\gamma = 1,4$, $R = 287$ J/(kgK)).

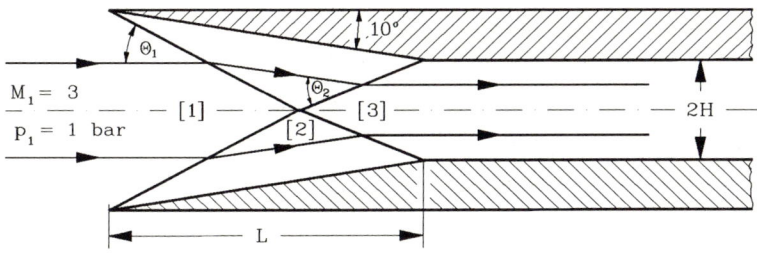

a) Bestimmen Sie den Stoßwinkel $\Theta_1$ der schwachen Verdichtungsstöße vor der Durchkreuzung und die Machzahl $M_2$ im Gebiet zwischen den Stößen.

b) Bestimmen Sie den Stoßwinkel $\Theta_2$ der schwachen Verdichtungsstöße nach der Durchkreuzung und die Machzahl $M_3$ hinter den Stößen.

c) Welcher Druck herrscht an der Stelle [3] nach den Stößen?

d) Berechnen Sie die Entropieerhöhung.

e) Wie muß das Verhältnis $L/H$ gewählt werden, damit das skizzierte Strömungsbild realisiert werden kann?

Geg.: $M_1 = 3$, $p_1 = 1$ bar, $\delta = 10°$, $R = 287$ J/(kgK), $\gamma = 1,4$

**Lösung**

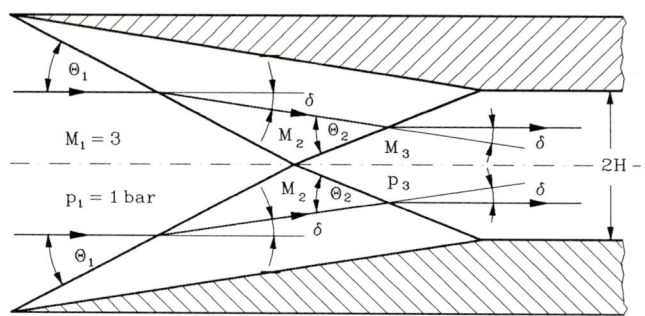

a) Stoßwinkel $\Theta_1$ und Machzahl $M_2$:

Bei gegebener Machzahl $M_1$ und gegebenem Ablenkwinkel wird der Stoßwinkel dem Diagramm C.1 (S. L. Seite 430) entnommen:
$$\left. \begin{array}{c} M_1 = 3 \\ \delta = 10° \end{array} \right\} \quad \Theta_1 = 28°$$

und die Machzahl $M_2$ dem Diagramm C.2 (S. L. Seite 431)

$$\left. \begin{array}{c} M_1 = 3 \\ \delta = 10° \end{array} \right\} \quad 1 - \frac{1}{M_2} = 0,6$$

oder
$$M_2 = 2,5 \; .$$

b) Stoßwinkel $\Theta_2$ und Machzahl $M_3$:

Unter Benutzung derselben Diagramme, wenn jetzt $M_2$ die Rolle der Anströmmachzahl spielt, auch

$$\left. \begin{array}{c} M_2 = 2,5 \\ \delta = 10° \end{array} \right\} \quad \Theta_2 = 32° \quad \text{(Diagramm C.1)}$$

$$\left. \begin{array}{c} M_2 = 2,5 \\ \delta = 10° \end{array} \right\} \quad 1 - \frac{1}{M_3} = 0,5 \quad \text{(Diagramm C.2)}$$

oder
$$M_3 = 2 \; ,$$

wobei jetzt der Umlenkwinkel gerade gleich $\delta$ sein muß, damit die Strömung tangential zur Kanalwand ist und keine Stoßreflektion auftritt.

c) Druck an der Stelle [3]:

1.)

$$\frac{p_3}{p_1} = \frac{p_3}{p_2}\frac{p_2}{p_1} = \left(1 + \frac{2\gamma}{\gamma+1}\left(M_2^2\sin^2\Theta_2 - 1\right)\right)\left(1 + \frac{2\gamma}{\gamma+1}\left(M_1^2\sin^2\Theta_1 - 1\right)\right),$$

$$\frac{p_3}{p_1} = 1,88 \star 2,14 \quad \Rightarrow \quad p_3 = 4 \text{ bar}$$

2.) oder (unter Benutzung der tabellarischen Form mit $M_{1n} = M_1\sin\Theta_1 = 1,41$, $M_{2n} = M_2\sin\Theta_2 = 1,32$) auch aus Tabelle C.2 (S.L. Seite 422)

$$\frac{p_3}{p_2} = 1,866 \ , \ \frac{p_2}{p_1} = 2,153$$

$$\Rightarrow \quad p_3 = 4 \text{ bar} .$$

d) Entropiezunahme von [1] nach [2]:

Aus der Gibbsschen Relation $T\,\mathrm{d}s = \mathrm{d}e + p\,\mathrm{d}v$ folgt für kalorisch perfektes Gas

$$\mathrm{d}s = c_v\frac{\mathrm{d}T}{T} + \frac{p}{T}\mathrm{d}v$$

und mit $pv = RT$ auch

$$\mathrm{d}s = c_v\frac{\mathrm{d}T}{T} + R\frac{\mathrm{d}v}{v} .$$

Die Integration führt auf

$$s_3 - s_1 = R\left(\frac{1}{\gamma-1}\ln\frac{T_3}{T_1} + \ln\frac{v_3}{v_1}\right),$$

wobei die Beziehung $c_v = R/(\gamma-1)$ benutzt wurde. Mit der Stoßnormalenmachzahl $M_n = M\sin\Theta$ können die Tabellen für den senkrechten Verdichtungsstoß benutzt werden:

$$\frac{T_3}{T_1} = \frac{T_3}{T_2}\frac{T_2}{T_1} = 1,261 \star 1,203 = 1,517 ,$$

$$\frac{v_3}{v_1} = \frac{\varrho_1}{\varrho_3} = (1,707 \star 1,551)^{-1} = 0,378$$

und damit

$$\Delta s = 19,8 \text{ J/(kgK)} .$$

e) $L/H$ für den Auslegefall:

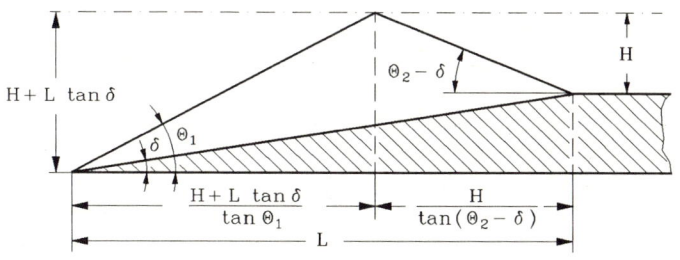

Der Skizze entnimmt man

$$L = \frac{H + L\tan\delta}{\tan\Theta_1} + \frac{H}{\tan(\Theta_2 - \delta)}$$

und daher

$$L\left(1 - \frac{\tan\delta}{\tan\Theta_1}\right) = H\left(\frac{1}{\tan\Theta_1} + \frac{1}{\tan(\Theta_2 - \delta)}\right)$$

oder

$$\frac{L}{H} = \frac{\tan(\Theta_2 - \delta) + \tan\Theta_1}{\tan(\Theta_2 - \delta)(\tan\Theta_1 - \tan\delta)} = 6,5 \; .$$

# 11.3   Reflexion schräger Stöße

## Aufgabe 11.3-1   Keil im supersonischen Kanal

In einem ebenen, supersonischen Windkanal (Querschnitt $A_2 = 0,5$ m², Höhe $h_2 = 0,7$ m) soll der Zustand $p_2 = 0,1$ bar, $T_2 = 300$ K, $M_2 = 2,5$ herrschen.

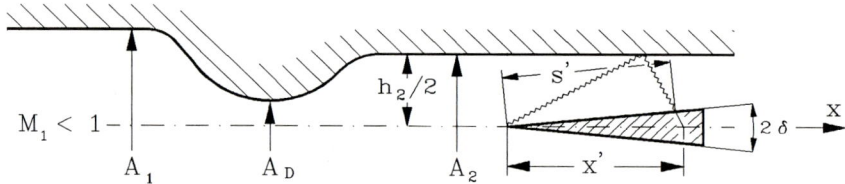

a) Wie groß muß der engste Querschnitt $A_D$ sein?
b) Welcher Zustand muß beim Einlauf ($A_1 = 1,0$ m²) hergestellt werden, um diesen Betriebszustand zu erreichen?
c) In der Meßstrecke befindet sich ein Keil ($\delta = 5°$). Geben Sie die Entfernung $x'$ an, wo die Verlängerung des reflektierten Stoßes die $x$–Achse schneidet! Inwieweit unterscheidet sich die Druckverteilung an der Keiloberfläche im Bereich $0 \leq s \leq s'$ von der Druckverteilung an einem Keil in freier Strömung?

## Lösung

a) In der Lavaldüse des Windkanals wird die Unterschallströmung ($M_1 < 1$) auf eine Überschallströmung ($M_2 > 1$) beschleunigt. Der engste Querschnitt $A_D$ ist hier der kritische Querschnitt $A_D = A^*$.
Mit $M_2 = 2,5$ erhält man aus Tabelle C.1 (S. L. Seite 417 (Überschallbereich)):

$$\frac{A^*}{A_2} = 0,379 \quad \text{bzw.} \quad A^* = 0,1895 \; \text{m}^2 \; .$$

b) Zustand im Einlauf: $M_1$, $p_1$, $T_1$

Es gilt

$$\frac{p_1}{p_2} = \frac{p_1}{p_t}\frac{p_t}{p_2} = \frac{f(M_1)}{f(M_2)} ,$$

$$\frac{T_1}{T_2} = \frac{T_1}{T_t}\frac{T_t}{T_2} = \frac{g(M_1)}{g(M_2)} .$$

zunächst wird $M_1$ bestimmt. Aus $A^*/A_1 = 0,1895$ folgt aus der

$$\text{Tabelle C.1 (Unterschall)} \quad M_1 = 0,11 ;$$

desweiteren

$$\frac{p_1}{p_t} = 0,9916 , \quad \frac{T_1}{T_t} = 0,9976 .$$

Mit $M_2 = 2,5$ wieder aus Tabelle C.1 (Überschall)

$$\frac{p_2}{p_t} = 0,0585 , \quad \frac{T_2}{T_t} = 0,4444$$

und hiermit ergibt sich

$$\frac{p_1}{p_2} = 16,950 \quad \Rightarrow \quad p_1 = 1,695 \text{ bar} ,$$

$$\frac{T_1}{T_2} = 2,2448 \quad \Rightarrow \quad T_1 = 673,44 \text{ K} .$$

c) Entfernung $x'$:

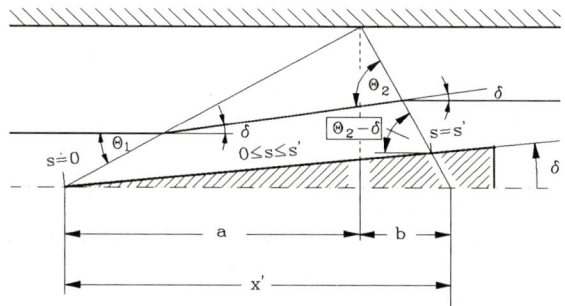

Der Skizze entnimmt man

$$x' = a + b ,$$

$$x' = \frac{h_2}{2}( \cot \Theta_1 + \cot(\Theta_2 - \delta)) \tag{1}$$

Mit $\delta = 5°$ und der Anströmmachzahl $M_{an} = 2,5$ erhält man für den ersten Stoß aus Diagramm C.1 (S. L. Seite 430):

$$\Theta_1 = 28° \quad \text{(Bereich schwache Stöße)},$$

aus Diagramm C.2 (S. L. Seite 431) für die Abströmmachzahl:

$$1 - \frac{1}{M_{ab}} = 0,55$$

bzw.

$$M_{ab} = 2,2 \ .$$

Für den zweiten Stoß gilt nun:

$$\delta = 5° \quad \text{und} \quad M_{an} = 2,2 \ ,$$

aus Diagramm C.1:

$$\Theta_2 = 32° \ ,$$

aus Diagramm C.2:

$$1 - \frac{1}{M_{ab}} = 0,5 \ ,$$

also

$$M_{ab} = 2,0$$

und damit für die gesuchte Entfernung

$$x' = 1,345 \ \text{m} \ .$$

Der Zustand hinter dem ersten reflektierten Stoß ($0 \leq s \leq s'$) wird nur durch die Anströmmachzahl und den Umlenkwinkel $\delta$ festgelegt, ist also genauso wie bei einem Keil in freier Strömung. Der Einfluß der Wand erstreckt sich nur auf das Gebiet hinter dem reflektierten Stoß.

## Aufgabe 11.3-2    Sich verengender Kanal

Ein ebener Kanal knickt bei [A] und [B] ab und wird dadurch von $h_1$ auf $h_3$ verengt. (Siehe Aufgabe 10.4-13 für inkompressible Kanalströmung!) Durch den Kanal strömt ideales Gas ($\gamma = 1,4$) mit der Machzahl $M_1 = 5,0$ .

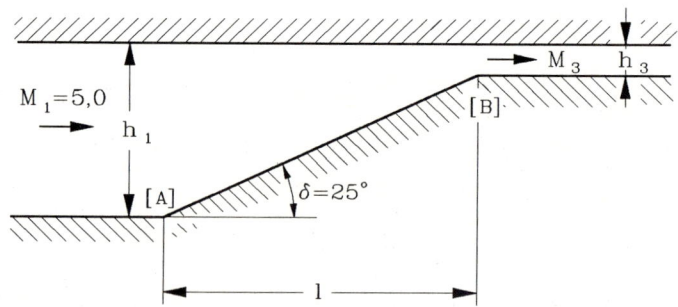

a) Welchen Abstand $l$ müssen die Punkte [A] und [B] voneinander haben, damit die Strömung bei [3] störungsfrei parallel abströmt? Wie groß ist die Kanalweite $h_3$?

b) Welchen Wert hat die Abströmmachzahlzahl $M_3$?

Geg.: $h_1$, $M_1 = 5,0$, $\delta = 25°$, $\gamma = 1,4$

**Lösung**

a) Abstand $l$:

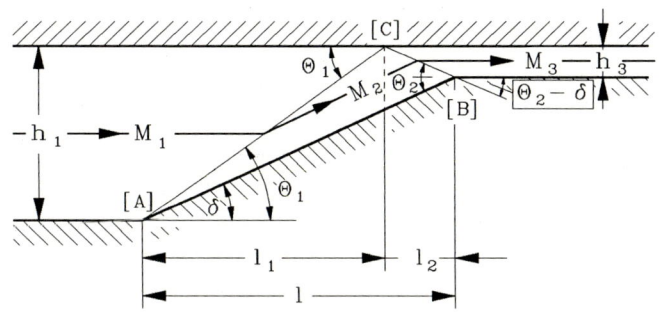

Der Geometrieskizze entnimmt man $l = l_1 + l_2$,

$$l_1 = h_1 \cot \Theta_1 \ , \quad l_2 = h_3 \cot(\Theta_2 - \delta)$$

und

$$l = (h_1 - h_3) \cot \delta \ . \tag{1}$$

Daraus

$$h_1 \cot \Theta_1 + h_3 \cot(\Theta_2 - \delta) = h_1 \cot \delta - h_3 \cot \delta$$

oder

$$\frac{h_3}{h_1} = \frac{\cot \delta - \cot \Theta_1}{\cot(\Theta_2 - \delta) + \cot \delta} \tag{2}$$

und mit (1)

$$\frac{l}{h_1} = \left(1 - \frac{h_3}{h_1}\right) \cot \delta \ . \tag{3}$$

Die Stoßwinkel $\Theta_1$ und $\Theta_2$ ergeben sich aus der graphischen Darstellung Diagramm C.1 (S. L. Seite 430)

$$\Theta_1 = f(M_1, \delta)$$

$$\left.\begin{array}{l} \delta \quad = 25° \\ M_1 = 5,0 \end{array}\right\} \Rightarrow \quad \text{Diagramm C.1} \quad \Rightarrow \quad \Theta_1 = 35,7° \ .$$

Die Abströmmachzahl $M_2$ ergibt sich aus Diagramm C.2 (S. L. Seite 431)

$$\left.\begin{array}{l} \delta \quad = 25° \\ M_1 = 5,0 \end{array}\right\} \Rightarrow \quad \text{Diagramm C.2} \quad \Rightarrow \quad 1 - \frac{1}{M_2} = 0,6 \ ,$$

also

$$M_2 = 2,55 \ .$$

Für die Ermittlung des zweiten Stoßwinkels ist die Anströmmachzahl nunmehr $M_2$:

$$\left.\begin{array}{l} \delta \quad = 25° \\ M_2 = 2,55 \end{array}\right\} \Rightarrow \quad \text{Diagramm C.1} \quad \Rightarrow \quad \Theta_2 = 49,5° \ .$$

Damit kann (2) ausgewertet werden.

$$\frac{h_3}{h_1} = \frac{2,14 - 1,39}{2,19 + 2,14} = 0,173$$

und $h_3$ wird zu

$$h_3 = 0,173\, h_1$$

erhalten. Aus (3)

$$\frac{l}{h_1} = (1 - 0,173) * 2,14$$

folgt

$$l = 1,77\, h_1 \;.$$

b) Abströmmachzahl $M_3$:

Wie oben ist $M_2$ nun für den reflektierten Stoß die Anströmmachzahl

$$\left.\begin{array}{l} \delta \;\;\; = 25° \\ M_2 \;= 2,55 \end{array}\right\} \Rightarrow \quad \text{Diagramm C.2} \quad \Rightarrow \quad 1 - \frac{1}{M_3} = 0,3$$

$$\Rightarrow \quad M_3 = 1,42 \;.$$

# 11.5   Prandtl-Meyer-Strömung

**Aufgabe 11.5-1   Expansionsfächer im sich erweiternden Kanal**

In einem ebenen Kanal, dessen obere Kontur als Stromlinie der Prandtl–Meyer–Strömung ausgebildet ist, strömt ideales Gas ($\gamma = 1,4$, $R = 287$ J/kgK) von gegebenem Zustand [1] ($M_1 = 1,6$, $p_1 = 0,4$ bar, $T_1 = 250$ K) und wird durch eine zentrierte Welle um 30° abgelenkt. Die Kanalhöhe vor der Umlenkung $h_1$ ist $0,3$ m.

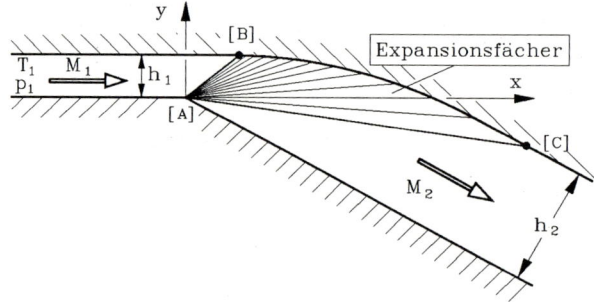

a) Wie groß ist die Strömungsgeschwindigkeit $u_1$, und welcher Massenstrom $\dot{m}$ (pro Tiefeneinheit) tritt durch den Kanal?

b) Geben Sie die Koordinaten des Punktes [B] an, an dem die Krümmung der oberen Kanalkontur beginnt.

c) Bestimmen Sie $M_2$, $p_2$, $T_2$, $\varrho_2$ und $u_2$.
d) Geben Sie die Gleichung der oberen Kanalkontur an. Welche Endweite $h_2$ hat der Kanal? Überprüfen Sie das Ergebnis mittels der Kontinuitätsgleichung.

Geg.: $M_1 = 1,6$, $p_1 = 0,4$ bar, $T_1 = 250$ K, $h_1 = 0,3$ m, $\delta = 30°$, $R = 287$ J/(kgK), $\gamma = 1,4$

**Lösung**

a) Strömungsgeschwindigkeit $u_1$ und Massenstrom $\dot{m}$:

$$u_1 = M_1 a_1 = M_1 \sqrt{\gamma R T_1} = 507,1 \text{ m/s} \,, \tag{1}$$

$$\dot{m} = \varrho_1 u_1 h_1 = \frac{p_1}{R T_1} u_1 h_1 = 84,81 \text{ kg/s} \,. \tag{2}$$

b) Polarkoordinaten des Punktes [B]:

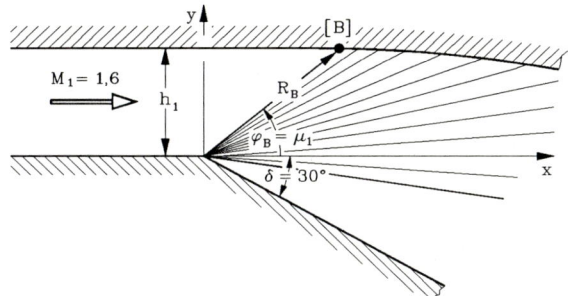

Winkel :

$$\varphi_\text{B} = \mu_1 = \arcsin \frac{1}{M_1} = 38,68° \,, \tag{3}$$

Radius :

$$R_\text{B} = \frac{h_1}{\sin \mu_1} = h_1 M_1 = 0,3 \text{ m} * 1,6 = 0,48 \text{ m} \,. \tag{4}$$

c) $M_2$, $p_2$, $T_2$, $\varrho_2$ und $u_2$:
Prandtl–Meyer–Funktion (S. L., Tabelle C.3 Seite 427): Zunächst entnimmt man der Tabelle den zu $M_1$ gehörigen Hilfswinkel $\nu_1$. Dies ist der Umlenkwinkel, der die Machzahl $M_1$ aus einer Anströmung mit $M = 1$ erzeugt.

$$M_1 = 1,6 \,, \quad \nu_1 = 14,861° \,,$$

mit der tatsächlichen Umlenkung

$$\delta = 30°$$

ergibt sich die gesamte Umlenkung aus $M = 1$ heraus

$$\nu = \nu_1 + \delta = 44,861° \,, \tag{5}$$

welche die Machzahl

$$M_2 = 2,76$$

aus der Anströmung erzeugt. Der dazugehörige Winkel der Charakteristik ist

$$\mu_2 = 21,24° \; . \tag{6}$$

Die für $M_2 = 2,76$ nötigen Druck und Temperaturen in isentroper Expansion

$$\frac{p_2}{p_t} = 0,0392 \; , \quad \frac{T_2}{T_t} = 0,3963$$

sind der Tabelle C.1 (S. L., Seite 414) entnommen. Aus derselben Tabelle erhält man für $M_1 = 1,6$

$$\frac{p_1}{p_t} = 0,2353 \; , \quad \frac{T_1}{T_t} = 0,6614 \; ,$$

so daß

$$\frac{p_2}{p_1} = \frac{0,0392}{0,2353} = 0,1665 \tag{7}$$

wird, und daher

$$p_2 = 0,066 \; \text{bar} \; .$$

Ebenso

$$\frac{T_2}{T_1} = \frac{0,3963}{0,6614} = 0,5992 \quad \Rightarrow \quad T_2 = 149,8 \; \text{K} \tag{8}$$

und weiterhin

$$\varrho_2 = \frac{p_2}{RT_2} = 0,1549 \frac{\text{kg}}{\text{m}^3} \tag{9}$$

sowie

$$u_2 = M_2 \sqrt{\gamma R T_2} = 677,1 \; \text{m/s} \; . \tag{10}$$

d) Gleichung der Kanalkontur:
Die obere Kanalkontur ist als Stromlinie der Prandtl–Meyer–Strömung ausgebildet. In einem Koordinatensystem, in dem bei $\varphi^* = \pi/2$ die Machzahl 1 angetroffen wird, lautet die Differentialgleichung für die Stromlinie mit $u_r$, $u_\varphi$ aus S. L. (11.46), (11.47)

$$\frac{\mathrm{d}r}{r\mathrm{d}\varphi^*} = \frac{u_r}{u_\varphi} = \frac{\sqrt{2/(\gamma-1)}a_t \sin(\sqrt{(\gamma-1)/(\gamma+1)}((\pi/2)-\varphi^*))}{-\sqrt{2/(\gamma+1)}a_t \cos(\sqrt{(\gamma-1)/(\gamma+1)}((\pi/2)-\varphi^*))}$$

$$\Rightarrow \quad \frac{\mathrm{d}r}{r\mathrm{d}\varphi^*} = -\frac{1}{m}\tan\left(m\left(\frac{\pi}{2}-\varphi^*\right)\right) \tag{11}$$

mit

$$m = \sqrt{\frac{\gamma-1}{\gamma+1}} \; . \tag{12}$$

Der Zusammenhang zwischen $\varphi^*$ und dem Polwinkel des vorliegenden Koordinatensystems läßt sich aus der Skizze zu

$$\varphi^* = \varphi - \nu_1 \qquad (13)$$

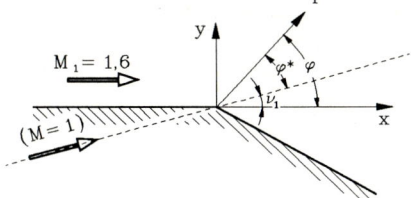

ablesen, so daß die Differentialgleichung (11) nach Trennung der Veränderlichen lautet:

$$\frac{\mathrm{d}r}{r} = -\frac{1}{m} \tan\left(m\left(\frac{\pi}{2} + \nu_1 - \varphi\right)\right) \mathrm{d}\varphi . \qquad (14)$$

Durch bestimmte Integration erhält man aus

$$\int\limits_{r=R_\mathrm{B}}^{r} \frac{\mathrm{d}r}{r} = -\frac{1}{m} \int\limits_{\varphi=\mu_1}^{\varphi} \tan\left(m\left(\frac{\pi}{2} + \nu_1 - \varphi\right)\right) \mathrm{d}\varphi$$

$$\ln\frac{r}{R_\mathrm{B}} = -\frac{1}{m^2} \ln\left(\frac{\cos m((\pi/2) + \nu_1 - \varphi)}{\cos m((\pi/2) + \nu_1 - \mu_1)}\right) ,$$

$$\frac{r}{R_\mathrm{B}} = \left(\frac{\cos m((\pi/2) + \nu_1 - \mu_1)}{\cos m((\pi/2) + \nu_1 - \varphi)}\right)^{1/m^2} .$$

Mit (4) und (12) also

$$r(\varphi) = M_1 h_1 \left(\frac{\cos(\sqrt{(\gamma-1)(\gamma+1)}((\pi/2) + \nu_1 - \mu_1))}{\cos(\sqrt{(\gamma-1)(\gamma+1)}((\pi/2) + \nu_1 - \varphi))}\right)^{(\gamma+1)/(\gamma-1)} . \qquad (15)$$

Diese Gleichung beschreibt die Stromlinie $r = r(\varphi)$ innerhalb des Expansionsfächers
$\varphi_\mathrm{B} \geq \varphi \geq \varphi_\mathrm{C}$ . Der Winkel $\varphi_\mathrm{C}$ ergibt sich aus der folgenden Skizze:

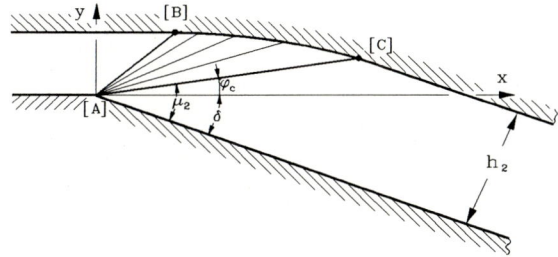

und ist

$$\varphi_\mathrm{C} = \mu_2 - \delta = -8,76° . \qquad (16)$$

Am Endpunkt [C] folgt aus (15)

$$R_C = r(\varphi_C) = 2,2272 \text{ m} \tag{17}$$

und daraus die Kanalhöhe nach dem Expansionsfächer

$$h_2 = R_C \sin\mu_2 = \frac{R_C}{M_2} = 0,807 \text{ m} , \tag{18}$$

die man auch einfach aus der Kontinuitätsgleichung berechnen kann

$$h_2 = \frac{\dot{m}}{\varrho_2 u_2} = 0,807 \text{ m} .$$

# 11.6    Stoß-Expansions-Theorie

## Aufgabe 11.6-1    Angestelltes Tragflügelprofil

Das unten skizzierte, spiegelsymmetrische, angestellte Tragflügelprofil wird mit der Machzahl $M_\infty = 1,7$ angeströmt ($\gamma = 1,4$).

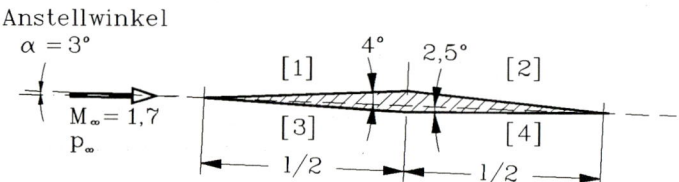

a) Man skizziere die auftretenden Verdichtungsstöße und Expansionsfächer.
b) Man berechne nach der Stoß–Expansionstheorie den Druck und die Machzahl längs der Flächen [1] bis [4].
c) Wie groß sind Auftriebs- und Widerstandsbeiwert des Profils?

**Lösung**

a) Wellensystem:

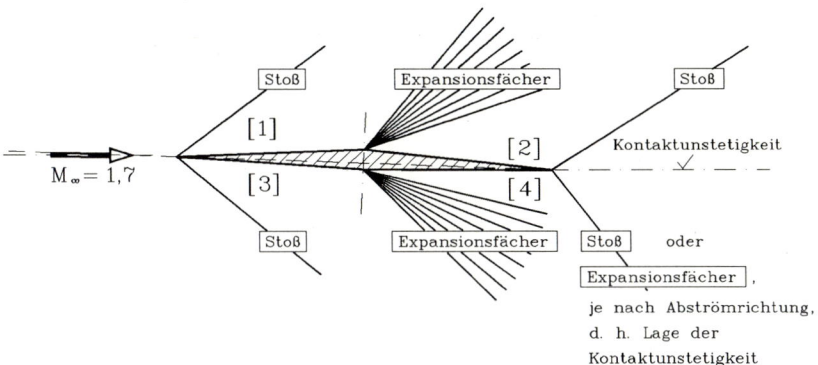

b) Druck und Machzahl auf den Flächen [1] bis [4]:

Zustand [1] :

Aus der graphischen Darstellung $1 - 1/M_2 = f(M_1, \delta)$ (S. L., Diagramm C.2 Seite 431) läßt sich die Machzahl hinter dem Stoß ablesen. Zu beachten ist lediglich, daß die Anströmmachzahl $M_1$ hier $M_\infty$ entspricht und $M_2$ des Diagramms hier $M_1$. Der den Stoß verursachende Umlenkwinkel ist $\delta_1 = 4° - 3° = 1°$

$$M_1 = M_1(M_\infty = 1,7, \delta_1 = 1°) = 1,67 ,$$

$$\Theta_1 = \Theta_1(1,7,1°) = 37° .$$

Die Normalkomponente der Machzahl vor dem Stoß ist

$$M_{\infty_n} = M_\infty \sin \Theta_1 = 1,02 ,$$

womit man das Druckverhältnis über den Stoß aus den Stoßbeziehungen des senkrechten Verdichtungsstoßes erhält, die man zweckmäßig in tabellarischer Form verwendet:

$$\frac{p_1}{p_\infty} = 1,05 .$$

Zustand [3]: Analog zum Vorgehen bei Zustand [1]

Stoß mit Umlenkwinkel $\delta_3 = 3° + 2,5° = 5,5°$

$$M_3 = M_3(M_\infty = 1,7, \delta_3 = 5,5°) = 1,51 ,$$

$$\Theta_3 = \Theta_3(1,7,5,5°) = 41,5° ,$$

$$M_{\infty_n} = M_\infty \sin \Theta_3 = 1,13 \quad \Rightarrow \quad \frac{p_3}{p_\infty} = 1,32 .$$

Zustand [2]: Der Zustand [2] wird durch Prandtl–Meyer–Expansion aus dem Zustand [1] erreicht:

Expansion mit Umlenkung $\delta_2 = 2*4° = 8°$. Zunächst wird bei bekannter Machzahl $M_1$ der Hilfswinkel $\nu_1$ der Tabelle C.3 (S. L., Seite 427) entnommen. Damit und mit der geometrischen Umlenkung $\delta_2$ wird der Umlenkwinkel $\nu_2$ von der fiktiven $M = 1$ Anströmung bestimmt, der es erlaubt die Machzahl $M_2$ direkt aus der Tabelle C.3 abzulesen:

$$M_1 = 1,67 \quad \Rightarrow \quad \nu_1 = 16,9° \ , \quad \nu_2 = \nu_1 + \delta_2 = 24,9° \quad \Rightarrow \quad M_2 = 1,95 \ .$$

Die Expansion von [2] nach [1] verläuft isentrop. Das Druckverhältnis $p_2/p_1$ kann unter Benutzung der Tabelle C.1 (S. L., Seite 414) aus den Druckverhältnissen berechnet werden, die zur Erreichung der jeweiligen Machzahl bei isentroper Expansion nötig sind.

$$M_1 = 1,67 \quad \Rightarrow \quad \frac{p_1}{p_{t1,2}} = 0,212$$

$$M_2 = 1,95 \quad \Rightarrow \quad \frac{p_2}{p_{t1,2}} = 0,138 \quad \Bigg\} \quad \Rightarrow \quad \frac{p_2}{p_1} = 0,651 \ ,$$

$$\frac{p_1}{p_\infty} = 1,05 \quad \Rightarrow \quad \frac{p_2}{p_\infty} = 0,651 * 1,05 = 0,68 \ .$$

Zustand [4]: Analog zum Vorgehen bei Zustand [2].
Expansion mit Umlenkung $\delta_4 = 2*2,5° = 5°$

$$M_3 = 1,51 \quad \Rightarrow \quad \nu_3 = 12,2° \ , \quad \nu_4 = \nu_3 + \delta_4 = 17,2° \quad \Rightarrow \quad M_4 = 1,68 \ ,$$

$$M_3 = 1,51 \quad \Rightarrow \quad \frac{p_3}{p_{t3,4}} = 0,268$$

$$M_4 = 1,68 \quad \Rightarrow \quad \frac{p_4}{p_{t3,4}} = 0,209 \quad \Bigg\} \quad \Rightarrow \quad \frac{p_4}{p_3} = 0,78 \ ,$$

$$\frac{p_3}{p_\infty} = 1,32 \quad \Rightarrow \quad \frac{p_4}{p_\infty} = 0,78 * 1,32 = 1,03 \ .$$

c) Auftriebs- und Widerstandsbeiwert (pro Tiefeneinheit):
Der Druck ist auf den Teilflächen $A_i$ ($i = 1, 2, 3, 4$) jeweils konstant, so daß gilt

$$\vec{F}_{(i)} = \iint\limits_{(S_i)} -p\vec{n} \, dS = -p_{(i)} A_{(i)} \vec{n}_{(i)} \quad (i = \text{Nr. der Fläche}) \ .$$

Der Betrag der Kraft ist also $p_{(i)} A_{(i)}$, sie steht wegen der Reibungsfreiheit senkrecht auf den ebenen Flächen. Ist $\beta_i$ der Neigungswinkel zwischen der jeweiligen Fläche und der Profilsehne, so ist der Flächeninhalt pro Tiefeneinheit

$$A_{(i)} = \frac{l/2}{\cos \beta_{(i)}} \ ,$$

also

$$F_{(i)} = |\vec{F}_{(i)}| = p_\infty \frac{p_i}{p_\infty} \frac{l/2}{\cos \beta_{(i)}} \ .$$

Die Zahlenwerte sind

| $i$ | 1 | 2 | 3 | 4 |
|---|---|---|---|---|
| $F_{(i)}/(lp_\infty)$ | 0,526 | 0,341 | 0,661 | 0,515 |

Mit den bekannten Kräften ergeben sich aus folgender Skizze Auftriebs- und Widerstandskraft:

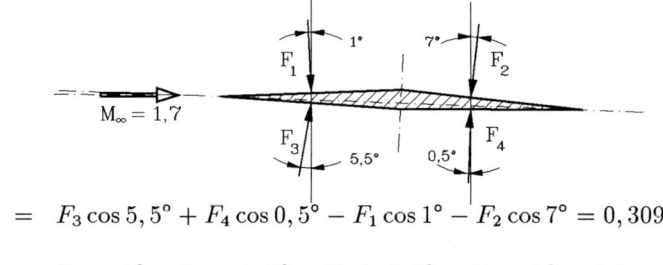

$$A = F_3 \cos 5,5° + F_4 \cos 0,5° - F_1 \cos 1° - F_2 \cos 7° = 0,309\, p_\infty l \,,$$

$$W = F_1 \sin 1° + F_3 \sin 5,5° + F_4 \sin 0,5° - F_2 \sin 7° = 0,0355 p_\infty l \,.$$

Auftriebs- und Widerstandsbeiwert sind die entsprechenden Kräfte bezogen auf den Staudruck der Anströmung

$$\frac{\varrho_\infty}{2}U_\infty^2 = \frac{1}{2}\varrho_\infty a_\infty^2 M_\infty^2 = \frac{1}{2}\varrho_\infty \gamma \frac{p_\infty}{\varrho_\infty} M_\infty^2 = \frac{1}{2}\gamma p_\infty M_\infty^2$$

mal der Profillänge $l$, also

$$c_a = \frac{A}{(\gamma/2)p_\infty l M_\infty^2} = 0,153$$

und

$$c_w = \frac{W}{(\gamma/2)p_\infty l M_\infty^2} = 0,0175 \,.$$

## Aufgabe 11.6-2    Einlauf eines Triebwerkes

An dem als eben anzusehenden Einlauf eines Überschalltriebwerkes hat sich das skizzierte Wellensystem ausgebildet:

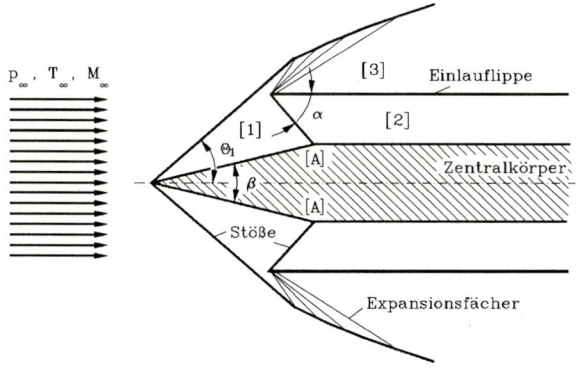

a) Bestimmen Sie den Stoßwinkel $\Theta_1$ sowie $M_1$, $p_1$, $T_1$ und $u_1$.
b) Wie groß sind der Winkel $\alpha$ (siehe Abb.), $M_2$, $p_2$, $T_2$ und $u_2$?
c) Bestimmen Sie $M_3$, $p_3$, $T_3$ und $u_3$.
d) Warum tritt keine Stoßreflexion auf?

Geg.: $M_\infty = 2,6$, $p_\infty = 1\,\text{bar}$, $T_\infty = 300\,\text{K}$, $\gamma = 1,4$, $R = 287\,\text{J}/(\text{kg K})$, $\beta = 28°$

**Lösung**

a) Zustand im Bereich [1]:
   Die Anströmung wird um den Winkel $\delta = \beta/2 = 14°$ abgelenkt. Mit der Machzahl
   der Anströmung $M_\infty = 2,6$ folgt aus (S. L. (Diagramm C.1))

$$\Theta_1 = \Theta_1(M_\infty = 2,6,\ \delta = 14°) \approx 35°$$

und aus (S. L. (Diagramm C.2))

$$M_1 = M_1(M_\infty = 2,6,\ \delta = 14°) \approx 2 .$$

Die mit der Geschwindigkeitskomponente senkrecht zur Stoßfront gebildete Machzahl ist
$$M_{1n} = M_\infty \sin\Theta = 1,49 .$$

Damit erhält man aus den Stoßbeziehungen für den senkrechten Stoß (S. L. (Tabelle
C.2)):

$$\frac{p_1}{p_\infty} = 2,42 \quad \Rightarrow \quad p_1 = 2,42 * 1\text{bar} = 2,42\,\text{bar} ,$$

$$\frac{T_1}{T_\infty} = 1,31 \quad \Rightarrow \quad T_1 = 1,31 * 300\,\text{K} = 393\,\text{K}$$

$$\Rightarrow \quad u_1 = M_1 a_1 = M_1 \sqrt{\gamma R T_1} = 795\,\text{m/s} .$$

b) Winkel $\alpha$ und Zustand im Bereich [2]:
   Aus der Skizze liest man den Umlenkwinkel zu

   $$\delta = \frac{\beta}{2} = 14°$$

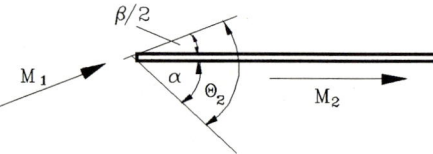

und den Stoßwinkel zu

$$\Theta_2 = \alpha + \frac{\beta}{2}$$

ab. Da

$$\Theta_2 = \Theta_2(M_1 = 2,\ \delta = 14°) = 44°$$

ist (S. L. (Diagramm C.1)), erhält man den Winkel $\alpha$ zu

$$\alpha = \Theta_2 - \frac{\beta}{2} = 44° - 14° = 30° .$$

Aus (S. L. (Diagramm C.2)) kann man nun die Machzahl

$$M_2 = M_2(M_1 = 2, \delta = 14°) = 1,5$$

ablesen. Mit der Machzahl

$$M_{1n} = M_1 \sin\Theta = 2\sin(44°) = 1,39$$

erhält man $p_2$, $T_2$ und $u_2$ aus den Stoßbeziehungen (S. L. (Tabelle C.2))

$$\frac{p_2}{p_1} = 2,09 \quad\Rightarrow\quad p_2 = 2,09 * 2,42\,\text{bar} = 5,06\,\text{bar} ,$$

$$\frac{T_2}{T_1} = 1,25 \quad\Rightarrow\quad T_2 = 1,25 * 393\,\text{K} = 491\,\text{K}$$

$$\Rightarrow\quad u_2 = M_2\,a_2 = M_2\sqrt{\gamma\,R\,T_2} = 666\,\text{m/s} .$$

c) Zustand im Bereich [3]:

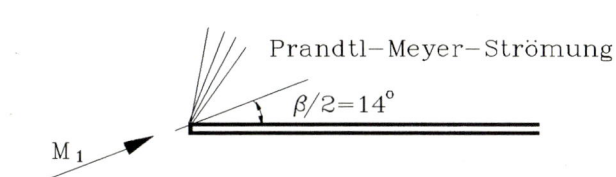

Prandtl–Meyer–Strömung

$\beta/2 = 14°$

$M_1$

Die Strömung vom Gebiet [1] ins Gebiet [3] wird durch den Expansionsfächer umgelenkt, der Winkel ist

$$\delta = \frac{\beta}{2} = 14° .$$

Es handelt sich um eine Prandtl–Meyer–Strömung, deren fiktiver Umlenkwinkel

$$\nu = \nu_1 + \delta$$

beträgt. Den zur Anström–Machzahl $M_1 = 2$ gehörenden Umlenkwinkel $\nu_1$ entnehmen wir der Tabelle C.3 in S. L.:

$$\nu_1 = \nu_1(M_1 = 2) = 26,38°$$

$$\Rightarrow \nu = 26,38° + 14° = 40,38° .$$

Die zu diesem Winkel gehörende Abström–Machzahl $M_3$ im Gebiet [3] finden wir wieder in (S. L. (Tabelle C.3))

$$M_3 = M_3(\nu = 40,38°) \approx 2,55 .$$

Die Strömung über den Expansionsfächer ist homentrop, die Ruhedrücke und Ruhetemperaturen in den Gebieten [1] und [3] sind gleich, mit (S. L. (Tabelle C.1)) können wir die Verhältnisse $p_3/p_1$ und $T_3/T_1$ ermitteln:

$$M_1 = 2 \quad \Rightarrow \quad \frac{p_1}{p_t} = 0,1278 \ , \frac{T_1}{T_t} = 0,5556 \ ,$$

$$M_3 = 2,55 \quad \Rightarrow \quad \frac{p_3}{p_t} = 0,0542 \ , \frac{T_3}{T_t} = 0,4347$$

$$\Rightarrow \frac{p_3}{p_1} = \frac{0,0542}{0,1278} = 0,424 \ , \quad \frac{T_3}{T_1} = \frac{0,4347}{0,5556} = 0,782 \ .$$

Hieraus berechnen sich die gesuchten Strömungsgrößen zu

$$p_3 \quad = \quad 0,424 * 2,42\,\text{bar} = 1,04\,\text{bar} \ ,$$

$$T_3 \quad = \quad 0,782 * 393\,\text{K} = 307\,\text{K}$$

$$\Rightarrow \quad u_3 = M_3\, a_3 = M_3 \sqrt{\gamma\, R\, T_3} = 896\,\text{m/s} \ .$$

Vergleich der Größen nach dem Expansionsfächer mit denen nach dem Stoß:

$$\begin{aligned}
u_3 &= 896\ \text{m/s} \\
T_3 &= 307\ \text{K} \\
p_3 &= 1,04\,\text{bar}
\end{aligned}$$

$$\begin{aligned}
u_2 &= 666\ \text{m/s} \\
T_2 &= 491\ \text{K} \\
p_2 &= 5,06\,\text{bar}
\end{aligned}$$

[1]  [3]  [2]  $M_1$

Da die Ruheenthalpie $h_t = \gamma/(\gamma - 1)\, R\, T + u^2/2$ eine Erhaltungsgröße ist, ist die Temperatur hinter dem Stoß höher als hinter dem Expansionsfächer, die Geschwindigkeit dafür aber niedriger.

d) Stoßreflektion?
   Der im Punkt [A] ankommende Stoß könnte entweder als Expansionswelle oder wieder als Stoß reflektiert werden. Beides würde aber eine erneute Strömungsablenkung zur Folge haben. Da die Strömung hinter dem schrägen Verdichtungsstoß jedoch schon parallel zu den Kanalwänden gerichtet ist, ist dies nicht möglich.

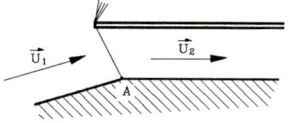

# 12  Grenzschichttheorie

## Aufgabe 12-1    Impulsgleichung

Die Grenzschichtgleichungen für ebene, inkompressible, stationäre Strömung lauten

$$u\frac{\partial u}{\partial x} + v\frac{\partial u}{\partial y} = -\frac{1}{\varrho}\frac{\partial p}{\partial x} + \nu\frac{\partial^2 u}{\partial y^2} \ ,$$

$$0 = \frac{\partial p}{\partial y} \ ,$$

$$\frac{\partial u}{\partial x} + \frac{\partial v}{\partial y} = 0 \ .$$

Leiten Sie durch Integration der Grenzschichtgleichungen von $y = 0$ bis $y \to \infty$ die Impulsgleichung (S. L. (12.141))

$$\frac{\mathrm{d}\delta_2}{\mathrm{d}x} + \frac{1}{U}\frac{\mathrm{d}U}{\mathrm{d}x}(2\delta_2 + \delta_1) = \frac{1}{\varrho U^2}\tau_w$$

her, wobei

$$\delta_1 = \int\limits_0^\infty \left(1 - \frac{u}{U}\right)\mathrm{d}y$$

die Verdrängungsdicke und

$$\delta_2 = \int\limits_0^\infty \left(1 - \frac{u}{U}\right)\frac{u}{U}\,\mathrm{d}y$$

die Impulsverlustdicke ist.

**Lösung**

Herleitung der Impulsgleichung

$$\frac{d\delta_2}{dx} + \frac{1}{U}\frac{dU}{dx}(2\delta_2 + \delta_1) = \frac{\tau_w}{\varrho U^2}$$

durch Integration der Grenzschichtgleichungen über $y$ von 0 bis $\infty$.
Grenzschichtgleichungen (stationär) (S. L. (12.19–12.21))

$$u\frac{\partial u}{\partial x} + v\frac{\partial u}{\partial y} = -\frac{1}{\varrho}\frac{\partial p}{\partial x} + \nu\frac{\partial^2 u}{\partial y^2} \, , \tag{1}$$

$$0 = \frac{\partial p}{\partial y} \, , \tag{2}$$

$$\frac{\partial u}{\partial x} + \frac{\partial v}{\partial y} = 0 \, . \tag{3}$$

Wegen (2) ist der Druck über $y$ konstant, d. h. derselbe wie in der reibungsfreien Außenströmung und die Komponente des Druckgradienten in (1) kann durch die Eulersche Gleichung – ausgewertet an der Wand – ersetzt werden:

$$-\frac{1}{\varrho}\frac{\partial p}{\partial x} = U\frac{dU}{dx} \tag{4}$$

Der Reibungsterm in (1) ist im Rahmen der Grenzschichttheorie die einzige nicht verschwindende Komponente der Divergenz des Spannungstensors

$$\underbrace{\frac{\eta}{\varrho}}_{=\nu}\frac{\partial^2 u}{\partial y^2} = \frac{1}{\varrho}\frac{\partial}{\partial y}\tau_{xy} \, . \tag{5}$$

Somit lautet (1) :

$$u\frac{\partial u}{\partial x} + v\frac{\partial u}{\partial y} - U\frac{\partial U}{\partial x} - \frac{1}{\varrho}\frac{\partial \tau_{xy}}{\partial y} = 0 \tag{6}$$

Diese Gleichung integrieren wir von $y = 0$ bis $y = h > \delta(x)$ :

$$\int_0^h \left(u\frac{\partial u}{\partial x} + v\frac{\partial u}{\partial y} - U\frac{\partial U}{\partial x}\right) dy = \frac{1}{\varrho}\int_0^h \frac{\partial \tau_{xy}}{\partial y} dy \, . \tag{7}$$

Mittels der Kontinuitätsgleichung (3) ersetzen wir die Komponente $v$ der Grenzschichtgeschwindigkeit

$$v = -\int_0^y \frac{\partial u}{\partial x} dy + f(x) \, ,$$

wobei wegen $v(x, y = 0)$ $f(x)$ identisch verschwindet. Mit $\tau_{xy}(y = 0) = \tau_w$ und $\tau_{xy}(y = h) = 0$ ergibt sich dann aus (7)

$$\int_0^h \left[u\frac{\partial u}{\partial x} - \frac{\partial u}{\partial y}\int_0^y \frac{\partial u}{\partial x} dy - U\frac{\partial U}{\partial x}\right] dy = -\frac{\tau_w}{\varrho} \, . \tag{8}$$

Den zweiten Term formen wir mittels partieller Integration um:

$$\int\limits_0^h u\frac{\partial u}{\partial x}\,\mathrm{d}y - \left[u\int\limits_0^y \frac{\partial u}{\partial x}\,\mathrm{d}y\right]_0^h + \int\limits_0^h u\frac{\partial u}{\partial x}\,\mathrm{d}y - \int\limits_0^h U\frac{\partial U}{\partial x}\,\mathrm{d}y = -\frac{\tau_w}{\varrho} \qquad (9)$$

und erhalten

$$-2\int\limits_0^h u\frac{\partial u}{\partial x}\,\mathrm{d}y + \int\limits_0^h U\frac{\partial u}{\partial x}\,\mathrm{d}y + \int\limits_0^h U\frac{\partial U}{\partial x}\,\mathrm{d}y = +\frac{\tau_w}{\varrho}. \qquad (10)$$

Gleichung (10) läßt sich weiter zusammenfassen, wenn man mit $u\dfrac{\partial U}{\partial x}$ ergänzt

$$\int\limits_0^h \left(-2u\frac{\partial u}{\partial x} + U\frac{\partial u}{\partial x} + u\frac{\partial U}{\partial x} - u\frac{\partial U}{\partial x} + U\frac{\partial U}{\partial x}\right)\mathrm{d}y = \frac{\tau_w}{\varrho}, \qquad (11)$$

so daß

$$\int\limits_0^h \frac{\partial}{\partial x}[u(U-u)]\,\mathrm{d}y + \frac{\partial U}{\partial x}\int\limits_0^h (U-u)\,\mathrm{d}y = \frac{\tau_w}{\varrho} \qquad (12)$$

entsteht. Außerhalb der Grenzschicht sind die Integranden null, da $u = U$ gilt; wir können also auch von $y = 0$ bis $y \to \infty$ integrieren. Im ersten Integral vertauschen wir noch die Reihenfolge von Integration und Differentiation (erlaubt, da Grenzen unabhängig von $x$):

$$\Rightarrow \quad \frac{\mathrm{d}}{\mathrm{d}x}\underbrace{\int\limits_0^\infty u(U-u)\,\mathrm{d}y}_{\delta_2 U^2} + \frac{\mathrm{d}U}{\mathrm{d}x}\underbrace{\int\limits_0^\infty (U-u)\,\mathrm{d}y}_{\delta_1 U} = \frac{\tau_w}{\varrho}. \qquad (13)$$

Mit den „Abkürzungen" $\delta_1$ (Verdrängungsdicke) und $\delta_2$ (Impulsverlustdicke) ergibt sich die Impulsgleichung der stationären, inkompressiblen, ebenen Grenzschichtströmung:

$$\frac{\tau_w}{\varrho} = \frac{\mathrm{d}}{\mathrm{d}x}\left[U^2\delta_2\right] + \delta_1 U\frac{\mathrm{d}U}{\mathrm{d}x} \qquad (14)$$

oder nach Anwendung der Produktregel (S. L. (12.141)):

$$\frac{\mathrm{d}\delta_2}{\mathrm{d}x} + \frac{1}{U}\frac{\mathrm{d}U}{\mathrm{d}x}(2\delta_2 + \delta_1) = \frac{\tau_w}{\varrho U^2} \qquad (15)$$

mit:

$$\delta_1 = \int\limits_0^\infty \left(1 - \frac{u}{U}\right)\mathrm{d}y,$$

$$\delta_2 = \int\limits_0^\infty \left(1 - \frac{u}{U}\right)\frac{u}{U}\,\mathrm{d}y \;.$$

## Aufgabe 12-2    Außenströmung am Keil

Die Außenströmung am Keil wird durch die „Potenzverteilung"

$$U = C x^m \;, \quad 0 \le m \le 1$$

mit

$$m = \frac{\beta}{\pi - \beta} \quad (\beta = \text{halber Keilöffnungswinkel})$$

beschrieben.
Berechnen Sie mit dem Ansatz

$$\frac{u}{U} = \sin\left(\frac{\pi}{2}\frac{y}{\delta}\right)$$

für die Geschwindigkeit in der laminaren Grenzschicht

a) die Impulsverlustdicke $\delta_2$,
b) die Verdrängungsdicke $\delta_1$,
c) die Wandschubspannung $\tau_w$.

**Lösung**

Impulsgleichung    $\left(\dfrac{\mathrm{d}}{\mathrm{d}x} \hat{=} \,'\right)$

$$\delta_2' + \frac{U'}{U}(2\delta_2 + \delta_1) = \frac{\tau_w}{\varrho U^2}$$

mit

$$\delta_1 = \int\limits_0^\delta \left(1 - \frac{u}{U}\right)\mathrm{d}y \qquad \text{„Verdrängungsdicke"}$$

und

$$\delta_2 = \int\limits_0^\delta \left(1 - \frac{u}{U}\right)\frac{u}{U}\,\mathrm{d}y \qquad \text{„Impulsverlustdicke"} \;.$$

Ansatz für die Geschwindigkeit in der Grenzschicht

$$\frac{u}{U} = \sin\left(\frac{\pi}{2}\frac{y}{\delta}\right) \;.$$

Damit folgt für die Verdrängungsdicke

$$\frac{\delta_1}{\delta} = \int\limits_0^1 \left[ 1 - \sin\left(\frac{\pi}{2}\frac{y}{\delta}\right) \right] \mathrm{d}\left(\frac{y}{\delta}\right) = \frac{\pi - 2}{\pi}$$

und für die Impulsverlustdicke

$$\frac{\delta_2}{\delta} = \int\limits_0^1 \left[ 1 - \sin\left(\frac{\pi}{2}\frac{y}{\delta}\right) \right] \sin\left(\frac{\pi}{2}\frac{y}{\delta}\right) \mathrm{d}\left(\frac{y}{\delta}\right) = \frac{4 - \pi}{2\pi} ,$$

$$\tau_w = \eta \frac{\partial u}{\partial y}\Big|_{y=0} = \eta U \frac{\partial}{\partial y}\left[ \sin\left(\frac{\pi}{2}\frac{y}{\delta}\right) \right]_{y=0} = \eta \frac{\pi}{2}\frac{U}{\delta}$$

ausgedrückt über die Impulsverlustdicke ergibt sich wegen

$$\frac{\delta_2}{\delta} = \frac{4 - \pi}{2\pi} \quad\Rightarrow\quad \tau_w = \eta \frac{4 - \pi}{4}\frac{U}{\delta_2} .$$

Einsetzen von $\tau_w$ und $\delta_1$ in die Impulsgleichung liefert eine gewöhnliche Differentialgleichung für die Impulsverlustdicke $\delta_2$. Mit

$$\delta_1 = \frac{\delta_1}{\delta}\frac{\delta}{\delta_2}\delta_2 = \frac{\pi - 2}{\pi}\frac{2\pi}{4 - \pi}\delta_2$$

folgt

$$\delta_2' + \frac{U'}{U}2\delta_2\left( 1 + \frac{\pi - 2}{4 - \pi} \right) = \frac{4 - \pi}{4}\frac{U}{\delta_2}\frac{\eta}{\varrho U^2}$$

oder

$$\delta_2\delta_2' + \frac{4}{4 - \pi}\frac{U'}{U}\delta_2^2 = \frac{4 - \pi}{4}\frac{\nu}{U} . \tag{1}$$

a) Integration der Impulsgleichung (1) für die Keilströmung:

$$U = Cx^m, \quad U' = Cmx^{m-1} \quad\Rightarrow\quad \frac{U'}{U} = \frac{m}{x}$$

wegen $\delta_2\delta_2' = \dfrac{1}{2}\dfrac{\mathrm{d}\delta_2^2}{\mathrm{d}x}$ ergibt sich eine in $\delta_2^2$ lineare Differentialgleichung erster Ordnung:

$$\frac{1}{2}\frac{\mathrm{d}\delta_2^2}{\mathrm{d}x} + \frac{4}{4 - \pi}\frac{m}{x}\delta_2^2 = \frac{4 - \pi}{4}\frac{\nu}{Cx^m}$$

oder

$$x^m f' + a\frac{x^m}{x}f = b$$

mit $\quad f = \delta_2^2 ; \quad a = \dfrac{8m}{4 - \pi} ; \quad b = \dfrac{4 - \pi}{2}\dfrac{\nu}{C} .$

Allgemeine Lösung der homogenen Differentialgleichung:

$$x^m \frac{\mathrm{d}f}{\mathrm{d}x} + a\frac{x^m}{x}f = 0$$

oder

$$\frac{\mathrm{d}f}{\mathrm{d}x} = -a\frac{f}{x}$$

und nach Trennung der Veränderlichen

$$\frac{\mathrm{d}f}{f} = -a\frac{\mathrm{d}x}{x} \; ,$$

so daß die homogene Lösung lautet

$$f_h = K_1 x^{-a} = K_1 x^{-(8m)/(4-\pi)} \; .$$

Die Partikulärlösung der inhomogenen Differentialgleichung finden wir durch Variation der Konstanten mit dem Ansatz

$$f_p = K_2(x)x^{-a} \; ,$$

der auf

$$x^m (K_2' x^{-a} - aK_2 x^{-a-1} + aK_2 x^{-a-1}) = b$$

führt. Daraus ergibt sich

$$K_2' = bx^{a-m} \quad \Rightarrow \quad K_2 = \frac{b}{a-m+1}x^{a-m+1}$$

und somit

$$f_p = \frac{b}{a-m+1}x^{1-m} \; .$$

Mit

$$a - m + 1 = \frac{8m}{4-\pi} - m + 1 = \frac{4m + \pi(m-1) + 4}{4-\pi}$$

und

$$b = \frac{4-\pi}{2}\frac{\nu}{C}$$

ist die Partikulärlösung also

$$f_p = \frac{\nu}{C}\frac{(4-\pi)^2}{8m + 2\pi(m-1) + 8}x^{1-m} \; .$$

Die allgemeine Lösung $f = f_h + f_p$ der inhomogenen Differentialgleichung lautet dann

$$\delta_2^2 = \delta_{2h}^2 + \delta_{2p}^2 = K_1 x^{(-8m)/(4-\pi)} + \frac{\nu}{C}\frac{(4-\pi)^2}{8m + 2\pi(m-1) + 8}x^{1-m} \; .$$

Da die Impulsverlustdicke bei $x = 0$ endlich sein muß, gilt $K_1 = 0$ und die Impulsverlustdicke ist durch die Partikulärlösung gegeben:

$$\delta_2 = \frac{4-\pi}{4}\sqrt{\frac{\nu}{C}\frac{2x^{1-m}}{m + 1 + (\pi/4)(m-1)}} \; .$$

b) Verdrängungsdicke $\delta_1$:

$$\delta_1 = \frac{\delta_1}{\delta}\frac{\delta}{\delta_2}\delta_2 = \frac{\pi-2}{\pi}\frac{2\pi}{4-\pi}\frac{4-\pi}{4}\sqrt{\frac{\nu}{C}\frac{2x^{1-m}}{m+1+(\pi/4)(m-1)}} \ ,$$

$$\Rightarrow \quad \delta_1 = \frac{\pi-2}{2}\sqrt{\frac{\nu}{C}\frac{2x^{1-m}}{m+1+(\pi/4)(m-1)}} \ .$$

c) Wandschubspannung $\tau_w$:

$$\tau_w = \eta\frac{4-\pi}{4}Cx^m\frac{4}{4-\pi}\sqrt{\frac{C}{\nu}\frac{m+1+(\pi/4)(m-1)}{2x^{1-m}}} \ ,$$

$$\Rightarrow \quad \tau_w = \eta\sqrt{\frac{(Cx^m)^3}{x\,\nu}}\underbrace{\sqrt{\frac{m+1+(\pi/4)(m-1)}{2}}}_{A} \ . \tag{2}$$

Die hier verwendete Integralmethode zur Berechnung der Grenzschicht am Keil ist eine Näherungslösung. Für das gegebene Problem ist das exakte Lösen der Grenzschichtgleichungen möglich. Wir können daher die mittels der Integralmethode berechnete Wandschubspannung (2) mit der exakten Lösung vergleichen:

Ebene Platte $(m = 0)$:

$$A = \frac{1}{2}\sqrt{\frac{4-\pi}{2}} = 0{,}3276 \ ; \qquad A_{\text{exakt}} = 0{,}3321 \ .$$

Staupunktströmung $(m = 1)$:

$$A = 1 \ ; \qquad A_{\text{exakt}} = 1{,}2326 \ .$$

## Aufgabe 12-3    Unstetiger Diffusor

Durch einen ebenen Kanal, dessen Höhe sich an der Stelle [1] unstetig von $h_1$ auf $h_2$ vergrößert, strömt Flüssigkeit konstanter Dichte $\varrho$ mit dem Volumenstrom $\dot{V}$.

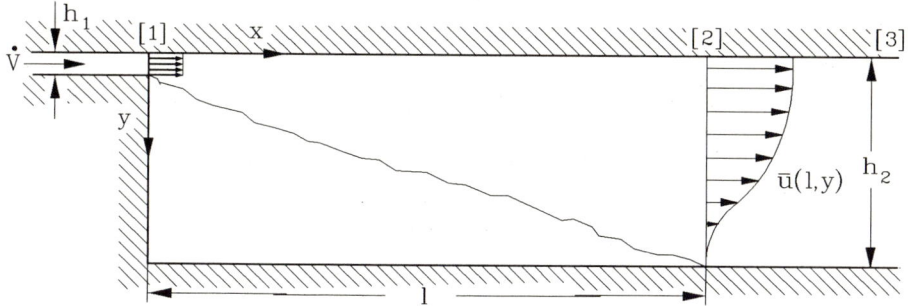

An der Stelle [1] ist die Geschwindigkeit ausgeglichen. An der unstetigen Querschnitts-erweiterung löst die Strömung ab und legt sich bei $x = l$ an der Stelle [2] wieder an die Wand an. Genügend weit stromabwärts von der Stelle [2] entfernt (Stelle [3]), ist die Strömung wieder ausgeglichen. Die sich zwischen [1] und [2] einstellende Geschwindig-keitsverteilung kann in genügendem Abstand von der Stelle [1] näherungsweise durch das Profil eines halben, ebenen, turbulenten Freistrahls beschrieben werden:

$$\overline{u}(x, y) = \sqrt{\frac{K}{x}} \frac{1}{\cosh^2(\sigma \frac{y}{x})} \quad \text{mit} \quad \sigma = 7,67 \, ,$$

wobei die $x$-Achse die Symmetrielinie des Strahles ist. An der oberen Wand trete keine Ablösung auf und der Druck kann an einer Stelle $x$ im Kanal als konstant über den Kanalquerschnitt angesehen werden.

a) Berechnen Sie die mittlere Geschwindigkeit an der Stelle [1] und geben Sie die Ge-schwindigkeitsverteilung an der Stelle [2] $\overline{u}(l, y)$ an.

b) Ermitteln Sie den Druckunterschied $\Delta p = p_2 - p_1$ zwischen [1] und [2]. An der Stelle [2] liegt das Geschwindigkeitsprofil des Freistrahles vor, an der Stelle [1] ist die Strömung ausgeglichen. Sämtliche Reibungsspannungen werden vernachlässigt.

c) Berücksichtigen Sie nun die Schubspannungen an der oberen Kanalwand ($y = 0$). Dort bildet sich ab der Stelle [1] eine turbulente Grenzschicht aus. Für die Geschwin-digkeit am Rand der Grenzschicht kann die Geschwindigkeit des Freistrahlprofiles bei $y = 0$ angenommen werden. Berechnen Sie erneut $p_2 - p_1$ und zeigen Sie durch Vergleich mit dem Ergebnis aus Aufgabenteil b), daß die Reibungskraft an der obe-ren Wand gegenüber den Impulsänderungen vernachlässigbar ist.

d) Wie groß ist der Druckrückgewinn $p_2 - p_1$ unter der Annahme, daß die Strömung an der Stelle [2] ausgeglichen ist und Reibungsspannungen vernachlässigt werden?

Geg.: $\dot{V} = 0,3 \, \text{m}^2/\text{s}$, $h_1 = 0,02$ m, $h_2 = 10 \, h_1 = 0,2$ m, $l = 23 \, h_1 = 0,46$ m, $\varrho = 1000$ kg/m$^3$, $\nu = 10^{-6} \, \text{m}^2/\text{s}$

**Lösung**

a) Die Geschwindigkeit an der Stelle [1] berechnet sich aus dem gegebenen Volumen-strom $\dot{V}$ zu

$$\overline{u}_1 = \frac{\dot{V}}{h_1} = 15 \, \text{m/s} \, .$$

An der Stelle [2] tritt derselbe Volumenstrom durch den Kanal:

$$\dot{V} = \iint\limits_{(S)} \vec{u} \cdot \vec{n} \, \mathrm{d}S = \int\limits_0^{h_2} \overline{u}(x = l, y) \mathrm{d}y = \int\limits_0^{h_2} \sqrt{\frac{K}{l}} \frac{\mathrm{d}y}{\cosh^2\left(\sigma \frac{y}{l}\right)}$$

$$= \left[\sqrt{\frac{K}{l}} \frac{l}{\sigma} \tanh\left(\sigma \frac{y}{l}\right)\right]_0^{h_2} = \frac{\sqrt{K \, l}}{\sigma} \tanh\left(\sigma \frac{h_2}{l}\right) \, .$$

Damit bestimmt sich die unbekannte Konstante $K$ des Profils zu

$$K = \frac{1}{l}\left(\frac{\dot{V}\,\sigma}{\tanh\left(\sigma\,\frac{h_2}{l}\right)}\right)^2 = 11,57 \text{ m}^3/\text{s}^2 \;.$$

Das Geschwindigkeitsprofil an der Stelle $x = l$ lautet dann

$$\bar{u}(l,y) = \frac{\dot{V}\,\sigma}{l\tanh\left(\sigma\,\frac{h_2}{l}\right)}\frac{1}{\cosh^2\left(\sigma\,\frac{y}{l}\right)} = \frac{A}{\cosh^2\left(\sigma\,\frac{y}{l}\right)} \tag{1}$$

mit

$$A = \frac{\dot{V}\,\sigma}{l\tanh\left(\sigma\,\frac{h_2}{l}\right)}\;.$$

b) Um den Druckunterschied $\Delta p = p_2 - p_1$ zu ermitteln, benutzen wir die $x$–Komponente des Impulssatzes

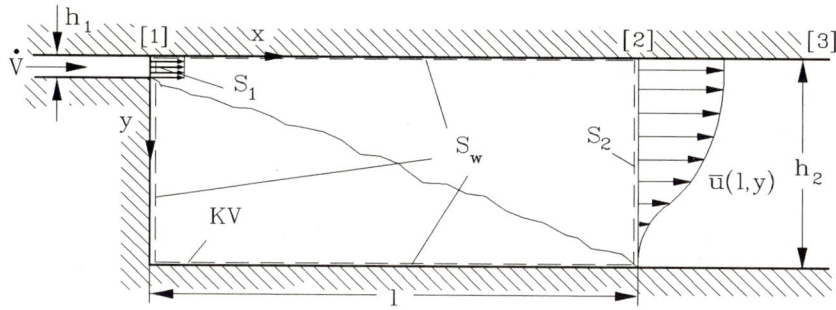

$$\vec{e}_x \cdot \iint\limits_{(S)} \varrho\,\vec{u}\,(\vec{u}\cdot\vec{n})\;\mathrm{d}S = \vec{e}_x \cdot \iint\limits_{(S)} \vec{t}\;\mathrm{d}S$$

auf das skizzierte Kontrollvolumen. Es ergibt sich

$$\iint\limits_{S_1} \varrho\,\bar{u}\,(\vec{u}\cdot\vec{n})\;\mathrm{d}S + \iint\limits_{S_2} \varrho\,\bar{u}\,(\vec{u}\cdot\vec{n})\;\mathrm{d}S = \iint\limits_{S_1} t_x\;\mathrm{d}S + \iint\limits_{S_2} t_x\;\mathrm{d}S + \iint\limits_{S_W} t_x\;\mathrm{d}S \;. \tag{2}$$

Hierin ist das letzte Integral auf der rechten Seite die Kraft in $x$–Richtung der Wand auf die Flüssigkeit. Bei Vernachlässigung sämtlicher Reibungsspannungen ist

$$F_{xw\to Fl.} = \iint\limits_{S_W} t_x\;\mathrm{d}S = p_1\,(h_2 - h_1)$$

und

$$\iint\limits_{S_1} t_x\;\mathrm{d}S = p_1\,h_1 \quad\text{sowie}\quad \iint\limits_{S_2} t_x\;\mathrm{d}S = -p_2\,h_2 \;.$$

Da die Geschwindigkeit an der Stelle [1] ausgeglichen ist wird

$$\varrho\iint\limits_{S_1} \bar{u}\,(\vec{u}\cdot\vec{n})\;\mathrm{d}S = -\varrho\,\bar{u}_1^2\,h_1 = -\varrho\,\frac{\dot{V}^2}{h_1}\;,$$

An der Stelle [2] liegt das Profil des turbulenten Freistrahles vor und daher ist

$$\varrho \iint\limits_{S_2} \overline{u}\,(\vec{u} \cdot \vec{n})\,\mathrm{d}S = \varrho\,A^2 \int\limits_{0}^{h_2} \frac{\mathrm{d}y}{\cosh^4\left(\sigma\frac{y}{l}\right)} \,.$$

Die Auswertung des Integrals auf der rechten Seite liefert

$$\varrho\,A^2 \int\limits_{0}^{h_2} \frac{\mathrm{d}y}{\cosh^4\left(\sigma\frac{y}{l}\right)} \;=\; \varrho\,\frac{A^2\,l}{3\,\sigma}\tanh\left(\sigma\frac{h_2}{l}\right)\left[3 - \tanh^2\left(\sigma\frac{h_2}{l}\right)\right]$$

$$= \;\varrho\,\frac{\sigma\,\dot{V}^2}{l}\left[\coth\left(\sigma\frac{h_2}{l}\right) - \frac{1}{3}\tanh\left(\sigma\frac{h_2}{l}\right)\right] \,.$$

Setzt man die ausgewerteten Integrale in Gleichung (2) ein, so ergibt sich die gesuchte Druckdifferenz zu

$$(p_2 - p_1)\,h_2 \;=\; \varrho\,\frac{\dot{V}^2}{h_1} - \varrho\,A^2 \int\limits_{0}^{h_2} \frac{\mathrm{d}y}{\cosh^4\left(\sigma\frac{y}{l}\right)} \quad\text{oder}$$

$$(p_2 - p_1)\,h_2 \;=\; \varrho\,\frac{\dot{V}^2}{h_1} - \varrho\,\frac{\dot{V}^2\,\sigma}{l}\left[\coth\left(\sigma\frac{h_2}{l}\right) - \frac{1}{3}\tanh\left(\sigma\frac{h_2}{l}\right)\right]$$

bzw.

$$p_2 - p_1 \;=\; \varrho\,\frac{\dot{V}^2}{h_1\,h_2}\left[1 - \sigma\frac{h_1}{l}\left(\coth\left(\sigma\frac{h_2}{l}\right) - \frac{1}{3}\tanh\left(\sigma\frac{h_2}{l}\right)\right)\right] \qquad (3)$$

$$p_2 - p_1 \;=\; 0,776\,\varrho\,\frac{\dot{V}^2}{h_1\,h_2} = 0,175\,\text{bar} \,.$$

c) Berücksichtigt man im Impulssatz die Reibungsspannungen an der oberen Wand, so entsteht ein zusätzlicher Beitrag, da $t_x$ an der Teilfläche $S_o$ der Wandfläche $S_w$ nun von null verschieden ist:

$$F_{xw \to Fl.} = \iint\limits_{S_w} t_x\,\mathrm{d}S = p_1\,(h_2 - h_1) + \iint\limits_{S_o} t_x\,\mathrm{d}S \,.$$

Die $x$–Komponente des Spannungsvektors an der oberen Wand $S_o$ ist

$$t_x = \tau_{xx}\,n_x + \tau_{xy}\,n_y$$

und wegen $n_x = 0$ und $n_y = -1$

$$t_x = -\tau_{xy} = -\tau_w \,.$$

Mit dem Zusatzterm erhält man aus Gleichung (2) nun die Druckdifferenz

$$p_2 - p_1 = \varrho \frac{\dot{V}^2}{h_1 h_2} \left[ 1 - \sigma \frac{h_1}{l} \left( \coth \left( \sigma \frac{h_2}{l} \right) - \frac{1}{3} \tanh \left( \sigma \frac{h_2}{l} \right) \right) \right]$$

$$- \frac{1}{h_2} \int_0^l \tau_w(x) \mathrm{d}x \, , \tag{4}$$

wobei der erste Term der rechten Seite dem bereits bekannten Ergebnis aus Aufgabenteil b) entspricht. Für die Abschätzung der Wandschubspannung $\tau_w(x)$ wird ein Widerstandsgesetz für die ebene Platte benutzt. Zunächst muß jedoch die lokale Reynoldszahl

$$Re_x = \frac{u(x)\, x}{\nu}$$

ermittelt werden für die Geschwindigkeit $u(x)$ am Außenrand der Grenzschicht, die die Geschwindigkeit an der Wand ist. Aus der Aufgabenstellung ist sie durch

$$u(x, y = 0) = \sqrt{\frac{K}{x}} \, . \tag{5}$$

gegeben. Die Stelle $x = 0$, an der die Geschwindigkeit unendlich groß würde, bezeichnet man als den Ursprung des Halbstrahles.

Um an der Stelle [1] eine endliche Geschwindigkeit zu erreichen, muß der virtuelle Ursprung des Strahles um eine Strecke $x_0$ in den Kanal verschoben werden. Diese Strecke $x_0$ errechnet sich, indem man die Geschwindigkeit aus Aufgabenteil a)

$$u_1 = 15 \text{ m/s} \, ,$$

die bei $x = x_0$ vorliegen muß in Gleichung (5) einsetzt. Dies führt auf

$$u_1 = \sqrt{\frac{K}{x_0}} \quad \Rightarrow \quad x_0 = \frac{K}{u_1^2} = 0,051 \, \text{m} \, .$$

Daraus folgt eine um $x = -x_0$ verschobene Verteilung

$$u(x, y = 0) = \sqrt{\frac{K}{x + x_0}} \, , \tag{6}$$

welche wir jetzt für die Geschwindigkeit am Außenrand der Grenzschicht verwenden. An der Stelle [1] erhält man mit Gleichung (6) nun die in Aufgabenteil a) errechnete Geschwindigkeit $u_1$, allerdings wird die Geschwindigkeit bei $x = l$ etwas unterschätzt, was bei der Berechnung der Wandschubspannung aber vernachlässigbar ist. Mit Gleichung (6) ermittelt man die lokale Reynoldszahl zu

$$Re_x = \frac{u\, x}{\nu} = \frac{\sqrt{K}}{\nu} \sqrt{\frac{x^2}{x + x_0}} \, .$$

Sie liegt mit den bereits errechneten Werten von $K$ und $x_0$ im Bereich

$$0 < Re_x < 1,4 * 10^6 \; .$$

Mit dem Widerstandsgesetz (S. L. (12.171))

$$\tau_w(x) = \frac{\varrho}{2} U_\infty^2 \, c_f' = \frac{\varrho}{2} U_\infty^2 \, 0,0576 \, Re_x^{-1/5}$$

in dem $U_\infty$ nun durch $u(x,0)$ zu ersetzen ist, erhält man

$$\tau_w(x) \;=\; \frac{\varrho}{2} \frac{K}{x + x_0} 0,0576 \left( \frac{\sqrt{K}}{\nu} \sqrt{\frac{x^2}{x + x_0}} \right)^{-1/5} \quad \text{oder}$$

$$\tau_w(x) \;=\; \frac{\varrho}{2} 0,0576 \frac{K^{9/10}}{\nu^{-1/5}} \left( x^{11/9} + x_0 \, x^{2/9} \right)^{-9/10} \; .$$

Die Integration über die Plattenlänge $l$ muß numerisch ausgeführt werden und führt auf eine Widerstandskraft pro Tiefeneinheit von

$$F_w = \int\limits_0^l \tau_w(x) \mathrm{d}x = 54,3 \; \mathrm{N/m} \; .$$

Eine obere Abschätzung der Widerstandskraft ohne Berücksichtigung des Geschwindigkeitsabfalles am Außenrand der Grenzschicht ermittelt man aus (S. L. (12.169))

$$c_f = \frac{F_w}{L \, (\varrho/2) \, U_\infty^2} = 0,072 \, Re_L^{-1/5} \; , \tag{7}$$

wobei $L = l = 0,46$ m und $U_\infty = u_1 = 15$ m/s gesetzt und die Reynoldszahl

$$Re_l = \frac{u_1 \, l}{\nu} = 6,9 * 10^6$$

nach der Widerstandskraft aufgelöst wird. Man erhält aus Gleichung (7)

$$F_w = 0,072 \, Re_L^{-1/5} \, l \, \frac{\varrho}{2} \, u_1^2 = 159,76 \; \mathrm{N/m} \; .$$

Mit dieser Widerstandskraft gelangt man aus Gleichung (4) zu der Druckdifferenz

$$p_2 - p_1 = \varrho \frac{\dot{V}^2}{h_1 \, h_2} [0,776 - 0,0355] = 0,74 \, \varrho \frac{\dot{V}^2}{h_1 \, h_2} = 0,166 \, \mathrm{bar} \; . \tag{8}$$

die sich nicht wesentlich von dem Ergebnis aus b) unterscheidet. Der Einfluß der Schubspannungen auf den Druckunterschied ist vernachlässigbar.

d) Nimmt man an der Stelle [2] ausgeglichene Strömung an, so errechnet man aus dem Impulssatz die Druckdifferenz

$$p_2 - p_1 \;=\; \varrho \frac{\dot{V}^2}{h_1 \, h_2} \left( 1 - \frac{h_1}{h_2} \right)$$

$$\;=\; 0,9 \, \varrho \frac{\dot{V}^2}{h_1 \, h_2} = 0,205 \, \mathrm{bar} \; ,$$

die dem Carnot-Stoß (S. L. (9.52)) entspricht.

Die Druckerhöhung ist in diesem Fall höher als die Druckerhöhung aus Aufgabenteil b), was man auch erwartet, da sich zwischen den Stellen [2] und [3] das Geschwindigkeitsprofil noch ausgleicht, was einen weiteren Druckanstieg zur Folge hat. Man erhält auch bei der Wahl eines anderen Geschwindigkeitsprofiles an [2] immer einen Druckunterschied, der kleiner ist als beim Carnot-Stoß, da das Rechteckprofil bei gegebenem Volumenstrom $\dot{V}$ das Profil mit dem kleinsten Impuls ist.

## Aufgabe 12-4    Korrektur des Widerstandsbeiwertes bei einem Doppelkeilprofil

Für das skizzierte Doppelkeilprofil in stationärer Überschallströmung ($M_\infty = 2$) soll der Widerstandsbeiwert

$$c_w = \frac{F_w}{\varrho_\infty/2 \, U_\infty^2 \, l}$$

ermittelt werden.

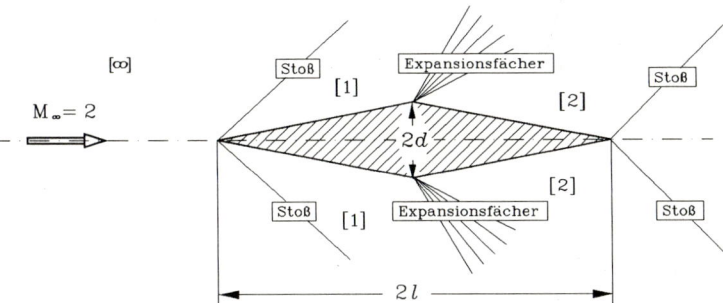

Nach der Froudeschen Hypothese, die experimentell ganz gut bestätigt ist, setzt sich der Widerstandsbeiwert $c_w$ zusammen aus einem Reibungswiderstandsbeiwert $c_f$, der von der Machzahl und der Reynoldszahl abhängt und einem Widerstandsbeiwert $c_{wd}$, der bekanntlich nur von der Machzahl abhängt und den man auch Wellenwiderstandsbeiwert nennt. Es gilt also näherungsweise:

$$c_w = c_f(Re, M) + c_{wd}(M) \ .$$

An einem geometrisch ähnlichen Modell im Windkanal (Maßstabsfaktor der Länge $l/l' = 100$) wird nun der Widerstandsbeiwert $c_w' = 0,15$ gemessen. Im Falle gleicher Reynoldszahl und gleicher Machzahl bei Modell und Großausführung ist dies dann auch der Beiwert der Großausführung $c_w = c_w'$.

Bei der Messung am Modell kann aber in der Regel die Reynoldszahl der Großausführung nicht erreicht werden, so daß eine Korrektur des Widerstandsbeiwertes $c_w = \Delta c_w + c_w'$ erforderlich wird.

a) Berechnen Sie die Strömung in den Gebieten [1] und [2] bei einer Anströmmachzahl $M_\infty = 2$ für Modell und Großausführung.

b) Wie groß ist der theoretische Wellenwiderstandsbeiwert?

c) Wie groß sind die Reynoldszahlen, gebildet mit der Plattenlänge in den Gebieten [1] und [2]
   1.) am Modell?,
   2.) an der Großausführung?

d) Ermitteln Sie die Reibungsbeiwerte an Modell und Großausführung und berechnen Sie den Gesamtwiderstandsbeiwert $c_w$ der Großausführung. Für den Reibungsbeiwert einer der Profilflächen kann der Beiwert der ebenen Platte verwendet werden (siehe Hinweis).

Strömungsmedium ist Luft (kalorisch ideales Gas).

Im Windkanal wird die Machzahl $M_\infty = 2$ vor dem Modell durch isentrope Strömung aus dem Ruhezustand ($p_t = p_\infty$, $T_t = T_\infty$) heraus erreicht.

Geg.:   $M_\infty = 2$, $p_\infty = 1\,\text{bar}$, $T_\infty = 300\,\text{K}$, $\gamma = 1,4$, $R = 287\,\text{J/(kg K)}$, $\nu_\infty = 16 * 10^{-6}\,\text{m}^2/\text{s}$, $d = 0,353\,\text{m}$, $l = 2\,\text{m}$

Hinweis:

Nehmen Sie an, daß die Zähigkeit $\eta$ des Gases proportional seiner Temperatur ist und die Wand wärmeundurchlässig ist. Dann kann man den Widerstandsbeiwert $c_f$ einer ebenen Platte wie folgt berechnen:

a) bei laminarer Grenzschicht in kompressibler Strömung ($Re < 5 * 10^5$) ist $c_f(Re, M)$ nicht mehr von der Machzahl abhängig und berechnet sich wie in inkompressibler, laminarer Strömung.

b) bei turbulenter, kompressibler Grenzschicht ($Re > 5 * 10^5$) kann dieselbe Gleichung wie für die turbulente, inkompressible Strömung benutzt werden, allerdings werden die Stoffwerte $\varrho$ und $\eta$ bei einer anderen Bezugstemperatur $T^*$ eingesetzt. Wählen Sie $T^* = T_w$ (Wandtemperatur)

$$T_w = T(1 + r\frac{\gamma - 1}{2}M^2)\,,$$

wobei für $T$ und $M$ jeweils die Werte am Rand der Grenzschicht zu nehmen sind mit dem Recovery–Faktor $r = 0,88$.

## Lösung

a) Zustand in den Gebieten [1] und [2] :
   1.) schräger Verdichtungsstoß von [∞] nach [1]:
   Aus $d/l = 0,176 = \tan\delta$ folgt der Umlenkwinkel zu $\delta = 10°$, die Anströmmachzahl ist $M_\infty = 2$ und man erhält aus den Diagrammen C.1 und C.2 (S. L. Anhang C):

$$M_1 = 1,64\,,\quad \Theta_1 = 39,31°\quad \Rightarrow\quad M_{n\infty} = 1,267\,.$$

Die Größen nach dem Stoß sind (S. L. (Tabelle C.2)):

$$p_1 = 1,69\,p_\infty\,,\quad \varrho_1 = 1,45\,\varrho_\infty\,,\quad T_1 = 1,17\,T_\infty$$

Daraus folgt

$$a_1 = 1,08 \, a_\infty \,, \quad U_1 = 0,885 \, U_\infty \,, \quad \eta_1 = \eta_\infty \frac{T_1}{T_\infty} = 1,17 \, \eta_\infty \,, \quad \nu_1 = \frac{\eta_1}{\varrho_1} = 0,807 \, \nu_\infty \,.$$

2.) Prandtl-Meyer-Expansion von [1] nach [2]:

Mit $M_1 = 1,64$ liest man aus (S. L. (Tabelle C.3)) den Umlenkwinkel $\nu_1 = 16,04°$ ab, der zur Anströmung $M = 1$ gehört. Die gesamte Umlenkung ist dann $\nu = \nu_1 + 20° = 36,04°$ und die Machzahl im Gebiet [2] $M_2 = 2,37$. Die Größen nach der Expansion können mit Hilfe der Tabelle C.1 (S. L.) berechnet werden. Man findet

$$p_2 = 0,329 \, p_1 = 0,56 \, p_\infty \,, \quad \varrho_2 = 0,445 \, \varrho_1 = 0,65 \, \varrho_\infty \,, \quad T_2 = 0,725 \, T_1 = 0,85 \, T_\infty \,.$$

und ermittelt damit

$$a_2 = 0,92 \, a_\infty \,, \quad U_2 = 1,09 \, U_\infty \,, \quad \eta_2 = \eta_\infty \frac{T_2}{T_\infty} = 0,85 \, \eta_\infty \,, \quad \nu_2 = \frac{\eta_2}{\varrho_2} = 1,31 \, \nu_\infty \,.$$

Die oben berechneten Größen gelten gleichermaßen für Modell und Großausführung. Im folgenden werden Größen, die am Modell auftreten mit einem Strich (') versehen.

Der Gaszustand vor der Großausführung ist ($M_\infty = 2$)

$$\varrho_\infty = 1,16 \, \text{kg/m}^3, \quad p_\infty = 1 \, \text{bar}, \quad T_\infty = 300 \, \text{K}$$

und

$$a_\infty = 347,2 \, \text{m/s}, \quad U_\infty = 2 \, a_\infty = 694,4 \, \text{m/s}, \quad \nu_\infty = 16 * 10^{-6} \, \text{m}^2/\text{s} \,.$$

Im Windkanal wird das Gas, ausgehend vom Ruhezustand

$$p_t = 1 \, \text{bar}, \quad T_t = 300 \, \text{K}, \quad \nu_t = 16 * 10^{-6} \, \text{m}^2/\text{s}$$

isentrop auf $M_\infty = 2$ expandiert und der Zustand vor dem Modell kann Tabelle C.1 (S. L.) entnommen werden:

$$p'_\infty = 0,128 \, p_t = 0,128 \, \text{bar}, \quad \varrho'_\infty = 0,23 \, \varrho_t = 0,267 \, \text{kg/m}^3,$$

$$T'_\infty = 0,55 \, T_t = 165 \, \text{K}, \quad a'_\infty = 0,745 \, a_t = 258,5 \, \text{m/s},$$

so daß sich

$$U'_\infty = 2 \, a'_\infty = 517 \, \text{m/s}, \quad \nu'_\infty = 38,3 * 10^{-6} \, \text{m}^2/\text{s}$$

ergibt.

b) Wellenwiderstandsbeiwert:

Die Widerstandskraft, die vom Druckunterschied zwischen Vorderseite und Hinterseite des Profiles herrührt, lautet

$$F_w = (p_1 - p_2) \, 2 \, d \,.$$

Bezogen auf die Anströmung erhält man

$$c_{wd} = \frac{p_1 - p_2}{\varrho_\infty/2 \, U_\infty^2} \frac{2 \, d}{l} \,.$$

Das ist der theoretische Wellenwiderstandsbeiwert. Mit

$$\varrho_\infty \, U_\infty{}^2 = \varrho_\infty \, M_\infty{}^2 \, a_\infty{}^2 = \gamma \, M_\infty{}^2 p_\infty$$

erhält man

$$c_{wd} = 4 \, \frac{p_1 - p_2}{\gamma \, M_\infty{}^2 p_\infty} \frac{d}{l} = 4\gamma \left( \frac{p_1}{p_\infty} - \frac{p_2}{p_\infty} \right) \frac{1}{M_\infty{}^2} \frac{d}{l} \, .$$

Mit den Druckverhältnissen aus Aufgabenteil a), $M_\infty = 2$ und $d/l = 0,176$ errechnet man

$$c_{wd} = 0,142 \, .$$

Man erkennt, daß bei geometrischer Ähnlichkeit von Modell und Großausführung der Wellenwiderstandsbeiwert derselbe ist.

c) Reynoldszahlen:
Die Länge eines Profilabschnittes ist $\sqrt{l^2 + d^2} \approx l$ und damit errechnet man die Reynoldszahlen in den einzelnen Gebieten zu

$$Re = \frac{U \, l}{\nu}$$

1.) Für die Großausführung ergibt sich mit:

$$l = 2\,\text{m}, \quad U_\infty = 694,4\,\text{m/s}, \quad \nu_\infty = 16 * 10^{-6}\,\text{m}^2/\text{s} \, ,$$

$$Re_1 = \frac{U_1 \, l}{\nu_1} = \frac{0,885 U_\infty \, l}{0,807 \nu_\infty} = 9,5 * 10^7$$

und

$$Re_2 = \frac{U_2 \, l}{\nu_2} = \frac{1,09 U_\infty \, l}{1,31 \nu_\infty} = 7,2 * 10^7 \, .$$

2.) Für das Modell (Maßstabsfaktor $l/l' = 100$) mit:

$$l' = 0,02\,\text{m}, \quad U'_\infty = 517\,\text{m/s}, \quad \nu'_\infty = 38,3 * 10^{-6}\,\text{m}^2/\text{s}$$

also

$$Re'_1 = \frac{U'_1 \, l'}{\nu_1} = \frac{0,885 U'_\infty \, l'}{0,807 \nu'_\infty} = 2,96 * 10^5$$

und

$$Re'_2 = \frac{U'_2 \, l'}{\nu'_2} = \frac{1,09 U'_\infty \, l'}{1,31 \nu'_\infty} = 2,24 * 10^5 \, .$$

Aufgrund der unterschiedlichen Reynoldszahlen ist am Modell mit einer laminaren Grenzschicht und an der Großausführung mit einer turbulenten Grenzschicht zu rechnen!

d) Reibungsbeiwerte:
Der gesamte Reibungsbeiwert ist die Summe der Reibungsbeiwerte der vier Flächen des Profils

$$c_f = 2c_{f1} + 2c_{f2} = 2 \left( c_{f1} + c_{f2} \right) \, ,$$

wobei für den Reibungsbeiwert einer Profilfläche der Beiwert der ebenen Platte verwendet werden kann.

1.) Modell

Die Grenzschicht ist laminar und unter den gegebenen Voraussetzungen ist $c_{f\text{kompressibel}} = c_{f\text{inkompressibel}}$. Im vorliegenden Fall wird das Blasiussche Widerstandsgesetz für die laminare Plattenströmung (S. L. (12.51))

$$c_f = 1,33\ Re^{-1/2} \text{ mit } Re = \frac{Ul}{\nu}$$

verwendet und man erhält im Gebiet [1]:

$$c'_{f1} = 1,33\ Re_1'^{-1/2} = 0,0024 = \frac{F_w}{\varrho_1'/2\ U_1'^2 l'}$$

und im Gebiet [2]:

$$c'_{f2} = 1,33\ Re_2'^{-1/2} = 0,0027 = \frac{F_w}{\varrho_2'/2\ U_2'^2 l'} \ .$$

Bezogen auf die Anströmung des Profiles $\varrho_\infty'/2\ U_\infty'^2 l'$ ergibt sich

$$c'_{f1} = \frac{F_w}{\varrho_\infty'/2\ U_\infty'^2 l'} = 0,0027$$

und

$$c'_{f2} = \frac{F_w}{\varrho_\infty'/2\ U_\infty'^2 l'} = 0,0022 \ .$$

Der Gesamtreibungsbeiwert ist dann

$$c'_f = 0,0098 \ .$$

2.) Großausführung:

Die Grenzschicht ist turbulent. Wir verwenden ein Widerstandsgesetz für inkompressible Strömung, müssen allerdings die Dichte $\varrho$ und die Viskosität $\eta$ bei der Bezugstemperatur, in diesem Fall bei der Wandtemperatur einsetzen. Wir benutzen den lokalen Reibungsbeiwert (S. L. (12.186)):

$$\frac{\tau_w}{\varrho/2\ U_\infty^2} = 0,024\ Re_x^{-1/7}$$

mit der örtlichen Reynoldszahl $Re = U_\infty x/\nu$, und erhalten nach Integration über die Plattenlänge $l$

$$\frac{F_w}{\varrho/2\ U_\infty^2} = 0,024 \int_0^l \left(\frac{U_\infty x}{\nu}\right)^{-1/7} \mathrm{d}x = 0,028 \left(\frac{U_\infty l}{\nu}\right)^{-1/7} l$$

bzw. für den Reibungsbeiwert

$$c_f = \frac{F_w}{\varrho/2\ U_\infty^2 l} = 0,028\ Re_l^{-1/7} \ . \tag{1}$$

In inkompressibler Strömung werden Dichte und Viskosität bei der Temperatur der ungestörten Außenströmung eingesetzt. Bei Anwendung auf die kompressible Strömung müssen die Größen nun bei der Bezugstemperatur $T^*$ ermittelt werden: Es gilt:

$$\eta \sim T \Rightarrow \frac{\eta^*}{\eta_\infty} = \frac{T^*}{T_\infty} \, ,$$

$$\varrho \sim \frac{1}{T} \Rightarrow \frac{\varrho^*}{\varrho_\infty} = \frac{T_\infty}{T^*} \, .$$

Damit erhält man

$$\varrho^* = \frac{T_\infty}{T^*} \varrho_\infty \quad \text{und} \quad \nu^* = \frac{\eta^*}{\varrho^*} = \left(\frac{T^*}{T_\infty}\right)^2 \nu_\infty \, .$$

In Gleichung (1) ist die Reynoldszahl mit $\nu^*$ gebildet :

$$\frac{F_w}{\varrho^*/2 \, U_\infty^2 l} = 0,028 \, \left(\frac{U_\infty l}{\nu^*}\right)^{-1/7} \, ,$$

was mit der Reynoldszahl der Anströmung auf

$$\frac{F_w}{\varrho_\infty/2 \, U_\infty^2 l} = 0,028 \, \left(\frac{U_\infty l}{\nu_\infty}\right)^{-1/7} \left(\frac{T_\infty}{T^*}\right)^{5/7}$$

führt. Dies ist ein Widerstandsgesetz für die turbulente Grenzschicht in kompressibler Strömung.

Die Bezugstemperatur (hier die Wandtemperatur), errechnet sich in Gebiet [1] mit $M_1 = 1,64$ zu

$$T_{w1} = T_1(1 + r\frac{\gamma - 1}{2}M_1^2) = 1,47 \, T_1$$

und im Gebiet [2] mit $M_2 = 2,37$ zu

$$T_{w2} = T_2(1 + r\frac{\gamma - 1}{2}M_2^2) = 1,99 \, T_2 \, .$$

Der Reibungsbeiwert ist dann in [1]

$$c_{f1} = \frac{F_w}{\varrho_1/2 \, U_1^2 l} = 0,028 \, \left(\frac{U_1 l}{\nu_1}\right)^{-1/7} \left(\frac{T_1}{T_{w1}}\right)^{5/7} = 0,00154$$

und in [2]

$$c_{f2} = \frac{F_w}{\varrho_2/2 \, U_2^2 l} = 0,028 \, \left(\frac{U_2 l}{\nu_2}\right)^{-1/7} \left(\frac{T_2}{T_{w2}}\right)^{5/7} = 0,00129 \, .$$

Bezogen auf die Anströmung $\varrho_\infty/2 \, U_\infty^2 l$ erhält man

$$c_{f1} = \frac{F_w}{\varrho_\infty/2 \, U_\infty^2 l} = 0,00175$$

und

$$c_{f2} = \frac{F_w}{\varrho_\infty/2 \, U_\infty^2 l} = 0,00099$$

sowie den Gesamtreibungsbeiwert

$$c_f = 0,0055 \ .$$

Der Gesamtwiderstandsbeiwert ist für die Großausführung

$$c_w = c_f(Re, M) + c_{wd}(M)$$

und für das Modell

$$c'_w = c'_f(Re') + c'_{wd}(M') \ .$$

Bei $M = M'$ ist $c_{wd}(M) = c'_{wd}(M')$ und die Korrektur lautet

$$\Delta c_w = c_w - c'_w = c_f(Re, M) - c'_f(Re) \ .$$

Mit den berechneten Reibungsbeiwerten erhält man

$$\Delta c_w = 0,0055 - 0,0094 = -0,0039 \ ,$$

woraus sich mit dem gemessenen Widerstandsbeiwert des Modelles $c'_w = 0,15$ der Widerstandsbeiwert der Großausführung zu

$$c_w = c'_w + \Delta c_w = 0,15 - 0,0039 = 0,146 \ .$$

ermittelt. Die Korrektur ist klein im Vergleich zum gesamten Widerstandsbeiwert, weil der Anteil des Wellenwiderstandes zum Gesamtwiderstand sehr groß ist. Die entsprechenden Verhältnisse sind

$$\frac{c'_f}{c_{wd}} \sim 0,067 \quad \text{und} \quad \frac{c_f}{c_{wd}} \sim 0,0387 \ .$$

# A  Tensorrechnung

## Aufgabe A-1

Vereinfachen Sie den folgenden Ausdruck ($i, j, k = 1, 2, 3$):

$$(A_{ijk} + A_{jki} + A_{jik})\, x_i\, x_j\, x_k \, .$$

### Lösung

$$(A_{ijk} + A_{jki} + A_{jik})\, x_i\, x_j\, x_k = A_{ijk}\, x_i\, x_j\, x_k + A_{jki}\, x_i\, x_j\, x_k + A_{jik}\, x_i\, x_j\, x_k \, .$$

Stumme Indizes dürfen umbenannt werden. Auf der rechten Seite setzen wir
im 2. Summanden $j \to i$ , $k \to j$ , $i \to k$ und
im 3. Summanden $j \to i$ , $i \to j$
und erhalten

$$(A_{ijk} + A_{jki} + A_{jik})\, x_i\, x_j\, x_k = A_{ijk}\, x_i\, x_j\, x_k + A_{ijk}\, x_i\, x_j\, x_k + A_{ijk}\, x_i\, x_j\, x_k$$

$$= 3\, A_{ijk}\, x_i\, x_j\, x_k \, .$$

## Aufgabe A-2

Für $b_{ij} \neq b_{ji}$ sind folgende Behauptungen zu zeigen ($i, j, k = 1, 2, 3$):

a) $b_{ij}\, x_i\, y_j \neq b_{ij}\, y_i\, x_j$

b) $b_{ij}\, x_i\, x_j = b_{ji}\, x_i\, x_j$

c) $(b_{ij} + b_{ji})\, x_i\, y_j \neq 2\, b_{ji}\, x_i\, y_j$

d) $(b_{ij} + b_{ji})\, x_i\, x_j = 2\, b_{ji}\, x_i\, x_j$

e) Man zeige, daß aus $\epsilon_{ijk}\, \tau_{ij} = 0$ ($\epsilon_{ijk}$ bezeichnet den $\epsilon$–Tensor) die Symmetrie $\tau_{ij} = \tau_{ji}$ folgt.

**Lösung**

a) Allgemein gilt $x_i\,y_j \neq x_j\,y_i$, hieraus folgt die Behauptung durch Aussummieren.

b) Durch Umbenennen der stummen Indizes und mit $x_i\,x_j = x_j\,x_i$ erhält man

$$b_{ij}\,x_i\,x_j \;=\; b_{ji}\,x_j\,x_i$$

$$\;=\; b_{ji}\,x_i\,x_j \;.$$

c) Durch Umbenennen der stummen Indizes und mit $x_i\,x_j = x_j\,x_i$ erhält man

$$(b_{ij} + b_{ji})\,x_i\,y_j - 2\,b_{ji}\,x_i\,y_j \;=\;$$

$$b_{ij}\,x_i\,y_j - b_{ji}\,x_i\,y_j \;=\;$$

$$b_{ij}\,x_i\,y_j - b_{ij}\,x_j\,y_i \;=\;$$

$$b_{ij}\,x_i\,y_j - b_{ij}\,y_i\,x_j \;\neq\; 0 \qquad \text{nach a) .}$$

d) folgt aus b)

e)

$$k = 1 \;:\; \epsilon_{231}\,\tau_{23} + \epsilon_{321}\,\tau_{32} = \tau_{23} - \tau_{32} = 0$$

$$k = 2 \;:\; \epsilon_{312}\,\tau_{31} + \epsilon_{132}\,\tau_{13} = \tau_{31} - \tau_{13} = 0$$

$$k = 3 \;:\; \epsilon_{123}\,\tau_{12} + \epsilon_{213}\,\tau_{21} = \tau_{12} - \tau_{21} = 0$$

$$\Rightarrow \tau_{ij} = \tau_{ji}$$

# Aufgabe A-3

$\delta_{ij}$ bezeichnet das Kronecker–Symbol, $\epsilon_{ijk}$ den $\epsilon$–Tensor. Man berechne den Zahlenwert der folgenden Ausdrücke ($i, j, k = 1, 2, 3$):

a) $\delta_{ii} = \ldots$ , $\quad \delta_{ij}\,\delta_{ji} = \ldots$ , $\quad \delta_{ij}\,\delta_{ik}\,\delta_{jk} = \ldots$ , $\quad \epsilon_{ijk}\,\epsilon_{ijk} = \ldots$

b) Vereinfachen Sie den Ausdruck

$$a_i \;=\; \delta_{jl}\,\delta_{km}\,\epsilon_{ilm}\,b_j\,c_k \;.$$

Wie lautet dieser Ausdruck in symbolischer Schreibweise?

(Schreiben Sie die Komponenten aus!)

**Lösung**

a)

$$\delta_{ii} = \delta_{11} + \delta_{22} + \delta_{33} = 1 + 1 + 1 = 3 \,,$$

$$\delta_{ij}\delta_{ji} = \delta_{ii} = 3 \quad , \quad \delta_{ij}\delta_{ik}\delta_{jk} = \delta_{ij}\delta_{ji} = \delta_{ii} = 3 \,,$$

$$\epsilon_{ijk}\,\epsilon_{ijk} = \epsilon_{123}\,\epsilon_{123} + \epsilon_{231}\,\epsilon_{231} + \epsilon_{312}\,\epsilon_{312} +$$

$$+ \epsilon_{132}\,\epsilon_{132} + \epsilon_{213}\,\epsilon_{213} + \epsilon_{321}\,\epsilon_{321}$$

$$= 6 \,.$$

b)

$$a_i = \delta_{jl}\delta_{km}\epsilon_{ilm}\,b_j c_k$$

$$= \epsilon_{ijk}b_j c_k \,.$$

Es handelt sich um das Kreuzprodukt: $\vec{a} = \vec{b} \times \vec{c}$.

$$i = 1 \,: \qquad a_1 = \epsilon_{123}\,b_2 c_3 + \epsilon_{132}\,b_3 c_2$$

$$a_1 = b_2 c_3 - b_3 c_2$$

$$i = 2 \,: \qquad a_2 = \epsilon_{231}\,b_3 c_1 + \epsilon_{213}\,b_1 c_3$$

$$a_2 = b_3 c_1 - b_1 c_3$$

$$i = 3 \,: \qquad a_3 = \epsilon_{312}\,b_1 c_2 + \epsilon_{321}\,b_2 c_1$$

$$a_3 = b_1 c_2 - b_2 c_1$$

# Aufgabe A-4

Es gilt

$$\epsilon_{pqs}\,\epsilon_{mnr} = \det \begin{bmatrix} \delta_{mp} & \delta_{mq} & \delta_{ms} \\ \delta_{np} & \delta_{nq} & \delta_{ns} \\ \delta_{rp} & \delta_{rq} & \delta_{rs} \end{bmatrix} \,.$$

Man benutze dies zum Beweis der folgenden Identitäten:

a) $\epsilon_{pqs}\,\epsilon_{snr} = \delta_{pn}\,\delta_{qr} - \delta_{pr}\,\delta_{qn}$
b) $\epsilon_{pqs}\,\epsilon_{sqr} = -2\,\delta_{pr}$

**Lösung**

a) Wir entwickeln die Determinante nach der ersten Reihe

$$\epsilon_{pqs}\,\epsilon_{mnr} = \delta_{mp}\,(\delta_{nq}\,\delta_{rs} - \delta_{ns}\,\delta_{rq}) - \delta_{mq}\,(\delta_{np}\,\delta_{rs} - \delta_{ns}\,\delta_{rp}) + \delta_{ms}\,(\delta_{np}\,\delta_{rq} - \delta_{nq}\,\delta_{rp})$$

und setzen $m = s$:

$$\epsilon_{pqs}\,\epsilon_{snr} = \delta_{sp}\,(\delta_{nq}\,\delta_{rs} - \delta_{ns}\,\delta_{rq}) - \delta_{sq}\,(\delta_{np}\,\delta_{rs} - \delta_{ns}\,\delta_{rp}) + \delta_{ss}\,(\delta_{np}\,\delta_{rq} - \delta_{nq}\,\delta_{rp})$$

$$= \delta_{nq}\,\delta_{rp} - \delta_{np}\,\delta_{rq} - \delta_{np}\,\delta_{rq} + \delta_{nq}\,\delta_{rp} + 3\,\delta_{np}\,\delta_{rq} - 3\,\delta_{nq}\,\delta_{rp}\,,$$

$$\epsilon_{pqs}\,\epsilon_{snr} = \delta_{np}\,\delta_{rq} - \delta_{nq}\,\delta_{rp} = \delta_{pn}\,\delta_{qr} - \delta_{pr}\,\delta_{qn}\,.$$

b) Im Ergebnis aus a) setzen wir $n = q$:

$$\epsilon_{pqs}\,\epsilon_{sqr} = \delta_{pq}\,\delta_{qr} - \delta_{pr}\,\delta_{qq} = \delta_{pr} - 3\,\delta_{pr} = -2\,\delta_{pr}\,.$$

## Aufgabe A-5

Beweisen Sie in Indexnotation folgende Identitäten:

a) $(\vec{a} \times \vec{b}) \cdot (\vec{c} \times \vec{d}) = (\vec{a} \cdot \vec{c})\,(\vec{d} \cdot \vec{b}) - (\vec{a} \cdot \vec{d})\,(\vec{b} \cdot \vec{c})$
b) $\vec{a} \times (\vec{b} \times \vec{c}) + \vec{b} \times (\vec{c} \times \vec{a}) + \vec{c} \times (\vec{a} \times \vec{b}) = 0$

**Lösung**

a)

$$(\vec{a} \times \vec{b}) \cdot (\vec{c} \times \vec{d}) \,\hat{=}\, \epsilon_{ijk}\,a_i\,b_j\,\epsilon_{lmk}\,c_l\,d_m\,.$$

Mit $\epsilon_{ijk}\,\epsilon_{lmk} = \delta_{il}\,\delta_{jm} - \delta_{im}\,\delta_{jl}$ folgt

$$\epsilon_{ijk}\,\epsilon_{lmk}\,a_i\,b_j\,c_l\,d_m = \delta_{il}\,\delta_{jm}\,a_i\,b_j\,c_l\,d_m - \delta_{im}\,\delta_{jl}\,a_i\,b_j\,c_l\,d_m$$

$$= a_l\,c_l\,b_m\,d_m - a_m\,d_m\,b_l\,c_l$$

$$\hat{=}\, (\vec{a} \cdot \vec{c})\,(\vec{d} \cdot \vec{b}) - (\vec{a} \cdot \vec{d})\,(\vec{b} \cdot \vec{c})\,.$$

b)

$$\vec{a} \times (\vec{b} \times \vec{c}) + \vec{b} \times (\vec{c} \times \vec{a}) + \vec{c} \times (\vec{a} \times \vec{b}) \,\hat{=}\, \epsilon_{lkn}\,a_l\,\epsilon_{ijk}\,b_i\,c_j + \epsilon_{lkn}\,b_l\,\epsilon_{ijk}\,c_i\,a_j + \epsilon_{lkn}\,c_l\,\epsilon_{ijk}\,a_i\,b_j\,.$$

Mit $\epsilon_{lkn}\,\epsilon_{ijk} = -\epsilon_{lnk}\,\epsilon_{kij} = -(\delta_{li}\,\delta_{nj} - \delta_{lj}\,\delta_{ni})$, erhält man

$$\vec{a} \times (\vec{b} \times \vec{c}) + \vec{b} \times (\vec{c} \times \vec{a}) + \vec{c} \times (\vec{a} \times \vec{b}) \;\hat{=}\; -\delta_{li}\,\delta_{nj}\,a_l\,b_i\,c_j + \delta_{lj}\,\delta_{ni}\,a_l\,b_i\,c_j +$$

$$-\delta_{li}\,\delta_{nj}\,b_l\,c_i\,a_j + \delta_{lj}\,\delta_{ni}\,b_l\,c_i\,a_j +$$

$$-\delta_{li}\,\delta_{nj}\,c_l\,a_i\,b_j + \delta_{lj}\,\delta_{ni}\,c_l\,a_i\,b_j$$

$$= -a_i\,b_i\,c_n + a_l\,b_l\,c_n +$$

$$+a_l\,c_l\,b_n - a_i\,c_i\,b_n +$$

$$-b_i\,c_i\,a_n + b_l\,c_l\,a_n \;=\; 0\;.$$

## Aufgabe A-6

Zeigen Sie, daß $\omega_{ik} = \epsilon_{ikm}\,x_m$ ein antisymmetrischer Tensor 2. Stufe ist.

### Lösung

Wenn $\omega_{ik}$ ein Tensor 2. Stufe ist, dann muß er dem Transformationsverhalten $\omega'_{rs} = a_{ir}\,a_{ks}\,\omega_{ik}$ genügen, wobei $a_{ij}$ die Elemente der Transformationsmatrix bezeichnet. $x_m$ ist ein Tensor 1. Stufe, $\epsilon_{ikm}$ ist ein Tensor 3. Stufe, für sie gilt

$$x'_t = a_{mt}\,x_m \quad , \quad \epsilon'_{rst} = a_{ir}\,a_{ks}\,a_{mt}\,\epsilon_{ikm}\;.$$

Wir erhalten so $\epsilon'_{rst}\,x'_t = a_{ir}\,a_{ks}\,a_{mt}\,a_{nt}\,\epsilon_{ikm}\,x_n$ und mit $a_{mt}\,a_{nt} = \delta_{mn}$ folgt

$$a_{ir}\,a_{ks}\,\epsilon_{ikm}\,x_m \;=\; a_{ir}\,a_{ks}\,\omega_{ik} \;=\; \omega'_{rs}\;,$$

so daß $\omega_{ik}$ das Transformationsverhalten eines Tensors 2. Stufe hat.

Wenn $\omega_{ik}$ ein antisymmetrischer Tensor ist, dann gilt $\omega_{ik} = -\omega_{ki}$. Wegen $\omega_{ik} = \epsilon_{ikm}\,x_m$, $\omega_{ki} = \epsilon_{kim}\,x_m$ und $\epsilon_{kim} = -\epsilon_{ikm}$ haben wir

$$\omega_{ik} \;=\; \epsilon_{ikm}\,x_m$$

$$= \;-\epsilon_{kim}\,x_m \;=\; -\omega_{ki}\;,$$

d. h. $\omega_{ik}$ ist ein antisymmetrischer Tensor.

# Aufgabe A-7

Zeigen Sie, daß die $i$-te Komponente von

$$\nabla \times (\nabla \times \vec{a}) \quad \text{gleich} \quad \frac{\partial^2 a_j}{\partial x_i \partial x_j} - \frac{\partial^2 a_i}{\partial x_j \partial x_j} \quad \text{ist.}$$

## Lösung

Die $i$-te Komponente von $\nabla \times (\nabla \times \vec{a})$ ist

$$\epsilon_{ijk} \frac{\partial}{\partial x_j} \left( \epsilon_{klm} \frac{\partial a_m}{\partial x_l} \right) = \epsilon_{ijk} \, \epsilon_{klm} \frac{\partial^2 a_m}{\partial x_j \partial x_l} \,.$$

Mit $\epsilon_{ijk} \, \epsilon_{klm} = \delta_{il} \delta_{jm} - \delta_{im} \delta_{jl}$ nach Aufgabe A-4 a) folgt nun:

$$\epsilon_{ijk} \frac{\partial}{\partial x_j} \left( \epsilon_{klm} \frac{\partial a_m}{\partial x_l} \right) = \delta_{il} \delta_{jm} \frac{\partial^2 a_m}{\partial x_j \partial x_l} - \delta_{im} \delta_{jl} \frac{\partial^2 a_m}{\partial x_j \partial x_l}$$

$$= \frac{\partial^2 a_j}{\partial x_j \partial x_i} - \frac{\partial^2 a_i}{\partial x_j \partial x_j} \,.$$

# Aufgabe A-8

a) Gegeben ist die Funktion $\lambda = A_{ij} x_i x_j$, bei der $A_{ij}$ konstant ist.
   Zeigen Sie, daß gilt:

$$\frac{\partial \lambda}{\partial x_i} = (A_{ij} + A_{ji}) x_j \,. \tag{1}$$

b) Zeigen Sie, daß der Gradient der skalaren Funktion $\lambda = A_{ij} x_i x_j$ ein Tensor erster
   Stufe ist ($A_{ij}$ ist ein Tensor 2. Stufe).

## Lösung

a)

$$\frac{\partial \lambda}{\partial x_k} = A_{ij} \frac{\partial x_i}{\partial x_k} x_j + A_{ij} x_i \frac{\partial x_j}{\partial x_k} \,.$$

Mit $\delta_{ik} = \partial x_i / \partial x_k$ erhält man

$$\frac{\partial \lambda}{\partial x_k} = A_{ij} \delta_{ik} x_j + A_{ij} x_i \delta_{jk}$$

$$= A_{kj} x_j + A_{ik} x_i \,.$$

Nun wird im zweiten Term auf der rechten Seite der Summationsindex in $j$ umbenannt

$$\frac{\partial \lambda}{\partial x_k} = A_{kj}\, x_j + A_{jk}\, x_j\ .$$

Wenn man nun noch den freien Index $k$ in $i$ umtauft und $x_j$ ausklammert, so erhält man das angekündigte Ergebnis

$$\frac{\partial \lambda}{\partial x_i} = (A_{ij} + A_{ji})x_j\ .$$

b) Zu zeigen ist, daß sich der Gradient wie ein Tensor 1. Stufe transformiert

$$\left(\frac{\partial \lambda}{\partial x_l}\right)' = a_{pl}\,\frac{\partial \lambda}{\partial x_p}\ .$$

Mit den bekannten Transformationsgesetzen

$$x'_m\ =\ a_{tm}\, x_t\ ,$$

$$A'_{ml}\ =\ a_{rm}\, a_{sl}\, A_{rs}\ ,$$

$$A'_{lm}\ =\ a_{pl}\, a_{qm}\, A_{pq}$$

transformieren wir die rechte Seite von (1) in das neue Koordinatensystem:

$$
\begin{aligned}
(A'_{lm} + A'_{ml})\, x'_m\ &=\ (a_{pl}\, a_{qm}\, A_{pq} + a_{rm}\, a_{sl}\, A_{rs})\, a_{tm}\, x_t\\[4pt]
&=\ (a_{pl}\, a_{qm}\, a_{tm}\, A_{pq} + a_{rm}\, a_{sl}\, a_{tm}\, A_{rs})\, x_t\\[4pt]
&=\ (a_{pl}\, \delta_{qt}\, A_{pq} + a_{sl}\, \delta_{rt}\, A_{rs})\, x_t\\[4pt]
&=\ (a_{pl}\, A_{pt} + a_{sl}\, A_{ts})\, x_t\\[4pt]
&=\ a_{pl}\,(A_{pt} + A_{tp})\, x_t = a_{pl}\,\frac{\partial \lambda}{\partial x_p}\ ,
\end{aligned}
$$

d. h. es gilt

$$\left(\frac{\partial \lambda}{\partial x_l}\right)' = a_{pl}\,\frac{\partial \lambda}{\partial x_p}\ .$$

## Aufgabe A-9

Man zeige für kartesische Koordinaten, daß die angegebene Identität

$$\vec{\Omega} \times (\vec{\Omega} \times \vec{x}) = -\frac{1}{2}\nabla(\vec{\Omega} \times \vec{x})^2$$

richtig ist (siehe S. L. (4.77)). (Für den Beweis ist es nicht nötig, aus den Ausdrücken den $\epsilon$–Tensor zu eliminieren. Man beachte: $\vec{\Omega} \neq \vec{\Omega}(\vec{x})$.)

**Lösung**

$$\vec{I} := \vec{\Omega} \times (\vec{\Omega} \times \vec{x}) \quad , \quad \vec{II} := -\frac{1}{2}\nabla(\vec{\Omega} \times \vec{x})^2$$

bezeichnen wir die $k$-te Komponente von $(\vec{\Omega} \times \vec{x})$ mit $\epsilon_{ijk}\,\Omega_i\,x_j$, so folgt für die $r$-te Komponente von $\vec{I}$ und $\vec{II}$

$$I_r = \epsilon_{mkr}\,\Omega_m\,\epsilon_{ijk}\,\Omega_i\,x_j\,,$$

$$II_r = -\frac{1}{2}\frac{\partial}{\partial x_r}\epsilon_{ijk}\,\Omega_i\,x_j\,\epsilon_{mlk}\,\Omega_m\,x_l\,.$$

Mit $\vec{\Omega} \neq \vec{\Omega}(\vec{x})$ wird

$$
\begin{aligned}
II_r &= -\frac{1}{2}\epsilon_{ijk}\,\epsilon_{mlk}\,\Omega_i\Omega_m\,\frac{\partial}{\partial x_r}(x_j\,x_l) \\[2mm]
&= -\frac{1}{2}\left\{\epsilon_{ijk}\,\epsilon_{mlk}\,\Omega_i\,\Omega_m\,x_j\delta_{rl} + \epsilon_{ijk}\,\epsilon_{mlk}\,\Omega_i\,\Omega_m\,x_l\delta_{rj}\right\} \\[2mm]
&= -\frac{1}{2}\left\{\epsilon_{ijk}\,\epsilon_{mrk}\,\Omega_i\,\Omega_m\,x_j + \epsilon_{irk}\,\epsilon_{mlk}\,\Omega_i\,\Omega_m\,x_l\right\} \\[2mm]
&= -\epsilon_{ijk}\,\epsilon_{mrk}\,\Omega_i\,\Omega_m\,x_j\,.
\end{aligned}
$$

Da $\epsilon_{mrk} = -\epsilon_{mkr}$, gilt $\quad II_r = I_r = \epsilon_{ijk}\,\epsilon_{mkr}\,\Omega_i\,\Omega_m\,x_j\,.$

## Aufgabe A-10

Gegeben ist ein Skalarfeld $\Phi(r)$, mit $r = \sqrt{x_i\,x_i}$.

Man zeige, daß

a) $\dfrac{\partial^2\Phi}{\partial x_i\partial x_j} = \dfrac{\Phi'}{r}\left(\delta_{ij} - \dfrac{x_i\,x_j}{r^2}\right) + \dfrac{x_i\,x_j}{r^2}\,\Phi''$ , mit $\Phi'(r) = \dfrac{d\Phi}{dr}$ ,

b) $\dfrac{\partial^2\Phi}{\partial x_i\partial x_j}$ ein Tensor zweiter Stufe

c) $\dfrac{\partial^2\Phi}{\partial x_i\partial x_i} = \dfrac{1}{r}\dfrac{d^2(r\,\Phi)}{dr^2}$

ist.

**Lösung**

a)

$$\frac{\partial\Phi}{\partial x_i} = \frac{\partial\Phi}{\partial r}\frac{\partial r}{\partial x_i} = \frac{d\Phi}{dr}\frac{\partial r}{\partial x_i}\,,$$

wobei im zweiten Schritt die partielle durch eine totale Differentiation ersetzt werden konnte, da $\Phi$ nur eine Funktion von $r$ ist. Mit

$$\frac{\partial r}{\partial x_i} = \frac{\partial}{\partial x_i}\left(\sqrt{x_j x_j}\right) = \frac{1}{2}\left(x_j x_j\right)^{-1/2} 2 x_i = \frac{x_i}{r}$$

ist $\qquad \dfrac{\partial \Phi}{\partial x_i} = \dfrac{\mathrm{d}\Phi}{\mathrm{d}r}\dfrac{x_i}{r} = \Phi'\dfrac{x_i}{r}$ .

Die Differentation nach $x_j$ führt zu

$$\frac{\partial^2 \Phi}{\partial x_i \partial x_j} = \frac{\partial}{\partial x_j}\left(\Phi'\frac{x_i}{r}\right)$$

$$= \Phi''\frac{\partial r}{\partial x_j}\frac{x_i}{r} + \Phi'\frac{1}{r}\frac{\partial x_i}{\partial x_j} + \Phi' x_i \frac{\partial}{\partial r}\left(\frac{1}{r}\right)\frac{\partial r}{\partial x_j}$$

$$= \Phi''\frac{x_i x_j}{r^2} + \Phi'\frac{\delta_{ij}}{r} - \Phi'\frac{x_i x_j}{r^3} ,$$

$$\frac{\partial^2 \Phi}{\partial x_i \partial x_j} = \frac{\Phi'}{r}\left(\delta_{ij} - \frac{x_i x_j}{r^2}\right) + \Phi''\frac{x_i x_j}{r^2} .$$

b) Zu zeigen ist, daß sich $\dfrac{\partial^2 \Phi}{\partial x_k \partial x_l}$ wie ein Tensor 2. Stufe transformiert

$$\frac{\partial^2 \Phi}{\partial x_i' \partial x_j'} = a_{ki}\, a_{lj}\, \frac{\partial^2 \Phi}{\partial x_k \partial x_l} .$$

Mit dem Transformationsgesetz $x_k = a_{ki}\, x_i'$ folgt

$$\frac{\partial \Phi}{\partial x_i'} = \frac{\partial \Phi(x_k(x_i'))}{\partial x_i'} = \frac{\partial \Phi}{\partial x_k}\frac{\partial x_k}{\partial x_i'} = \frac{\partial \Phi}{\partial x_k} a_{ki} ,$$

$$\frac{\partial^2 \Phi}{\partial x_i' \partial x_j'} = \frac{\partial}{\partial x_j'}\left(\frac{\partial \Phi}{\partial x_k} a_{ki}\right) = \frac{\partial}{\partial x_l}\left(\frac{\partial \Phi(x_l(x_j'))}{\partial x_k}\right)\frac{\partial x_l}{\partial x_j'} a_{ki}$$

$$= a_{ki}\, a_{lj}\, \frac{\partial^2 \Phi}{\partial x_k \partial x_l} .$$

c) Anwenden des Laplace-Operators auf $\Phi(r)$:

$$\frac{\partial^2 \Phi}{\partial x_i \partial x_i} = \frac{\partial^2 \Phi}{\partial x_i \partial x_j}\delta_{ij}$$

$$= \frac{\Phi'}{r}\left(\delta_{ij} - \frac{x_i x_j}{r^2}\right)\delta_{ij} + \Phi''\frac{x_i x_j}{r^2}\delta_{ij}$$

$$= \frac{\Phi'}{r}\left(\delta_{ii} - \frac{x_i x_i}{r^2}\right) + \Phi''\frac{x_i x_i}{r^2}$$

$$= \frac{\Phi'}{r}(3-1) + \Phi''$$

$$= \frac{1}{r}(2\,\Phi' + r\,\Phi'')$$

$$= \frac{1}{r}\frac{\mathrm{d}}{\mathrm{d}r}(\Phi + r\,\Phi') \;,$$

$$\frac{\partial^2 \Phi}{\partial x_i \partial x_i} = \frac{1}{r}\frac{\mathrm{d}^2(r\,\Phi)}{\mathrm{d}r^2} \;.$$

## Aufgabe A-11

Gegeben sind das skalare Feld $\Phi(\vec{x}, t)$ und das Vektorfeld $\vec{u}(\vec{x}, t) = u_1\,\vec{e}_1 + u_2\,\vec{e}_2 + u_3\,\vec{e}_3$ in kartesischen Koordinaten.

a) Man zeige in symbolischer Darstellung, daß gilt

$$\mathrm{rot}(\Phi\,\vec{u}) = \Phi\,\mathrm{rot}\,\vec{u} + \mathrm{grad}\,\Phi \times \vec{u} \;. \tag{1}$$

b) Schreiben Sie die Gleichung (1) mit Hilfe des Nabla–Operators.
c) Zeigen Sie die Gültigkeit von Gleichung (1) in Indexnotation.

## Lösung

a)

$$\mathrm{rot}(\Phi\,\vec{u}) = \det \begin{bmatrix} \vec{e}_1 & \vec{e}_2 & \vec{e}_3 \\ \frac{\partial}{\partial x_1} & \frac{\partial}{\partial x_2} & \frac{\partial}{\partial x_3} \\ \Phi\,u_1 & \Phi\,u_2 & \Phi\,u_3 \end{bmatrix}$$

$$= \left(\frac{\partial(\Phi\,u_3)}{\partial x_2} - \frac{\partial(\Phi\,u_2)}{\partial x_3}\right)\vec{e}_1 + \left(\frac{\partial(\Phi\,u_1)}{\partial x_3} - \frac{\partial(\Phi\,u_3)}{\partial x_1}\right)\vec{e}_2 +$$

$$+ \left(\frac{\partial(\Phi\,u_2)}{\partial x_1} - \frac{\partial(\Phi\,u_1)}{\partial x_2}\right)\vec{e}_3$$

$$= \left(\frac{\partial\Phi}{\partial x_2}u_3 + \Phi\frac{\partial u_3}{\partial x_2} - \frac{\partial\Phi}{\partial x_3}u_2 - \Phi\frac{\partial u_2}{\partial x_3}\right)\vec{e}_1 +$$

$$+ \left(\frac{\partial\Phi}{\partial x_3}u_1 + \Phi\frac{\partial u_1}{\partial x_3} - \frac{\partial\Phi}{\partial x_1}u_3 - \Phi\frac{\partial u_3}{\partial x_1}\right)\vec{e}_2 +$$

$$+ \left(\frac{\partial\Phi}{\partial x_1}u_2 + \Phi\frac{\partial u_2}{\partial x_1} - \frac{\partial\Phi}{\partial x_2}u_1 - \Phi\frac{\partial u_1}{\partial x_2}\right)\vec{e}_3$$

$$= \Phi \left[ \left( \frac{\partial u_3}{\partial x_2} - \frac{\partial u_2}{\partial x_3} \right) \vec{e}_1 + \left( \frac{\partial u_1}{\partial x_3} - \frac{\partial u_3}{\partial x_1} \right) \vec{e}_2 + \left( \frac{\partial u_2}{\partial x_1} - \frac{\partial u_1}{\partial x_2} \right) \vec{e}_3 \right] +$$

$$+ \left( \frac{\partial \Phi}{\partial x_2} u_3 - \frac{\partial \Phi}{\partial x_3} u_2 \right) \vec{e}_1 + \left( \frac{\partial \Phi}{\partial x_3} u_1 - \frac{\partial \Phi}{\partial x_1} u_3 \right) \vec{e}_2 + \left( \frac{\partial \Phi}{\partial x_1} u_2 - \frac{\partial \Phi}{\partial x_2} u_1 \right) \vec{e}_3$$

$$= \Phi \operatorname{rot} \vec{u} \quad + \quad \left( \frac{\partial \Phi}{\partial x_1} \vec{e}_1 + \frac{\partial \Phi}{\partial x_2} \vec{e}_2 + \frac{\partial \Phi}{\partial x_3} \vec{e}_3 \right) \times \vec{u}$$

$$= \Phi \operatorname{rot} \vec{u} \quad + \quad \operatorname{grad} \Phi \times \vec{u} \, .$$

b) Gleichung (1) mit Hilfe des Nabla–Operators

$$\nabla = \frac{\partial}{\partial x_1} \vec{e}_1 + \frac{\partial}{\partial x_2} \vec{e}_2 + \frac{\partial}{\partial x_3} \vec{e}_3$$

geschrieben lautet

$$\nabla \times ( \Phi \, \vec{u} ) = \Phi \, \nabla \times \vec{u} + \nabla \Phi \times \vec{u} \, .$$

c) Die $k$-te Komponente von (1) lautet

$$\epsilon_{ijk} \frac{\partial ( \Phi \, u_j )}{\partial x_i} \;=\; \Phi \, \epsilon_{ijk} \frac{\partial u_j}{\partial x_i} + \epsilon_{ijk} \frac{\partial \Phi}{\partial x_i} u_j$$

$$= \Phi \left\{ \epsilon_{12k} \frac{\partial u_2}{\partial x_1} + \epsilon_{13k} \frac{\partial u_3}{\partial x_1} + \epsilon_{21k} \frac{\partial u_1}{\partial x_2} + \epsilon_{23k} \frac{\partial u_3}{\partial x_2} + \epsilon_{31k} \frac{\partial u_1}{\partial x_3} + \epsilon_{32k} \frac{\partial u_2}{\partial x_3} \right\} +$$

$$+ \left\{ \epsilon_{12k} \frac{\partial \Phi}{\partial x_1} u_2 + \epsilon_{13k} \frac{\partial \Phi}{\partial x_1} u_3 + \epsilon_{21k} \frac{\partial \Phi}{\partial x_2} u_1 + \right.$$

$$\left. + \epsilon_{23k} \frac{\partial \Phi}{\partial x_2} u_3 + \epsilon_{31k} \frac{\partial \Phi}{\partial x_3} u_1 + \epsilon_{32k} \frac{\partial \Phi}{\partial x_3} u_2 \right\} \, .$$

Für $k = 1$, 2, 3 erhalten wir:

$$k = 1: \quad \epsilon_{ij1} \frac{\partial ( \Phi \, u_j )}{\partial x_i} \;=\; \Phi \left( \frac{\partial u_3}{\partial x_2} - \frac{\partial u_2}{\partial x_3} \right) + \left( \frac{\partial \Phi}{\partial x_2} u_3 - \frac{\partial \Phi}{\partial x_3} u_2 \right) \, .$$

$$k = 2: \quad \epsilon_{ij2} \frac{\partial ( \Phi \, u_j )}{\partial x_i} \;=\; \Phi \left( -\frac{\partial u_3}{\partial x_1} + \frac{\partial u_1}{\partial x_3} \right) + \left( -\frac{\partial \Phi}{\partial x_1} u_3 + \frac{\partial \Phi}{\partial x_3} u_1 \right) \, .$$

$$k = 3: \quad \epsilon_{ij3} \frac{\partial ( \Phi \, u_j )}{\partial x_i} \;=\; \Phi \left( \frac{\partial u_2}{\partial x_1} - \frac{\partial u_1}{\partial x_2} \right) + \left( \frac{\partial \Phi}{\partial x_1} u_2 - \frac{\partial \Phi}{\partial x_2} u_1 \right) \, .$$

# B  Klausuraufgaben

## Aufgabe B-1    Aufgabe zur Kinematik

Gegeben ist das Geschwindigkeitsfeld einer ebenen Strömung in der Form:

$$u_1 = \frac{x_1}{t_0 + t} , \quad u_2 = \frac{x_2}{t_0 + 2t} \quad (t_0 = \text{const}) .$$

a) Berechnen Sie die Stromlinie durch den Punkt $P\,(x_{10}, x_{20})$.
b) Berechnen Sie die Teilchenbahn mit den materiellen Koordinaten $\vec{x}(t = 0) = \vec{\xi}$.
c) Zeigen Sie, daß die Strömung eine Potentialströmung ist.
d) Zeigen Sie, daß es sich um eine kompressible Strömung handelt.
e) Berechnen Sie mit Hilfe der Kontinuitätsgleichung die Dichte eines Teilchens längs seiner Bahn (materielle Koordinaten), wenn
   1.) die Anfangsdichte der Flüssigkeit $\varrho(t = 0) = \varrho_0\,\xi_1/\xi_2$ ist.
   2.) die Anfangsdichte der Flüssigkeit $\varrho(t = 0) = \varrho_0 = $const ist.
f) Wie lautet das Dichtefeld für die Fälle unter e).

### Lösung

a) $\dfrac{x_1}{x_{10}} = e^{\eta/(t_0 + t)} , \quad \dfrac{x_2}{x_{20}} = e^{\eta/(t_0 + 2t)}$

b) $x_1 = \xi_1\,(t_0 + t)/t_0 , \quad x_2 = \xi_2\,\sqrt{(t_0 + 2t)/t_0}$

e) 1.) $\dfrac{\varrho}{\varrho_0} = \dfrac{\xi_1}{\xi_2}\,\dfrac{t_0\,\sqrt{t_0}}{(t_0 + t)\,\sqrt{t_0 + 2t}} , \quad$ 2.) $\dfrac{\varrho}{\varrho_0} = \dfrac{t_0\,\sqrt{t_0}}{(t_0 + t)\,\sqrt{t_0 + 2t}}$

f) 1.) $\varrho/\varrho_0 = x_1/x_2 , \quad$ 2.) wie unter e).

## Aufgabe B-2    Widerstand einer Halbzylinderschale

Eine Halbzylinderschale wird von Flüssigkeit in der skizzierten Weise angeströmt. Die Strömung ist eben und inkompressibel. Volumenkräfte sind vernachlässigbar. Die

Strömung vor der Schale kann als reibungsfreie Potentialströmung mit dem Geschwindigkeitspotential

$$\Phi(r,\varphi) = U_\infty \, \cos\varphi \, \left(r + \frac{R^2}{r}\right)$$

behandelt werden.

An den Kanten der Schale reißt die Strömung ab und es bildet sich hinter der Schale das dargestellte Totwassergebiet aus, in dem der Druck $p = p^*$ näherungsweise als konstant angesehen werden kann und die Geschwindigkeit ungefähr gleich null ist. Weit vor dem Körper herrscht die Geschwindigkeit $U_\infty$ und der Druck $p_\infty$. In Experimenten wurde für den Widerstandsbeiwert der Schale

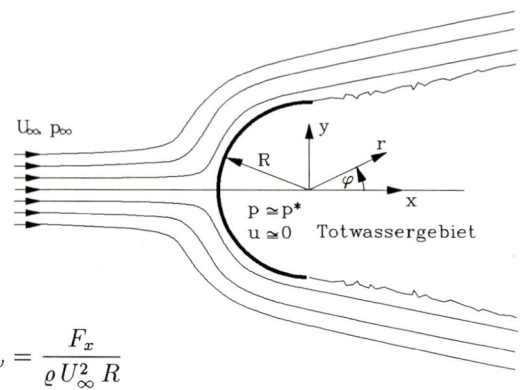

$$c_w = \frac{F_x}{\varrho \, U_\infty^2 \, R}$$

der Wert $c_w = 1,2$ gemessen.

a) Berechnen Sie die Geschwindigkeit $\vec{u}(r,\varphi)$ vor der Schale.
b) Zeigen Sie, daß die Strömung dort in der Tat rotationsfrei ist.
c) Ermitteln Sie die Druckverteilung $p(R,\varphi)$ auf der Schale mit Hilfe der Bernoullischen Gleichung.
d) Wie groß ist der Staudruck $p_s$?
e) Berechnen Sie die Komponente $F_x$ der Kraft pro Tiefeneinheit, die die Strömung auf die Schale ausübt durch direkte Integration des Spannungsvektors. Nehmen Sie an, daß der Druck $p^*$ hinter der Schale gleich dem Druck an der Schalenkante $p(R, \frac{\pi}{2})$ ist. Wie groß ist dann der Widerstandsbeiwert?
f) Vergleichen Sie nun den berechneten mit dem gemessene Widerstandsbeiwert, und bestimmen Sie mit Hilfe des gemessenen Widerstandsbeiwertes den Druck $p^*$, der tatsächlich im Totwasserbereich herrscht.

Geg.: $R, \varrho, U_\infty, p_\infty, c_w = 1,2$

**Lösung**

a) $\vec{u} = U_\infty \cos\varphi \left(1 - \frac{R^2}{r^2}\right) \vec{e}_r - U_\infty \sin\varphi \left(1 + \frac{R^2}{r^2}\right) \vec{e}_\varphi$

c) $p(R,\varphi) = \frac{\varrho}{2} U_\infty^2 + p_\infty - 2\varrho U_\infty^2 \sin^2\varphi$

d) $p_s = \frac{\varrho}{2} U_\infty^2 + p_\infty$

e) $F_x = \frac{8}{3} \varrho U_\infty^2 R, \quad c_w = \frac{8}{3} = 2,66$

f) $p^* = p_\infty - 1,533 \frac{\varrho}{2} U_\infty^2$

# Aufgabe B-3    Zeltplane im Wind

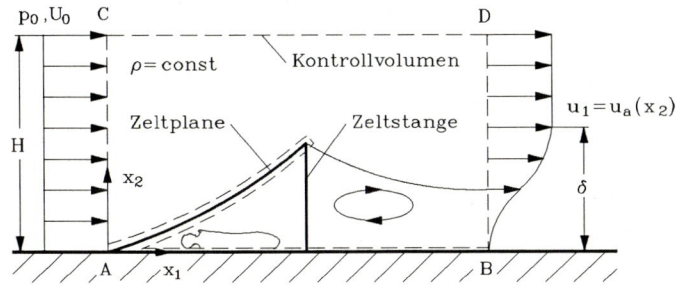

Ein Bergsteiger schützt sich mit einer Zeltplane gegen einen Schneesturm. Die Windgeschwindigkeit beträgt $U_0$, was der Eintrittsgeschwindigkeit in oben skizziertes Kontrollvolumen entspricht. Wegen Strömungsablösung am Ende der Zeltplane wurde ein Stück stromabwärts, am Ende des Kontrollvolumens (Fläche $\overline{BD}$), für die $u_1$–Komponente des Geschwindigkeitsfeldes das Geschwindigkeitsprofil

$$u_a(x_2) = \begin{cases} \dfrac{U_0}{2}\{1 - \cos(\pi\dfrac{x_2}{\delta})\} & \text{, für} \quad 0 \le x_2 \le \delta \\[2mm] U_0 & \text{, für} \quad x_2 \ge \delta \end{cases}$$

gemessen, das eine verschwindende Schubspannung am Boden aufweist. Entlang der ganzen Bodenfläche kann die Schubspannung $\tau_{21}$ vernachlässigt werden. Die Dichte $\varrho$ der Luftströmung ist konstant, Volumenkräfte sind vernachlässigbar. Die Strömung soll als eben betrachtet werden.

a) Welcher Massenstrom pro Tiefeneinheit verläßt das Kontrollvolumen über die obere Begrenzungsfläche $\overline{CD}$?

b) Berechnen Sie die $x_1$–Komponente der Kraft pro Tiefeneinheit auf die Zeltplane, wenn längs der Flächen $\overline{AC}$ und $\overline{BD}$ der Druck $p_0$ ist und dort die viskosen Normalspannungen $P_{11} = 2\eta\,\partial u_1/\partial x_1$ vernachlässigbar sind. Auf der Fläche $\overline{CD}$ ist $u_1 = U_0$ und die Reibungsspannungen sind hier ebenfalls vernachlässigbar. Die Zeltstange übt keine Kraft in die $x_1$–Richtung auf die Zeltplane aus.

Geg.: $\varrho$, $p_0$, $U_0$, $H$, $\delta$, $u_a(x_2)$

**Lösung**

a) $\dot{m}_{CD} = \dfrac{1}{2}\,\varrho\,U_0\,\delta$

b) $(F_{\to\text{Plane}})_{x_1} = \varrho\,U_0^2\,\dfrac{\delta}{8}$

## Aufgabe B-4    Gedehnte Folie

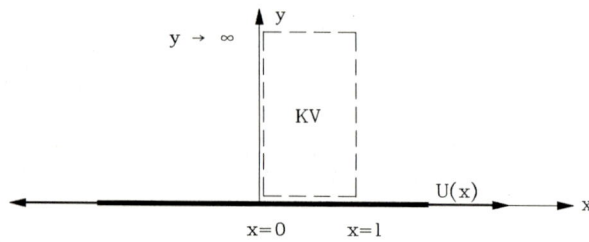

Über der skizzierten, in die $x-$ und $z-$Richtung unendlich ausgedehnte Folie befindet sich inkompressible Newtonsche Flüssigkeit ($\nu =$ const, $\varrho =$ const). Die Folie wird unter dem Einfluß von Zugspannungen gedehnt. Die Geschwindigkeit der Folie beträgt $U(x) = a\,x$. Durch die Haftbedingung wird die Flüssigkeit mitgezogen und es bildet sich eine ebene, stationäre Strömung aus. Vom Geschwindigkeitsfeld $\vec{u} = u\,\vec{e}_x + v\,\vec{e}_y$ ist die $x-$Komponente bekannt:

$$u(x,y) = a\,x\,e^{-y\sqrt{a/\nu}}\,.$$

Volumenkräfte sind vernachlässigbar. Der Druck $p$ ist nur eine Funktion von $y$.

a) Berechnen Sie mit Hilfe der Kontinuitätsgleichung in differentieller Form die Geschwindigkeitskomponente in $y-$Richtung $v(x,y)$.

b) Wie verhalten sich die Geschwindigkeitskomponenten $u$ und $v$ im Grenzfall $y \to \infty$?

c) Berechnen Sie die $x-$Komponente der Kraft (pro Tiefeneinheit), die die Folie in dem Bereich $0 \le x \le l$ auf die Flüssigkeit ausübt, durch direkte Integration des Spannungsvektors.

d) Berechnen Sie dieselbe Kraft durch Anwendung des Impulssatzes auf das eingezeichnete Kontrollvolumen.

Geg.: $\varrho,\ \nu,\ l,\ a > 0$

**Lösung**

a) $v(x,y) = v(y) = -\sqrt{a\,\nu}\left(1 - e^{-y\sqrt{a/\nu}}\right)$

b) $\lim_{y\to\infty} u(x,y) = 0\,,\quad \lim_{y\to\infty} v(x,y) = -\sqrt{a\,\nu} = $ const

c) $F_x = \varrho\,a\,\sqrt{a\,\nu}\,l^2/2$

# Aufgabe B-5    Einstufiger, axialer Verdichter

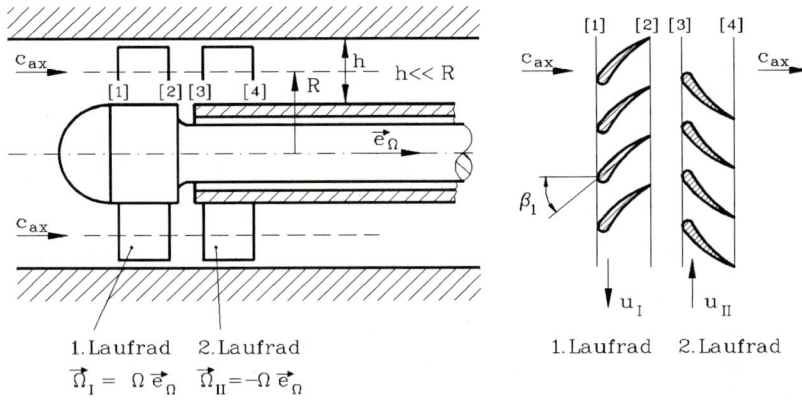

1. Laufrad    2. Laufrad        1. Laufrad    2. Laufrad

$$\vec{\Omega}_I = \Omega\,\vec{e}_\Omega \quad \vec{\Omega}_{II} = -\Omega\,\vec{e}_\Omega$$

Bei einem einstufigen Verdichter wird das Leitrad durch ein Laufrad ersetzt. Beide Laufräder drehen gegenläufig ($\vec{\Omega}_I = \Omega\,\vec{e}_\Omega$, $\vec{\Omega}_{II} = -\Omega\,\vec{e}_\Omega$) mit konstanter Drehzahl. Die Zuströmung am Eintritt des ersten Laufrades ist drallfrei (d.h. rein axial). Die Dichte $\varrho$ ist konstant.

a) Wie groß ist der Winkel $\beta_1$ der Zuströmung $\vec{w}_1$ zum ersten Laufrad?

b) Wie groß ist die Umfangskomponente der Absolutgeschwindigkeit $c_{u2}$ am Austritt des ersten Laufrades, wenn die Relativgeschwindigkeit $\vec{w}_1$ im ersten Laufrad um 10° umgelenkt wird?

c) Welche Leistung $P_I$ muß dann dem ersten Laufrad zugeführt werden?

d) Welche Leistung $P_{II}$ muß dem zweiten Laufrad zugeführt werden, wenn die Absolutgeschwindigkeit am Austritt des zweiten Laufrades wieder rein axial ist?

e) Wie groß ist dann die Umlenkung der Relativgeschwindigkeit $\vec{w}_1$ im zweiten Laufrad?

Geg.: $\Omega = 324,6$ 1/s, $\dot{m} = 30$ kg/s, $c_{ax} = 100$ m/s, $R = 0,308$ m

## Lösung

a) $\beta_1 = 45°$

b) $c_{u2} = 30$ m/s

c) $P_I = 90$ kW

d) $P_{II} = P_I$

e) $\Delta\beta_{43} = \beta_3 - \beta_4 = 7,4°$

# Aufgabe B-6    Berechnung der Schaufelform bei vorgegebener Druckverteilung

Die Schaufelform des Turbinenleitgitters soll so ausgebildet werden, daß auf der mittleren Stromlinie der Druck linear mit $x$ von $p_1$ am Gittereintritt auf $p_2$ am Austritt abfällt. Da die Schaufeln sehr dicht stehen, kann näherungsweise angenommen werden, daß die Strömungsrichtung auf der mittleren Stromlinie der Schaufelrichtung entspricht (schaufelkongruente Strömung). Die Zuströmung unter $c_1$ erfolgt drallfrei. Die ebene, reibungsfreie Strömung hat die konstante Dichte $\varrho$, Volumenkräfte treten nicht auf.

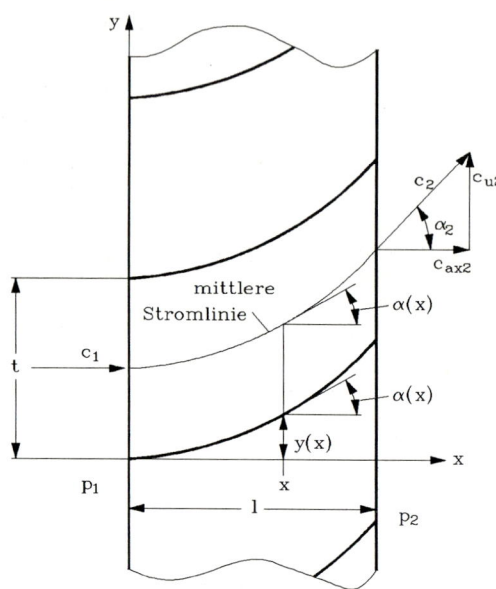

a) Wie lautet die Funktion $p(x)$?
b) Wie hängt die Axialkomponente $c_{ax}$ der Strömungsgeschwindigkeit von $x$ ab?
c) Welchen Verlauf muß $c_u(x)$ haben?
d) Wie ist der Verlauf $\tan\alpha(x)$ der Schaufelkontur?
e) Berechnen Sie die Schaufelkontur $y(x)$.
f) Welche Kraft $\vec{F}$ übt die Strömung pro Tiefeneinheit auf eine Schaufel aus?

Geg.: $c_1$, $p_1$, $p_2$, $t$, $l$, $\varrho$

## Lösung

a) $p(x) = p_1 - \Delta p\, x/l$,    mit $\Delta p = p_1 - p_2$

b) $c_{ax}(x) = c_1 = \text{const}$

c) $c_u(x) = \sqrt{2\,\Delta p/\varrho}\,(x/l)^{1/2}$

d) $\tan\alpha(x) = A\,(x/l)^{1/2}$,    mit $A = \sqrt{2\Delta p/(\varrho\,c_1^2)}$

e) $y/l = 2/3\,A\,(x/l)^{3/2}$

f) $F_x = t\,(p_1 - p_2)$,    $F_y = -\varrho\,c_1\,t\sqrt{2\,\Delta p/\varrho}$

# Aufgabe B-7  Brennraum eines Hubkolbenmotors

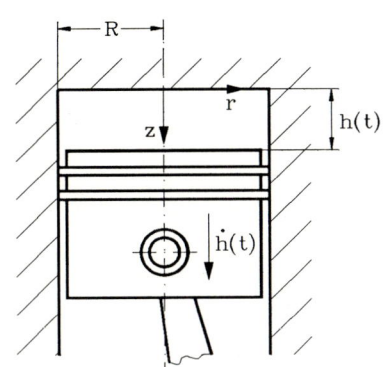

Es soll unter vereinfachenden Annahmen das Strömungsfeld im Brennraum eines Hubkolbenmotors berechnet werden. Dazu wird das Gas im Brennraum als reibungsfrei und die Dichte als homogen ($\varrho = \varrho(t)$) angenommen. Für das Geschwindigkeitsfeld wird

$$\vec{u}(r,z,t) = \frac{A(t)}{r}\vec{e}_\varphi + u_z(z,t)\vec{e}_z$$

angesetzt, wobei der erste Term den durch den Einlaßvorgang bedingten Drall berücksichtigt.

Neben geometrischen Daten sind die Zeitfunktion der Brennraumhöhe $h(t)$, sowie deren Ableitung $\dot{h} = dh/dt$ bekannt. Volumenkräfte treten nicht auf.

a) Wie lautet die Zeitfunktion der Dichte $\varrho(t)$, wenn $m$ die Gasmasse im Brennraum ist?

b) Berechnen Sie die Dichteänderung $D\varrho/Dt$ eines Teilchens.

c) Berechnen Sie aus der Kontinuitätsgleichung und der Bedingung, daß feste Wände nicht durchströmt werden, die Geschwindigkeitskomponente $u_z(z,t)$.

d) Wie groß ist die zeitliche Änderung der Drallkomponente in $z$-Richtung für die reibungsfreie Strömung?

e) Berechnen Sie diese Drallkomponente durch Integration über den vom Gas eingenommenen Volumenbereich in Abhängigkeit von $A(t)$.

f) Berechnen Sie aus d) und e) die Zeitfunktion $A(t)$ mit der Anfangsbedingung

$$A(t=0) = \frac{\Gamma}{2\pi}\,.$$

Geg.: $m$, $R$, $h(t)$, $\dot{h}(t)$, $\Gamma$

## Lösung

a) $\varrho(t) = m/(\pi R^2\, h(t))$

b) $D\varrho/Dt = -\varrho\,\dot{h}/h$

c) $u_z = \dot{h}/h\; z$

d) $\dfrac{D}{Dt}(D_z) = 0$

e) $D_z = A(t)\,m$

f) $A = \Gamma/(2\pi)$

# Aufgabe B-8    Zwei schräg aufeinandertreffende Strahlen

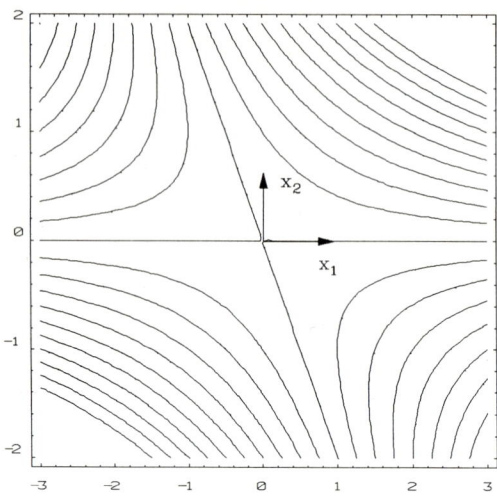

Obige Skizze zeigt das Stromlinienbild zweier schräg aufeinander treffender Strahlen Newtonscher Flüssigkeit.

Das Geschwindigkeitsfeld der ebenen Strömung ist durch

$$u_1(x_1,\, x_2) = a\, x_1 + 2\, b\, x_2\,, \quad u_2(x_1,\, x_2) = -a\, x_2$$

gegeben, wobei $a$ und $b$ dimensionsbehaftete Konstanten sind.

a) Zeigen Sie, daß die Strömung inkompressibel ist.

b) Berechnen Sie die Rotation des Geschwindigkeitsfeldes.

c) Berechnen Sie die Druckverteilung $p(x_1,\, x_2)$ aus den Navier–Stokes–Gleichungen unter der Annahme, daß für den Druck im Ursprung $p(x_1 = 0,\, x_2 = 0) = p_g$ gilt. Volumenkräfte haben keinen Einfluß.

d) Berechnen Sie die Komponenten $t_1$ und $t_2$ des Spannungsvektors $\vec{t}$ im Punkt $(0,\, 0)$ für eine ebene Fläche mit dem Normalenvektor $\vec{n} = (0,\, 1)$.

e) Berechnen Sie die Bahnlinien zunächst in Parameterform, und geben Sie dann die explizite Form $x_2 = f(x_1)$ an.
   Wie lauten die Gleichungen der Stromlinien ?

Geg.: $\varrho,\ \eta,\ a,\ b,\ p_g$

## Lösung

b) $\operatorname{rot} \vec{u} = -2\, b\, \vec{e}_3$

c) $p(x_1,\, x_2) = p_g - \varrho\, \dfrac{a^2}{2}\, (x_1^2 + x_2^2)$

d) $t_1(0,\, 0) = 2\eta\, b\,, \quad t_2(0,\, 0) = -p_g - 2\eta\, a$

e) $x_2 = -\dfrac{a\, x_1}{b\ 2} \pm \sqrt{\left(\dfrac{a\, x_1}{b\ 2}\right)^2 - D}\,, \quad \text{mit } D = -AC\dfrac{a}{b}$

# Aufgabe B-9    Verallgemeinerte Hagen–Poiseuille–Strömung

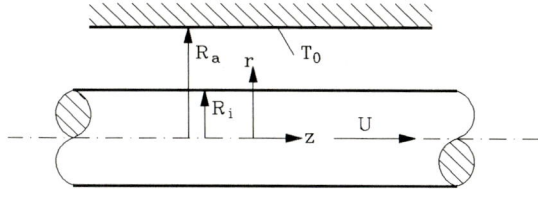

Durch ein unendlich langes, mit Newtonscher Flüssigkeit ($\varrho, \eta, \lambda$ = const) gefülltes Rohr (Radius $R_a$) wird ein Zylinder (Radius $R_i$) mit der Geschwindigkeit $U$ gezogen. Die durch die Bewegung des Zylinders hervorgerufene Strömung sei stationär und rotationssymmtrisch. Das Rohr hat die konstante Temperatur $T_0$, der Zylinder ist isoliert ($\vec{q}=0$), daher ist $\partial T/\partial z = \partial T/\partial\varphi = 0$. Die inkompressible Flüssigkeit besitzt die konstante spezifische Wärmekapazität $c$.

a) Geben Sie das Geschwindigkeitsfeld der Schichtenströmung ($u_z = u_z(r)$, $u_\varphi = u_r = 0$) an.

b) Berechnen Sie die Dissipationsfunktion $\Phi$ aus den nichtverschwindenden Komponenten von **E**: $e_{rz} = e_{zr}$.

c) Geben Sie, ausgehend von der Energiegleichung in der Form

$$\varrho\frac{\mathrm{D}e}{\mathrm{D}t} - \frac{p}{\varrho}\frac{\mathrm{D}\varrho}{\mathrm{D}t} = \Phi + \lambda\Delta T \, ,$$

die Differentialgleichung für die Temperatur $T(r)$ an.

d) Bestimmen Sie die homogene Lösung der Differentialgleichung für den Temperaturverlauf.

e) Bestimmen Sie die partikuläre Lösung (Hinweis: Benutzen Sie einen Ansatz der Form $T_p \sim (\ln r)^2$) und passen Sie die allgemeine Lösung an die Randbedingungen an.

f) Wie groß ist der an die Rohrwand abgeführte Wärmestrom?

g) Welche Temperatur hat der Zylinder?

Geg.: $U, \eta, \lambda, R_i, R_a, T_0$

## Lösung

a) $u_z(r) = U\,\dfrac{\ln(r/R_a)}{\ln(R_i/R_a)}$

b) $\Phi = \eta\,\dfrac{U^2}{r^2}\,\dfrac{1}{\ln^2(R_i/R_a)}$

c) $\dfrac{\mathrm{d}^2T}{\mathrm{d}r^2} + \dfrac{1}{r}\dfrac{\mathrm{d}T}{\mathrm{d}r} = -\dfrac{A}{r^2}\, ,$   mit $A = \dfrac{\eta}{\lambda}\,\dfrac{U^2}{\ln^2(R_i/R_a)}$

d) $T_h(r) = C_1\ln(r/R_a) + C_2$

e) $T_p(r) = -\dfrac{1}{2}A\ln^2\left(\dfrac{r}{R_a}\right)\, ,$   $T(r) = T_0 + A\left[\ln\left(\dfrac{R_i}{R_a}\right)\ln\left(\dfrac{r}{R_a}\right) - \dfrac{1}{2}\ln^2\left(\dfrac{r}{R_a}\right)\right]$

f) $\vec{q}(r = R_a) = \dfrac{\eta\,U^2}{R_a\,\ln(R_a/R_i)}\,\vec{e}_r$

g) $T(r = R_i) = T_0 + \dfrac{A}{2} \ln^2 \left(\dfrac{R_a}{R_i}\right)$

## Aufgabe B-10    Induzierte Geschwindigkeiten eines Hufei-senwirbels

Für die Berechnung des Geschwindigkeitsfeldes eines Tragflügels endlicher
Breite wird das Modell eines Hufei-
senwirbels verwendet.

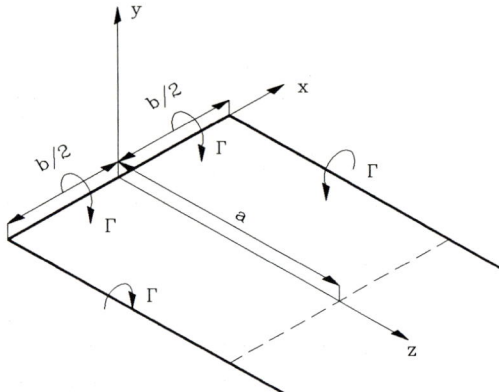

a) Berechnen Sie den induzierten Abwind auf der Linie $z = a$ mit Hilfe des Biot–Savartschen Gesetzes.
   Hinweis: Teilen Sie den Integrationsweg in die einzelnen geraden Wirbelfäden auf, und berechnen Sie die einzelnen Beiträge.
b) Berechnen Sie die induzierte Geschwindigkeit entlang der $z$–Achse. Welches Ergebnis erhält man speziell für $a \to \infty$ ?

Geg.: $b$, $\Gamma$

### Lösung

a) $\vec{u} = -\left(|\vec{u}|_{(1)} + |\vec{u}|_{(2)} + |\vec{u}|_{(3)}\right) \vec{e}_y$ ,    mit

$$|\vec{u}|_{(1)} = \frac{\Gamma}{4\pi} \frac{1}{b/2 + x} \left(1 + \frac{a}{\sqrt{a^2 + (b/2 + x)^2}}\right) ,$$

$$|\vec{u}|_{(2)} = \frac{\Gamma}{4\pi} \frac{1}{a} \left(\frac{b/2 - x}{\sqrt{a^2 + (b/2 - x)^2}} + \frac{b/2 + x}{\sqrt{a^2 + (b/2 + x)^2}}\right) ,$$

$$|\vec{u}|_{(3)} = \frac{\Gamma}{4\pi} \frac{1}{b/2 - x} \left(1 + \frac{a}{\sqrt{a^2 + (b/2 - x)^2}}\right) .$$

b) $\vec{u}(x = 0, a) = -\dfrac{\Gamma}{4\pi} \left(\dfrac{4}{b} + \dfrac{4}{a\,b} \sqrt{a^2 + (b/2)^2}\right) \vec{e}_y$ ,    $\vec{u}(x = 0, a \to \infty) = -\dfrac{2\Gamma}{\pi\,b} \vec{e}_y$

# Aufgabe B-11    Gerinneströmung durch ein geöffnetes Wehr

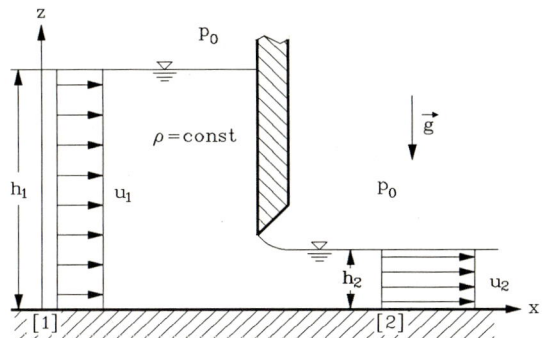

Die Skizze zeigt die Gerinneströmung durch ein geöffnetes Wehr. Die reibungsfreie Strömung konstanter Dichte habe an den Stellen [1] und [2] parallele Stromlinien.

a) Berechnen Sie den Flüssigkeitsstand $h_2$.
b) Berechnen Sie die Druckverteilung $p(z)$ an den Stellen [1] und [2] mit der Komponente der Euler–Gleichungen in Hauptnormalenrichtung (hier $z$–Richtung) unter Berücksichtigung der Volumenkraft der Schwere.
c) Spielt der Umgebungsdruck $p_0$ bei der Berechnung der Kraft in $x$–Richtung auf das Wehr eine Rolle?
d) Berechnen Sie die Kraft $F_x$ in $x$–Richtung (pro Tiefeneinheit) auf das Wehr.

Geg.: $p_0$, $\varrho$, $h_1$, $u_1$, $u_2$, $g$

**Lösung**

a) $h_2 = \dfrac{u_1}{u_2}\, h_1$

b) $p_1 = p_0 + \varrho\, g\, (h_1 - z)\,, \quad p_2 = p_0 + \varrho\, g\, (h_2 - z)$

c) Nein

d) $F_x = \varrho\, u_1^2\, h_1 - \varrho\, u_2^2\, h_2 + \varrho\, g\, h_1^2/2 - \varrho\, g\, h_2^2/2$

# Aufgabe B-12    Sicherheitsventil

Das skizzierte Sicherheitsventil verschließt einen Behälter, dessen Innendruck um $\Delta p$ größer ist als der Umgebungsdruck $p_0$. Um den Öffnungsdruck fein einzustellen, wird oberhalb des Ventils Flüssigkeit der konstanten Dichte $\varrho$ eingefüllt. Da das Problem nicht von $p_0$ abhängt, kann $p_0$ null gesetzt werden.

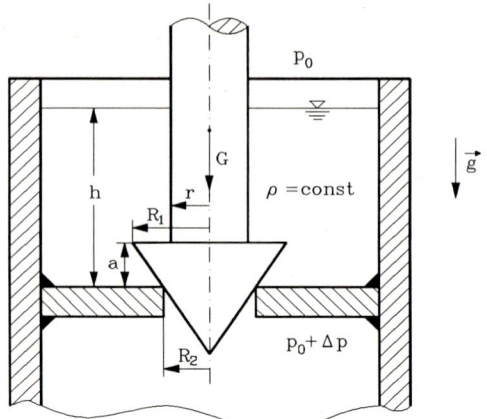

a) Welche Kraft übt die Flüssigkeit in vertikaler Richtung auf den Ventilkörper aus?
   Hinweis: Zweckmäßigerweise geht man vom hydrostatischen Auftrieb eines Ersatzkörpers aus.
b) Welche Kraft wirkt insgesamt aus Innendruck $\Delta p$ und Flüssigkeitsdruck auf das
   Ventil?
c) Wie muß $h$ gewählt werden, damit das Ventil gerade bei $\Delta p$ öffnet?

Geg.:  $\Delta p$, $p_0 = 0$, $\varrho$, $g$, $r$, $R_1$, $R_2$, $a$

**Lösung**

a)  $F_z = \varrho\, g\, [-h\pi\, (R_2^2 - r^2) - a\,\pi\, r^2 + \pi/3\, a(R_1^2 + R_1\, R_2 + R_2^2)]$

b)  $F_{z\,\text{ges}} = F_z + \Delta\, p\, \pi\, R_2^2$

c)  $h = \dfrac{(\Delta\, p\, \pi\, R_2^2 - G)/(\varrho\, g) - a\,\pi\, r^2 + \pi/3\, a(R_1^2 + R_1\, R_2 + R_2^2)}{\pi\, (R_2^2 - r^2)}$

## Aufgabe B-13    Mit Flüssigkeit gefüllter Plattenwinkel

Zwischen zwei ebenen Platten (Tiefenerstreckung $T$), die an ihren Enden $A$, $B$, $C$
reibungsfrei, gelenkig gelagert sind und ein gleichschenkliges Dreieck einschließen, befindet sich Wasser (Volumen $V$, Dichte $\varrho = $ const). Das ebene Problem ist bezüglich
der $z$–Achse symmetrisch, das Gewicht der Platten kann vernachlässigt werden. Der
Umgebungsdruck kann null gesetzt werden.

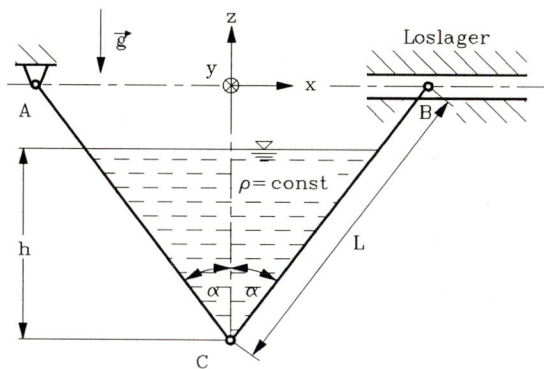

a) Wie groß ist die Vertikalkraft $F_V$ in den beiden Lagern $A$ und $B$ (pro Lager)?
b) Bestimmen Sie den Zusammenhang zwischen der Wasserspiegelhöhe $h$ bei gegebenem Volumen $V$ und dem halben Öffnungswinkel $\alpha$ (siehe Skizze).
c) Wie groß ist das Moment der Flüssigkeit auf die linke Platte um den Punkt $C$?
d) Die Summe der Momente auf die linke Platte um den gelenkig gelagerten Punkt $C$ verschwindet. Geben sie damit eine Bestimmungsgleichung für den Winkel $\alpha$ an.
e) Ermitteln Sie die Bestimmungsgleichungen für den Winkel $\alpha$ aus der Forderung, daß die potentielle Energie ($U = m g z_s$, $z_s$ = Schwerpunktkoordinate der Flüssigkeit) ein Minimum hat.

Geg.: $\varrho$, $g$, $V$, $L$, $T$

**Lösung**

a) $F_V = 1/2 \, \varrho \, g \, V$

b) $h(\alpha) = \sqrt{V/(T \tan \alpha)}$

c) $M_y = -\dfrac{1}{6} \varrho \, g \, T \, \dfrac{1}{\cos^2 \alpha} \left( \dfrac{V}{T \tan \alpha} \right)^{3/2}$

d) $\sin^5 \alpha \, \cos \alpha = V/(g \, T \, L^2)$

# Aufgabe B-14    Wasserstandsregelung bei einem Wehr

Das skizzierte Wehr regelt den Wasserstand $h$ auf der linken Seite. Der Schieber (Eigengewicht $G$) ist gegen eine Platte abgestützt. Der Haftkoeffizient zwischen Schieber und Platte sei $\mu$. Die Tiefenausdehnung des ebenen Problems sei $L$, das Wasser hat die konstante Dichte $\varrho$, der Umgebungsdruck sei $p_0$. Im Spalt zwischen Schieber und Platte herrscht ebenfalls der Druck $p_0$.

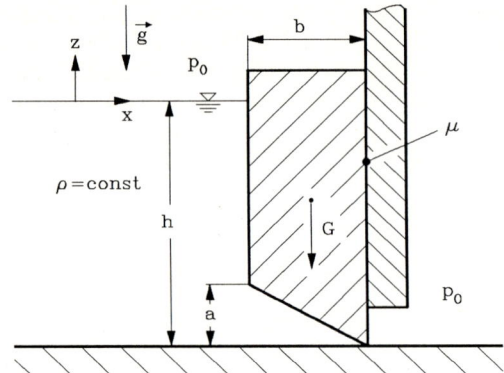

a) Hat der Umgebungsdruck $p_0$ Einfluß auf die resultierende Kraft auf den Schieber?

b) Berechnen Sie die $x$- und $z$-Komponente der gesamten Kraft, die von Flüssigkeit und Umgebung auf den Schieber ausgeübt wird.

c) Ab welchem Wasserstand $h$ öffnet das Wehr?

Hinweis: Zweckmäßigerweise berechnet man zunächst den Wasserstand $h_0$, bei dem das Wehr für $\mu = 0$ öffnen würde, und benutzt $h_0$ als Abkürzung in der Bestimmungsgleichung für $h$.

Geg.: $\varrho$, $g$, $h$, $a$, $b$, $L$, $G$, $\mu$, $p_0$

**Lösung**

a) Der Umgebungsdruck hat keinen Einfluß.

b) $F_x = \varrho\,g\,L\,h^2/2\,,\quad F_z = \varrho\,g\,b\,L\,(h - a/2)$

c) $h = \dfrac{b}{\mu}\left(1 - \sqrt{1 - \dfrac{2\mu\,h_0}{b}}\right)\,,\quad \text{mit}\quad h_0 = \dfrac{a}{2} + \dfrac{G}{\varrho\,g\,b\,L}$

# Aufgabe B-15    Druckgetriebene, radiale Spaltströmung zwischen zwei koaxialen Ringen

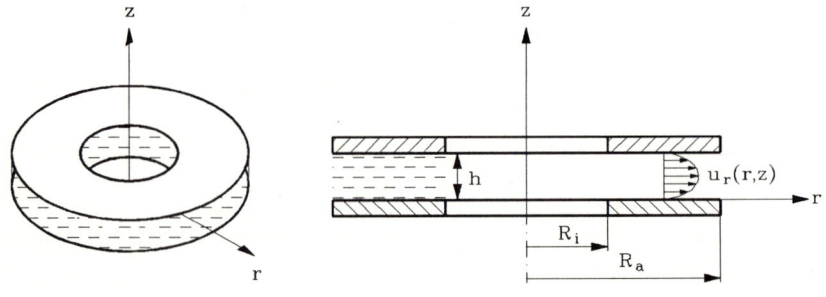

Zwischen zwei parallelen Platten, die den Abstand $h$ voneinander haben ($h \ll R_a - R_i$) strömt inkompressible Newtonsche Flüssigkeit ($\varrho$, $\eta$ = const). Die Strömung sei stationär und rotationssymmetrisch ($\partial/\partial\varphi = 0$) und $u_\varphi = 0$. Die Geschwindigkeit in axialer Richtung sei ebenfalls null: $u_z = 0$. Es wird angenommen, daß $R_i^2 \gg \dot{V}h/\nu$, so daß die Trägheitsterme in den Bewegungsgleichungen vernachlässigt werden können. Volumenkräfte können ebenfalls vernachlässigt werden.

a) Bestimmen Sie die über die Höhe $h$ gemittelte Geschwindigkeit $\overline{U}(r)$ als Funktion von $r$. Betrachten Sie den Volumenstrom $\dot{V}$ zunächst als gegeben.

b) Vereinfachen Sie die Navier–Stokesschen Gleichungen, und zeigen Sie, daß der Druck $p(r)$ nur eine Funktion von $r$ ist.

c) Berechnen Sie die Beschwindigkeit $u_r(r, z) = \overline{U}(r)\, f(z)$ aus den vereinfachten Navier–Stokesschen Gleichungen und der Haftbedingung an der Wand.

d) Bestimmen Sie die Druckverteilung $p(r)$ für die Randbedingungen $p(R_i) = p_i$, $p(R_a) = p_a$.

e) Berechnen Sie den Volumenstrom $\dot{V}$.

f) Zeigen Sie, daß für $(R_a - R_i)/R_i = l/R_i \ll 1$ der Zusammenhang zwischen Druckabfall und mittlerer Geschwindigkeit $\overline{U}$ dem der ebenen Poiseuille–Strömung entspricht.

Geg.: $\eta$, $h$, $R_i$, $R_a$, $p_i$, $p_a$

**Lösung**

a) $\overline{U}(r) = \dot{V}/(2\,\pi\,h\,r)$

b) $r: \dfrac{\partial p}{\partial r} = \eta \left( \dfrac{\partial^2 u_r}{\partial r^2} + \dfrac{1}{r}\dfrac{\partial u_r}{\partial r} - \dfrac{u_r}{r^2}\dfrac{\partial^2 u_r}{\partial z^2} \right) \neq 0 \,, \qquad \varphi: \dfrac{\partial p}{\partial \varphi} = 0 \,, \qquad z: \dfrac{\partial p}{\partial z} = 0$

$\Rightarrow p = p(r)$

c) $u_r(r, z) = \dfrac{\dot{V}}{2\,\pi\,h\,r}\dfrac{C_1}{2}(z^2 - h\,z)$

d) $p(r) = (p_a - p_i)\dfrac{\ln(r/R_i)}{\ln(R_a/R_i)} + p_i$

e) $\dot{V} = \dfrac{\pi\,h^3}{6\,\eta}\dfrac{p_i - p_a}{\ln(R_a/R_i)}$

f) $\dfrac{p_i - p_a}{l} = \overline{U}\dfrac{12\,\eta}{h^2}$

# Aufgabe B-16    Druckgetriebene Kanalströmung mit Temperaturabhängigkeit der Viskosität

Zwischen zwei ebenen, unendlich ausgedehnten Platten (Abstand $h$) befindet sich Newtonsche Flüssigkeit. Da die obere Platte geheizt wird, stellt sich unter Vernachlässigung der Dissipationswärme im Spalt eine lineare Temperaturverteilung

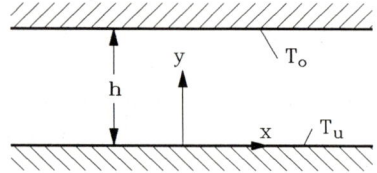

$$T = T_u + \Delta T \frac{y}{h} \qquad (\Delta T = T_o - T_u)$$

ein, die die Viskosität der Flüssigkeit beeinflußt. Der Zusammenhang zwischen Viskosität und Temperatur wird durch das Gesetz

$$\eta(T) = \eta_u e^{-\alpha(T - T_u)}$$

beschrieben, wobei $\eta_u$ die zu $T_u$ gehörige Viskosität an der unteren Platte ist. Der die ebenen Strömung treibende Druckgradient ist $\partial p/\partial x = -K$, $\partial p/\partial y = \partial p/\partial z = 0$; Volumenkräfte treten nicht auf. Das gesuchte Geschwindigkeitsfeld und die Dichte $\varrho$ hängen nur von $y$ ab, nicht von $x$ und $z$.

a) Wie lauten die Randbedingungen an die reibungsbehaftete Strömung?
b) Berechnen Sie aus der Kontinuitätsgleichung für stationäre Strömung und den Randbedingungen die Vertikalkomponente $v$ der Geschwindigkeit im Spalt.
c) Welchen Zusammenhang zwischen dem vorliegenden Geschwindigkeitsfeld, dem Druck und dem Spannungstensor liefert das Materialgesetz für Newtonsche Flüssigkeit?
d) Berechnen Sie mit Hilfe der $x$–Komponente der Cauchyschen Bewegungsgleichung die Verteilung $\tau_{xy}(y)$ der Schubspannung im Spalt, bis auf eine Konstante.
e) Berechnen Sie unter Verwendung der Ergebnisse aus b), c) und der Haftbedingung das Geschwindigkeitsprofil $u(y)$.

Geg.: $h$, $K$, $T_u$, $T_o$, $\Delta T = T_o - T_u$, $\alpha$, $\eta(T)$

## Lösung

a) Haftbedingung: $\vec{u}(y=0) = 0$ ,    $\vec{u}(y=h) = 0$ ,
   d.h.    $y=0 : u = v = 0$ ;    $y=h : u = v = 0$
b) $v \equiv 0$

c) $\tau_{xx} = \tau_{yy} = -p$ ,    $\tau_{xy} = \tau_{yx} = \eta \dfrac{\partial u}{\partial y}$

d) $\tau_{xy} = -K y + C_1$

e) $u(y) = \dfrac{1}{\eta_u} \dfrac{K h^2}{\alpha \Delta T} \left\{ \dfrac{e^{\alpha \Delta T\, y/h} - 1}{1 - e^{-\alpha \Delta T}} - \dfrac{y}{h} e^{\alpha \Delta T\, y/h} \right\}$

# Aufgabe B-17 Strömung infolge eines Temperaturgradienten

Zwischen zwei Wänden, die durch Heizungen auf konstanter Temperatur $T_B$ (an $x=0$) bzw. $T_W$ (an $x=b$) gehalten werden, befindet sich Wasser der Viskosität $\eta$ ($\eta$ = const). Da Wände und Flüssigkeit in $y$– und $z$–Richtung unendlich ausgedehnt sind, ist die sich einstellende Temperatur des Wassers $T(x)$ nur eine Funktion von $x$. Die Dichte des Wassers ist temperaturabhängig:

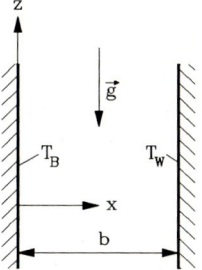

$$\varrho = \overline{\varrho} + \alpha(\overline{T} - T(x)),$$

wobei $\overline{\varrho}$ der bei der mittleren Temperatur $\overline{T} = 1/2(T_B + T_W)$ ermittelte Wert der Dichte ist.

a) Zeigen Sie, daß infolge des Temperaturgradienten kein hydrostatisches Gleichgewicht möglich ist, so daß sich das Wasser in Bewegung setzen muß.
   Hinweis: Die sich einstellende Strömung ist stationär und eben.
b) Zeigen Sie mit Hilfe der Kontinuitätsgeichung, daß die Geschwindigkeitskomponente $u$ in $x$–Richtung im ganzen Feld identisch null ist.
c) Berechnen Sie die Temperaturverteilung $T(x)$ im Wasser. (Die Dissipation kann dabei vernachlässigt werden, da der durch den Temperaturgradienten aufgeprägte Wärmestrom sehr viel größer ist als der durch Dissipation.)
d) Zeigen Sie, daß der Druck keine Funktion von $x$ ist.
e) Zeigen Sie, daß $\partial p/\partial z$ eine Konstante sein muß, und berechnen Sie für $\partial p/\partial z = K$ die Geschwindigkeitsverteilung $w(x)$.

Geg.: $\eta$, $\overline{\varrho}$, $T_B$, $T_W$, $\alpha$, $b$, $g$, $K$

**Lösung**

a) $\nabla \varrho \times \vec{k} = \partial \varrho/\partial x \, g \, \vec{e}_y \neq 0$

c) $T(x) = T_B + (T_W - T_B)\, x/b$

e) $w(x) = \dfrac{(\overline{\varrho}\, g + k)\, b^2}{2\eta} \left[ \left(\dfrac{x}{b}\right)^2 - \dfrac{x}{b} \right] + \dfrac{\alpha\, g(T_W - T_B)\, b^2}{\eta} \left[ \dfrac{1}{4} \left(\dfrac{x}{b}\right)^2 - \dfrac{1}{6} \left(\dfrac{x}{b}\right)^3 - \dfrac{1}{12}\dfrac{x}{b} \right]$

## Aufgabe B-18    Hydraulischer Dämpfer

Der skizzierte Dämpfer ist aus dem Automobilwesen als „Stoßdämpfer" bekannt. Untersucht wird die Abwärtsbewegung des Kolbens unter dem Einfluß einer Kraft $F$. Die im Zylinder befindliche Flüssigkeit ($\varrho$ = const) strömt während der Abwärtsbewegung des Kolbens durch die linke Bohrung von der unteren in die obere Kammer. Nehmen Sie an, daß unterhalb des Kolbens (Stelle [2]) der Druck $p_2$ herrscht und oberhalb des Kolbens (Stelle [1]) der Druck $p_1$. Weiterhin ist in beiden Kammern die Strömungsgeschwindigkeit $u_1$ bzw. $u_2$ vernachlässigbar gegenüber der Strömungsgeschwindigkeit in den Bohrungen. Die Querschnittsfläche der Kolbenstange ist

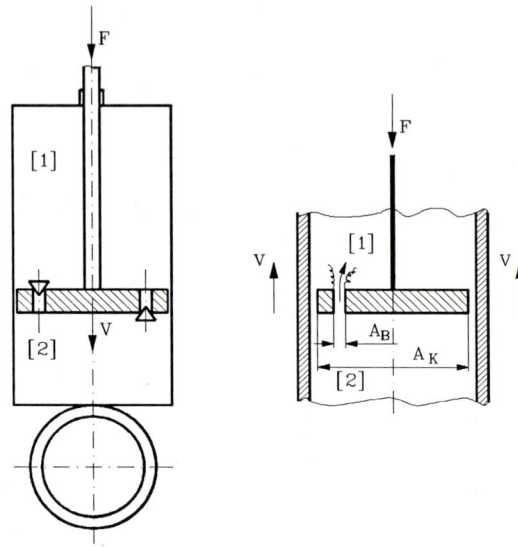

vernachlässigbar. Die Durchströmfläche $A_B$ einer Bohrung ist abhängig von der Druckdifferenz $\Delta p = p_2 - p_1$, was für eine progressive Dämpfung sorgt. Die Abhängigkeit lautet

$$A_B = A_0 \left( \frac{\Delta p}{\hat{p}} \right)^m , \qquad \text{mit} \quad m > 0$$

als wählbarem Parameter. An Verlusten sind nur Austrittsverluste zu berücksichtigen. Reibungskräfte an Wänden sind zu vernachlässigen.

a) Drücken Sie die Kraft auf den Kolben durch die Druckdifferenz $\Delta p$ aus. Verwenden Sie dazu den Impulssatz, angewendet im kolbenfesten System.

b) Wie groß ist im kolbenfesten System die Geschwindigkeit $w_B$ in den Durchlaßbohrungen?

c) Ermitteln Sie mit Hilfe der Bernoullischen Gleichung die Druckdifferenz $\Delta p$.

d) Berechnen Sie nun die Kolbengeschwindigkeit $V$ als Funktion der Kraft $F$. Welchen Wert muß der Parameter $m$ annehmen, damit eine lineare Dämpfung $V(F)$ vorliegt?

Geg.: $A_0$, $A_K$, $\hat{p}$, $\varrho$, $F$

**Lösung**

a) $F = \Delta p \, A_K$

b) $w_B = V \dfrac{A_K}{A_0} \left( \dfrac{\Delta p}{\hat{p}} \right)^{-m}$

c) $\Delta p = \hat{p} \left( \dfrac{1}{\hat{p}} \dfrac{\varrho}{2} V^2 \left( \dfrac{A_K}{A_0} \right)^2 \right)^{\frac{1}{2m+1}}$

d) $V = \left(\dfrac{F}{A_K \hat{p}}\right)^{m+1/2} \sqrt{\dfrac{2\,\hat{p}}{\varrho}}\,\dfrac{A_0}{A_K}$

$\Rightarrow$ lineare Dämpfung für $m = 1/2$.

## Aufgabe B-19    Akustische Eigenfrequenz einer Flasche (Helmholtz–Resonator)

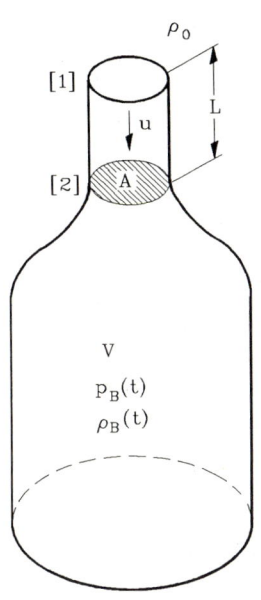

Es soll die akustische Eigenfrequenz einer (Rotwein–) Flasche berechnet werden. Strömungstechnisch besteht eine solche Flasche aus dem Hals (Länge $L$, Querschnittsfläche $A$), in dem die Strömung als instationär aber inkompressibel angesehen werden kann, und einem großen Behälter (Volumen $V$), in dem annähernd alle Größen räumlich homogen sind, und die Luft als kompressibel betrachtet werden muß. Die Stömung ist isentrop, Volumenkräfte sind vernachlässigbar.

a) Bestimmen Sie mit Hilfe der Bernoullischen Gleichung für instationäre Strömungen den Zusammenhang zwischen der Geschwindigkeit $u$ im Flaschenhals und der Druckdifferenz $p_B(t) - p_0$. Die kinetische Energie der akustische Wellen kann vernachlässigt werden, so daß $p_1 \approx p_0$ und $p_2 \approx p_B(t)$ gilt. Im Bereich des Flaschenhalses kann von einer konstanten Dichte $\varrho_0$ ausgegangen werden.

b) Welcher Zusammenhang ergibt sich aus der Kontinuitätsgleichung zwischen $u$ und der Änderung der Dichte $\varrho_B(t)$ im Behälter? (Berechnen Sie hierzu den Massenstrom an der Stelle [2] wieder mit der Dichte $\varrho = \varrho_0$!)

c) Ersetzen Sie die Dichteänderung in Teil b) unter Benutzung der Definitionsgleichung der Schallgeschwindigkeit durch die Druckänderung. (Die Schallgeschwindigkeit im Behälter ist $a_B \approx$ const)

d) Stellen Sie durch Einsetzen der in Teil a) gewonnenen Gleichung die Differentialgleichung für die Geschwindigkeit $u(t)$ auf. Was ist die Eigenkreisfrequenz $\omega$ dieser homogenen Gleichung?

e) Welche Schwingungsfrequenz $f$ ergibt sich für die Zahlenwerte $V = 0,75$ l, $A = 5$ cm$^2$, $L = 5$ cm, $a_B = 370$ m/s ?

Geg.: $\varrho_0$, $p_0$, $V = 0,75$ l, $A = 5$ cm$^2$, $L = 5$ cm, $a_B = 370$ m/s

**Lösung**

a) $p_B(t) - p_0 = -\varrho_0\, L\, \dfrac{\mathrm{d}u}{\mathrm{d}t}$

b) $V\, \dfrac{\mathrm{d}\varrho_B}{\mathrm{d}t} = \varrho_0\, u\, A$

c) $V\, \dfrac{\mathrm{d}p_B}{\mathrm{d}t} = \varrho_0\, a_B^2\, u\, A$

d) $\dfrac{\mathrm{d}^2 u}{\mathrm{d}t^2} + \omega^2 u = 0\,,\quad$ mit $\omega = \sqrt{\dfrac{a_B^2\, A}{V\, L}}$

e) $f = 215$ Hz

## Aufgabe B-20    Zylinder und Auspuffrohr eines Motors

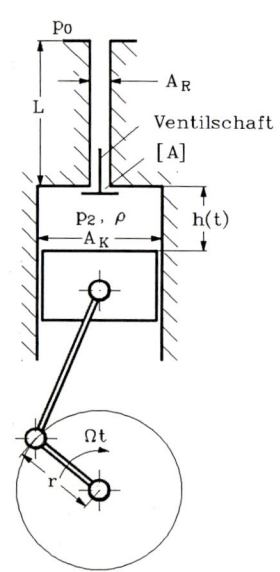

Die Skizze zeigt Kolben, Zylinder und Auspuffrohr eines Motors. Während des Ausstoßvorgangs bewegt sich der Kolben aufgrund der mit $\Omega$ rotierenden Kurbelwelle nach oben und drückt die Flüssigkeit konstanter Dichte $\varrho$ durch das geöffnete Ventil in das Auspuffrohr und von dort in die Umgebung.

Während des Ausstoßvorganges bleibt das Ventil in der gezeichneten Stellung. Auf dem Weg der Flüssigkeit durch das Ventil in das Rohr vergrößert sich der Strömungsquerschnitt von der Austrittsfläche $A_A$ (Stelle [A]) des Ringraumes des Ventils auf die Rohrquerschnittsfläche $A_R$ (Die Ventilschaftdicke ist zu vernachlässigen).

Der Umgebungsdruck $p_0$ ist konstant. Die Kolbenquerschnittsfläche $A_K$, die Austrittsfläche $A_A$ des Ventils und die Rohrquerschnittsfläche $A_R$ sind bekannt. Der Abstand zwisch Zylinderkopf und Kolben ist näherungsweise durch $h(t) = h_0 + r\,(1 - \cos \Omega\, t)$ gegeben. Die Druckverluste der vorliegenden instationären Strömung können näherungsweise durch die der stationären Strömung beschrieben werden.

Druckverlust durch Reibung und Strahlkontraktion, sowie Volumenkräfte sollen nicht berücksichtigt werden.

a) Berechnen Sie die Kolbengeschwindigkeit $u_K$.

b) Bestimmen Sie die Geschwindigkeit $u_A$ an der Stelle [A] und die Geschwindigkeit $u_R$ im Rohr.

c) Bestimmen Sie den Druckverlust $\Delta p_v$ der Strömung vom Zylinder in die Umgebung.

d) Berechnen Sie die Druckdifferenz $\Delta p = p_2 - p_0$ für den Fall, daß der Kolben die Flüssigkeit aus dem Zylinder drückt.

Hinweis: Da die Querschnittsfläche $A_R \ll A_K$ ist, kann die Geschwindigkeit in der Zylinderkammer vernachlässigt werden. Es genügt außerdem die zeitliche Änderung der Geschwindigkeit nur im Bereich des Auspuffrohres zu berücksichtigen.

Geg.: $A_K$, $A_R$, (mit $A_R \ll A_K$), $A_A$, $r$, $L$, $\Omega$, $p_0$, $\varrho$

**Lösung**

a) $u_K = -r \Omega \sin \Omega t$

b) $u_A = -\dfrac{A_K}{A_A} r \Omega \sin \Omega t$, $\qquad u_R = -\dfrac{A_K}{A_R} r \Omega \sin \Omega t$

c) $\Delta p_v = \dfrac{\varrho}{2} (r \Omega \sin \Omega t)^2 \left[ \left( \dfrac{A_K}{A_A} \right)^2 \left( 1 - \dfrac{A_A}{A_R} \right)^2 + \left( \dfrac{A_K}{A_R} \right)^2 \right]$

d) $p_2 - p_0 = -\varrho L \dfrac{A_K}{A_R} r \Omega^2 \cos \Omega t + \dfrac{\varrho}{2} (r \Omega \sin \Omega t)^2 \left[ \left( \dfrac{A_K}{A_A} \right)^2 \left( 1 - \dfrac{A_A}{A_R} \right)^2 + \left( \dfrac{A_K}{A_R} \right)^2 \right]$

## Aufgabe B-21    Pump–Turbinen–Anlage

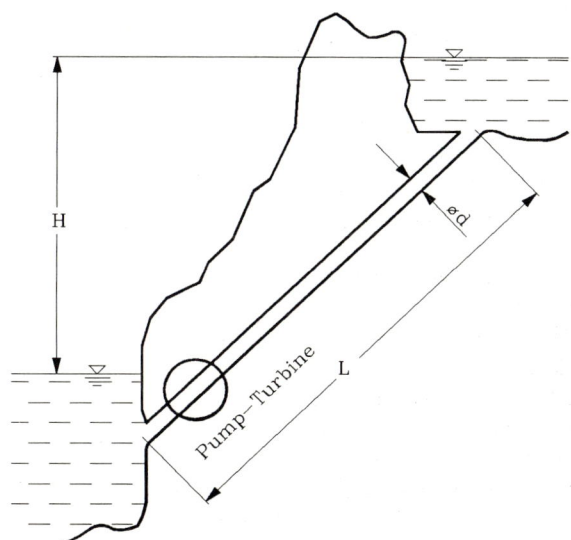

Die Skizze zeigt eine Pump–Turbinen–Anlage, bestehend aus einem Unterwasser, einem Oberwasser, dessen Wasserspiegel um $H = 250\,\text{m}$ höher liegt, einer Rohrleitung (Länge $L = 350\,\text{m}$, Durchmesser $d = 0,5\,\text{m}$, Rauhigkeit $k/d = 2 * 10^{-4}$) und einer Pump–Turbine, die im Pumpbetrieb einen Wirkungsgrad von $\eta_P = 0,8$ und im Turbinenbetrieb von $\eta_T = 0,9$ hat. In Zeiten geringen Strombedarfs wird das Wasser (Dichte $\varrho = 10^3\,\text{kg}/\text{m}^3$, kinematische Viskosität $\nu = 10^{-6}\,\text{m}^2/\text{s}$) aus dem unteren Gewässer in den Stausee hinaufgepumpt. Der Volumenstrom dabei ist $\dot{V}_P = 0,393\,\text{m}^3/\text{s}$.

In Zeiten hohen Energiebedarfs wird die Strömungsrichtung umgekehrt und die Pump–Turbine arbeitet als Turbine. Der Volumenstrom im Turbinenbetrieb ist 1,4–mal so hoch wie im Pumpbetrieb, also $\dot{V}_T = 1,4\,\dot{V}_P = 0,55\,\text{m}^3/\text{s}$.

a) Berechnen Sie für den Pump– und den Turbinenbetrieb die mittleren Geschwindigkeiten $\overline{U}$ im Rohr und die Reynoldszahlen $Re$.

b) Wie groß sind die Druckverluste $\Delta p_{vR}$ bei beiden Betriebsarten innerhalb der Rohrleitung?

c) Wie groß sind die Austrittsverluste $\Delta p_{vA}$ bei beiden Betriebsarten?

d) Welche Leistung muß der Flüssigkeit im Pumpbetrieb zugeführt werden und wie groß ist die von der Pump–Turbine dabei benötigte Leistung?

e) Welche Leistung gibt die Flüssigkeit im Turbinenbetrieb ab und welche Leistung kann dabei von der Turbinenwelle abgenommen werden?

f) Wie groß ist der hydraulische Wirkungsgrad $\eta_h$ der Anlage, d.h. das Verhältnis von abgegebener Turbinen–Energie zu aufgenommener Pump–Energie bei gleichem umgesetzten Volumen $V$.

Geg.: $g = 9,81$ m/s$^2$, $H = 250$ m, $L = 350$ m, $d = 0,5$ m, $k/d = 2 * 10^{-4}$, $\eta_P = 0,8$, $\eta_T = 0,9$, $\varrho = 10^3$ kg/m$^3$, $\nu = 10^{-6}$ m$^2$/s, $\dot{V}_P = 0,393$ m$^3$/s, $\dot{V}_T = 1,4\,\dot{V}_P = 0,55$ m$^3$/s

## Lösung

a) bis e)

|         | $\overline{U}$ [m/s] | $Re$ | $\Delta p_{vR}$ [bar] | $\Delta p_{vA}$ [bar] | $P_{zu/ab}$ [kW] |
|---------|:---:|:---:|:---:|:---:|:---:|
| Pumpe   | 2,0 | $1,0 * 10^6$ | 0,206 | 0,020 | 1 216 |
| Turbine | 2,8 | $1,4 * 10^6$ | 0,390 | 0,039 | 1 193 |

f) $\eta_h = 0,70$

## Aufgabe B-22     Überexpandierte Lavaldüse

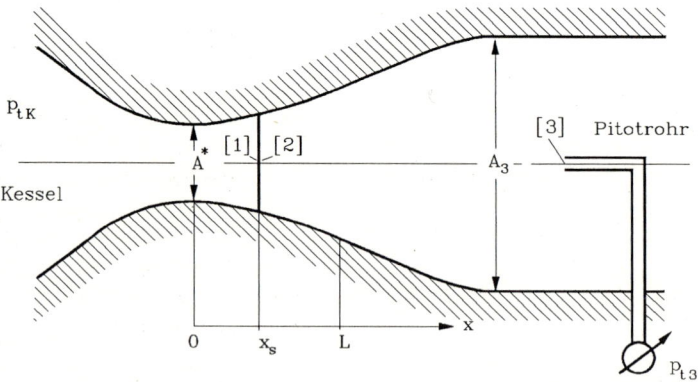

Aus einem großen Kessel mit dem Ruhedruck $p_{tK}$ strömt ideales Gas durch eine Lavaldüse und ein Rohr konstanten Querschnittes $A_3$.

Im divergenten Teil der Lavaldüse ist der Verlauf der Querschnittsflächen

$$A = A^* \left[ 1 + \left( \frac{x}{L} \right)^2 \right] \quad \text{für} \quad 0 \le x \le L$$

gegeben. An der Stelle $x = x_s$ befindet sich ein senkrechter Verdichtungsstoß. Die Strömung ist stationär und mit Ausnahme des Stoßes isentrop. An der Stelle [3] wird mit dem Pitotrohr der Ruhedruck $p_{t3} = 1,2\,\text{bar}$ gemessen.

a) Wie groß ist die Machzahl $M_1$ direkt vor dem Stoß, wenn dieser an der Stelle $x_s = 0,8\,L$ steht. Bestimmen Sie die Machzahl hinter dem Stoß und das Ruhedruckverhältnis $p_{t2}/p_{t1}$ über den Stoß.

b) Mit welchem Kesseldruck $p_{tK}$ wird die Anlage betrieben, wenn der an der Stelle [3] gemessene Ruhedruck $p_{t3} = 1,2\,\text{bar}$ beträgt. Berechnen Sie den Druck $p^*$ an der engsten Stelle der Düse.

c) Berechnen Sie den neuen Bezugsquerschnitt $A_2^*$ nach dem Stoß. Wie groß ist die Machzahl $M_3$ und der Druck $p_3$?

d) Berechnen Sie die $x$–Komponente der Kraft, die die Strömung zwischen der engsten Stelle und der Stelle [3] auf die Düse ausübt. Verwenden Sie den Impulssatz der Stromfadentheorie und beachten Sie, daß bei idealem Gas $\varrho u^2 = \gamma\, M^2\, p$ gilt. Geben Sie den Zusammenhang für $F_x/(p^*\, A^*)$ an.

Geg.: $L$, $A^*$, $A_3 = 3\,A^*$, $\gamma = 1,4$, $p_{t3} = 1,2$ bar

**Lösung**

a) $M_1 = 1,97$ , $M_2 = 0,582$ , $p_{t2}/p_{t1} = 0,735$

b) $p_{tK} = 1,633$ bar, $\quad p^* = 0,862$ bar

c) $A_2^* = 1,353\, A^*$ , $\quad M_3 = 0,27$ , $\quad p_3 = 1,14$ bar

d) $\dfrac{F_x}{p^*\, A^*} = \gamma + 1 - 3\,\dfrac{p_3}{p^*}\,(\gamma\, M_3^2 + 1) = -1,972$

## Aufgabe B-23    Einlauf einer Überschalldüse

Der Einlauf einer Überschalldüse befindet sich in einer parallelen Überschallströmung eines idealen Gases mit der Machzahl $M_1 = 3$. Vor dem Einlauf hat sich ein Stoß ausgebildet, der auf der mittleren Stromlinie als senkrechter Verdichtungsstoß behandelt werden kann. Die Strömung ist mit Ausnahme des Stoßes isentrop.

Der engste Düsenquerschnitt befindet
sich and der Stelle [3] und beträgt $A =$
$0,2\,\text{m}^2$. Hinter dem engsten Querschnitt,
im divergenten Teil der Düse an der
Stelle [4] ist die Machzahl $M_4$ größer
als Eins. An der Stelle [1] ist der Ruhedruck $p_{t1}$ und die Ruhetemperatur $T_{t1}$
bekannt.

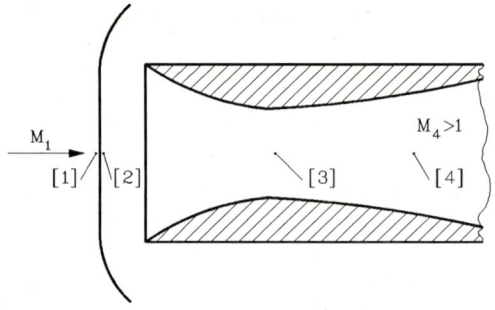

a) Berechnen Sie die Temperatur $T_1$ und die Geschwindigkeit $u_1$ an der Stelle [1].
b) Berechnen Sie die Machzahl $M_2$, den Druck $p_2$ und die Geschwindigkeit $u_2$ hinter
   dem Stoß.
c) Wie groß ist die Machzahl $M_3$ an der Stelle [3]. Berechnen Sie die Geschwindigkeit $u_3$,
   die Temperatur $T_3$ und den Druck $p_3$ an der Stelle [3].
d) Wie groß ist der Massenstrom $\dot{m}$ durch die Düse?

Geg.: $\gamma = 1,4$, $R = 287\ \text{J/kg\,K}$, $M_1 = 3$, $p_{t1} = 1$ bar, $T_{t1} = 295$ K, $A = 0,2$ m$^2$

**Lösung**

a) $T_1 = 105,4$ K, $\quad u_1 = 617,3$ m/s

b) $M_2 = 0,475$, $\quad p_2 = 0,28$ bar, $\quad u_2 = 159,9$ m/s

c) $M_3 = 1$, $\quad u_3 = 314,3$ m/s, $\quad T_3 = 245,9$ K, $\quad p_3 = 0,173$ bar

d) $\dot{m} = 15,41$ kg/s

## Aufgabe B-24    Feststoffrakete

In einer Feststoffrakete wird
ein Brennstoff–Oxydatorge-
misch abgebrannt. Das entstehende   Verbrennungsgas
strömt durch eine Lavaldüse
und tritt mit Überschallgeschwindigkeit in die Umgebung aus (Umgebungsdruck
$p_a$). Ruhedruck $p_t$ und Ruhetemperatur $T_t$ in der Brennkammer bleiben zeitlich kon-

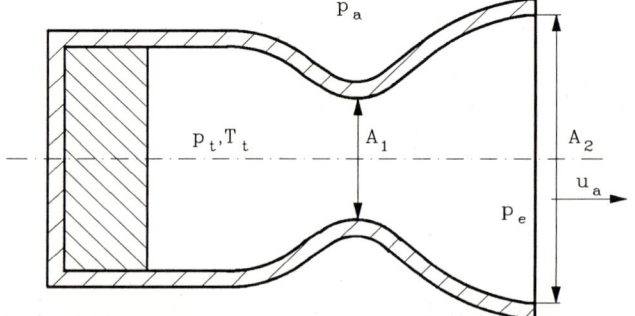

stant. Für die Berechnung kann näherungsweise eine isentrope Strömung eines idealen

Gases ($\gamma$, $R$) angenommen werden.

a) Berechnen Sie den Massenstrom $\dot{m}$ durch die Düse.

b) Der Austrittsquerschnitt $A_2$ soll nun so gewählt werden, daß der maximale Schub erreicht wird. Dazu werden drei Fälle untersucht:

1.) eine richtig expandierende Düse: $p_e/p_a = 1$ ,

2.) eine überexpandierende Düse: $p_e/p_a = 0,7$ und

3.) eine unterexpandierende Düse: $p_e/p_a = 1,3$ .

Bestimmen Sie für alle drei Fälle Druck $p_e$, Geschwindigkeit $u_e$ und Querschnitt $A_2$ am Düsenaustritt.

c) Berechnen Sie den Schub der Rakete für alle drei Fälle. Für welches Druckverhältnis $p_e/p_a$ wird der größte Schub erzeugt? Wie muß demnach der Querschnitt $A_2$ gewählt werden?

Geg.: $T_t = 1000$ K, $p_t = 10$ bar, $p_a = 1$ bar, $A_1 = 70 \cdot 10^{-5} \text{m}^2$, $\gamma = 1,4$, $R = 287$ J/kg K

**Lösung**

a) $\dot{m} = 0,895$ kg/s

b) c)

| $p_a/p_e$ | $p_e$ [bar] | $u_e$ [m/s] | $A_2$ [m$^2$] | $F$ [N] |
|-----------|-------------|-------------|----------------|---------|
| 1 | 1 | 985 | $135 \cdot 10^{-5}$ | 881 |
| 0,7 | 0,7 | 1035 | $167 \cdot 10^{-5}$ | 876 |
| 1,3 | 1,3 | 942 | $117 \cdot 10^{-5}$ | 878 |

$\Rightarrow A_2 = 135 \cdot 10^{-5}$ m$^2$

# Aufgabe B-25    Staustrahltriebwerk (ram jet)

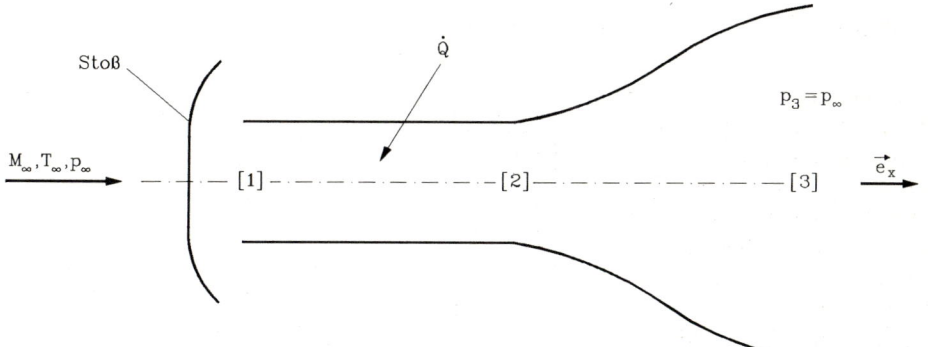

Das dargestellte Triebwerk bewegt sich mit Überschallgeschwindigkeit ($M_\infty = 2$) durch Luft (kalorisch ideales Gas) mit dem Zustand $p_\infty = 0,3$ bar, $T_\infty = 250$ K. Vor dem

Triebwerk hat sich ein Stoß ausgebildet, der auf der mittleren Stromlinie als senkrechter Verdichtungsstoß behandelt werden kann. Zwischen den Stellen [1] und [2] wird der Strömung eine noch unbekannte Wärmemenge pro Zeiteinheit $\dot{Q}$ zugeführt, so daß im Querschnitt [2] gerade die Machzahl $M_2 = 1$ erreicht wird. Im divergenten Teil der Düse herrscht Überschall und die Strömung ist isentrop. Die Düse expandiert im Austrittsquerschnitt auf Umgebungsdruck $p_3 = p_\infty$. Gesucht ist die zugeführte Wärmemenge pro Zeiteinheit $\dot{Q}$ sowie der Schub, den das Triebwerk liefert.

a) Ermitteln Sie die Größen $p_1$, $T_1$ und $u_1$ nach dem Stoß.
b) Berechnen Sie den Massenstrom $\dot{m}$ durch die Düse.
c) Berechnen Sie unter Verwendung des Ergebnisses aus b) $M_3$, $T_3$, und $u_3$ am Düsenaustritt.
d) Wie groß ist die Temperatur $T_2$ und die Geschwindigkeit $u_2$ an der Stelle [2]?
e) Berechnen Sie mit Hilfe der Energiegleichung zwischen den Stellen [1] und [2] die Wärmemenge $\dot{Q}$, die pro Zeiteinheit zugeführt werden muß.
f) Wie groß ist der Schub der Düse? (Reibungskräfte von außen auf die Düse sind zu vernachlässigen.)

Geg.: $M_\infty = 2$, $p_\infty = 0,3$ bar, $T_\infty = 250$ K, $A_1 = A_2 = 0,4$ m², $A_3 = 0,56$ m², $\gamma = 1,4$, $R = 287$ J/kg K, $c_p = 1004,5$ J/kg K

**Lösung**

a) $p_1 = 1,35$ bar,    $T_1 = 421,8$ K,    $u_1 = 237,5$ m/s

b) $\dot{m} = 106$ kg/s

c) $M_3 = 1,76$ ,    $T_3 = 379,9$ K,    $u_3 = 687,6$ m/s

d) $T_2 = 512,9$ K,    $u_2 = 454,0$ m/s

e) $\dot{Q} = 17\,630$ kJ/s

f) $\vec{S} = -5\,692$ N $\vec{e}_x$

## Aufgabe B-26    Ludwieg–Rohr

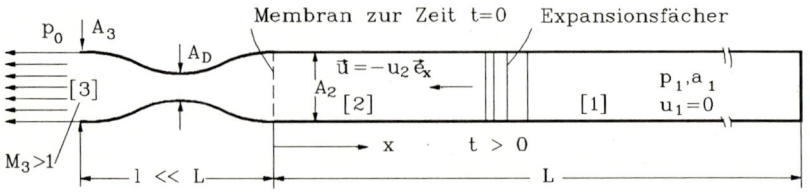

Obenstehende Skizze zeigt ein sogenanntes Ludwieg–Rohr, mit dem es gelingt, mit verhältnismäßig kleinem Aufwand in einer Lavaldüse für eine kurze Zeitdauer eine stationäre Überschallströmung zu erzeugen. Dazu wird zunächst die Lavaldüse mit einer Membran verschlossen und das Gas im Rohr auf den Druck $p_1$ komprimiert. Zum Zeitpunkt $t = 0$ wird die Membran zum Platzen gebracht, und in das Rohr läuft eine Expansionswelle. Da die Lavalldüse sehr kurz ist, stellt sich praktisch sofort eine stationäre Strömung in der Düse ein, und der in das Rohr laufende Expansionsfächer kann als im Punkt ($t = 0$, $x = 0$) zentriert angesehen werden. Bis die an der Rohrwand reflektierten Expansionswellen wieder die Düse erreichen, ist die Düsenströmung stationär.

a) Wie groß ist die Machzahl $M_3$ am Düsenaustritt, wenn sich innerhalb der Düse eine stationäre Strömung ausgebildet hat.

b) Wie groß ist dann die Machzahl $M_2$ am Düseneintritt?

c) Wie groß ist der Druck $p_2$, wenn die Überschalldüse gerade richtig expandiert?

d) Skizzieren Sie die Strömung innerhalb des Rohres im $x$-$t$–Diagramm.

e) Wie groß sind die Schallgeschwindigkeit $a_2$ und die Gasgeschwindigkeit $u_2$?

f) Wie groß muß der Druck $p_1$ gewählt werden?

g) Welcher Massenstrom $\dot{m}$ geht durch die Düse?

h) Da sich die Schallgeschwindigkeit im Rohr nicht stark ändert ($a_1 \approx a_2$) kann die Zeitdauer $\Delta t$, für die eine stationäre Strömung vorliegt, abgeschätzt werden. Welche Blaszeit $\Delta t$ erhält man durch eine solche Abschätzung?

Geg.: $A_D/A = 0,5$, $A = 50$ cm$^2$, $a_1 = 347$ m/s, $p_0 = 1$ bar, $\gamma = 1,4$

**Lösung**

a) $M_3 = 2,2$

b) $M_2 = 0,3$

c) $p_2 = 10,05$ bar

d) $x$-$t$–Diagramm

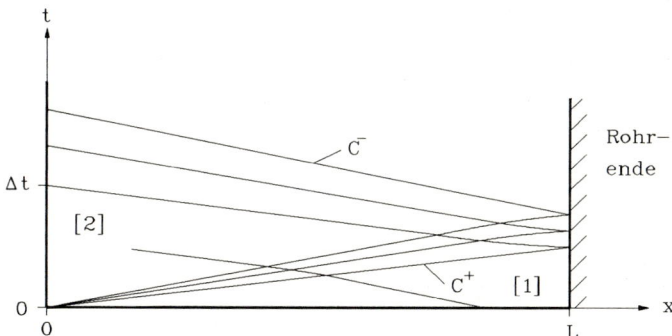

e) $a_2 = 327,4$ m/s,  $u_2 = 98,2$ m/s

f) $p_1 = 15,1$ bar

g) $\dot{m} = 6,446$ kg/s

h) $\Delta t \approx 2L/a_1$

## Aufgabe B-27     Dipol über einer Wand

In die Parallelströmung über einer ebenen Wand wird im Abstand $a$ von der Wand ein Dipol eingebracht. Der Dipol ist parallel zur $x$–Achse in die negative $x$–Richtung orientiert. Das Moment des Dipols ist durch $M = 2\pi\, U_\infty\, 4h^2$ gegeben. Die sich einstellende Strömung ist stationär, reibungsfrei und kann als eben betrachtet werden. Die Dichte $\varrho$ der Flüssigkeit ist konstant.

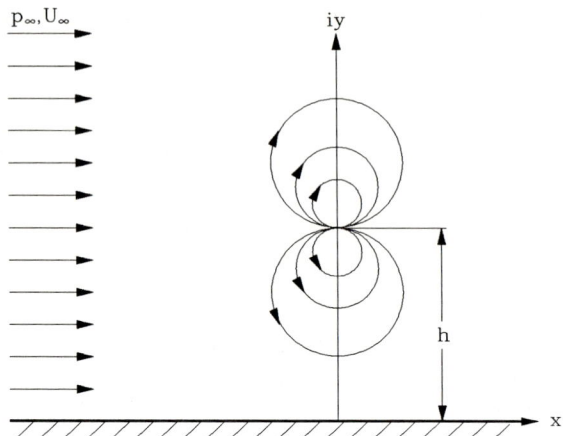

a) Wie lautet das komplexe Potential der Strömung, wenn die Wand nicht vorhanden ist?

b) Wie lautet das komplexe Potential der sich einstellenden Strömung bei Vorhandensein der Wand? Berechnen Sie die Geschwindigkeitskomponenten an der Wand, und zeigen Sie, daß die kinematische Randbedingung erfüllt ist.

c) Berechnen Sie die Lage der Staupunkte auf der Wand.

d) Ermitteln Sie die Potentialfunktion $\Phi(x, y)$ und die Stromfunktion $\Psi(x, y)$. Zeigen Sie, daß die Linie $y = 0$ und der Kreis $x^2 + (y - h)^2 = 4h^2$ Stromlinien sind (Dies gilt nur, wenn das Dipolmoment den oben angegebenen Wert hat!). Skizzieren Sie das Stromlinienbild für $y \geq 0$ außerhalb des angegebenen Kreises.

e) Berechnen Sie die Kraft (pro Tiefeneinheit) der Strömung auf die Kontur $x^2 + (y - h)^2 = 4h^2$ für $y \geq 0$.

Geg.: $\varrho$, $p_\infty$, $U_\infty$, $a$

### Lösung

a) $F(z) = U_\infty \left( z + 4h^2 \dfrac{1}{z - ih} \right)$

b) $F(z) = U_\infty \left[ z + 4h^2 \left( \dfrac{1}{z - ih} + \dfrac{1}{z + ih} \right) \right]$ ,    $u(x, 0) = U_\infty \left[ 1 - 8\,h^2\, \dfrac{x^2 - h^2}{(x^2 + h^2)^2} \right]$ ,

  $v(x, 0) = 0$

c) $x_{1/2} = \pm\sqrt{3}\,h$ ,    $y_{1/2} = 0$

d) $\Phi(x,y) = U_\infty \left[ x + 4h^2 \left( \dfrac{x}{x^2+(y-h)^2} + \dfrac{x}{x^2+(y+h)^2} \right) \right]$ ,

$\Psi(x,y) = U_\infty \left[ y - 4h^2 \left( \dfrac{y-h}{x^2+(y-h)^2} + \dfrac{y+h}{x^2+(y+h)^2} \right) \right]$ ,

$\Psi(x,0) = 0$ ,  $\Psi(\text{Kreis}) = 0$

e) $F_x = 0$ ,  $F_y = -2\sqrt{3}\,h\,p_\infty + \left( 8\sqrt{3} - \dfrac{8}{3}\pi \right) h\,\varrho\,U_\infty^2$

## Aufgabe B-28   Virtuelle Masse einer Platte

Es soll die virtuelle Masse einer unendlich dünnen Platte bestimmt werden, die sich in reibungsfreier, inkompressibler Flüssigkeit mit der Geschwindigkeit $\vec{V} = V(t)\,\vec{e}_\eta$ bewegt. In großer Entfernung von der Platte ist die Flüssigkeit in Ruhe und der Druck ist $p_\infty$. Um das Geschwindigkeitspotential der Plattenumströmung zu bestimmen, betrachtet man zunächst einen Kreiszylinder mit Radius $r_0$, der sich mit der Geschwindigkeit $\vec{U} = U(t)\,\vec{e}_y$ bewegt und sich zum betrachteten Zeitpunkt gerade im Ursprung des Koordinatensystems befindet. Das Potential des Zylinders ist bekanntlich

$$F(z) = -\mathrm{i}\,\frac{U(t)\,r_0^2}{z} \ .$$

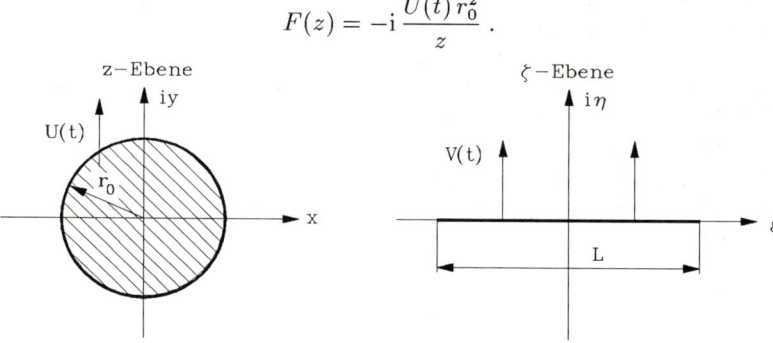

a) Bilden Sie den Zylinder mit Hilfe der Abbildungsfunktion

$$\zeta = z + \frac{r_0^2}{z}$$

auf eine Platte ab, und bestimmen Sie die Länge $L$ der Platte.

b) Wie groß ist die Normalkomponente der Geschwindigkeit auf dem Kreiszylinder? Berechnen Sie die Normalkomponente der Geschwindigkeit an der Platte, und zeigen Sie, daß sich die Platte tatsächlich in positive $\eta$–Richtung bewegt.

c) Ermitteln Sie die Kraft, die durch die instationäre Bewegung auf die Platte ausgeübt wird, durch Integration des Druckes

$$F_\xi - \mathrm{i}\,F_\eta = \oint_{(C)} (-\mathrm{i}p)\,\mathrm{d}\overline{\zeta}$$

Hinweis: Führen Sie die Integration zweckmäßigerweise in der $z$–Ebene aus.

d) Bestimmen Sie die virtuelle Masse der Platte. Geben sie eine anschaulich Deutung des Ergebnisses.

Geg.: $r_0$, $\varrho$, $p_\infty$, $U(t)$

**Lösung**

a) $L = 4\,r_0$

b) $u_r = U(t)\sin\varphi\,, \quad v_\zeta = V(t) = U(t)/2$

c) $F_\xi - \mathrm{i}\,F_\eta = \mathrm{i}\,\dfrac{dV}{dt}\,4\,r_0^2\,\pi\,\varrho$

d) $m' = \varrho\,\pi\,(2\,r_0)^2$

# Aufgabe B-29     Absaugung in einen ebenen Kanal

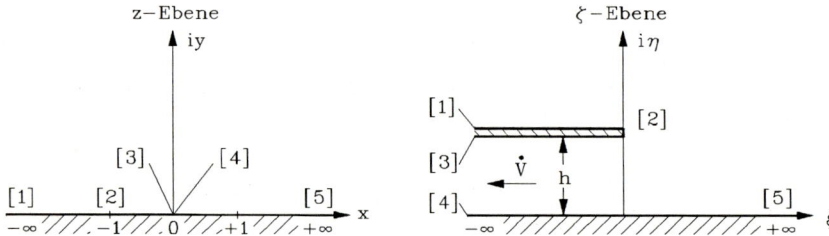

Durch einen ebenen Kanal der Höhe $h$ soll ein Volumenstrom $\dot{V}$ abgesaugt werden. Die Strömung wird als reibungsfreie, inkompressible Potentialströmung behandelt.

Die Abbildungsfunktion $\zeta(z)$, die die $x$–Achse der $z$–Ebene auf den zu untersuchenden Kanaleinlauf abbildet, lautet:

$$\zeta(z) = K_1(z + \ln z) + K_2$$

Der dazugehörige Abbildungsmaßstab ist:

$$\frac{d\zeta}{dz} = K_1\frac{z+1}{z}$$

a) Bestimmen Sie die Konstanten $K_1$ und $K_2$ so, daß der Punkt [2] richtig nach $z = -1$ abgebildet wird.

b) Wie lautet das komplexe Potential $F(z)$ in der $z$–Ebene, wenn in der $\zeta$–Ebene zwischen den Punkten [3] und [4] der Volumenstrom $\dot{V}$ abgesaugt werden soll?

c) Berechnen Sie die Geschwindigkeit $w_\zeta$ am Punkt $\zeta(z = 1)$.

d) Wie groß ist der Druck am Punkt [4], wenn der Druck $p(\zeta(z = 1)) = p_k$ bekannt ist.

Geg.: $\dot{V}$, $h$, $\rho$, $p_k$

**Lösung**

a) $K_1 = K_2 = h/\pi$

b) $F(z) = -\dfrac{\dot{V}}{\pi} \ln z$

c) $w_\zeta(\zeta = 2\,h/\pi) = -\dfrac{1}{2}\dfrac{\dot{V}}{h}$

d) $p(\zeta \to -\infty) = p_k - \dfrac{\varrho}{2}\dfrac{3}{4}\left(\dfrac{\dot{V}}{h}\right)^2$

## Aufgabe B-30    Instationäre Strömung über einer welligen Wand

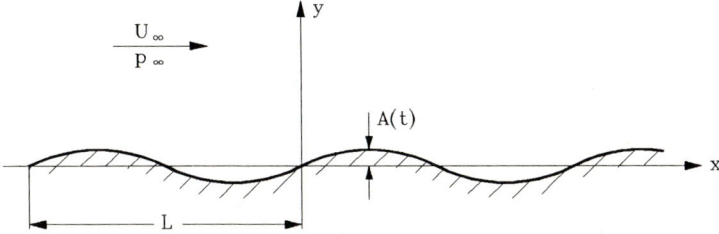

Inkompressible, reibungsfreie Flüssigkeit strömt längs einer welligen Wand, die in $x$– und $z$–Richtung unendlich ausgedehnt ist. Die Wandkontur ändert sich mit der Zeit und ist durch

$$y = A(t)\sin(2\,\pi\,x/L)\,, \quad A(t) = A_0 \sin(\Omega\,t)$$

gegeben. In großer Entfernung von der Wand ist die $x$–Komponente der Geschwindigkeit $U_\infty = $ const, der Druck ist $p_\infty$. Da $\epsilon = A_0/L \ll 1$ und $A_0\Omega/U_\infty \ll 1$ gilt, sind die durch die Welligkeit der Wand hervorgerufenen Störgeschwindigkeiten $u/U_\infty$ und $v/U_\infty$ von der Ordnung $O(\epsilon)$.

a) Formulieren Sie die Randbedingungen und vernachlässigen Sie Terme der Größenordnung $O(\epsilon^2)$.

b) Das Potential der stationären Strömung um eine ruhende, wellige Wand ist bekanntlich

$$\Phi = U_\infty\,x + [C_1 \sin(k\,x) + C_2 \cos(k\,x)]\left[e^{-k\,y} + D_1\,e^{k\,y}\right]\,.$$

Es liegt daher nahe, für das instationäre Problem die Koeffizienten $C_1$, $C_2$ und $D_1$ als zeitabhängige Funktionen anzunehmen und einen Ansatz der Form

$$\Phi = U_\infty\,x + [C_1(t) \sin(k\,x) + C_2(t) \cos(k\,x)]\left[e^{-k\,y} + D_1(t)\,e^{k\,y}\right] \qquad (1)$$

zu versuchen.

Zeigen Sie, daß der Ansatz (1) für das Geschwindigkeitspotential die Laplacesche Gleichung erfüllt.

c) Bestimmen Sie $k$ und $D_1(t)$, $C_1(t)$ und $C_2(t)$ aus den Randbedingungen.

d) Berechnen Sie die Geschwindigkeitskomponenten $u$ und $v$.

e) Bestimmen Sie den Druckbeiwert $c_p$ an der Körperkontur (d.h. wegen $A_0/L \ll 1$ an $y = 0$), und kommentieren Sie das Ergebnis. Erfährt die Strömung durch die Wand einen Widerstand in $x$–Richtung?

Geg.: $p_\infty$, $U_\infty$, $\varrho$, $A_0$, $\Omega$, $L$

**Lösung**

a) 1.) An der Wand $y \approx 0$ :
$$v = A_0\, \Omega \cos(\Omega\, t) \sin\left(\frac{2\,\pi\, x}{L}\right) + U_\infty\, \frac{A_0}{L}\, 2\,\pi\, \sin(\Omega\, t) \cos\left(\frac{2\,\pi\, x}{L}\right)$$

2.) $y \to \infty$ :  $u = U_\infty$ ,  $v = 0$

c) $k = 2\,\pi/L$,  $C_1(t) = -A_0\, \Omega\, \dfrac{L}{2\,\pi}\, \cos(\Omega\, t)$,  $C_2(t) = -U_\infty\, A_0\, \sin(\Omega\, t)$,  $D_1(t) \equiv 0$

d) $u = U_\infty - \Big( A_0\, \Omega\, \cos(\Omega\, t) \cos\left(\dfrac{2\,\pi\, x}{L}\right) +$
$$ - U_\infty\, \frac{2\,\pi\, A_0}{L}\, \sin(\Omega\, t) \sin\left(\frac{2\,\pi\, x}{L}\right)\Big)\, e^{-2\,\pi\, y/L}$$

$$v = \Big( A_0\, \Omega\, \cos(\Omega\, t) \sin\left(\frac{2\,\pi\, x}{L}\right) + U_\infty\, \frac{2\,\pi\, A_0}{L}\, \sin(\Omega\, t) \cos\left(\frac{2\,\pi\, x}{L}\right)\Big)\, e^{-2\,\pi\, y/L}$$

e) $c_p = \dfrac{4\, A_0\, \Omega}{U_\infty}\, \cos(\Omega\, t) \cos\left(\dfrac{2\,\pi\, x}{L}\right) + \left(\dfrac{4\,\pi\, A_0}{L} - \dfrac{A_0\, \Omega^2\, L}{\pi\, U_\infty^2}\right) \sin(\Omega\, t) \sin\left(\dfrac{2\,\pi\, x}{L}\right)$

Der erste Summand auf der rechten Seite ist zu jeder Zeit um $\pi/2$ gegenüber der Wandkontur phasenverschoben und liefert daher einen Widerstand.

Der zweite Summand auf der rechten Seite ist zu jeder Zeit mit der Wandkontur in Phase und liefert keinen Widerstand.

## Aufgabe B-31    Tragflügel mit gegebener Quell– und Wirbelverteilung

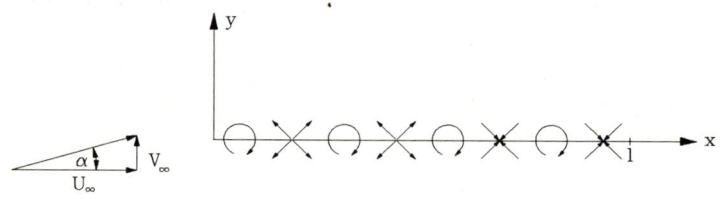

Auf der $x$–Achse ist im Intervall $0 \le x \le l$ die kontinuierliche Quellenverteilung

$$q(x) = 2\, U_\infty\, \frac{d}{l}\left(1 - 2\frac{x}{l}\right) , \qquad 0 \le x \le l$$

und die Wirbelverteilung

$$\gamma(x) = 2\,\alpha\,U_\infty\,\frac{l-x}{\sqrt{x(l-x)}}\,, \qquad 0 \le x \le l$$

gegeben. Durch Überlagerung der hierdurch erzeugten Potentiale können die Störge-schwindigkeiten berechnet werden, die ein schlankes, ebenes, zur $x$–Achse symmetrisches Profil erzeugt, das unter einem Winkel $\alpha$ angeströmt wird. Die Potentialströmung ist stationär, reibungsfrei und inkompressibel. Die Profilform $\pm f(x)$ ist nicht bekannt. Das Verhältnis $d/l$ und der Winkel $\alpha$ seien so klein, daß die Theorie der Näherungslösungen für schlanke Körper angewendet werden darf.

a) Zeigen Sie, daß das durch die gegebene Quellenverteilung erzeugte Profil ein ge-schlossener Körper ist.

b) Berechnen Sie die Profilform $y = \pm f(x)$ unter der Bedingung $f(0) = f(l) = 0$. Skizzieren Sie das Profil.

c) Berechnen Sie die Zirkulation des Profils. Wie groß ist der Auftrieb und der Auf-triebsbeiwert des Profils?

d) Wie lautet die Integraldarstellung des Potentials für die Störgeschwindigkeiten?

e) Berechnen Sie die Störgeschwindigkeiten $u(x,0^+)$ auf der Oberseite und $u(x,0^-)$ auf der Unterseite des Profils.
Hinweis:

$$\frac{1}{2\pi}\int\limits_0^1 \frac{q(x')}{x-x'}\,dx' = \frac{1}{\pi}\,U_\infty\,\frac{d}{l}\left[2 + \left(1 - 2\frac{x}{l}\right)\ln\left(\frac{x}{l-x}\right)\right]$$

Zeigen Sie, daß die Differenz der Geschwindigkeiten $u(x,0^+) - u(x,0^-)$ an der Hin-terkante des Profils verschwindet.

Geg.: $\alpha$, $U_\infty$, $l$, $d$, $\varrho$

**Lösung**

a) $\displaystyle\int\limits_0^1 q(x')dx' = 0$

Profilform

b) $y = \pm d/l\,(x - x^2/l)$

c) $\Gamma = -\alpha\pi\,U_\infty l\,,\qquad F_a = \alpha\pi\varrho\,U_\infty^2\,l\,,\qquad c_a = 2\pi\alpha$

d) $\displaystyle\varphi(x,y) = \frac{1}{2\pi}\int\limits_0^1 2\,U_\infty\frac{d}{l}\left(1 - 2\frac{x'}{l}\right)\ln\left\{(x-x')^2 + y^2\right\}^{1/2}\,dx' +$

$$-\frac{1}{2\pi}\int\limits_0^1 2\alpha\,U_\infty\frac{l-x'}{\sqrt{x'(l-x')}}\arctan\left(\frac{y}{x-x'}\right)\,dx'$$

e) $\displaystyle u(x,0^\pm) = \frac{1}{\pi}\,U_\infty\frac{d}{l}\left[2 + \left(1 - 2\frac{x}{l}\right)\ln\left(\frac{x}{l-x}\right)\right] \pm \alpha\,U_\infty\frac{l-x}{\sqrt{x(l-x)}}$

# Aufgabe B-32    Angestellte, ebene Platte mit Klappe

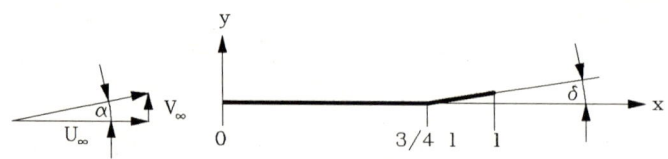

Die Skelettlinie eines Tragflügels setzt sich aus zwei Geradenstücken zusammen.

An der Stelle $x = l\,3/4$ knickt die Klappe um den Winkel $\delta$ von dem ersten Geradenstück ab.

Der Tragflügel wird unter dem Winkel $\alpha$ von reibungsfreier, inkompressibler Luft angeströmt. Die horizontale Anströmgeschwindigkeit $U_\infty$ ist gegeben.

a) Bestimmen Sie die Koeffizienten $A_0$, $A_1$, $A_2$ des bekannten Ansatzes für die Zirkulationsverteilung $\gamma(\varphi)$, mit $x = l/2\,(1 + \cos\varphi)$, für die gegebene Skelettline (siehe Skizze).

b) Bestimmen Sie den Auftriebsbeiwert $c_a(\alpha,\,\delta)$ und den Momentenbeiwert $c_m(\alpha,\,\delta)$.

c) Berechnen Sie den Druckpunkt $x_D$ als Funktion von $\delta$ und $\alpha$.

d) Für $\delta = 0$ sei das Flugzeug so getrimmt, daß die Gewichtskraft des Flugzeuges an dem Punkt $x = l/4$ angreift.
Zeigen Sie, daß die Tragfläche dann bei $\delta/\alpha = 1/2$ rechtsherum kippt, wenn die Auftriebskraft betragsmäßig gleich der Gewichtskraft ist.

Geg.: $l$, $\alpha \ll 1$, $\delta \ll 1$, $U_\infty$

## Lösung

a) $A_0 = \alpha - \dfrac{1}{3}\delta$ ,    $A_1 = -\dfrac{\sqrt{3}}{\pi}\delta$ ,    $A_2 = -\dfrac{\sqrt{3}}{2\pi}\delta$

b) $c_a = 2\pi\alpha - \left(\dfrac{2}{3}\pi + \sqrt{3}\right)\delta$ ,    $c_m = -\dfrac{\pi}{2}\alpha + \delta\left(\dfrac{\pi}{6} + \dfrac{5}{8}\sqrt{3}\right)$

c) $\dfrac{x_D}{l} = \dfrac{1 - \delta/\alpha(1/3 + 5/4\,\sqrt{3}/\pi)}{4 - \delta/\alpha(4/3 + 2\sqrt{3}/\pi)}$

d) $x_D/l = 0,176 < 1/4 \Rightarrow$ Kippen nach rechts.

# Aufgabe B-33    Einlauf in ein Überschalltriebwerk

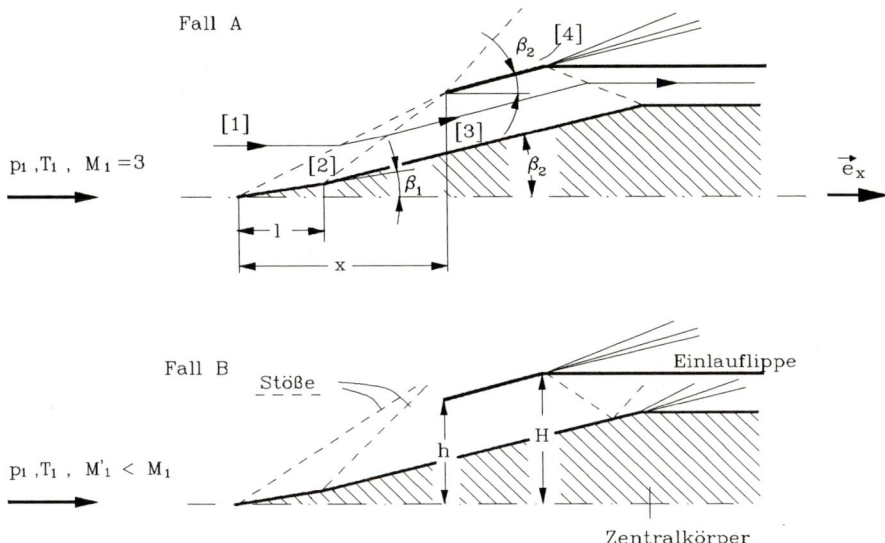

Der Einlauf eines ebenen Überschalltriebwerkes besteht aus einem Zentralkörper und zwei Einlauflippen. Abgebildet ist die obere Hälfte des Triebwerkes.

Im folgenden soll das Triebwerk für die Anströmmachzahl $M_1 = 3$ (Fall A) so ausgelegt werden, daß die vom Zentralkörper ausgehenden Stöße gerade die Spitze der Einlauflippe treffen und dort nicht reflektiert werden.

Der Zentralkörper besteht aus einem Keil mit dem halben Öffnungswinkel $\beta_1 = 10°$, der sich ab dem Abstand $l$ von der Keilspitze auf den halben Öffnungswinkel $\beta_2 = 15°$ erweitert.

Die Einlauflippen sind unendlich dünn und vorne um den Winkel $\beta_2$ abgewinkelt.

Das einströmende ideale Gas ($\gamma = 1,4$) hat bei [1] die Temperatur $T_1 = 273$ K und den Druck $p_1 = 1$ bar.

a) Berechnen Sie den Überstand $x$ des Zentralkörpers für den Fall A, so daß der erste schräge Verdichtungsstoß gerade die Spitze der Einlauflippe trifft!
b) Berechnen Sie den Abstand $l$ des Knickes von der Keilspitze, so daß auch der zweite Verdichtungsstoß gerade die Spitze der Einlauflippe trifft.
c) Bestimmen Sie für den Fall A den in das Triebwerk strömenden Luftmassenstrom pro Tiefeneinheit $\dot{m}$.
d) Welche Drücke $p_2$, $p_3$, $p_4$ stellen sich ein?
e) Berechnen Sie die Kraft pro Tiefeneinheit in Richtung von $\vec{e}_x$ auf den abgeknickten Teil der oberen Einlauflippe.
f) Der Triebwerkseinlauf wird nun mit $M_1' < M_1$ (Fall B) angeströmt. Die Stöße treffen dann nicht mehr die Einlauflippe (wie skizziert).
   Welche Kraft wirkt nun auf den abgeknickten Teil der Einlauflippe?

g) Veranschaulichen Sie mittels einer Skizze, daß der Massenstrom in das Triebwerk maximal wird, wenn der erste schräge Verdichtungsstoß bei gleicher Machzahl $M_1'$ gerade auf die Spitze der Einlauflippe trifft.

Geg.: $\beta_1 = 10°$, $\beta_2 = 15°$, $H = 0,5$ m, $h = 0,4$ m, $M_1 = 3$, $p_1 = 1$ bar, $T_1 = 273$ K, $R = 287$ J/kg K, $\gamma = 1,4$

**Lösung**

a) $x = 0,785$ m
b) $l = 0,332$ m
c) $\dot{m} = 1\,014,5$ kg/(s m)
d) $p_2 = 1,991$ bar,     $p_3 = 2,634$ bar,     $p_4 = 2,781$ bar
e) $F_x = 1,47$ kN/m
f) $F_x = 0$

g)

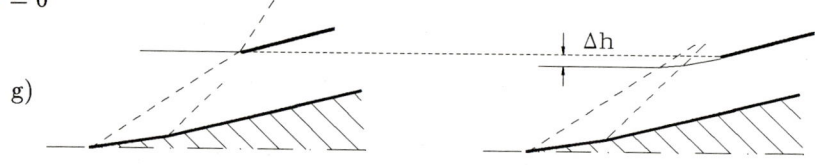

Bei der linken Position des Zentralkörpers ist der Eintrittsquerschnitt um $2\,\Delta h$ größer als bei der rechten $\Rightarrow \dot{m}_{links} > \dot{m}_{rechts}$.

## Aufgabe B-34     Angestellte, ebene Platte in Überschallströmung

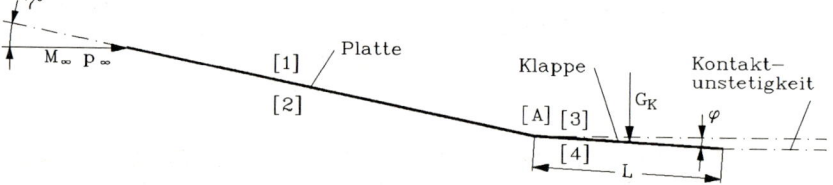

Eine ebene Platte befindet sich in reibungsfreier, ebener, kompressibler Überschallströmung ($M_\infty > 1$).

Die Platte ist gegenüber der horizontalen Anströmung um den Winkel 7° angestellt und wird mit der Machzahl $M_\infty = 2$ stationär angeströmt. An der Hinterkante der Platte ist eine ebene, schwere Klappe über ein Gelenk [A] befestigt. Die Klapppe ist gegenüber der horizontalen Richtung um den Winkel $\varphi = 2°$ ausgelenkt. Außer der Gewichtskraft $G_K$ und den Kräften aus der Strömung wirken keine weiteren Kräfte auf die Klappe. Das Gelenk in [A] ist reibungsfrei. An der Hinterkante der Klappe bildet sich eine Kontaktunstetigkeit aus. Es wird das Gewicht pro Tiefe $G_K$ der Klappe gesucht. Die Abmessungen des Gelenkes sind zu vernachlässigen, so daß der Übergang von der Platte zur Klappe als eine scharfe Ecke angenommen werden kann.

Die Berechnung soll für Luft als ideales Gas mit $\gamma = 1,4$ durchgeführt werden.

a) Skizzieren Sie die auftretenden Verdichtungsstöße und Expansionsfächer an der angestellten Platte und an der daran befestigten Klappe.
b) Berechnen Sie die Machzahlen $M$ und die Drücke $p$ für die Bereiche [1] bis [4].
c) Berechnen Sie das Gewicht pro Tiefe $G_K$ der Klappe über das Momentengleichgewicht um den Punkt [A].
d) Welche dynamische Randbedingung muß an der Kontaktunstetigkeit erfüllt sein?
e) Welche Wellensysteme erhält man an der Hinterkante der Klappe? Geben Sie die Vorgehensweise zur Berechnung des Winkels $\alpha$ zwischen der Kontaktunstetigkeit und der horizontalen Richtung an. Nehmen Sie zunächst einen Winkel $\alpha = 0$ an und überprüfen Sie hierfür die Bedingung nach Teil d).
f) In welcher Richtung (im Uhrzeigersinn oder im Gegenuhrzeigersinn) wird der Winkel $\alpha$ von $\alpha = 0$ abweichen?

Geg.: $\gamma = 1,4$, $L = 0,5$ m, $\varphi = 2°$, $M_\infty = 2$, $p_\infty = 0,8$ bar

**Lösung**

a) Wellensystem

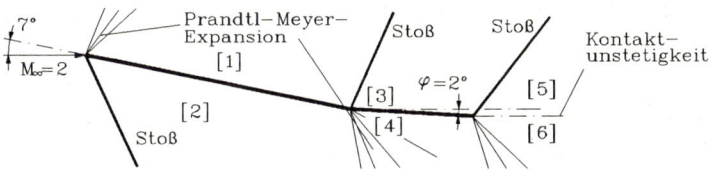

b) $M_1 = 2,26$ ,  $p_1 = 0,5329$ bar,  $M_2 = 1,75$ ,  $p_2 = 1,1884$ bar,  $M_3 = 2,08$ ,
$p_3 = 0,7051$ bar,  $M_4 = 1,92$ ,  $p_4 = 0,9155$ bar

c) $G_K = 10,53$ N/m

d) $p_5 = p_6$

e) $\alpha = 0$ :  $p_5 = 0,7722$ bar,  $p_6 = 0,8213$ bar

f) im Gegenuhrzeigersinn

## Aufgabe B-35    Leitradstufe eines Überschallverdichters

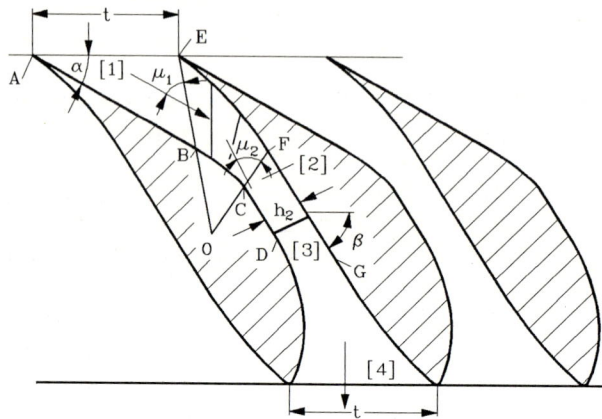

Die Leitradstufe eines Überschallverdichters wird mit der Machzahl $M_1 = 2$ unter dem Winkel $\alpha = 30°$ angeströmt. Druck $p_1$ und Temperatur $T_1$ vor dem Leitrad sind bekannt.

Der Vorderkantenwinkel des Leitradprofils (Punkt [A] bzw. [E]) ist null. Die Leitrad-schaufeln sind zwischen den Strecken $\overline{EF}$ und $\overline{BC}$ als Stromlinien einer zentrierten Prandtl–Meyer–Welle ausgebildet (Zentrum der Welle in Punkt [0]), die Strecken $\overline{CD}$ und $\overline{FG}$ sind zueinander parallele Geraden.

Die Strömung wird von [1] nach [2] durch Prandtl–Meyer–Wellen umgelenkt und ver-dichtet; zwischen den Stellen [2] und [3] steht ein senkrechter Verdichtungsstoß und zwischen [3] und [4] wird die Strömung so gelenkt, daß sie in axialer Richtung ab-strömt. Strömungsmedium ist ideales Gas. Die Strömung sei isentrop bis auf die Entro-pieerhöhung durch den Stoß.

a) Bestimmen Sie die Machzahl $M_2$ nach der Prandtl–Meyer–Welle. Wie groß sind die Winkel $\mu_1$ und $\mu_2$, die die erste bzw. letzte Machsche Welle mit der Strömungsrich-tung einschließt?

b) Bestimmen Sie Druck $p_2$ und Temperatur $T_2$ nach der Prandtl–Meyer–Welle. Wie groß ist der Schaufelabstand $h_2$?

c) Bestimmen Sie Machzahl, Druck und Temperatur hinter dem senkrechten Verdich-tungsstoß.

d) Wie groß sind Druck, Temperatur und Machzahl am Austritt des Leitrades (Stel-le [4])?

Geg.: $M_1 = 2$, $\alpha = 30°$, $\beta = 52,822°$, $p_1 = 2$ bar, $T_1 = 250$ K, $R = 287$ J/kg K, $\gamma = 1,4$, $t = 0,15$ m

### Lösung

a) $M_2 = 1,2$ ,    $\mu_1 = 30°$ ,    $\mu_2 = 56,44°$

b) $p_2 = 6,435$ bar,    $T_2 = 349$ K,    $h_2 = 4,58$ cm

c) $p_3 = 9,7655$ bar,    $T_3 = 394$ K,    $M_3 = 0,842$

d) $p_4 = 15,17$ bar,   $T_4 = 447$ K,   $M_4 = 0,18$

## Aufgabe B-36    Grenzschicht an einer gezogenen Kunststoffolie

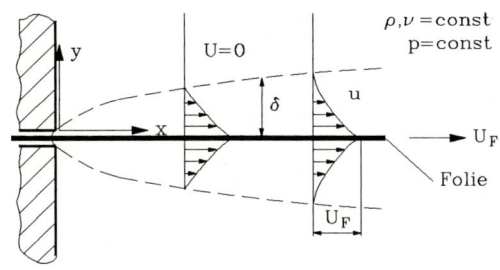

$\rho, \nu = $const
$p = $const

Bei der Herstellung von Kunststoffolien wird die Folie aus einem Schlitz gepreßt und mit konstanter Geschwindigkeit $U_F$ durch eine ruhende Flüssigkeit ($\varrho, \nu = $ const) gezogen. An der Folie haftet die Flüssigkeit, so daß sie von der Folie mitgezogen wird, die sich ausbildende Grenzschicht hat daher eine negative Verdrängungsdicke.

Der Druckgradient $\mathrm{d}p/\mathrm{d}x$ kann vernachlässigt werden, da in der ruhenden Flüssigkeit der Druck konstant ist.

Im folgenden soll mit Hilfe der Integralmethoden der Grenzschichttheorie näherungsweise der Reibungsbeiwert an der Folie bestimmt werden. Die durch die Folie in Gang gesetzte Strömung ist stationär und laminar.

a) Geben Sie die Randbedingungen für die Geschwindigkeit $u$ an.
b) Für die Geschwindigkeit wird der Ansatz

$$\frac{u}{U_F} = a + b\frac{y}{\delta} + c\left(\frac{y}{\delta}\right)^2$$

gemacht ($\delta$ geometrische Grenzschichtdicke). Bestimmen Sie die Konstanten $a$, $b$ und $c$ aus den Randbedingungen und aus der Forderung, daß die Schubspannung am Grenzschichtrand verschwindet.
Die Impulsverlustdicke $\delta_2$ kann nach dem Mittelwertsatz der Integralrechnung als Mittelwert des Integrals

$$\delta_2 U_F^2 = \int\limits_0^\delta (U - u)\, u\, \mathrm{d}y$$

eingeführt werden.

c) Zeigen Sie, daß mit Hilfe der Impulsverlustdicke $\delta_2$ aus der $x$–Komponente des Impulssatzes in integraler Form für die Grenzschicht die Impulsgleichung

$$\frac{\mathrm{d}\delta_2}{\mathrm{d}x} = \frac{\tau_w}{\varrho\, U_F^2}$$

folgt.

d) Berechnen Sie mit Hilfe des obigen Geschwindigkeitsansatzes das Verhältnis $\delta_2/\delta$.

e) Geben Sie den Zusammenhang zwischen der Wandschubspannung $\tau_w$ und der Impulsverlustdicke $\delta_2$ an.

f) Welche gewöhnliche, lineare Differentialgleichung für $\delta_2^2$ ergibt sich aus der Impulsgleichung nach Teil c)? Lösen Sie diese Differentialgleichung, wenn für $x = 0$ die Impulsverlustdicke $\delta_2 = 0$ ist.

g) Bestimmen Sie den Reibungsbeiwert

$$c_f \sqrt{\frac{U_F\, x}{\nu}} = \frac{\tau_w}{\varrho\, U_F^2\, /2} \sqrt{\frac{U_F\, x}{\nu}}$$

und vergleichen Sie ihn mit dem exakten Ergebnis: $c_f \sqrt{U_F\, x/\nu} = 0,8875$.

Geg.: $\varrho$, $\nu$, $U_F$

**Lösung**

a) $u(x=0, y) = 0$ ,   $u(x, y=0) = U_F$ ,   $u(x, y=\delta) = U = 0$

b) $a = 1$ ,   $b = -2$ ,   $c = 1$

d) $\delta_2/\delta = -1/5$

e) $\tau_w = \dfrac{2}{5}\dfrac{\eta\, U_F}{\delta_2}$

f) $\dfrac{1}{2}\dfrac{\mathrm{d}}{\mathrm{d}x}(\delta_2^2) = \dfrac{2}{5}\dfrac{\nu}{U_F}$ ,   $\delta_2 = \sqrt{\dfrac{4}{5}\dfrac{\nu\, x}{U_F}}$

g) $c_f \sqrt{\dfrac{U_F\, x}{\nu}} = \sqrt{\dfrac{4}{5}} = 0,8944$

# Springer-Verlag und Umwelt

Als internationaler wissenschaftlicher Verlag sind wir uns unserer besonderen Verpflichtung der Umwelt gegenüber bewußt und beziehen umweltorientierte Grundsätze in Unternehmensentscheidungen mit ein.

Von unseren Geschäftspartnern (Druckereien, Papierfabriken, Verpackungsherstellern usw.) verlangen wir, daß sie sowohl beim Herstellungsprozeß selbst als auch beim Einsatz der zur Verwendung kommenden Materialien ökologische Gesichtspunkte berücksichtigen.

Das für dieses Buch verwendete Papier ist aus chlorfrei bzw. chlorarm hergestelltem Zellstoff gefertigt und im pH-Wert neutral.

# Rückgabedatum

Druck: Mercedesdruck, Berlin
Verarbeitung: Buchbinderei Lüderitz & Bauer, Berlin